AF292619

Englisch-deutsches und deutsch-englisches Wörterbuch für die Eisen- und Stahl-Industrie

Von

Eduard L. Köhler

Leoben

Unter Mitwirkung von

Priv.-Doz. Dr. mont. **Alois Legat**

Leiter der metallurgischen Abteilung
der Österreichisch-Alpinen Montangesellschaft
Leoben-Donawitz

Springer-Verlag Wien GmbH

1955

English-German and German-English Dictionary for the Iron and Steel Industry

By

Eduard L. Köhler

Leoben

Assisted by
Priv.-Doz. Dr. mont. **Alois Legat**
Chief Metallurgist
Österreichisch-Alpine Montangesellschaft
Leoben-Donawitz

Springer-Verlag Wien GmbH

1955

Copyright 1955 by Springer-Verlag Wien
Ursprünglich erschienen bei Springer-Verlag in Vienna 1955

ISBN 978-3-7091-3882-3   ISBN 978-3-7091-3881-6 (eBook)
DOI 10.1007/978-3-7091-3881-6

Geleitwort

Noch niemals ist die Zusammenarbeit der deutschsprachigen mit der angelsächsischen Welt in technischen Fragen so eindringlich und umfassend gewesen wie in den Jahren seit dem Ende des zweiten Weltkrieges. Das unter dem Namen des MARSHALL-Plans bekannte Aufbauwerk des amerikanischen Volkes hat in seiner Durchführung einen besonders verstärkten Schriftverkehr über technische Einzelheiten mit der Notwendigkeit der deutsch-englischen Übersetzung mit sich gebracht; das Berg- und Hüttenwesen steht dabei mit in der vordersten Reihe der Gebiete, für die eine solche Aufgabe erwachsen ist. Auch ist es heute für den Ingenieur in den Planungsstellen, in den Betrieben, in den Stätten der wissenschaftlichen Forschung oder im Patentwesen, aber ebenso bereits für den Studenten der technischen Fächer mehr denn je zur zwingenden Forderung geworden, das englisch geschriebene Fachschrifttum verfolgen zu können.

Technisches Englisch ist nun bekanntlich eine Sprache, die in vielen Belangen über einen anderen Wortschatz und eine andere Zuordnung von Begriff und Wort verfügt als das Englisch des sonstigen täglichen Lebens oder des schöngeistigen Schrifttums. Bedenkliche Mißverständnisse können entstehen, wenn dieser Tatsache nicht Rechnung getragen wird. Überdies ist die technische Sprache schnellebig wandelbar wie die Technik selbst; die Schwierigkeiten, die daraus entstehen, treten dem Benützer der bisher erschienenen technischen Fachwörterbücher immer wieder einmal entgegen.

Der Verfasser hat sich nun bemüht, ein dem letzten Stand der Technik, unter besonderer Berücksichtigung des Berg- und Hüttenwesens, entsprechendes Wörterbuch zu schaffen und die heute wirklich im Kreis der englischen und amerikanischen Techniker gebrauchte Sprache seinen Übersetzungen zugrunde zu legen. Als wissenschaftlich geschulter Philologe hat er das technische Englisch zum Gegenstand seines Sonderstudiums gemacht und in anerkannter Tätigkeit als Übersetzer für den Schriftverkehr mit Unternehmungen und Behörden eine weitreichende Erfahrung gewonnen. Diese wird unterstützt durch sein in der langjährigen Beschäftigung erworbenes Fachwissen auf den technischen Gebieten selbst.

Unter diesen guten Voraussetzungen ist somit ein zuverlässiges Werk entstanden, das Nutzen bringen wird und dem daher der Wunsch für eine freundliche Aufnahme im Kreis der Techniker, besonders der Berg- und Hüttenleute, gern auf den Weg mitgegeben werden soll.

Dipl.-Ing. Dr. mont. Richard G. Walzel

o. Professor der Eisenhüttenkunde an der
Montanistischen Hochschule Leoben

Vorwort

Anregungen amerikanischer, englischer, deutscher und österreichischer Fachkreise bewogen den Verfasser zur Zusammenstellung dieses Werkes, das weitgehend als Niederschlag seiner langjährigen Tätigkeit als Fachübersetzer und Dolmetsch für einen großen österreichischen Eisenhüttenkonzern zu betrachten ist. Das dargebotene Material stammt aus der zeitgenössischen Fachliteratur; es ist auch der Versuch gemacht worden, die jüngsten Entwicklungen mit einzubeziehen, obwohl hier die Terminologie — wohl in beiden Sprachen — noch etwas unsicher sein mag und vielleicht zu einem späteren Zeitpunkt einer Änderung unterzogen werden wird.

Die dauernde Beschäftigung des Verfassers mit der Fachliteratur in beiden Sprachen ließ klar den Mangel an einem geeigneten Übersetzungsbehelf erkennen, ohne den sich weder der Eisenhüttenmann noch der Übersetzer und Dolmetsch ohne weiteres im terminologischen Gewirr des neuzeitlichen Eisenhüttenwesens zurechtzufinden vermag.

Eine Reihe bestehender technischer Wörterbücher erwies sich entweder als hoffnungslos veraltet oder aber als viel zu wenig detailliert, um wirklich von Nutzen zu sein. Um im vorliegenden Buch alle Gebiete des Eisenhüttenwesens einigermaßen im Detail behandeln zu können, wurden betriebswirtschaftliche Ausdrücke auf ein Mindestmaß beschränkt und elektrotechnische Ausdrücke ganz weggelassen. Da auf dem Gebiet „Werkzeugmaschinen und spanabhebende Formgebung" gute Behelfe vorhanden sind, war es außerdem möglich, auch hier nur das für den allgemeinen Zusammenhang Notwendige einzubeziehen.

Vom sprachlichen Standpunkt wurde eine Vereinfachung insofern erreicht, als für die fremdsprachlichen Termini die amerikanische Schreibweise — ohne jedes Vorurteil — angewandt wurde, da anzunehmen ist, daß bei den Benützern dieses Buches keine Unklarheit über die Unterschiede zwischen der englischen und der amerikanischen Rechtschreibung besteht.

In Anbetracht der in der Eisen- und Stahlindustrie herrschenden fachlichen Spezialisierung hat sich der Verfasser von Anbeginn um eine Darstellungsweise bemüht, die eine korrekte Wortwahl und allgemeines Verständnis gewährleisten würde. Er hofft mit seinem, wenn auch durchaus nicht vollkommenen Werk einen Behelf geschaffen zu haben, der seinen Benützern Studium und Arbeit erleichtern hilft. Sie wiederum bittet der Verfasser um ihre Kritik und um Anregungen.

Abschließend bleibt noch die angenehme Pflicht, allen jenen zu danken, die dem Verfasser mittelbar oder unmittelbar bei der Schaffung dieses Nachschlagewerkes mit Rat und Ermutigung zur Seite standen. Dazu gehören seine Freunde in Übersee, besonders Mr. W. W. KNIGHT, jr., von der Morgan Construction Co., Worcester, Mass., ferner der technische Stab der Technischen Direktion Leoben der Österreichisch-Alpinen Montangesellschaft, insbesondere Herr Direktor Dr. A. LEGAT, dessen Hilfe beim Lesen der Korrekturen von größtem Wert war, weiter der Springer-Verlag, der in mühevoller Kleinarbeit dazu beitrug, das Werk veröffentlichungsreif zu machen.

Leoben, im Dezember 1954

Eduard L. Köhler

Introductory Note

The co-operation on technical problems between the English-speaking world and the German-speaking countries has never been more encompassing and prominent than in the period of time following World War II. The recovery program of the American people under what is called the "MARSHALL-Plan" brought about in the course of its execution a vast amount of correspondence involving detailed technical information that needed expert translation to be of any use. Here it was especially the basic industry that was faced with a formidable task. Moreover, it has become an essential requirement for engineers in planning departments, in practical service, in scientific research institutions, in patent offices, and even for students of technical colleges, to keep abreast with new developments by studying technical publications in the original text.

It is well known that "technical languages" present a class of their own involving in many respects a vocabulary and a co-ordination of terms and words that may widely differ from what appears in the everyday language, or in literary publications. Grave misinterpretations are bound to come forth where this basic fact is not given due consideration. Besides, the "technical language" changes and coins new terms as rapidly as the technical science develops; difficulties arising from this feature will doubtless have been encountered by users of technical dictionaries published before this time.

The author has endeavoured to present to the iron and steel industry in particular a dictionary that is really up-to-date as to its contents, and whose interpretations comply with the terminology used in this field today. As a graduated linguist he has made technical English the subject of his special studies and has won great experience in his widely appreciated activity as a translator and interpreter to both industrial undertakings and public authorities. This experience builds up on a sound knowledge of technical and metallurgical subjects which he has acquired during the long years of his activity.

Based on such favorable conditions a reliable and useful guide has been compiled that deserves to be introduced to the community of technical men, particularly of iron and steel engineers, with every recommendation.

Dipl.-Ing. Dr. mont. **Richard G. Walzel**

o. Professor of the metallurgy of iron and steel
at the Montanistische Hochschule Leoben

Preface

Encouraged by iron and steel engineers in the U. S. A., in the United Kingdom, in Germany, and in Austria, the author has undertaken this work which, to a large extent, represents the linguistic result of long years of translating and interpreting work for a big iron and steel company in Austria. The presented matter has — to the better part — been extracted from current literature and papers, and the attempt has been made even to include the most recent developments, although the terminology might — in either language — be tentative and probably subject to alterations at a more advanced date.

The continual study of current technical literature made apparent the lack of a suitable guide that would be of eminent importance to iron and steel engineers and translators alike, who try to find their path through the terminological maze of the modern metallurgy of iron and steel.

A number of existing technical dictionaries proved either to be hopelessly obsolete, or else to be of a scope such as can leave but little space for the subject of metallurgy. In order to include all divisions of the iron and steel industry to some detail in this book, by-lines such as plant economy and electrical auxiliaries were more or less neglected. Existing satisfactory dictionaries in the field of machine tools and machining permitted the author to restrict the pertinent terms to the necessary minimum.

From the linguistic point of view a simplification was reached in that — without any prejudice on the author's side — the American way of spelling was adhered to uniformly.

In due consideration of the high degree of specialization in the iron and steel industry the author has, from the outset, tried to find a method of presentation that would ensure both universal understanding and correct selection of words. He hopes this book will provide a useful, though by no means perfect, guide for the benefit of both the iron and steel engineer and the translator, whom the author asks for criticism and suggestions.

There remains for the author to extend his sincere thanks to all persons that with advice and encouragement helped to promote his work. This acknowledgement goes out to his friends in the U. S. A., in particular to Mr. W. W. KNIGHT, jr., of the Morgan Construction Co., as well as to the staff of the Technische Direktion Leoben of the Österreichisch-Alpine Montangesellschaft. Special thanks are due to Herr Dr. A. LEGAT, chief metallurgist, whose help in reading the proofs was invaluable, and the publishing firm Springer, whose painstaking efforts went a long way in getting this work ready for publication.

Leoben, December 1954

Eduard L. Köhler

I. Englisch-Deutsch

Erläuterungen

Um das Nachschlagen zu erleichtern, wurden einfach gehaltene Hinweise und kurze Definitionen in runden Klammern eingeführt, die dem Benützer des Buches Aufklärung über die Anwendung des Ausdruckes geben. Diese Hinweise ermöglichen es, dort, wo ein Stichwort mehr als eine Entsprechung hat, das richtige Wort zu wählen.

Zusätze in eckiger Klammer bedeuten entweder eine wahlweise andere Schreibung oder die allgemein für den betreffenden Ausdruck benützte Abkürzung.

Abkürzungen und Ausdrücke, die mit einem alleinstehenden großen oder griechischen Buchstaben beginnen, finden sich vor der alphabetischen Reihung jedes Buchstabens.

Die Verwendung von Beistrichen und Strichpunkten ist besonders zu beachten: durch Beistriche getrennte Ausdrücke können wahlweise verwendet werden, durch Strichpunkte getrennte haben verschiedene Bedeutung.

Zur Vereinfachung der Erklärungen in runden Klammern sind die nachstehend verzeichneten, zum Teil willkürlich gewählten Abkürzungen herangezogen worden.

Abkürzungen

allgem.	allgemein	Metallogr.	Metallographie
Bauw.	Bauwesen	opt.	optisch
ca.	zirka	Phys.	Physik
Chem.	Chemie	Prüfg.	Prüfung
Eisenb.	Eisenbahn	SM-Ofen	Siemens-Martin-Ofen
el.	Elektro-	Spektrogr.	Spektrographie
Erzaufber.	Erzaufbereitung	Stahlw.	Stahlwerk
etc.	et cetera	Techn.	Technik
ff.	feuerfest	technol.	technologisch
Geom.	Geometrie	u. dgl.	und dergleichen
Gieß.	Gießerei	U. K.	Großbritannien
H-Ofen	Hochofen	vgl.	vergleiche
Instr.	Instrument	Walzenkalibr.	Walzenkalibrierung
Kesselb.	Kesselbau	Walzerzeugn.	Walzerzeugnis
Kristallogr.	Kristallographie	Walzw.	Walzwerk, Walzwesen
Masch.	Maschinenbau	Werkst.-Prüfg.	Werkstoffprüfung
Math.	Mathematik	Werkz.-Masch.	Werkzeugmaschine
Mech.	Mechanik	z. B.	zum Beispiel
Meßw.	Meßwesen	Zeichng.	Zeichnung

Grammatikalische Abkürzungen

Das zweite in diesem Buche verwendete Abkürzungssystem in *Kursivlettern* soll dem Benützer einen kurzen Hinweis auf den grammatikalischen Gebrauch der Worte oder Phrasen geben.

a.	Eigenschaftswort
adv.	Umstand, Umstandswort
f.	Hauptwort, weiblich
fpl.	Hauptwort, weiblich, Mehrzahl
m.	Hauptwort, männlich
mpl.	Hauptwort, männlich, Mehrzahl
n.	Hauptwort, sächlich
npl.	Hauptwort, sächlich, Mehrzahl
pl.	Mehrzahl
s.	Hauptwort
spl.	Hauptwort, Mehrzahl
v.i.	nichtzielendes (intransitives) Zeitwort
v.t.	zielendes (transitives) Zeitwort

Berichtigungen

S. 19, linke Spalte, Zeile 8 von unten lies: basis metal statt: base metal.

S. 20, linke Spalte, Zeile 13 von oben lies: Felgenrand statt: Felgenwand.

S. 31, rechte Spalte, Zeile 5 bis 7 von unten lies:

cast, *v.t.*, direct (see "cast downhill").

cast, *v.t.*, downhill, fallend gießen, *v.t.*

statt:

cast, *v.t.*, direct, fallend gießen, *v.t.*

cast, *v.t.*, downhill, (see "cast downhill").

S. 33, linke Spalte, Zeile 25 von unten lies: Schrotschleudermaschine statt: Schrottschleudermaschine.

S. 35, linke Spalte, Zeile 6 von oben lies: Hartgußschrot statt: Hartgußschrott.

S. 40, rechte Spalte, Zeile 2 von oben lies: fillet statt: filled.

S. 94, linke Spalte, Zeile 10 von oben lies: M_{50}-Punkt statt: M_{90}-Punkt.

S. 118, rechte Spalte, Zeile 12 von unten lies: dust statt: duct.

S. 135, linke Spalte, Zeile 6 von unten lies: levelers statt: levellers.

S. 143, rechte Spalte, Zeile 10 von oben lies: tongues statt: tongs.

S. 148, linke Spalte, Zeile 1 von unten lies: leveler statt: leveller.

S. 160, linke Spalte, Zeile 8 von oben lies: ground statt: gound.

A

α-iron, *s.* (see "alpha iron").

α-martensite, *s.* (see "alpha martensite").

A_0 point, *s.* A_0-Punkt, *m.* (magnetische Umwandlung im Zementit bei 200°C).

A_1 point, *s.* A_1-Punkt, *m.* (die eutekoide Umwandlung Austenit $\rightleftarrows$ Ferrit und Zementit, bei 723°C).

A_2 point, *s.* A_2-Punkt, *m.* (Änderung der magnetischen Eigenschaften von Alpha-Eisen bei 768°C).

A_3 point, *s.* A_3-Punkt, *m.* (Übergang von $\alpha \rightleftarrows \gamma$-Eisen bei 906—896° C).

A_4 point, *s.* A_4-Punkt, *m.* (Die Umwandlung Gamma $\rightleftarrows$ Delta-Eisen bei 1.400°C).

A_c and A_r points, *spl.* (see "arrest points").

A_{cm} line, *s.* A_{cm}-Linie, *f.* (Löslichkeitsgrenze der Karbide im Gamma-Eisen).

A_{cm} point, *s.* A_{cm}-Punkt, *m.* (Gleichgewichts-Umwandlungstemperatur für übereutektoide Stähle).

A_{cm} temperature, *s.* A_{cm}-Punkt, *m.* (Gleichgewichts-Umwandlungstemperatur für übereutektoide Stähle).

A_{e1} point, *s.* A_{e1}-Punkt, *m.* (Gleichgewichts-Umwandlungspunkt: oberhalb dieser Temperatur bleibt der Stahl im austenitischen Zustand. Bei Stahl von eutektoider Zusammensetzung).

A_{e3} point, *s.* A_{e3}-Punkt, *m.* (siehe „A_{e1}-Punkt"; oberhalb dieser Temperatur bleibt untereutektoider Stahl im austenitischen Zustand).

A_{e3}-A_{e1} range, *s.* A_{e3}-A_{e1}-Gebiet, *n.* (in dem der Austenit in bezug auf voreutektoiden Ferrit instabil ist).

A + C field, *s.* Gebiet, *n.*, mit Austenit + Zementit (Umwandlungsschaubild).

A + F field, *s.* Gebiet, *n.*, mit Austenit plus Ferrit (Umwandlungsschaubild).

A + F + C field, *s.* Gebiet der Austenitumwandlung, *n.* (von A_{e1} bis Ms).

A_r'-A_r'' points, *spl.* A_r'-A_r''-Punkte, *mpl.* (siehe „kritische Abkühlungsgeschwindigkeit").

aberration, *s.* Abweichung, *f.*, Meßabweichung, *f.*

ability, *s.* Eignung, *f.*, Fähigkeit, *f.*

abrade, *v.t.* abreiben, *v.t.*, schmirgeln, *v.t.* (im Sinne einer Verschleißwirkung).

abrasion, *s.* schmirgelnder Verschleiß, *m.*

abrasive, *a.* schmirgelnd, *a.*

abrasive resistance, *s.* Abriebfestigkeit, *f.*

abrasive engineering technique, *s.* Schleif- und Poliertechnik, *f.*

abrasives, *spl.* Schleif- und Schmirgelmittel, *npl.*

abrasive sand, *s.* Schmirgelsand, *m.*

abrasive scouring finishing, *s.* Oberflächenveredelung, *f.*, durch Scheuern mit Schmirgelpapier (nicht-rostende Bandstähle).

abrasive wheel, *s.* Schmirgelscheibe, *f.*

abscissa, *s.* (*pl.*: abscissae), Abszisse, *f.*, Auftragungslinie, *f.* (Diagramm).

absence, *s.*, of play, Spielfreiheit, *f.* (eines Lagers, einer Passung).

absolute atmosphere, *s.* absolute Atmosphäre, *f.* [Ata.] (entspricht "pounds per sq. in. absolute", [psia.], wenn 1 Atm. = 14.7 psi.).

absolute pressure, *s.* absoluter Druck, *m.*

absolute temperature, *s.* absolute Temperatur, *f.* (in Grad Kelvin oder Rankine: n°K = °C + 273.2, n°R = = °F + 459.7).

absolute zero, *s.* absoluter Nullpunkt, *m.* (—273.2°C).

absorb, *v.t.* absorbieren, *v.t.*, einnehmen, *v.t.*

abstraction of heat, *s.* Wärmeentzug, *m.*

abut, *v.i.* aneinanderstoßen, *v.i.*

abutment, *s.* Widerlager, *n.* (Brücke, Gewölbe).

accelerated aging, *s.* Anlassen, *n.* (von Metallegierungen bei mäßigen Temperaturen zur Beschleunigung der Aushärtung).

accelerating moment, *s.* Beschleunigungsmoment, *n.*

accelerator, *s.* Beschleuniger, *m.* (Chem.).

acceptance, *s.* Lieferungsübernahme, *f.*

acceptance test, *s.* Maßkontrolle, *f.* bei Übernahme.

access, *s.* Zugang, *m.*

accessibility, *s.* Zugänglichkeit, *f.*

accessories, *spl.* Armaturen, *fpl.*, Zubehör, *n.*

accident-proof, *a.* unfallsicher, *a.*

accident rate, *s.* Unfallzahl, *f.*

accomodate, *v.t.* unterbringen, *v.t.* (Einrichtungen).

accomodation, *s.* Unterbringung, *f.*, Unterbringungsmöglichkeit, *f.*

accompanying elements, *spl.* Eisenbegleiter, *mpl.*, Begleitelemente, *npl.*

accounting, *s.* Rechnungswesen, *n.*

accretions, *spl.* Ansätze, *mpl.*, Anwüchse, *mpl.* (auf der ff. Ausmauerung).

accumulate, *v.i.* sich anhäufen, *v.i.*, summieren, *v.i.*

accumulative frequency curve, *s.* Summen-Häufigkeitskurve, *f.*

accumulator, *s.* Speicher, *m.* (Druckluft, Druckwasser).

accumulator system, *s.* Speicheranlage, *f.* (Druckluft, Druckwasser).

accuracy, *s.* Genauigkeit, *f.*

accuracy, *s.,* **of control,** Steuergenauigkeit, *f.*

accuracy, *s.,* **to ga(u)ge,** Maßhaltigkeit. *f.*

accuracy, *s.,* **to shape,** Formgenauigkeit, *f.*

accuracy, *s.,* **to size,** Kaliberhaltigkeit, *f.*

accurate, *a.* genau, *a.*

acetic acid, *s.* Essigsäure, *f.*

acetylene cutting, *s.* Azetylenschneidverfahren, *n.*

acetylene-oxyhydrogen torch, *s.* Azetylen-Sauerstoff-Schneidbrenner, *m.*

acicular, *a.* [accicular], nadelförmig, *a.* (Gefüge).

acid, *a.* sauer, *a.* (Chem.).

acid, *s.* Säure, *f.*

acid bath, *s.* Säurebad, *n.*

acid Bessemer, *s.* Bessemerverfahren, *n.*

acid bessemer — basic open hearth process, *s.* Duplexverfahren, *n.* (Vorblasen im Bessemerkonverter und Fertigfrischen im basischen SM-Ofen).

acid bessemer pig (iron), *s.* Bessemerroheisen, *n.*

acid bessemer process, *s.* Bessemerverfahren, *n.*

acid bessemer steel, *s.* Bessemerstahl, *m.*

acid block, *s.* saurer Großformatstein, *m.*

acid bottom, *s.* sauer zugestellter Herdboden, *m.*

acid bottom and walls, *s.* saure Zustellung, *f.* (eines Ofens, Konverters).

acid brick, *s.* saurer Stein, *m.* (ff. Stein normalen Formats).

acid circuit, *s.* Säureverfahren, *n.* (Chem.).

acid converter process, *s.* saures Windfrischverfahren, *n.*

acid converter slag, *s.* Bessemerschlacke, *f.*

acid converter steel, *s.* saurer Windfrischstahl, *m.*

acid converting mill, *s.* Bessemerstahlwerk, *n.*

acid electric furnace, *s.* sauer zugestellter Elektroofen, *m.* (Stahlw.).

acid electrolytic tinning process, *s.* Verzinnung, *f.*, in sauren Elektrolyten.

acid furnace, *s.* saurer Ofen, *m.*

acidifiable base, *s.* säurefähige Base, *f.*

acidify, *v.t.* ansäuern, *v.t.* (Chem.).

acidimetry, *s.* Säurebestimmung, *f.* (Chem.).

acid lining, *s.* saures Futter, *n.*, saure Ausmauerung, *f.*

acid open hearth furnace, *s.* sauer zugestellter SM-Ofen, *m.*

acid pickle, *s.* angesäuerte Beize, *f.*

acid-proof brick, *s.* säurefester Baustein, *m.*

acid-proof part, *s.* säurefestes Bauelement, *n.*

acid-proof tank lining, *s.* säurefestes Behälterfutter, *n.*

acid recovery plant, *s.* Säure-Rückgewinnungsanlage, *f.*

acid resisting, *a.* säurebeständig, *a.*

acid resisting castings, *spl.* säurebeständiger Guß, *m.*

acid slag, *s.* lange Schlacke, *f.*

acid sludge, *s.* saurer Rückstand, *m.* (Chem.).

acid smelting, *s.* saure Schmelzführung, *f.* (H-Ofen).

acidulated water, *s.* angesäuertes Wasser, *n.*

acid value, *s.* Säurezahl, *f.* (Chem.).

across the fiber, *adv.* quer zur Faserrichtung, *adv.* (Prüfen des Werkstoffes erfolgt — — —).

active area, *s.* wirksame Fläche, *f.* (z. B. eines Herdes).

action, *s.* Wirkung, *f.*, Einwirkung, *f.*

action, *s.*, **of stray current,** Fremdstromeinwirkung, *f.* (Korrosion).

activated carbon, *s.* Aktivkohle, *f.* (für Klärfilter u. dgl.).

active hot metal mixer, *s.* aktiver Roheisenmischer, *m.*, Vorfrischmischer, *m.*

active mixer, *s.* (see "active hot metal mixer").

actual horse power, *s.* Ist-Pferdestärke, *f.*

actual practice, *s.* Praxis, *f.* (Gegensatz zu „Theorie").

actual production, *s.* Ist-Erzeugung, *f.*, Ist-Leistung, *f.*

actual value, *s.* Ist-Wert, *m.*

actual weight, *s.* Ist-Gewicht, *n.*

actuate, *v.t.*, betätigen, *v.t.* (Masch.).

adamantine, *a.* diamantartig, *a.*

adapt, *v.t.* umarbeiten, *v.t.*, anpassen, *v.t.*

adaptation, *s.* Anpassung, *f.*, Umarbeitung, *f.*

adapter, *s.* Futterscheibe, *f.* (Klemmfutter einer Werkz.-Masch.).

adapter sleeve, *s.* Spannhülse, *f.* (des Lagers).

adaptibility, *s.* Anpassungsfähigkeit, *f.*, Umarbeitbarkeit, *f.*

addition, *s.* Zugabe, *f.*, Zusatz, *m.* (Tätigkeit).

additions, *spl.* Zuschläge, *mpl.* (Stahlfrischen).

additive, *s.* Beigabe, *f.*, Zusatz, *m.* (der Stoff).

adherence, *s.* Haftfestigkeit, *f.*

adhesion, *s.* Haftwirkung, *f.*

adhesion weight, *s.* Adhäsionsgewicht, *n.* (einer Lokomotive).

adhesive characteristics, *spl.* Haftverhalten, *n.* (von Schmierstoffen).

adhesive power, *s.* Haftvermögen, *n.*

adhesive strength, *s.* Haftfestigkeit, *f.*

adhesive stresses, *spl.* Haftspannungen, *fpl.* (z. B. bei Betonstahl).

adiabatic expansion, *s.* adiabatische Ausdehnung, *f.* (von Gasen ohne Wärmezufuhr).

adjacent, *a.* angrenzend, *a.*

adjust, *v.t.* eichen, *v.t.* (Gewichte); einstellen, *v.t.* (Entfernung, Abstand); richten, *v.t.* (Schienen, Federn).

adjustable, *a.* regelbar, *a.*, stellbar, *a.*

adjustable bed press, *s.* Presse, *f.*, mit verstellbarem Tisch.

adjusting dog, *s.* Stellklaue, *f.*

adjusting equipment, *s.* Einstellvorrichtung, *f.*

adjusting gear, *s.* Stellvorrichtung, *f.*

adjusting gib, *s.* Verstelleiste, *f.* (Werkz.-Masch.).

adjusting nut, *s.* Stellmutter, *f.*

adjusting ring, *s.* Stellring, *m.*

adjusting screw, *s.* Druckschraube, *f.*

adjusting shim, *s.* Zwischenscheibe, *f.*

adjusting wedge, *s.* Stellkeil, *m.*

adjustment, *s.* Einstellung, *f.* (Tätigkeit), Regelung, *f.*, Schaltung, *f.*

adjustment, *s.*, **of height,** Höheneinstellung, *f.*

Admiralty metal, *s.* Kondensationsrohr-Messing, *n.*, Marinemetall, *n.*

admission, *s.* Beaufschlagung, *f.* (z. B. von Turbinen); Einlaß, *m.*, Zuführung, *f.*

admission valve, *s.* Einlaßventil, *n.*

admit, *v.t.* einführen, *v.t.*, zuführen, *v.t.* (Gas, Flüssigkeit).

admixture, *s.* Beimengung, *f.*

adsorbing power, *s.* Adsorptionsvermögen, *n.*

advance, *v.t.* aufstellen, *v.t.* (eine Theorie).

advance, *s.* Fortschritt, *m.*

advanced, *a.* fortschrittlich, *a.*, gediehen, *a.*

advancing by (full inches), zunehmen um (ganze Millimeter: bei Dimensionsangaben von Erzeugnissen).

advancing device, *s.* Vorholvorrichtung, *f.* (Masch.).

advisory service, *s.* Kundenberatung, *f.*

aerated water, *s.* kohlensaures Wasser, *n.*

aeration, *s.* Auflockerung, *f.*, Durchlüftung, *f.* (Formsand).

aerial cable, *s.* Luftkabel, *n.*

aerial ropeway, *s.* Transportseilbahn, *f.*

aerial tramway, *s.* Personenseilbahn, *f.*

aeroplane strand 7 by 19, *s.* Leitwerkseil, *n.*, mit verzinkten Adern aus Tiegelstahl, mit 7 Adern zu je 19 Drähten.

adopt, *v.t.* einführen, *v.t.* (eines neuen Verfahrens).

adoption, *s.* Einführung, *f.* (ein neues Verfahren).

affinity, *s.* Affinität, *f.* (Chem.).

after blow, *s.* Nachblasen, *n.* (Thomasprozeß).

after contraction, *s.* Nachschrumpfung, *f.* (ff. Stoffe).

after-cooler, *s.* Nachkühler, *m.* (Kompressor).

after-pour, *s.* Nachgießen, *n.* (Gieß.).

afterworking, *s.* elastische Nachwirkung, *f.*

age, *v.i., v.t.* altern, *v.i.* (Stahl); auslagern, *v.i.* (Leichtmetall-Legierungen); vergüten, *v.t.* (Leichtmetall-Legierungen).

age hardenability, *s.* Vergütbarkeit, *f.* (von Leichtmetall-Legierungen durch Lagern).

age hardening, *s.* Alterungshärtung, *f.* (durch einen Alterungsprozeß, der eine teilweise Umwandlung einer übersättigten festen Lösung bewirkt); Auslagern, *n.* (Aluminium und seine Legierungen).

agent, *s.* Mittel, *n.*, Wirkstoff, *m.*

agglomerate, *s.* Agglomerat, *n.*, Haufwerk, *n.*

agglomerating process, *s.* Agglomerierverfahren, *n.* (z. B. Sintern, Pelletisieren, Nodulieren).

agglomeration, *s.* Stückigmachung, *f.* (von Feinerz).

agglutination, *s.* Backen, *n.* (des Kokses).

aggregate structure, *s.* Mischgefüge, *n.* (Metallogr.).

aging, *s.* Altern, *n.* (des Stahles); Auslagern, *n.*, Veredeln, *n.* (Leichtmetall); Spannungsfreiglühen, *n.* (ab und zu im amerikanischen Sprachgebrauch).

aging behavior, *s.* Alterungsverhalten, *n.* (Stahl).

aging characteristics, *spl.* Alterungsmerkmale, *npl.* (Stahl).

aging properties, *spl.* Vergütungseigenschaften, *fpl.* (Leichtmetall-Legierungen).

agitation, *s.* lebhafte Bewegung, *f.*, Wallung, *f.* (z. B. des Metallbades).

agitation, *s.,* **of the metal bath,** Durchwirbelung, *f.*, des Metallbades (z. B. beim Einblasen von Sauerstoff).

agitator, *s.* Rührwerk, *n.*

agricultural implements, *spl.* landwirtschaftliche Geräte, *npl.*

air, *s.* Druckluft, *f.*, Luft, *f.*, Wind, *m.* (aus einem Gebläse).

air-actuated machinery, *s.* druckluftbetriebene Maschinen, *fpl.*

air blast, *s.* Wind, *m.* (H-Ofen, Konverter).

air blowing, *s.* Windfrischen, *n.* (mit gewöhnlicher Luft).

air box, *s.* Windkasten, *m.* (Sintermaschine, Konverter).

air brake, *s.* Druckluftbremse, *f.*

air bubble, *s.* Luftblase, *f.*

air chamber, *s.* Windkessel, *m.* (hydraulische Anlagen).

air chuck, *s.* Druckluftfutter, *n.* (Werkz.-Masch.).

air circulation, *s.* Luftumwälzung, *f.*

air clamp, *s.* druckluftbetätigter Niederhalter, *m.* (Blechschere).

air clutch, *s.* Druckluftkupplung, *f.*

air compressor, *s.* Luftverdichter, *m.*, Kompressor, *m.*

air conditioned, *a.* mit Klimaanlage versehen, *a.*

air-conditioning plant, *s.* Klimaanlage, *f.*

air conduit, *s.* Luftkanal, *m.*, Luftweg, *m.*

air-cool, *v.t.* luftkühlen, *v.t.* (Erzeugnisse).

aircraft components, *spl.* Flugzeugbauteile, *mpl.*

aircraft industry, *s.* Flugzeugindustrie, *f.*

air cushion, *s.* Luftpolster, *n.* (Stoßdämpfung).

air cylinder, *s.* Druckluftzylinder, *m.*

air damper, *s.* Luftschieber, *m.*
air draft, *s.* Luftzug, *m.*, Zug, *m.* (eines Schornsteins).
air drop hammer, *s.* Drucklufthammer, *m.*
air duct, *s.* Luftkanal, *m.*
air dump car, *s.* druckluftbetätigter Selbstentleerer, *m.*
air dump cinder car, *s.* druckluftgesteuerter Schlackenkippwagen, *m.*
air ejector unit, *s.* Strahltriebanlage, *f.* (Ofenzugsteuerung; siehe auch „Isley-System").
air exhaustor, *s.* Absaugventilator, *m.*
air flap, *s.* Luftklappe, *f.*
air flap valve, *s.* Luftklappe, *f.*
air flow, *s.* Luftstrom, *m.*
air flushing, *s.* Luftspülung, *f.*
air furnace, *s.* Flammofen, *m.* (Gießerei).
air-gas ratio, *s.* Luft-Gas-Gemischverhältnis, *n.*
air hammer, *s.* Drucklufthammer, *m.*
air-harden, *v.t.* lufthärten, *v.t.*
air-hardening steels, *spl.* Lufthärter, *mpl.* (Stähle, die bei Abkühlung in Luft von A$_{c3}$ martensitisches Gefüge erhalten, z. B. Schnellstähle).
air head, *s.* Luftverteilerrohr, *n.*
air heater, *s.* Lufterhitzer, *m.*
air hoist, *s.* Druckluftaufzug, *m.*
air hole, *s.* Windpfeife, *f.* (Formguß).
air-hydraulic, *a.* lufthydraulisch, *a.*
airing louvers, *spl.* Entlüftungsschlitze, *mpl.* (Bauw.).
air intake, *s.* Luftzuführung, *f.*
air jet, *s.* Druckluftstrahl, *m.*; Luftdüse, *f.* (Gerät).
air level, *s.* Libelle, *f.*, Nivellierwaage, *f.*
air lift, *s.* Preßlufthebezeug, *n.*; Druckluftförderung, *f.*
air line, *s.* Luftleitung, *f.*
air lock, *s.* Luftschleuse, *f.*, Luftstau, *m.*
air motor, *s.* Druckluftmotor, *m.*
air-oil ratio, *s.* Luft-Öl-Mischungsverhältnis, *n.*
air operated, *a.* druckluftbetätigt, *a.*
air-patented wire, *s.* luftpatentierter Draht, *m.*
air pipe, *s.* Luftrohr, *n.*, Lutte, *f.*
air pocket, *s.* Lufttasche, *f.* (Rohrleitung).
air pollution, *s.* Luftverstaubung, *f.*
air port, *s.* Luftweg, *m.*, Luftkanal, *m.* (SM-Ofen).

air preheat, *s.* Luftvorwärmung, *f.*
air preheater, *s.* Luftvorwärmer, *m.*
air relief, *s.* Entlüftungsweg, *m.*
air setting mortar, *s.* lufttrocknender Mörtel, *m.*
air tight, *a.* luftdicht, *a.*
air tool, *s.* Druckluftwerkzeug, *n.*
air velocity, *s.* Luftgeschwindigkeit, *f.*
air volume, *s.* Luftmenge, *f.*, Windmenge, *f.*
air type die caster, *s.* Preßluft-Spritzgußmaschine, *f.* (Aluminium).
air vent, *s.* Entlüftungsweg, *m.* (Rohr, Abzug).
aisle, *s.* Fahrbahn, *f.*, Gang, *m.* (einer Halle).
aitch pipe, *s.* H-förmiges Rohrverbindungsstück, *n.*
Ajax metal, *s.* Ajax-Metall, *n.* (eine verbleite Bronze, als Lagermetall verwendet).
alarm apparatus, *s.* Warnvorrichtung, *f.*
alarms, *spl.* Wächter, *mpl.*, Warnanlagen, *fpl.*
alarm whistle, *s.* Lärmpfeife, *f.*
Alclad, *s.* Alclad, *n.* (Verbundblech: eine Aluminiumlegierung wird mit reinem Aluminium zur Erhöhung der Korrosionsfestigkeit überzogen).
Aldecor, *s.* Aldecor-Stahl, *m.* (schwach mit Mn, Cu, Mo legierter Stahl; U. S. A.).
align, *v.t.*, [aline], (aus)richten, *v.t.*, fluchten, *v.t.* (Bauw., Masch.).
alignment, *s.* [alinement] (Aus) Richtung *f.*, Fluchtung, *f.* (Bauw.; Masch.)
alitizing, *s.* Alitieren, *n.* (Erhitzen des Werkstückes in pulverförmigem Aluminium).
alkali, *s.* Alkali, *n.*
alkaline, *a.* alkalisch, *a.*
alkaline cleaning method, *s.* Reinigung, *f.*, durch Alkalisalze (in wässeriger Lösung oder im Schmelzfluß).
alkaline electrolytic tinning process, *s.* Verzinnung, *f.*, in alkalischen Elektrolyten.
alkaline sodium picrate, *s.* Natronpikratlösung, *f.* (Ätzmittel).
alkaline solution, *s.* wässerige Lösung, *f.*, von Alkalisalzen.
alkalinity, *s.* alkalische Wirkung, *f.*, Alkalität, *f.*

Al-killed heat, *s.* mit Aluminium beruhigte Schmelze, *f.*

all-basic open hearth furnace, *s.* ganzbasischer SM-Ofen, *m.*

all-black malleable, *s.* Schwarzguß, *m.*

alligation, *s.* Errechnung, *f.*, des durchschnittlichen Legierungspreises pro Gewichtseinheit (bei Mehrstofflegierungen).

alligator cracks, *spl.* Schleifrisse, *mpl.* (verursacht durch die bei zu starkem Anpressen der Schleifscheibe hervorgerufenen Wärmespannungen).

alligator shear, *s.* Hebelschere, *f.*, Kurbelschere, *f.* (Blech).

all-metal construction, *s.* Ganzmetallbau, *m.*

allomeric, *a.* allomerisch, *a.* (Stoffe von gleicher Kristallform, aber verschiedener chemischer Zusammensetzung).

allomorphous, *a.* allomorph, *a.* (Stoffe von gleicher chemischer Zusammensetzung, aber verschiedener Kristallform).

allotriomorphic, *a.* allotriomorph, *a.* (Kristalle, die durch ihre Umgebung gezwungen wurden, eine andere als ihre eigentliche Kristallform anzunehmen).

allotropy, *s.* Allotropie, *f.* (Eigenschaft von Stoffen, die in zwei oder mehreren Erscheinungsformen existieren, die sich chemisch gleich verhalten, aber verschiedene physikalische Eigenschaften haben).

allowance, *s.* Bearbeitungszugabe, *f.*

allowance, *s.*, **for contraction,** Schwindmaß, *n.* (Gieß.).

alloy, *v.t.*, legieren, *v.t.*

alloy, *s.* Legierung, *f.*

alloy additions, *spl.* Legierungszuschläge, *mpl.*

alloy bar, *s.* legierter Stabstahl, *m.*

alloy blank, *s.* legiertes Vormaterial, *n.* (Blech, Rohlinge).

alloy carbide, *s.* Karbid, *n.*, des Legierungselementes.

alloy cast iron, *s.* legiertes Gußeisen, *n.*

alloying additions, *spl.* Legierungszuschläge, *mpl.* (Stahlerzeugung).

alloying constituent, *s.* Legierungsbestandteil, *m.*

alloying element, *s.* Legierungselement, *n.*

alloy-faced, *a.* mit Hartmetallauflage, *adv.* (aufgeschweißt oder aufgelötet).

alloy pig iron, *s.* legiertes Roheisen, *n.*

alloy roll, *s.* Walze, *f.*, aus legiertem Werkstoff.

alloy sheet, *s.* legiertes Blech, *n.*

alloy steel, *s.* legierter Stahl, *m.*

alloy steel bar, *s.* legierter Stabstahl, *m.*

alloy steel sheet, *s.* legiertes Blech, *n.*

alloy systems, *s.* Legierungssysteme, *npl.* (binäres, ternäres, quaternäres, quinäres; daneben auch: Zweistoff-, Dreistoff- usw. Systeme).

all-sintered burden, *s.* reiner Sintermöller, *m.* (H-Ofen).

all-steel construction, *s.* Ganzstahlausführung, *f.*

alltime high, *s.* absoluter Höchststand, *m.* (z. B. der Erzeugung).

along the fiber, *adv.* in der Faserrichtung, *adv.* (Prüfung des Werkstoffes erfolgt — — —).

aloxite, *s.* Aloxitschmirgel, *m.* (Basis Aluminiumoxyd, elektrisch erschmolzen).

alpha iron, *s.* [α-iron], Alpha-Eisen, *n.* [α-Eisen] (magnetisches Eisen unterhalb $A_2 = 769°$ C).

alpha martensite, *s.* (α-martensite), tetragonaler Martensit, *m.* (siehe „Martensit").

Alsifer, *s.* Alsifer, *n.* (Vorlegierung mit 20% Al, 40% Fe, 40% Si).

alternate, *v.i.* abwechseln mit, *v.i.*

alternate, *a.* abwechselnd, *a.*, wechselweise, *a.*

alternating impact test, *s.* Wechselschlagversuch, *m.* (Dauerversuch).

alternating stressing, *s.* Wechselbeanspruchung, *f.* (z. B. durch Zug und Druck).

alternation, *s.*, **of stress,** Spannungswechsel, *m.* (Ermüdungsversuch).

alternative, *s.* Alternative, *f.*, Ausweichlösung, *f.*

alumetizing, *s.* Alumetieren, *n.* (Veraluminieren im Spritzverfahren).

alumilite process, *s.* Alumilit-Verfahren, *n.* (anodische Oberflächenbehandlung von Leichtmetallen; U.K.).

alumina, *s.* Tonerde, *f.*

alumina refractories, *spl.* tonerdehaltige feuerfeste Erzeugnisse, *npl.*

aluminiferous, *a.* tonerdehaltig, *a.*

aluminite process, *s.* Aluminitverfahren, *n.* (anodische Oberflächenbehandlung unter Verwendung von Schwefelsäure als Elektrolyt; Werkstoff Aluminium und seine Legierungen. In U. S. A. übliches, dem Eloxalverfahren ähnliches Verfahren).

aluminothermy, *s.* aluminothermisches Schweißen, *n.*

aluminum, *s.* Aluminium, *n.*

aluminum alloy, *s.* Aluminiumlegierung, *f.*

aluminum bronze, *s.* Aluminiumbronze, *f.* (Lagermetall).

aluminum coating, *s.* Veraluminieren, *n.* (Sammelausdruck).

aluminum coating, *s.*, **by spraying,** Alumetieren, *n.*, im Spritzverfahren.

aluminum metal, *s.* Al-Metall, *n.* (zur Desoxydation).

aluminum paste, *s.* Aluminiummasse, *f.*

aluminum solder, *s.* Aluminiumlot, *n.* (mit Zinn als Flußmittel).

alundum, *s.* Alundumschmirgel, *m.* (Basis Bauxit; elektrisch erschmolzen).

ambient atmosphere, *s.* Umgebungsluft, *f.*

ambient temperature, *s.* Bezugstemperatur, *f.*

American arch, *s.* Hängegewölbe, *n.*, amerikanischer Bauweise (SM-Ofen).

American bearings, *spl.* Wälzlager, *npl.*, hergestellt von der American Roller Bearing Co.

American ga(u)ges, *spl.* amerikanische Meßlehren, *fpl.*

American standards, *spl.* amerikanische Normen, *fpl.*

American Standard Screw Thread, *s.* amerikanisches Normalgewinde, *n.* (Winkel zwischen den Stollenflanken = 60 Grad).

American Wire Gage, *s.* amerikanische Drahtlehre, *f.*

ammogas, *s.* dissoziierter Ammoniak, *m.*

ammonia, *s.* Ammoniak, *m.*

ammonia carburizing, *s.* Ni-Carb-Einsatzhärtung, *f.*

ammonia pipe, *s.* Schweißeisenrohre, *npl.*, für Ammoniakleitungen.

ammonia recovery, *s.* Ammoniakgewinnung, *f.* (Nebenproduktanlage).

ammonia washer, *s.* Ammoniakwäscher, *m.*

ammonia water, *s.* wässeriger Ammoniak, *m.*

ammonium chloride, *s.* Salmiak, *m.*

ammonium nitrate, *s.* salpetersaurer Ammoniak, *m.*

amount of deformation, *s.* Verformungsgrad, *m.*

amount of looseness, *s.*, **of a fit,** Spiel, *n.*, einer Passung (Masch.).

amount, *s.*, **of stock metal,** Werkstoffmenge, *f.*, des Rohlings (Gesenkschmieden).

amorphous phosphate coating, *s.* Bonderüberzug, *m.*, aus amorphem Phosphat (siehe „Phosphatieren").

amplitude, *s.* Amplitude, *f.*, Ausschlagweite, *f.* (Pendel, Meßanzeiger etc.); Größe, *f.*

amplitude, *s.*, **of pendulum swing,** Pendelausschlag, *m.* (Pendelhärteversuch).

analyse, *v.t.* analysieren, *v.t.*, bestimmen, *v.t.* (chem.); untersuchen, *v.t.* (allgemein).

analysis, *s.* (*pl.:* **analyses**), Analyse, *f.*, Bestimmung, *f.* (Chem.), Untersuchung, *f.* (allgemein).

analysis certificate, *s.* Analysenbericht, *m.* (Chem.).

analysis range, *s.* Analysenbereich, *n.* (von Stählen).

anchor, *v.t.* festmachen, *v.t.*, verankern, *v.t.*

anchor bolt, *s.* Ankerbolzen, *m.*, Fundamentbolzen, *m.*

anchor plate, *s.* Ankerplatte, *f.*, Wurzelplatte, *f.*

ancillary, *a.* Hilfs-.

ancillary equipment, *s.* Nebeneinrichtungen, *fpl.*

anelasticity, *s.* Anelastizität, *f.* (von Metallwerkstoffen).

anemometer, *s.* Windmesser, *m.*

angle, *s.* Winkel, *m.* (allgemein); Winkelstahl, *m.* (Walzerzeugnis).

angle, *s.*, **between cranks,** Kurbelversetzung, *f.* (Masch.).

angle brace, *s.* Winkelband, *n.* (Befestigungsteil).

angle finisher, *s.* Winkelstahl-Fertigkaliber, *n.* (Walzenkalibr.).

angle fishplate, *s.* Winkellasche, *f.* (Schienen, Träger).

angle intermediate, *s.* Winkelstahl-Entwicklungskaliber, *n.* (Walzenkalibr.).

angle leg, *s.* Schenkel, *m.* (des Winkelstahls).

angle of bend, *s.* Biegungswinkel, *m.* (Werkst.-Prüfg.).

angle of bite, *s.* Greifwinkel, *m.* (der Walzen; Walzw.).

angle of bosh, *s.* Rastwinkel, *m.* (H-Ofen).

angle of contact, *s.* Greifwinkel, *m.* (der Walzen).

angle of deflection, *s.* Ausschlagwinkel, *m.* (Instrumentanzeiger).

angle of discharge, *s.* Schüttwinkel, *m.*

angle of grip, *s.* Umschlingungswinkel, *m.* (des Stahlseils um eine Trommel).

angle of inclination, *s.* Neigungswinkel, *m.*

angle of layover, *s.* Umlegewinkel, *m.* (siehe „Umlegen").

angle of nip, *s.* Greifwinkel, *m.* (der Walzen; Walzw.).

angle of oscillation hardness, *s.* Winkelhärte, *f.* (Pendelhärteversuch).

angle of repose, *s.* Reibungswinkel, *m.* (Mech.).

angle of taper, *s.* Konizität, *f.*

angle of wrap, *s.* Umschlingungswinkel, *m.* (des Bandes oder Gurtes um die Trommel).

angle pass, *s.* Winkelkaliber, *n.* (Walzenkalibr.).

angle ring, *s.* Winkelring, *m.* (aus Winkeleisen hergestellt).

angle rolls, *spl.* Winkelstahl-Kaliberwalzen, *fpl.* (Walzw.).

angle splice bar, *s.* Winkel-Verbindungslasche, *f.*

angle stop, *s.* Stemmwinkel, *m.* (Eisenb.).

angle straightener, *s.* Winkelrichtmaschine, *f.*

angular, *a.* abgewinkelt, *a.*, winkelig, *a.*

angular adjustable, *a.* schrägverstellbar, *a.*

angular adjustment, *s.* Schrägverstellung, *f.*, Winkelverstellung, *f.*; Schwenkbarkeit, *f.* (einer Werkz.-Masch.).

angular contact ball bearing, *s.* Schulterlager, *n.* (Masch.).

angular thread, *s.* Spitzgewinde, *n.*

angular velocity, *s.* Winkelgeschwindigkeit, *f.*

animal substance, *s.* tierischer Stoff, *m.* (Aufkohlung).

anisothermal decomposition, *s.,* of **austenite,** anisothermischer Austenitzerfall, *m.* (Metallogr.).

ankerite, *s.* Ankerit, *m.,* Braunspat, *m.*

annealed structure, *s.* Glühgefüge, *n.*

annealing, *s.* Anlassen, *n.* (selten, im amerik. Sprachgebrauch), Glühen, *n.* (Wärmebehandlung durch Erhitzen und Abkühlen zur Erreichung eines bestimmten Zweckes, z. B. Lösung von Spannungen, Änderung mechanischer oder physikalischer Eigenschaften, Erzielung eines bestimmten Feingefüges, Austreiben von Gasen).

annealing bay, *s.* Glüherei, *f.*

annealing bell, *s.* Glühhaube, *f.*

annealing box, *s.* Glühkiste, *f.*

annealing cover, *s.* Topfofendeckel, *m.*

annealing cycle, *s.* Glühvorgang, *m.,* Glühe, *f.*

annealing equipment, *s.* Glühanlage, *f.* (die Einrichtung).

annealing facilities, *spl.* Glühanlage, *f.* (die Einrichtung).

annealing furnace, *s.* Glühofen, *m.*

annealing hood, *s.* Glühhaube, *f.*

annealing ore, *s.* Tempererz, *n.*

annealing pot, *s.* Topfglühofen, *m.*

annealing process, *s.* Glühverfahren, *n.*

annealing temperature, *s.* Glühtemperatur, *f.*

annexe, *s.* Anbau, *m.* (einer Halle).

annular, *a.* ringförmig, *a.*

annular bit, *s.* Kronenbohrer, *m.*

annular burner, *s.* Ringbrenner, *m.*

annular kiln, *s.* Ringofen, *m.* (Kalkbrennen).

annulus, *s.* Ring, *m.* (als lichter Querschnitt).

anode mud, *s.* Anodenschlamm, *m.* (unlöslicher Rückstand auf der Anode in Elektrolytverfahren).

anode slime, *s.* (see „anode mud").

anodic cleaning process, *s.* anodisches Metallreinigungsverfahren, *n.* (zum Oberflächenreinigen von Spritzgüssen etc.).

anodic conditioning, *s.* (see "anodic cleaning").

anodic oxidation, *s.* anodische Oberflächenbehandlung, *f.*

anodic treatment, *s.* anodische Oberflächenbehandlung, *f.*

anodizing, *s.* anodische Oberflächenbehandlung, *f.* (Aluminium und seine Legierungen; Elektrolyte: verdünnte Chrom-, Schwefel- oder Oxalsäure).

anthracite, *s.* Anthrazitkohle, *f.*, Glanzkohle, *f.*

anthracite blast furnace, *s.* Anthrazithochofen, *m.* (Vorläufer des Kokshochofens).

anticipated production, *s.* voraussichtliche Erzeugung, *f.*

anti-clockwise, *a.* gegen den Uhrzeigersinn, *adv.*

anti-fatigue property, *s.* gutes Dauerverhalten, *n.* (Werkstoffeigenschaft).

anti-fouling paint, *s.* bewuchsverhindernder Unterwasseranstrich, *m.*

anti-freeze, *s.* Frostschutzmittel, *n.* (für flüssige Brennstoffe).

anti-friction (agent), *s.* Gleitmittel, *n.*

antifriction metal, *s.* Lagermetall, *n.*

antifriction metal lining, *s.* Lagerausgießung, *f.*

anti-oxidant, *s.* Oxydationsschutzmittel, *n.*

anti-rust composition, *s.* Rostschutzmittel, *n.*

anti-rust compound, *s.* Rostschutzanstrich, *m.*

anti-rust paint, *s.* Rostschutzfarbe, *f.*

anvil, *s.* Amboß, *m.*

anvil block, *s.* Amboßstock, *m.* (Schmiede); Widerlager, *n.* (eines Fallwerkes; Werkst.-Prüfg.).

anvil cap, *s.* Amboßverschleißplatte, *f.* (des Fallhammers).

aperture, *s.* Blende, *f.* (des Mikroskops); Öffnung, *f.*

apex, *s.* Scheitel, *m.* (eines Winkels, Kegels).

apparatus, *s.* (and *pl.*), Gerät, *n.*, Vorrichtung, *f.*

appearance, *s.* Aussehen, *n.* (des Fertigerzeugnisses).

appliance, *s.* Behelf, *m.*, Vorrichtung, *f.*

application, *s.* Ansuchen, *n.* (z. B. Patent-); Anwendung, *f.*, Anwendungsgebiet, *n.*

application, *s.*, **of load,** Lastaufgabe *f.* (Werkst.-Prüfg.).

applied stress, *s.* äußere Spannung, *f.*, Beanspruchung, *f.* (die durch eine außen liegende Kraft auf den Werkstoff ausgeübt wird).

applied tensile stress, *s.* Zugbeanspruchung, *f.*

applied torsional stress, *s.* Drehbeanspruchung, *f.*

apply, *v.t.* anwenden, *v.t.* (ein Verfahren); auftragen, *v.t.* (Farbe).

apply, *v.t.*, **a stress,** spannen, *v.t.* (den Werkstoff).

apply, *v.t.*, **for a patent,** ein Patent anmelden.

appraisal, *s.* Schätzung, *f.* (des Wertes einer Anlage).

appraise, *v.t.* schätzen, *v.t.*

approach (roller) table, *s.* Zufuhrrollgang, *m.* (Walzw.).

approbation, *s.* Genehmigung, *f.* (eines Projektes).

approve, *v.t.* genehmigen, *v.t.* (behördlich).

approved, *a.* zugelassen, *a.* (behördlich).

approximate value, *s.* Annäherungswert, *m.*, Richtwert, *m.*

approximation, *s.* Grobschätzung, *f.*

appurtenance, *s.* Zubehör, *n.*

apron, *s.* Abdeckplatte, *f.* (Walzw.); Schloßplatte, *f.* (Werkz.-Masch.).

apron box, *s.* Schloßkastengehäuse, *n.* (Werkz.-Masch.).

apron plate, *s.* Zwischenplatte, *f.* (des Rollganges; Walzw.).

apron plate conveyor, *s.* Plattenbandförderer, *m.*

aptitude, *s.* Eignung, *f.*

aqueous, *a.* wässerig, *a.* (Chem.).

arbitrary, *a.* beliebig, *a.*, willkürlich, *a.*

arbitration, *s.* Schiedsverfahren, *n.*

arbitration analysis, *s.* Schiedsanalyse, *f.*

arbitration test, *s.* Schiedsprobe, *f.*

arbitrator, *s.* Schlichter, *m.* (Unparteiischer).

arbor, *s.* Achse, *f.*, Aufsteckdorn, *m.*, Spindel, *f.* (Masch.).

arc, *s.* Bogen, *m.* (Geom.); Lichtbogen, *m.*

arc flame, *s.* Lichtbogenaureole, *f.*

arc furnace, *s.* Lichtbogenofen, *m.* (Kurzform).

arch, *s.* Bogen, *m.*, Gewölbe, *n.*, Wölbung, *f.*

arch beam, *s.* Gewölbeträger, *m.* (horizontal gelagert).

arch brick, *s.* Wölber, *m.*, Wölbstein, *m.*

arch centering, *s.* Bogenschalung, *f.* (Gewölbezustellung, SM-Ofen).

arch construction, *s.* Gewölbebau, *m.*, Gewölbebauart, *f.*

arch contours, *spl.* Gewölbeprofil, *n.*

arch design, *s.* Gewölbebauart, *f.*

arched girder, *s.* Bogenträger, *m.*

arched plate, *s.* Tonnenblech, *n.*

arched roof, *s.* gewölbte Decke, *f.*, Herdgewölbe, *n.* (SM-Ofen).

arch plate, *s.* Gewölbeplatte, *f.*

arch suspension, *s.* Gewölbeaufhängung, *f.*

arch tile, *s.* Hängerstein, *m.*

arc ignition, *s.* Lichtbogenzündung, *f.*

arc oscillation, *s.* Lichtbogenschwingung, *f.*

arc resistance, *s.* Lichtbogenwiderstand, *m.*

arc shield, *s.* Lichtbogenhülle, *f.* (Schweißen).

arc shielding, *s.* Lichtbogenumhüllung, *f.* (Schweißen).

arc stability, *s.* Lichtbogenstabilität, *f.*

arc stream, *s.* Lichtbogensaum, *m.*

arc terminal, *s.* Lichtbogenkopf, *m.*, Lichtbogenende, *n.*

arc welder, *s.* Lichtbogen-Schweißmaschine, *f.*

arc welding, *s.* Lichtbogenschweißung, *f.*

area, *s.* Fläche, *f.*, Flächeninhalt, *m.*

area of contact, *s.* Eingriff, *m.* (Zahnräder); Kontaktfläche, *f.* (allgemein).

area of cross section, *s.*, Querschnittsfläche, *f.*

area reduction, *s.* Querschnittabnahme, *f.*, Perzentabnahme, *f.* (Walzung).

argillaceous ore, *s.* toniges Erz, *n.*

argillaceous slate, *s.* Tonschiefer, *m.* (als Zuschlag).

argon shielded arc welding, *s.* Argon-Lichtbogenschweißung, *f.*

arm, *s.* Radarm, *m.* (z. B. eines Schwungrades).

Armco iron, *s.* Armco-Eisen, *n.* (technisch reines Eisen mit 99.80 bis 99.90% Fe, im basischen SM-Ofen erschmolzen).

armored cable, *s.* bewehrtes Kabel, *n.*, Panzerkabel, *n.*

armor plate, *s.* Panzerplatte, *f.*

armor plate mill, *s.* Panzerplattenwalzwerk, *n.*

armor plating, *s.* Panzerung, *f.*

armor steel, *s.* Panzerstahl, *m.*

Armstrong joint, *s.* Armstrong-Muffe, *f.*, für hohe Drücke (Rohrleitung).

arrange, *v.t.* anordnen, *v.t.*; einbauen, *v.t.* (Lager).

arranged in steps, to be, in Stufen angeordnet sein (Werkz.-Masch.).

arranged in tandem, in Tandemanordnung.

arrangement, *s.* Anordnung, *f.* (allgemein); Einrichtung, *f.* (z. B. einer Maschinenhalle); Einbau, *m.* (Lager).

arrest points, *spl.* Haltepunkte, *mpl.* (Unterbrechungen in den Heiz- oder Abkühlungskurven eines Metalles. Unterscheidung der einzelnen Punkte durch Zahlen nach dem Buchstaben „A", sowie durch die Kleinbuchstaben „c" oder „r" für „Erhitzen", bzw. „Abkühlen"; siehe A_c-A_r-Punkte).

arsenic, *s.* Arsen, *n.*

arsenic anhydride, *s.* Arsenpentoxyd, *n.*, Arsensäureanhydrid, *n.*

arsenic hardened, *a.* arsengehärtet, *a.* (bis zu 1.9% As im Eisen bewirkt steigende Erhöhung von Festigkeit und Streckgrenze).

arsenical pyrites, *spl.* Arsenkies, *m.*, Mispickel, *m.*

arsenious acid, *s.* arsenige Säure, *f.*

articulated, *a.* gelenkig, *a.*

articulated coupling, *s.* Gelenkkupplung, *f.* (Masch.).

articulating, *a.* gelenkig verbunden, *a.*

articulating rails, *spl.* Gelenkschienen, *fpl.* (der Masselgießmaschine).

articulating shoes, *spl.* gelenkige Gleitstücke, *npl.* (der Masselgießmaschine).

articulating spindle, *s.* Gelenksspindel, *f.* (Walzwerksantrieb).

artificial aging, *s.* Auslagern, *n.* (von Metall-Legierungen, die nicht bei Raumtemperatur aushärten, bei mäßigen Temperaturen); künstliche Alterung, *f.* (Beschleunigung des Alterungsvorganges durch Anwendung mäßig erhöhter Temperaturen; siehe „Alterung“).

Asarco process, *s.* Asarco-Stranggußverfahren, *n.* (mit Graphitkokillen, für Metalle; entwickelt von der American Smelting and Refining Company).

asbestos wool, *s.* Asbestfaser, *f.*

as-cast structure, *s.* Gußgefüge, *n.*

ascend, *v.i.* aufsteigen, *v.i.* (Gase).

ascending main, *s.* Hauptsteigleitung, *f.*

ascension pipe, *s.* Steigrohr, *n.*

as-delivered, *a.* im Lieferzustand, *adv.*

as-deposited, *a.* im geschweißten Zustand, *adv.* (unbehandelt; Auftragschweißung).

as-hardened, *a.* naturgehärtet, *a.* (noch nicht wärmebehandelt).

as-notched, *a.* in gekerbtem Zustand, *adv.* (die Probe beim Kerbschlagversuch).

as-quenched, *a.* im abgeschreckten Zustand, *adv.*

as-rolled, *a.* im gewalzten Zustand, *adv.* (ungerichtet).

ash, *s.* Asche, *f.*

ash content, *s.* Aschengehalt, *m.*

ashes, *spl.* Asche, *f.*

ash man, *s.* Aschenfahrer, *m.*

ash pan, *s.* Aschenkasten, *m.*

ash pit, *s.* Aschenfall, *m.*

ash removal, *s.* Entaschung, *f.*

asphalt base, *s.* Rohparaffin, *n.*

aspirate, *v.t.* ansaugen, *v.t.* (Luft).

aspirated volume, *s.* Ansaugvolumen, *n.*

aspirating burner, *s.* Saugbrenner, *m.*

aspirating mouth, *s.* Ansaugöffnung, *f.*

assemble, *v.t.* montieren, *v.t.*, zusammenbauen, *v.t.* (Masch.); sammeln, *v.t.* (die Knüppel auf dem Sammelrollgang).

assembling shop, *s.* Montagehalle, *f.*

assembling table, *s.* Sammelrollgang, *m.* (Walzw.).

assembling track, *s.* Sammelgleis, *n.*

assembly, *s.* [assy], Montage, *f.*, Zusammenbau, *m.* (Masch.).

assembly belt, *s.* Montageband, *n.*

assembly, *s.*, **in the field,** Montage, *f.*, am Aufstellungsort.

assembly line, *s.* Fließmontage, *f.*

assembly line crane, *s.* Montagekran, *m.*

assess, *v.t.* bemessen, *v.t.*, einschätzen, *v.t.*, beurteilen, *v.t.*

assessment, *s.* Beurteilung, *f.*, Einschätzung, *f.*, Ermittlung, *f.*

associated impurities, *spl.* zufällige Eisenbegleiter, *mpl.*

association, *s.* Assoziation, *f.* (z. B. Wärme-).

assort, *v.t.* auslesen, *v.t.*

assortment, *s.* Auswahl, *f.*

assy (see “assembly”).

at elevated temperatures, *adv.* bei erhöhten Temperaturen, *adv.*, in der Wärme, *adv.*

at home, *adv.* im Inland, *adv.*

Atrament process, *s.* Atramentieren, *n.* (Überziehen mit Phosphaten: Atrament A — Manganphosphat; Atrament M — Zinkphosphat; Atrament C — Chloratüberzug).

at the ga(u)ge, *adv.* am Meßinstrument, *adv.*

at the job, *adv.* am Arbeitsplatz, *adv.*, auf der Baustelle, *adv.*

at the shaft, *adv.* auf der Welle, *adv.* (Meßw.).

atmosphere, *s.* Atmosphäre, *f.* (Phys.), Außenluft, *f.*

atmospheric, *a.* atmosphärisch, *a.*, Luft-.

atmospheric brake, *s.* Luftbremse, *f.*

atmospheric burner, *s.* Bunsenbrenner, *m.*

atmospheric condition, *s.* Witterung, *f.*

atmospheric corrosion, *s.* atmosphärische Korrosion, *f.*

atmospheric exposure, *s.* Witterungseinwirkung, *f.*

atmospheric humidity, *s.* Luftfeuchtigkeit, *f.*

atmospheric oxygen, *s.* Luftsauerstoff, *m.*

atmospheric pressure, *s.* Luftdruck, *m.*

atmospheric temperature, *s.* Außenlufttemperatur, *f.*

atomic, *a.* atomar, *a.*, atomistisch, *a.*, Atom-.

atomic disintegration, *s.* Atomzerfall, *m.*

atomic dislocation, *s.* atomistische Versetzung, *f.* (im Kristallgitter).

atomic energy, *s.* Atomenergie, *f.*

atomic fission, *s.* Atomspaltung, *f.*

atomic forces, *spl.* Atomkräfte, *fpl.* (Phys.).

atomic group, *s.* Atomgruppe, *f.*

atomic hydrogen, *s.* atomarer Wasserstoff, *m.*, naszierender Wasserstoff, *m.*

atomic hydrogen welding, *s.* Arcatomschweißung. *f.* (ein Verfahren, bei dem Wasserstoff, von der Hitze des Lichtbogens dissoziiert, örtlich begrenzte Schweißhitze zuführt und gleichzeitig den geschmolzenen Zusatzwerkstoff umhüllt).

atomic irregularities, *spl.*, **mobile,** abnormale Atombewegung, *f.*, im Kristallgitter (siehe auch „atomistische Versetzung").

atomic mechanism, *s.* Bewegungsmechanismus, *m.*, der Atome.

atomic nucleus, *s.* (*pl.*: **nuclei**), Atomkern, *m.*

atomic number, *s.* Atomzahl, *f.*

atomic oscillation, *s.* Schwingen, *n.*, der Atome um die Gleichgewichtslage.

atomic power, *s.* Atomkraft, *f.* (nutzbare).

atomic theory, *s.* Atomlehre, *f.*

atomic transformation, *s.* atomare Umwandlung, *f.*

atomic weight, *s.* Atomgewicht, *n.*

atomization, *s.* Zerstäubung, *f.* (Dampf, Öl).

atomizer, *s.* Zerstäuber, *m.* (Dampf, Brennstoff).

atomizing, *s.* Zerstäuben, *n.*

attach, *v.t.* anbauen, *v.t.*, anmontieren, *v.t.* (Masch.).

attachment, *s.* Zusatzeinrichtung, *f.* (einer Werkz.-Masch.); Nebenvorrichtung, *f.* (Masch.).

attendance, *s.* Bedienung, *f.*, Wartung, *f.*

attendant, *s.* Bedienungsmann, *m.* Wärter, *m.* (von Maschinen).

attenuation, *s.* Schluckung, *f.* (Phys.; Wellenlehre).

attraction, *s.* Anziehung, *f.* (zweier Körper).

austempering, *s.* Zwischenstufenvergütung, *f.* (Umwandlung von Austenit im Warmbad, im Gebiete der Zwischenstufe oberhalb M_s und unterhalb der Perlitnase).

austenite, *s.* Austenit, *m.* (nicht-magnetische feste Lösung von Fe_3C in Gamma-Eisen).

austenitic steels, *spl.* austenitische Stähle, *mpl.* (Stähle, bei denen der A_r"-Punkt unter Raumtemperatur liegt; z. B. verschleißfeste Stähle mit 11—14% Mn, rostfreie Cr-Ni-Stähle).

austenitic cast irons, *spl.* austenitische Gußeisensorten, *fpl.* (mit hohem Ni-Gehalt).

austenitic stainless steels, *spl.* austenitische Chrom-Nickel-Stähle, *mpl.* (Mindestgehalte 18% Cr und 8% Ni; korrosionsbeständiger als perlitische Cr-Stähle).

austenitizing treatment, *s.* Austenitisierung, *f.* (den Stahl in den austenitischen Zustand versetzen).

austenitizing temperature, *s.* Austenitisierungstemperatur, *f.*

Austrian Standard, *s.* Önorm, *f.*

authorization, *s.* Ermächtigung, *f.*

autobody sheets, *spl.* Karosserieblech, *n.*

autoclave, *s.* Autoklav, *m.* (metallurgische Verwendung als Glühofen).

auto floor charger, *s.* Autobeschickmaschine, *f.*, gleislose Einsetzmaschine, *f.* (SM-Ofen, Wärmöfen, Pressen).

auto floor manipulator, *s.* Automanipulator, *m.*, gleisloser Schmiedemanipulator, *m.*

autofrettage, *s.* Wasserdruckaufweitung, *f.* (von Hohlteilen, Rohren).

autogenous welding, *s.* Autogenschweißung, *f.*

automatic arc welder, *s.* Lichtbogen-Schweißautomat, *m.*

automatic length stop, *s.* automatisch ausschaltbarer Längenanschlag, *m.*

automatic mud gun, *s.* Stichlochstopfautomat, *m.* (H.-Ofenbetrieb).

automatic release, *s.* Selbstauslöser, *m.*

automatic tapping machine, *s.* Gewindeschneidautomat, *m.* (Werkz.-Masch.).

automatic tip, *s.* selbsttätiger Kipper, *m.* (Materialbewegung).

automatic welder, *s.* Schweißautomat, *m.*

automobile body sheets, *spl.* Karosserieblech, *n.*, Kraftfahrbaublech, *n.*

automobile industry, *s.* Kraftwagen-industrie, *f.*

automotive applications, *spl.* Anwendungsgebiete, *npl.*, im Kraftfahrbau.

automotive engineering, *s.* Kraftfahrzeugbau, *m.*

automotive industry, *s.* Kraftfahrzeugindustrie, *f.*

automotive steels, *spl.* Kraftfahrbaustähle, *mpl.*

auxiliary, *a.* Hilfs-, Behelfs-.

auxiliary burner, *s.* Zusatzbrenner, *m.* (z. B. im SM-Ofen, für Sauerstoff).

auxiliary data, *spl.* Anhaltszahlen, *fpl.*

auxiliary hoist, *s.* Hilfshub, *m.* (des Kranes).

auxiliary services, *spl.* Nebenbetriebe, *mpl.*

auxiliary tuyere, *s.* Notform, *f.* (H·Ofen).

availability, *s.* Betriebsbereitschaft, *f.* (z. B. von Öfen); Verfügbarkeit, *f.*, Versorgungsmöglichkeit, *f.*, Vorhandensein, *n.*

availabilities, *spl.* greifbare Mengen, *fpl.* (von Stoffen).

available, *a.* erhältlich, *a.*, greifbar, *a.*, verfügbar, *a.*, vorhanden, *a.*

available floor space, *s.* verfügbare Bodenfläche, *f.* (zum Einbau von Einrichtungen).

average, *v.i.* im Durchschnitt betragen, *v.i.*, im Mittel betragen, *v.i.*

average, *s.* Durchschnitt, *m.*, Mittel (wert), *n(m).*

axial, *a.* -achsig, axial, *a.*, in der Achse (optisch).

axial blower, *s.* Axialgebläse, *n.*

axial deflection, *s.* Axialdurchbiegung, *f.*

axial flow impulse turbine, *s.* Gleichdruck-Axialturbine, *f.*

axial flow type blower, *s.* (see "axial blower").

axial force, *s.* Axialdruck, *m.*. Längsdruck, *m.*

axial load, *s.* Axialbelastung, *f.*

axial thrust, *s.* Längsschub, *m.*

axis, *s.* Achse, *f.* (optisch).

axis of compressive stress, *s.*, Druckspannungsachse, *f.* (Druckversuch).

axis of groove, *s.* Kaliberachse, *f.* (Walzenkalibr.).

axis of rolls, *s.* Walzenachse, *f.*

axis of rotation, *s.* Drehachse, *f.* (Mech.).

axle, *s.* Achse, *f.*, Radachse, *f.* (Masch.).

axle base, *s.* Achsabstand, *m.*

axle bearing, *s.* Achslager, *n.*

axle bearing box, *s.* Achslagergehäuse, *n.*, Achslagerkasten, *m.*

axle box, *s.* Achsbuchse, *f.*

axle collar, *s.* Achsbund, *m.*

axle journal, *s.* Achshals, *m.*, Achsstummel, *m.*

axle load, *s.* Achsdruck, *m.*

axle mill, *s.* Achsenfabrik, *f.*, Achsenwerk, *n.*

axle tree, *s.* Haspelwelle, *f.*, Rundbaum, *m.*

azotometer, *s.* Azotometer, *n.* (Elektroanalyse).

B

β-iron, *s.* (see "beta iron").

β-martensite, *s.* Anlaßmartensit, *m.* (früher „Anlaßtroostit" genannt; durch Anlassen bei 100—170°C; kubisch raumzentriertes Gitter).

BEU ingot, *s.* verkehrt konischer Block, *m.*

B.W.G. (see "Birmingham Wire Gauge").

babbit, *s.* Babbitmetall, *n.*

back bricking, *s.* Stützmauerung, *f.*, Hintermauerung, *f.* (Bauw.).

back gears, *spl.* Rädervorgelege, *n* (Masch.).

backing material, *s.* Grundwerkstoff, *m.* (z. B. beim Plattieren, Aufschweißen).

backing metal, *s.* Grundwerkstoff, *m.* (z. B. Plattieren, Auftragschweißung).

backing roller, *s.* Stützrolle, *f.* (einer Richtmaschine).

backing sand, *s.* Füllsand, *m.* (Formerei).

backlash, *s.* toter Gang, *m.* (bei zu

großem Flankenspiel); Flankenspiel, *n.* (z. B. Spindel-Kupplung).

back off, *v.t.* hinterdrehen, *v.t.* (z. B. die Zähne eines Fräsers).

back pressure, *s.* Gegendruck, *m.*

back pressure valve, *s.* Rückschlagventil, *n.*

back reflection graph, *s.* Rückstrahlaufnahme, *f.* (Röntgen-Rückstrahlverfahren).

back shear table, *s.* Rollgang, *m.*, hinter der Schere (Walzw.).

back skewback, *s.* Gewölbewiderlager, *n.*, (SM-Ofen; abstichseitig).

back tension, *s.* Rückspannung, *f.*, des Bandes; Kaltwalzung.

back-up roll, *s.* Stützwalze, *f.* (Vieroder Mehrwalzengerüste).

back tension of strip, *s.* Eintrittsspannung, *f.* (Bandwalzwerk: Spannung zwischen Ablaufhaspel und 1. Gerüst).

backhand welding, *s.* Vorwärts- oder Rechtsschweißung, *f.* (Gasschweißung: mit der Brennerspitze in der Richtung auf die bereits gezogene Schweißraupe).

baffle plate, *s.* Prallblech, *n.*, Stoßblech, *n.*

bail, *s.* Gießkrangehänge, *n.*

bainite, *s.* Bainit, *m.* (Zerfallsprodukt des Austenit zwischen 500—200°C; „oberer" Bainit und „unterer" Bainit; Zwischenstufe Troostit- Martensit, Metallogr.).

bainitic hardening, *s.* Zwischenstufenhärtung, *f.* (Abschrecken des eutektischen Stahles in Salzbad bei Temperaturen von 200—500°C und Halten bis zur Beendigung der Umwandlung).

baking cherry coal, *s.* Sinterkohle, *f.*

baking coal, *s.* Backkohle, *f.*, Kokskohle, *f.*

baking kiln, *s.* Brennofen, *m.* (für ff. Stoffe).

baking oven, *s.* Trockenofen, *m.*

balance, *s.* Gleichgewicht, *n.* (Mech.)

balanced, *a.* entlastet, *a.* (z. B. — Ventil, — Spindel, — Walze u. dgl.).

balanced guard, *s.* Hängemeißel, *m.* (Walzwesen).

balanced slide valve, *s.* entlasteter Schieber, *m.*

balanced spindle carrier, *s.* Spindel-

stuhl, *m.*, mit Entlastung (Walzw.).

balance test, *s.* Gleichgewichtsprüfung, *f.* (Mech.).

balancing, *s.* Auswuchtung, *f.* (von Konstruktionsteilen).

balancing machine, *s.* Auswuchtmaschine, *f.*

balancing, *s.*, **of top roll,** Gewichtsausgleichung, *f.*, der Oberwalze (zum Andrücken der Oberwalze an die Anstellvorrichtung. Arten: hydraulische -, Feder-, Gegengewichts-).

baling and binding wires, *spl.* Verpackungsdraht, *m.*

baling bands, *spl.* Verpackungsbandeisen, *n.*

baling hoops, *spl.* Verpackungsbandeisen, *n.*

baling press, *s.* Ballenpresse, *f.* (Schrott).

ball, *s.* Kugel, *f.*

ball and socket joint, *s.* Universalgelenk, *n.*

ball and socket joint, *s.* Kugelgelenk, *n.*

ball bearing steel, *s.* Kugellagerstahl, *m.*

ball bearing ga(u)ge, *s.* Kugellehre, *f.*

ball bearing nut, *s.* Kugelmutter.

balled-up carbide, *s.* Kugelkarbid, *n.*

ball joint, *s.* Kugelgelenk, *n.*

ball mill, *s.* Kugelmühle, *f.*

ball of rail, *s.* Schienenkopf, *m.*

ball race, *s.* Führungsring, *m.* (Kugellager).

ball shaped, *a.* kugelförmig, *a.*

ball socket, *s.* Kugelpfanne, *f.*

ball type crusher, *s.* Kugelbrecher, *m.* (Erz).

banded structure, *s.* sekundäre Zeilenstruktur, *f.* (abwechselnde Zeilen von Ferrit und Seigerung und Ferrit-Perlit; Warmformgebung von weichen Stählen).

bands, *spl.* Zeilen, *f.* (Gußgefüge).

bangability, *s.* Standfestigkeit, *f.* (Strahlmittel).

banging installation, *s.* Polteranlage, *f.* (zum Abschlagen noch auf Drahtringen haftenden Zunders nach erfolgter Beizung).

bank, *v.t.* dämpfen, *v.t.* (Hochofen, Feuerung).

bank, *s.* Vorwärmer, *m.* (SM-Ofen).

banked blast furnace, *s.* gedämpfter Hochofen, *m.*

bar, *s.* Stange, *f.*, Stab, *m.*

bare filler rod, *s.* nackter Schweißdraht, *m.*

bare wire, *s.* Blankdraht, *m.*, blanker Draht, *m.* (nicht besponnen).

Barff process, *s.* (see "rust-proofing process").

bar folder, *s.* Doppelstock, *m.* (zum Falten und Ablängen von Feinblech).

bark, *s.* Weichhaut, *f.* (die entkohlte Oberflächenschicht unter der Zunderhaut).

bar mill, *s.* Stabstraße, *f.* (Walzw.).

bar mill products, *spl.* Stab- und Profilstahl, *m.*

bar mill size, *s.* Anstichkapazität, *f.*, einer Stabstahlstraße (im Englischen wird zur praktischen Bemessung die Mittenentfernung der Kammwalzen herangezogen: 16″ bar mill. Nur die Theorie benützt den durch Nachdrehen der Walzen veränderlichen Wert des "pitch diameter" = Abstand der Fertigwalzen).

bar pointing machine, *s.* Stangenanspitzmaschine, *f.*

barrel, *s.*, Ballen, *m.* (der Walze).

barrel length, *s.* Ballenlänge, *f.* (der Walze).

bar rolling, *s.* Stabstahlwalzung, *f.*

bar screen, *s.* Stangenrostsieb, *n.*

bar shear, *s.* Stangenschere, *f.*

bar turning bench, *s.* Schälbank, *f.* (Stabstahl).

base, *s.* Untersatz, *m.* (des Ringstapels im Topfglühofen); Sockel, *m.*, Fuß, *m.*; Grundfläche, *f.* (eines Körpers).

base box, *s.* Normalkiste, *f.* (203.8 cm^2; bei Weißblech: 112 Tafeln von 343×490 mm, im Gewicht von ca. 49 kg).

base face, *s.* Auflagefläche, *f.*; Umwälzlüfter, *m.* (in Sockel des Haubenglühofens).

base metal, *s.* Grundwerkstoff, *m.* (Schweißen).

base of notch, *s.* Kerbgrund, *m.*

base plate, *s.* Grundplatte, *f.* (Masch.).

basic bessemer iron, *s.* Thomaseisen, *n.*

basic bessemer pig, *s.* Thomaseisen. *n.*

basic bessemer ore, *s.* phosphorreiches Erz, *n.*

basic bessemer plant, *s.* Thomasstahlwerk, *n.*

basic bessemer slag, *s.* Thomasschlacke, *f.*

basic bessemer steel, *s.* Thomasstahl, *m.*

basic converter steel, *s.* Thomasstahl, *m.*

basic converting mill, *s.* Thomasstahlwerk, *m.*

basic end, *s.* basischer Brennkopf, *m.* (SM-Ofen).

basic furnace, *s.* basischer Ofen, *m.*

basic materials, *spl.* Grundstoffe, *m.*

basic pig iron, *s.* Martinroheisen, *n.*

basic process, *s.* basisches Verfahren, *n.*

basic slag fertilizer, *s.* Thomasmehl, *n.*

basic slag grinding plant, *s.* Thomasschlackenmühle, *f.*

basic slag practice, *s.* basische Schlackenführung, *f.*

basic smelting, *s.* basische Schmelzführung, *f.* (H-Ofen).

basic steel, *s.* basischer Stahl, *m.* (erschmolzen unter basischer Schlacke in Öfen mit basischer Zustellung), basischer SM-Stahl, *m.*

basic temperature, *s.* Bezugstemperatur, *f.*

bastard file, *s.* Vorfeile, *f.* (Zahnteilung pro 15 mm = 20—25).

batch, *s.* Satz, *m.* (Walzstäbe, Platten, Ringe, u. dgl., zum Einsetzen in einen Ofen).

batch furnace, *s.* Ofen, *m.*, für satzweisen Einsatz.

batch of ingots, *s.* Blocksatz, *m.*, Blockgruppe, *f.*

batch operation, *s.* satzweiser Betrieb, *m.*

batch patenting, *s.* Tauchpatentieren, *n.* (Drahtringe, im Muffelofen erhitzt und in einem Bleibad abgekühlt).

batch type furnace, *s.* Ofen, *m.*, für satzweisen Einsatz (z. B. Brammenwärmofen).

bath, *s.* Bad, *n.*; Herdwanne, *f.*

bats, *spl.* Abfallstücke, *n.*, Brocken. *m.*, Scherben, *m.*

batter, *s.* Verjüngung, *f.* (Ofenschacht).

battering, *s.* Zuschlagen, *n.* (der ausgezogenen Zieheisen, Drahtzug).

Bauschinger effect, *s.* Bauschinger Effekt, *m.* (die zur Umkehrung einer gegebenen Dehnung erforderl. Druckspannung ist zahlenmäßig kleiner als die zur Erzeugung der Dehnung erforderliche Zugspannung).

bay, *s.* Schiff, *n.* (Bauw., als Teil einer Halle).

bead, *s.* Schweißraupe, *f.*

beaded flats, *spl.* Flachwulststahl, *m.*

beading, *s.* Umlegen, *n.*, Kannelieren, *n.*, (von Blech, Art der Bördelarbeit).

bead of rim, *s.* Felgenwand, *f.*

beam, *s.* Balken, *m.*, Träger, *m.*

beam and heavy section mill, *s.* Träger- und Schwerprofilstraße, *f.*

beam blank, *s.* Formstahl-Vorblock, *m.* (Walzw.).

beam rolling mill, *s.* Trägerwalzwerk, *n.*

bear, *s.* Eisensau, *f.*, Eisenbär, *m.*

bearing, *s.* Lager, *n.* (Masch.).

bearing axle, *s.* Tragachse, *f.* (Masch.).

bearing box, *s.* Lagerschale, *f.*

bearing bush, *s.* Lagerschale, *f.*

bearing bracket, *s.* Lagerschild, *n.*

bearing bushing, *s.* Lagerschale, *f.*

bearing cap, *s.* Lagerdeckel, *m.*

bearing collar, *s.* Lagerkragen, *m.*

bearing design., *s.* Lagerbauart, *f.*

bearing face, *s.* Tragfläche, *f.*

bearing life, *s.* Haltbarkeit, *f.*, des Lagers.

bearing lining, *s.* Lagerausgießung, *f.*

bearing metal, *s.* Lagermetall, *n.*

bearing pressure, *s.* Lagerdruck, *m.*

bearings, to take up the, *v.t.* die Lager nachstellen. *v.t.*

bearing spring, *s.* Tragfeder, *f.*

bearing surface, *s.* Lauffläche, *f.*, Auflage, *f.*, Lagerfläche, *f.*

bearing trouble, *s.* Lagerschaden, *m.*

beat (out), *v.t.* breiten, *v.t.* (eines Werkstücks mit dem Hammer).

beater, *s.* Flügel, *m.* (eines Rührwerks).

becking mill, *s.* Aufweitewalzwerk, *n.* (Radkörper).

become brittle, *v.i.* verspröden, *v.i.* (Werkstoff).

bed coke, *s.* Füllkoks, *m.* (Gieß., Tiefofen).

bedding, *s.* Bettung, *f.* (eines Geleises); Aufschüttung, *f.* (z. B. von Erzen), Aufschütten, *n.*

bedding and reclamation equipment, *s.* Aufschütt- und Rückverladeeinrichtungen, *f.* (für Erze).

bed of solids, *spl.* Lage, *f.*, starrer Körper, Schichte, *f.*, starrer Körper (Phys.).

bed plate, *s.* Sohlplatte, *f.* (des Walzenständers).

bed plate, *s.* Fundamentplatte, *f.*, Grundplatte, *f.*

be entered into, *v.t.* eingesteckt werden, *v.t.*, eingestochen werden, *v.t.* (z. B. das Quadrat wird in das Schlichtoval eingestochen; Walzung).

behavior, *s.* Verhalten, *n.* (z. B. des Ofens, des Werkstoffes).

Belgium type mill, *s.* Belgierwalzwerk, *n.*

bell, *s.* Ziehtrichter, *m.* (Rohrziehen); Glocke, *f.* (Gichtverschluß); Haube, *f.* (Glühofen).

bell and hopper, *s.* Gichtverschluß, *m.* (H-Ofen).

bell and spigot pipe, *s.* Muffenrohr, *n.*

bell crank drive, *s.* Winkelantrieb, *m.* (Masch.).

bell end of a tube, *s.* aufgetrichtertes Rohrende, *n.* (dickwandiges Ende; Rohrwalzung).

bell hoist, *s.* Glockenaufzug, *m.* (H-Ofen).

bell, *s.*, **large,** untere Gichtglocke, *f.* (Hochofen mit doppeltem Gichtverschluß).

bell, *s.*, **small,** obere Gichtglocke, *f.* (Hochofen mit doppeltem Gichtverschluß).

bell type annealing furnace, *s.* Haubenglühofen, *m.*

bell type brazing furnace, *s.* Hauben-Lötofen, *m.* (elektrisch beheizt; Haube mit Schutzgas gefüllt; für großdimensionierte Bauteile).

belly, *v.i.* sich ausbauchen, *v.i.*

belly, *s.* Kohlensack, *m.* (H-Ofen).

belly pipe, *s.* Kniestück, *n.* (des Düsenstocks; H-Ofen).

below zero, *adv.* unter dem Nullpunkt, *adv.*

belt, *s.* Anker, *m.* (H-Ofen).

belt, *s.* Gurt, *m.*, Riemen, *m.*

belt conveyor, *s.* Bandförderer, *m.*, Gurtförderer, *m.*

belt conveyor type furnace, *s.* Stahlgurt-Durchlaufofen, *m.* (elektrisch beheizt; Verwendung für Lötarbeiten).

belt fastener, *s.* Riemenschloß, *n.*

belt guide, *s.* Riemenführer, *m.*

belt pulley, *s.* Riemenscheibe, *f.*

belt shifter, *s.* Riemenausrücker, *m.*

belt take-up, *s.* Riemenspanner, *m.*

belt tension, *s.* Riemenspannung, *f.*

belt wrapper, *s.* Gurt-Umwickelführung, *f.* (Kaltwalzw.; Aufwickelhaspel).

bend, *v.i.* sich durchbiegen, *v.i.*

bend, *s.* Krümmer, *m.* (Rohr).

bending and straightening machine, *s.* Biege- und Richtmaschine, *f.*

bending die, *s.* Biegegesenk, *n.* (ein Zwischengesenk; Gesenkschmieden; vorbereitende Stufe zum Fertigschmieden asymmetrisch geformter Teile).

bending fatigue range, *s.* Biegeschwingungsfestigkeit, *f.*

bending load, *s.* Biegebelastung, *f.* (Werkst.-Prüfg.).

bending pin, *s.* Biegedorn, *m.* (Biegeversuch).

bending strength, *s.* Biegefestigkeit, *f.* (die größte Spannung, unter der der Bruch ohne stärkere plastische Verformung erfolgt).

bending stress, *s.* Biegespannung, *f.,* Biegebeanspruchung, *f.* (Werkst.-Prüfg.).

bending value, *s.* Biegezahl, *f.*

benefication, *s.* Veredelung, *f.* (von Rohstoffen).

be occupied (with), *v.t.* sich befassen, *v.t.,* sich beschäftigen, *v.t.* (Das Werk befaßt/beschäftigt sich im wesentlichen mit der Herstellung von Drahtgeflechten).

be off center, *v.t.* unmittig sein, *v.t.*

be served with (or by), *v.t.* versorgt werden mit (oder durch) *v.t.* (z. B. ... Lager werden ausreichend mit Öl versorgt; die Gießhalle wird durch zwei Kräne versorgt).

beta iron, *s.* [β-*iron*], Beta Eisen, *n.* [β-Eisen], (nicht-magnetische, allotrope Form des Eisens, kubisch-raumzentriert, stabil von 768—910°C).

bethanizing, *s.* elektrolytische Durchlaufverzinkung, *f.* (von der Bethlehem Steel Corp. entwickeltes Drahtverzinkungsverfahren).

between center lines, *adv.* von Mitte zu Mitte, *adv.*

bevel edge, *s.* Schrägkante, *f.*

bevel-edge tie, *s.* Dachschwelle, *f.* (Eisenb.).

bevel gear, *s.* Kegelrad, *n.,* Kegel(rad)getriebe, *n.*

bevel gear drive, *s.* Kegelradantrieb, *m.*

bevel gearing, *s.* Kegelverzahnung, *f.*

bevel wheel, *s.* Kegelrad, *n.*

bevelled angles, *pl.* Winkelstahl, *m.,* mit abgekanteten Enden.

bevelling, *s.* Abschrägen, *n.*

bibby coupling, *s.* Bibby-Kupplung, *f.* (Federkupplung).

bibliography, *s.* Literaturangaben, *f.*

bifurcated pipe, *s.* Gabelrohr, *n.*

bifurcated spout, *s.* gegabelte Abstichrinne, *f.* (SM-Ofen).

big end-up, *a.* verkehrt-konisch, *a.* (Gußblock, Kokille).

big-end-up ingot, *s.* [BEU ingot], verkehrt-konisch gegossener Block, *m.*

billet and sheet bar mill, *s.* Knüppel- und Platinenstraße, *f.*

billet buggy, *s.* Knüppelschlepper, *m.* (Walzw.).

billet charging machine, *s.* Knüppeleinsetzmaschine, *f.*

billet cradle, *s.* Knüppeltasche, *f.* (Walzw.).

billet kickoff, *s.* Knüppelabwerfer, *m.* (Walzw.).

billet mill, *s.* Knüppelstrecke, *f.* (Walzw.).

billet pusher, *s.* Knüppeldrücker, *m.* (Walzw., Wärmofen).

billet pushout bar, *s.* Knüppelausstoßer, *m.* (Knüppelwärmofen).

billet shear, *s.* Knüppelschere, *f.*

billet unscrambler, *s.* mechanischer Knüppelordner, *m.* (Walzw.).

billeteer, *s.* Knüppelputzmaschine, *f.* (Walzw.; eine Entwicklung von Bonnot, U. S. A.).

billy roller, *s.* Ständerrolle, *f.* (Blockstrecke).

bimetal, *s.,* Bimetall, *n.* (zwei aufeinander festhaftende Blechstreifen verschiedener Wärmeausdehnung), Zwiemetall, *n.*

binary alloy, *s.* Zweistofflegierung, *f.*

binary [alloy] system, *s.* Zweistoffsystem, *n.*

binder, *s.* Bindemittel, *n.* (für ff. Stoffe).

binding, *s.* Festfressen, *n.* (Masch.).
Birmingham Wire Gauge, *s.*
[B. W. G.], Birmingham-Drahtlehre, *f.* (engl. Normallehre für Draht und Stabstahl).
bismuth, *s.* Wismut, *n.*
bit, *s.* Schneide, *f.* (Bohrer).
bite, *v.t.* fassen, *v.t.* (die Walze faßt; Walzw.).
bite, *s.* (see "bite of rolls").
bite of rolls, *s.* Greifvermögen, *n.* (Walzung).
bitumen, *s.* Erdpech, *n.*
bituminous coal, *s.* Backkohle, *f.*, Kokskohle, *f.*, bituminöse Kohle, *f.*
black annealing: *s.* erste Glühung, *f.* (Weißblecherzeugung); Schwarzglühen, *n.* (nach der Farbe der legierten Eisenbleche vor der Kistenglühung).
black heart malleable, *s.* Schwarzkernguß, *m.*
black light testing, s. Dunkelfeldbeleuchtung, f. (mikroskop. Prüfverfahren).
black pickling, *s.* erste Beizung, *f.* (Weißblecherzeugung); Schwarzbeizen, *n.*
black sheet, *s.* Schwarzblech, *n.*
black sheet can, *s.* Schwarzblechdose, *f.* (Konserven).
black sheet tin, *s.* Schwarzblechdose, *f.* (Konserven).
black shortness, *s.* Schwarzbruch, *m.*
black wash, *s.* Schwärze, *f.* (Formerei).
blacking, *s.* Formschlichte, *f.* (Formerei).
blade, *s.* Messer, *n.*; Zunge, *f.* (Eisenb., Weiche); Schaufel; *f.* (Turbine).
blade file, *s.* Spaltfeile, *f.*
blade holder, *s.* Messerhalter, *m.*
blade load, *s.*, **of a shear,** Scherdruck, *m.*
blade pitch, *s.* Schaufelteilung, *f.* (Turbine).
blade tip, *s.* Schaufelspitze, *f.* (Turbine).
blade wheel, *s.* Schaufelrad, *n.* (Turbine).
blading, *s.* Schaufelung, *f.* (Turbine); Beschaufelung, *f.* (Montieren der Läuferschaufeln einer Turbine).
blank, *v.t.* ausstanzen, *v.t.*
blank, *s.* Rohling, *m.* (vorgeschmiedeter); ausgestanzter Preßling, *m.*, ausgestanztes Stück, *n.*, Vormaterial,

n. (Walzw., Schmiede); Vorblech (Blechverarbeitung), *n.*
blank clamp, *s.* Blechfesthalter, *m.*, (bei Tiefzieharbeiten).
blanker, *s.* Vorschmiedegesenk, *n.*
blank hardness test, *s.* Blindhärteversuch *m.*
blanking, *s.* Schneidarbeit, *f.*, Stanzarbeit, *f.*
blanking and punching tool steel, *s.* Schnitt- und Stanzstähle, *m.*
blanking die, *s.* Blechformstanze, *f.*
blanking tool, *s.* Schnitt, *m.* (Stanzwerkzeug).
blast cleaning, *s.* Abblasen, *n.* (mit Sandstrahl; Güsse); Sandstrahlputzen, *n.* (Oberflächen).
blast connection, *s.* Düsenstock, *m.*
blast dryer, *s.* Windtrocknungsvorrichtung, *f.* (H-Ofen).
blast furnace, *s.* Blashochofen, *m.*, Hochofen, *m.*
blast furnace and steel plant, *s.* gemischtes Hüttenwerk, *n.*
blast furnace blowing plant, *s.* Hochofengebläseanlage, *f.*
blast furnace brickwork, *s.* Hochofenmauerwerk, *n.*
blast furnace flue dust, *s.* Gichtstaub, *m.*
blast furnace foamed slag, *s.* Hochofenschaumschlacke, *f.*
blast furnace frame-work, *s.* Hochofengerüst, *n.*
blast furnace gas, *s.* Hochofengas, *n.* (nach Abzug aus dem Ofen).
blast furnace gas main, *s.* Gichtgasleitung, *f.*
blast furnace iron, *s.* Hochofenroheisen, *n.* (zum Unterschied von Mischerroheisen, oder Kupolofenroheisen).
blast furnace lines, *s.* Hochofenprofil, *n.*
blast furnace mantle, *s.* Hochofenpanzer, *m.*
blast furnace operation, *s.* Hochofenbetrieb, *m.*
blast furnace plant, *s.* Hochofenanlage, *f.*, Hochofenwerk, *n.*
blast furnace practice, *s.* Hochofenbetriebstechnik, *f.*
blast furnace process, *s.* Hochofenverfahren, *n.*, Hochofenprozeß, *m.*

blast furnace process, *s.,* **using injection of oxygen-reformed natural gas or fuel oil,** Hochofenverfahren, *m.,* mit Einblasen von Sauerstoff-veredeltem Naturgas oder Brennöl (möglich nur in Verbindung mit Sauerstoffzusatz im Wind; das $CO\text{-}H_2$-Gas wird von einer zweiten Blasformenebene dicht unter der Rast eingeblasen).

blast furnace pumicestone slag, *s.* Hochofenschaumschlacke, *f.*

blast furnace slag, *s.* Hochofenschlacke, *f.*

blast furnace slag bottoming, *s.* Packlage, *f.,* aus Hochofenschlacke

blast furnace slag cement, *s.* Hochofenschlackenzement, *m.*

blast furnace steel structure, *s.* Hochofengerüst, *n.*

blast furnace stove, *s.* Winderhitzer, *m.* (H-Ofenwerk).

blast gate, *s.* Windschieber, *m.*

blast inlets, *spl.* Windlöcher, *n.*

blast main, *s.* Windhauptleitung, *f.*

blast pipe, *s.* Windleitung, *f.*

blast pressure, *s.* Winddruck, *m.*

blast roasting, *s.* Windröstung, *f.* (Erz).

blast temperature, *s.* Windtemperatur, *f.*

blast valve, *s.* Windschieber, *m.* (Hochofen, Konverter, Kupolofen).

blast water cleaning, *s.* Druckwasserreinigung, *f.* (z. B. von Stahlgüssen).

blast water operation, *s.* Druckwasserbespritzung, *f.* (zur Entzunderung der Platinen; Walzw.).

bled ingot, *s.* ausgelaufener Block, *m.* (siehe Auslaufen).

bleeder, *s.* Abblaseventil, *n.,* Explosionsklappe, *f.* (H-Ofen).

bleeder pipe, *s.* Anzapfleitung, *f.* (Dampf).

bleeder valve, *s.* Entlastungsventil, *n.,* Explosionsklappe, *f.* (H-Ofen).

bleeding of ingots, *s.* Auslaufen, *n.,* der Blöcke (bei steigend vergossenen Blöcken nach Abschlagen des Eingusses).

blend, *v.t.,* mischen, *v.t.,* vermengen, *v.t.*

blend, *s.* Mischung, *f.*

blending, *s.* Gattierung, *f.* (Erze).

blind hole, *s.* Blindbohrung, *f.,* geschlossene Bohrung, *f.*

blind tuyere, *s.* gestopfte Windform, *f.* (H-Ofen, Konverter).

blister, *s.* Blase, *f.* (auf oder unter der Oberfläche des Metalls, hervorgerufen durch Gase).

blister bar, *s.* Zementstahl, *m.* (durch Zementieren aus Schweißeisen hergestellt).

blister steel, *s.* eingesetztes Schweißeisen, *n.*

Bloch walls, *spl.* Blochsche Wände, *f.* (Eisenmagnetismus).

block, *v.t.* verriegeln, *v.t.,* absperren, *v.t.,* feststellen, *v.t.*; aufkohlen, *v.t.*; (mit Roheisen).

block, *s.* Ziehscheibe, *f.* (Drahtzug), Flaschenzug, *m.,* Flaschenkloben, *m.*

block and capstan, *s.* Haspelscheibe, *f.* (Drahtzug).

blocker, *s.* Vorschmiedegesenk, *n.*

blocking, *s.* Feststellen, *n.*; Aufkohlung *f.* (mit Roheisen).

blocking-out, *s.* Vorschlichten, *n.* (Teile von verwickelter Formgebung im Gesenk vorschlichten; Gesenkschmieden).

blocking-out die, *s.* Vorschlichtgesenk, *n.* (Verwendung bei verwickelter Gravur des Gesenkes; Gesenkschmieden).

block slag, *s.* Klotzschlacke, *f.*

bloom, *v.t.* vorblocken, *v.t.*

bloom, *s.* Vorblock, *m.,* vorgewalzter Block, *m.*

bloom and slab shear, *s.* Block- und Brammenschere, *f.*

bloomery hearth process, *s.* Rennfeuerverfahren, *n.*

bloomery iron, *s.* Rennstahl, *m.*

blooming mill, *s.* Blockwalzwerk, *n.*; Blockstraße, *f.,* Blockstrecke, *f.*

blooming mill, *s.,* **44 in.,** 44 Zoll-Blockstrecke, *f.* (wobei die 44″ den Kammwalzendurchmesser angeben).

blooming pass, *s.* Blockkaliber, *n.,* Vorkaliber, *n.*

blooming roll, *s.* Blockwalze, *f.*

blooming (mill) stand, *s.* Blockgerüst, *n.*

bloom preparation pass, *s.* Vorbereitungskaliber, *n.* (Formstahl; Walzenkalibr.).

bloom shear, *s.* Blockschere, *f.* (zum Ablängen der Vorblöcke).

blow, *v.t.* (ver)blasen, *v.t.* (Roheisen im Konverter).

blow, *s.* Konvertercharge, *f.*, Schmelze, *f.* (Konverterbetrieb).

blow, *s.* **becomes clearer,** Auswurftätigkeit, *f.*, sinkt ab (Windfrischverfahren).

blow down, *v.t.* niederblasen, *v.t.* (einen Ofen).

blower house, *s.* Gebläsehaus, *n.*

blower outlet, *s.* Gebläsemund, *m.*

blow hole, *s.* Blase, *f.* (Fehler im Stahl verursacht durch entweichende Gase); Gasblase (Gieß.).

blow holes, *spl.*, **exposed by pickling,** Beizblasen, *f.*

blow in, *v.t.* anblasen, *v.t.* (H-Ofen), einblasen, *v.t.* (Gas).

blowing costs, *spl.* Blaskosten, *f.* (H-Ofen).

blowing engine house, *s.* Gebläsehaus, *n.*

blowing equipment, *s.* Gebläseeinrichtung(en), *f. (pl).*

blowing operation, *s.* Blasevorgang, *m.* (Konverter).

blowing plant, *s.* Gebläseanlage, *f.*

blowing rate, *s.* Winddurchsatz, *m.*, je Zeiteinheit (H-Ofen).

blowing time, *s.* Blasezeit, *f.* (Konverter).

blow iron, *v.t.* Roheisen verblasen, *v.t.* (Windfrischen).

blow lamp, *s.* Lötlampe, *f.*

blown casting, *s.* blasiger Guß, *m.*

blown metal, *s.* Konvertermetall, *n.*

blown steel, *s.* Blasstahl, *m.*

blow pipe, *s.* Brenner, *m.*

blue annealing, *s.* Blauglühen, *n.* (legierte Eisenbleche; Bilden einer bläulichen Oxydhaut).

blue brittleness, *s.* Blausprödigkeit, *f.*

blue print, *s.* Blaupause, *f.*

blue-short range, *s.* Blaubruchgebiet, *n.*

blue shortness, *s.* Blaubrüchigkeit, *f.* (durch Verarbeitung von weichem Stahl bei Temperaturen zwischen 200—300° hervorgerufene Alterungssprödigkeit).

blue water gas, *s.* Blauwassergas, *n.* (als Brennstoff; erzeugt durch Über-

blasen von glühendem Koks mit Dampf).

bluing, *s.* Bläuen, *n.* (Bleche, Band; Oberflächenbehandlung durch Ausbildung einer dünnen, blauen Oxydhaut; Verbesserung des Aussehens und der Korrosionsbeständigkeit).

blunt, *a.* stumpf, *a.*

board hammer, *s.* Brettfallhammer, *m.* (Schmieden).

bod, *s.* Massepfropfen, *m.* (im Stichloch; H-Ofen, Kupolofen).

body, *s.* Bahn, *f.* (Kaliber); Ballen, *m.* (Walze); Hauptteil, *m.* (einer Maschine).

body-centered, *a.* raumzentriert, *a.* (Kristallgitter).

body-centered cubic lattice, *s.* kubisch-raumzentriertes Gitter, *n.* (Alphaeisen oder Ferrit, unterhalb A_3; Deltaeisen oberhalb A_4; Metallogr.).

bog iron ore, *s.* Brauneisenerz, *n.*, Raseneisenerz, *n.*, Sumpferz, *n.*

bogie type furnace, *s.* Wagenherdofen, *m.* (Wärmofen).

boil, *v.t., v.i.* kochen, *v.t.*

boil, *s.* Kochung, *f.* (Sauerstoff-Kohlenstoffreaktion im Stahlbad).

boiler, *s.* Kessel, *m.*

boiler bedding, *s.* Kessellager, *n.*

boiler construction, *s.* Kesselbau, *m.*

boiler end, *s.* Kesselboden, *m.*

boiler fittings, *s.* Kesselarmatur, *f.*

boiler forge, *s.* Kesselschmiede, *f.*

boiler house, *s.* Kesselhaus, *n.*

boiler inspection, *s.* Kesselüberwachung, *f.*

boiler tube, *s.* Siederohr, *n.* (Kessel), Kesselrohr, *n.*

boiler plant, *s.* Kesselanlage, *f.*

boiler plate, *s.* Kesselblech, *n.*

boiler scale, *s.* Kesselstein, *m.*

boiler seating, *s.* Kesselstuhl, *m.*

boiler shell, *s.* Kesselmantel, *m.*

boiler tube generator, *s.* Siederohrkessel, *m.*

boiling, *s.* Kochen, *n.*

boiling point, *s.* Siedepunkt, *m.*

boil over, *v.t.* überkochen, *v.t.*, überlaufen, *v.t.*

bolt, *s.* Schraube, *f.* (mit Mutter); Bolzen, *m.* (mit Mutter).

bond, *v.i.* haften, *v.i.*

bond, *s.* Verbindung, *f.* (z. B. der Oberflächen ungleicher Metalle: Verbundwerkstoff); Haftvermögen, *n.* (Betonstahl).

bondactor process, *s.* Spritzmasseverfahren, *n.* (Heißausbesserung von Ofenauskleidungen).

Bonderite „SS" process, *s.* Bonderit-SS-Verfahren, *n.* (Erleichterung der Ziehbarkeit besonders von rostsicheren Stählen durch einen Oxalatüberzug).

bonderizing, *s.* Bondern, *n.*, Phosphatieren, *n.* (Überziehen von Stahlteilen mit Manganphosphat zwecks besserer Haftfähigkeit von Farbe, Lack, Email, oder Erleichterung der Kaltformgebung).

bonderizing process, *s.* Bonderverfahren, *n.* (Erleichterung der Kaltformgebung).

bonding clay, *s.* fetter, bindender Ton, *m.*

bonding material, *s.* Binder, *m.*, Bindestoff, *m.* (Mörtel, Zement).

bonding power, *s.* Bindevermögen, *n.*

bonding strength, *s.* Bindefestigkeit, *f.*

bookbinder's wire, *s.* Buchbinderdraht, *m.*

boom, *s.* Ladebaum, *m.*; Ausleger, *m.* (fahrbarer Kran).

booster, *s.* Verstärker, *m.* (als zusätzliches elektrisches oder mechanisches Gerät).

booster blower, *s.* Verstärkergebläse, *n.* (H-Ofen).

booster burner, *s.* Zusatzbrenner, *m.*

borate of sodium, *s.* Borax, *m.*

borax, *s.* Borax, *m.*

border, *v.t.* bördeln, *v.t.*

border, *s.* Kante, *f.*, Rand, *m.*, Saum, *m.*

bore, *v.t.* (auf)bohren, *v.t.* (mit Bohrstählen, zum Erweitern bestehender Bohrungen).

borer, *s.* Bohrstahl, *m.* (Werkzeug).

boring, *s.* Aufbohren, *n.*, Bohrarbeit, *f.* (mit Bohrstählen).

boring-bar, *s.* Bohrstange, *f.*

boring-cutter, *s.* Bohrmeißel, *m.* (Werkz.-Masch.).

boring pressure, *s.* Bohrdruck, *m.*

borings, *spl.* Bohrmehl, *n.*

boron, *s.* Bor, *n.*

boron steel, *s.* Borstahl, *m.*

bosh gases, *s.* Gase in der Rastzone, *f.* (H-Ofenprozeß).

bosh plate, *s.* Rast-Kühlkasten, *m.* (H-Ofen).

bottle wire, *s.* Flaschenverschlußdraht, *m.*

bottom bank, *s.* Herdwandung, *f.* (SM-Ofen).

bottom blowing, *s.* Blasen mit Bodenwind, *m.* (Konverter).

bottom-blown basic converter practice, *s.* Thomasbetrieb, *m.*, mit Bodenwindkonverter.

bottom blown converter, *s.* Bodenwindkonverter, *m.*

bottom cast, *v.t.* steigend gießen, *v.t.*

bottom casting, *s.* steigender Guß, *m.*

bottom changing facilities, *spl.* Bodenauswechselvorrichtungen, *fpl.* (Konverter).

bottom charging car, *s.* Bodeneinsatzwagen, *m.* (Konverter).

bottom discharge car, *s.* Bodenentlader, *m.* (Materialtransport).

bottomed hole, *s.* Blindbohrung, *f.*

bottom fired soaking pit, *s.* Tiefofen, *m.*, mit Unterfeuerung, *f.*

bottom flange, *s.* Fußflansch, *m.*

bottom house, *s.* Bodenmacherei, *f.* (Blasstahlwerk mit Bodenwindkonverter).

bottoming material, *s.* Packlage, *f.*

bottom maker, *s.* Bodenarbeiter, *m.* (eingesetzt zum Vorbereiten neuer Konverterböden).

bottom of pass, *s.* Kalibergrund, *m.* (Walzenkalibr.).

bottom pass, *s.* unteres Kaliber, *n.*

bottom plate, *s.* Sohlplatte, *f.* (Masch.); Gespannplatte, *f.* (Blockguß).

bottom pour, *v.t.* steigend gießen, *v.t.*

bottom pouring, *s.* steigender Guß, *m.*

bottom pouring plate, *s.* Gespannplatte, *f.* (Blockguß).

bottom ramming machine, *s.* Bodenstampfmaschine, *f.* (Öfen).

bottom roll pressure, *s.* Unterdruck, *m.* (Walzung).

bottom roll screw-up, *s.* Unterwalzenanstellung, *f.* (Trio-Walzw.).

bottom-run ingot, *s.* steigend vergossener Block, *m.*

bottom slab, *s.* Bodenplatte, *f.* (z. B. eines Beizbottichs).

bottom step, *s.* Unterlager, *n.* (einer mehrteiligen Lagerschale).

bound brickwork, *s.* Verbandmauerung, *f.*

box, *s.* Gehäuse, *n.*, Packkiste, *f.*, Muffe, *f.* (Kabelmuffe).

box-annealed sheet, *s.* kistengeglühtes Feinblech, *n.*

box-annealing, *s.* Kistenglühung, *f.* (in geschlossener Stahlkiste, unterhalb oder bei Umwandlungstemperatur, langsame Abkühlung).

box-annealing furnace, *s.* Kistenglühofen, *m.*, Kastenglühofen, *m.*

box car, *s.* Kastenwagen, *m.* (Eisenb.).

box-tipper, *s.* Kastenkipper, *m.* (Transportfahrzeug).

box-girder, *s.* Kastenträger, *m.* (Bauw.).

box-form, *a.* kastenartig, *a.*

box groove, *s.* Kastenkaliber, *n.* (Walzenkalibr.).

box hole, *s.* Kastenkaliber, *n.* (Walzenkalibr.).

box pass, *s.* Kastenkaliber, *n.* (Walzenkalibr.).

box shaped, *a.* kastenartig, *a.*

brace, *v.t.* ausstreben, *v.t.*

brace, *s.* Strebe, *f.*

bracing, *s* Verstrebung, *f.*

bracket, *s.* Stütze, *f.*, Konsole, *f.*

bracket crane, *s.* Konsolkran, *m.*

brad, *s.* Fußbodennagel, *m.* (Parkett).

braided wire, *s.* umklöppelter Draht, *m.*

brake, *s.* Abkantpresse, *f.* (mit V-förmigem Gesenk; Blech).

brake, *s.* Lötstange, *f.*

brake block, *s.* Hemmschuh, *m.* (Eisenb.).

brake lining, *s.* Bremsbelag, *m.*

brake shoe, *s.* Bremsbacke, *f.*

brake shoe lining, *s.* Bremsbackenbelag, *m.*

braking action, *s.* Bremswirkung, *f.*

braking effect, *s.* Bremsleistung, *f.*

braking moment, *s.* Bremsmoment, *m.*

braking power, *s.* Bremskraft, *f.*

braking surface, *s.* Bremsfläche, *f.*

brale, *s.* Diamantprüfkörper, *m.* (Rockwellprüfung).

branch box, *s.* Verzweigungsmuffe, *f.* (Kabel).

branch pipe, *s.* Abzweigrohr, *n.*

branding, *s.* Prägen, *n.* (erhabenes, von Kennzeichen in Erzeugnissen). Heißstempeln, *n.*

branning, *s.* Kleieputzen, *n.* (Weißblech).

brass, *s.* Messing, *n.*

brass foundry, *s.* Bronzegießerei, *f.*, Gelbgießerei, *f.*, Messinggießerei, *f.*

brass sheets, *spl.* Messingblech, *n.*

brass shop, *s.* Gelbgießerei, *f.*

brass soldering, *s.* Messinglötung, *f.*

brazing, *s.* Hartlöten, *n.*

brazing alloy, *s.* Hartlot, *n.* (relativ hochschmelzend).

brazing cycle, *s.* Lötvorgang, *m.*

brazing furnace, *s.* Lötofen, *m.*

brazing medium, *s.* Hartlot, *n.*

brazing metal, *s.* Hartlot, *n.*

brazing operation, *s.* Lötarbeit, *f.*

brazing solder, *s.* Hartlot, *n.*

brazing tongs, *spl.* Lötzange, *f.* (mit zwei Kohleelektroden zur Erhitzung der Lötstelle).

break down, *v.t.* herunterwalzen, *v.t.*; aufgliedern, *v.t.* (Kosten).

breakdown, *s.* Aufgliederung, *f.* (z. B. Kosten-); Betriebsstörung, *f.*

break down mill, *s.* Vorwalzstrecke, *f.* (Walzw.).

break-down stand, *s.* Vorwalzgerüst, *n.*

breaker block, *s.* Brechtopf, *m.* (unter der Druckspindel; Schutz der Walze bzw. des Ständers gegen Bruch; Walzw.).

breaker jaw, *s.* Brechbacke, *f.* (eines Backenbrechers).

breaking-down roll, *s.* Streckwalze, *f.* (Walzw.).

breaking drum, *s.* Brechtrommel, *f.*

"breaking elongation", *s.* Bruchdehnung, *f.* (Werkst.-Prüfg. Der engl. Ausdruck wird fast nur in Anführungszeichen verwendet).

breaking load, *s.* Bruchbelastung, *f.* (Werkst.-Prüfg.).

breaking point, *s.* Bruchgrenze, *f.* („die Spannung bis zur Bruchgrenze erhöhen").

breaking strength, *s.* Bruchfestigkeit, *f.* (Werkst.-Prüfg.)

breaking stress, *s.* Zerreißspannung, *f.* (Werkst.-Prüfg.).

breast roller, *s.* Ständerrolle, *f.* (Blockwalzw.).

breast and first roller, *s.* erste und zweite Stufenrolle, *f.* (Blockwalzw.).
brick, *v.t.* mauern, *v.t.*
bricking, *s.* Mauerung, *f.* (Vorgang).
brick kiln, *s.* Ziegelofen, *m.*
brick size, *s.* Steinformat, *n.*
bricked hot top, *s.* gemauerter Gießaufsatz, *m.* (Blockguß).
bridge building, *s.* Brückenbau, *m.*
bridge cable, *s.* Brückenkabel, *n.* (Hängebrücken).
bridging, *s.* Hängen der Gicht, *f.* (Hochofen).
bright, *a.* blank, *a.* (geglüht, gezogen).
bright-anneal, *v.t.* blankglühen, *v.t.*
bright annealing, *s.* Blankglühen, *f.* (in reduzierender Ofenatmosphäre).
bright deposit, *s.* glänzender Niederschlag (Galvanisieren), *m.*
bright drawing, *s.* Blankziehen, *n.* (Stangenmaterial, Draht).
bright drawn bars, *spl.* Blankstahl, *m.* blankgezogener Stabstahl, *m.*
bright (drawn) steel, *s.* Blankstahl, *m.*
bright nickel plating, *s.* Blankvernickelung, *f.*
bright red heat, *s.* lebhafte Rotglühhitze, *f.* helle Rotglut, *f.*
bright wire, *s.* Blankdraht, *m.* (blankgezogener).
brine, *s.* Salzlake, *f.*, Salzsole, *f.*, Salzwasser, *n.*
Brinell hardness test, *s.* Kugeldruckprobe, *f.*, nach Brinell (statisch).
briquette, *s.* Brikett, *n.*
briquetting plant, *s.* Brikettieranlage, *f.*
briquetting press, *s.* Brikettpresse, *f.*
Britannia metal, *s.* Britannia-Lagermetall, *n.*
brittle, *a.* spröde, *a.* (Werkstoff).
brittle cleavage fracture, *s.* Trennbruch, *m.*
brittle fracture, *s.* Sprödbruch, *m.*
brittle fracture, *s.*, **by cleavage,** verformungsloser Trennbruch, *m.*
brittleness, *s.* Sprödigkeit, *f.*
brittle when cold, *a.* kaltbrüchig, *a.*
broach, *s.* Räumnadel, *f.* (Vierkant-, Rund-, Einfach-, Doppel-, Viernut-, Sechskant-, Rechteck-, Innengewinde-, Schraubennut-).
broachings, *spl.* Schabspäne, *m.*
broad flanged beam, *s.* Breitflanschträger, *m.*

broken test bar, *s.* durchgeschlagener Probestab, *m.* (Kerbschlagversuch).
bronze, *v.t.* bronzieren, *v.t.*
bronze, *s.* Bronze, *f.*
bronzing, *s.* Bronzieren, *n.*
Brown and Sharpe Gage, *s.* amerikanische Drahtlehre, *f.* (für NE-Drähte und -Stäbe).
brown ore, *s.* Blaueisenerz, *n.*
brownstone, *s.* Braunstein, *m.* (Manganhyperoxyd).
buck plates, *spl.* Ofenpanzer, *m.*
bucket chain conveyor, *s.* Eimerkettenförderer, *m.*
bucket elevator, *s.* Becherwerk, *n.*, Paternosterwerk, *n.*
buckle, *v.i.* knicken, *v.i.*
buckling, *s.* Knickung, *f.* (unter Drucklast).
buckling load, *s.* Knicklast, *f.* (Werkst.-Prüfg.).
buckling pressure, *s.* Knickspannung, *f.* (Werkst.-Prüfg.).
buckstay, *s.* Ankersäule, *f.* (SM-Ofen).
buff, *v.t.* schwabbeln, *v.t.* (mit Leder).
buff, *s.* Polierscheibe, *f.*, Schwabbelscheibe, *f.* (Leder).
buffer, *a.* Poliermaschine, *f.*
buffing, *s.* Polieren, *n.* (Schleifen mit feinsten Schleif- und Poliermitteln bei hohen Geschwindigkeiten).
buffing composition, *s.* Schwabbelpaste, *f.*
buffing leather, *s.* Polierleder, *n.*
buffing machine, *s.* Poliermaschine, *f.*
buff wheel, *s.* Polierscheibe, *f.*, Schwabbelscheibe, *f.* (Leder).
builder, *s.* Bauer, *m.*, Erbauer, *m.*
building, *s.* Bau, *m.*, Gebäude, *n.*, Halle, *f.*
building materials, *spl.* Baustoffe, *m.*
build up, *v.t.* auftragen, *v.t.* (Schweißlagen).
buildup, *s.* Ansatz, *m.* (über das ganze Ofenfutter); Aufschweißung, *f.* (von Metall auf abgenützten Stellen).
build-up welding, *s.* Auftragschweißung, *f.*
built-up crossing, *s.* Schienenkreuzungsstück, *m.* (Eisenb.).
built-up frog, *s.* Schienenherzstück, *n.* (Eisenb.).
built-up girder, *s.* geschweißter Träger, *m.*

built-up section, *s.* Schweißprofil, *n.*
built-up wheel, *s.* geteiltes Rad, *n.*
bulb angle, *s.* Wulstwinkelstahl, *m.*
bulging test, *s.* Aufweiteprobe, *f.*
(für Röhren).
bulk, *s.* Größe, *f.* (Rauminhalt).
bulk handling, *s.* Massengüterumschlag, *m.*
bulk materials, *spl.* Massengüter, *n.*
bulk materials handling, *s.* Massengüterumschlag *m.*
bulk modulus, *s.* Elastizitätsmodul, *m.* (für gleichen Druck von allen Seiten).
bulk transport, *s.* Massentransport, *m.*
bulkhead, *s.* Spiegelwand, *f.* (Züge im SM-Ofen).
bulky, *a.* sperrig, *a.*
bulldozer, *s.* horizontale Biegepresse, *f.* (zumeist Warmarbeit).
bullhead, *s.* 1. Flach-, Brammenkaliber (Walzenkalibr.), *n.*, 2. Flachstich (Walzung), *m.*
bull head, *s.* Polierwalzgerüst, *n.*
bull head pass, *s.* Flachbahnstich, *m.* (Blockwalzung); Flachbahnkaliber, *n.* (Blockwalzenkalibr.).
bull head rail, *s.* Doppelkopfschiene, *f.* Stuhlschiene, *f.* (Eisenbahn).
bull ladle, *s.* Krangießpfanne, *f.*
bumper, *s.* Stoßdämpfer, *m.*
bunching, *s.* Verwürgen, *n.* (Stahlseilherstellung).
bunch-stranding, *s.* Verwürgen, *n.* (Stahlseilherstellung).
bundling machine, *s.* Bündelmaschine, *f.* (Stabstahl).
bundling pocket, *s.* Sammeltasche, *f.* (für Knüppel und Stabstahl; Walzw.).
bundling press, *s.* Ballenpresse, *f.* (Schrott).
bunker coal, *s.* Bunkerkohle, *f.*
burden preparation, *s.* Möllervorbereitung, *f.* (H-Ofen).
burden preparation plant, *s.* Möllervorbereitungsanlage, *f.*
burn, *v.t.* brennen, *v.t.* (Ziegel, Kalk).
burner, *s.* Brenner, *m.* (Gas, Öl).
burnerman, *s.* Anzünder, *m.* (Bedienungsmann, Sintermaschine).
burning on, *s.* Angießen, *n.* (von Nasen, Vorsprüngen etc. an Gußstücke).
burning-on, *s.* Verkrustung, *f.* (Anbacken von Sand an die Gußoberfläche).

burnish, *v.t.* prägepolieren, *v.t.*
burnisher, *s.* Polierfeile, *f.*
burnishing, *s.* Oberflächendrücken, *n.*, Prägepolieren, *n.*, Preßpolieren, *n.*, Polierdrücken, *n.* (gleichzeitiges Kalibrieren und Polieren: Bohrungen, Nuten).
burnishing sand, *s.* Putzsand, *m.*
burnishing tool, *s.* Polierstahl, *m.* (Werkz.).
burn off, *v.t.*, **the carbon,** entkohlen, *v.t.* (Stahlfrischen).
burnt clay, *s.* gebrannter Ton, *m.*
burnt lime, *s.* gebrannter Kalk, *m.*
burnt steel, *s.* verbrannter Stahl, *m.* (Dauerschädigung durch Überhitzung).
burr, *s.* Gußnaht, *f.*, feiner Grat, *m.*, Bart, *m.*
burring, *s.* Abgraten, *n.*
burst, *v.i.* bersten, *v.i.*, platzen, *v.i.* (Behälter oder Rohre — bei Überspannung).
bursting effect, *s.* Sprengwirkung, *f.* (des ferrostatischen Druckes im noch flüssigen Kern eines Gusses).
bursting pressure, *s.* Berstdruck, *m.*
bursting strength, *s.* Druckfestigkeit, *f.* (eines Gesenkes, eines Behälters).
bushelling, *s.* Paketieren, *n.* (Erzeugung von Paketierschweißstahl aus Flußstahlschrott).
bushing, *s.* Buchse, *f.* (Masch.), Futter, *n.* (Lager).
bustle main, *s.* Windringleitung, *f.*, Windkranz, *m.* (H-Ofen).
bustle pipe, *s.* (see "bustle main").
butt ingot, *s.* Stummelblock, *m.*
butt joint, *s.* Stoßverbindung, *f.*
butt-weld, *v.t.* stumpfschweißen, *v.t.*
butt weld, *s.* Stumpfnaht, *f.* (Schweißen).
butt welder, *s.* Stumpfschweißmaschine, *f.* (übliche Stumpfschweißung).
butt welding, *s.* Stumpfschweißung, *f.*
butterfly method, *s.* Aufklappmethode, *f.* (Winkelkalibrierung).
butterfly pass, *s.* Aufklappkaliber, *n.* (Walzenkalibr., Winkelstahl).
buttress, *s.* Gewölbepfeiler, *m.*
Byers' process, *s.* Schweißeisen-Herstellungsverfahren, *n.*, nach Byers.
by-product coke oven, *s.* Nebenpro-

dukt-Koksofen, *m.*; Destillationsofen, *m.*

by-product coking practice, *s.* Neben-produktenkokerei, *f.*, Destillations-kokerei, *f.*

by-product recovery plant, *s.* Nebenerzeugnisse-Gewinnungsanlage, *f.*

C

C.G.S. system, *s.,* **of measurement** [absolute system of measurement], Zentimeter - Gramm - Sekunden - Meß-system, *n.*

CT-diagram, *s.* (see "continuous cooling-transformation diagram").

cable, *s.* Kabel, *n.*

cable armoring, *s.* Kabelpanzerung, *f.*

cable compound, *s.* Kabelausguß-masse, *f.*, Kabelasphalt, *m.*

cable covering, *s.* Kabelisoliermasse, *f.*

cable laying, *s.* Kabelverlegung, *f.*

cable manufacture, *s.* Kabelherstel-lung, *f.*

cable reel, *s.* Kabelhaspel, *m.*

cable reel jack, *s.* Kabeltrommelwinde, *f.*

cable sheath, *s.* Kabelmantel, *m.*

cable tape, *s.* Kabelbandstahl, *m.*

cable troughing, *s.* Kabelverzugs-blech, *n.*

cadmium, *s.* Kadmium, *n.*

cadmium electrode, *s.* Kadmium-elektrode, *f.*

cadmium plating, *s.* Verkadmen, *n.* (auf elektrolytischem Wege; Rost-schutz).

cager, *s.* Wagenaufstoßer, *m.* (Vor-richtg. zum Aufschieben von Wagen auf das Verdeck eines Aufzuges).

caking coal, *s.* Backkohle, *f.*, Koks-kohle, *f.*

calcareous, *a.* kalkartig, *a.*

calcic, *a.* Ca-haltig, *a.*

calcination, *s.* Röstung, *f.*

calcined pyrites, *spl.* Kiesabbrände, *mpl.* (Fe-haltiger Einsatzstoff, H-Ofen).

calcining kiln, *s.* Röstofen, *m.*

calcining period, *s.* Röstdauer, *f.*

calcium, *s.* Kalzium, *n.*

calculate, *v.t.* berechnen, *v.t.*

calculated weight, *s.* rechnerisches Gewicht, *n.*

calculation, *s.* Berechnung, *f.*

calibrate, *v.t.* eichen, *v.t.* (Instrumente).

calibrated roll, *s.* kalibrierte Walze, *f.*

calibrating apparatus, *s.* Eichmaß, *n.*

calibration, *s.* Eichung, *f.*

calibration table, *s.* Eichtabelle, *f.*

calipers, *spl.* Taster, *m.* (Meßw.).

calipers ga(u)ge, *s.* Tasterlehre, *f.*

calk, *s.* Stollen, *m.* (des Hufeisens).

ca(u)lking hammer, *s.* Dichthammer, *m.*

Calmet, *s.* Calmet, *n.* (austenitische Cr-Ni-Fe-Al-Legierung; als Sohl-platten für Ofenherde, Glühkisten; oxydationsfrei bis 1050°C).

calorific power, *s.* Heizkraft, *f.*

calorific value, *s.* Heizwert, *m.*

calorimeter, *s.* Kalorimeter, *m.*

calorimetric, *a.* kalorimetrisch, *a.*

calorizing, *s.* Kalorisieren, *n.* (Er-hitzen von Eisen- und Stahlteilen auf 900—1000°C in Aluminiumpulver).

cam, *s.* Nocken, *m.* Hebedaumen, *m.* Knagge, *f.* (Masch.); Kurve, *f.*, Steu-erkurve, *f.* (Masch.: z. B. Kurven-getriebe, Kurvenwelle).

campaign, *s.* Ofenreise, *f.*

camshaft, *s.* Nockenwelle, *f.*

cam type control, *s.* Nockensteuerung, *f.* (Masch.).

can body, *s.* Dosenkörper, *m.*

can end, *s.* Behälterboden, *m.*, Büchsen-boden, *m.*

canmaker, *s.* Dosenhersteller, *m.*

can manufacturing, *s.* Dosenerzeu-gung, *f.*, Behälterfabrikation, *f.*

canning industry, *s.* Konservenindu-strie, *f.*

cant file, *s.* Flachdreikantfeile, *f.* (Winkel: 30, 30, und 120 Grad).

cant-saw file, *s.* Schränkfeile, *f.* stumpf-kantig (die Winkel des dreieckigen Querschnittes sind 35, 35 und 110 Grad).

cantilever crane, *s.* Auslegerkran, *m.*

cantilever truss, *s.* Konsolträger, *m.* (Bauw.).

cap, *s.* Deckel, *m.* (angeschraubter).

capacity, *s.* Vermögen, *n.* (z. B. Aufnahmsvermögen); Fassungsraum, *m.* (z. B. eines Gefäßes), Inhalt, *m.* (eines Behälters); Leistung, *f.* (Sollleistung von Anlagen, Öfen u. dgl.).

capacity, *s.* **(of a press),** Druckkraft, *f.* (einer Presse).

capacity, *s.,* **for deformation,** Formänderungsvermögen, *n.*

capillary action, *s.* Kapillareinwirkung, *f.* (Hartlöten).

capillary attraction, *s.* Kapillarität, *f.* (Ofenlötung).

capital charges, *spl.* Kapitalslasten, *fpl.*

capital equipment, *s.* Großeinrichtung(en), *f. (pl.).*

cap nut, *s.* Überwurfmutter, *f.*

capped steel, *s.* gedeckt vergossener Stahl, *m.*

capstan, *s.* Spill, *m.*

capstan head screw, *s.* Kreuzlochschraube, *f.*

car, *s.* Güterwagen, *m.,* Waggon, *m.* (Eisenb.).

carbide-forming elements, *spl.* Karbidbildner, *mpl.* (z. B. Chrom, Molybdän, Vanadin).

carbide, *s.,* **of iron,** Eisenkarbid, *n.,* Zementit, *m.* (Metallogr.).

carbide precipitation, *s.* Karbidabscheidung, *f.* (Metallogr.).

carbid stabilizers, *spl.* karbiderhaltende Elemente, *npl.* (z. B. Titan, Tantal, Niob; geringe Zusätze zu austenitischen, rostsicheren Chrom-Nickelstählen unterdrücken Karbidausscheidungen).

carbide etching, *s.* Eisenkarbidätzung, *f.* (durch Kochen des Schliffs in 5prozentiger Natrium- oder Kaliumhydroxydlösung, Pikrinsäure, Natriumpikrat).

car body, *s.* Karosserie, *f.*

car body construction, *s.* Karosseriebau, *m.*

car body sheets, *spl.* Karosserieblech, *n.*

carbon, *s.* Kohlenstoff, *m.*

carbonaceous, *a.* kohlenstoffhaltig, *a.*

carbonaceous gas, *s.* kohlenstoffhaltiges Gas, *n.*

carbon-arc welding, *s.* Kohlelichtbogenschweißung, *f.* (mit oder ohne Zusatzdraht).

carbonate, *s.,* **of manganese,** Rhodochrosit, *m.*

carbon block, *s.* Großformat-Kohlenstoffstein, *m.* (H-Ofen-Bodenstein).

carbon blow, *s.* Kochperiode, *f.,* Kohlenstoffverbrennung, *f.,* Kohlenstofffrischen, *n.* (Konverterbetrieb).

carbon boil, *s.* Kochperiode, *f.* (Kohlenstoff-Verbrennung).

carbon brick, *s.* Kohlenstoffstein, *m.* (Zustellung des Gestells; H-Ofen).

carbon content, *s.* C-Gehalt, *m.*

carbon electrode, *s.* Kohlenelektrode, *f.*

carbon elimination, *s.* Herausfrischen, *n.,* des Kohlenstoffs.

carbon gradient, *s.* C-Gefälle, *n.* (zwischen der aufgekohlten Randzone und dem Kern eines aufgekohlten Werkstücks).

carbon hearth, *s.* Kohlenstoff-Herd, *m.* (H-Ofen).

carboniferous, *a.* kohlenstoffhaltig, *a.*

carbo-nitriding, *s.* Gas-Einsatzhärtung, *f.* (in einer Atmosphäre, in der C und N_2 enthalten sind; darauffolgendes Abschrecken oder langsame Abkühlung), Karbonitrieren, *n.*

carbonization, *s.* Schwelung, *f.* (siehe „schwelen"), Verkokung, *f.,* Verkohlung, *f.* (z. B. von Braunkohle).

carbonization chamber, *s.* Kokskammer, *f.*

carbonization gas, *s.* Schwelgas, *n.*

carbonize, *v.t.* verkoken, schwelen (Erzeugen gasförmiger aus festen Brennstoffen).

carbonized fuels, *spl.* geschwelte Heizmittel, *npl.* (z. B. Halbkoks).

carbonized fuel smelting, *s.* Schwelverhüttung, *f.* (Niederschachtofen).

carbonizing period, *s.* Garungszeit, *f.* (Verkokung).

carbonizing type gas producer, *s.* Schwelschacht-Gaserzeuger, *m.*

carbon-molybdenum steels, *spl.* Molybdän-Kohlenstoff-Stähle, *mpl.* (hohe Dauerstandfestigkeit).

carbon rail, *s.* Kohlenstoffschiene, *f.* (Eisenb., aus unlegiertem Kohlenstoffstahl gewalzt).

carbon ramming, *s.* Kohlenstoffstampfmasse, *f.* (H-Ofen).

carbon restauration, *s.* Rückkohlung, *f.* (bei entkohlten Oberflächen).
carbon steel, *s.* Kohlenstoffstahl, *m.*
carbon tool steels, *spl.* unlegierte Werkzeugstähle, *mpl.*
carbon-tube resistance furnace, *s.* Kohlerohr-Widerstandsofen, *m.*
carbonyl, *s.* Carbonyl, *n.* (Verbindung zwischen Kohlenmonoxyd und bestimmten Metallen, z. B. Fe, Ni, Mo, Co).
car bottom furnace, *s.* Wagenherdofen, *m.* (Walzw.).
car building sections, *spl.* Karosserie-Formstahl, *m.*
car pusher, *s.* Wagenstoßvorrichtung, *f.*
car tipper, *s.* Waggonkipper, *m.*
carboy, *s.* Ballon, *m.*
carboy tipper, *s.* Ballonkipper, *m.*
carburetting, *s.* Gasaufkohlung, *f.*, Karburierung, *f.* (Gas).
carburization, *s.* Aufkohlung, *f.* (der Randschicht eines weichen Stahles durch Erhitzen in oder mit festen, flüssigen, gasförmigen Einsatzmitteln).
carburized case, *s.* aufgekohlte Randzone, *f.* (siehe „Aufkohlung").
carburizer, *s.* Einsatzmittel, *n.*
carburizing, *s.* Aufkohlen, *n.* (Erhitzen in Packung C-haltiger Stoffe zur Erhöhung des C-Gehaltes in der Randschicht des Gegenstandes; häufig gefolgt durch Abschrecken: siehe „Einsatzhärtung").
carburizing compound, *s.* Zementationsmittel, *n.*, Aufkohlungsmittel, *n.* (z. B. Karbide mit 96—98% gebund. C).
carburizing furnace, *s.* Karburierofen, *m.*, Zementierofen, *m.*
carburizing material, *s.* Kohlungsmittel, *n.* (z. B. Graphit).
cardan shaft, *s.* Gelenkwelle, *f.*
Caron's cement, *s.* (see "hardenite").
carriage, *s.* Fahrgestell, *n.*, Laufwerk; *n.*, Schlitten, *m.* (Bohrmaschine); Personenwagen, *m.* Waggon, *m.* (Eisenb.),
carried slags, *spl.* geführte Schlacken, *fpl.*
carry-over type cooling bed, *s.* Kettenschlepperwarmbett, *n.* (für Bleche).

car type reheating furnace, *s.* Wagenherdofen, *m.*
cascade pickling, *s.* Stufenbeizung. *f.*
cascade pickling line, *s.* Durchlauf-Stufenbeizung, *f.* (Bandstahl).
case, *s.* Mantel, *m.* (einer Lehmform); Einsatz, *f.*, Randschicht, *f.* (Einsatzhärtung); Gehäuse, *n.*
case-carburized condition, *adv.*, **in the,** im zementierten Zustand, *adv.*
case carburizing, *s.* Einsatzhärtung, *f.* (siehe auch „Oberflächenhärtung").
case depth, *s.* Einsatztiefe, *f.* (siehe „Aufkohlung").
case-hardened roll, *s.* Hartwalze, *f.*
case hardening, *s.* Oberflächenhärtung, *f.* (übergeordneter Begriff für: Einsetzen mit anschließender Härtung; z. B. Einsatzhärtung, Zyan-Einsatzhärtung, Gas-Einsatzhärtung, Nitrierung).
case-hardening box, *s.* Einsatzkasten, *m.*
case hardening compound, *s.* Einsatzmittel, *n.* (siehe „Einsatzhärtung").
case-hardening furnace, *s.* Einsatzhärteofen, *m.*
case-hardening property, *s.* Einsatzhärtbarkeit, *f.*
case-hardening steels, *spl.* Einsatzstähle, *mpl.*
casement sections, *spl.* Einfassungseisen, *n.* (für Flügelfenster; Walzprodukt eines Kundenwalzwerkes).
casing, *s.* Mantel, *m.* (Kessel, Schornstein, Schacht); Schalung, *f.* (Bauw.); Verrohrung, *f.* (von Bohrbrunnen); Fassung, *s.* (Instrumentenfassung); Gehäuse, *n.* (z. B. einer Turbine).
cask hoop, *s.* Faßreifen, *m.*
cast, *v.t.* gießen, *v.t.*
cast, *s.* Abguß, *m.* (einer Schmelze); Abstich, *m.* (H.-Ofen).
castability, *s.* Vergießbarkeit, *f.*
castable refractories, *spl.* gießbare feuerfeste Stoffe, *mpl.*
cast, *v.t.*, **direct,** fallend gießen, *v.t.*
cast, *v.t.*, **downhill,** (see "cast downhill")
castellated beam, *s.* Zinnenträger, *m.*
castellated nut, *s.* Kronenmutter, *f.*
caster crane, *s.* Gießkran, *m.*
cast house, *s.* Gießhalle, *f.* (H-Ofen).

casting, *s.* Guß, *m.* (als Werkstück), Gußstück, *n.*

casting bay, *s.* Gießhalle, *f.* (als Teil des Stahlwerks).

casting buggy, *s.* Gießwagen, *m.*

casting car, *s.* Gießwagen, *m.*

casting cycle, *s.* Gießvorgang, *m.*

casting ladle, *s.* Gießkelle, *f.* (Gießerei); Gießpfanne, *f.* (Stahlw.).

casting machine, *s.* Gießmaschine, *f.* (Massel).

casting operation, *s.* Gießarbeit, *f.*

casting pit, *s.* Gießgrube, *f.* (Stahlw.).

casting plate, *s.* Gießplatte, *f.*

casting process, *s.* Gießvorgang, *m.*

casting temperature, *s.* Abstichtemperatur, *f.* (H-Ofen).

cast integral with, to be, angegossen sein.

cast iron, *s.* Gußeisen, *n.*

cast iron castings, *spl.* Grauguß, *m.*

cast iron grit, *s.* Gußkies, *m.* (zur mechanischen Entzunderung von Warmband).

cast (iron) scrap, *s.* Gußbruch, *m.*

cast metal carbides, *spl.* gegossene Karbidhartmetalle, *npl.* (hergestellt aus ungesättigten Karbiden des Wolframs und Molybdäns im Kohlerohr-Widerstandsofen).

cast roll, *s.* Gußwalze, *f.*

cast steel, *s.* Gußstahl, *m.* (Werkstoff), Stahlguß, *m.* (Werkstoff).

cast-steel construction, *s.* Stahlgußausführung, *f.*

cast steel plant, *s.* Gußstahlwerk, *n.*

cast steel works, *spl.* Gußstahlwerk, *n.*

cast steel roll, *s.* Stahlgußwalze, *f.* (legiert und unlegiert, Verwendung als Block- und Fertigwalzen).

cast-to-form casting, *s.* kaliberhaltiger Guß, *m.* (Erzeugnis).

cast uphill, *v.t.* steigend gießen, *v.t.*

cast-weld design, *s.* kombinierte Guß-Schweißkonstruktion, *f.*

catalyst, *s.* Katalysator, *m.*

catch type clip, *s.* Klemmplatte, *f.*, mit Nase (Eisenb.).

catenary, *s.* Kettenlinie, *f.*

caterpillar tractor, *s.* Raupenschlepper, *m.*

cathodic corrosion protection, *s.* kathodischer Korrosionsschutz, *m.*

causative relation, *s.* kausale Beziehung, *f.*

caustic embrittlement, *s.* Laugensprödigkeit, *f.* (hervorgerufen durch unzweckmäßig aufbereitetes Kesselwasser).

causticity, *s.* Ätzkraft, *f.*

cavitation, *s.* Lunkerung, *f.* (beim Blockguß). .

cavity, *s.* Hohlraum, *m.* (in einem festen Körper).

cell type soaker, *s.* Zellentiefofen, *m.*

cement, *s.* Kitt, *m.* (Eisenkitt, bituminöser Kitt, Kautschuk-, feuerbeständiger-, Isolierkitt); Zement, *m.*

cementation, *s.* Einsetzen, *n.* (Glühen in einem Mittel, das ein Eindringen von Kohlenstoff oder anderen Legierungselementen durch Diffusion in die Stahlrandschicht bewirkt).

cemented bar, *s.* eingesetztes Schweißeisen, *n.,* Zementstahl, *m.*

cemented carbide, *s.* Sinterkarbid, *n.* (auf pulvermetallurgischem Wege hergestellt).

cementing powder, *s.* Einsatzpulver, *n.*

cementite, *s.* Zementit, *m.* (Eisenkarbid, Fe_3C, in Eisen-Kohlenstoff-Legierungen).

cementite carbide, *s.* (see "cementite").

cementite network, *s.* Zementitnetzwerk, *n.* (in übereutektoiden Stählen).

cement rotary kiln, *s.* Zementbrennofen, *m.*

center, *v.t.* mitten, *v.t.*, ankörnen, *v.t.* (das Werkstück).

center, *s.* Herz, *n.,* Seele, *f.* (Kabel); *s.* Mitte, *f.,* Kern, *m.* (Mitte); Lehrbogen, *m.* (Bauw.).

center axis, *s.,* **of pressure,** Drucklinie, *f.* (Mech.).

center bit, *s.* Zentrumsbohrer, *m.*

center disc wheel, *s.* Scheibenrad, *n.*

center distance, *s.* Mittenabstand, *m.*

centering, *s.* Zentrieren, *n.,* Mitten, *n.* (Bauw., Masch.); Bogengerüst, *n.* (siehe "Bogenlehre" zum Bau von Gewölben).

centering ga(u)ge, *s.* Mittelpunktlehre, *f.*

center lathe, *s.* Spitzendrehbank, *f.*

center line, *s.* Mittellinie, *f.*

center line, *s.,* **of pass,** Mittellinie, *f.,* des Kalibers (bei symmetrischen Profilen; Kalibrierung).

center, *s.,* **of crystallisation,** Kristallisationskern, *m.*

center, *s.,* **of gravity,** Schwerpunkt, *m.* (Mech.).

center, *s.,* **of mass,** Massenmittelpunkt, *m.* (Mech.).

center, *s.,* **of rotation,** Drehpunkt, *m.* (Mech.).

center reamer, *s.* Kornsenker, *m.* (zur Mittung von Drehlingen).

center runner, *s.* Eingußrinne, *f.* (Blockguß).

centers, *spl.* Bogenschalung, *f.,* Bogengerüst, *n.,* Lehrgerüst, *n.* (Gewölbezustellung, SM-Ofen).

center strand, *s.* Herzlitze, *f.* (Kabel).

center temperature, *s.,* **of ingot,** Blockkerntemperatur, *f.*

centrifugal blower, *s.* Schleudergebläse, *n.*

centrifugal casting, *s.* Schleuderguß, *m.*

centrifugal casting form, *s.* Schleudergußform, *f.*

centrifugal casting method, *s.* Schleudergußtechnik, *f.*

centrifugal shot projector, *s.* Schrottschleudermaschine, *f.* (zum Strahlputzen und Strahlhämmern).

ceramic skid, *s.* keramische Gleitschiene, *f.* (Wärmofen).

chain, *s.* Kette, *f.*

chain block, *s.* Kettenflaschenzug, *m.*

chain drive, *s.* Kettenantrieb, *m.*

chain conveyor, *s.* Kettenförderer, *m.*

chain drum, *s.* Kettenstern, *m.*

chain grate, *s.* Kettenrost, *m.*

chain grate stoker, *s.* Kettenrostfeuerung, *f.*

chain pitch, *s.* Kettenteilung, *f.*

chain steel, *s.* Kettenstahl, *m.*

chain type transfer, *s.* Kettenquerschlepper, *m.*

chain transmission, *s.* Kettengetriebe, *n.*

chain wheel, *s.* Kettenrad, *n.* (angetrieben).

chair, *s.* Stuhl, *m.* (Eisenb.).

chair plate, *s.* Stuhlplatte, *f.* (Eisenb.).

chair rail, *s.* Stuhlschiene, *f.* (Eisenb.).

chamber arch, *s.* Kammergewölbe, *f.* (Regenerator).

chamfer, *s.* Schrägkante, *f.* Abschrägung, *f.*

chamfered edge, *s.* Schrägkante, *f.*

chamfered joint, *s.* abgefaste Fuge, *f.*

chamfering, *s.* Abschrägen, *n.*

chamosite, *s.* Chamosit, *m.* (Eisen-Aluminium-Silikat).

change, *v.t.* auswechseln, *v.t.* (Teile); wechseln, *v.t.* (Walzen).

change, *v.t.,* **gears,** schalten, *v.t.* (Getriebe).

change, *s.,* **of cross-sectional area,** Querschnittsveränderung, *f.*

channel, *v.t.,* riffeln, *v.t.* (nach der Länge).

channel, *s.* Riefe, *f.*

channeled plate, *s.* Riefenblech, *n.*

channeled sleeper, *s.* Rillenschwelle, *f.* (Eisenb.).

channeled tie, *s.* Rillenschwelle, *f.* (Eisenb.).

channelling, *s.* Kanalbildung, *f.* (in der Beschickung durch den Gasstrom).

chaplet, *s.* Kernnagel, *m.* (Giess.).

characteristic curve, *s.* Arbeitskurve, *f.*

characteristics, *spl.* Kennzeichen, *npl.,* Merkmale, *npl.,* Eigenschaft, *f.,* Verhalten, *n.*

characterize, *v.t.* kennzeichnen, *v.t.*

charcoal blast furnace, *s.* Holzkohlen-Hochofen, *m.*

charcoal hearth iron, *s.* Frischfeuereisen, *n.*

charcoal pig iron, *s.* Holzkohlen-Roheisen, *n.*

charge, *v.t.* einsetzen, *v.t.,* einfüllen, *v.t.* (Schmelzgut); aufgeben, *v.t.,* begichten, beschicken, *v. t.* (Schachtofen); aufschütten, füllen, *v.t.* (Kohlen); beladen, *v.t.* (Waggon); eingießen, *v.t.* (das flüssige Roheisen in den Konverter).

charge, *s.* Beschickung, *f.* (Öfen); Möller, *m.* (Hochofen); Einsatz, *m.* (Öfen); Ladung, *f.* (Sammler); Brand, *m.* (eines Ziegelofens).

charge-free, *a.* kostenlos, *a.*

charge weight, *s.* Einsatzgewicht, *n.*

charging box car, *s.* Einsatzmuldenwagen, *m.* (Stahlwerk).

charging bucket, *s.* Gichtkübel, *m.,* Einsetzkübel, *m.* (für weichere Kokssorten; H-Ofen).

charging crane, *s.* Chargierkran, *m.* (Stahlwerk).

charging device, *s.* Beschickungsvorrichtung, *f.*, Aufgabevorrichtung, *f.*

charging door, *s.* Einsatztüre, *f.* (eines Ofens).

charging floor, *s.* Ofenbühne. *f.* (SM-Ofen).

charging hole, *s.* Fülloch, *n.* (Koksofen).

charging installation, *s.* Begichtungsanlage, *f.* (H-Ofen, Kupolofen).

charging larry, *s.* Füllwagen, *m.* (Kokerei).

charging materials, *spl.* Einsatzstoffe, *mpl.*

charging platform, *s.* Gichtbühne, *f.* (H-Ofen).

charging scale car, *s.* Zubringewagen, *m.*, mit Wiegevorrichtung (H-Ofen).

charging skip, *s.* Gichtkübel, *m.* (H-Ofen).

charging time, *s.* Einsetzzeit, *f.* (SM-Ofen).

Charpy test, *s.* Kerbschlagversuch, *m.*, nach Charpy (Werkst.-Prüfg.).

chart, *s.* Diagramm, *n.*

chasing, *s.* (see "thread chasing").

chatter marks, *spl.* Rattermarken, *fpl.* (durch grobes Drehen).

chattering, *s.* Schlagen, *n.* (Blechwalzen).

check, *v.t.* messen, *v.t.* (einer Bohrung); prüfen, *v.t.* (zur Kontrolle).

checker, *v.t.* riffeln, *v.t.* (kreuz und quer).

checker brick, *s.* Gitterstein, *m.*, Kammerstein, *m.* (Wärmespeicher).

checker chamber, *s.* Kammer, *f.* (Wärmespeicher).

checkered plate, *s.* Riffelblech, *n.*

checker flue, *s.* Rauchzug, *m.*, Heizkanal, *m.*

checker rolls, *spl.* Riffelblechwalzen, *fpl.*

checker volume, *s.* Gitterraum, *m.* (Wärmespeicher).

checker work, *s.* Gitterwerk, *n.* (Wärmespeicher); Würfelwerk, *n.* (Gaserzeuger).

checking, *s.* Netzadern, *fpl.* (Farbanstrich).

check nut, *s.* Gegenmutter, *f.*

check rail, *s.* Gegenschiene, *f.*, Leitschiene, *f.*, Zwangsschiene, *f.*

check rail chair, *s.* Leitschienenstuhl, *m.* (Eisenb.).

check valve, *s.* Sperrventil, *n.*

cheese-head screw, *s.* Rundkopfschraube, *f.*

chemical action, *s.* chemische Wirkung, *f.*

chemical change, *s.* chemische Umsetzung, *f.*

chemical composition, *s.* chemische Zusammensetzung, *f.*

chemical constitution, *s.* chemischer Aufbau, *m.*

chemical engineer, *s.* Ingenieurchemiker, *m.*

chemical erosion, *s.* chemische Anfressung, *f.*

chemical industry, *s.* chemische Industrie, *f.*

chemically bonded bricks, *spl.* chemisch gebundene Steinsorten, *fpl.* (feuerfest).

chemical metallurgy, *s.* (see "metallurgy").

chemical plant, *s.* chemische Fabrik, *f.*

chemical reaction, *s.* chemische Reaktion, *f.*, chemischer Vorgang, *m.*

chemical science, *s.* Chemie, *f.* (als Wissenschaft).

chemistry, *s.* Chemie, *f.*, chemische Zusammensetzung, *f.* (des Stahls, ermittelt durch chemische Analyse).

cherry red, *s.* volle Rotglut, *f.*

Chesterfield's process, *s.* Bandvergütungsverfahren, *n.*, nach Chesterfield. (Erhitzen der Ringe in einer Art Glühkiste, langsames Ausziehen des Bandes und Durchziehen zwischen wassergekühlten Trommeln. Das Anlassen wird durch Verbrennen eines nach der Härtung aufgebrachten Ölfilms erreicht.)

chief engineer, *s.* Oberingenieur, *m.*

chill, *v.t.* abkühlen, *v.t.*, abschrecken, *v.t.* (von Güssen).

chill, *s.* Schreckplatte, *f.*, Kokille, *f.* (Gieß.); Schreckschicht, *f.* (Schalenhartguß).

chill-casting, *s.* Schalenhartguß, *m.* (Erzeugung von Gußstücken mit grauem Kern und weißer karbidischer Schreckschicht).

chilled cast iron, *s.* Hartguß, *m.*

chilled castings, *spl.* Kokillenguß, *m.* (Produkt).

chilled heat, *s.* steife Schmelze, *f.* (Stahlfrischen).

chilled iron shot, *s.* Hartgußschrott, *m.* (zum Abstrahlen von Oberflächen).

chilled roll, *s.* Hartwalze, *f.* (mit verschleißfester glatter Oberfläche).

chilled roll iron, *s.* Walzenguß, *m.* (Werkstoff).

chilling, *s.* Schalenhartguß, *m.*

chill layer, *s.* Schreckschichte, *f.* (Guß).

chills, *spl.* Kokille, *f.*, Schreckform, *f.* (Schalenhartguß).

chill zone, *s.* Schreckschichtzone, *f.* (in einem Rohblock).

chip, *v.t.* meißeln, *v.t.*, putzen, *v.t.* (mit dem Meißel).

chi-phase, *s.* Chi-Phase, *s.* (Metallogr.; nichtrostende Stähle).

chipless shaping, *s.* spanlose Formgebung, *f.*

chisel, *v.t.* meißeln, *v.t.*

chisel steel, *s.* Meißelstahl, *m.*

chlorine, *s.* Chlor, *n.*

chock assembly, *s.* Lagereinbau, *m.* (Walzw.).

chock clamp, *s.* Klemmleiste, *f.* (Walzeneinbaustück).

chock liner, *s.* Verschleißplatte, *f.* (Walzeneinbaustück).

choke, *v.t., v.i.* verstopfen, *v.t.*, sich verstopfen, *v.i.*

choke valve, *s.* Drosselventil, *n.*

Chromansil, *s.* Chromansil-Stahl, *m.* (perlitischer Cr-Ni-Mn-Stahl).

chrome (prefix) Chrom-.

chrome-hardening, *s.* (see "chromium deposition").

chromel, *s.* Chromel, *n.* (eine Reihe hitzebeständiger Cr-Ni-Legierungen für elektrische Heizelemente).

chromel-alumel couple, *s.* Chromel-Alumel-Thermoelement, *n.* (Draht a: 90% Ni, 10% Cr; Draht b: 98% Ni, 2% Al; Dauerverwendung bis zu 1100° C, bei aussetzender Verwendung bis zu 1300° C).

chrome-moly-steels, *spl.* Chrom-Molybdän-Stähle, *mpl.*

chrome steel, *s.* Chromstahl, *m.*

chromic iron ore, *s.* Chromeisenstein, *m.*

chromic oxide, *s.* Chromoxyd, *n.*

chromite, *s.* Chromeisenerz, *n.*

chromium brick, *s.* Chromstein, *m.*

chromium deposition, *s.* Verchromen, *n.* (auf elektrolytischem Wege; Herstellung eines verschleiß- und abriebfesten Überzuges).

chromium electrodeposition, *s.* Verchromung, *f.* (auf galvanischem Wege).

chromium plating, *s.* Verchromen, *n.* (auf elektrolytischem Wege; dünne Chromschichte zu Zier- oder Schutzzwecken).

chromium steel, *s.* Chromstahl, *m.*

chromizing, *s.* Diffusions-Verchromung, *f.* (Erzeugung einer korrosionsbeständigen Randschicht durch Erhitzen zwischen 900 und 1000° C in gasförmigem Chromchlorid).

Chro-mow, *s.* Chro-mow-Stahl, *m.* (W-Cr-Mo-Stahl für Schmiedewerkzeuge, Preßstempel etc.; 0.3 C, 1.0 Si, 1.25 W, 5.0 Cr, 1.35 Mo).

chuck, *v.t.* einspannen, *v.t.* (das Werkstück).

chuck, *s.* Lagereinbaustück, *n.* (Walzw.); Futter, *n.* (Werkz.-Masch.).

churn drill, *s.* Schlagbohrkran, *m.* (Erzbergbau).

chute, *s.* Rutsche, *f.*

cinder, *s.* Schlacke, *f.* (Eisen-).

cinder hair, *s.* Schlackenwolle, *f.*

cinder notch, *s.* Schlackenstich, *m.* (H-Ofen, Kupolofen).

cinder notch cooler, *s.* Schlackenkühlkasten, *m.* (H-Ofen).

cinder notch stopper, *s.* Schlackenstichloch-Stopfmaschine, *f.* (H-Ofen).

circle, *s.* Scheibe, *f.* (als Werkstück); Kreis, *m.*

circle cutting shear, *s.* Kreisschere, *f.* (Blech).

circular flanging press, *s.* Kümpelpresse, *f.*

circular forging, *s.* Scheibe, *f.* (geschmiedet).

circular pitch, *s.* Zahnkreisteilung, *f.* (Länge der Zahnteilung in Zoll auf dem Teilkreis gemessen).

circular products, *spl.* Erzeugnisse, *npl.*, mit kreisförmigem Querschnitt.

circular slide rule, *s.* Kreisrechenschieber, *m.*

circular trimming shear, *s.* Kreismessersaumschere, *f.* (Blech).
circular work, *s.* Arbeitsstück, *n.*, mit kreisrundem Querschnitt.
circulated gases, *spl.* Spülgas, *n.* (Wälzgasöfen).
circulating pump, *s.* Umwälzpumpe, *f.*
circumferential welder, *s.* Rundnahtschweißmaschine, *f.*
citric acid, *s.* Zitronensäure, *f.*
civil engineer, *s.* Bauingenieur, *m.*, Zivilingenieur, *m.*
civil engineering, *s.* Hoch- und Tiefbau, *m.*
clack valve, *s.* Klappenventil, *n.*
clad materials, *spl.* plattierte Werkstoffe, *mpl.*
clad sheet metal, *s.* Zwiemetall, *n.* (plattierte Bleche).
clad metal work, *s.* Verbundwerkstoffherstellung, *f.*
cladding, *s.* Plattieren, *n.* (Überzugmetall auf den Stahluntergrund als Platte aufgelegt und mit ihm zusammen in Schweißhitze ausgewalzt).
cladding material, *s.* Auflagemetall, *n.* (siehe „Plattieren": Nickel, Monelmetall, Inconel, Aluminium).
claim, *s.*, **of a patent,** Patentanspruch, *m.*
clamp, *v t.* einspannen, *v.t.* (das Werkzeug).
clamping device, *s.* Klemmvorrichtung, *f.* (Masch.); Aufspannvorrichtung, *f.* (z. B. an einer Säge oder Schere).
clamping head, *s.* Spannkopf, *m.*
clamping piece, *s.* Spannbügel, *m.* (siehe „Aufspannvorrichtung").
clamp into place, *v.t.* einspannen, *v.t.* (z. B. Blech an der Schere).
clam-shell, *s.* Greifer, *m.* (Bagger).
clarifying tank, *s.* Klärbehälter, *m.*
classification, *s.* Klassierung. *f.*
classify, *v.t.* klassieren, *v.t.* (Erzaufbereitung).
classifyer, *s.* Klassiersieb, *n.*
classifying drum, *s.* Klassiertrommel, *f.*
classifying grate, *s.* Klassierrost, *m.*
classifying screen, *s.* Klassiersieb, *n.*
clay gun, *s.* Stichlochstopfmaschine, *f.* (Hochofen).
clean, *v.t.* säubern, *v.t.*, putzen, *v.t.*

cleaner, *s.* Reinigungsmittel, *n.* (mechan. Wirkung).
cleaner tank, *s.* Reinigungsanlage, *f.* (Durchlaufglühanlage).
clean gas, *s.* Reingas, *n.*
cleaning, *s.* Putzen, *n.*, Reinigen, *n.*
cleaning and dressing bay, *s.*, **for castings,** Gußputzerei, *f.*
cleaning bay, *s.* Putzerei, *f.*
cleaning, *s.*, **of metals,** Metallreinigung, *f.* (Oberfläche mit mechanischen Mitteln).
cleaning plant, *s.* Reinigungsanlage, *f.* (mechanische Reinigung von Metalloberflächen, Gas).
cleanness, *s.* Reinheit, *f.* (Oberfläche).
clear, *v.t.* ausräumen, *v.t.*
clearance, *s.* Spiel, *n.* (zwischen den Transmissionsflächen); lichter Raum, *m.* (Lademaße); Spielraum, *m.*, lichte Weite, *f.*, freier Durchgang. *m.*
clear headroom, *s.* lichte Höhe, *f.* (einer Brücke).
cleavage plane, *s.* (see "slip plane").
clinking, *s.* feine Innenrisse, *mpl.* (in kohlenstoffreichen und in legierten Stählen; Ursache wahrscheinlich Wasserstoff).
clip, *s.* Schelle, *f.* (Befestigungs-, Rohre); Heftzwinge, *f.* (Drahtseil); Klemmplättchen, *n.* (Eisenb.).
clipping tool, *s.* Abgratwerkzeug, *n.* (für Gesenkschmiedestücke und Spritzgüsse; U. K.).
clockwise rotation, *s.* Rechtsdrehung, *f.*
close annealing, *s.* (see "box annealing").
closed cycle, *s.* geschlossener Kreislauf, *m.*
closed pass, *s.* geschlossenes Kaliber, *n.* (Walzw.).
closed-top housing, *s.* geschlossener Ständer, *m.* (Masch.).
closed-top roll housing, *s.* geschlossener Walzenständer, *m.* (Walzw.).
close-up, *s.* Nahaufnahme, *f.* (Foto).
cluster, *s.* Königstein, *m.* (steigender Guß im Gespann).
cluster mill, *s.* Vielrollenwalzwerk, *n.*, Vielwalzengerüst, *n.* (ein Umkehrgerüst mit 2 Arbeitswalzen von kleinem Durchmesser und einem System von Stützwalzen. Siehe auch

Sendzimir-Gerüst, Ypsilon-Gerüst und Rohn-Walzwerk. Walzung von Spezialstählen, Federstählen auf Band).

coach, *s.* Personenwagen, *m.* (Eisenb.), Waggon, *m.*

coal blending plant, *s.* Kohlenmischanlage, *f.*

coal briquetting plant, *s.* Kohlenbrikettieranlage, *f.*

coalescence, *s.,* **of cementite,** Kugeln, *n.,* des Zementits (Wärmebehandlung).

coal gas, *s.* Schwelgas, *n.*

coal preparation plant, *s.* Kohlenaufbereitungsanlage, *f.*

coal tar, *s.* Kohlenteer, *m.*

(coal) tar pitch, *s.* Steinkohlenteerpech, *n.*

coarse grained, *a.* grobkörnig, *a.*

coarse grained fracture, *s.* grobkörniges Bruchaussehen, *n.*

coarse grained structure, *s.* grobkörniges Gefüge, *n.*

coarseness, *s.,* **of cut,** Feilzahnteilung, *f.*

coarsening, *s.,* **of grain,** Kornvergröberung, *f.*

coarse thread, *s.* grobgängiges Gewinde, *n.*

coated electrode, *s.* umhüllter Schweißdraht, *m.,* Tauchelektrode, *f.*

coating, *s.,* **of tin,** Zinnüberzug, *m.*

cobalt, *s.* Kobalt, *n.* (als Legierungselement für Schnellstähle, Stellit etc.).

Cobalt high-speed steel, *s.* (see "super-high-speed steel"), Kobaltschnellstahl, *m.,* für höchste Schnittgeschwindigkeiten (etwas höher gekohlt und legiert als üblich, Zusatz bis zu 12% Kobalt und 1% Molybdän).

cobble, *s.* gestauchtes Walzgut, *n.,* Fehlwalzung, *f.*

cock, *s.* Hahn, *m.* (*pl.*: Hahnen).

Cocoon coating, *s.* Cocoon-Kunststoffüberzug, *m.* (Korrosionsschutz).

code number, *s.* Kodezahl, *f.*

coding, *s.* Kodieren, *n.*

coding table, *s.* Kodiertabelle, *f.*

coefficient, *s.* Beiwert, *m.*

coefficient, *s.,* **of elongation,** Dehnungszahl, *f.* (der reziproke Wert des Elastizitätsmoduls).

coefficient, *s.,* **of expansion,** Wärmedehnungszahl, *f.*

coefficient, *s.,* **of friction,** Reibungskennziffer, *f.,* Reibungszahl, *f.*

coefficient, *s.,* **of heat radiation,** Strahlungszahl, *f.*

coefficient, *s.,* **of heat transmission,** Wärmeleitzahl, *f.*

coercive force, *s.* Koerzitivkraft, *f.* (Phys.).

cog (down), *v.t.* herunterwalzen, *v.t.* (U. K.); vorschmieden, *v.t.*

cogging, *s.* Grobschmieden, *n.*

cogging hammer, *s.* Vorschmiedehammer, *m.*

cogging mill, *s.* (see "blooming mill").

cog locomotive, *s.* Zahnrad-Lokomotive, *f.*

cog wheel, *s.* Kammrad, *n.*

cog-wheel railway, *s.* Zahnradbahn, *f.*

Cohenite, *s.* Cohenit, *m.* (der in Meteoriten angetroffene Zementit).

cohesive force, *s.* Kohäsionskraft, *f.*

cohesive resistance, *s.* Trennwiderstand, *m.*

coil holder, *s.* Ringabwickelvorrichtung, *f.*

coil-immersion patenting, *s.* Tauchpatentierverfahren, *n.* (siehe „Patentieren").

coil separator, *s.* Wärmeleitplatte, *f.,* Spiralkonvektor, *m.* (Haubenglühofen).

coil, *s.,* **of wire,** *s.* Drahtrolle, *f.,* Drahtbund, *m.*

coil spring, *s.* Keilfeder, *f.*

coil stack, *s.* Ringstapel, *m.* (Haubenglühofen).

coil stripper, *s.* Ringabstreifvorrichtung, *f.* (an Haspel).

coil truck, *s.* Ringzubringer, *m.*

coiler, *s.* Wickelmaschine, *f.* (Band, Draht); Haspel, *m.,* (die ganze Anlage mit Wickeltrommel und Antriebsteile; Bandwalzw.).

coining, *s.* Kalibrieren, *n.* (Stanzteile mit geringem Übermaß im Prägegesenk auf bestimmte Toleranz drükken); Prägen, *n.* (von Münzen).

coining press, *s.* Kalibrierpresse, *f.,* Prägepresse, *f.*

coke, *s.* Koks, *m.*

coke bin, *s.* Kokstasche, *f.*

coke blast furnace, *s.* Kokshochofen, *m.*

coke breeze, *s.* Koksklein, *m.*

coke cake, *s.* Kokskuchen, *m.*

coke charge, *s.* Koksgicht, *f.* (H.-Ofen, Kupolofen).

coke charging machine, *s.* Kokseinsetzmaschine, *f.*

coke cooler, *s.* Koksablöscher, *m.*

coke crushing and sizing plant, *s.* Koksbrech- und Sortieranlage, *f.*

coke fines, *spl.* Feinkoks, *m.*

coke oven, *s.* Koksofen, *m.*

coke oven battery, *s.* Koksofenbatterie, *f.*

coke-oven coke, *s.* Hüttenkoks, *m.*, Zechenkoks, *m.*

coke oven gas, *s.* Koksofengas, *n.*

coke oven operating machinery, *s.* Maschinenanlagen, *fpl.*, für die Koksöfen.

coke oven plant, *s.* Kokerei, *f.*

coke oven plant equipment, *s.* Kokereieinrichtung(en), *f(pl.).*

coke pusher, *s.* Koksausdrückmaschine, *f.*

coke quenching, *s.* Kokslöschen, *n.*

coke quenching car, *s.* Kokslöschwagen, *m.*

coke quenching tower, *s.* Kokslöschturm, *m.*

coke rate, *s.* Koksverbrauchssatz, *m.*; Koksverbrauchsziffer, *f.* (in kg/t).

coke residue, *s.* Koksrückstand, *m.*

cokes, *spl.* Kokssorten. *fpl.*

coke saving, *s.* Kokseinsparung, *f.*

coke side, *s.* Koksseite, *f.* (des Koksofens).

coke storage bin, *s.* Koksbunker, *m.*

coke yard, *s.* Kokslager, *n.*

coking, *a.* verkokbar, *a.*

coking capacity, *s.* Backfähigkeit, *f.*, des Kokses.

coking chamber, *s.* Verkokungskammer, *f.*

coking coal, *s.* Kokskohle, *f.*

coking facilities, *spl.* Kokerei, *f.* (werkseigene).

coking plant, *s.* Kokereianlage, *f.*

coking property, *s.* Verkokbarkeit, *f.*

coking time, *s.* Garungsdauer, *f.* (Kokerei).

Colclad, *s.* Colclad-Stähle, *mpl.* (eine Reihe von plattierten Blechstählen; Verwendung in der chemischen Industrie und in Ölraffinerien).

cold blast main, *s.* Kaltwindleitung, *f.* (H-Ofen).

cold-blast pig, *s.* kalt erblasenes Roheisen, *n.*

cold blast valve, *s.* Kaltwindschieber, *m.* (Winderhitzer).

cold brittleness, *s.* Kaltbrüchigkeit, *f.*

cold deformability, *s.* Kaltverformbarkeit, *f.*

cold-draw, *v.t.* kaltziehen, *v.t.*

cold dressing, *s.* Kaltrichten, *n.*

cold extrusion, *s.* Kaltfließpressen, *n.*

cold finished, *a.* kalt fertigbearbeitet, *a.*

cold finishing, *s.* kalt Nachpressen, *n.*

cold-flo process, *s.* [koldflo] Kaltfließpressen, *n.*

cold formed shapes, *spl.* kaltgewalzte Profile, *npl.* (aus Bandstahl).

cold forming, *s.* Kaltverformung, *f.*

cold forming process, *s.* Kaltformgebung, *f.*

cold galvanizing, *s.* Kaltverzinken, *n.* (ein Schutzüberzug mit etwa 95% Zink wird erzielt durch Auftragen eines Gemisches von Zinkpulver, Bindemittel und Lösungsmittel, welch letzteres nach dem Auftragen abdunstet).

cold hammer, *v.t.* kaltstrecken, *v.t.*

cold heading, *s.* Kaltstauchen, *n.* (ursprünglich zum Anstauchen von Nägeln, Nieten, Schrauben).

cold heading die, *s.* Kaltschlagmatrize, *f.*

cold-heading die steel, *s.* Kaltschlaggesenkstahl, *m.* (entweder ein Kohlenstoff-Vanadinstahl oder ein Kohlenstoff-Werkzeugstahl).

cold heading machine, *s.* Kaltanstauchmaschine, *f.*

cold lap, *s.* überwalzte Falte, *f.*, überschmiedeter Grat, *m.*

cold press, *v.t.* kaltpressen, *v.t.*

cold pressing, *s.* Kaltpressen, *n.*

cold-process, *v.t.* kaltverarbeiten, *v.t.*

cold punching, *s.* Kaltlochen, *n.* (auf der Presse).

cold-reduce, *v.t.* kaltwalzen, *v.t.* (Bandstahl).

cold-reduced sheets, *spl.* kaltgewalzte Bleche, *npl.*

cold-reduced strip, *s.* kaltgewalzter Bandstahl, *m.*, kaltgewalztes Band, *n.*

cold reducing mill, *s.* Kaltwalzwerk, *n.*

cold riveting, *s.* Kaltnieten, *n.*

cold-rolled sheets, *spl.* kaltgewalzte Bleche, *npl.* (300—600 mm Breite und 0.35 mm Stärke ohne besondere Vorschrift für Oberfläche, Kanten und Härte; 600—800 mm Breite, 0.35 mm Stärke und darüber; über 800 mm Breite, alle Stärken).

cold rolled steel sections, *spl.* Band-Sonderquerschnitte, *mpl.*

cold rolled strip, *s.* kaltgewalzter Bandstahl, *m.* (bis 300 mm Breite und 6.25 mm Stärke und darunter; 300—600 mm Breite, alle Stärken, wenn besondere Vorschrift für Oberfläche, Kanten und Härte).

cold roll forming, *s.* Band-Profilwalzung, *f.* (Sonder-Leichtprofile).

cold rolling mill, *s.* Kaltwalzwerk, *n.*

cold saw, *s.* Kaltsäge, *f.*

cold scarfing, *s.* Kaltflämmen, *n.* (mit Brenner).

cold set, *s.* Kaltschweiße, *f.* (Oberflächenfehler in Güssen oder Schmiedestücken).

cold-shear, *v.t.* kalt schneiden, *v.t.* (auf der Schere).

cold shear, *s.* Kaltschere, *f.*

cold short, *a.* kaltbrüchig, *a.*

cold shut, *s.* Kaltschweiße, *f.* (Überlappung durch absatzweises Gießen des Blockes).

cold-straighten, *v.t.* kaltrichten, *v.t.*

cold straightening, *s.* Kaltrichtung, *f.* (von Formstahl, Schienen).

cold straining, *s.* Kaltrecken, *n.*

cold stretching and levelling, *s.* Kaltrecken, *n.*, und Glätten, *n.* (technische Anwendung zur Beseitigung von Kraftwirkungsfiguren in Blechen vor deren Pressung).

cold tube-drawing, *s.* Kaltziehen, *n.*, von Röhren.

cold upsetting, *s.* Kaltschlagformgebung, *f.*

cold work embrittlement, *s.* Versprödung, *f.*, durch Kaltverformung

cold working, *s.* Rohgang, *m.* (H-Ofen); Kaltverformung, *f.*, spanlose Formgebung, *f.*, Kaltverarbeitung, *f.*

collapse, *v.i.* knicken, *v.i.*, zusammenfallen, *v.i.*

collapse resistance, *s.* (see "collapse strength").

collapse strength, *s.* Zerdrückfestigkeit, *f.* (von Rohren, Hohlkörpern).

collapsible, *a.* faltbar, *a.*, einschiebbar, *a.*

collapsible drum, *s.* spreizbarer Dorn, *m.* (eines Aufwickelhaspels).

collar, *s.* Schelle, *f.* (Befestigung, z. B. einer Leitung); Ring, *m.* (einer Kaliberwalze); Bund, *m.* (einer Achse).

collar bearing, *s.* Halslager, *n.*

collaring, *s.* Umringen, *n.*, der Walze (durch fehlerhaft austretenden Walzstab; Walzung).

collar marks, *spl.* Randmarken, *fpl.* (Fehlstellen auf Walzstab durch den Kaliberrand).

collar nut, *s.* Bundmutter, *f.*

collar thrust bearing, *s.* Kammlager, *n.*

collecting belt, *s.* Sammelband, *n.* (Förderer).

collecting electrode, *s.* Niederschlagselektrode, *f.* (Naßelektrofilter; Gasreinigung).

collecting main, *s.* Hauptsammelrohr, *n.*

columbium, *s.* Niob, *n.* (als Legierungsbestandteil in austenitischen rostsicheren Stählen).

column, *s.* Ständer, *m.* (Masch., Bauw.), Säule, *f.*

columnar structure, *s.* stengelige Struktur, *f.*

columnar crystal, *s.* Stengelkristall, *m.*, Stengelkorn, *n.* (Metallogr.).

column press, *s.* Säulenpresse, *f.*

column, *s.*, **with concrete casing,** Säule, *f.*, mit Betonummantelung.

combat, *v.t.* bekämpfen, *v.t.* (Staub etc.).

combination drive unit, *s.* Kombinationsantrieb, *m.* (Walzw.).

combined carbon, *s.* gebundener Kohlenstoff, *m.* (z. B. Karbide im Stahl).

combustible, *a.* brennbar, *a.*

combustibility, *s.* Brennbarkeit, *f.*

combustion, *s.* Verbrennung, *f.*

combustion heat, *s.* Brennwärme, *f.*

commercial directory, *s.* Firmenregister, *n.*

commercial quality, *s.* handelsübliche Güte, *f.*

commercial steel, *s.* Kommerzstahl, *m.*

comminution, *s.* Feinzerkleinerung, *f.* (von Erzen oder anderen Stoffen durch Brechen oder Mahlen).

communication engineering, *s.* Fernmeldetechnik, *f.*

compact construction, *s.* gedrängte Bauart, *f.*

competitive, *a.* konkurrenzfähig, *a.*

complain, *v.t.* reklamieren, *v.t.*

complaint, *s.* Reklamation, *f.*, Beanstandung, *f.*

complex steel, *s.* Komplexstahl, *m.* (mit mehr als vier Legierungskörpern).

component, *s.* Bestandteil, *m.*; Komponente, *f.* (z. B. einer Kraft).

component, *s.*, **of velocity,** Seitengeschwindigkeit, *f.* (Mech.).

composite, *a.* zusammengesetzt, *a.*

composite metal, *s.* Verbundwerkstoff, *m.* (siehe „plattierte Werkstoffe").

composite nozzle, *s.* mehrteiliger Ausguß, *m.* (Blockguß).

composite specimen, *s.* Verbundwerkstoff-Probe, *f.*

composition, *s.* Zusammensetzung, *f.* (des Stahls, des Gases etc.).

composition bearing, *s.* Preßstofflager, *n.*

compressed air, *s.* Preßluft, *f.*, Druckluft, *f.*

compressibility, *s.*, Verdichtbarkeit, *f.*, Zusammendrückbarkeit, *f.*

compression, *s.* Verdichtung, *f.* (von Gasen), Kompression, *f.*

compressional stress, *s.* Druckspannung, *f.*

compression pressure, *s.* Kompressionsdruck, *m.*

compressive force, *s.* Druckkraft, *f.*

compressive strength, *s.* Druckfestigkeit, *f.*

compressive stress, *s.* Druckspannung, *f.*, Druckbeanspruchung, *f.* (Werkst.-Prüfg.).

compressor, *s.* Kompressor, *m.*, Verdichter, *m.*

compromise box, *s.* Ausgleichmuffe, *f.*

compound, *s.* chem. Verbindung, *f.*

compound casting process, *s.* Verbundguß, *m.* (Herstellung von Verbundwerkstoffen — siehe „Verbund" — durch Auskleiden der Gießform für den Grundwerkstoff mit dem Überzugmaterial: z. B. Herstellung

von Alclad).

concave filled weld, *s.* Hohlkehlschweißung, *f.*

concave rolls, *spl.* verkehrt bombierte Walzen, *fpl.* (Walzw.).

concentration, *s.*, **of ore,** Anreicherung, *f.*, des Erzes.

concentric converter design, *s.* symmetrische Konverterform, *f.*

concentric lay wire rope, *s.* Spiralstahlseil, *n.*

conchoidal fracture, *s.* Muschelbruch, *m.* (das Bruchaussehen amorpher Körper).

concrete, *s.* Beton, *m.*

concrete casing, *s.* Betonmantel, *m.* (z. B. einer Säule).

concrete footing, *s.* Betonsockel, *m.*

concrete foundation, *s.* Betonfundament, *n.*

conrete mixer, *s.* Betonmischmaschine, *f.*

concrete pile, *s.* Betonpfahl, *m.* (Bauw.).

concrete reinforcing, *s.* Betonbewehrung, *f.*

concrete slab, *s.* Betonplatte, *f.*

condensate, *s.* Kondensat, *n.* (Masch.).

condensation, *s.* Kondensation, *f.*

condenser, *s.* Kondensator, *m.*

condenser pipe, *s.* Kondensatorrohr, *n.* (siehe „Rohr").

condenser system, *s.* Kondensatoranlage, *f.*

condenser tank, *s.* Kondensatorgefäß, *n.*

condenser tube, *s.* Kondensatorrohr, *n.* (siehe „Rohr").

conditioned water, *s.* aufbereitetes Wasser, *n.*

condition, *s.*, **of equilibrium,** Gleichgewichtszustand, *m.*

conditioning department, *s.* Adjustage, *f.*

conductivity, *s.* Leitfähigkeit, *f.*

cone, *v.t.* pressen, *v.t.* (Radscheiben).

cone, *s.* Kegel, *m.* Konus, *m.*

cone bearing, *s.* Kegellager, *n.*

cone crusher, *s.* Kegelbrecher, *m.* (Masch.).

cone hoist, *s.* (see "bell hoist").

cone pulley, *s.* Stufenscheibe, *f.* (Antrieb).

conical, *a.* kegelförmig, *a.*, kegelig, *a.*, konisch, *a.*

conical breaker, *s.* Kegelbrecher, *m.*

conical shape, *s.* Kegelgestalt, *f.*, Kegelform, *f.*

conical shaped, *a.* kegelförmig, *a.*

conical ring, *s.* Keilring, *m.* (Masch.).

conical spiral spring, *s.* konische Spiralfeder, *f.*

conical spring, *s.* Kegelfeder, *f.*

conical test basis, *s.* kegelige Preßfläche, *f.* (Druckversuch).

conical wheel, *s.* Kegelrad, *n.*

Conley process, *s.* Erzbrikettverfahren, *n.*, nach Conley.

connecting rod, *s.* Pleuelstange, *f.*

conservation, *s.*, **of energy,** Erhaltung, *f.*, der Energie.

constant-stress test, *s.* Dauerstandversuch, *m.* (Ermittlung der Dauerstandfestigkeit).

constituent, *s.* Bestandteil, *m.* (z. B. Sauerstoff ist ein Bestandteil der Luft; flüchtige Bestandteile werden abgeröstet).

constitution, *s.* Bau, *m.* (Chem.); Gefügeaufbau, *m.* (Metallogr.).

constitutional diagram, *s.* Zustandsschaubild, *n.* (Metallogr.).

construction, *s.* Bauart, *f.*, Bauweise, *f.*, Ausführung, *f.*, Konstruktion, *f.*

constructional cost, *s.* Baukosten, *f.*

constructional elements, *spl.* Konstruktionsteile, *mpl.*

constructional engineer, *s.* Metallbauingenieur, *m.*

constructional engineering shop, *s.* Konstruktionswerkstätte, *f.*

constructional feature, *s.* Konstruktionsmerkmal, *n.*

constructional plates, *spl.* Konstruktionsbleche, *npl.*

constructional steel, *s.* Konstruktionsstahl, *m.*

construction, *s.*, **of switches,** Weichenbau, *m.* (Eisenb.).

constructor, *s.* Bauer, *m.*, Erbauer, *m.*

consulting engineer, *s.* technischer Berater, *m.*, Ingenieurkonsulent, *m.*

consumer goods, *spl.* Verbrauchsgüter, *npl.*

contact line, *s.* Berührungslinie, *f.* (der Zähne zweier Getriebeelemente).

contact pressure, *s.* Anpressungsdruck, *m.*

contact roller, *s.* Rollenelektrode, *f.* (Schweißen).

contact screw, *s.* Meßschraube, *f.*

contain, *v.i.* fassen, *v.i.*, enthalten, *v.i.*

container, *s.* Aufnehmer, *m.* (Strangpresse).

container industry, *s.* Behälterbauindustrie, *f.*

container plates, *spl.* Behälterbaubleche, *npl.*

contamination, *s.* Verunreinigung, *f.* (durch Schmutzstoffe).

contents, *spl.* Inhalt, *m.* (eines Schriftstückes u. dgl.).

continuous annealing, *s.* Durchlaufglühung, *f.*

continuous annealing furnace, *s.* Durchlaufglühofen, *m.*

continuous billet reheating furnace, *s.* Durchlauf-Knüppelwärmofen, *m.*

continuous casting process, *s.* Stranggußverfahren, *n.*

continuous cold strip mill, *s.* kontinuierliches Kaltwalzwerk, *n.* (in Europa über 500 mm Breite, in U. S. A. über 300 mm).

continuous cooling, *s.* konstante Abkühlung, *f.*

continuous cooling transformation, *s.* Umwandlung, *f.*, bei konstanter Abkühlung (Metallogr.)

continuous cooling transformation diagram, [CT-diagram], Umwandlungsschaubild, *n.*, bei konstanter Abkühlung, *f.* (Metallogr.).

continuous drawing, *s.* Mehrfachzug, *m.* (Draht durchläuft eine Reihe von Zieheisenlöchern hintereinander und wird dann erst auf die Scheibe gewickelt).

continuous electrode, *s.* Dauerelektrode, *f.*

continuous electrolytic tinning line, *s.* elektrolytische Durchlaufverzinnungsanlage, *f.*

continuous flow conveying, *s.* Fließförderung, *f.*

continuous flow operation, *s.* Fließbandarbeit, *f.*

continuous girder, *s.* durchgehender Träger, *m.*

continuous heat treating line, *s.* Durchlauf-Vergüterei, *f.*

continuous hot strip mill, *s.* kontinuierliche Warmbandstraße, *f.*, kontinuierliche Breitbandstraße, *f.*

continuous line production, *s.* Fließerzeugung, *f.*

continuous load, *s.* Dauerlast, *f.*

continuous output, *s.* Dauerleistung, *f.*

continuous process, *s.* Durchlaufverfahren, *n.*, Fließverfahren, *n.*

continuous pusher type heating furnace, *s.* Durchlauf-Stoßofen, *m.* (Walzwerk).

continuous radiant tube type bright annealing furnace, *s.* Strahlrohr-Durchlauf-Blankglühofen, *m.*

continuous rod mill, *s.* kontinuierliche Drahtstraße, *f.*

continuous strand type sintering machine, *s.* kontinuierliche Sintermaschine, *f.* (mit endlosem Sinterband).

continuous strip annealing line, *s.* Band-Durchziehglühanlage, *f.*

continuous strip pickling line, *s.* Banddurchlaufbeizanlage, *f.*

continuous tinning line, *s.* Durchlauf-Verzinnungsanlage, *f.*

continuous type gas-fired radiant tube bright annealing furnace, *s.* gasbeheizter Strahlrohr-Durchlaufblankglühofen, *m.*

continuous vertical strip annealing furnace, *s.* Vertikal-Banddurchziehofen, *m.*

continuous weld pipe mill, *s.* Durchlauf-Rohrschweißanlage, *f.* (Herstellung geschweißter Rohre).

continuous wide strip mill, *s.* kontinuierliche Breitbandstraße, *f.* (kontinuierliche Vorstraße in Tandem mit kontinuierlicher Fertigstraße).

continuous wire drawing machine, *s.* Mehrfachziehmaschine, *f.*

continuous wire patenting, *s.* Durchzieh-Patentierverfahren, *n.* (siehe „Patentieren").

contraction, *s.* Schwinden, *n.* (des Betons beim Erhärten); Schrumpfung, *f.*, Einschnürung, *f.*, Kontraktion, *f.*

contraction cavity, *s.* Schwindungshohlraum, *m.*, Lunker, *m.* (Guß).

contraction, *s.*, **of area** (see "reduction of area").

contraction strain, *s.* Schrumpfspannung, *f.*

contractor, *s.* Bauunternehmer, *m.* (unabhängige Firma, die Teilarbeiten an Bauwerken oder Konstruktionen übernimmt); Lieferer, *m.* (im Kontraktverhältnis).

contractor's railway, *s.* Feldbahn, *f.*

control, *s.* Kontrolle, *f.*

control-cool, *v.t.* regelkühlen, *v.t.* (z. B. Schienen).

control damper, *s.* Steuerschieber, *m.* (Ofen).

control equipment, *s.* Kontrolleinrichtung, *f.*

controlled atmosphere, *s.* Schutzatmosphäre, *f.* (Gas- oder Gasgemisch zur Verhinderung von Oberflächen-Oxydation oder -Entkohlung bei Warmbehandlung).

controlled atmosphere annealing, *s.* Glühen, *n.*, mit Schutzgasumwälzung.

controlled atmosphere annealing cover, *s.* Wälzgasglühhaube, *f.*

controlled atmosphere brazing, *s.* Schutzgaslötung, *f.* (im elektrisch beheizten Ofen).

controlled cooling, *s.* geregelte Abkühlung, *f.* (von Walzstäben).

controlling device, *s.* Kontrollgerät, *n.* Kontrollvorrichtung, *f.*

controlling mechanism, *s.* Schalteinrichtung, *f.* (Masch.).

control mechanism, *s.* Steuerungsapparat, *m.*

control pulpit, *s.* Steuerbühne, *f.* (z. B. einer Blockstraße).

conversion, *s.* Umwandlung, *f.*

conversion cost, *s.* Umwandlungskosten, *f.* (z. B. von Eisen zu Stahl); Umbaukosten, *f.*, Umstellkosten, *f.* (eines Betriebsmittels).

conversion, *s.*, **of furnace,** Umstellung, *f.*, eines Ofens (auf andere Betriebsweise).

convert, *v.t.*, **a furnace,** einen Ofen umstellen, *v.t.*, umbauen, *v.t.*

converted bar, *s.* Zementstahl, *m.* (aus zementierten Schweißeisenschienen).

converter body, *s.* Konverter-Mittelstück, *n.*

converter bottom, *s.* Konverter-Unterteil, *n.*

converter bottom car, *s.* Bodeneinsatzwagen, *m.* (für Konverter).

converter metal, *s.* Konvertermetall, *n.*
converter nose, *s.* Konverterhaube, *f.*
converter platform, *s.* Konverter-bühne, *f.*
converter practice, *s.* Konverter-betrieb, *m.*
converter process, *s.* Konverter-prozeß, *m.*
converter pulpit, *s.* Konverterbühne, *f.*
converter-refining, *s.* Windfrischen, *n.*
converter rotating mechanism, *s.* Konverter-Wendevorrichtung, *f.,* Konverter-Kippvorrichtung, *f,* Konverter-Drehvorrichtung, *f.*
converter tilting mechanism, *s.* Konverter-Kippvorrichtung, *f.*
converter shell, *s.* Konverter-Blechmantel, *m.*
converting furnace, *s.* Zementierofen, *m.* (Herstellung von Zementstahl).
converting mill, *s.* Blasstahlwerk, *n.*
converting mill yield, *s.* Blasstahlwerksausbringen, *n.*
converting process, *s.* Windfrischverfahren, *n.*
converting steel mill, *s.* Blasstahlwerk, *n.*
convert into, *v.t.* umwandeln zu, *v.t.* (Eisen zu Stahl u. dgl.).
convex, *a.* bauchig, *a.,* bombiert, *a.,* ballig. *a.*
convex rolls, *spl.* bombierte Walzen, *fpl.* (Walzw.).
convey, *v.t.* (be)fördern, *v.t.*
conveyance, *s.* Förderung, *f.* (Tätigkeit).
conveying belt, *s.* Förderband, *n.*
conveyor, *s.* Förderer, *m.*
coolant, *s.* Kühlmittel, *n.* (eine Suspension gegebener Zusammensetzung mit 2 Funktionen: Kühlung und Schmierung).
cooler, *s.* Kühler, *m.* (Kompressor, Gas, Luft, Wasser).
cooling action, *s.* abkühlende Wirkung, *f.*
cooling bed, *s.* Kühlbett, *n.* (Walzw.).
cooling bed pit, *s.* Fundamentgrube, *f.,* des Kühlbettes (Walzw.).
cooling box, *s.* Kühlkasten, *m.*
cooling capacity, *s.* Kühlleistung, *f.*
cooling coil, *s.* Kühlschlange, *f.*
cooling container, *s.* Kühlbehälter, *m.* (für die geregelte Abkühlung).
cooling curve, *s.* Abkühlungskurve, *f.* (eines Umwandlungsschaubildes).

cooling effect, *s.* Kühlleistung, *f.*
cooling jacket, *s.* Kühlmantel, *m.*
cooling plate, *s.* Kühlkasten, *m.*
cooling rate, *s.* Abkühlungsgeschwindigkeit, *f.*
cooling surface, *s.* Abkühlungsfläche, *f.*
cooling time, *s.* Abkühlungszeit, *f.*
cooling tower, *s.* Kühlturm, *m.*
cooling water, *s.* Kühlwasser, *n.*
coping, *s.* Ausklinken, *n.* (von Trägern, Flachstahl).
copper, *s.* Kupfer, *n.*
copper bearing steel, *s.* gekupferter Stahl, *m.*
copper brazing, *s.* Kupfer-Hartlötung, *f.* (Auflöten von Hartmetall auf Stahl).
coppered wire, *s.* verkupferter Draht, *m.*
copper plating, *s.* galvanisches Verkupfern, *n.*
copper sheet, *s.* Kupferblech, *n.*
copper smelting, *s.* Kupferverhüttung, *f.*
copper solder, *s.* Kupferlot, *n.*
copper steel, *s.* kupferlegierter Stahl, *m.*
core, *s.* Seele, *f.* (des Kabels); Kern, *m.* (Gieß., Bohren).
core bar, *s.* Dorn, *m.* (Röhrenpresse).
core binding material, *s.* Kernbindemittel, *n.* (Gieß.).
core casting, *s.* Kernguß, *m.* (Tätigkeit).
cored electrode, *s.* Seelenelektrode, *f.* (Schweißdraht mit Kern aus nicht-metallischen Einschlüssen).
core frame, *s.* Kernstütze, *f.* (Formerei).
core mark, *s.* Kernmarke, *f.*
core molding machine, *s.* Kernformmaschine, *f.* (Gieß.).
core press, *s.* Kernpresse, *f.* (Formerei).
core sand, *s.* Kernsand, *m.* (Formerei).
corner angle, *s.* Eckwinkel, *m.* (Konstrukt. Teil).
corner joint, *s.* Winkelstoß, *m.* (Schweißen).
corner radius, *s.* Eckenabrundung, *f.* (Walzen-Kalibrierung).
corner valve, *s.* Eckventil, *n.*
cornice, *s.* Gesims, *n.* (Bauw.).
correction, *s.* Berichtigung, *f.* (eines Instrumentes, Wertes).

corrode, *v.t.* anfressen, *v.t.* (Chem.).

corrosion, *s.* Korrosion, *f.*, Annagung, *f.*, Anfressung, *f.*

corrosion attack, *s.* Korrosionsangriff, *m.*

corrosion fatigue, *s.* Korrosionsermüdung, *f.*

corrosion-fatigue endurance limit, *s.* Korrosionszeitfestigkeit, *f.* (für eine gegebene Anzahl von Lastwechseln).

corrosion fatigue limit, *s.* Korrosionsdauerfestigkeit, *f.* (ein praktisch nicht existierender Wert).

corrosion pits, *spl.* Korrosionsnarben, *fpl.*

corrosion protection, *s.* Rostschutz, *m.*

corrosion resistance, *s.* Korrosionsbeständigkeit, *f.*

corrosion resistant, *a.* korrosionsbeständig, *a.*

corrosive, *a.* chemisch ätzend, *a.*

corrosive, *s.* Korrosionsmittel, *n.*

corrosive action, *s.* Ätzwirkung, *f.*

corrosive power, *s.* Ätzkraft, *f.*

corrugated, *a.* geriffelt, *a.*

corrugated tube, *s.* Wellrohr, *n.*

corrugated rolls, *spl.* Wellblech-Trommelwalzen, *fpl.*

corrugation, *s.* Wellenprofil, *n.* (einer Wellblechtafel); Wellen, *n.* (Herstellung der Wellen).

corrugation, *s.*, **of rail,** Buckligkeit, *f.*, der Schiene (in der Vertikalebene).

cor-ten steel, *s.* „Corten"-Stahl, *m.* (ein niedrig gekohlter Sonderblechstahl der Republic Steel Corp.: C und Mn-Si-P-Cr-Ni).

cost above, *s.* feste Kosten, *fpl.* (Abschreibung, Verkauf, Werbung, etc.).

costs above materials, *spl.* Betriebs- und feste Kosten, *fpl.*

cost center, *s.* Kostenstelle, *f.* (Kostenberechnung).

cost estimate, *s.* Kostenanschlag, *m.*

costing, *s.* Rechnungswesen, *n.*

cost saving, *s.* Kosteneinsparung, *f.*

cotter key, *s.* Querkeil, *m.* (Masch.).

cotter pin, *s.* Splint, *m.*

cotton ties, *spl.* Baumwoll-Verpackungseisen, *n.*

counteract, *v.i.* gegenwirken, *v.i.*

counter balance, *s.* Entlastungsvorrichtung, *f.* (Masch.)

counterbore, *v.t.* senken, *v.t.*

counterbore, *s.* Senker, *m.* (Werkz.)

counterboring, *s.* Senkarbeit, *f.* (Herstellen zylindrischer Aussenkungen).

countercurrent, *a.* gegenläufig, *a.*

counter current, *s.* Gegenstrom, *m.* (z. B. — Kühler).

counter rail, *s.* Gegenschiene, *f.*

countersunk bolt, *s.* versenkter Bolzen, *m.*

countersunk head bolt, *s.* Kegelsenkschraube, *f.*

countersunk screw, *s.* Senkschraube, *f.*

coupling, *s.* Kupplung, *f.* (fest, nicht ausrückbar).

course, *s.* Schicht, *f.* (Ziegel, Bausteine); Lage, *f.* (von ff. Steinen).

course, *s.*, **of refining,** Frischverlauf, *m.* (Stahlfrischen).

course, *s.*, **of transformation,** Umwandlungsverlauf, *m.* (Metallogr.).

cover, *v.t.* bestreichen, *v.t.* (der Kran bestreicht die volle Länge der Halle).

cover, *s.* Deckel, *m.*

coverage, *s.* Arbeitsradius, *m.* (z. B. von Kranen).

coverage angle, *s.* (see "gripping angle").

covered electrodes, *spl.* umhüllte Elektroden, *fpl.* (Schweißung).

covered wire, *s.* besponnener Draht, *m.*

cover guard, *s.* Schutzblech, *n.* (z. B. einer Säge).

cover plate, *s.* Abdeckplatte, *f.* (Kranbahn).

cover type annealing furnace, *s.* Haubenglühofen, *m.*

crab carriage, *s.* Katzenwagen, *m.*

crab winch, *s.* Katzenwinde, *f.*

crack, *s.* Riß, *m.*

cracked, *a.* rissig, *a.*

crack formation, *s.* Rißbildung, *f.*

cracking, *s.* Rißbildung, *f.*

cracking tendency, *s.* Neigung, *f.*, zur Rißbildung.

crackless plasticity, *s.* (see "damping")

cramp, *s.* Tapeziererstift, *m.*

crane, *s.* Kran, *m.*

crane bridge, *s.* Kranbrücke, *f.*

crane cab, *s.* Kranführerhaus, *n.*

crane column, *s.* Kransäule, *f.*

crane driver, *s.* Kranführer, *m.*

crane erecting shop, *s.* Kranbauwerkstätte, *f.*

crane gantry, *s.* Kranbrücke, *f.*, Kranportal, *n.*

crane hoist, *s.* Kranhub, *m.*

crane rail, *s.* Kranschiene, *f.*

crane runway, *s.* Kranbahn, *f.*

crane runway girder, *s.* Kranbahnträger, *m.*

crane service, *s.* Kranhilfe, *f.* (bei Ausbesserungsarbeiten).

crane way, *s.* Kranbahn, *f.*

crane-way girder, *s.* Kranbahnträger, *m.*

crank, *s.* Kurbel, *f.*

crank case, *s.* Kurbelkasten, *m.*

cranked, *a.* gekröpft, *a.* (Achse, Welle, Stahl).

cranked axle, *s.* gekröpfte Achse, *f.*

crank mechanism, *s.* Kurbelgetriebe, *n.*

crank press, *s.* Kurbelpresse, *f.*

crank shaft, *s.* Kurbelwelle, *f.*

crank shaft, *s.*, **"n"-throw,** Kurbelwelle, *f.*, mit "X" Kröpfungen.

crate, *s.* Lattenkiste, *f.* (Verpackung).

cratering, *s.* Kraterbildung, *f.* (Schweißen).

credit, *s.* Gutschrift, *f.* (z. B. Schlakkengutschrift).

creep, *s.* Kriechdehnung, *f.* (als Maß).

creep behavior, *s.* Kriechverhalten, *n.*, (bei Raumtemp.); Dauerstandverhalten, *n.* (bei erhöhter Temp.).

creep characteristics, *spl.* Kriechverhalten, *n.* (Werkst.-Prüfg.).

creep curve, *s.* Kriechkurve, *f.*

creep-fatigue fracture, *s.* Dauerbruch, *m.*

creeping, *s.*, **of rails,** Wandern, *n.*, der Schienen (Längsrichtung).

creep limit, *s.* Kriechgrenze, *f.*

creep properties, *spl.* Kriechverhalten, *n.*

creep rate, *s.* Kriechgeschwindigkeit, *f.*

creep rate unit, *s.* [cru], Einheit, *f.*, der Kriechgeschwindigkeit (10% Kriechdehnung in 1000 Stunden).

creep resistance, *s.* Kriechwiderstand; *m.*, Dauerstandfestigkeit, *f.*

creep resisting, *a.* kriechbeständig, *a.*

creep resisting steels, *spl.* kriechbeständige Stähle, *mpl.* (z. B. für Turbinenschaufeln).

creep strength, *s.* Dauerstandfestigkeit, *f.*; Kriechfestigkeit, *f.*

creep strength, *s.*, **depending on time,** Zeitstandfestigkeit, *f.*

creep test, *s.* Dauerstandversuch, *m.* Kriechversuch, *m.*

crest clearance, *s.* Spitzenspiel, *n.* (Zahnrad).

critical cooling rate, *s.* kritische Abkühlungsgeschwindigkeit, *f.*, bei der sich A_r in zwei Haltepunkte spaltet: A_r'-Bildung von Sorbit, Trostit und A_r''-Martensit).

critical speed, *s.* Grenzgeschwindigkeit, *f.*

critical strain, *s.* kritischer Verformungsgrad, *m.* (der bei nachfolgender Glühung das Kristallwachstum am stärksten fördert; Kaltverformung).

Crocar-steel work rolls, *spl.* chromlegierte Stahl-Arbeitswalzen, *fpl.* (12% Cr, 2.2% C: Sendzimir-Kaltwalzwerk).

Cronin molding process, *s.* Formmaskenverfahren, *n.*, nach Cronin (Gieß.).

crop, *v.t.* schopfen, *v.t.* (Abschneiden fehlerhafter Enden eines Stabes mit der „Schopfschere").

crop bucket, *s.* Schrottkübel, *m.*

crop chute, *s.* Abfallrutsche, *f.* (an einer Schere, Säge).

crop end bucket, *s.* Schrottasche, *f.* (unter der Schere oder Säge).

crop end, *s.*, **of rail,** Schopfende, *n.*, der Schiene.

crop end saw, *s.* Endensäge, *f.* (Walzw.).

crop loss, *s.* Schopfverlust, *m.*

cropping, *s.* Schopfen, *n.* (mit der Schere).

cross-, Quer- (-schnitt, -haupt).

cross bar, *s.* Traverse, *f.*

cross-brace, *s.* Querstrebe, *f.* (Konstr., Bauw.).

cross brace, *s.* Strebe, *f.* (Bauw., Konstr.).

cross-country mill, *s.* Zickzackstraße, *f.* (Walzw.).

cross-cut shear, *s.* Abläng-Blechschere, *f.*

cross end strut, *s.* Strebenkreuz, *n.*

cross frog, *s.* Kreuzungsherzstück, *n.* (Eisenb.).

cross head, *s.* Kreuzkopf, *m.* (Masch.).

cross-head block, *s.* Schlitten, *m.* (Masch.).

cross head guide, *s.* Kreuzkopfführung, *f.* (Masch.).

cross-head pin, *s.* Gabelzapfen, *m.* (Masch.).

crossings work, *s.* Kreuzungsbau, *m.* (Eisenb.).

cross-member, *s.* Querstrebe, *f.* (Bauw.).

crossover, *s.* Kreuzungsweiche, *f.* (Eisenb., nicht verstellbar).

cross-piece, *s.* Querstrebe, *f.*

cross-regenerative type coke oven, *s.* Verbundkoksofen, *m.* (2 Wärmespeicherpaare).

cross roll piercing process, *s.* Schrägwalzverfahren, *n.* (Röhren).

cross rolling, *s.* Querwalzen, *n.* (nach Abwalzung der Bramme auf eine Länge, die gleich ist der Breite des fertigen Bleches, wird sie um 90° gedreht und „quergewalzt". Günstige Wirkung auf Qualität und Gefügeausbildung).

cross section, *s.* Querschnitt, *m.*

cross-sectional area, *s.* Querschnittsfläche, *f.*

cross-tie, *s.* Schwelle, *f.* (Eisenb.).

crown-face pulley, *s.* bombierte Riemenscheibe, *f.*

crowning attachment, *s.* Balligdrehvorrichtung, *f.* (Walzendrehbank).

crowning machine, *s.* Bombiermaschine, *f.* (zum Biegen oder „Bombieren" von Wellblech).

crown, *s.*, **of an arch,** Bogenscheitel, *m.* (Bauw.).

cru (see "creep rate unit").

crucible, *s.* Schmelztiegel, *m.*

crucible cast steel, *s.* (see "crucible steel").

crucible furnace process, *s.* Tiegelschmelzverfahren, *n.* (Stahlerzeug.)

crucible steel, *s.* Tiegelstahl, *m.*, Tiegelgußstahl, *m.* (hergestellt aus hochwertigem Schweißeisen; Werkzeugstähle).

cruciform bars, *spl.* Kreuzstahl, *m.* (gewalzt, gepreßt).

crude ore, *s.* Roherz, *n.*

crude steel, *s.* Rohstahl, *m.* (beim Abstich).

crude steel capacity, *s.* Rohstahlkapazität, *f.*

crush, *v.t.* brechen, *v.t.* (zerkleinern); mahlen, *v.t.* (grob).

crushing, *s.* Zerkleinerung, *f.* (Erze).

crushing installation, *s.* Quetsche, *f.* (z. B. Erz).

crushing plant, *s.* Brechanlage, *f.* (Erz).

crushing strength, *s.* Quetschfestigkeit, *f.* (von Nieten).

crush, *v.t.*, **ores,** Erze quetschen, *v.t.*, Erze brechen, *v.t.*

crush test, *s.* Stauchprobe, *f.* (technol. Prüfg.).

crust, *s.* Gußrinde, *f.* (Gieß.).

crystal, *s.* Kristall, *m.*

crystal axis, *s.* Kristallachse, *f.*

crystal boundary, *s.* Kristallgrenzlinie, *f.*

crystal colonies, *spl.* Kristallhaufwerk, *n.*

crystal grain-size, *s.* Kristallkorngröße, *f.*

crystalline fracture, *s.* körniger Bruch, *m.*, kristalliner Bruch, *m.*

crystalline grain, *s.* Kristallkorn, *n.*, Kristallit, *m.*

crystalline modification, *s.* Umkristallisation, *f.*

crystalline nucleus, *s.* Kristallkeim, *m.*

crystalline state, *adv.*, **in the,** in Kristallform, *adv.*

crystalline structure, *s.* (see "macrostructure").

crystallization, *s.* Kristallbildung, *f.*, Kristallisation, *f.*

crystallization interval, *s.* (see "solidification range").

crystallize, *v.i.*, kristallisieren, *v.i.*

crystallizing, *s.* Kristallisieren, *n.*

crystallography, *s.* Kristallographie, *f.*

crystal recovery, *s.* Kristallerholung, *f.*

crystal structure, *s.* Kristallstruktur, *f.*, Kristallaufbau, *m.*

crystal system, *s.* Kristallsystem, *n.*

cube, *s.* Kubus, *m.* (Geom.), Sechsflächner, *m.*, Würfel, *m.*

cubic, *a.* kubisch, *a.* (Math. oder Geom.), Kubik- (in Wortverbindungen).

cubical contents, *spl.*, Fassungsvermögen, *n.*

cubic atom pattern, *s.* kubische Raumordnung, *f.*, der Atome.

cubic capacity, *s.* Kubikinhalt, *m.,* Rauminhalt, *m.*

cubic root, *s.* Kubikwurzel, *f.*

cup and cone bearing, *s.* Kegelkugellager, *n.*

cup and cone -fracture, *s.* Becherbruch, *m.* (hervorgerufen durch zu starke Abnahmen und ungenügendes Zwischenglühen beim Kaltziehen).

cup fracture, *s.* (see "cup and cone fracture").

cupola, *s.* Kupolofen, *m.*

cupola furnace, *s.* Kupolofen, *m.*

cupola iron, *s.* Kupolofenguß, *m.*

cupola malleable, *s.* Kupolofen-Temperguß, *m.*

cupola metal, *s.* im Kupolofen erschmolzenes Roheisen, *n.*

cupping, *s.* Reißkegelbildung, *f.* Überziehen, *n.* (Drahtzug; siehe „becherförmiger Bruch").

cupping test, *s.* Näpfchenziehversuch, *m.,* Tiefungsversuch, *m.* (zur Ermittlung der Tiefziehfähigkeit von Blechen; Prüfgeräte von Erichsen und Olsen).

cupping value, *s.* Tiefungswert, *m.*

cuppy wire, *s.* (see "cupping"), überzogener Draht, *m.*

curling, *s.* Einrollen, *n.* (von Blech, Art der Bördelarbeit).

curling press, *s.* Bördelpresse, *f.* (Blech).

current, *s.* Strömung, *f.*

current manufacture, *s.,* laufende Fertigung, *f.*

current operation, *s.* laufender Betrieb, *m.*

current production, *s.* laufende Erzeugung, *f.*

current quality, *s.* handelsübliche Qualität, *f.*

curvature, *s.* Bogen, *m.* (die Krümmung eines Werkstückes); Bogenlinie, *f.,* Krümmung, *f.* (Geom.).

curvature, *s.,* **of a curve,** Krümmung, *f.,* einer Kurve.

curve, *s.* Bogen, *m.* (Gleis).

curve rail, *s.* Bogenschiene, *f.* (Eisenb.).

curve switch, *s.* Bogenweiche, *f.* (Eisenb.).

cushion, *v.t.* dämpfen, *v.t.* (Stoß).

cushion, *s.* Stoßdämpfer, *m.*

cut, *v.t.,* aufhauen, *v.t.* (eine Feile); schneiden, *v.t.*

cut, *s.* Schnitt, *m.* (Masch.); Einschnitt, *m.*

cutting-in pass, *s.* Keilstich, *m.* (Schienenwalzung).

cutlery, *s.* Messerschmiedewaren, *fpl.*

cutlery steel, *s.* Messerstahl, *m.,* Besteckstahl, *m.*

cut nail, *s.* Blechnagel, *m.*

cut off, *v.t.* abschneiden, *v.t.* (mit einem Werkzeug); absperren, *v.t.* (Zufuhr).

cut, *v.t.,* **out test specimens,** Proben entnehmen *v.t.* (Werkst.-Prüfg.).

cutter blade, *s.* Fräsmesser, *n.* (einsetzbar).

cutter head, *s.* Fräskopf, *m.*

cutter pitch, *s.* Fräserzahnteilung, *f.*

cutter tooth, *s.* Fräszahn, *m.* (aus dem Rohling geschnitten).

cutting capacity, *s.* Spanleistung, *f.* (eines Schneidwerkzeuges).

cutting die, *s.* Schnitt, *m.* (Werkzeug).

cutting edge, *s.* Schneide, *f.* (Werkz.).

cutting-off machine, *s.* Abstechmaschine, *f.* (Stabstahl, Röhren).

cutting oil, *s.* Schneidöl, *n.* (als Schmiermittel beim Drehen oder Fräsen).

cutting power, *s.* Schneidfähigkeit, *f.*

cutting property, *s.* Schneideigenschaft, *f.*

cutting quality, *s.* Schneidhaltigkeit, *f.*

cutting sand, *s.* Schleifsand, *m.*

cutting speed, *s.* Schnittgeschwindigkeit, *f.* (Werkzeug).

cutting, *s.,* **to length,** Ablängen, *n.* (das Material auf Bestellängen).

cutting, *s.,* **to size,** auf Maß-Schneiden, *n.* (Walzerzeugnisse).

cutting torch, *s.* Schneidbrenner, *m.*

cut, *v.t.,* **to length,** ablängen, *v.t.*

cut tooth, *s.* gefräster Zahn, *m.,* geschnittener Zahn, *m.* (eines Zahnrades).

cut wire, *s.* Drahtkorn, *n.* (Preßluftstrahlputzen).

cyanide, *s.* Zyanid, *n.*

cyanide hardening, *s.* (see "cyaniding").

cyaniding, *s.* Zyanbadhärtung, *f.* (Oberflächenhärtung durch Erhitzen in einem Zyansalz mit anschließendem Abschrecken).

cycle, *s.*, **of operations**, Arbeitsspiel, *n.*, Spiel, *n.* (Masch.).

cyclic stressing, *s.* Wechselbeanspruchung, *f.*

cyclone gas washer, *s.* Naßwirbler, *m.* (Gasreinigung).

cycoil airfilter, *s.* Ölwirbel-Luftfilter, *m.*

cylinder liner, *s.* Zylinderbuchse, *f.*

D

δ-**iron**, *s.* (see "delta iron").

DVMR-test specimen, *s.* DVMR-Probe, *f.* (Kerbschlagbiegeprobe des Charpy-Typs nach der DIN-Norm: $\varnothing = 10$ mm², durchgeschlagener $\varnothing = = 10 \times 7$ mm, Länge $= 55$ mm, Auflagerentfernung $= 40$ mm).

daily tonnage, *s.* Tagesdurchsatz, *m.*

Damascene steel, *s.* Damaszener Stahl, *m.* (hochwertiger Tiegelgußstahl, der innerhalb genauer Temperaturgrenzen geschmiedet und vergütet wird).

damp, *v.t.* dämpfen, *v.t.* (Schwingungen).

damping, *s.* spezifische Dämpfungsfähigkeit, *f.* (die Arbeit, die von einem Einheitsgewicht eines Werkstoffes während eines völligen Lastwechsels einer Einheitsspannung in Wärme umgesetzt wird).

damping capacity, *s.* Dämpfungsfähigkeit, *f.* (Maß für die Fähigkeit eines Werkstoffes, bei hoher Wechselbeanspruchung diese Energie in Wärme umzusetzen; Werkst.-Prüfg.).

damping test, *s.* Dämpfungsbestimmung, *f.* (ein Dauerversuch zur Bestimmung der Dämpfungsfähigkeit eines Werkstoffes; Werkst.-Prüfg.).

dark red heat, *s.* dunkle Rotglühhitze, *f.*, Dunkelrotglut, *f.*

dark straw, *a.* dunkelgelb, *a.* (Anlaßfarbe).

data, *spl.* Angaben, *fpl.*, Kennzahlen, *fpl.*

dead axle, *s.* Tragachse, *f.* (Masch.).

dead burnt magnesite, *s.* Sintermagnesit, *m.*

dead center, *s.* feste Körnerspitze, *f.* (Drehbank); toter Punkt, *m.*

dead eye, *s.* Stützlager, *n.* (der Spindel; Walzw.).

dead head, *s.* Knochen, *m.* (am Gußstück).

dead hole, *s.*, **of pass**, drucklose Kaliberstelle, *f.* (Walzenkaliber).

dead lime, *s.* totgebrannter Kalk, *m.*

dead load, *s.* ruhende Last, *f.*

dead mold casting, *s.* Formguß, *m.* (Gieß.).

dead pass, *s.* blindes Kaliber, *m.* (in dem der Stab durchläuft, ohne daß Walzarbeit an ihm geleistet wird.); blinder Stich, *m.* (Walzung).

dead-smooth file, *s.* Feinschlichtfeile, *f.*

dead soaker, *s.* Ausgleichsgrube, *f.* (unbeheizt).

dead soaking pit, *s.* ungeheizter Tiefofen, *m.* (Ausgleichsgrube für gußwarme Blöcke oder Brammen).

dead soft steel, *s.* Flußeisen, *n.* (bis 0.10% C).

dead steam, *s.* Abdampf, *m.*

dead steel, *s.* stehender Stahl, *m.*, entgaster Stahl, *m.*

dead-weight nitrogen, *s.* Stickstoffballast, *m.* (im Gebläsewind).

deadplates, *spl.* Plattenbelag, *m.* (von Rollgängen; Walzw.).

debris, *s.* Schutt, *m.*

deburring, *s.* Abgraten, *n.* (feine Grate).

decalescence, *s.* Decaleszenz, *f.* (absorbierte Umwandlungswärme, Metallogr.).

decarburize, *v.t.* entkohlen, *v.t.* (Stahlfrischen).

decarburization period, *s.* Entkohlungsperiode, *f.* (Stahlfrischen).

deck, *s.* Siebplatte, *f.* (Erz, Kohle; Aufbereitg.).

decoding, *s.* Auskodieren, *n.*

decomposition of austenite, *s.* Austenitzerfall, *m.* (Metallogr.).

decomposition product, *s.* Abbauprodukt, *m.* (Chem.).

deep chill grain rolls, *spl.* Gußwalzen, *fpl.*, mit tiefer Hartschale.

deep-drawing property, *s.* Tiefziehfähigkeit, *f.*

deep drawing quality, *s.* Tiefziehgüte, *f.*

deep-drawing sheets, *pl.* Tiefziehbleche, *npl.*

deep etching, *s.* Tiefätzung, *f.* (zur makroskopischen Untersuchung).

deep hardening steel, *s.* gut einhärtender Stahl, *m.*

deep-piercing, *s.* Hohlschmieden, *n.*, im Gesenk (der Werkstoff fließt in der Richtung des Stempels in das Gesenk).

deep stamping sheets, *spl.* Tiefstanzbleche, *npl.*

defect, *s.* Fehler, *m.* (im Werkstoff).

defective, *a.* mangelhaft, *a.* (Werkstoff).

deficiency, *s.* Mangel, *m.* (eines Verfahrens).

deflecting side guard, *s.* Ablenkführung, *f.* (Rollgang; Walzw.).

deflection, *s.* Durchbiegung, *f.* (von Trägern); Durchfedern, *n.* (von Walzen); Ausschlag, *m.* (Instrument).

deflection of rolls, *s.* Walzendurchbiegung, *f.*, Durchfedern, *n.*, der Walzen (Walzung).

deflection test, *s.* Querbiegeversuch, *m.* (an den Enden gelagerter, in der Mitte belasteter Stab).

deformation, *s.* Formänderung, *f.*, Verformung, *f.*

deformation foot-pound, *s.* Formänderungsarbeit, *f.* (in mkg).

degas, *v.t.* entgasen, *v.t.*

degasification, *s.* Entgasung, *f.*

degreasant, *s.* Entfettungsmittel, *n.* (zur Lösung von Fettrückständen).

degreasing bath, *s.* Entfettungsbad, *n.* (Bandstahl).

degree, *s.* Grad, *m.*

degree of deformation, *s.* Formänderungsbetrag, *m.*

degree of freedom, *s.* Freiheitsgrad, *m.* (Metallogr.; Gibbs' Phasenregel).

degree of hardness, *s.* Härtegrad, *m.*

degree of shrinkage, *s.* Schwindmaß, *n.*

degrees Engler, *spl.* Engler-Grade, *mpl.* (deutsches Viskositätsmaß).

de-humidified blast, *s.* entfeuchteter Wind, *m.* (H-Ofen).

dehydrate, *v.t.* entwässern, *v.t.* (Öl, Brennstoffe).

dehydrated coal, *s.* Trockenkohle, *f.*

delapidated, *a.* baufällig, *a.*

delay, *s.* Verzug, *m.*, Störung, *f.*

delivery, *s.* Leistung, *f.* (Pumpe).

delivery side, *s.* Druckseite, *f.* (des Kompressors).

delivery side, *s.*, of a pump, Ausflußseite, *f.* einer Pumpe.

delivery speed, *s.* Austrittsgeschwindigkeit, *f.* (Walzw.).

delivery strip speed, *s.* Bandaustrittsgeschwindigkeit, *f.* (Bandwalzw.).

delivery table, *s.* Ablaufrollgang, *m.* (Walzw.).

delivery valve, *s.* Druckventil, *n.* (eines Gebläses).

delta iron, *s.* [δ-iron], Delta Eisen, *n.* [δ-Eisen] (allotrope Form des Eisens zwischen ca. 1400°C und dem Schmelzpunkt; kubisch-raumzentriert).

de-magnetization, *s.* Entmagnetisierung, *f.*

de-magnetize, *v.t.* entmagnetisieren, *v.t.*

demand, *s.* Bedarf, *m.*, Nachfrage, *f.*, Forderung, *f.*, Beanspruchung, *f.*

demolition, *s.* Abbruch, *m.*

demolition work, *s.* Abbrucharbeiten, *fpl.*

dendritic structure, *s.* Dendritenstruktur, *f.* (Metallogr., auch Guß- oder Primärstruktur).

densener, *s.* Reißrippe, *f.*, Feder, *f.* (zur Vermeidung von Rissen oder zur Behinderung der Schwindung in Gußformen eingelegte Eisen- oder Metallstücke).

density, *s.* Dichte, *f.* (Phys.).

deoxidation, *s.* Desoxydation, *f.* (des Stahls in der Pfanne).

deoxidize, *v.t.* desoxydieren, *v.t.*

deoxidizer, *s.* Desoxydationsmittel, *n.*

depart, *v.t.* abweichen (vom Üblichen).

department, *s.* [dept.], Abteilung, *f.* [Abt.].

departure, *s.* Weg, *m.* (z. B. einen neuen Weg einschlagen).

departure from, Abweichung, *f.* (in der Konstruktion, im Verfahren).

dependable, *a.* zuverlässig, *a.*

dephosphorization, *s.* Entphosphorung, *f.*

dephosphorize, *v.t.* entphosphoren, *v.t.* (Eisen, Stahl).

dephosphorizer, *s.* Entphosphorungsmittel, *n.*

deposit, *s.* Lager, *n.*, Vorkommen, *n.*, Lagerstätte, *f.* (Kohle, Erz); Niederschlag, *m.* (elektrolytische Behandlung); aufgetragenes Metall, *n.* (Schweißen, Löten).

deposit welding, *s.* Auftragschweißung, *f.* (Wiederherstellung abgenutzter oder gebrochener Teile, z. B. Wellenstummel, Achsschenkel, u. dgl.; vergleiche auch „Bestücken" u. „Aufschweißen").

deposited metal, *s.* Auftragsmetall, *n.*; niedergeschlagener Werkstoff, *m.*

depreciation, *s.* Abschreibung, *f.*

depth-hardening, *s.* Einhärtung, *f.*

depth of carburizing, *s.* Aufkohlungstiefe, *f.*

depth of case, *s.* Einsatztiefe, *f.* (Einsatzhärtung).

depth of draw, *s.* Ziehtiefe, *f.* (beim Ziehen, Pressen).

depth of decarburized zone, *s.* Entkohlungstiefe, *f.*

depth of hardening, *s.* Einhärtungstiefe, *f.*

depth of impression, *s.* Eindrucktiefe, *f.* (Brinell-Probe).

depth of indentation, *s.* Eindrucktiefe, *f.* (Brinell-Probe).

depth of penetration, *s.* Eindringtiefe, *f.* (Rockwell-Härteprüfung); Einbrandtiefe, *f.* (Schweißung).

depth of rail, *s.* Schienenhöhe, *f.*

derailer, *s.* Entgleisungsweiche, *f.*

derrick, *s.* Ladebaum, *m.*

descaling, *s.* Entsteinen, *n.* (Kessel); Entzundern, *n.* (Stahl).

descaling chipper, *s.* Abklopfhammer, *m.* (Kessel).

(de)scaling machine, *s.* Zunderbrechmaschine, *f.*

descaling roll, *s.* Zunderbrechwalze, *f.*

descent, *s.* schiefe Ebene, *f.*, Gefälle, *n.*; Niedergehen, *n.* (der Beschickungssäule; H-Ofen).

deseaming, *s.* Putzen, *n.* (von Blöcken, Brammen).

desiccate, *v.t.* entwässern, *v.t.* (Dampf).

desiccation, *s.* Entwässerung, *f.* (Dampf).

design, *v.t.* kalibrieren, *v.t.* (Walzen).

design, *v.t.* entwerfen, *v.t.*, konstruieren, *v.t.*

design, *s.* Entwurf, *m.*, Konstruktion, *f.*

design sheet, *s.* Konstruktionsblatt, *n.*

design and construction, *s.* Konstruktion und Ausführung, *f.*

design engineer, *s.* Konstrukteur, *m.*

designer, *s.* Konstrukteur, *m.*

desiliconize, *v.t.* entsilizieren, *v.t.* (z. B. das Roheisen in der Pfanne).

deslagging, *s.* Abschlacken, *n.* (Stahlw.).

de-straining, *s.* Entfestigung, *f.*

desulphurization, *s.* Entschwefelung, *f.*

desulphurize, *v.t.* entschwefeln, *v.t.* (Stahl, Eisen).

desurfacing, *s.* (see ‚‘scarfing"), Abdrehen, *n.* (von Vorblöcken, Brammen).

detachable bottom, *s.* Losboden, *m.* (Konverter).

detail drawing, *s.* Werkstättenzeichnung, *f.*, Stückzeichnung, *f.*, Detailzeichnung, *f.*

detail etching, *s.* Reliefätzen, *n.* (Entwicklung des Feingefüges; Metallogr.).

detection, *s.* Bestimmung, *f.* (von Fehlern).

detergent, *s.* Reinigungsmittel, *n.* (mildwirkende alkalische Lösungen; Metallreinigung).

determination, *s.* Bestimmung, *f.*, Ermittlung, *f.*

determine, *v.t.*, bestimmen, *v.t.*, ermitteln, *v.t.* (einen Wert, Größe).

develop, *v.t.* entwickeln, *v.t.*

development of ears, *s.* Zipfelbildung, *f.* (störender Fehler beim Tiefziehen von Blechen und Bändern).

development of microstructure, *s.* Entwicklung, *f.*, des Feingefüges (durch Ätzen oder Anlassen; Metallogr.).

development work, *s.* Entwicklungsarbeit, *f.*

device, *s.* Vorrichtung, *f.*

dew point, *s.* Taupunkt, *m.*

diagonal bracing, *s.* Kreuzverspannung, *f.*

diagram, *s.* Diagramm, *n.*, Schaubild, *n.*

dial indicator, *s.* Meßuhr, *f.* (Walzenanstellung).

diameter, *s.* Stärke, *f.* (Schrauben, Rundstäbe).

diametral pitch, *s.* Teilkreisdurchmesser, *m.* (Zahnteilungen pro 1″ Länge des Durchmessers).

diamond, *s.* Raute, *f.*, Spießkant, *m.* (Walzstab).

diamond crossing, *s.* Kreuzungsstück, *n.*, Doppelherzstück, *n.* (Eisenb.).

diamond knurling, *s.* überkreuztes Kordieren, *n.* (mit einem links- und einem rechtsgängigen Kordelrädchen).

diamond pass, *s.* Rautenkaliber, *n.* (Walzenkalibrierung).

diamond penetrator hardness, *s.* [D.P.H.], (see "Vickers hardness").

diaphragm, *s.* Federplatte, *f.* (einer Pumpe); Blende, *f.*

diaphragm pump, *s.* Membranpumpe.

DID beams, *spl.* Differdinger- oder Breitflanschträger, *mpl.* (mit dünnem Steg).

didymium, *s.* Didym, *n.* (zu den „seltenen Erden" gehöriges Element).

die, *s.* Gesenk, *n.* (allgem. Ausdruck); Blockschnitt, *m.* (Werkzeug).

die block, *s.* Gesenkblock, *m.* (Vereinigung von Ober- und Untergesenk, bei kleinen Gesenken).

die casting, *s.* (U. S.), Spritzguß, *m.* (siehe „Spritzgußverfahren").

die-casting die, *s.* Spritzform, *f.*, Spritzgußform, *f.* (vergl. „Spritzgußverfahren").

die-casting practice, *s.* Spritzgußtechnik, *f.*

die-casting process, *s.* Spritzgußverfahren, *n.* (Spritzgießen von Legierungen in Dauerformen aus Metall; Arten: Dauerformguß, Spritzguß, Vakuum-Spritzguß).

die design, *s.* Gesenkentwurf, *m.* (Gesenkschmieden).

die faces, *pl.* Gesenkflächen, *fpl.* (Gesenkschmieden: die Paßflächen zwischen Ober- und Untergesenk).

die forge, *v.t.* im Gesenk schmieden, *v.t.* (allgemeiner Ausdruck, ohne Angabe der Art des Gesenkes).

die forging, *s.* Gesenkschmieden, *n.*

die-formed parts, *spl.* Preßteile, *mpl.*

die impressions, *pl.* Gesenkgravur, *f.*

die-making operation, *s.* Gesenkarbeit, *f.*

die making shop, *s.* Gesenkmacherei, *f.*

die-made blank, *s.* im Gesenk gepreßter Rohling, *m.*

die orifice, *s.* Ziehring, *m.* (Fließpressen).

die rolling, *s.* (see "periodic rolling").

die-sinking, *s.* Ausfräsen, *n.* von Gesenken.

die steels, *spl.* Gesenkstähle, *mpl.*

die stock die, *s.* Gewindeschneideisen, *n.*

die support, *s.* Stützring, *m.* (Strangpresse).

die wear, *s.* Gesenkverschleiß, *m.*

die work, *s.* Gesenkarbeit, *f.*, Gesenkherstellung, *f.*

Diesel engine, *s.* Dieselmaschine, *f.*, Dieselmotor, *m.*

Diesel shovel, *s.* Dieselbagger, *m.*

Diesel-electric shovel, *s.* Dieselelektrobagger, *m.*

Diesel locomotive, *s.* Diesellok(omotive), *f.*

differential quenching, *s.* örtlich begrenztes Abschrecken, *n.* (nur gewünschte Teile eines Gegenstandes werden abgeschreckt und gehärtet).

"difficult" steels, *spl.* schwer zu schweißende Stähle, *mpl.*

diffraction pattern, *s.* Beugungsbild, *n.* (Röntgenprüfung).

diffuse, *v.i.* diffundieren, *v.i.*

diffusibility, *s.* Diffusionsvermögen, *n.*

diffusion, *s.* Diffusion, *f.*

diffusion of heat, *s.* Wärmediffusion, *f.*

diffusion potential, *s.* Diffusionsvermögen, *n.*

diffusivity, *s.* Diffusität, *f.*

dilatometer, *s.* Dilatometer, *n.*

dimension, *s.* Maß, *n.* (im Sinne von Abmessung), Maßangabe, *f.*, Abmessung, *f.*

Din standard, *s.* Dinorm, *f.*

dinas brick, *s.* Dinasstein, *m.* (saurer feuerfester Ofenbaustein).

dipped electrode, *s.* Tauchelektrode, *f.* (die Umhüllung wird im Tauchverfahren hergestellt, zum Unterschied von ausgepreßten Elektroden).

direct acting, *a.* direkt wirkend, *a.*

direct arc furnace, *s.* direkter Lichtbogenofen, *m.* (unmittelbare Erhitzung des Bades durch den Lichtbogen; Heroult-Ofen).

direct casting, *s.* fallender Guß, *m.*

direct quench, *s.*, **from rolling heat,** Abschrecken, *n.*, von der Walzhitze.

direct reversible, *a.* direkt umsteuerbar, *a.*

directed cooling, *s.* geregelte Abkühlung, *f.* (z. B. von Schienen).

direction of fiber, *s.* Faserrichtung, *f.*

direction of flow, *s.* Strömungsrichtung, *f.*

direction of magnetization, *s.* Magnetisierungsrichtung, *f.* (Phys.-Werkst., Prüfg.).

direction of rotation, *s.* Drehrichtung, *f.*

directional pressure change, *s.* Druckrichtungswechsel, *m.*

disassemble, *v.t.* ausbauen, *v.t.* (Teile aus einer Einrichtung).

disc valve, *s.* (see "poppet valve"), Tellerventil, *n.*

discard, *s.* Preßrest, *m.* (Strangpressen); Abfall, *m.*, Ausschuß, *m.*

discharge, *s.* Ziehöffnung (Röstofen).

discharge duct, *s.* Abzug, *m.* (für Verbrennungsgase).

discharge end, *s.* Abwurfseite, *f.* (der Sintermaschine); Ziehseite, *f.* (eines Wärmofens).

discharge hopper, *s.* Schüttrichter, *m.*

discontinuities, *spl.*, **in the metal,** Unterbrechungen, *fpl.*, des Stoffzusammenhanges (z. B. durch Einschlüsse).

disintegrate, *v.i.* zerfallen, *v.i.*, zerrieseln, *v.i.*

disintegration, *s.* Zerfall, *m.*, Zerrieseln, *n.* (z. B. hochbasische H-Ofenschlacken, Portlandzement-Klinker).

disintegrator, *s.* Desintegrator, *m.* (Gasreinigung); Schleudermühle, *f.*

dislocation, *s.* Störung, *f.*, Versetzung, *f.* (des Atomgitters).

dismantle, *v.t.*, demontieren, *v.t.*

dismantling, *s.* Demontage, *f.*

dismount, *v.t.* abmontieren, *v.t.*, ausbauen, *v.t.*

dispatch, *s.* Versand, *m.*

dispersion hardening, *s.* Aushärtung, *f.* (von Metallegierungen bei niedriger Temperatur; feinste Verteilung der abgeschiedenen Phase).

dispersion of values, *s.* Streuung, *f.* der Werte.

displacement, *s.* Verdrängung, *f.* (ein Kompressor hat eine Verdrängung von . . .).

dished metal sheet, *s.* getriebenes Blech, *n.*

dished sheet, *s.* gewölbtes Blech, *n.*, Kümpelblech, *n.*

dishing, *s.* Kümpelarbeit, *f.*, Napf-

ziehen, *n.*, Tiefen, *n.* (Kessel).

disk, *s.* Scheibe, *f.* (Werkstück).

disk type roll, *s.* Scheibenwalze, *f.* (vgl. „Lochwalzverfahren").

disk wheel, *s.* Scheibenrad, *n.*

dissociate, *v.i.* dissoziieren, *v.i.*

dissociation, *s.* Dissoziation, *f.*

dissolve, *v.t.* lösen, *v.t.*, auflösen, *v.t.*

distance, *s.* Entfernung, *f.*, Abstand, *m.*

distance, *s.*, **from centerline to centerline,** Mittenabstand, *m.*, Entfernung, *f.*, Mitte zu Mitte.

distance, *s.*, **between centers,** Spitzenweite, *f.* (einer Drehbank).

distancer, *s.* Zwischenstück, *n.*

distancing, *a.* Distanz- (Distanzplatte, Distanzring, Distanzrohrstück).

distortion, *s.* Verzug, *m.* (des Materials z. B. durch den Härtungsvorgang).

distortion, *s.*, **on hardening,** Härteverzug, *m.*

distributing bell, *s.* Verteilerglocke, *f.* (H-Ofen).

distribution, *s.*, **of gas in the furnace** Durchgasung, *f.* des Ofens (H-Ofen).

dividing shear, *s.* Spaltschere, *f.* (Blech), Teilschere, *f.*

division, *s.* Teilung, *f.* (Meßw.).

divorced cementite, *s.* (see "spheroidite").

dog, *s.* Daumen, *m.* (Masch.); Transportdaumen, *m.* (des Kühlbettschleppers).

dog bar carry-over, *s.* Knaggenschlepper, *m.* (Walzw.).

dog carriage, *s.* Schlepperwagen, *m.* mit Daumen (Seilschlepper, Walzw.).

dogging crane, *s.* Zangenkran, *m.* (Tiefofen).

dog headed spike, *s.*, Hakennagel, *m.*

doghouse, *s.* Brennkopf, *m.* (SM-Ofen).

dog key, *s.* Hakenkeil, *m.*

dog spike, *s.* Schienennagel, *m.*

dog type transfer, *s.* Knaggenschlepper, *m.* (Walzw.).

dolomite, *s.* Dolomit, *m.* (basischer ff. Stoff).

dolomite brick, *s.* Dolomitstein, *m.* (basischer Ofenbaustein).

dolomite plant, *s.* Dolomitanlage, *f.* (Stahlw.).

dolomite throwing machine, *s.* Dolomit-Schleudermaschine, *f.* (SM-Ofen).

dolly-bar, *s.* Nietkloben, *m.*

domain, *s.* Einzelbezirk, *m.* (Theorie der Magnetisierung).

dome, *s.* Dom, *m.* (eines Kessels).

dome cap, *s.* Domhaube, *f.*

dome seating, *s.* Domsitz, *m.* (Kesselb.).

domestic, *a.* inländisch, *a.*

domestic equipment, *s.* Haushaltsgeräte, *npl.*

domestic supplies, *spl.* Inlandsversorgung, *f.*

donkey winch, *s.* Hilfswinde, *f.*

door machine, *s.* Türhebevorrichtung, *f.* (Koksofen).

door sections, *spl.* Türrahmenstahl, *m.*

Dorr thickener, *s.* Dorr-Eindicker (zur Verwertung der Naßwäscher-Schlämme).

double, *v.t.* doppeln, *v.t.* (Bleche).

double-acting hammer, *s.* doppeltwirkender Hammer, *m.* (Schmiede).

double chair, *s.* Kreuzungsstuhl, *m.* (Eisenb.).

double-cone spring, *s.* Doppelkegelfeder, *f.*

double-conical roll, *s.* doppelkegelförmige Walze, *f.* (nach Mannesmann, siehe „Lochwalzverfahren").

double-curve switch, *s.* Doppelbogenweiche, *f.* (Eisenb.).

double-cut file, *s.* zweihiebige Feile, *f.*

double frog, *s.* Kreuzungsstück, *n.* Doppelherzstück, *n.* (Eisenb.),

double-headed rail, *s.* Stuhlschiene, *f.* (Eisenb.).

double-heating, *s.* (see "saddening").

double helical gear, *s.* Pfeilrad, *n.,* Pfeilradgetriebe, *n.*

double helical gearing, *s.* Pfeilverzahnung, *f.*

double refining, *s.* Doppelhärtung, *f.* (eine Behandlung beim Einsatzhärten durch Ablöschen — Zwischenglühen — Ablöschen. Zweck der ersten Ablöschung: Verfeinerung der Kernzone; der zweiten: Härtung der Randzone).

double riveting, *s.* Doppelnietung, *f.* (zwei Reihen von Nieten bei überlappten, oder je zwei bei Stoßverbindungen).

double shell, *s.* Doppelwandung, *f.* (eines Kessels).

double slip points, *spl.* doppelte Kreuzungsweiche, *f.* (Eisenb.).

double switch, *s.* Doppelweiche, *f.* (Eisenb.).

double thread, *s.* doppelgängiges Gewinde, *n.*

double track inclined hoist, *s.* doppeltrümmiger Schrägaufzug, *m.* (H-Ofen).

dovetail slot, *s.* Schwalbenschwanznut, *f.*

dowel, *s.* Dübel, *m.* (Masch.).

dowel, *v.t.* dübeln, *v.t.* (mit Dübel befestigen).

downdraft grate type sintering machine, *s.* Saugzug-Sintermaschine, *f.* (Bauart Dwight-Lloyd).

down-gate, *s.* Gießtrichter, *m.* (Steigguß).

down-hill casting, *s.,* **down-hill teeming,** *s.,* fallender Guß, *m.*

down-time, *s.* Abschaltzeit, *f.* (eines Walzwerkes, eines Ofens).

downcomer, *s.* Fallrohr, *n.,* Fallröhre, *f.*

downfeed, *s.* Fallspeisung, *f.* (z. B. von Wasser in Kühlkästen).

downhand welding, *s.* Abwärtsschweißen, *n.*

downstairs of furnace, *s.* Unterofen, *m.* (SM-Ofen).

draft, *s.* Abnahme, *f.* (des Stabquerschnittes je Stich, ausgedrückt in % der Gesamtabnahme); Kaliberdruck, *m.* (Walzung); Luftzug, *m.;* Streckung, *f.* (Walzung).

drag, *s.* Wagenzug, *m.* (Werkseisenbahn); Bremszug, *m.* (des Ablaufhaspels; Kaltwalzung).

drag haul installation, *s.* Seiltransportanlage, *f.* (mit Transportknaggen).

drag line excavator, *s.* Schürfkübelbagger, *m.*

drag line operation, *s.* Baggerbetrieb, *m.*

drag reel, *s.* Bremshaspel, *m.* (Kaltwalzw.).

drag roll, *s.* Schleppwalze, *f.*

drag tension, *s.* Bremszugspannung, *f.*

drain, *v.t.* entwässern, *v.t.,* ablassen, *v.t.* (Flüssigkeiten).

drain cock, *s.* Entleerungshahn, *m.*

draw, *v.t.* anlassen, *v.t.* (den gehärteten Werkstoff); ziehen, *v.t.* (1. Blöcke aus dem Tiefofen, 2. Draht, Stabmaterial); strecken, *v.t.* (im Streckgesenk); zeichnen, *v.t.*

draw, *s.* Saugstelle (in schweren Guß-stücken); Zug, *m.* (von Draht, Stangen).

draw-back, *s.* Keilstück, *n.*, Kernstück, *n.* (Gieß.).

draw-bench, *s.* Ziehbank, *f.*

draw down, *v.t.* recken, *v.t.* (Schmiede).

draw furnace, *s.* Anlaßofen, *m.*

draw-head, *s.* Ziehwerk, *n.* (der Ziehbank).

draw line, *s.* Reihe, *f.*, von Anlaßöfen (Durchlaufvergütung).

draw plate, *s.* [wortle plate], Zieheisenplatte, *f.*, Zieheisen, *n.* (mit einem oder mehreren kegelförmigen Löchern).

draw work, *s.* Ziehtechnik, *f.*

drawing, *s.* Anlassen, *n.* (Vergütung); Vorstrecken, *n.* (unsymmetrisches, d. i. einseitiges, Abrecken des Schmiedestabes; Gesenkschmieden); Riß, *m.* (Zeichnung).

drawing block, *s.* Ziehscheibe, *f.* (Drahtzug).

drawing board, *s.* Reißbrett, *n.*

drawing capacity, *s.* Ziehfähigkeit, *f.*

drawing die, *s.* Streckgesenk, *n.* (Vorgesenk, in dem der Rohling einseitig ausgereckt wird; Gesenkschmieden).

drawing dies, *pl.* Ziehwerkzeuge, *npl.* (Stäbe, Draht).

drawing grease, *s.* Ziehfett, *n.*

drawing oil, *s.* Ziehöl, *n.* (Drahtziehen).

drawing press, *s.* Ziehpresse, *f.*

drawing properties, *spl.* Zieheigenschaften, *fpl.* (Bleche, Draht).

drawing reel, *s.* Hut, *m.* (Drahtzieherei).

drawing ring, *s.* Ziehring, *m.* (ringförmige Matrize zum Pressen von Rohren. Anwendung z. B. bei Bethlehem Steel Co.).

drawing technique, *s.* Ziehtechnik, *f.*

drawing the temper (see "drawing"), Anlassen, *n.* (auf eine bestimmte Härtestufe).

drawing temperature, *s.* Anlaßtemperatur, *f.* (Vergütung); Ziehtemperatur, *f.* (des eingesetzten Blockes im Wärm- oder Tiefofen).

drawing, *s.*, **with fixed mandrel,** Stopfenzug, *m.* (Kaltziehen von Röhren).

drawing, *s.*, **with moving mandrel,** Stangenzug, *m.* (Kaltziehen von

Röhren; Lösen der Stange aus dem Rohr durch Friemeln).

drawn shapes, *spl.* (U. S. A.), gezogener Profilstahl, *m.*

drawn sections, *spl.* (U. K.), gezogener Profilstahl, *m.*

drawn wire, *s.* gezogener Draht, *m.*

dredging, *s.* Baggerung, *f.*

dress, *v.t.* putzen, *v.t.* (Vorblöcke); nachdrehen, *v.t.* (Walzen).

drift, *s.* Trift, *f.* (des Kranes bei gegeneigter Kranbahn); Dorn, *m.* (vgl. „Aufweiteprobe").

drifting test, *s.* (see "bulging test"), Aufweiteprobe, *f.* (Rohre).

drill, *v.t.* (aus)bohren, *v.t.* (aus dem Vollen bohren).

drill, *s.* Bohrer, *m.*

drill bit, *s.* Bohrerspitze, *f.*

drill file, *s.* Bohrlochfeile, *f.*

drill steel, *s.* Bohrerstahl, *m.* (für Spiralbohrer).

drilled rail, *s.* gebohrte Schiene, *f.*

drilling, *s.* Ausbohren, *n.*, Bohrarbeit, *f.* (aus dem Vollen).

drilling burr, *s.* Bohrgrat, *m.*

drillings, *spl.* Bohrmehl, *n.*, Bohrprobe, *f.* (für Analysen).

drive, *s.* Antrieb, *m.*

drive side of mill, *s.* Antriebsseite, *f.*, des Walzgerüstes.

driving gear, *s.*, **driving mechanism,** *s.* Triebwerk, *n.* (Masch.).

driving rate, *s.*, **of a furnace,** Betriebstempo, *n.*, eines Ofens.

driving spindle, *s.* Antriebsspindel, *f.* (zwischen Kammwalze und Arbeitswalze; Walzw.).

driving unit, *s.* Antriebsmaschine, *f.*

drop bottom car, *s.* Bodenentleerer, *m.* (Fallboden).

drop-forge, *v.t.* im Gesenk ausschmieden, *v.t.*

drop forging, *s.* Gesenkschmiedearbeit, *f.*; Gesenkschmiedestück, *n.*

drop hammer, *s.* Fallhammer, *m.*

drop hardness, *s.* Fallhärte, *f.* (gleich 1.60 Brinellhärte).

drop hardness test, *s.* Fallhärteprüfung, *f.* (dynamisch).

drop stamping, *s.* Preßteil, *m.*

drop, *v.t.*, **the roof,** das Gewölbe einreißen, *v.t.* (SM-Ofen).

drossy iron, *s.* schlackiges Eisen, *n.*

drum, *s.* Ziehscheibe, *f.* (Drahtzug).
dry-clean, *v.t.* entstauben, *v.t.* (H-Ofengas).
dry cleaned gas, *s.* trocken gereinigtes Gas, *n.*
dry cleaner, *s.* Trockenreiniger, *m.* (H-Ofengas).
dry cleaning, *s.* Trockenreinigung, *f.* (H-Ofengas).
dry coke cooling, *s.* Koks-Trockenlöschung, *f.*
dry coke rate, *s.* Trocken-Kokssatz, *m.*
dry measure, *s.* Hohlmaß, *n.* (z. B. m³).
dry-quenching plant, *s.* Trocken-Kühlanlage, *f.* (Koks).
dry sand, *s.* Formmasse, *f.* (Gieß.).
dry sand castings, *spl.* Masseguß, *m.* (Gieß.).
dry sand mold, *s.* Masseform, *f.* (Gieß.).
dry sand molding, *s.* Formen, *n.*, mit fettem Sand (Gieß.).
dry screening, *s.* Trockensiebung, *f.* (Erze).
dry wire drawing, *s.* Trocken-Drahtzug, *m.*
ducking dog, *s.* beweglicher Transportdaumen, *m.* (eines Schleppers; Walzw.).
ductile, *a.* verformbar, *a.*
ductile fracture, *s.* Verformungsbruch, *m.*
ductility, *s.* Formänderungsfestigkeit, *f.*, Dehnfähigkeit, *f.* (des Werkstoffes).
dull, *v.t.* stumpfmachen, *v.t.* (Werkz.).
dull finish sheet, *s.* Mattblech, *n.*
dummy block, *s.* Preßscheibe, *f.* (Strangpresse).
dummy pass, *s.* Blindkaliber, *n.* (Walzenkaliber); Leerstich, *m.* (Walzung).
dump truck, *s.* Kippwagen, *m.* (seitliche Entleerung).
dumper, *s.* Kippwagen, *m.*
duo-clad steel, *s.* doppelseitig plattierter Stahl, *m.* (siehe „Plattieren").
duplex steel, *s.* Duplexstahl, *m.* (siehe „Duplexverfahren").

duplexing, *s.* Duplexverfahren, *n.* (Vorfrischen des Roheisens im Konverter und Fertigfrischen im kippbaren SM- oder Elektroofen).
duplexing practice, *s.* Duplexbetrieb, *m.*
duplicate, *s.* Austauschstück, *n.*
duplicate production, *s.* Reihenfertigung, *f.*
durable, *a.* dauerhaft, *a.*
durability, *s.* Haltbarkeit, *f.*
durain, *s.* Faserkohle, *f.* (Hartkohlenzeilen in Backkohle; Kokerei).
duralumin product, *s.* Duralerzeugnis, *n.*
dust catcher, *s.* Staubsack, *m.* (H-Ofengas-Reinigung).
dust collecting system, *s.* Entstaubungsanlage, *f.*
dust loss, *s.* Staubentfall, *m.* (H-Ofen).
dust losses, *spl.* Verstaubung, *f.* (H-Ofen, Niederschachtofen).
dust receiver, *s.* Staubsammler, *m.*
dust separator, *s.* Staubabscheider, *m.*
dustproof, *a.* staubdicht, *a.*
Dwight-Lloyd sintering machine, *s.* Sintermaschine, *f.*, Bauart Dwight-Lloyd.
dynamic compression test, *s.* Schlagdruckversuch, *m.*
dynamic fatigue test, *s.* Pulsatorversuch, *m.*
dynamic pressure, *s.* Staudruck, *m.*
dynamic strength, *s.* Schwingungsfestigkeit, *f.*
dynamic stress, *s.* Schlagbeanspruchung, *f.*, Schwingungsbeanspruchung, *f.*
dynamic testing, *s.* dynamischer Versuch, *m.* (Werkst.-Prüfg.).
dynamic viscosity, *s.* dynamische Zähigkeit, *f.* (von gasförmigen Körpern; Phys.).
dynamically balanced, *a.* dynamisch ausgewuchtet, *a.* (Masch.).
dynamo casting, *s.* Dynamoguß, *m.*
dynamo sheets, *spl.* Dynamobleche, *npl.*

E

EMF (see "electromotive force").
E. O. T. - crane, *s.* (see "electric overhead traveling crane").

E-Q hardenability, *s.* (see "end-quench hardenability").
E steel, *s.* E-Stahl, *m.* (freischneiden-

der Bessemerstahl mit 0.04-0.06% C, erzeugt von der Jones & Laughlin Steel Corp.).

easy-machining, *a.* leicht bearbeitbar, *a.* (mit Schneidwerkzeugen).

eccentric, *s.*, *a.* Exzenter, *m.*, exzentrisch, *a.*

eccentric converter design, *s.* asymmetrische Konverterform, *f.*

eccentric drive, *s.* Exzenterantrieb, *m.*

eccentric motion, *s.* exzentrische Bewegung, *f.*

eccentric movement, *s.* Exzenterbewegung, *f.*

eccentric press, *s.* Exzenterpresse, *f.*

eccentric ring, *s.* Exzenterring, *m.*

eccentric shaft, *s.* Exzenterwelle, *f.*

economic, *a.* [-al], wirtschaftlich, *a.*, sparsam, *a.*, rationell, *a.*

economic efficiency, *s.* Wirtschaftlichkeit, *f.* (z. B. eines Verfahrens).

economics, *s.* Wirtschaftlichkeit, *f.*, Rentabilität, *f.*

economizer, *s.* Sparvorrichtung, *f.*; -sparer, *m.* (z. B. Brennstoff-, Dampf-).

economy, *s.* Wirtschaftsleben, *n.*, Wirtschaft, *f.*, Sparsamkeit, *f.*

edge-holding property, *s.* Schneidhaltigkeit, *f.*

edge trimmer, *s.* Besäummaschine, *f.* (Geradeschneiden der Kanten von Blechen und Bandstahl).

edging, *s.* Rundvorschmieden, *n.* (im Gesenk); Stauchen, *n.* (Walzung).

edging die, *s.* Rundgesenk, *n.* (ein Vorgesenk, das dem Stab einen bauchigen Querschnitt vermittelt; Gesenkschmieden).

edging pass, *s.* Stauchkaliber, *n.* (Walzenkalibr.); Kantstich, *m.* (Walzung).

effect, *s.* Wirkung, *f.*, Auswirkung, *f.*; Leistung, *f.* (mechanische).

effect of radiation, *s.* Strahlenwirkung, *f.*

effective heat, *s.* Nutzwärme, *f.*

effective horse power, *s.* Nutz-Pferdestärke, *f.*

effective power, *s.* Nutzkraft, *f.*

effective pressure, *s.* Arbeitsdruck, *m.*

effervescing steel, *s.* (see "rimming steel").

efficiency, *s.* Leistung, *f.*, Leistungsfähigkeit, *f.*, Wirkungsgrad, *m.*

efficiency factor, *s.* Leistungsfaktor, *m.*

efficient, *a.* leistungsfähig, *a.*

eject, *v.t.* auswerfen, *v.t.*

ejection air, *s.* Treibstrahl, *m.* (siehe „Treibstrahlanlage").

ejector, *s.* Auswerfer, *m.*

elastic deformation, *s.* elastische Formänderung, *f.*

elastic force, *s.* Federkraft, *f.*

elastic hysteresis, *s.* Elastizitätshysteresis, *f.*

elastic limit, *s.* Elastizitätsgrenze, *f.* [0.01 Grenze]. (die höchste Spannung, die nur eine elastische Formänderung verursacht).

elastic modulus, *s.* Elastizitätsmodul, *m.*, Dehnungsmodul, *m.* (Verhältnis zwischen Spannung und elastischer Längenänderung in kg/mm^2, oder kg/cm^2).

elastic region, *s.* Gebiet, *n.*, der elastischen Formänderung.

elasticity, *s.* Elastizität, *f.*

elasticity of flexure, *s.* Biegungselastizität, *f.*

elbow, *s.* [ell], Knierohr, *n.*, gleichschenkliger Krümmer, *m.* (Rohrverbindung).

elbow joint, *s.* Kniestück, *n.* (einer Leitung).

electrical engineer, *s.* Elektroingenieur, *m.*

electrical engineering, *s.* Elektromaschinenbau, *m.*

electrical fitter, *s.* Elektromonteur, *m.*

electrical properties, *spl.* elektrische Eigenschaften, *fpl.* (des Werkstoffs).

electrically actuated, *a.* elektrisch betätigt, *a.*

electrically driven, *a.* elektrisch angetrieben, *a.*

electrically driven screw-down, *s.* elektrische Anstellung, *f.* (Walzw.; siehe „Anstellvorrichtung").

electrically operated, *a.* elektrisch betrieben, *a.*

electrically reduced pig iron, *s.* Elektro-Roheisen, *n.*

electric-arc welding, *s.* elektrische Lichtbogenschweißung, *f.* (Erzeugung der Schweißhitze durch einen elektrischen Lichtbogen entweder zwischen Grundwerkstoff und Elektrode, oder zwischen zwei Elektroden).

electric drive, *s.* elektrischer Antrieb, *m.*

electric[al] equipment, *s.* elektrische Einrichtung, *f.*, elektrische Ausrüstung, *f.*

electric excavator, *s.* Elektrobagger, *m.*

electric filter, *s.* Elektrofilter, *m.* (Gasreinigung).

electric furnace, *s.* Elektroofen, *m.*

electric furnace melting shop, *s.* Elektrostahlwerk, *n.* (als Teil eines Hüttenwerkes).

electric hoist, *s.* Elektrohubwerk, *n.*

electric lift truck, *s.* Elektrohubkarren, *m.*

electric lifting magnet, *s.* Elektrohebemagnet, *m.*

electric low shaft furnace, *s.* Elektro-Niederschachtofen, *m.* (Erzeugung von Elektro-Roheisen, Ferrolegierungen).

electric melting furnace, *s.* Elektro-Schmelzofen, *m.* (Stahl).

electric melting shop, *s.* Elektrostahlwerk, *n.* (als Teil eines Hüttenwerkes).

electric pig iron, *s.* Elektro-Roheisen, *n.* (el. verhüttet).

electric pig iron furnace, *s.* Elektro-Niederschachtofen, *m.*

electric plunger clay gun, *s.* elektrisch gesteuerte Kolben-Stichlochstopfmaschine, *f.* (H-Ofen).

electric precipitator, *s.* Elektrofilter, *m.* (Feingasreinigung).

electric resistance pyrometers, *spl.* Widerstandspyrometer, *npl.* (Meßbereich von —250 bis +600°C).

electric resistance thermometers, *spl.* Widerstandsthermometer, *npl.*

electric salt bath descaling furnace, *s.* Elektro-Salzbad-Entzunderungsofen, *m.* (mit Bädern aus z. B. Natriumhydrid und Ätznatron).

electric sheets, *spl.* Elektrobleche, *npl.* (Transformatoren-, Dynamobleche).

electric smelter, *s.* elektrischer Schmelzofen, *m.* (Darstellung von Elektro-Roheisen).

electric smelting, *s.* elektrische Verhüttung, *f.*

electric smelting furnace, *s.* elektrischer Schmelzofen, *m.*, Elektrometall-Ofen, *m.*

electric smelting process, *s.* elektrisches Schmelzverfahren, *n.*

electric steel, *s.* Elektrostahl, *m.* (im Elektroofen erschmolzen).

electric steelmaking plant, *s.* Elektrostahlwerk, *n.* (als selbständige Hütte).

electric steelmaking shop, *s.* Elektrostahlwerk, *n.* (als Teil eines Hüttenwerkes).

electric traversing gear, *s.* Elektrofahrwerk, *n.* (Kran).

electric truck, *s.* Elektrokarren, *m.*

electric type clay gun, *s.* elektrisch betätigte Stichlochstopfmaschine, *f.* (H-Ofen).

electric welded fabrication, *s.* Elektro-Schweißkonstruktion, *f.*

electric welding apparatus, *spl.* elektrische Schweißaggregate, *npl.*

electric welding process, *s.* elektrisches Schweißverfahren, *n.*

electro brightening, *s.* (see "electrolytic polishing").

electrochemical deposition, *s.* (see "electrodeposition").

electro-cleaning, *s.* Metallreinigung, *f.*, auf elektrolytischem Wege.

electro-deposition, *s.* [electrodeposition], elektrolytische Abscheidung, *f.*, elektrolytische Rostschutzverfahren, *npl.* (Niederschlag der Metalle erfolgt durch Elektrolyse aus den wässerigen Lösungen des niederzuschlagenden Metalls).

electrode, *s.* Elektrode, *f.*

electrode coating, *s.* Schweißdrahtumhüllung, *f.*

electrode consumption, *s.* Elektrodenabbrand, *m.*, Kohlenabbrand, *m.* (bei Kohlenelektroden).

electrode cooling-water jacket, *s.* Elektrodenkühlmantel, *m.*

electrode cover, *s.* Stabumhüllung, *f.* (Schweißen).

electrode hoists, *spl.* Elektrodenhubwerk, *n.* (z. B. des Elektro-Niederschachtofens).

electrode holder, *s.* Elektrodenhalter, *m.*

electrolysis, *s.* Elektrolyse, *f.*

electrolyte, *s.* Elektrolyt, *m.*

electrolytic bronzing, *s.* galvanisches Bronzieren, *n.*

electrolytic galvanizing, *s.* elektrolytische Verzinkung, *f.*

electrolytic iron, *s.* Elektrolyteisen, *n.*

electrolytic polishing, *s.* Elektropolieren, *n.* (von Gegenständen aus rostfreiem Stahl im Elektropolierbad).

electrolytic polishing bath, *s.* Elektropolierbad, *n.*

electrolytic tinning, *s.* elektrolytische Verzinnung, *f.*

electromagnetic coupling, *s.* elektromagnetische Kupplung, *f.*

electromagnetic hold-down, *s.* elektromagnetische Aufspannung, *f.* (z. B. an einer Schere).

electromagnetic wet separator, *s.* elektromagnetischer Naßscheider, *m.* (Erzaufber.).

electromotive force, *s.* [EMF], elektromotorische Kraft, *f.*

electron, *s.* Elektron, *n.*

electron microscope, *s.* Elektronen-Mikroskop, *n.*

electronic control, *s.* Elektronensteuerung, *f.*

electro-optical pyrometers, *spl.* elektrooptische Pyrometer, *npl.* (Meßbereich von 800 bis 3.000° C).

electroplating, *s.* Elektroplattieren, *n.* (zu Dekorationszwecken; vgl. „elektrolytische Rostschutzverfahren").

electropolishing, *s.* Elektropolieren, *n.* (vorzugsweise rostfreie und hitzebeständige Stähle).

electro-smelting, *s.* Verhüttung, *f.*, auf elektrischem Wege.

electrostatic precipitator, *s.* elektrostatischer Filter, *m.* (Feingasreinigung).

electrotinning processes, *spl.* elektrolytische Verzinnungsverfahren, *npl.* (1. saures oder Ferrostanverfahren; 2. alkalisches Verfahren; 3. Halogenverfahren).

electrotin plate, *s.* elektrolytisch verzinntes Blech, *n.*

elevation, *s.* Aufriß, *m.* (Zeichng.); Erhebung, *f.*, Bezugshöhe, *f.*

eliminate, *v.t.* ausschalten, *v.t.*, ausmerzen, *v.t.*

elliptic spring, *s.* Elliptikfeder, *f.*

elongation, *s.* Streckung, *f.*, Verlängerung, *f.*, Dehnung, *f.*

elongation at rupture, *s.* Bruchdehnung, *f.* (als Verhalten des Werkstoffs bei Zugbeanspruchung).

elongation % after fracture, *s.* Bruchdehnung, *f.* (in % gemessene; Zugversuch).

elongation, *s.*, prior to rupture, Bruchdehnung, *f.* (Verhalten des Werkstoffs bei Zugbeanspruchung).

elongation value, *s.* Dehnungswert, *m.*

embossing, *s.* Prägen, *n.*, Hohlprägen, *n.* (von Mustern, Verzierungen, mit Hilfe von Matrize und Stempel).

embossing press, *s.* Prägepresse, *f.* (zur Herstellung von Münzen, Medaillen, Bestecken).

embrittlement, *s.* Versprödung, *f.* (des Werkstoffs).

embrittlement, *s.*, by pickling, Beizversprödung, *f.* (siehe „Beizsprödigkeit").

emergency repair, *s.* Notreparatur, *f.*

emergency shear, *s.* Reserveschere, *f.* (Walzw.).

emery, *s.* Schmirgel, *m.*

emery cloth, *s.* Schmirgelleinen, *n.*

emery stick, *s.* Mineralfeile, *f.*

emery wheel, *s.* Schmirgelscheibe, *f.*

employ, *v.t.* benutzen, *v.t.*, verwenden, *v.t.*; beschäftigen, *v.t.*, anstellen, *v.t.* (Arbeiter).

emulsify, *v.t.* emulgieren, *v.t.* (Chem.).

emulsion, *s.* Emulsion, *f.* (Chem.).

enamel, *v.t.* emaillieren, *v.t.*

enamel coat, *s.* Emaillierüberzug, *m.*

enamel facing, *s.* Emailüberzug, *m.*

enamel furnace, *s.* Emaillierofen, *m.*

enamel varnish, *s.* Emaillack, *m.*

enamelling equipment, *s.* Emailliereinrichtung, *f.*

enamelling furnace, *s.* Emaillierofen, *m.*

enclosed drive, *s.* gekapselter Antrieb, *m.* (Masch.).

end bank, *s.* Kopfwandböschung, *f.* (SM-Ofen).

end cut shear, *s.* Endenschere, *f.* (Walzw.).

end fiber, *s.* Randfaser, *f.*

end-journal bearing, *s.* Stirnlager, *n.* (Masch.).

end knurling, *s.* Stirnrändeln, *n.*

end of blow, *s.* Beendigung, *f.*, des Blasevorganges (Windfrischen).

end of boil, *s.* Ende, *n.*, der Kochperiode (Stahlfrischen).

Endogas, *s.* Endo-Gas, *n.* (methanreiches Schutzgas zur Verhinderung der Oberflächenentkohlung beim Flammenlöten).

end play, *s.* toter Gang, *m.* (Getriebe).

endpoint, *s.* Kohlenstoffendgehalt, *m.* (nach dem die Konverterschmelze abgefangen wird).

endpoint carbon, *s.* Kohlenstoff-Endgehalt, *m.*

endpoint slopping, *s.* Auswurf, *m.*, beim Abkippen des Konverters.

end-quenched bar, *s.* Stirn-Abschreckprobe, *f.* (Härtbarkeitsprüfung von Stählen nach Jominy).

end-quench hardenability, *s.* **[E-Q hardenability],** Stirn-Abschreckhärtbarkeit, *f.* (nach Jominy).

end-quench hardenability test, *s.* Stirn-Abschreckprobe, *f.* (Härtbarkeitsversuch an Stählen nach Jominy).

end shield, *s.* Lagerschild, *n.* (Masch.).

end-shield bearing, *s.* Schildlager, *n.* (Masch.).

end stop, *s.* Auffangplatte, *f.* (am Rollgangsende; Walzw.).

end tipper, *s.* Stirnkipper, *m.*; Hinterkipper, *m.* (Fahrzeug).

end view, *s.* Seitenansicht, *f.*

end wall, *s.* Stirnwand, *f.* (z. B. des SM-Ofens).

endurance, *s.* Haltbarkeit, *f.*, Dauerhaftigkeit, *f.* (des Werkstoffs).

endurance limit, *s.* Dauerfestigkeit, *f.*, Arbeitsfestigkeit, *f.* (diejenige größte Spannung, mit der der Werkstoff dauernd beansprucht werden darf, ohne zu brechen, wenn die Spannung zwischen einem oberen und einem unteren Grenzwert wechselt).

endurance testing, *s.* (see "fatigue testing").

energizer, *s.* Kohlenstoffüberträger, *m.* (Aufkohlung: Bestandteil des Einsatzmittels, z. B. Karbonate des Bariums und Natriums).

energy of deformation, *s.* Formänderungsenergie, *f.*

engineering, *s.* Technik, *f.* (angewandte).

engineering department, *s.* Konstruktionsabteilung, *f.*

engineering offices, *spl.* Ingenieurbüro, *n.*

engineering service, *s.* technischer Kundendienst, *m.*

engraving, *s.* Gravieren, *n.* (z. B. von Gesenken, von Heißstempeln).

enrichment, *s.* Anreicherung, *f.* (von Luft mit Sauerstoff).

enrich to, *v.t.* anreichern auf, *v.t.*

enter, *v.t.*, **a pass,** in ein Kaliber eintreten (Walzung).

enter, *v.t.*, **the slag,** verschlacken, *v.i.*

entering angle, *s.* Greifwinkel, *m.* (Walzw.).

entering file, *s.* Lochfeile, *f.*

entering side guards, *spl.* Seiten-Einführungen, *fpl.* (Walzw.).

entrapment, *s.* Einschließen, *n.* (von Verunreinigungen im Stahl).

entry guide, *s.* Einführung, *f.* (Walzw.).

entry side, *s.* Eintrittseite, *f.* (eines Walzgerüstes).

epicyclic gear, *s.* Planetenrad, *s.*, Planetengetriebe, *n.* (Masch.).

equal leg angles, *spl.* gleichschenkliger Winkelstahl, *m.*

equalizing valve, *s.* Druckausgleichsventil, *n.* (Druckhochofen).

equi-axed crystals, *spl.* gleichgerichtete Kristalle, *mpl.* (in Güssen).

equilateral, *a.* gleichseitig, *a.* (Geom.).

equilibrium, *s.* *(pl.:* **equilibria),** Gleichgewicht, *n.* (Chem., Phys.).

equilibrium of moments, *s.* Momentenausgleich, *m.* (Mech.).

equip, *v.t.* ausrüsten, *v.t.*, ausstatten, *v.t.*

equipment, *s.* Ausrüstung, *f.*, Einrichtung; *f.*, Ausstattung, *f.* (z. B. einer Werkzeugmaschine).

erect, *v.t.* errichten, *v.t.*

erecting, *s.* Montage, *f.*

erecting crane, *s.* Montagekran, *m.*

erecting shop, *s.* Montagehalle, *f.*

erection, *s.* Bau, *m.*, Errichtung, *f.*, Aufstellung, *f.*

Erichsen deep drawing test, *s.* (see "Erichsen cupping test").

Erichsen cupping test, *s.* Tiefziehprüfung, *f.*, nach Erichsen.

erosion, *s.* Auswaschung, *f.*

error, *s.* Fehler, *m.* (Math., Meßwesen).

error of judgment, *s.* Beurteilungsfehler, *m.*

escape, *v.i.* entweichen, *v.i.* (Gase).

escape, *s.* Abzug, *m.* (als Vorrichtung; z. B. Dampf-, Dunst-).

establishment, *s.* Einrichtung, *f.* (z. B. einer Baustelle).

etch, *v.t.* ätzen, *v.t.*

etchant, *s.* Ätzmittel, *n.* (Metallogr.).

etch-figures, *spl.* Ätzfiguren, *fpl.* (makroskopische Untersuchung).

etching figure, *s.* Ätzbild, *n.*

etching pits, *spl.* (see "etch-figures").

etching reagent, *s.* Ätzmittel, *n.*

eutectic, *s.,* **eutectic alloy,** *s.* Eutektikum, *n.,* eutektische Legierung, *f.*

eutectoid carbon steel, *s.* eutektoider Kohlenstoffstahl, *m.* (wenn unlegiert liegt das C-Eutektoid bei 0.85% C).

even, *v.t.* einebnen, *v.t.*

evolution, *s.* Entwicklung, *f.* (von Gas).

evolve, *v.t., v.i.* entwickeln, *v.t.,* sich entwickeln, *v.i.* (Gase; Chem.).

excess weight, *s.* Mehrgewicht, *n.*

exfoliate, *v.i.* abblättern, *v.i.* (von Oberflächen, z. B. von Schienen).

exfoliation, *s.* Abblätterung, *f.* (Fehler im Werkstoff; z. B. an Fahrflächen v. Schienen).

exhaust gas, *s.* Abgase, *npl.*

exhaust steam, *s.* Abdampf, *m.*

exhauster, *s.* Exhaustor, *m.,* Sauglüfter, *m.*

Exogas, *s.* Exo-Gas, *n.* (Mischung von Naturgas und Luft als Schutzatmosphäre beim Flammenlöten).

expand, *v.t., v.i.* ausbauen, erweitern, *v.t.* (einen Betrieb, ein Werk, die Produktion); wachsen, *v.i.* (von Güssen).

expanding power, *s.* Expansivkraft, *f.*

expansion, *s.* Wachsen, *n.* (ff. Steine, Güsse); Entspannung, *f.* (Gase); Erweiterung, *f.,* Ausbau, *m.* (von Betrieben, Werken, der Erzeugung).

expansion joint, *s.* Ausdehnungsfuge, *f.,* Kompensator, *m.* (Rohrleitung).

expansion of plant, *s.* Werkserweiterung, *f.*

expansion pipe, *s.* Dehnungsrohr, *n.*

expansion pipe joint, *s.* Ausgleichsrohrverbindung, *f.*

expansion program, *s.* Ausbauprogramm, *n.* (eines Werkes).

expenses, *spl.* Kostenarten, *fpl.,* Nebenkosten, *pl.*

experiment, *s.* Probe, *f.,* Versuch, *m.,* Experiment, *n.*

experimental unit, *s.* Laborversuchsanlage, *f.,* Experimentieranlage, *f.*

experimental work, *s.* Versuchsarbeit, *f.*

expert's report, *s.* Sachverständigengutachten, *n.*

explore, *v.t.* erforschen, *v.t.*

exploration, *s.* Erforschung, *f.*

explosive rivet, *s.* Sprengniet, *m.* (Vernietung erfolgt durch kleine, dosierte Sprengladungen).

expose, *v.t.* freilegen, *v.t.*

extension table, *s.* Verlängerungsrollgang, *m.* (Walzw.).

extinction, *s.,* **of the arc,** Auslöschen, *n.,* des Lichtbogens.

extra mild steel, *s.* Flußeisen, *n.* (bis 0.10% C).

extraction, *s.* Gewinnung, *f.* (z. B. Erz-).

extreme fiber, *s.* Randfaser, *f.*

extreme fiber stress, *s.* Randfaserspannung, *f.* (Biegeversuch).

extreme pressure oil, *s.* hochdruckfestes Öl, *n.*

extrude, *v.t.* auspressen, *v.t.* (von Metallstäben oder dickwandigen Rohren).

extruded bars, *spl.* Preßstangen, *fpl.*

extruded electrode, *s.* Preßelektrode, *f.* (in der Strangpresse hergestellte Mantelelektrode).

extruded shapes, *spl.* Preßprofile, *npl.*

extruding die, *s.* Preßmatrize, *f.*

extrusion billet, *s.* Preßbolzen, *m.* (Ausgangsmaterial beim Strangpressen).

extrusion press, *s.* Strangpresse, *f.* (in U. S. A. zumeist hydraulisch, in Deutschland mechanisch).

extrusion process, *s.* Strangpreßverfahren, *n.* (Herstellung von Stangen, Profilen, dickwandigen Rohren, wobei das in einem Druckzylinder befindliche Metall mittels Kolbendruck durch eine entsprechend geformte Arbeitsöffnung gepreßt wird).

eye, *s.* Öse, *f.,* Öhr, *n.* (Masch.).

eye bolt, *s.* Ösenschraube, *f.*

eye piece, *s.* Okular, *n.* (des Mikroskops).

F

fabric bearing, *s.* Preßstofflager, *n.* (Walzw.).

fabricated steel plate design, *s.* geschweißte Stahlblechkonstruktion, *f.*

fabricated steelwork, *s.* Hochbauelemente, *npl.*

fabricated structural parts, *spl.* Hochbauelemente, *npl.*

fabrication, *s.* Fertigung, *f.*

fabrication shop, *s.* Werkstätte, *f.*, für Großbauteile.

face, *v.t.* plandrehen, *v.t.* (Werkz.-Masch.).

face, *s.* Ballen, *m.* (der Walze).

face, *s.* Stirnfläche, *f.*

face-centered, *a.* flächenzentriert, *a.* (Kristallgitter).

face-centered cubic lattice, *s.* kubisch-flächenzentriertes Gitter, *n.* (Gammaeisen, zwischen A_3-A_4; Metallogr.).

face grinder, *s.* Planschleifmaschine, *f.*

face grinding, *s.* Planschleifen, *n.*

face length, *s.* Ballenlänge, *f.* (der Walze).

face milling, *s.* Planfräsen, *n.*

face, *v.t.,* **molds,** die Gießformen mit Kohle bestäuben, *v.t.*

face, *s.,* **of crystal,** Kristallfläche, *f.*

face, *s.,* **of tooth,** Zahnbreite, *f.*

face plate, *s.* Planscheibe, *f.* (Werkz. Masch.).

faced, *a.,* **with lead,** mit Blei ausgeschlagen, *a.* („die dem Säureangriff ausgesetzten Teile sind mit Blei ausgeschlagen").

facilities, *spl.* Betriebsanlagen, *fpl.*

facing, *s.* Schlichte, *f.* (einer Gußform; Gieß.).

facing sand, *s.* feiner Formsand, *m.* (Gieß.).

factory, *s.* Fabrik, *f.*

factory value accounting, *s.* Plankostenrechnung, *f.*

factory values, *spl.* Plankosten, *fpl.*

faggot, *s.* Schweißeisenschiene, *f.* (Herstellung von Gärbstahl).

fagoting, *s.* Paketieren, *n.* (Schweißstahlerzeugung).

fail, *v.i.* brechen, *v.i.*

failure, *s.* Bruch, *m.* (als Schadensfall im Betrieb).

falling weight test, *s.* Schlagversuch, *m.*, Fallhammerprüfung, *f.* (Werkst.-Prüfg., siehe „Fallwerke").

false bottom, *s.* Blindboden, *m.*

false core, *s.* Keilstück, *n.*, Kernstück, *n.* (Formerei).

fan, *s.* Belüfter, *m.*

fancy nail, *s.* Dekorationsnagel, *m.*

fantail, *s.* Verbindungszug, *m.* (Schlakken-Regeneratorkammer; SM-Ofen).

farm implements, *spl.* landwirtschaftliche Geräte, *npl.*

fast cooling tower, *s.* Kühlkammer, *f.* (Vertikal-Banddurchlaufglühofen).

fast driving, *s.* forcierter Betrieb, *m.* (z. B. eines Hochofens).

fastening, *s.* Befestigung, *f.*

fastening materials, *spl.* Befestigungsmaterial, *n.* (Eisenb.).

fatigue bending test, *s.* Dauerbiegeversuch, *m.*

fatigue failure, *s.* Dauerbruch, *m.* (Dauerversuch).

fatigue fracture, *s.* Dauerbruch, *m.* (Aussehen).

fatigue limit, *s.* (see "endurance limit").

fatigue range, *s.* (see "endurance limit").

fatigue limit, *s.,* **under cyclic stress,** Wechselfestigkeit, *f.* (Dauerversuch).

fatigue limit, *s.,* **under pulsating stress** (see "intrinsic fatigue resistance").

fatigue specimen, *s.* Dauerversuchsprobe, *f.*

fatigue strength, *s.* Dauerfestigkeit, *f.*

fatigue strength, *s.,* **in alternating tension and compression,** Zug-Druck-Schwingungsfestigkeit, *f.*

fatigue stress, *s.* Dauerbeanspruchung, *f.*

fatigue testing, *s.* Dauerversuch, *m.* Ermüdungsversuch, *m.* (Feststellung des Werkst.-Verhaltens bei ständig wechselnder Belastung; Werkst.-Prüfg.).

fatty acid, *s.* Fettsäure, *f.* (Schmiermittel).

faucet, *s.* Hahn, *m.* (Wasser; *pl.* Hahnen).

fault, *s.* Fehler, *m.* (menschl. Verstoß).

faulty, *a.* mangelhaft, *a.* (Werkstück).
faulty design, *s.* Konstruktionsfehler, *m.*
fayalite, *s.* Eisenchrysolit, *m.*
feasible, *a.* durchführbar, *a.*
feasibility, *s.* Durchführbarkeit, *f.*
feather edge, *s.* zugeschärfte Kante, *f.*
feature, *s.* Merkmal, *n.*
feed, *v.t.* speisen, zuführen, *v.t.* (Material zur Verarbeitungsmaschine); aufgeben, beschicken, *v.t.* (einen Bunker, Rutsche, Schüttrumpf).
feed, *s.* Vorschub, *m.* (Masch.).
feed box, *s.* Eingußkasten, *m.* (Gieß.).
feeder, *s.* Gießaufsatz, *m.*, Einguß, *m.* (Gieß.).
feeder head, *s.* Gießkopf, *m.*, verlorener Kopf, *m.* (Blockguß).
feed hopper, *s.* Aufgabetrichter, *m.*, Beschickungstrichter, *m.*
feeding device, *s.* Zuführung, *f.* (Masch.).
feed pump, *s.* Speisepumpe, *f.*
feed roll, *s.* Schlepprolle, *f.* (Masch.).
feed roller, *s.* Zufuhr-Schlepprolle, *f.* (z. B. vor Schere); Treibrolle, *f.*; Ständerrolle, *f.* (Blockwalzwerk).
feed roller table, *s.* Zufuhrrollgang, *m.* (Walzw.).
feed screw, *s.* Förderschnecke, *f.*
feed speed, *s.* Vorschubgeschwindigkeit, *f.* (Masch.).
feed water, *s.* Speisewasser, *n.*
feed water make-up, *s.* Speisewasseraufbereitung, *f.*
feeler, *s.* (see "calipers").
feldspar, *s.* Feldspat, *m.*
Fe-losses, *spl.* Eisenabbrand, *m.* (durch Oxydation; Stahlw.).
felt, *s.* Filz, *m.*
felt packing, *s.* Filzpackung, *f.* (Filzdichtung).
felt polishing wheel, *s.* Filzpolierscheibe, *f.*
felt washer, *s.*, Filzring, *m.*
female thread, *s.* Innengewinde, *n.*
fence wire, *s.* Zaundraht, *m.*
ferric ferrocyanide, *s.* Ferro-Zyaneisen, *n.*
ferric oxide, *s.* Eisenoxyd, *n.*
ferric sulphate, *s.* Ferrisulfat, *n.*
ferricyanide, *s.* Eisenzyanid, *n.*
ferricyanide, *s.* Ferrizyanid, *n.*
ferricyanide, *s.*, of potassium, Ferrizyankalium, *n.*

ferrite, *s.* Ferrit, *m.* (α-Eisen in fester Lösung).
ferrite brittleness, *s.* Blausprödigkeit, *f.*
ferrite-carbide aggregate, *s.* Ferrit-Zementit-Gemenge, *n.* (Perlit im weitesten Sinn; Metallogr.).
ferrit-carbide aggregate structure, *s.* Ferrit-Zementit-Mischgefüge, *n.* (Metallogr.).
ferrite ghost, *s.* (see "ghost").
ferrite lattice, *s.* Ferritnetzwerk, *n.* (Feingefüge).
ferrite network, *s.* Ferritnetzwerk, *n.* (Metallogr.).
ferritic stainless iron, *s.* ferritisches nichtrostendes Eisen, *n.* (0.1% C und 16—30% Cr).
ferro-alloy manufacture, *s.* Erzeugung, *f.*, von Ferrolegierungen.
ferro alloys, *spl.* Ferrolegierungen, *fpl.*
ferrocyanide, *s.* Eisenzyanid, *n.*
ferrocyanide of iron, *s.* Ferrozyaneisen, *n.*
ferro-manganese, *s.* Ferromangan, *n.* (Eisenlegierung).
ferronickel, *s.* Nickeleisen, *n.*
ferro-silicon, *s.* Ferrosilizium, *n.* Siliziumeisen, *n.*
ferro-tin, *s.* Ferrozinn, *n.*
ferro-uranium, *s.* Ferro-Uran, *n.*
ferrous oxide, *s.* Eisenoxydul, *n.*
ferro-vanadium, *s.* Ferrovanadin, *n.* (starkes Desoxydationsmittel).
fertilizer, *s.* Düngemittel, *n.*
fertilizer slag, *s.* Düngeschlacke, *f.*
fettle, *v.t.* ausbessern, *v.t.*, flicken, *v.t.* (die Ofenausmauerung).
fettling material, *s.* Flickmasse, *f.*
fiber flow, *s.* Faserverlauf, *m.*
fiber glass sock, *s.* Glasfaserstrumpf, *m.* (Überzug des Lochdorns beim Strangpressen von Rohren nach Sejournet).
fiber stress, *s.* Faserspannung, *f.* (Biegeversuch).
fiber structure, *s.* Faserstruktur, *f.* primäre Zeilenstruktur, *f.* (die durch bevorzugte Arbeitsrichtung gegebene Struktur).
fibrous fracture, *s.* Holzfaserbruch, *m.*, sehniger Anbruch, *m.*
fibrous structure, *s.* sehnige Struktur, *f.*
field, *s.*, of application, Anwendungsgebiet, *n.*

figure, *s.* Abbildung, *f.* (mit danach-
stehender Ziffer: 1, 2, usw.); Ziffer, *f.*
(der Produktion, usw.); Form, *f.*
file cutting machine, *s.* Feilenhaumaschine, *f.*
file dust, *s.* Feilstaub, *m.*
file stroke, *s.* Feilstrich, *m.*
file testing machine, *s.* Feilenprüfmaschine, *f.* (Schneidhaltigkeit und
Leistung).
file tooth, *s.* Feilrippe, *f.*, Feilzahn, *m.*
file working machine, *s.* Feilenbearbeitungsmaschine, *f.*
filiform corrosion, *s.* Fadenkorrosion, *f.*
filing bench, *s.* Feilbank, *f.*
filing lathe, *s.* Feilmaschine, *f.*
filings, *spl.* Feilspäne, *mpl.*
filing vise, *s.* Feilkloben, *m.*
filing work bench, *s.* Feilbank, *f.*
fill, *v.t.* füllen, *v.t.* (das Kaliber); eingießen, *v.t.* (Roheisen).
filled section rail, *s.* Blockschiene, *f.*,
Zungenschiene, *f.*, Vollschiene, *f.*
(Eisenb.).
filler, *s.* Futter, *n.* (Dichtung); Füllstoff, *m.*
filler brick, *s.* Besatzstein, *m.*, Nachsetzstein, *m.* (Gewölbe, SM-Ofen).
filler material, *s.* Zusatzwerkstoff, *m.*
(Hartlöten, Schweißen).
filler metal, *s.* Zusatzwerkstoff, *m.*
(Schweißen).
filler rod, *s.* Zusatzdraht, *m.* (Schweißen).
fillet, *s.* Hohlkehle, *f.*, Ausrundung, *f.*
(eines Kalibers, einer Querschnitt-
änderung).
fillet weld, *s.* Kehlnaht, *f.* (Schweißen).
filling, *s.* Vollgießen, *n.* (einer Kokille,
Gußform).
filling brick, *s.* Füllstein, *m.*
filling compound, *s.* Füllmasse, *f.*
fillings, *spl.* Verschleißstücke, *npl.*
(Masch.).
filling, *s.*, **the recesses and grooves of
a die**, Ausschlagen, *n.*, der Formen
und Rillen des Gesenkes (mit Werkstoff bei der Schmiedearbeit).
fillister head screw, *s.* Linsenkopfschraube, *f.*
film, *s.* Schicht, *f.* (Öl, Rost, Zunder);
Häutchen, *n.* (Chem.)
filter, *v.t.* filtern, *v.t.*
filter, *s.* Filter, *m.*

fin, *s.* Grat, *m.* (Schmiedegrat, Walz-
grat).
final blowing, *s.* Fertigblasen, *n.*
(Windfrischen).
final cooling zone, *s.* Luftkühlturm,
m. (Vertikal-Banddurchziehglühofen).
final cross section, *s.* Endquerschnitt,
m.
final sintering, *s.* Fertigsintern, *n.*,
Hochsintern, *n.* (Metallpulver, nach
dem Vorsintern).
final speed, *s.* Endgeschwindigkeit, *f.*
final structure, *s.* Endgefüge, *n.*
(nach erfolgter Wärmebehandlung).
fine-gas-cleaning, *s.* Feingasreinigung, *f.* (H-Ofengas).
fine grained, *a.* feinkörnig, *a.*
fine grained fracture, *s.* feinkörniges
Bruchaussehen, *n.*
fine grained structure, *s.* feinkörniges
Gefüge, *n.*
finely broken, *a.* fein zerrieben, *a.*
finely dispersed, *a.* fein verteilt, *a.*
(Chem.).
finely divided, *a.* fein zerteilt, *a.*
finely ground, *a.* fein gemahlen, *a.*
finely powdered, *a.* fein gepulvert, *a.*
fine pearlite, *s.* feinstreifiger Perlit, *m.*
(siehe „Perlit“).
fine thread, *s.* feingängiges Gewinde, *n.*
finish, *v.t.* fertig bearbeiten, *v.t.*, ausarbeiten, *v.t.*, schlichten, *v.t.*
finish, *s.* Schliff, *m.* (nach dem Schleifen); Oberflächenbeschaffenheit, *f.*,
Ausfertigung, *f.* (der Oberfläche);
Oberfläche, *f.* (die Beschaffenheit).
finish anneal, *s.* Schlußglühung, *f.*
finished product, *s.* Fertigerzeugnis, *n.*
finishing, *s.* Fertigbearbeitung, *f.*,
Fertigung, *f.*
finishing allowance, *s.* Bearbeitungszugabe, *f.*, Appretur, *f.*
finishing banks, *spl.* Adjustagen, *fpl.*
finishing block, *s.* Feinzug, *m.* (Drahtzug).
finishing capacity, *s.* Kapazität, *f.*,
der Finalindustrie.
finishing coat, *s.* Deckanstrich, *m.*
(Farbe).
finishing cut, *s.* Fertigschnitt, *m.*
finishing die, *s.* Fertiggesenk, *n.*
(Gesenkschmieden; bestehend aus
Ober- und Untergesenk).

finishing end, *s.,* **of mill,** Fertigstaffel, *f.* (Walzwerk).

finishing equipment, *s.* Fertigungseinrichtung(en), *f(pl).*

finishing line, *s.* Zurichterei, *f.* (mit geradlinigem Stofffluß); Fertigung, *f.* (mit geradlinigem Stofffluß).

finishing line equipment, *s.* Adjustagemaschinen, *fpl.* (allgemein); Fertigungsmaschinen, *fpl.*

finishing mill, *s.* Fertigwalzwerk, *n.*

finishing operation, *s.* Fertigungsarbeit, *f.*

finishing pass, *s.* Fertigkaliber, *n.* (Walzenkalibr.); Fertigstich, *m.* (Walzung); Polierstich, *m.* (Blechwalzung).

finishing roll, *s.* Fertigwalze, *f.*

finishing slag, *s.* Endschlacke, *f.*

finishing stand, *s.* Fertiggerüst, *n.* (Walzw.).

finishing stands, *spl.* Fertigstrecke, *f.* (Walzw.).

finishing steels, *spl.* Bohrerstähle, *mpl.* (schwach W-legierter Werkzeugstahl).

finishing temperature, *s.* Endtemperatur, *f.* (Warmformgebung, Stahlfrischen).

finishing, *s.,* **the heat,** Fertigmachen, *n.,* der Schmelze.

finishing tool, *s.* Schlichtstahl, *m.*

finishing train, *s.* Fertigstaffel, *f.* (Walzw.).

finish machining, *s.* Fertigbearbeitung, *f.* (spanabhebende).

finish, *v.t.,* **refining,** fertigfrischen, *v.t.,* (Konvertermetall im Kippofen).

finish refining, *s.* Fertigfrischen, *n.* (Duplexverfahren).

finning, *s.* Gratbildung, *f.* (Walzung).

fire, *v.t.,* heizen, *v.t.*

fire alarm system, *s.* Feuermeldeanlage, *f.*

fire box, *s.* Feuerbüchse, *f.*

fire box plate, *s.* Feuerblech, *n.*

fire brick, *s.* Schamottestein, *m.*

fire clay, *s.* feuerfester Ton, *m.,* Schamotte, *m.*

fire crack, *s.* Brandriß, *m.*

fire-proof, *a.* feuerbeständig, *a.* (Schutzüberzug), feuersicher, *a.*

fire-proof casting, *s.* feuerbeständiger Guß, *m.*

fire tube, *s.* Flammrohr, *n.*

fire-tube boiler, *s.* Flammrohrkessel, *m.*

fireman, *s.* Heizer, *m.*

firing, *s.* Heizung, *f.,* Feuerung, *f.* (Gasfeuerung).

first cost, *s.* Anschaffungskosten, *pl.*

first endpoint, *s.* Übergang, *m.* (Ende der Kochperiode; Windfrischverfahren).

fir-tree crystal, *s.* Tannenbaumkristall, *m.,* Dendrit, *m.*

fish-bellied girder, *s.* Fischbauchträger, *m.*

fishbolt, *s.* Laschenschraube, *f.* (Eisenb.).

fish chair, *s.* Stuhllasche, *f.* (Eisenb.).

fishing, *s.* Verlaschen, *n.* (Eisenb.).

fishing surface, *s.* Laschenanlagefläche, *f.* (der Schiene; Eisenb.).

fish joint, *s.* verlaschter Stoß, *m.* (Eisenb.).

fish plate, *s.,* Lasche, *f.* (Eisenb.) (Flach-, Winkel-, Z-Laschen).

fish plate section, *s.* Laschenprofil, *n.* (Eisenb.).

fish wire, *s.* Fischereidraht, *m.*

fit, *v.t.* einbauen, *v.t.,* montieren, *v.t.*

fit out, *v.t.* ausstatten, *v.t.* (z. B. ein Labor).

fitter, *s.* Monteur, *m.*

fitter's shop, *s.* Schlosserei, *f.*

fittings, *spl.* Garnitur, *f.* (z. B. Kesselgarnitur), Zubehör, *n.,* Armaturen, *fpl.,* Fittings, *mpl.*

fixed annual costs, *spl.* jährliche Festkosten, *fpl.* (Kapitalzinsen, Abschreibung, Versicherung).

flake-off, *v.i.* abblättern, *v.i.*

flakes, *spl.* (cf. "shatter cracks"), Flocken, *fpl.* (Fehlererscheinung im Stahl: feine Innenrisse).

flaky graphite, *s.* Schuppengraphit, *m.*

flame, *s.* Flamme, *f.*

flame finishing, *s.* Abschweißen, *n.,* von Oberflächen (mit der Sauerstoff-Flamme).

flame hardening, *s.* Gasbrennhärtung, *f.* (örtliches Erhitzen der Oberfläche auf Härtetemperatur und unmittelbares Abschrecken in Wasser; bei Gasbrenn-Härtungsmaschinen folgt auf den Brenner ein Sprühkopf zum Abbrausen der erhitzten Oberfläche.)

flame scarfing, *s.* Abflämmen, *n.*

(Oberflächenverbesserung von Vorblöcken und Knüppeln mit Sauer-
stoff-Stichflammen).

flame scarfing machine, *s.* Abflämm-
Maschine, *f.* (zum Warmputzen von
Halbzeug).

flame tube, *s.* Flammrohr, *n.*

flame washing, *s.* (siehe "flame
finishing").

flange, *v.t.* krempeln, *v.t.*, bördeln, *v.t.*,
ziehen, *v.t.*

flange, *s.* Spurkranz, *m.* (Rad); Flansch,
m.

flange coupling, *s.* Scheibenkupplung,
f. (Wellen).

flanged bush, *s.* Flanschenbüchse, *f.*

flanged pipe, *s.* Flanschenrohr, *n.*

flanged plate, *s.* Kümpelblech, *n.*

flanged rim, *s.* umgekrempelter Rand,
m.

flanged ring, *s.* Flanschenring, *m.*

flanging, *s.* Flanschen, *n.*, Bördeln, *n.*
(von Blechen, allgemeiner Ausdruck).

flanging press, *s.* Flanschenpresse, *f.*,
Bördelpresse, *f.*, Bördelautomat, *m.*

flange, *v.t.*, **inward,** einhalsen, *v.t.*
(z. B. einen Kesselboden).

flange joint, *s.* Flanschenverbindung, *f.*

flange welding, *s.* Bördelnahtschweißung, *f.*

flap, *s.* Klappe, *f.* (Masch.).

flap valve, *s.* Klappenventil, *n.*

flapper tongs, *spl.* Kokillenzange, *f.*
(des Stripperkranes, zum Abstreifen
der Kokillen; Stahlw.).

flare, *s.* Ausschweifung, *f.* (Walzenkalibrierung); Fackel, *f.*

flare tube, *s.* Trichterrohr, *n.* (konische
Ausweitung).

flash, *s.* Grat, *m.* (Schmieden, Stumpfschweißen).

flash-back, *s.* Rückbläser, *m.* (in der
Abgasleitung).

flash baker, *s.* Schnelltrockner, *m.*
(Trocken-Drahtzug).

flash butt welder, *s.* Stumpfschweißmaschine, *f.* (Abbrandschweißung).

flash butt welding, *s.* Abbrandstumpf-
schweißung, *f.*

flashing, *s.* Zunderflecken, *mpl.* (Feinblech).

flash point, *s.* Entflammungspunkt, *m.*

flash trimmer, *s.* Abgratmaschine, *f.*,
Hobelvorrichtung, *f.* (zur Schweiß-

raupeneinebnung).

flask, *s.* Formkasten, *m.* (Gieß.).

flask board, *s.* Formbrett, *n.* (Gieß.).

flask casting, *s.* Kastenformguß, *m.*

flask molding, *s.* Kastenformerei, *f.*
(Gieß.).

flat, *s.* Flachstahl, *m.* (Walzerzeugn.).

flat and shape straightener, *s.* Flach-
und Stabstahl-Richtmaschine, *f.*

flat-bed side dumping car, *s.* Flachboden-Seitenentleerer, *m.*

flat billet, *s.* Breitstahl, *m.*, Flamme, *f.*

flat bottom rail, *s.* Vignolschiene, *f.*

flat die, *s.* flaches Gesenk, *n.*

flat-headed rail, *s.* Flachkopfschiene, *f.*

flat hearth mixer, *s.* Flachherdmischer, *m.*

flat pass, *s.* Flachkaliber, *n.* (Walzenkalibr.); Flachstich, *m.* (Walzung).

flat products, *spl.* Bleche, *npl.*, und
Bandstahl, *m.* (als Sammelbegriff),
Flachquerschnitte, *mpl.*, flachgewalzte Erzeugnisse, *npl.* (Grob- und Universalbleche, Mittel- und Feinbleche, überzogene und nicht überzogene Sorten; Verpackungsbänder,
Bandstahl, Röhrenstreifen, Schwarzblech).

flat sheets, *spl.* gerichtete Bleche, *npl.*

flatten, *v.t.* glattmachen, *v.t.*

flattened, *a.* flachgedrückt, *a.*

flattening, *s.*, **of plates,** Richten, *n.*,
der Grobbleche.

flat thread, *s.* Flachgewinde, *n.*

flat wire, *s.* Flachdraht, *m.*

flat work, *s.* Arbeitsstück, *n.*, mit
flachem Querschnitt.

flaw, *s.* Fehler, *m.* (im Werkstoff).

fleet, *s.*, **of trucks,** Lastkraftwagen-
park, *m.*

flex-test, *s.* Eckenhochbiegeprobe, *f.*
(1-Minutenprobe zur Ermittlung der
Tiefzieheignung von Bandstahl; ein
einfaches Instrument mißt den Widerstand gegen die Biegung und der
Durchmesser der Biegekante wird
von einem Sperometer gemessen. Aus
den Meßwerten läßt sich genau bestimmen, ob das Material Fließfiguren-
anfällig ist).

flexibility, *s.* Beweglichkeit, *f.*, An-
passungsmöglichkeit, *f.* (im übertragenen Sinn), Biegsamkeit, *f.* (Rohr);
Elastizität, *f.* (des Betriebes).

flexible, *a.* biegsam, *a.* (Rohr); elastisch, *a.* (z. B. die Ofenführung ist elastisch).

flexible coupling, *s.* Gelenkkupplung, *f.* (z. B. der Walzenspindel); elastische Kupplung, *f.*

flexible shaft, *s.* biegsame Welle, *f.*

flexible tube, *s.* Schlauch, *m.*

float, *s.* Schwimmer, *m.* (Masch.); einhiebige Grobfeile, *f.*

floating axle, *s.* fliegende Achse, *f.*

floating roller strip flattener, *s.*, Bandebner, *m.*, mit schwimmender Rolle.

floor area, *s.* Bodenfläche, *f.* (die von einer Einrichtung beansprucht wird).

flooring, *s.* Fußbodenbelag, *m.*

florist's wire, *s.* Blumendraht, *m.*

floor moving equipment, *s.* bodenlaufende Einrichtungen, *fpl.*

floor space, *s.* Bodenfläche, *f.* (zur Aufstellung der Maschine werden x m² Bodenfläche benötigt).

floor space requirement, *s.* Platzbedarf, *m.* (z. B. einer Maschine, Anlage).

flow, *s.* Strom, *m.* Strömung, *f.*

flow meter, *s.* Strömungsmesser, *m.*

flow of metal, *s.* Werkstofffluß, *m.*

flow, *s.*, of metal, Fließen, *n.*, des Werkstoffs.

flow pattern, *s.* Stromlinienbild, *n.*, Strömungsbild, *n.*

flow rate, *s.* Durchflußgeschwindigkeit, *f.* (der Flüssigkeit durch eine Leitung).

flow sheet, *s.* Flußbild, *n.* (Material).

flower wire, *s.* Blumendraht, *m.*

flue, *s.* Rauchzug, *m.*, Flammrohr, *n.*

flue boiler, *s.* Flammrohrkessel, *m.*

flue dust conditioners, *spl.* Gichtstaubaufbereitungsanlagen, *fpl.* (allgem.).

flue dust production, *s.* Gichtstaubfall, *m.* Gichtstaubentfall, *m.*, (Hochofen), Staubverlust, *m.*

flue gas, *s.* Rauchgas, *n.*

flue gas analysis, *s.* Rauchgasanalyse, *f.*

fluff, *v.t.* auflockern, *v.t.*, grubben, *v.t.* (ein Gemenge).

fluffer, *s.* Grubber, *m.*, Lockerer, *m.* (Sinterung).

fluid body, *s.* flüssiger Körper, *m.*

fluid compression process, *s.* Blockpreßverfahren, *n.*

fluid pipe, *s.* Flüssigkeitsleitung, *f.*

fluid slag, *s.* kurze Schlacke, *f.* (CaO-reich, schmilzt und erstarrt ziemlich plötzlich).

fluid solution, *s.* Schmelze, *f.* (Metallogr.).

fluidity, *s.* Dünnflüssigkeit, *f.*

fluor spar, *s.* Flußspat, *m.*

fluorescent testing, *s.* Fluoreszenzprüfverfahren, *n.* (zerstörungsfreies Prüfverfahren).

fluorides, *spl.* Fluorsalze, *npl.* (z. B. Fluor-Zink).

fluorine, *s.* Fluor, *n.*

fluorite, *s.* Flußspat, *m.*

flushing facilities, *spl.* Schlackenabziehvorrichtung, *f.*

flushing holes, *spl.* Schlackenabläufe, *mpl.* (SM-Ofen; in Rück- oder Vorderwand).

flushing practice, *s.* Abschlacktechnik, *f.* (SM-Stahlfrischen).

flush joint, *s.* bündige Fuge, *f.*

flush off, *v.t.* abschlacken, *v.t.*

flush-off, *s.* Schlackenabzug, *m.*

flush quench, *s.*, by pressure-spraying, Oberflächen-Abschreckhärtung, *f.*, durch Druckbrausen (z. B. zum Härten von Schienenenden).

flush slag, *s.* Vorlaufschlacke, *f.* (SM-Roheisen-Schrott-Verfahren).

flush weld, *s.* Flachnaht, *f.* (Schweißtechnik).

flush with, *a.* auf gleicher Höhe (Ebene) mit, *adv.*

flute, *v.t.* einkehlen, *v.t.* (den Schaft eines Werkzeuges, eine Welle).

fluted chucking reamer, *s.* Aufweite-Kalibrier-Reibahle, *f.* (Verwendung in Revolverdrehbänken, Gewindeschneideinrichtungen, usw., zum Aufweiten und Kalibrieren von Bohrungen).

fluted ingot, *s.* Rillenblock, *m.*

fluting, *s.* Stollenfräsen, *n.* (Gewindebohrer, Reibahlen); Spannutfräsen, *n.* (Schneidwerkzeug).

fluting cutter, *s.* Stollenfräser, *m.*; Spannutfräser, *m.*

flux, *s.* Zuschlag, *m.* (Erzverhüttung, Stahlfrischen); Flußmittel, *n.* (Verzinnen, Löten, Verzinken, etc.).

fluxed electrode, *s.* flußmittelumhüllte Elektrode, *f.*

fluxing material, *s.* Flußmittel, *n.*
flying shear, *s.* fliegende Schere, *f.* (zum Unterteilen von in Bewegung befindlichem Walzgut).
fly nut, *s.* Flügelmutter, *f.*
flywheel, *s.* Schwungrad, *n.*
foaming, *s.,* **of slag,** Schäumen, *n.,* der Schlacke.
folding, *s.* Abkanten, *n.* (von Blech; Art der Bördelarbeit).
folding test, *s.* Faltversuch, *m.* (Blech).
fondu, *s.* Fondu, *n.* (Schutzmarke: ciment fondu; ein feuerfester Beton).
food container, *s.* Nahrungsmittelbehälter, *m.*
foot, *s.* Fuß, *m.* (Bauw., Schiene).
footstock, *s.* Reitstock, *m.* (Schleifmaschine).
force, *s.* Kraft, *f.* (Phys.; Mech.).
forced air cooling, *s.* Preßluftkühlung, *f.*
forced circulation, *s.* Druckumlauf, *m.* (Kühl- oder Schmieranlagen).
force-deformation curve, *s.* Kraft-Formänderungskurve, *f.*
forced-draft cooling, *s.* Druckluftkühlung, *f.*
forced lubrication, *s.* Druckschmierung, *f.*
force fit, *s.* Klemmsitz, *m.* (Masch.).
force ventilated, *s.* druckbelüftet, *a.*
forehand welding, *s.* Rückwärts- oder Linksschweißung, *f.* (Gasschweißung: Brennerspitze in Richtung der noch nicht verschweißten Blechränder).
foreign matter, *s.* Fremdkörper, *m.*
forge, *v.t.* schmieden, *v.t.*
forge, *s.* Schmiede, *f.*
forgeable, *a.* schmiedbar, *a.*
forge coal, *s.* Eßkohle, *f.*
forge coal coke, *s.* Schmiedekoks, *m.*
forged, *a.* geschmiedet, *a.*
forge down, *v.t.* recken, *v.t.* (Schmiede).
forged roll, *s.* geschmiedete Walze, *f.*
forged shaft, *s.* geschmiedete Welle, *f.*
forged steel roll, *s.* Schmiedestahlwalze, *f.* (Vor- und erste Gerüste kontinuierlicher Straßen).
forged-through, *a.* durchgeschmiedet.
forge hammer, *s.* Schmiedehammer, *m.*
forge iron, *s.* Puddelroheisen, *n.*
forge shop, *s.* Schmiede, *f.*
forge scale, *s.* Hammerschlag, *m.*
forge shop crane, *s.* Schmiedekran, *m.*

forge welding, *s.* Preßschweißung, *f.* (siehe: Hammer-, Walzdruckschweißung).
forging, *s.* Schmiedestück, *n.*
forging blank, *s.* Rohling, *m.* (Gesenkschmieden).
forging burst, *s.* Kernzerschmiedung, *f.*
forging grade ingot, *s.* Schmiedeblock, *m.*
forging machine work, *s.* Schmiedemaschinenarbeiten, *fpl.*
forging manipulator, *s.* Schmiedemanipulator, *m.,* Blockwendemaschine, *f.*
forging operation, *s.* Schmiedearbeit, *f.*
forging press, *s.* Schmiedepresse, *f.*
forging test, *s.* Schmiedeprobe, *f.*
fork, *s.* Gabel, *f.*
fork guide, *s.* Gabelführung, *f.*
fork lift truck, *s.* Gabelstapler, *m.*
fork pipe, *s.* Gabelrohr, *n.*
form, *v.t.* verarbeiten, *v.t.,* formen, *v.t.*
form, *s.* Form, *f.*
formability, *s.* Verarbeitbarkeit, *f.* (durch Pressen, Ziehen, etc.).
formation, *s.,* **of pimples,** Pickelbildung, *f.* (an Oberfläche verzinkter Bleche).
formed milling cutter, *s.* Profilfräser, *m.*
former, *s.* Formstich, *m.* (Walzung).
former pass, *s.* Formkaliber, *n.* (Vorwalzenkalibr.).
forming, *s.* Verarbeitung, *f.* (z. B. durch Pressen, Drücken, Warmzug, etc.).
forming mandrel, *s.* Stopfen, *m.,* Dornstange, *f.* (Herstellung geschweißter Rohre).
form, *s.,* **of crystal,** Kristallform, *f.*
form of crystallization, *s.* Kristallisationsform, *f.*
forward slip, *s.* Voreilung, *f.* (Walzung).
foundation, *s.* Fundament, *n.*
foundation anchor, *s.* Fundamentanker, *m.*
foundation bolt, *s.* Verankerungsbolzen, *m.*
foundation bolt, *s.* Fundamentbolzen, *m.*
foundation plate, *s.* Grundplatte, *f.* (Bauw.).
foundation piling, *s.* Grundpfählung, *f.*
founding, *s.* Gießereiwesen, *n.*

founding practice, *s.* Gießereitechnik, *f.*, Gießereibetrieb, *m.*

foundry, *s.* Gießerei, *f.* (Formguß).

foundry coke, *s.* Gießereikoks, *m.*

foundry crane, *s.* Gießereikran, *m.*

foundry cupola, *s.* Gießerei-Kupolofen, *m.*

foundry floor, *s.* Gießereisohle, *f.*

foundry pattern, *s.* Gußmodell, *n.*

foundry pig iron, *s.* Gießerei-Roheisen, *n.*

foundry pit, *s.* Dammgrube, *f.* (Gieß.).

foundry sand, *s.* Formsand, *m.* (Gieß.).

foundry scrap, *s.* Gußschrott, *m.*, Gußbruch, *m.*

four-high mill, *s.* Quarto-Walzwerk, *n.* (Walzgerüste mit zwei mittleren kleineren Arbeits- und zwei äußeren Stützwalzen größeren Durchmessers).

four-strand rod mill, *s.* vieradrige Drahtstraße, *f.*

four-way cock, *s.* Kreuzhahn, *m.*

four-way cross, *s.* Kreuzstück, *n.* (Eisenb.).

fracture, *s.* Bruch, *m.*

fracture, *v.i.* brechen, *v.i.*

fracture, *s.*, **of blackheart malleable iron,** Bilderrahmenbruch, *m.*

fracture strength, *s.* Bruchfestigkeit, *f.*

frame, *s.* Rahmen, *m.* (Fahrzeug, Masch.); Bock, *m.* (Gestell).

frame sections, *spl.* Einfassungseisen, *n.* (für Tür- oder Fensterrahmen; Produkt eines Stab- oder Kundenwalzw.).

frame work, *s.* Gerippe, *n.*, Tragwerk, *n.* (Bauw.).

framing, *s.* Rahmengestell, *n.*

free carbon, *s.* freier Kohlenstoff, *m.* (z. B. Graphit, Temperkohle).

free-cutting property, *s.* Zerspanbarkeit, *f.*

free-cutting steels, *spl.* Automatenstähle, *mpl.* (z. B. verbleite oder verschwefelte).

freedom, *s.*, **from distortion,** Verzugfreiheit, *f.* (Härten).

free energy, *s.*, **of formation per mole,** Wärmetönung, *f.* (die aus 1 Mol als Wärme freigewordene Energie).

free, *a.*, **from cracks,** rißfrei, *a.*

free machining steels, *spl.* Automatenstähle, *mpl.*

freeze, *v.i.* erstarren, *v.i.* (durch Ab-kühlung).

freezing, *s.* Verwurzeln, *n.* (einer Gießdüse; Blockguß); Erstarrung, *f.* (des Gusses).

freezing point, *s.* Erstarrungspunkt, *m.* (Metallogr.); Gefrierpunkt, *m.* (Wasser).

freezing-point curve, *s.* (see "liquidus curve").

frequency curve, *s.* Häufigkeitskurve, *f.* (Statistik).

frequency, *s.*, **of load reversals** (see "frequency of stress cycles").

frequency, *s.*, **of oscillation,** Schwingungszahl, *f.* (Dauerversuch).

frequency, *s.*, **of stress cycles,** Lastperiodenzahl, *f.* (Dauerversuch).

fresh water ring main, *s.* Kühlwasserringleitung, *f.* (H-Ofen).

Fretz-Moon process, *s.* Herstellungsverfahren, *n.*, geschweißter Rohre nach Fretz-Moon.

friable, *a.* mulmig, *a.* (Erz); zerreiblich, *a.*

friction, *s.* Reibung, *f.*

frictional resistance, *s.* Reibungswiderstand, *m.*

friction clutch coupling, *s.* Reibungskupplung, *f.*

friction driven roll, *s.* Schleppwalze, *f.* (Walzw.).

friction loss, *s.* Reibungsverlust, *m.* (Mech.).

friction screw press, *s.* Spindelpresse, *f.*

fringe crystals, *spl.* Stengelkristalle, *mpl.* (wie Fransen angeordnet).

frog point, *s.* Herzspitze, *f.* (Eisenb.), Herzstück, *n.* (Weiche).

from the solid, *adv.* aus dem Vollen (—herausgearbeitet).

front shear table, *s.* Rollgang, *m.*, vor der Schere (Walzw.).

front tension, *s.* Zugspannung, *f.* (des Bandes; Kaltwalzung).

front tension, *s.*, **of strip,** Austrittbandspannung, *f.* (Bandwalzwerk: Spannung zwischen letztem Gerüst und Aufwickelhaspel).

front tipper, *s.* Vorderkipper, *m.* (Fahrzeug).

frontwall, *s.* Vorderwand, *f.* (SM-Ofen).

frontwall pier, *s.* Vorderwand-Stützpfeiler, *m.*, Vorderwandpfeiler, *m.* (SM-Ofen).

frost resisting property, *s.* Frostbeständigkeit, *f.*

fuel, *s.* Brennstoff, *m.*

fuel efficiency, *s.* Brennstoffausnutzung, *f.*

fuel engineer, *s.* Feuerungstechniker, *m.*

fuel engineering, *s.* Feuerungstechnik, *f.*

fuel firing rate, *s.* Brennstoffdurchsatz, *m.*

fuel gas, *s.* Heizgas, *n.*

fuel oil, *s.* Heizöl, *n.*

fuel mixture, *s.* Brennstoffgemisch, *n.*

fuel rate, *s.* Brennstoffverbrauchssatz, *m.*

fuel utilization, *s.* Brennstoffausnutzung, f.

fuel value, *s.* Brennwert, *m.*

fulcrum, *s.* Drehpunkt, *m.*, Drehachse, *f.* (Masch.).

fulcrum pin, *s.* Drehbolzen, *m.*

full annealing, *s.* Ausglühen, *n.* (Erhitzen bis zu über A_{c3}, Halten auf dieser Temperatur und Abkühlen unter A_{r1}; danach Ofenkühlung).

full blown steel, *s.* gargeblasener Stahl, *m.*

full hardening, *s.* (see "through hardening").

fulling, *s.* Abrecken, *n.* (den Mittelteil des Schmiedestabes symmetrisch im Gesenk abrecken).

fulling die, *s.* Abreckgesenk, *n.*, Streckgesenk, *n.* (ein Vorgesenk, das den Stab in der Mitte reckt und an den Enden verdickt; Gesenkschmieden).

full quenching, *s.*, **and subsequent drawing,** *s.* Durchvergütung, *f.*

full-scale, *a.* in natürlicher Größe, *adv.* (Zeichnung).

full-scale test, *s.* Großversuch, *m.*

fully hard, *a.* hart, *a.* (Bleche, Draht, Bandstahl).

fume exhaust system, *s.* Dämpfeabsaugung, *f.*

fundamentals, *spl.* Grundlagen, *fpl.* (grundlegende Erkenntnisse).

furnace, *s.* Feuerung, *f.*, Ofen, *m.*

furnace availability, *s.* Ofenbereitschaft, *f.*, Ofenausnutzung, *f.* (produktiver Betrieb eines Ofens pro Jahr in %).

furnace bottom, *s.* Ofensohle, *f.*

furnace brazing, *s.* Feuerlötung, *f.* (im zumeist el. beheizten Ofen).

furnace builder, *s.* Ofenbauer, *m.*, Ofenbaufirma, *f.*

furnace bumper, *s.* Puffer, *m.*, am Ofenrollgang (Walzw.).

furnace campaign, *s.* Ofenreise, *f.*

furnace casting, *s.* Ofengußstück, *n.*

furnace characteristics, *spl.* Ofenverhalten, *n.*

furnace coiler, *s.* Haspelofen, *m.* (eines Umkehr-Warmbandwalzwerkes).

furnace construction, *s.* Ofenbau, *m.*

furnace crew, *s.* Ofenmannschaft, *f.*

furnace damper, *s.* Ofenschieber, *m.*

furnace data, *spl.* Ofenkennzahlen, *fpl.*

furnace design, *s.* Ofenbauweise, *f.*

furnace discharge end, *s.* Ziehherd, *m.* (Walzwerksöfen).

furnace efficiency, *s.* Ofenwirkungsgrad, *m.*

furnace end, *s.* Ofenkopf, *m.* (SM-Ofen).

furnace engineering, *s.* Ofenbau, *m.*

furnace engineering company, *s.* Ofenbaufirma, *f.*

furnace life, *s.* Ofenhaltbarkeit, *f.*

furnace lining, *s.* Ofenausmauerung, *f.*, Ofenfutter, *n.*

furnace loss, *s.* Abbrand, *m.*

furnace operation, *s.* Ofenführung, *f.*

furnace operatives, *spl.* Ofenmannschaft, *f.*

furnace performance, *s.* Ofenverhalten, *n.*

furnace pier, *s.* Vorderwandpfeiler, *m.* (SM-Ofen).

furnace pressure, *s.* Ofendruck, *m.*

furnace production/year, *s.*, Ofenleistung, *f.*, pro Jahr.

furnace products, *spl.* Rohprodukte, *npl.* (Roheisen, Ferrolegierungen).

furnace pusher, *s.* Einstoßvorrichtung, *f.* (Stoßofen; Walzw.).

furnace pusher-out, *s.* Ausstoßvorrichtung, *f.* (Stoßofen; Walzw.).

furnace rebuild, *s.* Wiederaufbau, *m.*, des Ofens.

furnace rebuild, *s.*, **upstairs,** Zustellung, *f.*, des Oberofens (SM-Ofen).

furnace rebuild, *s.*, **downstairs,** Zustellung, *f.*, des Unterofens (SM-Ofen).

furnace refractories, *spl.* Ofenbaustoffe, *mpl.*

furnace rocker, *s.* Ofenwiege, *f.* (Kipp-, Elektroofen).

furnace roof, *s.* Ofengewölbe, *n.*, Ofendecke, *f.*

furnace run-in table, *s.* Ofen-Zubringerrollgang, *m.* (Wärmofen).

furnace run-out table, *s.* Ofen-Auslaufrollgang, *m.* (Wärmofen).

furnace scale, *s.* Glühspan, *m.*

furnace table, *s.* Ofenrollgang, *m.* (Walzw.).

furnace tilting control, *s.* Ofenkippsteuerung, *f.*

furnace year, *s.* mittlere Ofenleistung, *f.*, pro Jahr (in Entsprechung des Betriebsmitteljahres).

furnishing, *s.* Einrichtung, *f.* (Laboreinrichtung).

furniture fittings, *spl.* Möbelbeschäge, *mpl.*

furniture steel, *s.* Möbelstahl, *m.*

further processing, *s.* Weiterverarbeitung, *f.*

fusam, *s.* Faserkohle, *f.* (holzkohlenartige Zeilen in Backkohle; Kokerei).

fuse, *v.t.*, *v.i.* schmelzen, *v.t.*, *v.i.* (Chem.).

fused, *a.* geschmolzen, *a.* (Zuschläge, Flußstoffe).

fused alumina, *s.* Kunstkorund, *n.* (Polieren).

fusibility, *s.* Schmelzbarkeit, *f.* (pyrochemische Untersuchung).

fusing, *s.* (Ab)Schmelzen, *n.*, Flüssigwerden, *n.;* Erweichung, *f.;* Aufschmelzen, *n.* (Schweißgut).

fusing point, *s.* Schmelzpunkt, *m.*, Erweichungspunkt, *m.* (ff. Stoffe).

fusion, *s.* (Ver)Schmelzung, *f.*, Flüssigwerden, *n.*

fusion thermit welding, *s.* Thermitgießschweißung, *f.* (Thermit-Mischung in Tiegel über der eingeformten Schweißstelle zur Entzündung gebracht, und das reduzierte Eisen in die Form laufen gelassen).

fusion welding, *s.* Schmelzschweißung, *f.* (Gasschmelzschweißung; elektrische Lichtbogenschweißung, Thermitgießschweißung).

G

γ-iron, *s.* (see "gamma iron").

gag press, *s.* Stempelrichtpresse, *f.* (Schienenrichten).

gall, *v.i.* sich festfressen, *v.i.*, sich verklemmen, *v.i.* (Masch.).

galvanized sheets, *spl.* verzinkte Bleche, *npl.*

galvanized steel wire, *s.* verzinkter Stahldraht, *m.*

galvanized wire, *s.* verzinkter Draht, *m.*

galvanizing furnace, *s.* Verzinkungsofen, *m.*

galvanizing kettle, *s.* Verzinkungswanne, *f.*

galvanizing pot, *s.* Verzinkkessel, *m.*

galvanizing property, *s.* Verzinkbarkeit, *f.*

galvanizing properties, *spl.*, **bad,** schlecht verzinkbar, *a.*

galvanizing properties, *spl.*, **good,** gut verzinkbar, *a.*

gamma iron, *s.* [γ-iron, *s.*], Gamma-Eisen, *n.* [γ-Eisen], (Modifikation des Eisens, flächenzentriert, beständig von 906°—1401° C).

gamma loop, *s.* Abschnürung, *f.*, des Gamma-Gebietes (Verengung des γ-Gebietes, oder Annäherung der A_3 und A_4 Umwandlung, durch Legierungselemente: Al, Si, Ti, Cr, V, etc.).

gamma-ray examination, *s.* Gammadurchstrahlung, *f.* (zerstörungsfreies Prüfverfahren).

gang, *s.* Arbeitstrupp, *m.*

gangslitting machine, *s.* Kreismesser-Teilmaschine, *f.* (zum Unterteilen von Blech oder Band in schmälere Streifen).

gangue, *s.* Gangart, *f.* (des Erzes).

gangue content, *s.* Gehalt, *m.*, an taubem Gestein (Erz).

ganister brick, *s.* Dinasstein, *m.* (saurer ff. Baustoff; Konverterfutter).

gantry crane, *s.* Bockkran, *m.*, Portalkran, *m.*

gantry rail level, *s.* auf Höhe der Kranbrückenschiene, *adv.*

gas/air mixture, *s.* Gasluftgemisch, *n.*

gas analysis, *s.* Gasuntersuchung, *f.*

gas-blowpipe welding, *s.* Autogenschweißung, *f.*, Gasschmelzschweißung, *f.*

gas bubble, *s.* Gasblase, *f.*

gas burner, *s.* Gasbrenner, *m.*

gas case hardening process, *s.* Gas-
einsatzhärtung, *f.* (als übergeordneter Begriff).

gas carburizing, *s.* Aufkohlen, *n.*,
in gasförmigem Kohlungsmittel (allgemeiner Ausdruck).

gas cleaning plant, *s.* Gasreinigungsanlage, *f.* (auf mechanischer Grundlage).

gas coal, *s.* Fettkohle, *f.*, Gaskohle, *f.*

gas coke, *s.* Gaskoks, *m.*

gas collecting pipe, *s.* Vorlage, *f.*
(Koksofen).

gas conduit, *s.* Gasleitung, *f.*

gas credits, *spl.* Gasgutschrift, *f.* (z. B.
für H-Ofengas).

gas cutting, *s.* Brennschneiden, *n.*
(z. B. von schweren Blechen).

gas density, *s.* Gasdichte, *f.*, Gasdichtigkeit, *f.*

gas distribution, *s.* Durchgasung, *f.*
(des H-Ofens).

gas distribution, *s.*, uniform, gleich-
mäßige Durchgasung, *f.* (des H-
Ofens).

gas-driven blower, *s.* Gichtgas-Ge-
bläse, *n.* (H-Ofenanlage).

gas engine, *s.* Gasmaschine, *f.*

gas engine power house, *s.* Gasmaschinenzentrale, *f.*

gas engineering, *s.* Gastechnik, *f.*

gaseous body, *s.* gasförmiger Körper,
m.

gas-fired, *a.* gasbeheizt, *a.*, gasgefeuert, *a.*

gas firing, *s.* Gasfeuerung, *f.*

gas generator, *s.* Gaserzeuger, *m.*,
Generator, *m.*

gas holder, *s.* Gasbehälter, *m.*

gasification, *s.* Vergasung, *f.* (fester
Brennstoffe).

gasifying heat, *s.* Vergasungswärme, *f.*

gasket, *s.* Dichtung, *f.* (aus metallischen
Werkstoffen).

gas line, *s.* Gasrohrleitung, *f.*

gas line pipe, *s.* Gasleitungsrohr, *n.*

gas mixture, *s.* Gasgemisch, *n.*

gas offtake, *s.* Gasabzug, *m.*

gasometer, *s.* Gasbehälter, *m.*

gas pipe, *s.* Gasrohr, *n.*

gas pipe stock, *s.* Gasgewindekluppe, *f.*

gas(pipe)thread, *s.* Gasrohrgewinde,
n., Gasgewinde, *n.*

gas port, *s.* Gaszugmündung, *f.* (SM-
Ofen).

gas power station, *s.* Gasmaschinenzentrale, *f.*

gas producer, *s.* Gaserzeuger, *m.*,
Generator, *m.*

gas producer practice, *s.* Gaserzeugerbetrieb, *m.*

gas purification, *s.* Gasreinigung, *f.*
(auf chemischem Wege).

gas purification plant, *s.* Gasreinigungsanlage, *f.* (auf chem. Grundlage).

gas seal, *s.* Gasabschluß, *m.*, Gasdichtung, *f.*

gas scrubber, *s.* Gas-Naßreinigungsanlage, *f.*

gas tank, *s.* Gasbehälter, *m.*

gas tar, *s.* Kohlenteer, *m.*

gas uptake, *s.* Gaszug, *m.* (SM-Ofen).

gas velocity, *s.* Gasgeschwindigkeit, *f.*

gas washer, *s.* Gaswäscher, *m.* (H-
Ofengas).

gas welding, *s.* Gasschweißung, *f.*,
Gasschmelzschweißung, *f.*

gate, *s.* Einguß, *m.*, Eingußtrichter, *m.*,
Gießtrichter, *m.* (Gieß.); Verschluß,
m. (z. B. eines Füllrumpfes).

gate shear, *s.* Torschere, *f.* (Blech).

gate type hot blast valve, *s.* Heißwindschieber, *m.* (Winderhitzer).

gate valve, *s.* Sperrschieber, *m.* (Masch.).

gating practice, *s.* Anschnitt-Technik,
f. (Gieß.).

ga(u)ge, *v.t.* eichen, *v.t.* (Hohlmaße).

ga(u)ge, *s.* Lehre, *f.* (Instrument),
Eichmaß, *n.*

ga(u)ge head, *s.*, with spring cushio-
ned face, Vorstoß, *m.*, mit federgedämpfter Stirnplatte (am Scheren-
oder Sägenrollgang).

ga(u)ge length, *s.* Meßlänge, *f.* (eines
Zerreißstabes).

ga(u)ge rod, *s.* Spurstange, *f.* (Eisenb.);
Gichtsonde, *f.* (H-Ofen).

gear, *s.* Gerät, *n.* (Masch.); Getriebe, *n.*
(meist in zusammengesetzten Wor-
ten, z. B. Stirngetriebe); Getrieberad,
n. (allgemeiner Ausdruck); Zahnrad,
n.

gear box, *s.* Schalträderkasten, *m.* (Werkz.-Masch.); Getriebekasten, *m.* (Masch.).

gear casing, *s.* Getriebekasten, *m.* (Masch.).

gear changing, *s.* Schalten, *n.* (der Gänge; Masch.).

gear control lever, *s.* Schalthebel, *m.* (des Getriebes).

gear coupling, *s.* Getriebekupplung, *f.*

geared column press, *s.* Friktions-Säulenpresse, *f.* (eine Art der mechanischen Pressen).

geared pump, *s.* Räderpumpe, *f.,* Zahnradpumpe, *f.*

gear hobbing machine, *s.* Zahnrad-Abwälzfräsmaschine, *f.*

gear mechanism, *s.* Getriebe, *n.,* Räderwerk, *n.*

gear milling cutter, *s.* Zahnradfräsmaschine, *f.*

gear molding machine, *s.* Zahnräder-Formmaschine, *f.* (Gieß.).

gear motor rollers, *spl.* Elektrorollen, *fpl.* (Walzw.).

gear motor roller table, *s.* Elektro-Rollgang, *m.* (Walzw.).

gear reduction drive, *s.* Antrieb, *m.,* mit Stirnrädervorgelege.

gear spindle, *s.* Spindel, *f.,* mit gekämmten Köpfen (Walzw.).

gear. unit, *s.* Getriebe, *n.*

gear wheel, *s.* Getrieberad, *n.,* Zahnrad, *n.*

general arrangement, *s.* allgemeine Anordnung, *f.* (einer Anlage).

general engineering steels, *spl.* technische Baustähle, *mpl.*

general labor, *s.* ungelernte Arbeitskräfte, *fpl.*

general layout, *s.* Gesamtanlageplan, *m.* (eines Werkes).

general plan, *s.* Lageplan, *m.,* Übersichtsplan, *m.*

general repair, *s.* Generalreparatur, *f.*

general services, *spl.* Hilfsbetriebe, *pl.*

general view, *s.* Gesamtansicht, *f.,* Übersichtsbild, *n.*

generating motion, *s.* Wälzbewegung, *f.* (des Gewinde- oder des Zahnwälzfräsers).

generation, *s.,* **of power,** Energieerzeugung, *f.*

ghost, *s.,* **ghost line,** *s.,* **ghost struc-**

ture, *s.* Schattenstreifen, *pl.* (Oberflächenerscheinung bei spanabhebender Bearbeitung, hervorgerufen durch Seigerungsstreifen oder unterschiedliche Gefügeausbildung).

girder, *s.* Träger, *m.* (z. B. einer Kranbahn).

gland, *s.* Brille, *f.* (einer Stopfbüchse).

glass lubrication, *s.* Glasschmierung, *f.* (im Strangpreßverfahren nach Sejournet).

glass lubrication method, *s.* Glas-Schmierverfahren, *n.* (Strangpressen von Stahlartikeln; Sejournet-Verfahren).

glaze, *v.t.* verglasen, *v.t.* (z. B. eine Halle —).

glaze, *s.* Glasur, *f.* (für Eisenartikel).

glazing, *s.* Verglasung, *f.* (Bauw.).

glide, *v.t.* gleiten, *v.t.*

globular, *a.* kugelförmig, *a.,* kugelig, *a.*

globular cementite, *s.* (see "spheroidite").

globular graphite, *s.* Kugelgraphit, *m.* (Gußeisen).

go-devils, *spl.* bewegliche Transportdaumen, *pl.* (eines Schleppers; Walzw.).

goggle valve, *s.* Brillenschieber, *m.* (Staubsack des H-Ofens).

go into operation, *v.i.* in Betrieb gehen, *v.i.*

gondola, *s.* Großraum-Schrottwagen, *m.*

gooseneck, *s.* Anschlußstück, *n.* (des Düsenstocks; H-Ofen).

goose-neck pipe, *s.* Knierohr, *n.* (Windzuführung des Konverters).

gothic pass, *s.* Spitzbogenkaliber, *n.* (Walzenkalibr.).

gouge, *v.t.* ausmeißeln, *v.t.* (eine Vertiefung).

gouge, *s.* Hohlmeißel, *m.*

govern, *v.t.* (cf. "governor"), regeln, *v.t.*

governor, *s.* Regler, *m.* (Geschwindigkeits-, Fliehkraft-, Reibungs-, hydraulischer —).

grab crane, *s.* Greiferkran, *m.*

grade, *s.* Neigung, *f.* (von der Waagrechten); Qualität, *f.* (Material); Gütestufe, *f.* (Werkstoff).

grades, *spl.* Sorten, *pl.* (Stahl-, Eisenetc.).

grades, *spl.,* **of lubricants,** Schmierstoffsorten, *pl.*

gradient, *s.* Gefälle, *n.* (Eisenbahn und im übertragenen Sinn); schiefe Ebene, *f.,* Steigung, *f.*

graduated arc, *s.* Skalenbogen, *m.* (Meßw.).

graduation, *s.* Gradeinteilung, *f.,* Teilung, *f.* (Meßw.).

grain, *s.* Korn, *n.*

grain boundary, *s.* Korngrenze, *f.* (Metallogr.).

grain deformation, *s.* Kornverzerrung, *f.* (Metallogr.).

grainlike crystallization, *s.* körnige Kristallisation, *f.*

grain refinement, *s.* Kornverfeinerung, *f.* (durch Warmverformung, oder umkristallisierendes Glühen: Normalisieren).

grain size, *s.* Korngröße, *f.*

granular fracture, *s.* körniger Bruch, *m.*

granulated-slag brick, *s.* Hüttenstein, *m.*

graph, *s.* bildliche Darstellung, *f.,* Kurvenbild, *n.*

Graphidox, *s.* Graphidox, *n.* (Desoxydationsmittel in der Elektrostahlerzeugung).

graphite grease, *s.* graphithaltiges Fett, *n.*

graphite lubricant, *s.* Graphitschmiere, *f.*

graphitizer, *s.* Graphitbildner, *m.* (siehe „geimpftes Gußeisen“).

graphitizing, *s.* graphitisierendes Glühen, *n.* (eine Glühbehandlung für Gußeisen oder Stähle mit hohem C- oder Si-Gehalt, durch die der gebundene Kohlenstoff in Graphit, bzw. Temperkohle umgewandelt wird).

graphitizing innoculant, *s.* graphitbildender Impfstoff, *m.* (zur Behandlung von Gußeisen; z. B. Cer, Magnesium).

grate, *s.* Rost, *m.,* Gitterrost, *m.* (Feuerung).

grate bar, *s.* Roststab, *m.* (Walzerzeugnis).

grating, *s.* Rost, *m.* (Bauw.).

gravel, *s.* Kies, *m.* (Bauw.).

gravity die casting, *s.* Dauerformguß, *m.* (siehe „Spritzgußverfahren“).

gravity segregation, *s.* Schwerkraftseigerung, *f.*

gravity tank, *s.* Falltank, *m.*

gray cast iron, *s.* [grey-], Grauguß, *m.,* graues Gußeisen, *n.* (Bruchfarbe grau, hervorgerufen durch den Graphitbestand).

gray pig iron, *s.* [grey-], graues Roheisen, *n.*

gray iron foundry, *s.* [grey-], Graugießerei, *f.*

grease, *v.t.* fetten, *v.t.* (Masch.).

grease, *s.* Schmiere, *f.,* Schmierfett, *n.*

grease cup, *s.* Fettbüchse, *f.* (Masch.).

grease fitting, *s.* Fettnippel, *m.*

grease gun, *s.* Fettpresse, *f.*

grease lubrication, *s.* Fettschmierung, *f.*

Greenawalt continuous sintering process, *s.* Sinterverfahren, *n.,* nach Greenawalt (statt des Sinterbandes im Dwight-Lloyd-Verfahren ein kontinuierlicher Strang von rechteckigen Stahlguß-Sinterpfannen mit Rosteinsätzen).

Greenawalt sintering machine, *s.* Sintermaschine, *f.,* Bauart Greenawalt.

green core, *s.* ungebackener Kern, *m.* (Formerei).

green ingot, *s.* Rohblock, *m.,* mit noch flüssigem Kern (Walzung).

green sand, *s.* grüner Sand, *m.,* nasser Sand, *m.,* magerer Formsand, *m.,* Naßgußsand, *m.* (Formerei).

green sand mold, *s.* Naßgußform, *f.* (Gieß.).

green sand molding, *s.* Naßgußformerei, *f.* (Gieß.).

grey (see "gray").

grid, *s.* Fernleitungsnetz, *n.* (Gas, Strom).

grind, *v.t.* mahlen, *v.t.* (feinzerkleinern); schleifen, *v.t.* (Oberflächen mit der Schleifscheibe).

grindability, *s.* Mahlfähigkeit, *f.* (vgl. „mahlen“).

grinder, *s.* Schleifmaschine, *f.*

grinding checks, *spl.* Schleifrisse, *pl.* (feine).

grinding cracks, *spl.* Schleifrisse, *pl.* (gröbere).

grinding machine, *s.* Schleifmaschine, *f.*

grindings, *spl.* Schliff, *m.* (Abfälle).

grip, *s.* (see "bond").

gripping, *s.* Packen, *n.* (des Walzgutes durch die Walzen).

gripping angle, *s.* Greifwinkel, *m.* (Walzung).

gripping head, *s.* Einspannkopf, *m.* (einer Prüfmaschine).

grit blasting, *s.* Blankstrahlen, *n.* (siehe auch „Strahlputzen").

grizzly, *s.* Klassierrost, *m.* (grob, für Sinter).

groove, *s.* Riefe, *f.*, Rille, *f.* (allgemein); Nut, *f.* (Schmier-); Kaliber, *n.* (Walzenkalibr.); Einbrandkerbe, *f.* (Schweißen).

grooved, *a.* gerillt, *a.*, kalibriert, *a.* (von Walzen).

grooved pulley, *s.* Rillenscheibe, *f.*, Nutrolle, *f.* (Masch.).

grooved rail, *s.* Rillenschiene, *f.* (Eisenb.).

grooved rolls, *spl.* Kaliberwalzen, *pl.*

grooved tie, *s.* Rillenschwelle, *f.* (Eisenb.).

groove taper, *s.* (see "pass taper").

gross calorific value, *s.* oberer Heizwert, *m.*

ground clearance, *s.* Bodenabstand, *m.* (eines Fahrzeugs, einer Maschine, etc.).

groundmass, *s.* (see "matrix").

group teeming, *s.* Gespannguß, *m.*, satzweiser Verguß, *m.* (von Stahlblöcken).

group teeming plate, *s.* Gespannplatte, *f.* (Blockguß).

grouting, *s.* Verguß, *m.* (des Fundaments; Bauw.).

guaranteed wrought iron pipe, *s.* (cf. "wrought iron pipe"). Schweißeisenrohr, *n.*

guide, *s.* Führung, *f.* (Masch.).

guide bar, *s.* Führungsbalken, *m.* (Walzw.); Führungsleiste, *f.* (Masch.).

guide box, *s.* Führungskasten, *m.* (Walzw.).

guide bush, *s.* Führungsbuchse, *f.* (Masch.).

guide cage, *s.* Führungskasten, *m.* (Walzw.).

guide fork, *s.* Führungsbügel, *m.*, Führungsgabel, *f.* (Masch.).

guide marks, *spl.* Führungsmarken, *pl.* (Oberflächenfehler im Walzgut).

guide pin, *s.* Führungsstift, *m.* (Masch.).

guide pulley, *s.* Führungsblock, *m.* (Masch.).

guide rail, *s.* Leitschiene, *f.*, Zwangsschiene, *f.* (Eisenb.).

guide rail chair, *s.* Leitschienenstuhl, *m.*, Zwangsschienenstuhl, *m.* (Eisenb.).

guide rod, *s.* Führungsstange, *f.* (Masch.).

guide rounds, *spl.* aus der Führung gewalzter Rundstahl, *m.* (Walzerzeugnis).

guides, *spl.*, **to falling tup** (see "guides to falling weight").

guides, *spl.*, **to falling weight,** Fallbär-Führungsschienen, *fpl.* (Fallhammerprüfmaschine).

guide surface, *s.* Führungsbahn, *f.* (Masch.).

guide yoke, *s.* Führungsbügel, *m.* (Masch.).

guillotine plate shear, *s.* Rahmenblechschere, *f.*

guillotine shear, *s.* Kurbelblechschere, *f.*, Rahmenblechschere, *f.*

gun refractories, *spl.* Spritzmassen, *pl.* (feuerfeste).

gusset, *s.* Eckblech, *n.*, Knotenblech, *n.*

gusset sheet, *s.* (see "gusset").

gusset plate, *s.* (see "gusset").

gusset joint, *s.* Eckblechverbindung, *f.*

gutter lead, *s.* Dachkehlenblech, *n.* (aus Bleiblech).

gyratory crusher, *s.* Kreiselbrecher, *m.* (Erzzerkleinerung).

gyratory movement, *s.* Kreiselbewegung, *f.*

gyrostatic effect, *s.* Kreiselwirkung, *f.*

H

HF-furnace heat, *s.* (see "high-frequency furnace heat").

H-section, *s.* Breitflanschträger, *m.*

hack saw, *s.* Bügelbandsäge, *f.*

hair cracks, *spl.* Haarrisse, *mpl.* (of verursacht durch im Stahl gelösten Wasserstoff).

hair-line cracks, *spl.* Haarrisse, *mpl.*

(oft verursacht durch im Stahl gelösten Wasserstoff).

half round file, *s.* Drittelrundfeile, *f.* (der Kreisbogen beträgt etwa $^1/_3$ eines vollen Kreises).

half rounds, *spl.* Halbrundstahl, *m.* (Walzerzeugnis.).

hammer face, *s.* Hammerbahn, *f.*

hammer frame, *s.* Hammergestell, *n.* (Fallhammer).

hammer-forge, *v.t.* unter dem Hammer ausschmieden, *v.t.*

hammer forging, *s.* Freiformschmiedestück, *n.*

hammer forge work, *s.* Freiformschmieden, *n.*

hammer guide, *s.* Hammerführung, *f.*

hammer-harden, *v.t.* hartschlagen, *v.t.* (kalt).

hammer mill, *s.* Hammerschmiede, *f.*

hammer scale, *s.* (see "forge scale").

hammer welding, *s.* Hammerschweißung,*f.* (eine Art der Preßschweißung).

hand angle, *s.* freihändig gewalzter Winkelstahl, *m.*

hand-finish, *v.t.* handputzen, *v.t.* (von Güssen).

hand reamer, *s.* Reibahle, *f.* (mit geraden oder Schraubenstollen).

hand rounds, *spl.* aus der Hand gewalzter Rundstahl, *m.*

hand tap, *s.* Handgewindebohrer, *m.*

handling, *s.* Handhabung, *f.*

handling equipment, *s.* Transporteinrichtung, *f.*

handling time, *s.* Handzeit, *f.* (des Werkstücks während eines Fertigungsvorganges).

handtools, *spl.* Handwerkzeuge, *npl.*

hanger, *s.* Hängereisen, *n.* (für die Bausteine eines Hängegewölbes).

hanger crack, *s.* Querriß, *m.* (verursacht durch Hängenbleiben des Gußblockes in der Kokille).

hanger tile, *s.* Hängerstein, *m.* (Hängegewölbe, SM-Ofen).

hanging, *s.* Hängen, *n.,* der Gicht (H-Ofen).

hanging guard, *s.* Hängemeißel, *m.* (Walzw.).

hanging, *s.,* **of the burden,** Hängen, *n.,* der Gicht (H-Ofen).

hard-chromium plating, *s.* Hartverchromen, *n.*

hard drawn spring wire, *s.* vergüteter Federdraht, *m.*

hard-facing, *s.* (see "hard surfacing").

hard-facing material, *s.* verschleißfestes Hartmetall, *n.*

hard materials, *spl.* Hartstoffe, *mpl.*

hard soldering, *s.* (see "brazing").

hard surfacing, *s.* Herstellung, *f.,* verschleißfester Oberflächen (z. B. durch Stellitieren, Nitrieren, örtliche Härtung, Auflöten oder Aufschweißen von Hartmetallen, u.dgl.).

hardware, *s.* Eisenwaren, *fpl.*

hard-wearing material, *s.* verschleißfester Werkstoff, *m.*

hard zone cracking, *s.* Rißbildung, *f.,* in der Härtungszone (des Grundwerkstoffes beim Schweißen).

harden and temper, *v.t.* vergüten, *v.t.* (durch Härten und nachfolgendes Anlassen).

hardenable, *a.* härtbar, *a.*

hardenability, *s.* Härtbarkeit, *f.*

hardened and drawn, *a.* vergütet, *a.*

hardener, *s.* Härter, *s.* (Arbeiter).

hardening agent, *s.* Härtemittel, *n.*

hardening compound, *s.* Härtemittel, *n.*

hardening cycle, *s.* Härtungsvorgang, *m.*

hardening furnace, *s.* Härteofen, *m.*

hardening installation, *s.* Härterei, *f.*

hardening practice, *s.* Härtereitechnik, *f.*

hardening process, *s.* Härteverfahren, *n.*

hardening temperature, *s.* Härtetemperatur, *f.*

hardening shop, *s.* Härterei, *f.*

hardening steel, *s.* härtbarer Stahl, *m.*

hardenite, *s.* Hardenit, *m.* (fast strukturloser Martensit).

hardness, *s.* Härte, *f.*

hardness, *s.,* **at red heat,** Rotwarmhärte, *f.* (z. B. von Werkzeugen).

hardness curve, *s.* Härteschaulinie, *f.*

hardness depth, *s.* Einhärtung, *f.*

hardness number, *s.* Härtezahl, *f.*

hardness R.-B., *s.* Rockwell-B-Härte, *f.* (siehe „Rockwell-Härteprüfung').

hardness R.-C., *s.* Rockwell-C-Härte, *f.* (siehe „Rockwell-Härteprüfung").

hardness test, *s.* Härteprüfung, *f.*

hardness tester, *s.* Härteprüfgerät, *n.*

hardness testing machine, *s.* Härteprüfmaschine, *f.*

hard tempered martensite brittleness, *s.* Anlaßsprödigkeit, *f.*, des niedrig angelassenen Martensits (nach Anlassen bei 250—400°C).

Hartmann lines, *spl.* (see "stretcher strains").

hatch, *v.t.* schraffieren, *v.t.* (Zeichng.).

Hatfield manganese steel, *s.* Manganhartstahl, *m.* (1.0—1.3% C und 11—14% Mn).

haul, *v.t.*, fördern, *v.t.*

haulage, *s.* Förderung, *m.* (Transport).

hauling track, *s.* Förderbahn, *f.* (Gleis).

hawser, *s.* hochelastisches Schleppseil, *n.*, Trosse, *f.* (Rundlitzenseil: 6 Litzen zu je 37 Drähten).

head, *v.t.* anstauchen, *v.t.*

head, *s.* Nase, *f.* (eines Keiles); Anschlag, *m.* (einer Lehre); Saugzug, *m.* (einer Esse); Pumphöhe, *f.*, Druckhöhe, *f.* (des Wassers; der Pumpe).

head of rail, *s.* Schienenkopf, *m.*

head of suction, *s.* Saughöhe, *f.* (Pumpe).

head of water, *s.* Gefälle, *n.*, des Wassers.

head shaft and sheave, *s.* angetriebene Welle, *f.*, mit Seilscheibe (Seilschlepper; Walzw.).

header, *s.* Binder, *m.* (Schlußstein; Mauerwerk); Sammelrohr, *n.*

heading, *s.* Anköpfen, *n.*, Anstauchen, *n.* (mit Schmiedemaschine, z. B. Schraubenköpfe).

heading die, *s.* Anstauchgesenk, *n.* (bestehend aus einem festen Unter- und einem beweglichen Obergesenk, die durch Klemmbacken geschlossen werden. Zum Anstauchen von Verstärkungen an dünnere Werkstücke).

heading machine, *s.* Anstauchmaschine, *f.*

heading operation, *s.* Anköpfarbeit, *f.*, Anstaucharbeit, *f.*

heading tool, *s.* Anköpfer, *m.* (Schrauben); Stauchstempel, *m.* (siehe „Anstauchen").

heading tool slide, *s.* Stauchschlitten, *m.* (einer Anstauchmaschine).

heading work, *s.* Anstaucharbeiten, *fpl.*

hearth, *s.* Herd, *m.* (eines Ofens).

hearth bottom, *s.* Herdsohle, *f.* (SM-Ofen); Untergestell, *n.*, des Ofens (H-Ofen).

hearth break-out, *s.* Gestelldurchbruch, *m.* (H-Ofen).

hearth casing, *s.* Herdeinsatz, *m.*

hearth diameter, *s.* Gestellweite, *f.*, Gestelldurchmesser, *m.* (H-Ofen).

hearth jacket, *s.* Gestellpanzer, *m.* (H-Ofen).

hearth type reheating furnace, *s.* Herdofen, *m.* (Wärmofen).

hearth zone, *s.* Gestellzone, *f.* (H-Ofen).

heat, *v.t.* erhitzen, *v.t.*

heat, *s.* Charge, *f.* Schmelze, *f.*, Schmelzung, *f.* (Stahlerzeugung); Hitze, *f.*, Wärme, *f.*

heat absorption capacity, *s.* Wärmeschluckvermögen, *n.*

heat and acid proof casting, *s.* feuer- und säurebeständiger Guß, *m.*

heat content, *s.* Wärmeinhalt, *m.*

heat exchanger, *s.* Wärmeaustauscher, *m.*

heat flow, *s.* Wärmefluß, *m.*

heat input, *s.* Wärmeeinnahme, *f.* (Wärmebilanz).

heat log, *s.* Frischkurvenbild, *n.* (Stahlerzeugung).

heat of dissociation, *s.* Dissoziationswärme, *f.*

heat of evaporation, *s.* Verdampfungswärme, *f.*

heat of formation, *s.* [$\triangle$ H], Bildungswärme, *f.* (Wärme, die beim Ablauf chemischer Reaktionen frei wird).

heat of fuel, *s.* Brennstoffwärme, *f.*

heat of fusion, *s.* Schmelzwärme, *f.* (Phys., Chem.).

heat of mixing, *s.* Mischungswärme, *f.*

heat of reaction, *s.* Reaktionswärme, *f.* (Chem.).

heat of solidification, *s.* Erstarrungswärme, *f.*

heat output, *s.* Wärmeausgabe, *f.* (Wärmebilanz).

heat refining, *s.*, Rückfeinen, *n.*, durch Umkristallisieren (Warmbehandlung zur Erzeugung eines feinkörnigen Gefüges).

heat release, *s.* Wärmefreimachung, *f.*

heat requirements, *spl.* Wärmebedarf, *m.* (eines Verfahrens).

heat resistance, *s.* Hitzebeständigkeit, *f.* (Eigenschaft).

heat-resisting, *a.* hitzebeständig, *a.*

heat-resisting coating, *s.* hitzebeständiger Überzug, *m.* (z. B. Aluminium, Silumin, Kadmium-Aluminium).

heat resisting property, *s.* Hitzebeständigkeit, *f.* (des Werkstoffes).

heat resisting properties, *spl.* Hitzebeständigkeits-Eigenschaften, *fpl.* (von Werkstoffen).

heat resisting steels, *spl.* hitzebeständige Stähle, *mpl.* (widerstandsfähig gegen Oxydationsangriff oberhalb 550° C).

heat supply, *s.* Wärmezufuhr, *f.*

heat tinting, *s.* Anlassen, *n.* (der Schliffläche durch Erhitzen an der Luft; Metallogr.).

heat transfer, *s.* Wärmeübertragung, *f.*, Wärmeübergang, *m.*

heat transfer, *s.*, **by conduction,** Wärmeübertragung, *f.*, durch Leitung.

heat transfer, *s.*, **by convection,** Wärmeübertragung, *f.*, durch Berührung.

heat transfer, *s.*, **by radiation,** Wärmeübertragung, *f.*, durch Strahlung.

heat treated, *a.* wärmebehandelt, *a.*

heat-treated, *a.* vergütet, *a.*

heat-treated steel, *s.* vergüteter Stahl, *m.*

heat-treated structure, *s.* Vergütungsgefüge, *n.*

heat treating furnace, *s.* Warmbehandlungsofen, *m.*

heat-treating furnace, *s.* Vergütungsofen, *m.*

heat-treating property, *s.* Vergütbarkeit, *f.*

heat-treating steels, *spl.* Vergütungsstähle, *mpl.*

heat treatment, *s.* Wärmebehandlung, *f.* (Verfahren zur Behandlung von Eisen und Stahl in festem Zustand zur Erzielung bestimmter Eigenschaften).

heat-treatment steels, *spl.* Vergütungsstähle, *mpl.*

heat-up, *s.* Aufheizung, *f.* (Wärmgut im Wärmofen); Einbrennen, *n.* (des Ofenmauerwerks).

heat weight, *s.* Gewicht, *n.*, der Schmelze (Stahlerzeugung).

heating, *s.*, **at temperatures alternately just above and below the change point,** Pendelglühung, *f.*, Pendeln um A$_1$, *n.*

heating cover, *s.* Heizhaube, *f.* (Haubenglühofen).

heating efficiency, *s.* Heizleistung, *f.*

heating flue, *s.* Heizzug, *m.* (Koksofen).

heating furnace, *s.* Wärmeofen, *m.*

heating period, *s.* Speicherzeit, *f.* (Winderhitzer).

heating surface, *s.* Heizfläche, *f.*

heating system, *s.* Beheizungsschema, *n.* (Koksofen); Beheizungsanlage, *f.*

heating-up rate, *s.* Aufheizgeschwindigkeit, *f.* (des Wärmgutes im Wärmofen); Einbrenngeschwindigkeit, *f.* (einer neuen Ofenzustellung).

heavy-coated electrode, *s.* ummantelte Elektrode, *f.* (die dicke Umhüllung enthält nicht nur Flußmittel, sondern auch Desoxydationsstoffe und Legierungselemente).

heavy-duty, *a.* Hochleistungs-

heavy electrode coating, *s.* Schweißdrahtmantel, *m.*

heavy flat products, *spl.* Grob- und Panzerbleche, *npl.*

heavy local pitting, *s.* Lochfraß, *m.* (Korrosion).

heavy media separation, *s.* Schwerflüssigkeits-Aufbereitung, *f.* (Feinerze).

heavy mill, *s.* Schwerstraße, *f.* (Walzw.).

height, *s.*, **above ground,** relative Höhe, *f.*

height, *s.*, **above sea level,** absolute Höhe, *f.*

height ga(u)ge, *s.* Hubhöhenskala, *f.* (auf einer der beiden Führungsschienen einer Fallhammerprüfmaschine).

helical gear, *s.* schrägverzahntes Stirnrad, *n.*; schrägverzahntes Stirnradgetriebe, *n.*

helical gearing, *s.* Stirnradschrägverzahnung, *f.*

helical spring, *s.* Schraubenfeder, *f.*

helve hammer, *s.* Aufwerfhammer, *m.* (Schmiede).

hematite, *s.* Glanzeisenerz, *n.,* Hämatit, *m.,* Roteisenstein, *m.*

hematite iron, *s.* Hämatiteisen, *n.*

hematite pig iron, *s.* Hämatit-Roheisen, *n.*

hemp center, *s.* Hanfseele, *f.* (Drahtseil, Kabel).

hemp core, *s.* Hanfseele, *f.* (Drahtseil, Kabel).

herringbone gear, *s.* Pfeilrad, *n.;* Pfeilradgetriebe, *n.*

herringbone gearing, *s.* Pfeilverzahnung, *f.*

hexagonal bars, *spl.* Sechskantstahl, *m.* (Walzerzeugn.).

hexagon head bolt, *s.* Sechskantbolzen, *m.*

high-alloy steel, *s.* hochlegierter Stahl, *m.*

high-carbon, *a.* kohlenstoffreich, *a.*

high carbon change, *s.* Übergang, *m.* (Stahlfrischen).

high-carbon steel, *s.* kohlenstoffreicher Stahl, *m.,* hochgekohlter Flußstahl, *m.* (über 0.85% C).

high-duty cast irons, *spl.* Festigkeitsguß, *m.*

high-frequency furnace heat, *s.* Hochfrequenzschmelze, *f.* (Elektro-Stahlerzeugung).

high-frequency induction furnace, *s.* Hochfrequenz-Induktionsofen, *m.* (zur Erschmelzung von Sonderstählen).

high-grade, *a.* hochwertig, *a.*

high grade ore, *s.* hochhaltiges Erz, *n.*

high-grade steel, *s.* hochwertiger Stahl, *m.*

high-grade wire, *s.* Musikaliendraht, *m.*

high in iron, *a.* eisenreich, *a.* (Erze).

high-line, *s.* Hochbahn, *f.* (in Normal- oder Schmalspur; Stahlwerk und Hochofen).

high-line bunkers, *spl.* (see "stock bins"), Hochbahn-Materialtaschen, *fpl.*

high-line transfer car, *s.* Taschen-Zubringer, *m.* (H-Ofenanlage).

high-manganese steel, *s.* Manganhartstahl, *m.* (siehe „Manganstähle").

high melting, *a.* hochschmelzend, *a.* (z. B. Lote).

high-phosphorus iron, *s.* Phosphorroheisen, *n.*

high-phosphorus ore, *s.* hoch-phosphorhaltiges Erz, *n.,* phosphorreiches Erz, *n.*

high pressure blowing, *s.* Hochdruckblasen, *n.* (Druckhochofen).

high-pressure lubricants, *spl.* Hochdruck-Schmiermittel, *npl.*

high-pressure vessels, *spl.* Hochdruckbehälter, *mpl.*

high-purity oxygen, *s.* technisch reiner Sauerstoff, *m.* (mit mindestens 98% O_2).

high quality steel, *s.* Edelstahl, *m.*

high side, to be on the, hochgegriffen sein (z. B. die Werte sind —).

high silica rock, *s.* stark kieselsäurehaltige Steine, *mpl.* (saures Konverterfutter).

high-silicon acid-resisting irons, *spl.* korrosionsfeste Silizium-Eisen-Legierungen, *fpl.*

high-speed, *a.* schnellaufend, *a.*

high-speed machining, *s.* Schnellschnittarbeiten, *fpl.*

high speed mill, *s.* Schnellwalzwerk, *n.*

high-speed steel drills, *spl.* Schnellstahlbohrer, *mpl.* (aus üblichem Schnellschnittstahl).

high-speed steels, *spl.* Schnellarbeitsstähle, *mpl.*

high-strength, *a.* hochwertig, *a.* (Werkstoffe).

high-strength cast irons, *spl.* Gußeisen, *npl.,* höherer Festigkeit (mit durchwegs perlitischer Grundmasse).

high strength casting, *s.* Festigkeitsguß, *m.* (Erzeugnis).

high-strength steel, *s.* hochfester Stahl, *m.*

high sulphur steels, *spl.* geschwefelte Automatenstähle, *mpl.*

high-temperature carbonization, *s.* Verkokung, *f.*

high-temperature stability, *s.* Warmgestaltfestigkeit, *f.*

high-temperature steel, *s.* warmfester Stahl, *m.*

high-temperature strength, *s.* Warmfestigkeit, *f.*

high-temperature zone, *s.* Sinterzone, *f.* (Sinterofen).

high top pressure, *s.* Überdruck, *m.,* an der Gicht (Druckhochofen).

high top pressure operation, *s.*

Hochdruckblasen, *n.*, Hochofen-betrieb, *m.*, mit Überdruck an der Gicht, Hochdruckbetrieb, *m.* (H-Ofen).

high-vanadium slag, *s.* hochprozentige Vanadinschlacke, *f.* (Vanadingewinnung aus dem Thomaskonverter).

highly liquid, *a.* dünnflüssig, *a.*

hinge, *s.* Gelenk, *n.* (z. B. einer Klappe), Scharnier, *n.*

hinge pin, *s.* Scharnierstift, *m.*

hinged, *a.* klappbar, *a.*

hoisting cable, *s.* Förderseil, *n.* (z. B. für Schachtförderung im Bergbau).

hoisting gear, *s.* Hebezeug, *n.*, Hubwerk, *n.*, Windwerk, *n.* (Masch.).

hoisting rope, *s.* Zugseil, *n.* (z. B. am Kran).

hold, *v.i.* fassen, *v.i.* (das Gefäß faßt...).

holding capacity, *s.* Fassungsvermögen, *n.*

holding-down mechanism, *s.* Niederhalter, *m.* (einer Schere).

holding furnace, *s.* Warmhalteofen, *m.*

holding ladle, *s.* Zwischenpfanne, *f.* (Strangguß).

holding time, *s.* Standzeit, *f.* (z. B. des flüssigen Stahls in der Pfanne, des Rohblocks im Tiefofen etc.).

holding zone, *s.* Weichzone, *f.* (eines Zonenglühofens).

hold-on, *s.* Gegenhalter, *m.* (Nieten), Nietkloben, *m.*

hole pitch, *s.* Lochteilung, *f.* (Nieten).

holes, *spl.*, **for fishbolts**, Laschenbohrungen, *fpl.* (in den Schienenenden, zur Aufnahme der Laschenschrauben).

hollow casting, *s.* Hohlguß, *m.* (Erzeugn.).

hollow-drawing, *s.* Überziehen, *n.* (Fehlererscheinung bei zu starker Kaltverformung).

hollow-ground edge, *s.* (see "fillet").

hollow shafting, *s.* Hohlwellen *fpl.* (Masch.).

hollow weld, *s.* leichte Kehlnahtschweiße, *f.*

hollows, *spl.* Hohlkörper, *mpl.* (Erzeugnisse).

home, *a.* Eigen-, einheimisch, *a.*, Inlands-, inländisch, *a.*

home scrap, *s.* Werksschrott, *m.*, Umlaufschrott, *m.* (aus der eigenen Produktion stammend).

homogeneity, *s.* Einheitlichkeit, *f.* (des Gefüges).

homogeneization, *s.*, **of ingots**, Verdichten, *n.*, der Blöcke (durch Desoxydation).

homogen(e)ous, *a.* gleichartig, *a.*, gleichförmig, *a.*, gleichmäßig, *a.*

homogen(e)ous ingot, *s.* dichter Block, *m.* (durch Desoxydation).

homogenizing, *s.* Homogenisieren, *n.*, homogenisierendes Glühen, *n.*; Diffusionsglühen, *n.* (Glühen bei hohen Temperaturen zur Beseitigung von Kristallseigerungen durch Diffusion).

honing, *s.* Honen, *n.*, Feinschleifen, *n.*, Reibschleifen, *n.*, Ziehschleifen, *n.* (Feinschleifen von Bohrungen und Wellen mit Honwerkzeugen).

honeycombed, *a.* zellig, *a.*, luckig, *a.*, blasig, *a.*

honeycombed slag, *s.* (see "pumice-stone slag").

hood type annealing furnace, *s.* Haubenglühofen, *m.*

hook bolt, *s.* Hakenbolzen, *m.*

hook link chain, *s.* Hakenkette, *f.*

hooked fishplate, *s.* Hakenlasche, *f.* (Oberbaumaterial).

hooking, *s.* Aussäbeln, *n.* (des Walzstabes beim Auslaufen aus den Walzen).

hoop, *s.* schmaler Bandstahl, *m.*, Streifen, *m.*, Reifen, *m.*, Verpackungsbandeisen, *n.* (in USA ein Band von 12 bis 152 mm Breite und 0.9 bis 2.3 mm Dicke).

hoop mill, *s.* Reifenwalzwerk, *n.*

hopper discharge gate, *s.* Füllrumpfverschluß, *m.*

horizontal continuous casting machine, *s.* Horizontal-Stranggußmaschine, *f.* (belgisches Patent).

horizontal grate, *s.* Planrost, *m.* (Feuerung).

horizontal type continuous strip cleaning and annealing line, *s.* Band-Durchlaufglühanlage, *f.*, mit horizontalem Ofen.

horn, *s.* Elektrodenarm, *m.* (Schweißmaschine).

horse power, *s.* Pferdestärke, *f.*

horseshoe section, *s.* Hufeisenstahl, *m.*

horseshoeing bars, *spl.* Hufeisenstabstahl, *m.*

hose, *s.* Schlauch, *m.*

hose coupling, *s.* Schlauchkupplung, *f.*

hot air blast dryer, *s.* Heißlufttrockner, *m.*

hot bank, *s.* Warmbett, *n.*, Warmlager, *n.* (Walzw.).

hot bath hardening, *s.* Warmbadhärtung, *f.*

hot bed, *s.* Warmbett, *n.* (Walzw.).

hot-blast cupola furnace, *s.* Heißwindkupolofen, *m.*

hot blast main, *s.* Heißwindleitung, *f.* (H-Ofen).

hot-blast pig iron, *s.* heiß erblasenes Roheisen, *n.*

hot blast stove, *s.* Winderhitzer, *m.* (H-Ofenanlage).

hot branding, *s.* Warmstempeln, *n.*, Heißstempeln, *n.* (von Erzeugnissen).

hot break down, *s.* Herunterarbeiten, *n.*, in der Wärme (durch Walzen oder Schmieden).

hot-chromizing, *s.* Pulververchromung, *f.* (Erhitzen von Gegenständen in einer Packung von pulverisiertem Chrom, Aluminium und einem Ammoniaksalz, oder im Gas über diesem Einsatzpulver. Verchromung erfolgt durch Diffusion).

hot-cut, *v.t.* warmschneiden, *v.t.*

hot-dip galvanizing, *s.* Feuerverzinken, *n.*

hot-dip process, *s.* Tauchverfahren, *n.* (für metallische Rostschutzüberzüge aus Blei, Zink, Zinn).

hot-dip tinning, *s.* Feuerverzinnung, *f.*

hot-dipped wire, *s.* feuerverzinnter Draht, *m.*

hot drawing wire, *s.* Draht-Warmzug, *m.* (von kohlenstoffreichen und hochlegierten Stahldrähten. Ziehtemperatur nach Vorbereitung in einem 550° C Bleibad etwa 330° C).

hot drop saw, *s.* Pendelwarmsäge, *f.* (Walzw.).

hot forming, *s.* Warmformgebung, *f.* (durch Pressen, Ziehen, Drücken).

hot hardness, *s.* Härte, *f.*, in der Wärme.

hot mangle, *s.* Mangel, *f.*, Warmrichtmaschine, *f.* (eine Rollenrichtmaschine zum Richten von Grobblech in walzwarmem Zustand).

hot metal, *s.* flüssiges Roheisen, *n.*

hot metal charge, *s.* flüssiger Einsatz, *m.* (Stahlerzeugung).

hot metal runner, *s.* Roheisen-Füllrinne, *f.* (SM-Ofen).

hot metal service track, *s.* Roheisengleis, *n.* (H-Ofen zum Stahlwerk).

hot milling, *s.* Heißfräsen, *n.* (die Oberfläche des Werkstücks wird örtlich durch eine Brennerflamme unmittelbar vor dem Fräser erhitzt).

hot-press, *v.t.* warmpressen, *v.t.*

hot-pressed parts, *spl.* Warmpreßteile, *mpl.*

hot pressing, *s.* Warmpressen, *n.*

hot pressing practice, *s.* Preßtechnik, *f.*

hot-process, *v.t.* warmverarbeiten, *v.t.*

hot quenching, *s.* Thermalhärtung, *f.* (in einer Härteflüssigkeit von höherer als der Raumtemperatur).

hot rail, *s.* stromführende Schiene, *f.*

hot rinse, *s.* Heißwasserspüler, *m.* (Metallreinigung).

hot riveting, *s.* Warmnieten, *n.*

hot-roll, *v.t.* warmwalzen, *v.t.*

hot rolled coils, *spl.* warmgewalztes Band, *n.*, in Ringen.

hot rolled sheets, *spl.* warmgewalzte Bleche, *npl.*

hot rolled strip, *s.* warmgewalzter Bandstahl, *m.*

hot rolled strip, *s.*, **in sheets and coils**, warmgewalztes Band, *n.*, in Tafeln und in Ringen.

hot saw, *s.* Warmsäge, *f.*

hot-saw cut, *s.* Warmsägeschnitt, *m.*

hot scarfer, *s.* Heißflämm-Maschine, *f.* (zur Oberflächenbehandlung der Vorblöcke nach der Blockstrecke).

hot scarfing, *s.* Heißflämmen, *n.* (maschinell oder mit Brenner).

hot-shear, *v.t.* warmschneiden, *v.t.* auf der Schere.

hot shear, *s.* Warmschere, *f.*

hot sheet finishing department, *s.* Warmblechadjustage, *f.*

hot shortness, *s.* Warmbrüchigkeit, *f.*, Warmsprödigkeit, *f.*

hot short range, *s.* Rotbruchbereich, *m.*

hot spot, *s.* heiße Stelle, *f.*, im Gestellmantel (H-Ofenbetrieb); Reaktionszone, *f.* (Sauerstoffkonverter-Verfahren).

hot-straighten, *v.t.* warmrichten, *v.t.*

hot straightening, *s.* Warmrichten, *n.* (z. B. von Schienen).

hot strip mill, *s.* Warmbandstraße, *f.* (Walzw.).

hot top, *s.* Gießaufsatz, *m.*, Warmhaube, *f.* (Blockguß).

hot top ingot, *s.* Block, *m.*, mit verlorenem Kopf.

hot-top mold, *s.* Kokille, *f.*, mit Gießkopf, Kokille, *f.*, mit Heizhaube.

hot-topped ingot, *s.* mit Heizhaube vergossener Block, *m.*

hot topping, *s.* Gießen, *n.*, mit Aufsatz.

hot-topping compound, *s.* Lunkerpulver, *n.* (z. B. Mexatop, Lunkerit, etc.).

hot tube-drawing, *s.* Warmziehen, *n.*, von Röhren [Kratzen, *n.*].

hot worked products, *spl.* Warmerzeugnisse, *npl.* (warmgewalzte oder geschmiedete Fertigwaren, Halbzeug für den Verkauf, desgleichen Stahlgüsse).

hot working, *s.* Warmformgebung, *f.* (durch Walzen oder Schmieden, bei Temperaturen oberhalb 1200° C); übergarer Gang, *m.* (H-Ofenbetrieb).

hot working characteristics, *spl.* Warmverarbeitungseigenschaften, *fpl.*

hot workings man, *s.* Schlackenhelfer, *m.* (Arbeiter).

housing, *s.* Gehäuse, *n.* (Masch.); Ständer, *m.* (Walzw.).

housing post, *s.* Ständerfuß, *m.* (Walzw.).

housing post area, *s.* Ständerschenkel-Querschnitt, *m.* (des Walzenständers).

housing top, *s.* Ständerkappe, *f.* (Walzw.).

housing window, *s.* Ständerfenster, *n.* (Walzw.).

hub, *s.* Nabe, *f.*

human productivity, *s.* Kopfleistung, *f.*

humid, *a.* feucht, *a.* (Boden, Luft).

humidity, *s.* Feuchtigkeit, *f.* (Boden, Luft).

hurdle, *s.* Horde, *f.* (eines Wäschers).

hurdle washer, *s.* Hordenwäscher, *m.* (Gasreinigung).

hydrated water, *s.* Hydratwasser, *n.* (Chem.).

hydraulic brake, *s.* Flüssigkeitsbremse, *f.*

hydraulic coupling, *s.* Flüssigkeitskupplung, *f.*

hydraulic descaling, *s.* Druckwasser-Entzunderung, *f.* (Brammen- und Platinenwalzung).

hydraulic gear, *s.* Flüssigkeitsgetriebe, *n.*

hydraulic installations, *spl.* Druckflüssigkeitsanlagen, *fpl.* (allgem.).

hydraulic lime, *s.* Wasserkalk, *m.*

hydraulic piercing press, *s.* hydraulische Lochpresse, *f.* (zur Herstellung von Hohlkörpern aus viereckigen Blöcken).

hydraulic presses, *spl.* hydraulische Pressen, *fpl.* (für große Werkstücke, Reck- und Gesenkarbeiten; Druckkraft zwischen 300 und 15.000 t).

hydraulic properties, *spl.* hydraulische Eigenschaften, *fpl.* (der Schlacke).

hydraulic sheet stretcher, *s.* hydraulische Spannmaschine, *f.* (Blechrichterei).

hydraulically operated screw-down, *s.* hydraulische Anstellvorrichtung, *f.* (siehe „Anstellvorrichtung“).

hydraulics, *s.* Hydraulik, *f.*

hydrocarbon, *s.* Kohlenwasserstoff, *m.*

hydrocarbon gas, *s.* Kohlenwasserstoffgas, *n.* (leichtes und schweres).

hydrodynamics, *s.* Hydrodynamik, *f.*

hydrogen absorption, *s.* Wasserstoffaufnahme, *f.* (durch das Metallbad).

hydrogen controlled welding electrode, *s.* wasserstoffarme Schweißelektrode, *f.*

hydrogen brittleness, *s.* Wasserstoffsprödigkeit, *f.* (vgl. „Beizsprödigkeit“).

hydrogen embrittlement, *s.* Wasserstoffversprödung, *f.* (vgl. „Beizsprödigkeit“).

hydrogen sulphide, *s.* Schwefelwasserstoff, *m.*

hydrogenated oil, *s.* gehärtetes Öl, *n.*

hydrogenation, *s.* Hydrierung, *f.*

hydrostatic testing, *s.* Wasserdruckversuch, *m.* (Rohre).

hydrostatic pressure, *s.* hydrostatischer Druck, *m.*

hydrostatics, *s.* Hydrostatik, *f.*

Hylag, *s.* Hylag-Isolierstoff, *m.* (feuerfest von 65°—1200° C; geschützter Name der Continental Coatings Corp., U. S. A.).

hypercarb process, *s.* Gaseinsatzhärtung, *f.* (genau regelbarer Einsatz durch Gasatmosphäre aus Kohlenwasserstoffen und Kohlenmonoxyd, die auf 870°—925° C vorgewärmt sind).

hyper-eutectoid steels, *spl.* übereutektoide Stähle, *mpl.* (Kohlenstoffgehalte über 0.86% C).

hypo-carb process, *s.* Gas-Karbonitrieren, *n.*

hypo-eutectoid steel, *s.* untereutektoider Stahl, *m.* (Kohlenstoffgehalt unter 0.86% C).

hysteresis, *s.* magnetische Reibungsarbeit, *f.* (Phys.).

hysteresis loop. *s.* Hysteresisschleife, *f.* (magnetische Stähle).

I

I-beam, *s.* Doppel-T-Träger, *m.*, I-Träger, *m.* (Profilstraßenerzeugnis).

I-beam connections, *spl.* I-Trägerverlaschungen, *fpl.*

I. D. (see "inside diameter").

I-section, *s.* I-Träger, *m.*, Trägerquerschnitt, *m.* (als Profilbezeichnung).

I-sections, *spl.* I-Stahl, *m.* (Kommerzstraßenerzeugnis).

I-section, *s.*, **with parallel flanges,** Parallelflansch-I-Träger, *m.*

I-T-diagram, *s.* (see "isothermal transformation diagram").

idle motion, *s.* Leerlauf, *m.*, Leergang, *m.*

idler, *s.* Leerlaufrolle, *f.* (Förderband).

idle roll, *s.* (see "drag roll").

idler side, *s.* nichtangetriebene Seite, *f.* (eines Rollganges; Walzw.).

idling, *s.* Leergang, *m.*, Leerlauf, *m.*

ignite, *v.t.* entzünden, *v.t.*

igniter, *s.* Zündofen, *m.* (Sintermaschine).

ignition, *s.* Entzündung, *f.*

ignition hood, *s.* Zündglocke, *f.* (Greenawalt-Sinterverfahren).

ignition metal, *s.* Zündmetall, *n.* (Ferrocer).

ignition point, *s.* Entzündungspunkt, *m.*

ignition temperature, *s.* Entzündungstemperatur, *f.*

ihrigizing, *s.* Ihrig-Verfahren, *n.* (Erzeugung von sehr zunder- und korrosionsbeständigen Oberflächenschichten durch Erhitzen in Siliziumpulver).

Ilgner house, *s.* Ilgnerhaus, *n.* (Walzw.).

immersion thermocouple, *s.* Eintauch-Thermoelement, *n.*

immersion tube heated lead quenching bath, *s.* Tauchrohr-beheiztes Bleihärtebad, *n.*

impact bending test, *s.* Schlagbiegeversuch, *m.* (Werkst.-Prüfg.).

impact buckling test, *s.* Schlagknickversuch, *m.* (Werkst.-Prüfg.).

impact cupping test, *s.* Schlag-Tiefungsversuch, *m.* (Ermittlung der Tiefziehfähigkeit).

impact extrusion process, *s.* Fließpreßverfahren, *n.* [Neumeyer-Verfahren], Fließpressen, *n.* (Werkzeuge: Matrize und Stempel; der Rohling wird kalt in die Matrize gelegt; das Fließen des Werkstoffs unter dem Schlag des Stempels erfolgt entweder in Richtung der Stempelbewegung, oder ihr entgegen, oder in beiden Richtungen. Gepreßte Hohlkörper: rund oder vieleckig mit abgerundeten Kanten).

impact fatigue, *s.,* **in number of blows,** Dauerschlagzahl, *f.* (Werkst.-Prüfg.).

impact pressure, *s.* Stauchdruck, *m.* (Schmieden).

impact resistance, *s.* Kerbschlagzähigkeit, *f.* (ausgedrückt in mkg).

impact strength, *s.* Schlagfestigkeit, *f.*

impact tensile test, *s.* Schlagzugversuch, *m.* (Werkst.-Prüfg.).

impact test, *s.* Schlagversuch, *m.*

impact testing, *s.* Kerbschlagversuch, *m.* (Ermittlung der Kerbschlagzähigkeit).

impact values, *spl.* Kerbschlagwerte, *mpl.*

impinge, *v.i.* auftreffen, *v.i.*

impingement area, *s.* Auftreff-Fläche, *f.* (Sauerstoff-Konverterverfahren).

implement, *s.* Gerät, *n.* (z. B. landwirtschaftliches —).

impregnate, *v.t.* durchtränken, *v.t.*, imprägnieren, *v.t.*

impregnating preparation, *s.* Imprägniermittel, *n.*

impregnating substance, *s.* Imprägnierstoff, *m.*

impregnation, *s.* Durchtränkung, *f.*, Imprägnierung, *f.*

impulse reflection method, *s.* Impuls-Echoverfahren, *n.* (Ultraschallprüfung).

impurity, *s.* Verunreinigung, *f.* (im Stahl); Fremdkörper, *m.*

inactive hot metal mixer, *s.* inaktiver Roheisenmischer, *m.*

in-and-out furnace, *s.* Wärmofen, *m.*, für satzweisen Einsatz.

inches of mercury, Millimeter Quecksilbersäule (Druckmessung).

inches of water, Millimeter Wassersäule (Druckmessung).

inching, *s.* Feinbewegung, *f.* (Masch.).

incidental elements, *spl.* (see "tramp elements").

incipient crack, *s.* Anriß, *m.* (im Werkstoff).

incise, *v.t.* einkerben, *v.t.* (mit Messerschnitt).

incision, *s.* Einschnitt, *m.*, Kerbschnitt, *m.*

inclinable, *a.* schrägstellbar, *a.*

incline, *s.* Gefälle, *n.* (Dach, Weg).

inclined hoist, *s.* Schrägaufzug, *m.* (H-Ofen, Kupolofen).

inclined plane, *s.* schiefe Ebene, *f.* (Mech.).

inclined plane crossing, *s.* Kletterkreuzung, *f.* (Eisenb.).

inclined plane switch, *s.* Kletterweiche, *f.* (Eisenb.).

in coils, *adv.* in Ringen, *adv.* (Gegensatz zu „in Längen geschnitten").

Inconel, *s.* Inconelmetall, *n.* (79.5% Ni; hochwarmfest und korrosionsbeständig).

in course of construction, to be, in Durchführung begriffen sein (Bauw.).

increase, *s.*, in volume, Wachstum, *n.*

(von Güssen bei erhöhter Temperatur).

increase, *s.*, of pressure, Druckanstieg, *m.*

indentation, *s.* Eindruck, *m.* (Eindruck-Kugelprobe).

indentation test, *s.* Kugeldruckversuch, *m.* (Härteprüfung).

indenter, *s.* Eindruck-Prüfkörper, *m.* (Brinell-Härteprüfung).

indent number, *s.* Bestellnummer, *f.*

independent analysis, *s.* Schiedsanalyse, *f.* (bei Vorliegen unstimmiger Analysenergebnisse zweier Parteien).

index, *s.*, of hardenability, Härtbarkeitszahl, *f.*

indicated horse power, *s.* indizierte Pferdestärke, *f.*

indication, *s.* Anzeige, *f.* (des Instruments).

indigenous, *a.* einheimisch, *a.* (-es Erz, -e Kohle).

indirect arc furnace, *s.* Lichtbogenstrahlungsofen, *m.* (Erhitzung des Bades erfolgt durch Strahlung vom freibrennenden Lichtbogen; Elektroden sind hochgelagert. Verwendung im Metallschmelzen).

indirect extrusion, *s.* (see "impact extrusion").

individually driven roller table, *s.* Elektro-Rollgang, *m.* (Walzw.).

induced draft, *s.* Saugzug, *m.*

induced draft furnace, *s.* Saugzugfeuerung, *f.*

induction furnace, *s.* Induktionsofen, *m.*

induction hardening, *s.* Induktions-Oberflächenhärtung, *f.* (für legierte und mittlere Kohlenstoffstähle; fast ohne Härteverzug).

induction-hardening process, *s.* Induktionshärteverfahren, *n.*

induction heated tilting ladle, *s.* Induktions-Kippofen, *m.* (Strangguß).

induction stirrer, *s.* Induktionsrührer, *m.*, elektrisches Rührwerk, *n.* (Elektroofen).

industrial building, *s.* Industriebau, *m.* (Plural: -bauten).

industrial chemist, *s.* Industriechemiker, *m.*

industrial chemistry, *s.* technische Chemie, *f.*

industrial furnace, *s.* Industrieofen, *m.*

industrial furnace engineering, *s.* Industrieofenbau, *m.*

industrial gas, *s.* Industriegas, *n.*

industrial glazing, *s.* Industrieverglasung, *f.* (Bauw.).

industrial heating, *s.* Heiztechnik, *f.*

industrial railway, *s.* Industriebahn, *f.*

inert-gas arc welding, *s.* Schutzgas-Lichtbogenschweißung, *f.*

inert gas circulation, *s.* Schutzgasumwälzung, *f.* (Glühöfen).

inertia, *s.* Beharrungsvermögen, *n.* (Phys.).

infiltrated air, *s.* Falschluft, *f.* (Ofen).

inflammable, *s.* entzündlich, *a.*

inflammability, *s.* Entzündlichkeit, *f.* (Chem.; Gase).

infra-red panel, *s.*, **gas-fired,** gasbeheizter Infrarotstrahler, *m.* (Raumheizung).

infringement of patent, *s.* Patentverletzung, *f.*

ingate, *s.* Anschnitt, *m.* (Formerei).

ingoing side, *s.* Eintrittseite, *f.* (eines Walzwerks).

ingot, *s.* Gußblock, *m.*, Rohblock, *m.*

ingot boring machine, *s.* Blockausbohrmaschine, *f.*

ingot bottom, *s.* Blockfuß, *m.* (des Gußblocks).

ingot buggy, *s.* Blockwagen, *m.* (Zufuhr der Blöcke vom Tiefofen zur Blockstrecke).

ingot car, *s.* (see "ingot buggy").

ingot casting, *s.* Blockguß, *m.*

ingot conditioning, *s.* Blockputzarbeit, *f.*

ingot cradle, *s.* Blockwiege, *f.* (kippbar auf dem Blockwagen montiert).

ingot crane, *s.* Blockkran, *m.*

ingot drawing crane, *s.* Blockauszieher, *m.* (am Tiefofen).

ingot iron, *s.* Armco Eisen, *n.*, technisch reines Eisen, *n.*

ingotism, *s.* grobstengeliges Gefüge, *n.* (gegossenen Stahls).

ingot mold, *s.* Blockgießform, *f.*, Kokille, *f.*

ingot mold buggy, *s.* Kokillenwagen, *m.* (Gießgrube, Stahlw.).

ingot mold car, *s.* (see "ingot mold buggy").

ingot mold coating, *s.* Kokillenanstrich, *m.*

ingot mold head, *s.* (see "hot top").

ingot mold stool, *s.* Kokillenuntersatz, *m.*

ingot mold wash, *s.* Kokillenlack, *m.*

ingot pusher, *s.* Blockdrücker, *m.* (Walzw.).

ingot shear, *s.* Heißeisenschere, *f.*

ingot size, *s.* Blockformat, *n.*

ingot skin, *s.* Blockhaut, *f.*

ingot slicing lathe, *s.* Abstechdrehbank, *f.* (für Gußblöcke).

ingot slicing machine, *s.* Blockteilmaschine, *f.*

ingot steel, *s.* Blockstahl, *m.* (als Bemessungsbasis für die Erzeugungsleistung, zum Unterschied von „Rohstahl").

ingot teeming track, *s.* Gießwagengleis, *n.* (Gießgrube, Stahlw.).

ingot tilter, *s.* Blockkipper, *m.* (Zubringerrollgang; Blockwalzw.).

ingot weigher, *s.* Blockwaage, *f.* (im Zubringerrollgang der Blockstraße).

ingredient, *s.* Bestandteil, *m.* (z. B. einer Mischung).

inherent hardenability, *s.* natürliche Härtbarkeit, *f.*

inhibitor, *s.* Inhibitor, *m.* (reaktionshemmender Stoff).

inhomogeneity, *s.* Unhomogenität, *f.*

initial adjustment, *s.* Nulleinstellung, *f.*

initial cross section, *s.* Anfangsquerschnitt, *m.*

initial pass section, *s.* Anstichquerschnitt, *m.* (Walzung).

initial position, *s.* Ruhestellung, *f.* (Instrument).

inject, *v.t.* einblasen, *v.t.* (Gas); einspritzen, *v.t.* (Flüssigkeit).

injection, *s.* Einblasung, *f.* (Gas); Einspritzung, *f.* (Flüssigkeit).

in large lumps, *adv.* großstückig, *a.* (Erz).

in large-scale operation, *adv.* im Großbetrieb, *adv.*

inlet pipe, *s.* Saugrohr, *n.* (Pumpe, Kompressor).

inlet port, *s.* Einströmungskanal, *m.* (z. B. Dampf-).

inlet valve, *s.* Einlaßventil, *n.*

inner, *a.* Innen-(front einer Mauer, -lasche, -weite des Gewölbes).

inner cover, *s.* Schutzhaube, *f.* (Haubenglühofen).

inner edge, *s.,* **of a rail,** Fahrkante, *f.,* einer Schiene.

inner race, *s.* Innenring, *m.* (Wälzlager).

innoculant, *s.* (see "graphitizer").

innoculated cast iron, *s.* geimpftes Gußeisen, *n.* (in der Pfanne mit graphitfördernden Stoffen, wie z. B. Ferrosilizium).

innoculation, *s.* Impfung, *f.* (siehe „geimpftes Gußeisen").

in one heat, *adv.* in einer Hitze, *adv.* (d. h. ohne Zwischenwärmung: walzen, schmieden).

in practical operation, *adv.* in der Praxis, *adv.*

insert, *v.t.* einsetzen, *v.t.* (Masch.).

inserted teeth, *spl.* eingesetzte Messer, *npl.* (z. B. eines Fräsers).

inside, *a.* Innen(-durchmesser, -lager, -radius).

inside calipers, *pl.* Lochtaster, *m.* (Meßw.).

inside diameter, *s.* [I.D.], innerer Durchmesser, *m.* lichte Weite, *f.*

inspection, *s.* Abnahme, *f.,* Maßkontrolle, *f.* (bei Übernahme von Waren im Lieferwerk); Überwachung, *f.* (z. B. Qualitäts- während der Erzeugung); Besichtigung, *f.*

inspection cover, *s.* Schaulochdeckel, *m.*

inspection flap, *s.* Schauklappe, *f.*

inspection ga(u)ge, *s.* Revisionslehre, *f.* (Lieferabnahme).

inspection hole, *s.* Schauloch, *n.*

inspection specification, *s.* Abnahmevorschrift, *f.*

inspection test, *s.* Abnahmeprüfung, *f.* (mechanische Eigenschaften).

inspector, *s.* Abnahmebeamter, *m.,* Abnehmer, *m.*

inspector's certificate, *s.* Abnahmebescheinigung, *f.*

inspector's stamp, *s.* Abnahmestempel, *m.*

installation, *s.* Anlage, *f.* (Ofen-, Walzwerks-, etc.); Aufstellung, *f.* (einer Einrichtung); Einbau, *m.* (Montage von Anlagen, Maschinen).

installations, *spl.* Betriebsanlagen, *fpl.*

instantaneous, *a.* Moment-

insulating material, *s.* Isoliermittel, *n.,* Dämmstoff, *m.*

intake, *s.* Ansaugrohr, *f.*

intake pressure, *s.* Ansaugdruck, *m.* (eines Gebläses).

intake temperature, *s.* Ansaugtemperatur, *f.* (eines Gebläses).

intake volume, *s.* Ansaugvolumen, *n.* (eines Gebläses).

integral part, *s.* integrierender Bestandteil, *m.*

integrated steel plant, *s.* gemischtes Hüttenwerk, *n.*

integrated steel works, *s.* gemischtes Hüttenwerk, *n.*

intensity, *s.* Stärke, *f.,* Intensität, *f.*

intensity of magnetization, *s.* Magnetisierungsstärke, *f.*

interaction, *s.* Zusammenspiel, *n.*

interchangeability, *s.* Austauschbarkeit, *f.* (Maschinenbau).

interchangeable fabrication, *s.* Austauschbau, *m.* (Maschinen).

interchangeable manufacture, *s.* Austauschbau, *m.*

interchangeable parts, *spl.* Austauschteile, *mpl.* (Masch.).

intercooler, *s.* Zwischenkühler, *m.* (Kompressor).

intercrystalline corrosion, *s.* interkristalline Korrosion, *f.* (hervorgerufen durch Gefüge-Inhomogenitäten und die Bildung von Lokalelementen. Siehe auch Kornzerfall).

intercrystalline cracking, *s.* Korngrenzenrisse, *mpl.* (z. B. in Cr-Ni-Stahlguß).

interface, *s.* Grenzfläche, *f.*

interference, *s.* Störung, *f.* (Betrieb).

interference pattern, *s.* Beugungsbild, *n.* (Röntgenuntersuchung).

intergranular corrosion, *s.* (see "intercrystalline corrosion").

interior, *a.* Innen- (-fläche, -flansch, -ansicht).

intermediate cooling, *s.* Zwischenabkühlung, *f.* (amerikan. Technik bei der Schienenwalzung).

intermediate pass, *s.* Entwicklungskaliber, *n.* (Walzenkalibr.).

intermediate reaction, *s.* Zwischenreaktion, *f.* (Chem.).

intermediate stands, *spl.* Mittelstaffel, *f.* (Walzw.).

intermediate train, *s.* (see "intermediate stands").

intermittent, *a.* aussetzend, *a.*, intermittierend, *a.* (Belastung, Betrieb).

internal, *a.* Innen- (-abmessungen, -gewinde, -messung, -schliff, -temperatur).

internal cracking, *s.* Kernrissigkeit, *f.* (Schmiedestücke).

internal fitments, *spl.* Innenausstattung, *f.*

internal friction, *s.* (see "damping").

internal gearing, *s.* Innenverzahnung, *f.*

internal grinder, *s.* Innenschleifmaschine, *f.* (Werkz. Masch.).

internal stress, *s.* Innenspannung, *f.*, Stoffspannung, *f.*

internal thermal cracks, *spl.* (see "shatter cracks").

internal thermal ruptures, *spl.* (see "shatter cracks").

internal thread, *s.* Innengewinde, *n.*

interrupted hardening, *s.* (see "interrupted quenching").

interrupted quenching, *s.* gebrochenes Härten, *n.* (Abschrecken eines Werkstoffs in zwei verschiedenen Abschreckmitteln nacheinander, von denen das erste von schroffer, das zweite von milder Wirkung ist).

intersection, *s.* Schnittpunkt, *m.*

inter-stage anneal, *s.* Zwischenglühung, *f.* (Ziehtechnik).

interstice, *s.* Zwischen(hohl)raum, *m.* (allgemein).

interstices, *spl.* Zwickel, *mpl.* (im Kristallgitter).

in the field, *adv.* am Aufstellungsort, *adv.*

in the field of, *adv.* auf dem Gebiete . . ., *adv.*

intricate, *a.* kompliziert, *a.* (Form, Profil).

intrinsic fatigue resistance, *s.* Ursprungsfestigkeit, *f.* (Dauerversuch).

introduction, *s.* Einführung, *f.*

Invar steel, *s.* Invarstahl, *m.* (austenitische Eisen-Nickel-Legierung mit 36% Ni; ganz geringer Ausdehnungsbeiwert; Herstellung von Meßinstrumenten).

inverse segregation, *s.* umgekehrte Blockseigerung, *f.*

inverted ingot, *s.* verkehrt-konischer Block, *m.* (Blockguß).

investment program, *s.* Investitionsprogramm, *n.*

inwall, *s.* Ausmauerung, *f.* (H-Ofen).

ion, *s.* Ion, *n.*

ionization, *s.* Ionisierung, *f.*

ionize, *v.t.* ionisieren, *v.t.*

ionizer, *s.* Ionisierungsmittel, *n.*

ionizing power, *s.* Ionisationsvermögen, *n.*

iron and steel engineer, *s.* Eisenhütteningenieur, *m.*, Hüttenmann, *m.*

iron and steel plant, *s.* gemischtes Hüttenwerk, *n.*

iron and steel works, *s.* gemischtes Hüttenwerk, *n.*

iron-carbon alloys, *spl.* Eisen-Kohlenstoff-Legierungen, *fpl.*

iron-carbon diagram, *s.* Eisen-Kohlenstoff-Schaubild, *n.* (Metallogr.).

iron castings, *spl.* Eisenguß, *m.* (Erzeugnis).

iron-cementite diagram, *s.* Eisen-Zementit-Schaubild, *n.*, Eisen-Eisenkarbid-Schaubild, *n.*

iron fitting, *s.* Eisenbeschlag, *m.* (Bauw.).

iron foundry, *s.* Eisengießerei, *f.*

iron glaze, *s.* Glasur, *f.* (für Eisen).

iron gutter, *s.* Eisenrinne, *f.* (Gießhalle, H-Ofen).

iron-iron carbide diagram, *s.* (see "iron-cementite diagram").

iron loss, *s.* Eisenverlust, *m.* (z. B. durch FeO in der Schlacke).

iron making plant, *s.* Eisenhütte, *f.*

iron making technique, *s.* Verhüttungstechnik, *f.*

iron minium, *s.* Eisenmennige, *f.*

iron mounting, *s.* Eisenbeschlag, *m.* (Bauw.).

iron notch, *s.* Eisenstich, *m.* (H-Ofen, Kupolofen).

iron oxidation, *s.* Eisenverbrennung, *f.*

iron oxide, *s.* Eisenoxyd, *n.*

iron powder, *s.* Eisenpulver, *n.*

iron runner, *s.* Eisenrinne, *f.* (H-Ofen).

iron spar, *s.* Eisenspat, *m.*

iron trellis, *s.* Eisenfachwerk, *n.*

iron trough, *s.* Masselgraben, *m.* (H-Ofen).

iron wire, *s.* Eisendraht, *m.*

iron works, *s.* Eisenhütte, *f.*

irregular descent, *s.,* **of the stock column,** Rücken, *n.,* der Gichten (H-Ofenbetrieb).

irreversible iron-nickel alloys, *spl.* irreversibleEisen-Nickel-Legierungen, *fpl.* (nicht-umkristallisierbar; Ni-Gehalte zwischen 5 und 25%).

irreversible steels, *spl.* nicht-umkristallisierbare Stähle, *mpl.* (z. B. ferritische Cr-Stähle mit über 18% Cr, oder Nickelstähle mit 5 bis 25% Ni).

Isley controlled open hearth furnace, *s.* SM-Ofen, *m.,* mit Isley-Ofenzugsteuerung.

Isley control system, *s.* Ofenzugsteuerung, *f.,* System Isley (SM-Ofen: durch Bläser in zwei kurzen Schornsteinen wird der Ofenzug konstant gehalten. Die Bläser sind Treibstrahleinheiten).

isothermal annealing, *s.* Glühen, *n.,* mit isothermischer Rückumwandlung (Abkühlen von A_{r3} bis zur Temperatur des Minimums der Umwandlungskurve; Halten auf dieser Temperatur bis vollkommene Umwandlung des Austenites erfolgt ist; dann beliebiges Abkühlen auf Raumtemperatur).

isothermal bath, *s.* isothermisches Bad, *n.* (aus Sole oder Bleilegierung bereitet, zur isothermischen Wärmebehandlung).

isothermal data, *spl.* isotherme Kenndaten, *pl.* (Metallogr.).

isothermal nose time, *s.* Temperaturlage, *f.,* der Perlitnase (isothermes Umwandlungsschaubild).

isothermal quenching, *s.* isothermisches Abschrecken, *n.* (Härtung).

isothermal reaction, *s.* isothermer Umwandlungsvorgang, *m.*

isothermal transformation, *s.* isothermische Umwandlung, *f.* (Metallogr.).

isothermal transformation chart, *s.* isothermes Umwandlungsgesamtbild, *n.* (für einen bestimmten Stahl; Metallogr.).

isothermal transformation diagram, *s.* [I-T diagram], isothermes Umwandlungsschaubild, *n.* (Metallogr.).-

Izod test, *s.* Kerbschlag(biege)versuch, *m.,* nach Izod (einseitige Einspannung des Stabes am Kerb; der Hammer trifft in bestimmtem Abstand gegen das freistehende Ende).

J

jack, *s.* Bock, *m.* (Gestell).

jack arch, *s.* Stützgewölbe, *n.* (SM-Ofen).

jack shaft, *s.* Blindwelle, *f.* Vorgelegewelle, *f.* (Masch.).

jacket, *v.t.* ummanteln, *v.t.* (z. B. feuerfeste Steine mit Stahlblech).

jacket, *s.* Mantel, *m.* (z. B. eines Kühlkastens).

Jalcase-steel, *s.* Jalcase-Stahl, *m.* (Erzeugnis der Jones & Laughlin Steel Corp., auch unter der Bezeichnung SAE X 1315 oder X 1314 bekannt).

jam nut, *s.* Gegenmutter, *f.*

japanning, *s.* mit Japanlack lackieren, Brandlackieren, *n.*

japanning compound, *s.* Einbrennlack, *m.* (schwarz).

jar, *v.t.* rütteln, *v.t.*

jarring molding machine, *s.* Rüttelformmaschine, *f.* (Gieß.).

jaw, *s.* Klemmbacke, *f.* (Eisenb.).

jaw breaker, *s.* Backenbrecher, *m.*

jaw chair, *s.* Gelenkstuhl, *m.* (Eisenb.).

jet, *s.* Strahl, *m.* (Gas, Flüssigkeit, kleine Festkörper); Düse, *f.* (Masch.).

jet nozzle, *s.* Düsenmundstück, *n.* (Masch.).

jib, *s.* Ausleger, *m.* (Kran).

jib stay, *s.* Auslegerstütze, *f.* (Kran).

jig, *s.* Einspannvorrichtung, *f.* (Masch.).

jigging machine, *s.* Setzmaschine, *f.* (Erzaufbereitung).

job, *s.* Werkstück, *n.*

job turner, *s.* Fassondreher, *m.* (Arbeiter).

jobbing, *a.* Fasson-, Kunden- (z. B. Fasson-, oder Kundenwalzwerk).

jobbing foundry, *s.* Kundengießerei, *f.* (für Kleinaufträge).

jobbing mill, *s.* Kundenwalzwerk, *n.* (für Kleinaufträge).

to joint, *v.t.* fugen, *v.t.*

joint, *s.* Fuge, *f.*; Dichtung, *f.* (Asbest, Gummi); Gelenk, *n.* (Masch., z. B.

Kardan-); Stoß, *m.* (Verbindung).
joint end, *s.* Gelenkkopf, *m.* (Masch.).
jointing, *s.* Verbinden, *n.* (durch Löten, Schweißen etc.).
jolting molding machine, *s.* Rüttelformmaschine, *f.* (Gieß.).
Jominy end quench test, *s.* Jominy-Stirnabschreckprobe, *f.*
Jominy test, *s.* Jominy-Probe, *f.*

(siehe Stirnabschreckprobe).
journal, *s.* Lauffläche, *f.* (eines Lagers).
judgment, *s.* Beurteilung, *f.*
jumping-up work, *s.* Anstaucharbeiten, *fpl.* (siehe Anstauchen).
junction box, *s.* Rohrverbindungsmuffe, *f.*
junction rail, *s.* Anschlußschiene, *f.* (Eisenb.).

K

keeper plate, *s.* Führungsplatte, *f.* (des Lagereinbaustückes; Walzw.).
Kelvin (see "absolute temperature").
key, *s.* Keil, *m.* (Masch.; in Verbindung mit einer Nut); Legende, *f.* (Zeichng.).
key and slot, Feder und Nut.
key bolt, *s.* Splintbolzen, *m.* (Masch.).
keying, *s.* Keilverbindung, *f.*
key plate, *s.* Sicherungsblech, *n.* (Masch.).
keyseat, *s.* Keilnut, *f.* (im ziehenden Schnitt hergestellt).
keyseating, *s.* Keilnutherstellung, *f.* im ziehenden Schnitt.
key taper, *s.* Keilanzug, *m.*
keyway, *s.* Keilnut, *f.* (durch Fräs- oder Stoßarbeit hergestellt).
keyway cutter, *s.* Nutenfräser, *m.*
keyway cutting, *s.* Nutenfräsen, *n.*
keywaying, *s.* Keilnutherstellung, *f.*, durch Stoßen, Hobeln oder Fräsen.
kick-off, *s.* Abschieber, *m.* (zum Abschieben des Walzgutes vom Zufuhrrollgang auf das Warmbett).
kidney ore, *s.* roter Hämatit, *m.*
killed spirits, *spl.* Lötwasser, *n.*
killed steel, *s.* beruhigter Stahl, *m.*, stehender Stahl, *m.* (vollkommen desoxydiert).
killed-steel ingot, *s.* beruhigt vergossener Block, *m.*, Block, *m.*, aus beruhigtem Stahl.
kill, *v.t.*, **the steel,** den Stahl beruhigen, *v.t.*
kill, *v.t.* **the wire,** den Draht ausrecken, *v.t.*
kiln, *s.* Ofen, *m.* (Röst-, Brenn-, Back-).
kindling temperature, *s.* Entzündungstemperatur, *f.*
kinetic energy, *s.* kinetische Energie, *f.*
kinetic viscosity, *s.* kinematische Zähigkeit, *f.* (von gasförmigen Kör-

pern; Phys.).
kinetics of transformation, *s.* Umwandlungskinetik, *f.* (Metallogr.).
kink, *s.* Klanke, *f.* (im Seil).
kinking in compression, *s.* (see "buckling").
kneading machine, *s.* Knetmaschine, *f.* (ff. Stoffe).
knife block, *s.* Messerhalter, *m.* (der Schere).
knife-line corrosion attack, *s.* interkristalliner Korrosionsangriff, *m.*, auf schmalem Streifen (geschweißter, rostfreier Stahl).
knocked-off runners, *spl.* Knochen, *mpl.* (Abfall bei kommunizierenden Güssen).
knock-out, *s.* Ausheber, *m.* (Stanzarbeit).
Knoop hardness test, *s.* Knoop-Härteversuch, *m.* (Bestimmung der Mikrohärte).
knurl, *v.t.* rändeln, *v.t.* (siehe „Rändelwerkzeug"); kordieren, *v.t.* (siehe „Kordelwerkzeug").
knurl, *s.* Rändelrädchen, *n.*, Kordelrädchen, *n.*
knurled nut, *s.* Griffmutter, *f.* (Masch.).
knurling operation, *s.* Kordieren, *n.*; Rändeln, *n.*
knurling tool, *s.* Rändelwerkzeug, *n.* (mit ebener oder konkaver Stirnseite und achsparallelen Zähnen); Kordelwerkzeug, *n.* (mit ebener oder konkaver Stirnseite, und rechts- oder linksgängigen Zähnen).
knurling work, *s.* Kordierarbeit, *f.*; Rändelarbeit, *f.*
Kommerrell test, *s.* (see "weld bending test").
Koppers oven, *s.* Koksofen, *m.*, Bauart Koppers.

L

lab, *s.* (see "laboratory").

laboratory, *s.* Laboratorium, *n.*, Labor, *n.*

labyrinth packing, *s.* Labyrinth-Dichtung, *f.*

lacquer, *s.* Farblack, *m.*

lacquered wire, *s.* Lackdraht, *m.*

ladle, *s.* Pfanne, *f.*; Kelle, *f.*

ladle bail, *s.* Gießpfannengehänge, *n.* (des Krans).

ladle brick, *s.* Pfannenstein, *m.*

ladle car, *s.* Pfannenwagen, *m.*

ladle crane, *s.* Gießkran, *m.*

ladle house, *s.* Pfannenhaltung, *f.*

ladle liner, *s.* Pfannenmaurer, *m.* (Arbeiter).

ladle lining, *s.* Pfannenfutter, *n.*

ladleman, *s.* Pfannenführer, *m.* (Arbeiter).

ladle nozzle, *s.* Pfannenausguß, *m.*, Ausguß, *m.*

ladle scull, *s.* [skull], Pfannenbär, *m.*

ladle shank, *s.* Gießpfannengabel, *f.*

ladle stand, *s.* Pfannenuntersatz, *m.*

ladle tilter, *s.* Pfannenkipper, *m.*

ladle transfer car, *s.* Pfannenzubringer, *m.*

lag, *v.t.*, *v.i.* verschalen, *v.t.*, verkleiden, *v.t.* (z. B. eine Rohrleitung); nacheilen, *v.i.*

lagging, *s.* Schalbrett, *n.*, Verzugsblech, *n.*

laminated spring, *s.* Blattfeder, *f.*

lamp black, *s.* Lampenschwarz, *n.*, Kienruß, *m.*

lance, *s.* Sauerstoffblasröhre, *f.*, Sauerstofflanze, *f.* (Stahlfrischen).

lan-cer-amp, *s.* Lan-cer-amp, *n.* (ein lanthanreiches Mischmetall, als Zusatz in der Herstellung legierter Stähle verwendet).

Lang's lay rope, *s.* Längsschlagseil, *n.* (Stahlseil).

lantern, *s.* Laterne, *f.* (Bauw.).

lantern roof, *s.* Laternendach, *n.* (einer Halle).

lanoline, *s.* Lanolin, *n.* (Schmierstoff, besondere Verwendung beim Ziehen und Pressen von Aluminium).

lanthanum, *s.* Lanthan, *n.* (zu den seltenen Erden gehöriges Element).

lap, *s.* überwalzte Naht, *f.* (Fehlstelle im Walzerzeugnis); überschmiedete Naht, *f.* (Fehlstelle im Schmiedestück).

lap joint, *s.* überlappter Stoß, *m.*

lap-weld, *v.t.* überlappt schweißen, *v.t.*

lap-welded boiler tubes, *spl.* überlappt geschweißte Kesselrohre, *npl.* (entweder aus Stahl, oder aus schwedischem Schweißeisen nach amerik. Vorschrift).

lap welding, *s.* Überlapptschweißung, *f.*

lapping, *s.* Staubschleifen, *n.* (Poliertechnik).

large capacity car, *s.* Großraumgüterwagen, *m.*

large capacity furnace, *s.* Großraumofen, *m.*

large cone, *s.* unterer Verschlußkegel, *m.* (H-Ofengicht).

large hopper, *s.* unterer Zuführungstrichter, *m.* (H-Ofengicht).

large-scale duplicate production, *s.* Großserienfertigung, *f.*

large-scale manufacture, *s.* fabrikmäßige Herstellung, *f.*, Herstellung *f.*, im Großen.

large-scale operation, *s.* Großbetrieb, *m.*

large-scale series manufacture, *s.* Großreihenfertigung, *f.*

large size furnace. *s.* Großraumofen, *m.*

latent heat, *s.* gebundene Wärme, *f.*

lateral edge, *s.* Randkante, *f.* (Kristall).

lateral solid angle, *s.* Randecke, *f.* (des Kristalls).

lathe filing, *s.* maschinelles Feilen, *n.*

lattice, *s.* Gitter, *n.* (1. als Konstruktion oder Bauteil; 2. als Kristall- oder Atomgitter).

lattice girder, *s.* Gitterträger, *m.*, Fachwerkträger, *m.*

lattice girder pole, *s.* Gittermast, *m.*

lattice jib, *s.* Fachwerkausleger, *m.* (Kran).

lattice strain, *s.* Aufweitung, *f.*, des Atomgitters, Verspannung, *f.*, des Atomgitters (Abschreckhärtung).

launder, *s.* Ablaufrinne, *f.*

law, *s.*, of mass action, Massenwirkungsgesetz, *n.* (Phys.).

lay, *s.* Drall, *m.*; Schlaglänge, *f.* (Stahlseil).

lay down, *v.t.* aufstellen, *v.t.*, installieren, *v.t.* (eine Anlage).

layer, *s.* Schicht(e), *f.* (allgemein); Schweißlage, *f.*

lay into the rope, *v.t.* umschlagen, *v.t.* (Stahlseilherstellung).

layover, *s.* Umlegen, *n.* (eines Winkelkalibers in der Walze; Walzenkalibr.).

lay ratio, *s.* Verhältnis, *n.*, Schlaglänge/Seildurchmesser (Stahlseil: in U.S.A. und U.K. wird der Außendurchmesser angegeben).

lead, *s.* Gewindesteigung, *f.* (bei eingängigem Gewinde; bei zweigängigen Gewinden ist lead = pitch × 2, bei dreigängigen = pitch × 3, usw.).

lead base bearing metal, *s.* Bleilagermetall, *n.*

lead-bearing, *a.* bleiführend, *a.*

lead coated sheets, *spl.* verbleite Bleche, *npl.*

lead coating, *s.* Verbleiung, *f.*, Bleiüberzug, *m.*

lead-covered cable, *s.* Bleikabel, *n.*

lead covering, *s.* Bleihülle, *f.*

lead jacket, *s.* Bleimantel, *m.*

lead joint, *s.* Bleidichtung, *f.*

lead lining, *s.* Bleiauskleidung, *f.*

lead sheath, *s.* Bleimantel, *m.*

lead wire press, *s.* Bleidrahtpresse, *f.*

leader pass, *s.* Schlichtkaliber, *n.* (Walzenkalibr.); Führungsstich, *m.* (Walzung).

leading coupling, *s.* Hauptkupplung, *f.* (an Stelle einer Antriebsspindel zwischen Antriebsmaschine und Kammwalze; Walzw.).

leading pass section, *s.* Anstichquerschnitt, *m.* (Walzw.).

leading spindle, *s.* Hauptspindel, *f.* (zwischen Antriebsmaschine und Kammwalze; Walzw.).

leaf spring, *s.* Blattfeder, *f.*

leaf valve, *s.* Scharnierventil, *n.*

leak, *v.i.* lecken, *v.i.*, leck sein, *v.i.*; entweichen, *v.i.* (von Gasen, infolge Undichtigkeit); rinnen, *v.i.* (Kessel, Gefäß); undicht sein, *v.i.*

leak, *s.* Leck, *n.*, Undichtigkeit, *f.*

leaky, *a.* leck, *a.*, undicht, *a.*

leak air, *s.* Falschluft, *f.*

lean fuel gas, *s.* Schwachgas, *n.* (Koksofenbeheizung).

lean ores, *spl.* Magererze, *npl.*

Lectromelt furnace, *s.* Elektrostahlofen, *m.*, Bauart Lectromelt.

ledeburite, *s.* Ledeburit, *m.* (Eutektikum des Eisen-Zementit-Systems bei ca. 1130° C).

left-hand thread, *s.* Linksgewinde, *n.*

left lay, *s.* Linksdrall, *m.* (Stahlseil).

left twist, *s.* Rechtsdrall, *m.* (Stahlseil).

leg, *s.* Schenkel, *m.* (des Winkelstahls, eines Ständers).

leg bending, *s.* Aufbiegen, *n.*, der Schenkel (Winkelstahlwalzung).

level, *v.t.* einebnen, *v.t.*, ebnen, *v.t.* (z. B. das Sinterbett); einwiegen, *v.t.* (mit der Wasserwaage).

level, *s.* Libelle, *f.*, Wasserwaage, *f.*; Höhe, *f.* (von Werten); Lage, *f.* (der Temperatur); Stand, *m.* (z. B. des Öls im Öler).

leveller-shear, *s.* Tafelschere, *f.*, an die Richtmaschine angebaute (verzinktes Band).

levelling bar, *s.* Ebnungsstange, *f.* (Koksofen).

levelling door, *s.* Arbeitstür, *f.*, zum Einführen der Ebnungsstange (Koksofen).

levelling head, *s.* Planiervorrichtung, *f.* (einer Sintermaschine).

levelling rollers, *spl.* Richtrollensatz, *m.*

level with, to be, auf gleicher Höhe sein mit ...

lever, *s.* Hebel, *m.*

leverage, *s.* Hebelkraft, *f.*, Hebelübersetzung, *f.*

lever drive, *s.* Hebelantrieb, *m.*

lever switch, *s.* Hebelschalter, *m.*

lid, *s.* Deckel, *m.*

life, *s.* Lebensdauer, *f.* (einer Ofendecke oder Ausmauerung).

life of lining, *s.* Haltbarkeit, *f.*, des Futters.

lift, *s.* Hub, *m.* (Kurbel, Nocken, Ventil).

lift cover batch annealing furnace, *s.* Haubenglühofen, *m.*, für satzweisen Einsatz (für Breitbandringe, in einem oder mehreren Stapeln).

lifter, *s.* Daumen, *m.*, Hebedaumen, *m.* (Masch.).

lifting cog, *s.* Hebedaumen, *m.* (Masch.).
lifting jack, *s.* Hebebock, *m.* (Masch.).
lifting job, *s.* Hebearbeit, *f.*
lifting magnet, *s.* (Last)hebemagnet *m.*
lifting pump, *s.* Hebepumpe, *f.*
lifting table, *s.* Hebetisch, *m.* (Zuführen des Walzgutes bei Triogerüsten).
lifting trough, *s.* Hubrinne, *f.* (Walzw.).
lifting winch, *s.* Hebewinde, *f.*
lift, *s.,* **of a cam,** Nockenhub, *m.*
lift, *s.,* **of a crank,** Kurbelhub, *m.*
lift, *s.,* **of top roll,** Hub, *m.,* der Oberwalze (Duo-Gerüst; Walzw.).
lift truck, *s.* fahrbares Hebezeug, *n.*
light metal, *s.* Leichtmetall, *n.*
light section engineering, *s.* Leichtstahlbau, *m.*
light section rolling mill, *s.* Feinstahlwalzwerk, *n.*
light sections, *spl.* Leichtprofile, *npl.* (gewalzt, gepreßt, gezogen).
light-sensitive cell, *s.* lichtempfindliche Zelle, *f.* (Meßw.).
light steel sections, *spl.* Stahl-Leichtprofile, *npl.*
lighting, *s.* Beleuchtung, *f.*
lighting engineering, *s.* Beleuchtungstechnik, *f.*
lime, *s.* Kalk, *m.*
lime addition, *s.* Kalkzugabe, *f.*
lime coating, *s.* Kälken, *n.* (des Drahtes vor dem Zug).
lime dip, *s.* Kälken, *n.* (des Drahtes vor dem Zug).
lime kiln, *s.* Kalkofen, *m.*
lime kiln plant, *s.* Kalkbrennerei, *f.*
lime set, *s.* Kalkelend, *n.* (H-Ofenbetrieb).
limestone, *s.* Kalkstein, *m.*
limestone quarry, *s.* Kalksteinbruch, *m.*
lime works, *s.* Kalkwerk, *n.*
limit ga(u)ge, *s.* Grenzlehre, *f.,* Toleranzlehre, *f.*
limit in bending, *s.* Biegegrenze, *f.* (Biegeversuch).
limiting error, *s.* Fehlergrenze, *f.*
limiting speed, *s.* Grenzgeschwindigkeit, *f.*
limit load, *s.* Grenzbelastung, *f.*
limit of compression, *s.* Quetschgrenze, *f.* (Druckversuch).
limit of proportionality, *s.* Proportionalitätsgrenze, *f.*

limit speed, *s.* Grenzgeschwindigkeit, *f.*
limit switch, *s.* Endschalter, *m.* (Masch.).
limit value, *s.* Grenzwert, *m.*
limiting creep stress, *s.* Dauerstandfestigkeit, *f.* (bei erhöhter Temperatur die Grenzbelastung, bei der sich ein Werkstoff innerhalb der Lebensdauer des Arbeitsteiles um nicht mehr als einen bestimmten Betrag dehnt); Kriechgrenze, *f.* (bei Raumtemperatur die höchste Spannung, bei der ein Werkstoff eine bestimmte Zeitdehnung nicht überschreitet).
limonite, *s.* Bohnerz, *n.*
limy, *a.* kalkartig, *a.*
Linde-Surfacer, *s.* Abflämm-Maschine, *f.,* Bauart Linde (hergestellt von der Linde Air Products Co.; zum Heißflämmen von Blöcken und Halbzeug).
line, *v.t.* zustellen, *v.t.* (einen Ofen).
line, *s.* Leitung, *f.* (Rohrleitung).
linear expansion, *s.* Längenausdehnung, *f.*
linear reduction, *s.* Streckung, *f.* (Walzung).
line assembly work, *s.* Fließmontage, *f.*
line displacement, *s.* Linienverschiebung, *f.* (Spektrogr.).
line drawing, *s.* Strichzeichnung, *f.,* Skizze, *f.*
line of action, *s.* Berührungslinie, *f.* (der Zähne zweier Getriebeelemente).
line of contact, *s.* Berührungslinie, *f.* (z. B. zweier Rollen, Walzen, u. dgl.); Eingrifflinie, *f.* (Zahnräder).
line of intersection, *s.* Schnittlinie, *f.*
line of pipe, *s.* Rohrstrang, *m.*
line of segregate, *s.* Seigerungsstreifen, *m.* (streifenförmig angeordnete Einschlüsse im Stahlblock, z. B. hervorgerufen durch Zusammenpressen des Lunkers durch einen Lochstempel).
line piping, *s.* Leitungsrohre, *npl.* (Dampf, Wasser, Gas).
line shaft, *s.* Längswelle, *f.* (z. B. des Rollgangsantriebes).
line spectrum, *s.* Linienspektrum, *n.* (Spektrogr.).
lined, *a.,* **with lead,** mit Blei ausgeschlagen, *a.* (Behälterfutter).
liner, *s.* keilförmige Zwischenplatte, *f.*

(Masch.); Futter, *n.*, (als Dichtung; Masch.).

lining, *s.* Zustellung, *f.* (z. B. basische —des Ofens); Futter, *n.* (eines Konverters, Tiegels); Ausmauerung, *f.* (eines Ofens).

lining costs, *spl.* Zustellungskosten, *pl.*

lining, *s.*, **of a bearing,** Lagerausgießung, *f.*, Lagerfutter, *n.* (Befestigung entweder durch Schrauben, oder durch Preßpassung).

link, *s.* Gelenk, *n.* (einer Kette); Glied, *n.* (Masch.); Bindeglied, *n.* (allgemein).

link belt, *s.* Gliederriemen, *m.* (Masch.).

link-belt conveyor, *s.* Gurtförderer, *m.*

Linz-Donawitz process, *s.* Sauerstoff-Konverterverfahren, *n.*, LD-Verfahren, *n.*, SK-Verfahren, n.

liquation, *s.* Ausseigerung, *f.* (in Form eines tropfenförmigen Exsudats durch die Außenkruste einer erstarrenden Masse; der ausgeseigerte Stoff ist ein leichter schmelzender Bestandteil der Legierung, z. B. beim Bronzeguß).

liquefaction, *s.* Verflüssigung, *f.* (z. B. der Luft).

liquefy, *v.t.* verflüssigen, *v.t.*

liquid blasting, *s.* Naß-Strahlreinigung, *f.* (durch Verwendung der wäßrigen Suspension eines feinen Schleifmittels; Oberflächenbehandlung).

liquid body, *s.* tropfbar-flüssiger Körper, *m.*

liquid charge, *s.* flüssiger Einsatz, *m.* (SM-Ofen).

liquid-filled thermometer, *s.* Flüssigkeitsthermometer, *n.*

liquid flow, *s.* Gleitschwindung, *f.* (Metallogr.).

liquid level, *s.* Flüssigkeitsspiegel, *m.*

liquid measure, *s.* Hohlmaß, *n.* (z. B. Liter).

liquid shrinkage, *s.* Schwindung, *f.* Volumsabnahme, *f.*, im flüssigen Zustand (Guß).

liquidus, *s.* Liquidus, *m.*

liquidus curve, *s.* Liquiduslinien, *fpl.* (die untere Grenze für den nur-flüssigen Zustand; Zustandsschaubild).

live hole, *s.*, **of a pass,** druckhafte Kaliberstelle, *f.* (Walzenkalibr.).

live load, *s.* bewegliche Last, *f.*

live roller, *s.* angetriebene Rolle, *f.*

(eines Rollganges, Hebetisches, u. dgl.; Walzw.).

live roller table, *s.* angetriebener Rollgang, *m.* (Walzw.).

live soaking pit, *s.* Tiefofen, *m.* (der anglo-amerik. Ausdruck nur verwendet, wo der Gegensatz zum „unbeheizten" Tiefofen, also der Ausgleichsgrube, hervorgehoben werden soll).

live steam, *s.* Frischdampf, *m.*

load, *v.t.*, **a filter,** ein Filter einlegen, *v.t.*

load, *v.t.*, **a spring,** eine Feder spannen, *v.t.*

load carrying capacity, *s.* Tragfähigkeit, *f.*, Belastbarkeit, *f.*

load diagram, *s.* Belastungskurve, *f.*

load-extension diagram, *s.* Belastungs-Dehnungs-Schaubild, *n.* (Zugversuch).

load test, *s.* Belastungsprobe, *f.* (Werkst.-Prüfg.).

loading belt, *s.* Verladeband, *n.* (Transporteinrichtung).

loading capacity, *s.* Ladefähigkeit, *f.* Ladevermögen, *n.* (eines Fahrzeugs).

loading facilities, *spl.* Verladeanlagen, *fpl.*

loading ga(u)ge, *s.* Lademaß, *n.* Meßrahmen, *m.* (Eisenb.).

loading, *s.*, **of a spring,** Federbelastung, *f.*

loading platform, *s.* Ladebühne, *f.*

loading siding, *s.* Ladegleis, *n.* (Eisenb.).

local corrosion, *s.* örtlicher, dellenartiger Rostangriff, *m.*

localized stresses, *spl.* örtliche Spannungen, *fpl.* (im Werkstoff).

local pitting, *s.* lokale Anfressung, *f.* (durch Korrosion).

location, *s.* Lage, *f.*, Ort, *m.*

location, *s.*, **of defects,** Fehlerortung, *f.*, Fehlerortsbestimmung, *f.*

lock nut, *s.* Gegenmutter, *f.*

lock screw, *s.* Sicherungsschraube, *f.*

lock washer, *s.* Federscheibe, *f.*, Federring, *m.*

locking device, *s.* Sperrvorrichtung, *f.* (Masch.).

log, *s.* Betriebszahlenaufzeichnung, *f.*

log scale, *s.* (see "logarithmic scale").

logarithmic scale, *s.* logarithmischer Maßstab, *m.*

long hauls, *spl.* lange Frachtstrecken, *fpl.*

long-time creeping property, *s.* Zeitfestigkeitsverhalten, *n.* (des Werkstoffes).

long-time creep resistance, *s.* Zeitstandfestigkeit, *f.* (bei erhöhter Temperatur).

long-time testing, *s.* Langzeitversuch, *m.*

longitudinal crack, *s.* Längsriß, *m.*

longitudinal section, *s.* Längsschnitt, *m.*

longitudinal welder, *s.* Längsnaht-Schweißmaschine, *f.*

loop, *s.* Schleife, *f.*, Schlinge, *f.*

looping floor, *s.* Tieflauf, *m.* (Walzw.).

looping mill, *s.* Umsteckwalzwerk, *n.*

looping pit, *s.* Schlingengrube, *f.* (Durchlaufbeizung).

looping trough, *s.* Schlingengrube, *f.* (Durchlauf-Stufenbeizung).

looping unit, *s.* Schlingenturm und -grube, *m.* (Vertikal-Banddurchziehglühofen).

loose fit, *s.* Grobpassung, *f.*, Grobsitz, *m.* (Masch.).

loose pin, *s.* Steckbolzen, *m.*

loosen, *v.i.* sich lockern, *v.i.* (z. B. eine Mutter).

lop, *v.t.* kappen, *v.t.* (mit Schneidwerkzeug).

lost time, *s.* Zeitverlust, *m.* (Betriebsauswertung).

louver, *s.* Luftschlitz, *m.* (Bauw.; Masch.).

low-alloy steel, *s.* schwach legierter Stahl, *m.*

low-carbon, *a.* kohlenstoffarm, *a.*

low-carbon steel, *s.* kohlenstoffarmer Stahl, *m.*, Flußstahl, *m.* (0.10 — — 0.30% C).

low-carbon rimming steel, *s.* unberuhigt vergossener Flußstahl, *m.*

low-grade, *a.* minderwertig, *a.*, niederwertig, *a.*

low-grade ore, *s.* geringhaltiges Erz, *n.*

low in iron, *a.* eisenarm, *a.* (Erze).

low-phosphorus iron, *s.* phosphorarmes Roheisen, *n.*

low-phosphorus ores, *spl.* (see "bessemer ores").

low shaft furnace, *s.* Niederschachtofen, *m.*

low side, to be on the, niedriggegriffen sein (Werte).

low-temperature brittleness, *s.* (see "cold brittleness").

low-temperature carbonization, *s.* Schwelung, *f.* (fester Brennstoffe).

low-temperature carbonizing furnace, *s.* Schwelofen, *m.*

low-temperature range, *s.* unteres Temperaturgebiet, *n.* (Metallogr.).

low-temperature treatment, *s.* Behandlung, *f.*, bei tiefen Temperaturen (des Werkstoffes).

lower, *v.t.* absenken, *v.t.* (den Konverter); senken, *v.t.* (Kosten, Druck, Temperatur, etc.).

lower critical, *s.* A_1 Umwandlung, *f.*, untere Umwandlungstemperatur, *f.* (Metallogr.).

lower critical temperature, *s.* A_1 Umwandlung, *f.*, untere Umwandlungstemperatur, *f.* (Metallogr.).

lower die, *s.* Matrize, *f.*, Untergesenk, *n.*

lower flange, *s.* Fuß, *m.* (der Schiene); unterer Flansch, *m.* (des Trägers; Walzenkalibr.).

lower oil pan, *s.* Ölsumpf, *m.* (Masch.).

lubricant, *s.* Schmiere, *f.*, Schmierstoff, *m.*

lubricants, *spl.*, **with high-pressure characteristics,** Schmierstoffe, *mpl.*, mit Hochdruckeigenschaften.

lubricate, *v.t.* schmieren, *v.t.* (allgemein), ölen, *v.t.*, fetten, *v.t.*

lubricating equipment, *s.* Schmierungseinrichtung, *f.*

lubricating oil, *s.* Schmieröl, *n.*

lubricating pump, *s.* Schmierpumpe, *f.*

lubricating system, *s.* Schmieranlage, *f.*, Schmiersystem, *n.*

lubrication engineer, *s.* Schmierstoff-Ingenieur, *m.*

lubrication practice, *s.* Schmiertechnik, *f.*

lubricator, *s.* Öler, *m.*

Luders lines, *spl.* (see "stretcher strains").

lug, *s.* Anguß, *m.*, Ansatz, *m.*, Nase, *f.*

luminosity, *s.* Leuchtkraft, *f.* (einer Flamme).

lump charge, *s.* stückiger Möller, *m.* (H-Ofenbeschickung).

lumpy, *a.* stückig, *a.* (Erze).

Lunkerit, *s.* (see "hot-topping compound").

lute,*v.t.*verschmieren,*v.t.*(Fugen,Risse).

lute, *s.* Kitt, *m.* (Chem.); Schamotte-Abdichtungsmasse, *f.*

lye, *s.* Lauge, *f.*

M

M$_s$-temperature, *s.* Martensitpunkt, *m.* (Beginn der Martensitbildung; Metallogr.).

MX-steel, *s.* MX-Stahl, *m.* (ein freischneidender Bessemerstahl von 0.08% C max., der Carnegie Illinois).

M$_{50}$-temperature, *s.* M$_{90}$-Punkt, *m.* (Die Temperatur, bei der 50% Austenit in Martensit umgewandelt wird; Metallogr.).

M$_{90}$-temperature, *s.* M$_{90}$-Punkt, *m.* (Die Temperatur, bei der 90% Austenit in Martensit umgewandelt wird; Metallogr.).

machinability, *s.* Bearbeitbarkeit, *f.*, Zerspanbarkeit, *f.*

machinable, *a.* bearbeitbar, *a.*, zerspanbar, *a.*

machine, *v.t.* bearbeiten, *v.t.*, zerspanen, *v.t.*

machine casting, *s.* Maschinenguß, *m.* (Tätigkeit u. Erzeugn.).

machine v.t. castings, Güsse maschinell putzen, *v.i.*

machine v.t. edges, Kanten bearbeiten, *v.t.*

machine elements, *spl.* Maschinenbauteile, *m.*

machine, *s.*, **for sheet metal work**, Blechbearbeitungsmaschine, *f.*

machine forging, *s.* Maschinschmieden, *n.*

machine operator, *s.* Maschinenarbeiter, *m.*

machine screw, *s.* Maschinenschraube, *f.*

machine shop, *s.* mechanische Werkstätte, *f.*

machine tool construction, *a.* Werkzeugmaschinenbau, *m.*

machine tool manufacture, *s.* Werkzeugmaschinenbau, *m.*

machined, *a.* blank, *a.* (bearbeitet).

machined teeth, *s.* geschnittene Zähne, *mpl.*

machinery, *spl.* Maschinen, *fpl.* (als Allgemeinausdruck).

machinery casting, *s.* Maschinenbauguß, *m.*

machinery steel, *s.* Maschinenbaustahl, *m.*

machining, *s.* spanabhebende Formgebung, *f.* spanabhebende Arbeit, *f.*, Zerspanung, *f.*

machining allowance, *s.* Bearbeitungszugabe, *f.*. Appretur, *f.* (in Rechnung gestelltes zusätzl. Gewicht, das bei der spanabhebenden Bearbeitung verloren geht).

machining cost, *s.* Schnittkosten, *pl.* Bearbeitungskosten, *pl.* (Werkz.-Masch.).

machinist, *s.* Maschinenarbeiter, *m.*

macro-etching, *s.* Grobätzung, *f.*

macrograph, *s.* makrographische Abbildung, *f.* (nicht mehr als 10fache Vergrößerung; Metallogr.).

macroscopic examination, *s.* makrographische Untersuchung, *f.* (Schliffbetrachtung mit bloßem Auge oder unter schwacher Vergrößerung).

macrosegregation, *s.* Makrosegregation, *f.* (3 Arten: normale Blockseigerung, umgekehrte Blockseigerung, Schwerkraftseigerung).

macrostructure, *s.* Kristallstruktur, *f.*, makroskopisches Gefüge, *n.*

magnafluxing, *s.* Magnetpulververfahren, *n* (zerstörungsfreie Werkstoffprüfg.).

magnesia, *s.* Magnesia, *f.*

magnesia alum, *s.* Magnesiaalaun, *m.*

magnesia cement, *s.* Magnesiazement, *m.*

magnesite, *m.* Magncsit, *m.*

magnesite brick, *s.* Magnesitstein, *m.*

magnesitic ram mix, *s.* magnesitische Stampfmasse, *f.* (z. B. Ramix, Ramset; für SM-Herdzustellung).

magnesium, *s.* Magnesium, *n.*

magnesium alloy, *s.* Magnesiumlegierung, *f.*

magnesium compound, *s.* Magnesiumverbindung, *f.* (Chem.).

magnesium wire, *s.* Magnesiumdraht,*m.*
magnet crane, *s.* Magnetkran, *m.*
magnet operated clamp, *s.* Magnetniederhalter, *m.* (Blechschere).
magnet steel, *s.* Magnetstahl, *m.*
magnetic change point, *s.* magnetische Umwandlung, *f.*, Curie-Punkt, A_2-Punkt (Metallogr.).
magnetic fixture, *s.* Magnetspannplatte, *f.*
magnetic flow test, *s.* magnetisches Durchflußverfahren, *n.* (zerstörungsfreie Werkstoffprüfg.).
magnetic ink, *s.* Eisenoxydfarbe, *f.*, Anzeigeflüssigkeit, *f.* (in dünnem Öl aufgeschwemmt: Magnetpulververfahren).
magnetic oxide of iron, *s.* Eisenoxyduloxyd, *n.*
magnetic properties, *spl.* magnetische Eigenschaften, *fpl.* (des Werkstoffes).
magnetic retentivity, *s.* Remanenz, *f.* (magnet. Eigenschaft).
magnetic reversal, *s.* Ummagnetisierung, *f.*
magnetic roasting, *s.* magnetisierendes Rösten, *n.*
magnetic separation, *s.* Magnetscheidung, *f.* (Erz).
magnetic separator, *s.* Magnetscheider, *m.* (Erz).
magnetic testing, *a.* magnetisches Prüfverfahren, *n.* (Werkst.-Prüf.).
magnetism, *s.* Magnetismus, *m.*
magnetite, *s.* Magneteisenerz, *n.*, Magnetit.
magnetite suspension, *s.* Magnetit-Trübe, *f.* (Schwerflüssigkeits-Aufbereitung).
magnetizable, *a.* magnetisierbar, *a.*
magnetizability, *s.* Magnetisierbarkeit, *f.*
magnetize, *v.t.* magnetisieren, *v.t.*
main, *s.* Hauptleitung, *f.*, Hauptrohr, *n.*
main hoist, *s.* Haupthub, *m.* (eines Kranes).
main ingoing roller table, *s.* Arbeitsrollgang, *m.*, vor der Walze (Blockstrecke).
main roller table, *s.* Arbeitsrollgang, *m.* (Walzw.).
main roof, *s.* Herdgewölbe, *n.* (SM-Ofen).

main spindle, *s.* Hauptspindel, *f.* (Walzw.).
maintenance, *s.* Aufrechterhaltung, *f.*; Werkserhaltung, *f.*, Instandhaltung, *f.*, Instandhaltungsbetrieb, *m.*, Instandhaltungskosten, *f.*, Erhaltungsbetrieb, *m.*
maintenance and repairs, *s.* Erhaltung und Instandsetzung, *f.*
maintenance cost, *s.* Erhaltungskosten, *pl.*
maintenance department, *s.* Werkserhaltung, *f.*, Erhaltungsbetrieb, *m.*
maintenance of cutting power, *s.* Schneidhaltigkeit, *f.*
major load, *s.* Prüflast, *f.* (Rockwell-Härteprüfung).
make steel, *v.t.* Stahl, *m.*, erschmelzen, *v.t.*
make, *s.* Erzeugnis, *n.*, Fabrikat, *n.*
make-up air, *s.* gereinigte und temperaturgeregelte Luft, *f.*
make-up water, *s.* aufbereitetes Wasser, *n.*
maker, *s.* Hersteller, *m.* (-Firma), Erzeuger, *m.*
male thread, *s.* Außengewinde, *n.*
malleability, *s.* Kaltformbarkeit, *f.*
malleable, *a.* kalt hämmerbar, *a.*
malleable, *s.* Temperguß, *m.*
malleable annealing, *s.* Glühen von Temperguß, *n.*
malleable cast iron, *s.* Temperguß, *m.*
malleablized shot, *s.* Temperguß-schrot *m.*, (zum Abstrahlen von Oberflächen).
malleablizing, *s.* Glühfrischen, *n.*, Tempern, *n.* (Glühen von weißem Guß zur Umwandlung des gebundenen Kohlenstoffs in Graphit oder Temperkohle).
man hole, *s.* Mannloch, *n.*
man hole cover, *s.* Mannlochdeckel, *m.*
man hole ring, *s.* Mannlochversteifung, *f.*
management, *s.* Leitung, *f.*
mandrel, *s.* Schmiededorn, *m.* (für Muttern, Hülsen, Ringe); Lochdorn, *m.* (Strangpressen von Rohren).
mandrel coiling test, *s.* Dorn-Umwickelprobe, *f.* (technol. Prüfg., Draht).
manganese, *s.* Mangan, *n.*

manganese ore, *s.* Manganerz, *n.*

manganese „hump", *s.* Mangan-buckel, *m.* (Thomasverfahren).

manganese-molybdenum steels, *spl.* Mangan-Molybdän-Stähle, *mpl.* (hohe Festigkeit und Härte).

manganese ore, *s.* Braunstein, *m.*

manganese oxide, *s.* Manganoxyd, *n.*

manganese steel rail, *s.* Mangan-stahlschiene, *f.*

manganese steels, *spl.* Manganstähle, *mpl.* (perlitische: 0.10 — 1.0%C, 0.8 — 3.2% Mn; austenitische: 0.9 — 1.4% C, 12.0 — 15.0% Mn).

manganese throw-back phenomenon, *s.* Manganbuckel, *m.* (Thomas-verfahren).

manganiferous, *a.* manganhaltig, *a.*

manganous, *a.* manganhaltig, *a.*

manganous iron, *s.* Manganeisen, *n.*

manganoxide, *s.* Manganoxydul, *n.*

mangle, *s.* Mangel, *f.* (Warmrichten von Grobblechen).

manifold, *s.* (see "header").

manipulation, *s.* Handhabung, *f.*

manipulator, *s.* Verschiebe- und Kant-vorrichtung, *f.* (Block- u. Brammen-straße, vor und hinter dem Gerüst).

manipulator finger, *s.* Kanthaken, *m.* (Kantvorrichtung; Blockwalzw.).

manipulator heads, *spl.* Verschiebe-lineale, *n.* (Blockstraße).

manipulator side guard, *s.* Ver-schiebelineal, *n.* (Blockstraße).

Mannesmann piercing process, *s.* Mannesmannverfahren, *n.*

Mannesmann process, *s.* Mannes-mannverfahren, *n.* (Herstellung naht-loser Rohre).

Mannesmann type pilger mill., *s.* Pilgerschrittwalzwerk, *n.*, Mannes-mannwalzwerk, *n.* (Erzeugung naht-loser Rohre).

mantle, *s.* Formmantel, *m.* (Gieß.).

mantle plates, *s.* Schachtkühler, *m.* (H-Ofen).

manually operated screw-down, *s.* Anstellung, *f.*, von Hand (siehe An-stellvorrichtung)

manufacture, *v.t.* erzeugen, *v.t.*, fer-tigen, *v.t.*, herstellen, *v.t.*

manufacture, *s.* Erzeugnis, *n.*; Fabri-kat(ion), *n.* (*f.*), Fertigung, *f.*, Her-stellung, *f.*

manufacture of iron, *s.* Roheisendar-stellung, *f.*

manufacturer, *s.* Erzeuger, *m.*, Her-steller, *m.*

manufacturer of machinery, *s.* Ma-schinenbauer, *m.* (Firma).

manufacturing, *s.* Erzeugung, *f.*, Fer-tigung, *f.*, Herstellung, *f.*, Fabri-kation, *f.*

manufacturing cost, *s.* Fertigungs-kosten, *pl.*

manufacturing firm, *s.* Hersteller-firma, *f.*

manufacturing industry, *s.* Ferti-gungsindustrie, *f.*

manufacturing method, Herstellungs-weise, *f.*

manufacturing operation, *s.* Ferti-gungsvorgang, *m.*, Herstellungsvor-gang, *m.*

manufacturing practice, *s.* Herstel-lungstechnik, *f.*, Fertigungstechnik, *f.*

manufacturing process, *s.* Fertigungs-gang, *m.*, Fertigungsverfahren, *n.*, Herstellungsverfahren, *n.*

manufacturing wire, *s.* Draht, *m.*, zur Weiterverarbeitung.

Marform process, *s.* Marform-Ver-fahren, *n.* (Preßziehen von flachen Hohlkörpern zwischen einem Form-stempel und einer Gummiplatte).

marine engineering, *s.* Schiffsmaschi-nenbau, *m.*

marine forgings, *pl.* Schmiedestücke, *n.*, für den Schiffsbau.

mark, *v.t.* bezeichnen, *v.t.* (das Erzeug-nis).

marketable, *a.* marktgängig, *a.* (Er-zeugnis).

marking, *s.* Signieren, *n.*, Einprägen, *n.* (Zeichen in Fertigprodukte).

marking tool, *s.* Anreißwerkzeug, *n.*

marks, *spl.* Marken, *f.* (Fehlstellen auf dem Werkstoff).

martempering, *s.* Warmbadhärtung, *f.* (Härten von Stahl in Salzbad bei M_S-Temperaturen).

martensite, *s.* Martensit, *m.* (erhalten durch A_{r1}-Umwandlung zwischen 150—300°C, bei sehr hoher Ab-kühlungsgeschwindigkeit; nadeliger Gefügebestandteil, große Härte; te-tragonal-raumzentriertes Gitter).

martensite formation, *s.* Martensit-bildung, *f.*

martensitic steels, *spl.* (see "air-hardening steels").

mass manufacture, *s.* Massenferti-gung, *f.*

mass production, *s.* Massenerzeu-gung, *f.*

mass rate, *s.* Massengeschwindigkeit, *f.* (Phys.).

mass rate of flow, *s.* sekundliche Masse, *f.*, einer Strömung, *f.* (Phys.; Hoch-ofen-Theorie).

master alloys, *spl.* Vorlegierungen, *fpl.*

master ga(u)ge, *s.* Prüflehre, *f.*, Lieferungslehre, *f.* (Abnahme).

master pinch rolls. *spl.* Steuer-Klemmrollensatz, *m.* (Geschwindig-keitssteuerung, z. B. in Durchlauf-beizen).

master template, *s.* Originalscha-blone, *f.*

mastic, *s.* Kitt, *m.* (Harz-, säurefester-).

mate, *v.t.* ineinanderpassen, *v.t.*

material, *s.* Werkstoff, *m.*

material costs, *spl.* Materialkosten, *pl.*

material, *s.*, **of shank,** Halterwerk-stoff, *m.*

material of tool holder, *s.* Halter-werkstoff,. *m.*

materials conservation, *s.* Werkstoff-schutz, *m.*

materials flow, *s.* Materialfluß, *m.*

materials flow axis, *s.* Materialfluß-richtung, *f.*

materials handling, *s.* Güterbewe-gung, *f.*

materials handling equipment, *s.* Transportanlagen, *f.*, Einrichtungen für die Güterbewegung, *fpl.*

materials store, *s.* Materiallager, *n.*

materials testing, *s.* Werkstoffprü-fung, *f.*

matrix, *s.* Grundmasse, *f.* (der Haupt-anteil eines heterogenen Mischgefü-ges, in dem andere Anteile eingebettet sind; Metallogr.).

matrix, *s.*, **of the eutectic,** Grund-masse,*f.*,des Eutektikums (Metallogr.).

matter, *s.* Stoff, *m.*, Materie, *f.*

matter of experience, *s.* Erfahrungs-tatsache, *f.*

mattress wire, *s.* Matratzendraht, *m.*

mat wire, *s.* Fußmattendraht, *m.*

maximum hardness, *s.* Größthärte-zahl, *f.*

maximum load, *s.* Endlast, *f.* (Rock-well-Härteprüfung).

maximum safe bending stress, *s.* zulässige Biegebeanspruchung, *f.* (Festigkeits-Eigenschaft).

maximum stress, *s.* (see "tensile strength").

McKea-distributor, *s.* McKea-Ein-wurf, *m.* (selbsttätiges Nachdrehen des Einwurfmantels nach jeder Aufgabe).

McKea top, *s.* McKea-Verschluß, *m.* (H-Ofen).

McQuaid-Ehn test, *s.* McQuaid-Ehn-Einsatzprobe, *f.* (zur Korngrößen-untersuchung).

mean error, *s.* mittlerer Fehler, *m.*

means, *s.* Mittel, *n.*

measure, *v.t.* messen, *v.t.*

measure, *s.* Maßstab, *m.* (Gerät); Maß, *n.* (als Maßstab, auch übertragen).

measuring technique,*s.*Meßtechnik,*f.*

measuring wire, *s.* Prüfdraht, *m.* (Gewindemessung).

measure of hardness, *s.* Härtemaß, *n.*

mechanical, *a.* maschinell, *a.*

mechanical agitation, *s.* mechanische Durchwirblung, *f.* (des Stahlbades).

mechanical bond, *s.* Haftwirkung, *f.* (z. B. von Betonbewehrungen).

mechanical engineer, *s.* Maschinen-bauer, *m.*

mechanical engineering, *s.* Maschi-nenbau, *m.*

mechanical engineering depart-ment, *s.* Maschinenabteilung, *f.*

mechanical engineering plant, *s.* Maschinenbauanstalt, *f.*

mechanical forging, *s.* Freiform-schmieden, *n.*

mechanical hysteresis loss, *s.* (see "damping").

mechanical molding, *s.* Maschinen-formerei, *f.* (Gieß.).

mechanical presses, *pl.* mechanische Pressen, *fpl.* (für kleine und mittlere Werkstücke; Druckkraft von 200 bis 2.000 t).

mechanical properties, *spl.* mechani-sche Eigenschaften, *fpl.* (des Werk-stoffes).

mechanical spreader, *s.* Planiermaschine, *f.*

mechanical stoker, *s.* Rostbeschikkungsapparat, *m.*

mechanical stoking, *s.* mechanische Rostbeschickung, *f.* (Feuerung).

mechanical testing of materials, *s.* mechanische Werkstoffprüfung, *f.*

mechanical workshop, *s.* Maschinenwerkstätte, *f.*

mechanics, *s.* Mechanik, *f.*

mechanics, *s.,* **of rigid bodies,** Mechanik, *f.,* fester Körper.

mechanics, *s.,* **of fluids,** Mechanik, *f.,* flüssiger Körper.

mechanics, *s.,* **of gaseous fluids,** Mechanik, *f.,* gasförmiger Körper.

mechanics of materials, *s.* Festigkeitslehre, *f.*

mechanism of solidification, *s.* Erstarrungsvorgang, *m.* (Gieß.).

mechanize, *v.t.* mechanisieren, *v.t.*

mechanization, *s.* Mechanisierung, *f.*

medium carbon steels, *spl.* Stähle mit mittlerem Kohlenstoffgehalt, *mpl.* (ca. 0.3—0.6%).

medium fit, *s.* Schlichtpassung, *f.* (Masch.).

medium force fit, *s.* Edelgleitsitz, *m.* (Masch.).

medium hard, *a.* mittelhart, *a.* (Blech, Draht, Bandstahl).

medium-hard roll, *s.* halbharte Walze, *f.* (porenfreie Oberfläche, Verwendung: Blechduos, große Profilfertigwalzen, Feinblech-Vorwalzen).

medium plate, *s.* Mittelblech, *n.*

medium section, *s.* mittelschwerer Formstahl, *m.*

Meehanite, *s.* Meehanit-Gußeisen, *n.* (mit Kalziumsilizid geimpft).

melt, *v.t.* schmelzen, *v.t.* (Stahl).

melt down, *v.t.* einschmelzen, *v.t.* (den Einsatz im Ofen).

melt down period, *s.* Einschmelzdauer, *f.* (des festen Einsatzes).

melted, *v.t.* erschmolzen, *v.t.*

melting charge, *s.* Schmelzgut, *n.*

melting cost, *s.* Schmelzkosten, *pl.*

melting down period, *s.* Einschmelzzeit, *f.,* Niederschmelzzeit, *f.* (SM-Roheisen-Schrott-Verfahren).

melting furnaces, *spl.* Schmelzöfen, *m.* (Stahl).

melting loss, *s.* Abbrand, *m.* (Stahlerzeugung).

melting operation, *s.* Schmelzarbeit, *f.*

melting-point curve, *s.* (see "solidus curve").

melting practice, *s.* Schmelzbetrieb, *m.*

melting shop, *s.* Stahlwerk, *n.* (Ofenhalle und Gießhalle).

melting shop equipment, *s.* Stahlwerkseinrichtung, *f.*

melting stage, *s.* Ofenbühne, *f.* (Stahlwerk).

menders, *spl.* Bleche, *npl.,* zweiter Güte.

merchant bar, *s.* Stabstahl, *m.*

merchant mill, *s.* Stabstahlwalzwerk, *n.*

mercury, *s.* Quecksilber, *n.*

Mesaba ores, *spl.* [Mesabi] Obere-See-Erze, *npl.* (U. S. A.).

mesh, *s.* Masche, *f.* (Sieb).

metal, *s.* Walzgut, *n.* (Walzung).

metal-arc welding, *s.* Metall-Lichtbogenschweißung, *f.* (mit einem Schweißdraht als metallischer Elektrode).

metal castings, *spl.* Metallguß, *m.*

metal ceramics, *spl.* Pulvermetallurgie, *f.*

metal charge, *s.* Eisenmöller, *m.* (Hochofen); Eiseneinsatz, *m.* (Stahlofen).

metal cleaning, *s.* Reinigen, *n.,* der Metalle (auf mechanischem Wege).

metal cleaning compound, *s.* Metallreinigungsmittel, *n.*

metal cloth, *s.* Metallgewebe, *n.*

metal coating, *s.* metallischer Überzug, *m.*

metal-cutting machinery, *s.* spanabhebende Maschinen, *f.*

metal deposit, *s.* aufgeschweißtes Metall, *n.* (Auftragschweißung); Metallniederschlag, *m.*

metal flow, *s.* Stofffluß, *m.* (Formgebung).

metal foil, *s.* Metallfolie, *f.*

metal gauze, *s.* feines Metallgewebe, *n.*

metal hollow-ware, *s.* Metallgeschirr, *n.*

metal mixture, *s.* Eisenmöller, *m.* (H-Ofen).

metal office equipment, *s.* Büroeinrichtungen, *f.,* aus Metall, *n.*

metal physics, *s.* Metallphysik, *f.*

metal polishing technique, *s.* Poliertechnik, *f.*

metal powder, *s.* Metallpulver, *n.*

metal removal, *s.*, by oxygen processes, Sauerstoff-Schmelz- und Schneideverfahren, *n.*

metal slitting cutter, *s.* Schlitzfräser, *m.*

metal slitting saw, *s.* Schlitzfräser, *m.*

metal spray coating, *s.* Metallspritzverfahren, *n.* (durch Zerstäuben und Aufschleudern von geschmolzenem Metall auf mit Sandstrahl gereinigte Flächen).

metal sprayed coating, *s.* Spritzüberzug, *m.*, aus Metall.

metal spray gun, *s.* Metallspritzpistole, *f.*

metal spraying, *s.* Metallspritzen, *n.* (Korrosionsschutz).

metal spraying process, *s.* Metallspritzverfahren, *n.*

metal spraying unit, *s.* Metallspritzvorrichtung, *f.*

metallic, *a.* metallisch, *a.*

metalline, *a.* metallartig, *a.*

metallic charge, *s.* Metalleinsatz, *m.* (Stahlöfen); Eisenmöller, *m.* (Hochofen).

metallized coating, *s.* Spritzüberzug, *m.*, aus Metall.

metallizing, *s.* Metallisieren, *n.* (für Rostschutzüberzüge).

metallizing gun, *s.* Metallspritzpistole, *f.*

metallographic technique, *s.* metallographische Darstellungsweise, *f.*

metallography, *s.* Metallographie, *f.*, Metallkunde, *f.*

metalloid, *s.* Übergangsmetall, *n.*, Nichtmetall, *n.*; Eisenbegleiter, *m*, Metalloid, *n.*

metalloid oxidation, *s.* Abbrand, *m.*, der Eisenbegleiter, *m.* (Stahlerzeugung).

metallurgical chemist, *s.* Hüttenchemiker, *m.*

metallurgical coke, *s.* Hüttenkoks, *m.*

metallurgical engineer, *s.* Hütteningenieur, *m.* (allg. Ausdruck).

metallurgical engineering, *s.* Hüttentechnik, *f.*

metallurgical industry, *s.* Hüttenindustrie, *f.*

metallurgical fuels, *spl.* Hüttenheizstoffe, *mpl.*

metallurgical oxygen, *s.* Sauerstoff, *m.*, für metallurgische Zwecke.

metallurgical plant, *s.* Hüttenwerk, *n.*

metallurgical works, *s.* Hüttenwerk, *n.*

metallurgist, *s.* Hüttenmann, *m.* (allg. Ausdruck), Metallurg, *m.*

metallurgy, *s.* Metallurgie, *f.*

metallurgy of iron and steel, *s.* Eisenhüttenwesen, *n.*, Eisenhüttenkunde, *f.*

metaseal impregnating process, *s.* Metaseal-Verfahren, *n.* (Tränken von Sinterteilen als Vorbereitung zum Elektroplattieren).

metastable austenite, *s.* metastabiler Austenit, *m.* (Metallogr.).

metastable diagram, *s.* Eisen-Zementit-Schaubild, *n.* (Metallogr.).

metastable system, *s.* metastabiles System, *f.* (z. B. Eisen-Zementit).

method, *s.* Verfahren, *n.*, Technik, *f.*, Methode, *f.*, Verfahrensweise, *f.*

method of operation, *s.* Betriebsweise, *f.*

methylated spirit, *s.* Methylalkohol, *m.*

Mexatop, *s.* Mexatop-Lunkerabdeckmasse, *f.*

mica, *s.* Glimmer, *m.*

mica schist, *s.* Glimmerschiefer, *m.*

micro-hardness, *s.* Mikrohärte, *f.*

micro iron filings technique, *s.* Bitter-Verfahren, *n.* (zur Darstellung magnetischer Erscheinungen im Eisen mit Hilfe von pulverisiertem Kolloidalmagnetit).

microconstituents, *pl.* Feingefügeaufbau, *m.* (Metallogr.).

micrograph, *s.* Mikroaufnahme, *f.*

micrography, *s.* Mikrographie, *f.*

micrometer, *s.* Mikrometer, *n.*

microscope slide, *s.* Objektträger, *m.*

microscopic metallography, *s.* Metallmikroskopie, *f.*

microsection, *s.* Schliff, *m.* (Metallogr.).

microsegregation, *s.* Kristallseigerung, *f.* (Metallogr.).

microstructure, *s.* Feingefüge, *n.* (Metallogr.).

middle-of-the-blow slopping, *s.* grober Auswurf, *m.*, zu Beginn der Badentkohlung; explosionsartige Ausbrüche, *mpl.*, während der Kochperiode (Windfrischverfahren).

migration of ions, *s.* Ionenwanderung, *f.*

mild steel, *s.* Weichstahl, *m.* (bis 0.40% C).

mild steel electrode, *s.* Weichstahlelektrode, *f.* (Schweißen).

mill, *s.* Betrieb, *m.*, Werk, *n.*, Hütte, *f.* (hauptsächlich im Amerikanischen' in textlichem Zusammenhang); Walzwerk, *n.* (im textlichen Zusammenhang); Mühle, *f.*

mill, *v.t.* fräsen, *v.t.*

mill building, *s.* Walzwerkshalle, *f.*

mill delay, *s.* Walzpause, *f.* (Aufenthalt; Walzwerk).

mill drive, *s.* Walzwerksantrieb, *m.*

mill file, *s.* spitzflache Feile, *f.*

mill floor, *s.* Hüttenflur, *m.*

mill furnace, *s.* Walzwerksofen, *m.*

mill furnisher, *s.* Werkslieferant, *m.*

mill guides, *spl.* Walzwerksführungen, *fpl.*

mill housing, *s.* Walzenständer, *m.* (Walzwerk).

milling cutter, *s.* Fräser, *m.*

milling cutter, *s.*, **with inserted blades,** Fräser, *m.*, mit eingesetzten Messern.

milling cutter, *s.*, **with inserted teeth,** Fräser, *m.*, mit eingesetzten Messern.

milling depth, *s.* Frästiefe, *f.*

milling operation, *s.* Fräsen, *n.*

milling work, *s.* Fräsarbeit, *f.*

mill iron, *s.* Puddelroheisen, *n.*

mill oiler, *s.* Schmierer, *m.* (Arbeiter).

mill operator, *s.* Walzwerksführer, *m.*

mill scale, *s.* Walzsinter, *m.* (Einsatzmaterial: Hochofen, Stahlofen).

mill scale disposal, *s.* Entsinterung, *f.* (Walzwerk).

mill schedule, *s.* Walzprogramm, *n.*

mill service division, *s.* Hilfsbetriebe, *m.*

mill shop, *s.* Walzwerk, *n.* (als Teil eines Hüttenwerkes).

mill spindle, *s.* Spindel, *f.* (Walzw.).

mill stand, *s.* Walzgerüst, *n.*

mill table and transfers, *s.* Rollgang mit eingebauten Schleppern, *m.* (Walzwerk).

mill tolerance, *s.* Walztoleranz, *f.*

mill type crane, *s.* Walzwerkskran, *m.*

mine arches, *spl.* hufeisenförmiger Grubenausbau, *m.*; Streckenbögen, *mpl.* (Walzerzeugnis: Grubenbedarf).

mineral *s.* Mineral, *n.*

mineral, *a.* mineralisch, *a.*

mineral resources, *spl.* Bodenschätze, *m.*

mineral wax, *s.* Ozokerit, *m.*

mineral wool, *s.* Steinwolle, *f.* (Wärmeisolierstoff).

minette, *s.* Minette, *f.*

mining machinery, *s.* Bergwerksmaschinen, *f.*

minium, *s.* Minium, *n.*, rotes Bleioxyd, *n.*, Bleirot, *n.*

minor load, *s.* Vorbelastung, *f.* (Rockwell-Härteprüfung).

minor segregation, *s.* (see "microsegregation").

mirror finish, *s.* Feinstschliff, *m.*, Spiegelhochglanz, *m.*, Hochglanz, *m.*

mirror finish sheets, *pl.* Hochglanzbleche, *n.*

mis-run casting, *s.* Fehlguß, *m.*

misch metal, *s.* Mischmetall, *n.* (bestehend aus mehreren „seltenen Erden").

misch metal addition, *s.* Mischmetallzusatz, *m.* (Stahlerzeugung).

miscibility gap, *s.* Mischungslücke, *f.* (Metallogr.).

miscible, *a.* mischbar, *a.* (Chem.).

missed analysis, *s.* Analysenabweichung, *f.* (einer Fehlcharge).

miter gear, *s.* Kegelrad, *n.*

miter wheel, *s.* Kegelrad, *n.*

mix, *v.t.* mischen, *v.t.*

mix, *s.* Mischung, *f.*

mixer, *s.* Mischer, *m.*

mix ores, *v.t.* gattieren, *v.t.* (Erze).

mixed carbides, *pl.* Mischkarbide, *npl.* (Metallogr.).

mixed gas, *s.* Mischgas, *n.*

mixed oxide, *s.* Oxyduloxyd, *n.*

mixer type ladle car, *s.* fahrbarer Roheisenmischer, *m.*

mixing of bath, *s.* Durchmischung, *f.*, des Bades (Stahlerzeugung).

mixture, *s.* Gattierung, *n.*

mixture-making, *s.* Gattieren, *n.*

Mn-Mo weld metal, *s.* Mn-Mo-Schweißdraht, *m.* (0.10 C, 1.63 Mn, 0.41 Mo).

mobile, *a.* beweglich, *a.* (nicht ortsgebunden).

mobile crane, *s.* selbstfahrender Kran, *m.*

mode of crystallization, *s.* Kristallisationsform, *f.*
model, *s.* Modell, *n.* (Masch.).
model of patent, *s.* Patentmodell, *n.*
modified Izod test, *s.* kerbloser Schlag(biege)versuch, *m.*, nach Izod (Werkst.-Prüfg.).
modulus of elasticity, *s.* Elastizitätsmodul, *m.* (Werkst.Prüfg.).
modulus of rigidity, *s.* Gleitmodul, *m.*, G-Modul, *m.*, Schubmodul, *m.* (Verhältnis der Schubspannung zur Schiebung in kg/mm²).
modulus of specific compression, *s.* Quetschungszahl, *f.*
modulus of specific extension, *s.* Drehungszahl, *f.*
modulus of torsion, *s.* Gleitmodul, *m.*, G-Modul, *m.*, Schubmodul, *m.* (Verhältnis der Schubspannung zur Schiebung in kg/mm²).
moist, *a.* feucht, *a.*
moisture, *s.* Feuchtigkeit, *f.* (Koks, Erz).
mold, *s.* Gießform, *f.*
mold core, *s.* Formkern, *m.*
molder's tool, *s.* Formerwerkzeug, *n.*
mold finish, *s.* Formschlichte, *f.*
mold hoop, *s.* Mantelring, *m.* (Gieß.).
molding bay, *s.* Formerei, *f.* (Gieß.).
molding bench, *s.* Formbank, *f.* (Gieß.).
molding board, *s.* Formbrett, *n.* (Gieß.).
molding box, *s.* Formkasten, *m.* (Gieß.).
molding loam, *s.* Formlehm, *m.* (Gieß.).
molding machine, *s.* Formmaschine, *f.* (Gieß.).
molding room, *s.* Formerei, *f.*
molding sand, *s.* Formsand, *m.* (Gieß.).
mold maker, *s.* Former, *m.* (Gieß.).
mold practice, *s.* Art, *f.*, des Vergießens, *n.* (Stahlw.)
mold preheat, *s.* Kokillenanwärmung, *f.*
mold preparation, *s.* Kokillenhaltung, *f.* (Stahlw.)
mold press, *s.* Formpresse, *f.* (Gieß.).
mold sander, *s.* Sandstreuer, *m.* (Gieß.).
mold shaker, *s.* Formrüttler, *m.* (Gieß.).
mold shell, *s.* Formkappe, *f.* (Gieß.).
mold stool, *s.* Kokillenuntersatz, *m.* (fallender Guß).

mold storage and cleaning, *s.* Kokillenhaltung, *f.* (Stahlwerk).
mold wash, *s.* Kokillenanstrich, *m.*, Kokillenschlichte, *f.*
molecular magnet, *s.* Elementarmagnet, *m.*
molecular transformation, *s.* Molekelumlagerung, *f.*
molecule, *s.* [Mole], Molekül [Mol], *n.*
molten, *a.* schmelzflüssig, *a.*, geschmolzen, *a.*
molten metal, *s.* schmelzflüssiger Stahl, *m.*, schmelzflüssiges Metall, *n.*
molten slag, *s.* schmelzflüssige Schlakke, *f.*
molybdenum steel, *s.* Molybdänstahl, *m.*
moly-steel, *s.* Molybdänstahl, *m.*
moment, *s.* Moment, *n.* (Mech.).
moment of inertia, *s.* Trägheitsmoment, *n.* (Mech.).
Monel metal, *s.* Monelmetall, *n.* (sehr korrosionsbeständig).
monitor, *s.* Entnebelungsanlage, *f.*
monkey, *s.* Kühlkasten, *m.* (SM-Ofen), Schlackenform, *f.* (H-Ofen).
monogas, *s.* Mono-Gas, *n.* (Schutzgas bei Kupferlötungen).
Morgoil bearing, *s.* Morgoil-Lager, *n.* (für Walzwerke; Patent nach Morgan Construction Co., ein Ölfilmlager, zu dessen Einbau präzise abgeschrägte Laufzapfen erforderlich sind).
Morin blow hammer, *s.* Morin-Schlagwerk, *n.* (dynam. Härteprüfg.).
morse taper, *s.* Normalkonus, *m.* (Werkz.-Masch.).
motion, *s.* Gang, *m.* (Masch.).
motor construction, *s.* Motorenbau, *m.*
motor industry, *s.* Motorenbauindustrie, *f.*
motor-roller, *s.* Elektrorolle, *f.* (Walzw.).
motor-room, *s.* Motorenhalle, *f.*
mottled iron, *s.* halbiertes Eisen, *n.*
mount, *v.t.* einbauen, *v.t.* (ein Lager —).
mountain railway, *s.* Gebirgsbahn, *f.*
mounted overhung, *a.* fliegend montiert, *a.*
mounting, *s.* Einbau, *m.* (Vorgang); Lagerung, *f.*, Fassung, *f.* (von Instrumenten); Montage, *f.*
mounting shop, *s.* Montagewerkstätte, *f.*

mountings, *spl.* Garnitur, *f.* (Beschläge).

mouth of converter, *s.* Konvertermündung, *f.*

mov(e)able, *a.* beweglich, *a.* (kann bewegt werden).

moving, *a.* beweglich, *a.* (die beweglichen Teile einer Maschine).

moving belt, *s.* Transportband, *n.*

muck bar, *s.* Puddelluppe, *f.*

mud gun, *s.* Stichlochstopfmaschine, *f.*

mud gun mix, *s.* Stichlochstopfmasse, *f.*

multi-directional stress pattern, *s.* mehrachsiger Spannungszustand, *m.*

multi-head welder, *s.* Mehrfachschweißmaschine, *f.*

multi-part roll neck bearing, *s.* mehrteilige Lagerschale, *f.*, für Walzenlaufzapfen.

multiclone, *s.* Mehrfach-Fliehkraftabscheider, *m.* (Gasreinigung); Batteriewirbler, *m.* (Gichtgas-Entstaubung).

multilayer welding, *s.* Schweißen, *n.*, in mehreren Lagen.

multiple production, *s.* Reihenfertigung, *f.*

multiple-stack annealing furnace, *s.* Reihenstapel-Haubenglühofen, *m.* (für Breitbandringe).

multiple-thread milling cutter, *s.* Gewinderillenfräser, *m.*

music wire, *s.* Musikaliendraht, *m.*, Saitendraht, *m.*

N

NA22H, *s.* hoch-warmfeste Legierung NA22H, *f.* (U.S.A.; Verwendungsgebiet: Temperaturen über 1095°C).

nail manufacturing plant, *s.* Nagelfabrik, *f.*

nail wire, *s.* Nageldraht, *m.*

naked wire, *s.* Blankdraht, *m.*, blanker Draht, *m.* (nicht besponnen).

name plate, *s.* Firmenschild, *n.* (auf Maschinen).

naphta, *s.* Petroleum, *n.*

narrow-end-up, *a.* (see "small-end-up").

narrow ga(u)ge railway, *s.* Schmalspurbahn, *f.*

narrow strip mill, *s.* Schmalbandstraße, *f.* (unter 500 mm Breite in Europa, unter 300 mm Breite in U.S.A.).

nascent state, *s.* Entstehungszustand, *m.* (Chem.).

native copperas, *s.* Atramentstein, *m.* [FeSO₄].

natural aging, *s.* natürliche Alterung, *f.* (bei Raumtemperatur; siehe „Alterung").

natural gas, *s.* Erdgas, *n.*, Naturgas, *n.*

natural gas firing, *s.*, **with autocarburation**, Erdgasfeuerung, *f.*, mit Selbstkarburierung (SM-Ofen).

natural gas reforming, *s.* Erdgas-Veredelung, *f.*

natural size, *s.* wirkliche Größe, *f.*

naval engineering, *s.* Schiffbau, *m.*

Navy tear test, *s.* Kerbzug-Biegeversuch, *m.* (an Schiffsplatten; U. S. Marineamt).

neck, *v.i.* sich einhalsen, *v.i.* (Erscheinung beim Erstarren von Gußblöcken, oft begleitet von Längsrissen); sich einschnüren, *v.i.* (der Probestab im Zugversuch).

necking, *s.* Einhalsung, *f.* (siehe „einhalsen"); Einschnürung, *f.* (siehe „einschnüren").

needle bearing, *s.* Nadellager, *n.* (Masch.).

needle valve, *s.* Nadelventil, *n.* (Masch.).

needle wire, *s.* Nadeldraht, *m.*

negative segregation, *s.* umgekehrte Blockseigerung, *f.*

negative strain, *s.* Stauchung, *f.* (das Ausmaß der Längenabnahme bzw. Höhenabnahme im Druckversuch).

nest, *s.*, **of rollers**, in gemeinsamem Bett gelagerte Rollen, *fpl.* (Richtmaschine).

net calorific value, *s.* unterer Heizwert, *m.*

neutral axis, *s.* Kaliberachse, *f.*, Profilachse, *f.* (Walzenkalibr.); Nulllinie, *f.* (Meßw.).

neutralizing, *s.*, **in milk of lime**, Kälken, *n.* (zum Neutralisieren der auf dem Beizgut anhaftenden Säure).

neutral position, *s.* Nullstellung, *f.* Ruhestellung, *f.* (Instrument).

neutral slag, *s.* neutrale Schlacke, *f.*

ni-carbing, *s.* Ni-Carb-Einsatzhärtung, *f.* (durch gleichzeitiges Aufkohlen und Versticken in Kohlungsgasen und Ammoniak, gefolgt von Abschrecken in Öl oder Wasser; Prozeßdauer 2—3 Stunden).

nick, *v.t.* einkerben, *v.t.* (mit Meißelhieb).

nickel, *s.* Nickel, *n.*

nickel-chrome-molybdenum steel, *s.* Chrom-Nickel-Molybdän-Stahl, *m.* (Mo zur Verminderung der Anlaßsprödigkeit).

nickel-chromium steels, *spl.* Chrom-Nickel-Stähle, *mpl.* (wichtigste Gruppe: perlitische Stähle mit 4.5% Ni max., 1.25% Cr max., als Baustähle; vergl. „austenitische und hitzebeständige Stähle").

nickelplated sheet, *s.* vernickeltes Blech, *n.*

nickelplated steel wire, *s.* vernickelter Stahldraht, *m.*

nickelplating, *s.* Vernickeln, *n.*

nickel steels, *spl.* Nickelstähle, *mpl.* (perlitische, martensitische und austenitische Stähle mit Übergangsgebieten; 0.45% C, 1—5% Ni: die meist verwendete Gruppe perlitischer Nickel-Baustähle).

Nicrosilal, *s.* Nicrosilal, *n.* (ein Guß mit austenitischem Grundgefüge durch Zugabe von 18% Ni zu Silal; hoch-zunderbeständig).

niobium, *s.* (see "columbium").

Niresist, *s.* Niresist-Guß, *m.* (mit austenitischem Gefüge, auf Ni-Cr-Cu Grundlage).

nital, *s.* alkoholische Salpetersäure, *f.* (1—2% Salpetersäure in alkoholischer Lösung; Korngrenzenätzung).

Ni-Tensyl, *s.* Sonderguß, *m.*, geimpft mit Nickel und Ferrosilizium.

Nitralloy steel, *s.* Nitralloy-Nitrierstahl, *m.* (Al-Cr-Mo).

nitarding, *s.* (see "nitriding").

nitration, *s.* (see "nitriding").

nitriding, *s.* Nitrierhärtung, *f.*, Verstickung, *f.* (Abart der Einsatzhärtung; erfolgt in einer Ammoniak-Atmosphäre, oder anderen Verstik-kungsmitteln, ohne darauffolgende Abschreckung).

nitriding process, *s.* Nitrierverfahren, *n.*

nitriding steel, *s.* Nitrierstahl, *m.*

nitrogen, *s.* Stickstoff, *m.*

nitrogen ballast, *s.* Stickstoffballast, *m.* (Windfrischverfahren).

nitrogen fixation, *s.*, Abbinden, *n.*, des Stickstoffes (Stahlerzeugung).

nitrogen-hardening, *s.* (see "nitriding").

nitrogen pick-up, *s.* Aufstickung, *f.* (des Metallbades beim Windfrischen).

nitrogen producing plant, *s.*, Stickstoffwerk, *n.*

nodular graphite, *s.* Kugelgraphit, *m.*, Knötchengraphit, *m.* (Gußeisen).

nodules, *spl.* Nierensinter, *m.* (aus Feinerz).

nodulizing, *s.* Nodulieren, *n.* (siehe „Pelletisieren").

noiseless running, *s.* ruhiger Gang, *m.* (einer Maschine).

nominal length, *s.* Sollänge, *f.*, vorgeschriebene Länge, *f.* (von Schienen).

nominal rating, *s.* Nennleistung, *f.*, Solleistung, *f.*

nominal size, *s.* Sollmaß, *n.*

nominal torque, *s.* Nenndrehmoment, *n.*

nomograph, *s.* Nomogramm, *n.*

non-baking coal, *s.* Magerkohle, *f.*

non-bessemer iron, *s.* für das Bessemerverfahren ungeeignetes Eisen, *n.*, phosphorreiches Eisen, *n.*

non-coking, *a.* nicht verkokbar, *a.*

non-contacting thickness ga(u)ges, *spl.* berührungslose Dickenmeßgeräte, *npl.* (Kaltbandwalzung).

non-corrodible, *a.* nicht oxydierbar, *a.*

non-cutting shaping, *s.* spanlose Formgebung, *f.*

non-destructive testing, *s.* zerstörungsfreie Prüfverfahren, *npl.* (akustische, magnetische, Röntgen-Untersuchung, etc.).

non-ferrous, *a.* nicht-eisenhaltig, *a.*

non-ferrous metallurgy, *s.* Metallhüttenkunde, *f.*

non-ferrous metals, *spl.* Nichteisenmetalle, *npl.*, NE-Metalle, *npl.*

non-ferrous sheets, *spl.* Buntmetallblech, *n.*

non-metallic inclusions, *spl.* nichtmetallische Einschlüsse, *mpl.* (im Stahl).

non-plastic fracture, *s.* Sprödbruch, *m.*, Trennungsbruch, *m.*

non-porous, *a.* porenfrei, *a.* (Guß, Schweißung).

non-scaling property, *s.* Zunderbeständigkeit, *f.*

non-scaling steel, *s.* zunderbeständiger Stahl, *m.* (siehe „hitzebeständiger Stahl").

non-shrinking steels, *spl.* kontraktionsfreier Sonderstahl, *m.* (für Schraubenlehren, Matrizen).

non-slip floor, *s.* trittsicherer Fußboden, *m.*

non-slip wire drawing machine, *s.* gleitlose Drahtziehmaschine, *f.*

non-spinning rope, *s.* eindrehsicheres Stahlseil, *n.*

non-warping, *a.* verzugfrei, *a.*

normal, *a.* normal, *a.* (üblich).

normalizing, *s.* Normalisieren, *n.* (Erhitzen über die Umwandlungstemperatur und langsames Abkühlen in ruhiger Luft bei Raumtemperatur).

normal speed, *s.* Betriebsdrehzahl, *f.* (Motor).

normal working, *s.* garer Gang, *m.* (H-Ofen).

nose, *s.*, **of beginning transformation curve,** Perlitnase, *f.*, der Umwandlungskurve (isotherm. Umwandlungsschaubild).

notch, *v.t.* einkerben, *v.t.*, kerben, *v.t.* (mit der Feile).

notch, *s.* Kerb, *m.*

notch ductility, *s.* Kerbzähigkeit, *f.*

notched-bar bending test, *s.* Kerbbiegeversuch, *m.*

notched-bar impact fatigue test, *s.* Dauerkerbschlagversuch, *m.* (Dauerversuch).

notched-bar pull test, *s.* Kerbzugversuch, *m.*

notched-bar tensile test, *s.* Kerbzugversuch, *m.*

notched-bar value, *s.* Kerbschlagwert, *m.*, Kerbschlagzähigkeit, *f.*

notch effect, *s.* Kerbwirkung, *f.* (Spannungsanhäufung).

notch-impact specimen, *s.* Kerbschlagprobe, *f.* (Werkst.-Prüfg.).

notch-impact test, *s.* Kerbschlagversuch, *m.* (Werkst.-Prüfg.).

notch-impact value, *s.* Kerbschlagzähigkeit, *f*

notch sensitivity, *s.* Kerbempfindlichkeit, *f.* (wächst mit Anstieg der Zugfestigkeit).

notch-tensile characteristics, *spl.* Kerbzähigkeitsverhalten, *n.* (des Werkstoffes).

notch-value, *s.* (see "notched-bar value").

nozzle, *s.* Ausguß, *m.* (der Stopfenpfanne; Stahlw.); Düse, *f.*

nuclear growth, *s.* Keimwachstum, *n.* (Kristallogr.).

nucleation, *s.* Keimbildung, *f.* (von Kristallen; Kristallogr.).

nucleus, *s.*, (*pl.*: **nuclei**), Keim, *m.* (der Kristallisation; Kristallogr., Metallogr.).

number of blows, *s.* Schlagzahl, *f.* (Werkst.-Prüfg.).

number of centers, *s.* Kernzahl, *f.* (Kristallogr.).

number of cycles, *s.* Lastspielzahl, *f.* (Dauerversuch).

number of oscillations, *s.* Schwingungszahl, *f.* (Ermüdungs- oder Pendelhärte-Versuch).

number of strands, *s.* Flechtungszahl, *f.* (Stahlseil).

nut union, *s.* Überwurfmutter, *f.*

O

O.D. (see "outside diameter").

O.D. pipe, *s.* Röhren, *fpl.*, über 300 mm Durchmesser (Nennweite = Außendurchmesser).

o. h. fce. (see "open hearth furnace").

oblique, *a.* schief, *a.*

observation, *s.* Beobachtung, *f.* (wissenschaftliche).

obsolescence, *s.* Überalterung, *f.* (von Einrichtungen).

obtuse angle, *s.* stumpfer Winkel, *m.*

occlusion, *s.* Gaseinschluß, *m.* (im Stahl).

offage, *s.*, of blast, Winddrosselung, *f.*
(H-Ofen).
off-blast period, *s.* Windabstellzeit, *f.*
(H-Ofen).
off-center, *a.* unmittig, *a.*
off-center position, *s.* Unmittigkeit, *f.*
off-gases, *spl.* Abgase, *npl.*
off heat, *s.* Fehlschmelze, *f.*, Fehlschmelzung, *f.* (Stahlerzeugung).
off-lengths, *spl.* Unter- und Überlängen, *pl.* (von Walzstäben, Schienen).
off position, *s.* Ausschaltstellung, *f.*
(Hebel, Schalter).
off side, *s.*, of a mill, Arbeitsseite, *f.*,
des Walzgerüstes (Walzw.).
off-square, *a.* nicht winkelrecht, *a.*
(Schnitt).
off-standard lengths, *spl.* Extralängen,
pl. (Stabstahl, Schienen).
oil, *v.t.* ölen, *v.t.* (Masch.).
oil atomizer, *s.* Ölzerstäuber, *m.*
(eines Brenners).
oil cup, *s.* Schmierbüchse, *f.* (Masch.).
oil deposit, *s.* Öl-Bodensatz, *m.*
(Schmierung).
oiler, *s.* Öler, *m.* (Schmierung).
oil feed, *s.* Ölzuführung, *f.* (Schmierung).
oil filter, *s.* Ölfilter, *n.* (mit Öl als
Filtrierstoff; z. B. Luft-Ölfilter).
oil fired furnace, *s.* ölbeheizter Ofen, *m.*
oil ga(u)ge, *s.* Ölstandanzeiger, *m.*
(Schmierung).
oil groove, *s.* Ölnut, *f.* (Schmierung).
oil hardening steel, *s.* Ölhärter, *m.*
(Stahl, der durch Abschrecken in Öl
gehärtet wird).
oil level, *s.* Ölstand, *m.*, Ölspiegel, *m.*
(Schmierung).
oil-mist lubricator, *s.* Ölstaub-
Schmiervorrichtung, *f.*
oil-quench, *v.t.* in Öl abschrecken, *v.t.*
(Härterei).
oil quench, *s.* Ölabschrecken, *n.* (Härterei).
oil seal, *s.* Ölabschluß, *m.*, Öldichtung, *f.*
oil strainer, *s.* Ölfilter, *n.* (zum Reinigen
des Öls).
oil well casing, *s.* Ölschachtverrohrung,
f.
oil wiper, *s.* Ölabstreifer, *m.* (Schmierung).
oil wiper ring, *s.* Ölabstreifring, *m.*
(Schmierung).

on a level with, *adv.* auf gleicher
Ebene mit..., *adv.*, auf gleicher Höhe
mit..., *adv.*
one-way fired soaking pit, *s.* Einweg-
tiefofen, *m.*
on ... inch centers, *adv.* in Abständen
von ... mm, *adv.*
oolitic iron ore, *s.* Minette, *f.*
open-cast iron, *s.* Herdguß, *m.* (Erzeugnis).
open edger, *s.* offenes Stauchkaliber, *n.*
(Vorwalzenkalibr.).
open-gap shear, *s.* Ausladungsschere,
f. (Blech).
open groove, *s.* offenes Kaliber, *n.*
(Walzenkalibr.).
open hearth furnace, *s.* [o. h. fce.],
Siemens-Martin-Ofen, *m.*, SM-Ofen, *m.*
open hearth furnace plant, *s.* SM-
Stahlwerk, *n.*
open hearth iron, *s.* Stahleisen, *n.*
open hearth pig iron, *s.* Martinroheisen, *n.*, Stahleisen, *n.*
open hearth process, *s.* Herdfrischverfahren, *n.*, Siemens-Martinverfahren, *n.*, SM-Verfahren, *n.*
open hearth refining, *s.* Herdfrischen,
n.
open hearth shop, *s.* SM-Stahlwerk, *n.*
(als Abteilung eines Hüttenwerks).
open hearth steel, *s.* Siemens-Martinstahl, *m.*, SM-Stahl, *m.*
open hearth steelmaking process, *s.*
(see "open hearth process").
opening, *s.* Eröffnung, *f.* (einer Anlage); Mündung, *f.* (Rohr, Düse);
Öffnung, *f.*, Durchlaß, *m.* (einer
Schere).
open pass, *s.* offenes Kaliber, *n.*
(Walzenkalibr.).
open pit mining, *s.* Muldentagbau, *m.*
(Erz).
open position, *s.* (see "off position").
openpoured steel, *s.* (see "open
topped").
open sand casting, *s.* Herdguß, *m.*
(Tätigkeit und Erzeugnis).
open sand mold, *s.* Herdform, *f.*
(Formerei).
open square, *s.* offenes Quadratkaliber, *n.* (Walzenkalibr.).
open-top housing, *s.* Kappenständer,
m., offener Walzenständer, *m.*
(Walzw.).

open-top ingot, *s.* Block, *m.* mit offenem Kopflunker (Blockguß).

open-top mill housing, *s.* (see "open-top housing").

open-topped ingot, *s.* offen vergossener Block, *m.* (ohne Gießaufsatz).

open-top roll housing, *s.* (see "open-top housing").

open-web beam, *s.* Träger, *m.*, mit durchbrochenem Steg.

open-web girder, *s.* (see "open-web beam").

operate, *v.t., v.i.* betätigen, *v.t.* (Masch.); führen, *v.t.* (einen Ofen); fahren, *v.i.* (z. B. „der Ofen fährt mit einem Gas-Teergemisch"), gehen, *v.i.* (z. B. „der Ofen geht ruhiger"'); laufen, *v.i.* (z. B. „das Walzwerk läuft mit … m/sek.").

operating conditions, *spl.* Betriebsbedingungen, *pl.*, Betriebsverhältnisse, *pl.*

operating costs, *spl.* Betriebskosten, *pl.*

operating equipment, *s.* Betriebseinrichtung(en), *f(pl)*.

operating handle, *s.* Bedienungshebel, *m.* (Masch.).

operating instructions, *spl.* Bedienungsvorschrift, *f.* (einer Maschine), Betriebsvorschrift, *f.*

operating lever, *s.* Bedienungshebel, *m.*

operating machinery, *s.* Maschinenanlagen, *fpl.*

operating materials, *spl.* Betriebsstoffe, *mpl.*

operating practice, *s.* Betriebsführung, *f.*

operating rate, *s.* Betriebstempo, *n.*

operating technique, *s.* Arbeitsweise, *f.*, Betriebsweise, *f.*

operation, *s.* Arbeitsgang, *m.* (bei der Fertigung); Betrieb, *m.* (im textlichen Zusammenhang); Führung, *f.* (eines Ofens); Vorgang, *m.*

operations, *spl.* Arbeiten, *pl.* (im textlichen Zusammenhang, z. B. „Bohrarbeiten").

operation costs, *spl.* reine Betriebskosten, *pl.*

operation, *s.*, **of a furnace,** Ofenführung, *f.*

operator's cab, *s.* Führerhaus, *n.* (Kran).

operator's platform, *s.* Bedienungsstand, *m.*

operator's stand, *s.* Führerstand, *m.*

optical analysis, *s.* optische Analyse, *f.* (Gas).

order lengths, *spl.* Bestellängen, *fpl.*

ordinate, *s.* Ordinate, *f.* (Diagramm).

ore analysis, *s.* Erzuntersuchung, *f.*, Erzanalyse, *f.*

ore bench, *s.* Erzmagazin, *n.*

ore beneficiation, *s.* Erzveredelung, *f.* (als Sammelausdruck); Verbesserung, *f.*, in Struktur und Güte des Erzes (als übergeordneter Begriff).

ore bin, *s.* Erztasche, *f.* (H-Ofenanlage).

ore breaker, *s.* Erzbrecher, *m.*

ore bridge, *s.* Erzbrücke, *f.* (Erzplatz, H-Ofenanlage).

ore calcining installation, *s.* Erzrösterei, *f.*

ore charge, *s.* Erzgicht, *f.* (H-Ofen).

ore concentration, *s.* Erzanreicherung, *f.* (durch Brechen und Scheideverfahren).

ore crusher, *s.* Erzquetsche, *f.*

ore crushing plant, *s.* Erzzerkleinerungsanlage, *f.*

ore deposit, *s.* Erzlagerstätte, *f.*, Erzvorkommen, *n.*

ore dressing, *s.* Erzaufbereitung, *f.*

ore lixiviation, *s.* Erzlaugung, *f.*

ore mine, *s.* Erzbergwerk, *n.*

ore, *s.*, **of commercial value,** schmelzwürdiges Erz, *n.*

ore production, *s.* Erzförderung, *f.*

ore roasting installation, *s.* Erzrösterei, *f.*

ore sample, *s.* Erzmuster, *n.*

ore screening plant, *s.* Erzsiebanlage, *f.*

ore separator, *s.* Erzscheider, *m.*

ore smelting, *s.* Erzverhüttung, *f.*

ore yard, *s.* Erzplatz, *m.* (H-Ofenanlage).

organic compound, *s.* organisches Präparat, *n.*

organization, *s.*, **of a plant,** Betriebsgliederung, *f.*

orientation, *s.* Ausrichtung, *f.* (von Kristallen; Kristallogr.).

orifice, *s.* Mündung, *f.* (Rohr, Düse).

origin, *s.* Herkunft, *f.* (von Erzeugnissen); Nullpunkt, *m.* (der Koordinaten).

oscillating saw, *s.* Pendelsäge, *f.*

outer race, *s.* Außenring, *m.* (Wälz-lager).

outgoing gas, *s.* Abgase, *npl.*

out of square, *a.* schief, *a.*

out-perform, *v.t.* übertreffen, *v.t.* (im Betriebsverhalten).

outproduce, *v.t.* übertreffen, *v.t.*, in der Leistung.

output, *s.* Ausstoß, *m.* (Gesamterzeugung eines Ofens, eines Werkes, einer Anlage); Förderung, *f.* (Erz, Kohle); Leistung, *f.* (Maschine, Motor).

output shaft, *s.* Antriebswelle, *f.* (Masch.).

outside diameter, *s.* [O.D.], äußerer Durchmesser, *m.*

outside dimensions, *spl.* Außenabmessungen, *fpl.*

oval, *s.* Oval, *n.* (Walzstab).

oval bar, *s.* Oval, *n.* (Walzstab).

oval head screw, *s.* Linsenschraube, *f.*

ovalizing, *s.* Eiern, *n.* (des Knüppelmantels während der Rohrwalzung).

oval pass, *s.* Ovalkaliber, *n.* (Walzenkalibr.).

oven, *s.* Ofen, *m.* (Koks-, Trocken-, Back-).

overall dimension, *s.* Totalmaß, *n.*

overall height, *s.* Bauhöhe, *f.* (z. B. einer Maschine, eines Kranes).

overall length, *s.* Baulänge, *f.* (einer Maschine); Gesamtlänge, *f.* (allgemein).

overall width, *s.* Baubreite, *f.* (einer Maschine); Gesamtbreite, *f.* (allgemein).

overblown steel, *s.* überblasener Stahl, *m.* (Windfrischverfahren).

over-cut, *s.* Grobhieb, *m.* (einer zweihiebigen Feile).

over-drawing, *s.* Überziehen, *n.* (Drahtzug); Anlassen, *n.*, auf zu hohe Temperatur.

overfill, *s.* Überfüllung, *f.* (eines Kalibers; Walzenkalibr.; Walzung).

overfilled, *a.* gratig, *a.* (Walzgut).

overhead cable, *s.* Luftkabel, *n.*

overhead crane, *s.* Oberflurkran, *m.*

overhead frog, *s.* Fahrdrahtweiche, *f.*

overhead railway, *s.* Hängebahn, *f.* (Materialförderung).

overheads, *spl.* Gemeinkosten, *pl.*

overhead traveling crane, *s.* Laufkran, *m.*

overhead valve, *s.* hängendes Ventil, *n.*

overhead welding, *s.* Überkopf-Schweißung, *f.*

overheated steel, *s.* überhitzter Stahl, *m.* (kein Dauerschaden; nur sehr starke Kornvergröberung. Abhilfe durch weitere Warmbehandlung oder durch mechanische Verarbeitung).

overhung, *a.* fliegend angeordnet, *a.*

overoxidation, *s.* Überoxydation, *f.* (des Bades; Stahlfrischen).

over-oxidize, *v.t.* überoxydieren, *v.t.*

over-pickling process, *s.* Beiz-Anspitzverfahren, *n.* (Anspitzen von Stabmaterial auf chemischem Wege vor dem Ziehen: Eintauchen der Stabspitzen in heiße, 50% Schwefelsäure).

oversize product, *s.* Siebrückstand, *m.*

own cost, *s.* Gestehungskosten, *pl.*

oxalate, *s.* Oxalat, *n.*

oxalic acid, *s.* Oxalsäure, *f.*

oxalic acid anodizing, *s.* Eloxieren, *n.*

oxalic acid anodizing process, *s.* Eloxalverfahren, *n.* (Werkstoff Aluminium und dessen Legierungen; ähnlich dem Aluminit-Verfahren, doch mit Oxalsäure als Elektrolyt. Siehe auch „anodische Oberflächenbehandlung").

oxalite, *s.* Oxalit, *n.*

oxidation, *s.* Oxydation, *f.*, Verbrennung, *f.*

oxide, *s.* Oxyd, *n.*

oxide jacket, *s.* Zunderhaut, *f.*

oxide losses, *spl.* Abbrände, *pl.*, Glühverlust, *m.*

oxidic slag, *s.* Eisenschlacke, *f.*, Oxydschlacke, *f.* (FeO, Fe$_2$O$_3$, MnO, SiO$_2$).

oxidizable, *a.* oxydierbar, *a.*

oxidize, *v.t.*, *v.i.* oxydieren, *v.t.*, *v.i.*

oxidizer, *s.* Oxydationsmittel, *n.*

oxidizing agent, *s.* Oxydationsmittel, *n.*

oxidizing flame, *s.* Oxydationsflamme, *f.*

oxidizing ore, *s.* Frischerz, *n.* (Stahlfrischen).

oxidizing roasting, *s.* oxydierendes Rösten, *n.*

oxidizing slag, *s.* Frischschlacke, *f.* (Stahlfrischen).

Oxweld plate-edge preparation machine, *s.* Sauerstoff-Maß- und Schrägschnittmaschine, *f.*, für Schweißblechränder (Erzeugnis der Linde Air Products).

oxyacetylene welding, *s.* Dissousgasschweißung, *f.*

oxyacetylene welding, *s.* Dissousgasschweißung, *f.*

oxygen, *s.* Sauerstoff, *m.*

oxygenated blast, *s.* sauerstoffangereicherter Wind, *m.*

oxygenated blow, *s.* mit Sauerstoffzusatz erblasene Schmelze, *f.* (Windfrischverfahren).

oxygenation, *s.* Anreicherung, *f.*, mit Sauerstoff (des Gebläsewindes).

oxygen blast air, *s.*, ... pct. Gebläsewind, *m.*, mit ... % Sauerstoffzusatz.

oxygen-converter steel, *s.* Sauerstoff-Konverterstahl, *m.* (hergestellt nach dem Sauerstoff-Konverterverfahren; siehe auch unter „Purox-Stahl“, „SK-Stahl“, „LD-Stahl“, „Oxygen-Stahl“).

oxygen end burner, *s.* Sauerstoff-Kopfbrenner, *m.* (SM-Ofen).

oxygen-enriched air, *s.* sauerstoffangereicherte Luft, *f.*

oxygen-enriched blast, *s.* sauerstoffangereicherter Wind, *m.*

oxygen injection, *s.* Einblasen, *n.*, von Sauerstoff.

oxygen jet, *s.* Sauerstoffstrahl, *m.*

oxygen jet (device), *s.* Sauerstoffstrahldüse, *f.*

oxygen-jet scrap melting, *s.* Niederschmelzen, *n.*, vorgewärmten Schrotts mit Sauerstoff (SM-, Elektro-Schmelzbetrieb).

oxygen lance, *s.* Sauerstoffblasröhre, *f.*, Sauerstofflanze, *f.*

oxygen production, *s.* Sauerstoffgewinnung, *f.*

oxygen production plant, *s.* Sauerstoffgewinnungsanlage, *f.*

oxygen steelmaking process, *s.* Sauerstoff-Konverter-Verfahren, *n.*, LD-Verfahren, *n.*, SK-Verfahren, *n.* (Stahlfrischen durch Aufblasen von technisch reinem Sauerstoff auf die Badoberfläche im Konverter, bzw. einem konverterähnlichen Gefäß).

oxygen-refined steel, *s.* Sauerstoff-Blasstahl, *m.* (nach dem Sauerstoff-Konverterverfahren); mit Sauerstoff gefrischter Stahl, *m.* (SM-Verfahren).

oxygen technique, *s.* Sauerstofftechnik, *f.*

oxygen top blowing, *s.* Aufblasen, *n.*, von Sauerstoff (Oxygenstahlerzeugung).

oxygen tuyere, *s.* Sauerstoffdüse, *f.* (Sauerstoff-Konverter-Verfahren).

oxy-oil burner, *s.* Sauerstoff-Ölbrenner, *m.* (in den Köpfen von SM-Öfen).

ozokerite, *s.* Ozokerit, *m.*

P

pack, *s.* Sturz, *m.*, Paket, *n.* (Feinblech).

pack-annealing, *s.* Sturzenglühung, *f.* (Feinblech).

pack-carburizing, *s.* Zementieren, *n.*

pack-hardening, *s.* Einsatzhärtung, *f.*

pack-rolling, *s.* Sturzenwalzung, *f.* (Feinblech).

package mill, *s.* Kleinst-Reversier-kaltwalzwerk, *n.* (zur Kundenwalzung von dünnem, schmalem Bandstahl, entwickelt von der United Engineering & Foundry Co.).

packing, *s.* Dichtung, *f.* (pflanzl., tier. Gewebe); Futter, *n.* (Dichtung, Masch.); Packung, *f.*, Verpackung, *f.*

packing case, *s.* Packkiste, *f.*

packing case hoops, *spl.* Verpackungsbandeisen, *n.*

packing disc, *s.* Dichtungsscheibe, *f.* (eines Ventils).

pad, *s.* Eingußdämpfer, *m.* (auf den Kokillenboden passende Platten aus Preßholz, durch die übermäßiges Spritzen beim Einguß von oben vermieden werden soll).

paint process plant, *s.* Blechlackiererei, *f.*

pallet, *s.* Sinterbandkasten, *m.*; Trage, *f.* (zum Zubringen feuerfester Steine).

pallet grate, *s.* Verblaserost, *m.* (Sintermaschine).

palm oil, *s.* Palmöl, *n.* (Schmiermittel; Weißblecherzeugung).

pan, *s.* Herdwanne, *f.* (SM-Ofen).

pan conveyor type cooler, *s.* Pfannenkühltransporteur, *m.* (für Kugel- und Nierensinter).

panel, *s.* Feld, *n.* (eines Fachwerkträgers).

pan head rivet, *s.* Flachkopfniet, *m.*

pan plates, *spl.* Bodenplatten, *fpl.* (SM-Ofen; Herd).

pan riveting, *s.* Flachkopfnietung, *f.*

parallelism, *s.,* **of the rolls,** Ausgerichtetsein, *n.,* der Ober- nach der Unterwalze (das Ausrichten erfolgt durch einseitiges Anstellen der Oberwalze).

paramagnetic, *a.* paramagnetisch, *a.*

paramagnetism, *s.* Paramagnetismus, *m.*

parent metal, *s.* Grundwerkstoff, *m.*

Parkerizing, *s.* Parkerverfahren, *n.* (Behandlung der metallisch blanken Oberfläche vor dem Anstrich im Phosphatbad; vgl. „Bonderverfahren").

parking lot, *s.* Parkplatz, *m.*

Parry type cup and cone, *s.* Parry-Gichtverschluß, *m.* (H-Ofen).

part, *s.* Bestandteil, *m.* (einer Maschine).

particle size curve, *s.* Körnungslinie, *f.* (Staubanalyse).

parting, *s.,* **of rolls,** Walzenspiel, *n.* (Abstand der Ränder zweier Walzen voneinander; Walzenkalibr.).

parting powder, *s.* Formpuder, *n.*

parting line, *s.* Trennfuge, *f.* (Formkasten).

parting sand, *s.* trockener Formsand, *m.* (Gieß.).

partition wall, *s.* Trennwand, *f.*

parts supplier, *s.* Ersatzteil-Lieferant, *m.*

pass, *s.* Zug, *m.* (Ziehtechnik); Arbeitsgang, *m.* (Fertigung); Kaliber, *n.* Stich, *m.* (Walzw.); Schweißgang, *m.* Schweißlage, *f.* (Schweißen).

passage, *s.* Durchlaß, *m.*

pass arrangement, *s.* Kaliberanordnung, *f.* (Walzenkalibr.).

pass draft, *s.* Druckstufe, *f.,* des Kalibers (Kalibrierung).

passes, *spl.,* **working over top of one another,** übereinandergelegte Kali-

ber, *npl.* (Walzenkalibr.; Triostraßen).

passivity, *s.* Passivität, *f.* (Korrosion).

pass parting, *s.* Kaliberöffnung, *f.* (Walzenkalibr.).

pass reduction, *s.* Stichabnahme, *f.* (in % des Ausgangsquerschnittes; Walztechnik).

pass schedule, *s.* Stichplan, *m.* (Walzung).

pass taper, *s.* Kaliberanzug, *m.* (Walzenkalibr.).

pass template, *s.* Kaliberwalzenschablone, *f.*

pasty, *a.* teigig, *a.* (Schlacke, Metall).

pasty slag, *s.* lange Schlacke, *f.* (fadenziehende SiO_2- oder Al_2O_3-reiche Schlacke; Zustand vor dem Schmelzen oder Erstarren).

patching material, *s.* Flickmasse, *f.* (Heißreparatur von Öfen).

patent, *v.t.* patentieren, *v.t.*

patent agent, *s.* Patentanwalt, *m.*

patent application, *s.* Patentanmeldung, *f.*

patent attorney, *s.* Patentanwalt, *m.*

patentee, *s.* Patentinhaber, *m.*

patent fees, *spl.* Patentgebühren, *fpl.*

patent holder, *s.* Patentinhaber, *m.*

patent infringement, *s.* Patentverletzung, *f.*

patent office, *s.* Patentamt, *n.*

patent, *s.,* **pending,** Patent, *n.,* angemeldet.

patent right, *s.* Patentrecht, *n.*

patent rolls, *spl.* Patentregister, *n.*

patent specification, *s.* Patentschrift, *f.*

patent specifications, *spl.* Patentbeschreibung, *f.*

patenting, *s.* Patentieren, *n.* (Wärmebehandlung. von Kohlenstoffstählen mittleren oder hohen C-Gehaltes beim Drahtzug; vor dem Ziehen oder zwischen den Zügen Erhitzen und Abkühlen in Luft oder Bleibad, oder Salzbad).

pattern, *s.* Lehre, *f.* (Schablone), Modell, *n.*

pattern maker, *s.* Modelltischler, *m.* (Gieß.).

pattern maker's shop, *s.* Modellschreinerei, *f.,* Modelltischlerei, *f.*

pattern, *s.,* **of fracture,** Bruchaussehen, *n.* (bei der Stahlbeurteilung).

pattern, s., of transformation, Umwandlungscharakteristik, *f.* (Metallogr.).

pattern storage, *s.* Modellboden, *m.* (Gieß.).

pawl, *s.* Sperrklinke, *f.* (auch als Teil des Sperradgetriebes), Klinke, *f.* (Masch.).

pay-off reel, *s.* Ablaufhaspel, *m.*

pay out, *v.t.* auslegen, *v.t.* (Kabel).

pay-out drum, *s.* Auslegetrommel, *f.* (Kabel).

pearlite, *s.* Perlit, *m.* (streifenförmiges eutektoides Mischgefüge aus Ferrit und Zementit, als Ergebnis der Ar_1-Umwandlung).

pearlite area, *s.* Perlitinsel, *f.* (Metallogr.).

pearlite nose, *s.* Perlitnase, *f.* (isotherm. Umwandlungsschaubild).

pearlite nose temperature, *s.* Temperaturlage, *f.*, der Perlitnase (isotherm. Umwandlungsschaubild).

pearlite zone, *s.* Perlitgebiet, *n.* (Metallogr.).

pearlitic stainless steels, *spl.* perlitische Chrom-Stähle, *mpl.* (beste Ölhärterstähle; Turbinenschaufeln, Besteck- und Federstähle: 0.2—0.4% C und 12—16% Cr).

pedestal bearing, *s.* Stehlager, *n.*

pedestal, s., of a column, Säulenständer, *m.*

peel, *s.* Schwengel, *m.* (Einsetzmaschine; SM-Ofen).

peening, *s.* Abstrahlen, *n.* (zur Oberflächenverbesserung).

peg, *v.t.* dübeln, *v.t.* (mit Dübeln befestigen).

peg, *s.* Dübel, *m.* (Masch.).

pelletizing, *s.* Pelletisieren, *n.* (Stükkigmachen von Feinerzen in Form von Rundkörpern, ähnlich dem Nodulieren).

pellets, *spl.* Kugelsinter, *m.* (Erz).

pendulum impact test, *s.* Pendelhärteversuch, *m.* (dynamisch).

pendulum type hammer, *s.* Pendelhammer, *m.* (eines Pendelschlagwerks, für Einschlagproben).

pendulum type impact testing machine, *s.* Pendelschlagwerk, *n.*, für Kerbschlagversuche (Bauart Charpy oder Izod).

pendulum type saw, *s.* Pendelsäge, *f.*

penetrate, *v.i.* eindringen, *v.i.*

penetration, *s.* Eindringung, *f.;* Einbrand, *m.* (Schweißen: Bindung mit dem Grundwerkstoff).

penetration, s., of work, Durcharbeitung, *f.* (Walzung).

penetrator, *s.* Eindring-Prüfkörper, *m.* (Rockwell-Härteprüfung).

penstock, *s.* Düsenstock, *m.* (Hochofen).

pepper blister, *s.* Bläschen, *n.* (siehe „Blase").

percentage, *s.* Perzentgehalt, *m.*, Perzentsatz, *m.*

per cent reduction, *s.* Perzentabnahme, *f.*, Querschnittabnahme, *f.* (Walzung).

per cent yield, *s.* Perzentausbringen, *n.* (Betriebsauswertung).

percussion drill, *s.* Schlagbohrer, *m.*

perforate, *v.t.* durchlochen, *v.t.* (siebartig).

perforated, *a.* gelocht, *a.* (siebartig).

perforated sheet, *s.* Gitterblech, *n.*

perforation, *s.* Durchlochung, *f.*

performance, *s.* Betriebsleistung, *f.* (z. B. einer Maschine, eines Ofens, u. dgl.).

periodic rolling, *s.* Walzen, *n.*, im Gesenk (Walztechnik).

peripheral speed, *s.* Umfangsgeschwindigkeit, *f.*

peripheral zone, *s.* Randzone, *f.* (eines zylindrischen Prüfkörpers; Druckversuch).

Permalloys, *spl.* Permalloy-Legierungen, *fpl.* (Nickelgehalt von 50—80%; für Sonderzwecke in der elektrischen Industrie).

permanent, *a.* bleibend, *a.*

permanent deformation, *s.* bleibende Formänderung, *f.*

permanent elongation, *s.* bleibende Dehnung, *f.* (Werkst.-Prüfg.).

permanent elongation stress, *s.* Dehngrenze, *f.* (die Spannung, die 0.2% bleibende Dehnung erzeugt).

permanent mold casting, *s.* Dauerformguß, *m.*

permanent set, *s.* bleibende Durchbiegung, *f.* (einer Feder, eines Balkens).

permanent way, *s.* Eisenbahnoberbau, *m.*

permeable, *a.* durchdringlich, *a.* (Phys.).

permeability, *s.* Durchdringlichkeit, *f.,* Permeabilität, *f.,* Durchlässigkeit, *f.* (magnetische).

permissible creep, *s.* (see "limiting creep stress").

permissible deviation, *s.* zulässige Abweichung, *f.* (vom genauen Maß oder Gewicht).

personnel, *s.* Belegschaft, *f.*

pervious, *a.* durchlässig, *a.* (Material, Boden).

petroleum, *s.* Petroleum, *n.*

pewter, *s.* Hartzinn, *n.*

phase, *s.* Zustandsform, *f.,* Phase, *f.* (Metallogr.).

phase boundary, *s.* Phasengrenze, *f.* (Metallogr.).

phase-boundary reaction, *s.* Phasengrenzreaktion, *f.* (Metallogr.).

phase equilibrium, *s.* Phasengleichgewicht, *n.* (bei einer bestimmten Temperatur; Metallogr.).

phenolic resin, *s.* Phenolharz, *n.* (Lagerfutter).

phenolic resin bearing, *s.* Phenolharzlager, *n.* (Walzw.).

phenomenon, *s.* Erscheinung, *f.* (Chem., Phys.).

phosphate, *s.* Phosphat, *n.*

phosphate treatment, *s.* (see "phosphating").

phosphating, *s.* Phosphatieren, *n.* (Oberflächenschutz; siehe auch Atramentieren).

phosphide, *s.* Phosphid, *n.*

phosphide network, *s.* Phosphidnetzwerk, *n.* (um die Perlitkorngrenzen in Gußeisen).

phosphite, *s.* Phosphit, *n.*

phosphorous, *a.* phosphorhaltig, *a.*

phosphorus, *s.* Phosphor, *m.*

phosphorus banding, *s.* gestreckte Phosphorseigerungen, *fpl.* (durch die Verarbeitung des Stahles; siehe „Zeilenstruktur").

photo-electric cell, *s.* photoelektrische Zelle, *f.*

photo-macrograph, *s.* Makrophoto, *n.* (Metallogr.).

photo-micrograph, *s.* Mikrophoto, *n.*

physical, *a.* physikalisch, *a.*

physical chemistry, *s.* physikalische Chemie, *f.*

physical metallurgy, *s.* (see "metallography").

physical property, *s.* physikalische Eigenschaft, *f.*

physics, *s.* Physik, *f.*

physical science, *s.* Physik, *f.* (als Wissenschaft).

physicist, *s.* Physiker, *m.*

piano wire, *s.* Klavierdraht, *m.*

pick-up, *s.* Aufnahme, *f.* (z. B. von Wasserstoff durch das Stahlbad).

pickle brittleness, *s.* Beizsprödigkeit, *f.* (hervorgerufen durch Wasserstoffeinschlüsse an den Korngrenzen).

pickling, *s.* Beizung, *f.*

pickling basket, *s.* Beizkorb, *m.*

pickling bath, *s.* Beizbad, *n.*

pickling brittleness, *s.* Beizsprödigkeit, *f.* (Ursache: Wasserstoffentwicklung während des Beizvorganges).

pickling compound, *s.* Beizzusatz, *m.*

pickling inhibitor, *s.* Sparbeize, *f.* (vermindert den durch Säureangriff eintretenden Metallverlust, und somit auch den Säureverbrauch).

pickling line, *s.* Beizanlage, *f.*

pickling liquor, *s.* Beizflüssigkeit, *f.*

pickling machines, *spl.* Beizmaschinen, *fpl.* (allgem.).

pickling plant, *s.* Beizanlage, *f.,* Beizerei, *f.*

pickling tank, *s.* Beizbad, *n.* Beizbottich, *m.,* Beiztrog, *m.*

picral, *s.* alkoholische Pikrinsäure, *f.* (Ätzmittel; Feingefügeentwicklung).

picture, *s.* Abbildung, *f.,* Bild, *n.*

piece weight, *s.* Stückgewicht, *n.*

piece work, *s.* Stückarbeit, *f.*

piece worker, *s.* Stückarbeiter, *m.*

pier, *s.* Pfeiler, *m.* (Vorderwandpfeiler eines SM-Ofens).

piercability, *s.* Lochfähigkeit, *f.* (des Werkstoffs; Herstellung nahtloser Rohre).

pierce, *v.t.* lochen, *v.t.*

pierced, *a.* gelocht, *a.* (jeweils 1 Loch).

pierced blank, *s.* Lochstück, *n.* (Ausgangsmaterial für die Erzeugung nahtloser Rohre).

piercer, *s.* Lochdorn, *m.* (Lochwalzung, Lochpressen).

piercer rod, *s.* Lochdornstange, *f.* (Lochwalzung).

piercing and expanding mill, *s.* Loch-

und Aufweitewalzwerk, *n.* (nahtlose Rohre).

piercing mandrel, *s.* Lochdorn, *m.* (Rohrerzeugung im Lochwalzwerk).

piercing mill process, *s.* Lochwalzverfahren, *n.* (Auswalzen des erwärmten Rundknüppels zwischen zwei schräggestellten doppelkegelförmigen oder versetzten scheibenförmigen Walzen über einem Dorn; Herstellung nahtloser Rohre).

piercing operation, *s.* Lochvorgang, *m.*

piercing press, *s.* Lochpresse, *f.*

piercing punch, *s.* Lochstempel, *m.* (Herstellung von Rohren im Lochpreßverfahren).

pig bed crane, *s.* Masselkran, *m.*

pig breaker, *s.* Masselbrecher, *m.*, Masselschläger, *m.* (zum Ausbrechen der Massel aus dem Masselbett).

pigging, *s.* Roheisen-Aufkohlung, *f.* (Stahlerzeugung).

pig iron-ore process, *s.* Roheisen-Erz-Verfahren, *n.* (SM-Stahlerzeugung).

pig iron-scrap process, *s.* Roheisen-Schrott-Verfahren (SM-Stahlerzeugung).

piglet, *s.* Massel, *m.* (maschinengegossener).

pig molding machine, *s.* Masselformmaschine, *f.*

pigs, *spl.* Blöckchen, *npl.* (handelsübliche Form der Eisenlegierungen).

pile driver, *s.* Pilotenschläger, *m.*, Ramme, *f.* (Spundwandbau).

pile driving, *s.* Einpfählung, *f.* (Spundwandbau).

piler, *s.* Stapler, *m.* (für vorgewalzte Brammen und Platinen).

piler bed, *s.* Stapelrost, *m.*

piler crane, *s.* Stapelkran, *m.* (Walzw.).

pilger roll, *s.* Pilgerwalze, *f.* (Pilgerschrittwalzwerk).

pilger type seamless tube rolling mill, *s.* Pilgerschrittwalzwerk, *n.*

piling, *s.* Paketieren, *n.* (Schweißeisenerzeugung).

piling and bundling machine, *s.* Paketiermaschine, *f.* (Schrott).

piling and forging, *s.* Paketieren, *n.*, Gärben, *n.* (Schweißstahlerzeugung).

piling bin, *s.* Stapeltasche, *f.*

piling furnace, *s.* Paketierofen, *m.* (Schweißstahlerzeugung).

piling grate, *s.* Stapelrost, *m.*

piling pocket, *s.* Stapeltasche, *f.* (Walzw.).

piling rolls, *spl.* Stapelrollen, *fpl.* (Walzw.).

piling scrap, *s.* Paketierschrott, *m.* (Schweißstahlerzeugung).

pillar, *s.* Pfeiler, *m.* (Betonpfeiler), Stütze, *f.* (Bauw.).

pillar crane, *s.* Säulenkran, *m.*

pillar file, *s.* dickflache Feile, *f.*

pillow block, *s.* Lagerbock, *m.*

pilot burner, *s.* Sparbrenner, *m.*

pilot lamp, *s.* Kontrollampe, *f.*

pilot-scale experiment, *s.* Versuchsbetrieb, *m.* (eines Verfahrens).

pilot unit, *s.* Versuchsanlage, *f.* (als Vorstufe der Produktionsanlage).

pin, *s.* Bolzen, *m.* (als kleine Schwenk- oder Drehachse); Stift, *m.*

pin-hole plug, *s.* Nadelboden, *m.* (Konverter).

pin wire, *s.* Stiftendraht, *m.*

pinch roll, *s.* Treibrolle, *f.*

pinch roll vibrator, *s.* Schleudervorrichtung, *f.*, Wimmler, *m.* (zum Abwerfen von Bandstahl in Schlingen).

pine-tree crystal, *s.* (see "dendrite").

pinhead blister, *s.* Bläschen, *n.* (siehe „Blase").

pinholes, *spl.* Gasporen, *fpl.* (in Güssen; Ursache: entweichende Gase.)

pinion, *s.* Kammwalze, *f.*

pinion, *s.* Ritzel, *m.*, Treibrad, *n.* (eines Rädergetriebes).

pinion drive, *s.* Kammwalzenantrieb, *m.* (Walzw.).

pinion housing, *s.* Kammwalzenständer, *m.* (Walzw.).

pinion shaft, *s.* Ritzelwelle, *f.* (Masch.).

pinion side, *s.*, **of mill,** Antriebsseite, *f.*, des Arbeitsgerüstes (Walzw.).

pinion stand, *s.* Kammwalzengerüst, *n.*, Krauselgerüst (Walzwerk, Antrieb).

Piobert effect, *s.* (see "stretcher strains").

pipe, *s.* Trichterlunker, *m.* (im Gußblock); Lunker, *m.* (Guß); Rohr, *n.* (bei Messung des Innendurchmessers).

pipe and tube working machines, *spl.* Rohrbearbeitungsmaschinen, *fpl.*

pipe bell, *s.* Rohrtrichter, *f.* (glockenartige Ausweitung).

pipe-bending machine, *s.* Rollmaschine, *f.* (zum Einrollen von Röhrenstreifen für die darauffolgende Schweißung).

pipe bending press, *s.* Rohrbiegepresse, *f.*

pipe-bending rolls, *spl.* Röhrenstreifen-Biegewalzen, *fpl.* (Erzeugung überlappt geschweißter Rohre).

pipe cavity, *s.* Lunkerhohlraum, *m.* (Gußblock).

pipe clip, *s.* Rohrschelle, *f.*

pipe connection, *s.* Rohrformstück, *n.*

pipe coupling, *s.* Rohrmuffe, *f.*

pipe fitter, *s.* Rohrleger, *m.*

pipe fittings, *spl.* Rohrarmaturen, *fpl.*, Fittings, *pl.*

pipe flare, *s.* Rohrtrichter, *f.* (konische Ausweitung).

pipe hanger, *s.* Rohrschelle, *f.*

pipe joint, *s.* Rohrverbindung, *f.*

pipe laying, *s.* Rohrverlegung, *f.*

pipe line, *s.* Rohrleitung, *f.*, Rohrstrang, *m.*

pipe socket, *s.* Rohrendmuffe, *f.*

pipework, *s.* Rohrleitungen, *fpl.*

piping, *s.* Rohrverlegung, *f.*; Röhrenbildung, *f.*; Lunkerbildung, *f.*, Lunkern, *n.*, Lunkerung, *f.*

piston, *s.* Kolben, *m.*

piston slide valve, *s.* Kolbenschieberventil, *n.*

piston displacement, *s.* Kolbenverdrängung, *f.*

pit analysis, *s.* Gießpfannenanalyse, *f.* (Chem.).

pitch, *s.* Pech, *n.*; Pfeilhöhe, *f.* (eines Bogens); Gewindesteigung, *f.* (die Entfernung eines Punktes auf einem Gang zum korrespondierenden Punkt auf dem nächsten Gang, parallel zur Achse der Schraube gemessen); Schlaglänge, *f.* (des Stahlseiles).

pitch coke, *s.* Pechkoks, *m.*

pitch line, *s.* Walzlinie, *f.* (Kalibrierung).

pitch, *s.,* **of cut,** Feilzahnteilung, *f.*

pitch, *s.,* **of flexure,** Biegepfeil, *m.* (die auf die Stützweite bezogene Durchbiegung in %).

pitch, *s.,* **of rivets,** Nietteilung, *f.* (Mitte-Mitte nebeneinander liegender Niete).

pitch, *s.,* **of rollers,** Rollenwälzkreis, *m.* (bestimmt durch Unterkante der Oberrollen und Oberkante der gestaffelt angeordneten Unterrollen; Rollenrichtmaschine).

pitch, *s.,* **of scoring,** Rillenteilung, *f.* (einer Seiltrommel).

pitch (of screw thread), *s.* Ganghöhe, *f.* (Schraube).

pit cover, *s.* Tiefofendeckel, *m.*

pit crane, *s.* Gießkran, *m.*

pit floor, *s.* Gießereisohle, *f.*

pit-saw file, *s.* Halbrundfeile, *f.* (Kreisbogen: voller Halbkreis).

pit side, *s.* Abstichseite, *f.* (SM-Ofen).

pitting, *s.* Zundervernarbung, *f.* (eingewalzter oder eingeschmiedeter Zunder; Oberflächenfehler, durch Beizen behoben); Grübchenkorrosion, *f.*; Anfressung, *f.* (der Oberfläche).

pit type crucible furnace, *s.* Einsetz-Tiefofen, *m.*

pit type electric smelting furnace, *s.* Tysland-Hole Ofen, *m.*

pivot, *v.i.* sich drehen, *v.i.* (um einen Zapfen).

pivot, *s.* Drehzapfen, *m.* (zum Drehen von Teilen in der Horizontalebene).

pivotal point, *s.* Drehpunkt, *m.*, Schwenkpunkt, *m.*

pivoted, *a.* drehbar eingesetzt, *a.*

pivoting, *a.* drehbar, *a.*

plain bearing, *s.* offenes Gleitlager, *n.*

plain carbon steel, *s.* unlegierter Kohlenstoffstahl, *m.*

plain roll, *s.* Glattwalze, *f.* (Blech, Band).

plan, *v.t.* planen, *v.t.*, vorhaben, *v.t.*

plan, *s.* Plan, *m.* (Vorhaben); Riß, *m.* (Zeichng.).

plan, *s.,* **of site,** Situationsplan, *m.* (Bauw.).

plane, *v.t.* hobeln, *v.t.*

plane, *s.* Hobel, *m.* (Masch.); Ebene, *f.*

plane, *s.,* **inclined,** geneigte Ebene, *f.*

plane, *s.,* **horizontal,** horizontale Ebene, *f.*

plane, *s.,* **of crystal,** Kristallfläche, *f.*

plane strain, *s.* bleibende Flächendehnung, *f.* (Kaltwalztechnik).

plane test basis, *s.* ebene Preßfläche, *f.* (Druckversuch).

planetary gear, *s.* Planetenrad, *n.*, Planetengetriebe, *n.*

planing tool, *s.* Hobelstahl, *m.*

planishing, *s.* Planieren, *n.,* Prägeglätten, *n.* (des kalten Werkstückes in einer Kniehebel-Prägepresse).

planishing hammer, *s.* Plätthammer, *m.,* Schlichthammer, *m.* (Schmiede).

planishing roll, *s.* Bandstahlpolierwalze, *f.*

planning, *s.* Planung, *f.*

plant, *s.* Betrieb, *m.,* Werk, *n.,* Hütte, *f.* (im textlichen Zusammenhang), Anlage, *f.* (als Erzeugungsstätte mit allen Einrichtungen).

plant auxiliaries, *spl.* Nebenbetriebe, *mpl.*

plant maintenance, *s.* Werkserhaltung, *f.*

plant management, *s.* Werksleitung, *f.,* Betriebsleitung, *f.*

plastic, *a.* knetbar, *a.* (ff. Stoffe).

plastic coal, *s.* Formkohle, *f.*

plastic deformation, *s.* bildsame Formänderung, *f.*

plastic flow, *s.,* **of crystals,** Gleitung, *f.,* der Kristalle, Fließen, *n.,* der Kristalle (Kristallogr.).

plastic impregnation, *s.* Kunststoffimprägnierung, *f.* (zur Rückgewinnung poriger Güsse).

plasticity, *s.* Bildsamkeit, *f.,* Geschmeidigkeit, *f.,* Verformungsvermögen, *n.,* Plastizität, *f.*

plastic refractory paste, *s.* feuerfeste Knetmasse, *f.*

plastic region, *s.* Gebiet, *n.,* der plastischen Formänderung.

plastic strain, *s.* bleibende Dehnung, *f.,* plastische Verformung, *f.,* bleibende Verformung, *f.* (tritt ein bei Überschreitung der Elastizitätsgrenze).

plate, *v.t.* plattieren, *v.t.*

plate, *s.* Platte, *f.*

plate bending machine, *s.* Blechbiegemaschine, *f.*

plate bending rolls, *spl.* Blechbiegewalzen, *fpl.* (Herstellung zylindrischer Hohlkörper).

plate centring gear, *s.* Blechdrehvorrichtung, *f.* (nur in waagrechter Richtung; Grobblechwalzw.).

plate conveyor, *s.* Plattenbandförderer, *m.*

plate doubler, *s.* Grobblechdoppler, *m.* (Maschine zum Doppeln von Grobblechen).

plated bars, *spl.* vorgehämmerte Schweißstahlschienen, *fpl.* (Aushämmern der Blasen und Verzähen des Werkstoffes).

plate frame, *s.* Blechrahmen, *m.* (schwerere Ausführung).

plate girder, *s.* vollwandiger Träger, *m.*

plate mill, *s.* Grobblechwalzwerk, *n.*

plate mill products, *spl.* Grobblech, *n.*

platen, *s.* Stößel, *m.* (Presse).

plate pasting machine, *s.,* Blechbeklebemaschine, *f.* (für Dynamobleche).

plates, *spl.* Grobbleche, *npl.* (U.S.A.: Breiten von 150—1200 mm bei Stärken von 5.85 mm aufwärts; Breiten über 1200 mm in Stärken von 4.6 mm aufwärts; Europa: über 3 mm, bzw. über 4.8 mm Stärke).

plate shear, *s.* Tafelschere, *f.* Blechschere, *f.* (Walzw.),

plate shear operator, *s.* Blechschneider, *m.*

plate shell, *s.* Blechmantel, *m.* (z. B. eines Konverters).

plate spring, *s.* Scheibenfeder, *f.*

plate straightener, *s.* Blechrichtmaschine, *f.*

plate trimming line, *s.* Grobblech-Adjustage, *f.*

plate turnover gear, *s.* Blechwendevorrichtung, *f.* (zur Prüfung der Unterfläche).

plating, *s.* (see "electroplating").

plating apparatus, *s.* Galvanisierapparat(e), *m(pl).*

plating barrel, *s.* Galvanisiertrommel, *f.*

platinum, *s.* Platin, *n.*

play, *s.* Spiel, *n.* (Lager).

pliers, *spl.* Drahtzange, *f.,* Flachzange, *f.*

plot, *v.t.,* **X against Y,** X in Abhängigkeit von Y auftragen (Schaubild).

plug, *s.* Lochdorn, *m.* (Lochwalzung); Stopfen, *m.* (Masch.).

plug mill, *s.* Stopfenwalzwerk, *n.* (ein Duo-Walzwerk mit mehreren fast runden Kalibern über einen Stopfen aus hartem, legiertem Stahl; Herstellung nahtloser Hohlkörper).

plug welding, *s.* Nietschweißung, *f.*

plummet, *s.* Senkel, *m.* (Bauw.).

plunger, *s.* Plunger, *m.,* Tauchkolben, *m.* (Masch.).

plunger type die caster, *s.* Kolbenspritzgußmaschine, *f.*

pneumatic balancing, *s.* Druckluftentlastung, *f.*

pneumatic brake, *s.* Druckluftbremse, *f.*

pneumatic drill, *s.* Druckluftbohrhammer, *m.*

pneumatic hammer, *s.* Drucklufthammer, *m.*

pneumatic handling equipment, *s.* pneumatische Förderanlagen, *fpl.* (allgem.).

pneumatic pick, *s.* Druckluftgesteinsbohrhammer, *m.*

pneumatic riveting hammer, *s.* Luftniethammer, *m.*

pointing hammer, *s.* Anspitzhammer, *m.*

pointing head, *s.* Einsteckvorrichtung, *f.* (der Ziehbank).

pointing machine, *s.* Anspitzmaschine, *f.*

points work, *s.* Weichenbau, *m.* (Eisenb.).

Poisson's ratio, *s.* Poissonsche Zahl, *f.* (bei elastischer Verformung das Verhältnis der Querkürzung zur Längsdehnung, auch Querzahl μ genannt: 0.30 für Stahl).

polish, *v.t.* blankputzen, *v.t.* (Oberflächen).

polish, *s.* Poliermittel, *n.*

polish attack, *s.* Ätzpolieren, *n.* (Entwicklung des Feingefüges durch gleichzeitiges Ätzen und Reliefpolieren).

polished, *a.* blank, *a.* (poliert).

polished metallographic specimen, *s.* metallographischer Schliff, *m.*

polishing disc, Polierscheibe, *f.*

polishing hammer, *s.* Polierhammer, *m.*

polishing machine, *s.* Poliermaschine, *f.*

polishing material, *s.* Poliermittel, *n.*

polycrystalline, *a.* vielkristallin, *a.*

polygon, *s.* Polygon, *m.*

polyhedron, Vielflächner, *m.* (Kristallogr.).

pool, *s.,* **of molten metal,** Schmelzkrater, *m.* (Schweißtechnik).

poor, *a.* geringwertig, *a.* (Qualität).

poor concrete, *s.* magerer Beton, *m.*

poor slag, *s.* Rohschlacke, *f.*

poppet valve, *s.* Tellerventil, *n.*

porcelain enameling, *s.* Emaillieren, *n.*

porosity, *s.* Porigkeit, *f.*

porous, *a.* porös, *a.,* porig, *a.*

porous state, *s.* schwammiger Zustand, *m.* (Sintern).

porous structure, *s.* poriger Aufbau, *m.* (Erz); poriges Gefüge, *n.* (Guß).

port end, *s.* Ofenkopf, *m.* (SM-Ofen).

portable, *a.* fahrbar, *a.* (Maschinen); beweglich, *a.* (nicht ortsgebunden).

portable electric tools, *spl.* Elektropistolenwerkzeuge, *npl.*

porter bar, *s.* Lagerbock, *m.* (für die Stufenrolle einer Blockstraße; unabhängig vom Ständer).

Portland cement, *s.* Portlandzement, *m.*

position, *s.* Lage, *f.* (zu einem Bezugspunkt).

positioning stop, *s.* Bereitstellungsanschlag, *m.* (z. B. eines Rollganges).

positive, *a.* zwangsläufig, *a.*

positive drive, *s.* zwangsläufiger Antrieb, *m.* (Masch.).

positive stop, *s.* fester Anschlag, *m.* (Masch.).

post, *s.* Ständer, *m.,* Stütze, *f.* (Bauw., Masch.).

post heat requirement, *s.* Vergüten, *n.* (der Schweißung).

pot annealing, *s.* (see "box annealing").

potash, *s.* Kali, *n.*

pour, *v.t., v.i.* gießen, *v.t.,* sich gießen lassen, *v.i.*

pour, *v.t.,* **uphill,** steigend gießen, *v.t.*

pourability, *s.* Vergießbarkeit, *f.*

pourable, *a.* gießbar, *a.*

pouring aisle, *s.* Gießgrube, *f.* (Stahlw.).

pouring floor, *s.* Gießebene, *f.* (des Gießturmes; Strangguß).

pouring ladle, *s.* Gießpfanne, *f.*

pouring platform, *s.* Gießbühne, *f.*

pouring temperature, *s.* Gießtemperatur, *f.* (des Stahles).

powder, *s.* Pulver, *n.*

powder conditioning, *s.,* **of castings,** Pulverputzverfahren, *n.* (für Guß).

powder-cutting, *s.* Pulverschneidverfahren, *n.* (Sauerstoffschneiden von rostfreien Stählen, Gußeisen).

powder gouge, *s.* Fugenhobler, *m.* (Type des Brennschneiders mit Pulverzusatz).

powder machine scarfing, *s.* Brennputzen, *n.*, mit Pulverzusatz.

powder metallurgy, *s.* Pulvermetallurgie, *f.*

powder parts, *spl.* metallkeramische Teile, *mpl.*

powder torch cutting, *s.* Brennschneiden, *s.*, mit Pulverzusatz.

powder washing, *s.*, **of castings,** Kaltflämmen, *n.*, von Güssen mit Pulverzusatz.

powdery, *a.* pulverig, *a.*

power, *s.* Potenz, *f.* (Math.); Kraft, *f.* (Techn.); Vermögen, *n.* (z. B. Durchdringungsvermögen).

power *(prefix)*, maschinell, *a.* (als Gegensatz zu „von Hand").

power and materials supply, *s.* Energie- und Stoffwirtschaft, *f.*

power consumption, *s.* Kraftverbrauch, *m.*

power loss, *s.* Kraftverlust, *m.*

power station, *s.* Kraftanlage, *f.*, Kraftwerk, *n.*

power transmission, *s.* Kraftübertragung, *f.*

power cost, *s.* Stromkosten, *fpl.*

power forging, *s.* Freiformschmieden, *n.*

power hammer, *s.* Krafthammer, *m.*

power lift truck, *s.* Hubwagenstapler, *m.*

power plant, *s.* Kraftwerk, *n.*

power press, *s.* Kraftpresse, *f.*

power requirements, *spl.* Strombedarf, *m.* (el. Energie).

power shovel, *s.* Schaufelbagger, *m.*

practicable, *a.* durchführbar, *a.*

practicability, *s.* Durchführbarkeit, *f.*

pre-blow, *v.t.* vorblasen, *v.t.* (Duplexverfahren).

preblown duplexing metal, *s.* Duplexmetall, *n.*

precipitate, *s.* Niederschlag, *m.*

precipitate, *v.t.*, **dust,** entstauben, *v.t.* (durch elektrische Niederschlagung).

precipitation, *s.* Niederschlagung, *f.* (Chem.).

precipitation hardening, *s.* Aushärtung, *f.* (allmähliche Härtesteigerung durch Alterung, meist nach vorausgegangenem Abschrecken).

precipitation, *s.*, **of dust,** Entstaubung, *f.*

precipitator, *s.*, **electric,** elektrische Entstaubungsvorrichtung, *f.*

precision, *s.* Genauigkeit, *f.*, Genauigkeits-.

precision mechanics, *spl.* Feinmechanik, *f.*

precision molding, *s.* Präzisionsformguß, *m.*

pre-coating, *s.* Grundieren, *n.* (des Werkstücks vor der Hartmetallbestückung).

preferential orientation, *s.*, **of crystals,** (see "preferred orientation of crystals").

preferred orientation, *s.*, **of crystals,** kristallographische Vorzugsrichtung, *f.*

preheater, *s.* Vorwärmer, *m.*

preheat requirement, *s.* Vorwärmung, *f.* (der Schweißung).

preliminary stress, *s.* Vorspannung, *f.*

preliminary stressing, *s.* Vorspannen, *n.*

preparation, *s.* Präparat, *n.*

preparation, *s.*, **of metallic surfaces before painting,** Haftgrundvorbereitung, *f.* (für Anstriche).

prepared burden, *s.* vorbereiteter Möller, *m.* (H-Ofen).

prepared gas atmosphere generator, *s.* Schutzgaserzeuger, *m.*

pre-refining, *s.* Vorfrischen, *n.* (in der Roheisenpfanne).

pre-sintering, *s.* Vorsintern, *n.* (von Metallpulvern).

press casting, *s.* Preßguß, *m.* (Messing).

pressed parts, *spl.* Preßteile, *fpl.*

pressed tube, *s.* gepreßtes Rohr, *n.*

pressing, *s.* Preßarbeit, *f.*, Pressen, *n.* (Tätigkeit); Preßling, *m.* Preßteil, *m.* (Erzeugnis).

pressing plant, *s.* Preßwerk, *n.*

pressing ram, *s.* Preßbär, *m.*

pressing shop, *s.* Preßhalle, *f.*

press, *v.t.*, **in one operation,** in einem Arbeitsgang pressen, *v.t.*

press molding machine, *s.* Preßformmaschine, *f.*

press power, *s.* Preßdruck, *m.*

press shop, *s.* Presserei, *f.*

press tool, *s.* Preßwerkzeug, *n.*

pressure, *s.* Druck, *m.*

pressure above atmospheric, *s.* Überdruck, *m.*, in Atmosphären [Atü] (entspricht "pounds per sq. in. at the ga(u)ge", [psig.], wenn 1 Atm.= 14.7 psi.).

pressure air, *s.* Druckluft, *f.*, Preßluft, *f.*

pressure air accumulator system, *s.* Druckluft-Speicheranlage, *f.*

(pressure) air conveyor, *s.* Druckluftförderer, *m.*

pressure, *s.*, **at the ga(u)ge,** Manometerdruck, *m.*, Meßdruck, *m.*

pressure blast furnace, *s.* Hochdruckhochofen, *m.*

pressure blowing, *s.* Hochdruckblasen, *n.* (H-Ofen).

pressure die casting, *s.* Spritzguß, *m.* (siehe „Spritzgußverfahren").

pressure drop, *s.* Druckabfall, *m.*

pressure feed lubrication, *s.* (see "forced lubrication").

pressure ga(u)ge, *s.* Druckmesser, *m.*

pressure line, *s.* Druckleitung, *f.*

pressure lubrication, *s.* (see "forced lubrication").

pressure oiler, *s.* Drucköler, *m.*

pressure oil lubrication, *s.* Druckölschmierung, *f.*

pressure operated turbine, *s.* Druckturbine, *f.*

pressure operation, *s.* Betrieb, *m.*, mit höherem Gasdruck an der Gicht, Betrieb, *m.*, mit Überdruck an der Gicht, Hochdruckbetrieb, *m.* (H-Ofen).

pressure pipe, *s.* Druckrohr, *n.*

pressure reducer, *s.* Druckminderer, *m.*

pressure-reducing, *a.* druckmindernd, *a.*

pressure reducing valve, *s.* Druckreduzierventil, *n.*

pressure regulator, *s.* Druckregler, *m.*

pressure release, *s.* Druckauslösung, *f.*

pressure spring, *s.* Druckfeder, *f.*

pressure stage, *s.* Druckstufe, *f.* (eines Verdichters, Gebläses).

pressure tank, *s.* Druckbehälter, *m.*

pressure test, *s.* Druckprobe, *f.* (z. B. einer Druckluftleitung).

pressure transmission, *s.* Druckübertragung, *f.*

pressure water, *s.* Druckwasser, *n.*

pressure water accumulator system, *s.* Druckwasser-Speicheranlage, *f.*

pressure wave, *s.* Druckwelle, *f.* (in Gasleitungen).

pressure welding, *s.* Preßschweißung, *f.* (elektrische Widerstandspreßschweißung und Thermitpreßschweißung).

pressure welding, *s.*, **at room temperature,** Kalt-Preßschweißung, *f.*

pressurize, *v.t.* unter Druck setzen, *v.t.* (Raum, Behälter, Ofen).

pressurized blast furnace, *s.* Hochofen, *m.*, mit Hochdruckausrüstung.

pressurized operation, *s.* (see "pressure operation").

press working pressure, *s.* Preßdruck, *m.* (einer Presse).

press-working technique, *s.* Preßtechnik, *f.*

prestressed concrete, *s.* Spannbeton,*m.*

pre-stressing, *s.* Vorspannen, *n.*

prestressing, *s.*, **of surface in compression,** Druckvorspannen, *n.*, der Oberfläche (durch Kaltformgebung: z. B. durch Strahlhämmern).

pretreatment, *s.* Vorbehandlung, *f.* (des Erzes durch Rösten, Sintern, Brikettieren).

primary mills, *spl.* Schwerstraßen, *fpl.* (Walzw.).

prime cost, *s.* Gestehungskosten, *fpl.*

prime mover, *s.* Antriebsmaschine, *f.*

primes, *spl.* Bleche, *npl.*, erster Güte.

priming, *s.* Grundieren, *n.* (Farbanstrich).

priming coat, *s.* Grundanstrich, *m.*

principle, *s.* Prinzip, *n.*, Grundsatz, *m.*

principle bay, *s.* Hauptschiff, *n.* (einer Halle).

priority, *s.* Vorrang, *m.*

probable actual maximum torsional shear stress, *s.* wahrscheinliche Verdrehungsfestigkeit, *f.*

procedure, *s.* Vorgangsweise, *f.*

process, *s.* Prozeß, *m.*, Verfahren, *n.*

process annealing, *s.* Zwischenglühung, *f.* (Bleche, Draht zwischen 550 und 650° zur Umkristallisierung des Ferrits: Weichmachung für weitere Kaltzüge oder Kaltstiche).

processing, *s.* Weiterverarbeitung, *f.*

processing costs, *spl.* Verarbeitungskosten, *fpl.*

processing facilities, *spl.* Verarbeitungsanlagen, *fpl.*

processing, *s.*, **of slag**, Schlacken-verarbeitung, *f.*

processing scrap, *s.* Fabrikations-abfall, *m.*

process, *s.*, **of manufacture**, Her-stellungsgang, *m.*

produce, *v.t.* erzeugen, *v.t.*

producer, *s.* Erzeuger, *m.*, Gaserzeuger, *m.*

producer gas, *s.* Generatorgas, *n.*

producer plant, *s.* Gaserzeugeranlage, *f.*

production, *s.* Förderung, *f.* (Erz, Kohle); Erzeugung, *f.*, Erzeugungs-leistung, *f.*

production costs, *spl.* Produktions-kosten, *pl.*

production facilities, *spl.* Erzeugungs-anlage, *f.*

production manufacture, *s.* Groß-fertigung, *f.*

production, *s.*, **of ore**, Erzförderung, *f.*

production unit, *s.* Erzeugungsanlage, *f.*, Großanlage, *f.*

productivity, *s.* Produktivität, *f.*

proeutectoid, *s.* Voreutektoid, *n.* (Ferrit in untereutektoiden, und Zementit in übereutektoiden Stählen; Metallogr.).

proeutectoid ferrite field, *s.* Gebiet, *n.*, der voreutektoiden Ferritaus-scheidung (Metallogr.).

proeutectoid phase, *s.* voreutektoide Phase, *f.* (durch Ausscheiden von Ferrit in untereutektoiden, von Zementit in übereutektoiden Stäh-len; Metallogr.).

professional training, *s.* Fachbildung, *f.*

profile turning, *s.* Fassondreherei, *f.*

progress, *s.* Fortschritt, *m.*, Verlauf, *m.*, Fortschreiten, *n.* (eines Prozesses).

progressive, *a.* fortschrittlich, *a.*

progressive quenching, *s.* Vorschub-härtung, *f.* (Induktionshärtung von Kaltwalzen).

project, *v.t.* entwerfen (Bauw.); planen, *v.t.*, vorhaben, *v.t.*

project, *s.* Entwurf, *m.* (Bauw.); (Bau)-Vorhaben, *n.*

projection welding, *s.* Reliefschwei-ßung, *f.*, Buckelschweißung, *f.*, Dellenschweißung, *f.* (Art der Punkt-schweißung).

prolonged anneal, *s.* langzeitiges Glühen, *n.*

promoter, *s.* Förderer, *m.* („der Was-serstoff wirkt als Förderer der Re-aktion").

proof stress, *s.* Dehngrenze, *f.* (die Spannung, die 0.2% bleibende Deh-nung erzeugt; in Werkstoffen, wo keine ausgeprägte Streckgrenze vor-handen; Zugversuch).

propagate, *v.i.* sich fortpflanzen, *v.i.*

propagation, *s.* Fortpflanzung, *f.*

property, *s.* Eigenschaft, *f.*

proportion, *s.* Verhältnisanteil, *m.*

proportional elastic limit, *s.* (see "proportionality limit").

proportionality limit, *s.* Proportionali-tätsgrenze, *f.* (Zugversuch).

proportion, *s.*, **by length**, Längen-anteil, *m.*

proportion, *s.*, **by weight**, Gewichts-anteil, *m.*

protective atmosphere, *s.* (see "con-trolled atmosphere"), Schutzgas, *n.*

protective coating, *s.* Schutzüberzug, *m.*

protector boot, *s.* Schutzhülse, *f.* (für Druckschraube der Anstellvorrich-tung).

psia (pounds per sq. in. absolute), Ata (14.7 psi = 1 Atm).

psig (pounds per sq. in. at the gauge), Atü (Überdruck in Atm: 14.7 psi = 1 Atm).

public testing-house, *s.* öffentliche Werkstoffprüfanstalt, *f.*

puddle, *v.t.* puddeln, *v.t.*, flamm-frischen, *v.t.*

puddle ball, *s.* Puddel-Luppe, *f.*

puddled bar, *s.* Luppe, *f.* (Schweiß-stahl).

puddling process, *s.* Puddelverfahren, *n.* (Stahlerzeugung).

pug mill, *s.* Kollergang, *m.*

pugged flue duct, *s.* im Kollergang durchfeuchteter Gichtstaub, *m.* (H-Ofen).

pull-over mill, *s.* Übergabewalzwerk, *n.*

pulley, *s.* Rolle, *f.*, Block, *m.* (eines Flaschenzuges).

pulley axle, *s.* Blocknagel, *m.* (Dreh-achse der Blockrolle eines Flaschen-zuges).

pulley block, *s.* Flaschenzug, *m.*

pulling bar, *s.* Zerreißstab, *m.* (Zug-versuch).

pulling test, *s.* (see "tensile test").

pulsating bending fatigue strength, *s.* Biegeschwellfestigkeit, *f.*

pulsating load, *s.* stoßweise Belastung, *f.*

pulsating stress, *s.* stoßweise Beanspruchung, *f.*

pulsator testing, *s.* Pulsatorversuch, *m.* (Bestimmung der Ursprungsfestigkeit, z. B. bei Schienen).

pulverize, *v.t.* pulverisieren, *v.t.*

pumice sand, *s.* Bimssand, *m.*

pumice slag, *s.* Hüttenbims, *m.*

pumice soap, *s.* Bimssteinseife, *f.*

pumice stone, *s.* Bimsstein, *m.*

pumice stone powder, *s.* Bimssteinpulver, *n.*

pumice stone slag, *s.* Schaumschlacke, *f.* (H-Ofen).

pump, *s.* Pumpe, *f.*

pump liner, *s.* Pumpenlaufbüchse, *f.*

punch, *v.t.* lochen, *v.t.*

punch, *s.* Lochstempel, *m.,* Stempel, *m.*

punch holder, *s.* Stempelhalter, *m.*

punching machine, *s.* Lochmaschine, *f.*

punching test, *s.* Lochversuch, *m.* (Werkst.-Prüfg.).

punching tool steel, *s.* Stanzstahl, *m.*

punch nose, *s.* Stempelbahn, *f.*

punitive prices, *spl.* abschreckende Überpreise, *mpl.*

pure, *a.* rein, *a.* (Chem.).

purely-optical pyrometers, *spl.* rein-optische Pyrometer, *npl.* (Meßgenauigkeit vom Betrachter abhängig).

purge, *v.t.* durchblasen, *v.t.* (z. B. eine Leitung).

purge cock, *s.* Entleerungshahn, *m.*

purging cock, *s.* Reinigungshahn, *m.*

purification plant, *s.* Reinigungsanlage, *f.* (mit chem. Mitteln).

purify, *v.t.* reinigen, *v.t.* (Chem.).

purifying agent, *s.* Reinigungsmittel, *n.* (Chem.).

purity, *s.* Reinheit, *f.* (Chem.).

Purox steel, *s.* Purox-Stahl, *m.* (geschützter Name für „Sauerstoff-Konverter-Stahl" der Union Carbide).

push button control, *s.* Druckknopfsteuerung, *f.*

push button controlled, *a.* druckknopfgesteuert, *a.* (Masch.).

push button panel, *s.* Druckknopftisch, *m.* (zur Druckknopfsteuerung von Anlagen).

push-core, *s.* Kerndrücker, *m.* (Gieß.).

pusher, *s.* Abstoßvorrichtung, *f.* (Walzw.); Ausstoßmaschine, *f.* (Walzw., Wärmofen).

pusher side, *s.* Maschinenseite, *f.* (des Koksofens).

pusher type furnace, *s.* Stoßofen, *m.* (Walzw.-Ofen).

pushing bench, *s.* Stoßbank, *f.* (Lochstücke aus der hydraulischen Lochpresse, die nicht ganz durchgelocht sind, werden auf einem langen Stahldorn durch eine Anzahl hintereinander liegender Ringe gedrückt. Herstellung nahtloser Röhren).

push-off heads, *spl.* Klappdaumen, *m.* (eines Abschiebers; siehe „Rollgang-Abschieber").

push-through furnace, *s.* Durchstoßofen, *m.* (Walzw.).

put down, *v.t.* errichten, *v.t.* (ein Werk).

put, *v.t.,* **in operation,** in Betrieb setzen, *v.t.*

put out of operation, *v.t.* außer Betrieb setzen, *v.t.*

putty, *s.* Kitt, *m.* (Mennigkitt, Asbestkitt, Ölkitt).

pyrite, *s.* Kies, *m.* Eisenkies, *m.* (Erz).

pyrometer, *s.* Pyrometer, *n.*

pyrometer well, *s.* Pyrometer-Schutzrohr, *n.*

pyrometric, *a.* wärmetechnisch, *a.*

pyrometric cone, *s.* Schmelzkegel, *m.,* Segerkegel, *m.*

pyrometric cone equivalent, *s.* Bezugs-Kegelschmelzpunkt, *m.* (feuerfeste Stoffe).

pyrometric scale, *s.* Wärmeskala, *f.*

pyrometry, *s.* Wärmemessung, *f.*

Q

qualitative, *a.* gütemäßig, *a.,* qualitativ, *a.*

quality, *s.* Güte, *f.,* Gütestufe, *f.,* Qualität, *f.*

quality inspection, *s.* Qualitätsüberwachung, *f.* (während der laufenden Erzeugung); Qualitätskontrolle, *f.* (Lieferabnahme).

quality refining, *s.* Veredelung, *f.*

quality specification, *s.* Gütevorschrift, *f.*

quantity, *s.* Größe, *f.* (Math., Mech.); Menge, *f.* (allgemein).

quantity of heat, *s.* Wärmemenge, *f.*

quantity, *s.,* **of wind blown,** Winddurchsatz, *m.* (je Zeiteinheit; H-Ofenbetrieb).

quantity production, *s.* Massenerzeugung, *f.*

quarry, *s.* Bruch, *m.* (z. B. Steinbruch).

quarry mining, *s.* Bruchtagebau, *m.* (Erze).

quartz, *s.* Quarz, *m.*

quartzite, *s.* Quarzit, *m.*

quartz sand, *s.* Quarzsand, *m.*

quaternary, *a.* quaternär, *a.*

quaternary steel, *s.* Quaternärstahl, *m.,* Vierstoffstahl, *m.*

quench aging, *s.* Abschreckalterung, *f.* (mit der Zeit eintretende Eigenschaftsänderungen in abgeschreckten Stählen).

quench and draw, *v.t.* vergüten, *v.t.* (den Stahl durch Abschrecken und Anlassen).

quench and draw line, *s.* Vergüterei, *f.* (mit geradem Stofffluß).

quench and temper process, *s.* Vergütungsverfahren, *n.*

quench and temper type of heat treatment, *s.* Vergüten, *n.,* durch Abschrecken und Anlassen.

quenchant, *s.* Härteflüssigkeit, *f.*

quenched and drawn, *a.* vergütet, *a.*

quenched and tempered, *a.* vergütet, *a.*

quench, *s.,* **from the hot forming heat,** Abschreckhärtung, *f.,* aus der Warmformgebungshitze (Walzen, Schmieden).

quench furnace, *s.* Härteofen, *m.* (zum Erhitzen des Stahls auf Härtetemperatur).

quench head, *s.* Härtekopf, *m.* (Induktor-Heizkopf mit Brause; Induktionshärtung von Kaltwalzen); Abschreckvorrichtung, *f.* (am Ziehende des Härteofens).

quenching, *s.* Abschrecken, *n.* (beschleunigte Abkühlung eines Werkstoffes durch Eintauchen in ein Flüssigkeitsbad, oder durch Abbrausen); Löschen, *n.* (von Koks, Sinter).

quenching medium, *s.* Härteflüssigkeit, *f.*

quenching sorbite, *s.* Abschrecksorbit, *m.* (Zwischengefüge um A_{r1}, durch rasche Abkühlung unterhalb der Perlitlinie und oberhalb der Troostit-Temperatur).

quenching temperature, *s.* Abschrecktemperatur, *f.*

quench line, *s.* Reihe, *f.,* von Härteöfen (Durchlaufvergütung).

quench sensitivity, *s.* Härtungsempfindlichkeit, *f.*

quench-tempering, *s.* Zwischenstufenvergütung, *f.* (ein kombinierter Härte-Anlaß-Prozeß, durch Abschrecken in einem konstant auf geeigneter Temperatur gehaltenen Bad).

quick ash, *s.* Flugasche, *f.*

quick assembly union, *s.* Schnellverbinder, *m.* (Rohr).

quick lime, *s.* ungelöschter Kalk, *m.*

quick-setting, *a.* schnell-abbindend, *a.* (Zement).

R

R & M (see "repair and maintenance").

RBH (see "Rockwell-B-hardness").

RCH (see "Rockwell-C-hardness").

rpm (see "revolutions per minute").

rack, *s.* Gestell, *n.* (z. B. zur Lagerung von Walzen); Zahnstange, *f.* (Masch.).

rack and pinion drive, *s.* Zahnstangenantrieb, *m.* (Masch.).

rack railway, *s.* Zahnradbahn, *f.*

rack-shaped cutter, *s.* Kammstahl, *m.*

rack type rail, *s.* Zahnschiene, *f.* (Eisenb.).

radial, *a.* radial, *a.*

radial bearing, *s.* Querlager, *n.* (Masch.).

radial play, *s.* radiale Beweglichkeit, *f.*

radian, *s.* Radian, *m.* (Messung der Winkelgeschwindigkeit: 1 Radian $= \dfrac{180}{\pi} = 57.3$ Grad).

radiant, *a.* strahlend, *a.*

radiant gas furnace, *s.* Gasstrahlungsofen, *m.*
radiant power, *s.* Strahlungsenergie,
f.
radiant tube coil annealing cover, *s.*
Strahlrohr-Ringglühhaube, *f.* (amerik.
Bauweise).
radiate, *v.t.*, *v.i.* ausstrahlen, *v.t.*,
strahlen, *v.i.*
radiation, *s.* Strahlung, *f.*
radiation pyrometers, *spl.* Strahlungspyrometer, *npl.* (Meßbereich
800°—2000° C).
radiograph, *s.* Röntgenbild, *n.*
radiography, *s.* Röntgenuntersuchung,
f. (von Werkstoffen).
radioscopy, *s.* Röntgendurchleuchtung,
f.
radius, *s.* Drehkreis, *m.* (eines Drehkranes); Ausladung, *f.* (eines Kranes),
Radius, *m.* (Geom.); Rundung, *f.*
(Walzenkalibr.).
radius, *s.,* of a curve, Krümmungsradius, *m.*
radius of gyration, *s.* Trägheitshalbmesser, *m.* (Mech.: $i = \sqrt{\frac{I}{F}}$).
radius of web, *s.* Stegrundung, *f.*
(Formstahl, Schienen).
ragged fracture, *s.* zackiger Bruch,
m.
ragged rolls, *spl.* gerauhte Walzen, *fpl.*
(zur Verbesserung des Greifvermögens; Walzw.).
ragging, *s.* Aufhauen, *n.*, Aufrauhen,
n. (der Walzen, zur Verbesserung des
Greifvermögens).
rail, *v.t.* schienen, *v.t.*
rail, *s.* Schiene, *f.*
rail anchor, *s.* Schienenklemme, *f.*
(gegen das Wandern der Schienen;
Eisenb.).
rail base, *s.* Schienenfuß, *m.*
rail bending and straightening machine, *s.* Schienenrichtmaschine, *f.*
rail bloom, *s.* Schienenvorblock, *m.*
(Blockstraßenerzeugnis).
rail blooming, *s.* Walzen, *n.*, von
Schienenvorblöcken.
rail brake, *s.* Gleisbremse, *f.*
rail cambering machine, *s.* Schienenbiegemaschine, *f.*
rail chair, *s.* Schienenstuhl, *m.* (Eisenb.).

rail end mill, *s.* Schienenfräsmaschine, *f.*
rail fishing, *s.* Schienenverlaschung, *f.*
rail flange, *s.* Schienenfuß, *m.* (Walzung: Walzenkalibr.).
rail ga(u)ge template, *s.* Spurlehre, *f.*
(Eisenb.).
rail head, *s.* Schienenkopf, *m.*
railings, *spl.* Geländer, *n.*
rail joint, *s.* Schienenstoß, *m.* (Eisenb.).
rail joint tie, *s.* Stoßschwelle, *f.*
(Eisenb.).
rail lifter, *s.* Schienenheber, *m.* (Eisenb.).
rail mill, *s.* Schienenwalzwerk, *n.*
rail section, *s.* Schienenform, *f.*
rail template, *s.* (templet), Schienenschablone, *f.*
rail traction, *s.* Gleisförderung, *f.*
rail web, *s.* Schienensteg, *m.*
railway construction, *s.* Eisenbahnbau, *m.*
railway enterprise, *s.* Eisenbahn-
unternehmen, *n.*
railway material, *s.* Eisenbahnmaterial, *n.*
railway permanent construction, *s.*
Eisenbahnoberbau, *m.*
raise, *v.t.* aufrichten, *v.t.* (den Konverter).
raise, *v.t.*, a claim, reklamieren, *v.t.*,
beanstanden, *v.t.* (Erzeugnisse).
rake, *s.* Rechen, *m.*, Kratze, *f.* (Werkz.).
rake tooth, *s.* Kratzenzinke, *f.*, Re-
chenzinke, *f.*
ram, *v.t.* ausstampfen, *v.t.* (den Herdboden).
ram, *s.* Bär, *m.*, Ramme, *f.* (Schlagwerk); Preßstempel, *m.* (der Strangpresse); Stößel, *m.* (Masch.).
rammed concrete, *s.* Stampfbeton, *m.*
rammer, *s.* Ramme, *f.* (Spundwandbau).
ram in, *v.t.* einstampfen, *v.t.* (ff-Mate-
rial).
ram mix, *s.* Stampfmasse, *f.* (ff-Mate-
rial).
ramp, *s.* Rampe, *f.*
ramp rail, *s.* Auflaufschiene, *f.* (Eisenb.).
random, *a.* regellos, *a.*
random inspection, *s.* Stichprobe, *f.*
random orientation, *s.* regellose Anordnung, *f.* (von Kristallen; Kristallogr.).

range of application, *s.* Anwendungsbereich, *n.*

range of speeds, *s.* Drehzahlbereich, *n.*

range of uses, *s.* Verwendungsbereich, *n.*

range of variance, *s.* Streugebiet, *n.* (von Werten).

Rankine (see "absolute temperature").

rapping, *s.* Abklopfen, *n.* (Formerei: Modelle).

rare earths, *spl.* seltene Erden, *fpl.* (Verwendung bei der Erschmelzung legierter Stähle).

rashig rings, *spl.* Rashig-Ringe, *mpl.* (keramische Ringe, z. B. verwendet in Gas-Naßreinigern).

rasp file, *s.* Raspelfeile, *f.*

ratch, *s.* Sperrstange, *f.* (Masch.).

ratchet, *s.* Gesperre, *n.* (Masch.).

ratchet gear, *s.* Sperradgetriebe, *n.* (Masch.).

ratchet mechanism, *s.* Sperrgetriebe, *n.*

ratchet operated screw-up, *s.* Ratschenanstellung, *f.* (Unterwalze von Triogerüsten; Walzw.).

ratchet type carry-over, *s.*, **with disappearing dogs,** Zahnstangenschlepper, *m.*, mit beweglichen Daumen (Walzw.).

ratchet wheel, *s.* Sperrad, *n.* (Masch.).

rated at, bemessen für (Leistung).

rated capacity, *s.* Nennleistung, *f.*

rated capacity, *s.*, **of a converter,** nomineller Fassungsraum, *m.*, des Konverters.

rated output, *s.* Nennleistung, *f.*

rate of corrosion, *s.* Korrosionsgeschwindigkeit, *f.*

rate of cutting, *s.* Schnittgeschwindigkeit, *f.* (z. B. einer Schere).

rate of diffusion, *s.* Diffusionsgeschwindigkeit, *f.*

rate of flow, *s.* Fließgeschwindigkeit, *f.* (Füssigkeiten); Strömgeschwindigkeit, *f.* (Flüssigkeiten und Gase).

rate of heating, *s.* Erhitzungsgeschwindigkeit, *f.*

rate of recrystallization, *s.* Rekristallisationsgeschwindigkeit, *f.*

rate of reduction, *s.* Reduktionsgeschwindigkeit, *f.* (Chem.)

rate of rise, *s.* Steiggeschwindigkeit, *f.* (beim steigenden Guß).

rating, *s.* Bemessung, *f.* (Leistung).

rating plate, *s.* Leistungsschild, *n.* (Masch.).

ratio, *s.* Verhältnis, *n.* (zweier Werte zueinander).

ratio of deflection, *s.*, **to width between supports,** Biegepfeil, *m.* (Durchbiegeprobe).

rat-tail file, *s.* Rundfeile, *f.*

raw ore, *s.* Roherz, *n.*

ray, *s.* Strahl, *m.* (Opt.).

razor blade steel, *s.* Rasierklingenstahl, *m.*

razor blade strip, *s.* Rasierklingen-Bandstahl, *m.*

react, *v.i., v.t.* gegenwirken, *v.t.* (Phys.); reagieren, *v.i.* (Chem.).

reaction, *s.* Gegendruck, *m.*, Gegenwirkung, *f.* (Phys.); Reaktion, *f.* (Chem.).

reactive, *a.* reaktionsfähig, *a.* (z. B. Schlacke).

reactivity, *s.* Reaktionsfähigkeit, *f.*

reading, *s.* Ablesung, *f.* (Instrum.).

reading error, *s.* Ablesungsfehler, *m.* (Instrum.).

ready for operation, betriebsfertig, *a.*

ready for use, *a.* gebrauchsfertig, *a.*

reagent, *s.* Reagens, *n.* (Chem.); Ätzmittel, *n.* (Metallogr.)

real fracture stress, *s.* (see "true tensile stress").

realize, *v.t.* verwirklichen, *v.t.* (z. B. ein Projekt).

realization, *s.* Verwirklichung, *f.*

ream, *v.t.* räumen, *v.t.*, aufdornen, *v.t.* (Löcher mit einem Räumer).

reamer, *s.* Reibahle, *f.*

recalcitrant oxides, *spl.* sperrige Oxyde, *npl.*

recalescence, *s.* Recaleszenz, *f.* (freie Umwandlungswärme; Metallogr.).

recarburization, *s.* Rückkohlung, *f.* (durch Spiegeleisen oder Ferromangan).

recarburizing heat, *s.* Aufkohlschmelze. *f.* (Stahlerzeugung).

receiver, *s.* Rezipient, *m.*, Sammelgefäß, *n.*; Aufnehmer, *m.* (Kompressor).

receiving buck, *s.* Verlademulde, *f.*

recess, *s.* Aussparung, *f.*, Nische, *f.* (Bauw.).

recess of die, *s.* Gravur, *f.*, eines Gesenkes (Gesenkschmieden).

recipient, *s.* (see "receiver").

reciprocating compressor, *s.* Kolbenverdichter, *m.* (Masch.).

reciprocating mold process, *s.* Strangguß, *m.*, mit beweglicher Kokille (nach Junghans-Rossi).

recirculation, *s.* Rückführung, *f.*, in den Prozeß.

reclamation, *s.*, **of ores**, Erz-Rückverladung, *f.*

reclamation welding, *s.* Reparaturschweißung, *f.*

recoiler, *s.* Umwickelmaschine, *f.* (Bandstahladjustage).

recorder, *s.* Schreibgerät, *n.* (Instrum.).

recording drum, *s.* Schreibtrommel, *f.* (Instrum.).

recording radiation pyrometer, *s.* selbstschreibendes Strahlungspyrometer, *n.*

recover, *v.t.* rückgewinnen, *v.t.*

recovery, *s.* Gewinnung, *f.* (von Nebenprodukten); Rückgewinnung, *f.*

re-crystallizing anneal, *s.* Rekristallisationsglühen, *n.*

recrystallizing heat treatment, *s.* umkristallisierendes Glühen, *n.*

rectangle, *s.* Rechteck, *n.*

rectangular, *a.* rechteckig, *a.* (Geom.); winkelrecht, *a.* (Schnitt).

rectangular spring, *s.* Rechteckfeder, *f.*

recuperative furnaces, *spl.* Rekuperativöfen, *mpl.*

recut, *v.t.* aufhauen, *v.t.* (stumpfgewordene Feilen).

red brass, *s.* Rotguß, *m.*

red bronze, *s.* Rotguß, *m.*

red copper foundry, *s.* Rotgießerei, *f.*

red hardness, *s.* Warmhärte, *f.* (des Werkzeugs).

red heat, *s.* Rotglut, *f.*, Glühhitze, *f.*

red hematite, *s.* roter Hämatit, *m.*

red iron ore, *s.* Roteisenstein, *m.*

red lead, *s.* Bleimennige, *f.*

red print, *s.* Rotpause, *f.*

red shortness, *s.* Rotbruch, *m.* (mangelhafte Formänderungsfähigkeit bei Temperaturen über 800° C).

reduce, *v.t.*, *v.i.* abwalzen, *v.t.*; reduzieren, *v.t.* (Rohre; Chem.); streckziehen, *v.t.* (Rohre); abnehmen, *v.i.* (Querschnitt).

reducer, *s.* Reduzierstück, *n.* (Rohrleitung).

reducibility, *s.* Reduzierbarkeit, *f.* (Eigenschaft des Erzes).

reducing, *s.* Reduzieren, *n.* (Rohre im Kaltzug); Strecken, *n.*, Streckziehen, *n.*

reducing agent, *s.* Reduktionsmittel, *n.* (Chem.).

reducing elbow, *s.*, **[ell]**, Reduzierkrümmer, *m.* (Rohrfitting).

reducing power, *s.* Reduzierfähigkeit, *f.* (Chem.).

reducing roasting, *s.* reduzierendes Rösten, *n.* (des Erzes).

reduction, *s.* Abnahme, *f.*

reduction in area, *s.* Querschnittabnahme, *f.* (Walzung).

reduction, *s.*, **in cross-sectional area**, Querschnittabnahme, *f.*

reduction of area, *s.* Einschnürung, *f.* (Zugversuch).

reduction of area, *s.*, **pct., after fracture**, Brucheinschnürung, *f.* (Zugversuch).

reduction of area, *s.*, **at rupture**, Brucheinschnürung, *f.* (Zugversuch).

reduction of cross-sectional area, *s.* Querschnittsabnahme, *f.* (Walzung).

reduction rate, *s.* Reduktionsgeschwindigkeit, *f.* (Chem.).

reduction roasting, *s.* (see "reducing roasting").

reduction schedule, *s.* Abnahmereihe, *f.* (Walztechnik).

reel, *s.* Haspeltrommel, *f.*

reeling, *s.* Rohrglätten, *n.*, Friemeln, *n.* (nahtlose Rohre).

reeling machine, *s.* Friemelwalzwerk, *n.*, Glättwalzwerk, *n.* (zum Glätten nahtloser Rohre zwischen Walzen und einem umlaufenden Stopfen).

reel tension, *s.* Zugspannung, *f.* (des Bandes; Kaltwalzung).

reference data, *spl.* Anhaltszahlen, *fpl.*

refine, *v.t.* feinen, *v.t.* (Eisen); frischen, *v.t.* (Stahl); veredeln, *v.t.* (durch zweckmäßige Behandlung; Oberflächen); verfeinern, *v.t.* (das Gefüge, Korn); garen, *v.t.* (die Schmelze im Elektroofen).

refined iron, *s.* Feineisen, *n.*

refined pig iron, *s.* raffiniertes Roheisen, *n.*

refining, *s.* Frischen, *n.* (Stahlerzeugung; Konverter, SM-Ofen); Garen, *n.* (Elektrostahlerzeugung); Verfeinerung, *f.* (Gefüge, Oberflächen); Veredelung, *f.* (Oberflächen).

refining departments, *spl.* Veredelungsbetriebe, *mpl.*

refining gas, *s.* Frischgas, *n.* (z. B. Sauerstoff, O$_2$-angereicherter Wind, Dampf-Sauerstoff-Gemisch, Kohlendioxyd).

refining, *s.,* **in the reverberatory furnace,** Flammofenfrischen, *n.*

refining of metals, *s.* Reinigen, *n.,* der Metalle (Chem.).

refining period, *s.* Frischdauer, *f.,* Raffinationsdauer, *f.* (El.-Ofen).

refining process, *s.* Frischverfahren, *n.*

refining slag, *s.* Frischschlacke, *f.* (Stahlfrischen).

refire, *v.t.* wiederanblasen, *v.t.* (H-Ofenbetrieb).

reformed natural gas, *s.* veredeltes Erdgas, *n.*

refractoriness, *s.* Feuerfestigkeit, *f.* (pyrochemische Untersuchung).

refractories, *spl.* feuerfeste Baustoffe, *mpl.*

refractory, *a.* feuerfest, *a.* [ff]; schwer schmelzbar, *a.,* strengflüssig, *a.* (Schlacke).

refractory brick, *s.* feuerfester Stein, *m.* [ff-Stein].

refractory cement, *s.* feuerfester Zement, *m.*

refractory hot topping method, *s.* Verguß, *m.,* von Stahlblöcken mit Heizhauben aus feuerfesten Stoffen.

refractory lining, *s.* feuerfeste Auskleidung, *f.* (Gefäß); feuerfeste Ausmauerung, *f.* (Ofen); feuerfestes Futter, *n.* (Konverter).

refractory mortar, *s.* feuerfester Mörtel, *m.*

refractory ore, *s.* strengflüssiges Erz, *n.*

refractory sandstone, *s.* feuerfester Sandstein, *m.* (Konverterfutter).

refractory tile recuperator, *s.* keramischer Röhren-Rekuperator, *m.*

refrigerating industry, *s.* Kälteindustrie, *f.*

regeneration, *s.* Neubildung, *f.*; Wiedergewinnung, *f.* (z. B. Öl, Kühlmittel).

regenerative chamber, *s.* Heizkammer, *f.* (Regenerativöfen).

regenerative furnaces, *spl.* Regenerativöfen, *mpl.*

regenerative quenching, *s.* Doppelhärtung, *f.* (Erzielung hoher Feinkörnigkeit in Kern- und Randzone durch zweimaliges Abschrecken mit eingelegter Zwischenglühung).

regenerator, *s.* Regenerator, *m.,* Wärmespeicher, *m.*

regrind, *v.t.* nachschleifen, *v.t.*

regular, *a.* gleichmäßig, *a.* (Abstände).

regular lay, *s.* Rechtsdrall, *m.* (Stahlseil).

regulate, *v.t.* (see "regulator"), regeln, *v.t.* (Masch.).

regulation of slag, *s.* Schlackenführung, *f.*

regulator, *s.* Regler, *m.* (Druck, Gas, Schwungrad, Temperatur).

reheat, *v.t.* wiedererwärmen, *v.t.*; zwischenwärmen, *v.t.* (Warmformgebung).

reheat, *s.* Zwischenwärmung, *f.* (im Zuge der Verarbeitung).

reheating furnace, *s.* Nachwärmofen, *m.,* Zwischenwärmofen, *m.*

reinforce, *v.t.* bewehren, *v.t.* (Bauw.).

reinforced concrete, *s.* Eisenbeton, *m.*

reinforced concrete work, *s.* Eisenbetonbau, *m.*

reinforcing bars, *spl.* Betonstabstahl, *m.*

rejection, *s.* Abnahmeverweigerung, *f.*

rejects, *spl.* beanstandetes Material, *n.* (Abnahme).

re-ladling, *s.* Umfüllen, *n.* (den Stahl, von einer Pfanne in die andere).

relaxation, *s.* Entspannung, *f.,* Relaxation, *f.,* Kriecherholung, *f.* (Standversuche).

relaxation rate, *s.* Entspannungsgeschwindigkeit, *f.* (Entspannungsversuch).

relaxation test, *s.* Entspannungsversuch, *m.*

relaxation testing machine, *s.* Entspannungsprüfmaschine, *f.*

release, *v.t.* auslösen, *v.t.* (Masch.).

release, *s.* Auslösung, *f.* (Masch.); Freimachung, *f.* (Wärme).

release valve, *s.* Auslöseventil, *n.*

reliability in service, *s.* Betriebszuverlässigkeit, *f.*

relief-grind, *v.t.* hinterschleifen, *v.t.*

relief grinding machine, *s.* Hinterschleifmaschine, *f.* (Werkz.-Masch.).

relief line, *s.* Entlastungsleitung, *f.* (Druckhochofen).

relief-mill, *v.t.* hinterfräsen, *v.t.*

relief milling machine, *s.* Hinterfräsmaschine, *f.* (Werkz.-Masch.).

relief valve, *s.* Entlastungsventil, *n.*, Überdruckventil, *n.* (Druckhochofen).

relieve, *v.t.* hinterdrehen, *v.t.* (z. B. einen Fräser auf der Drehbank).

relining, *s.* Neuausmauerung, *f.*, Zustellung, *f.* (Öfen).

remaining liquid, *s.* Restschmelze, *f.* (Metallogr.).

remanence, *s.* Remanenz, *f.* (Phys.).

re-melt, *v.t.* einschmelzen, *v.t.* (Umlaufschrott); umschmelzen, *v.t.*

remelt iron, *s.* Umschmelzeisen, *n.*

remelting, *s.* Umschmelzen, *n.* (z. B. von Roheisen im Kupolofen).

remelting iron, *s.* Umschmelzeisen, *n.*

remote control, *s.* Fernbedienung, *f.*, Fernsteuerung, *f.*

remote signalling system, *s.* Fernmeldeanlage, *f.*

removal, *s.* Abfuhr, *f.* (Gas, Rückstände, Schlacke); Austreibung, *f.* (z. B. der Eisenbegleiter); Ausbau, *m.* (z. B. der Walzen).

removal of dust, *s.* Entstaubung, *f.*

removal of heat, *s.* Wärmeabführung, *f.*

removal, *s.*, **of work-hardening effects,** Entfestigung, *f.*

remove, *v.t.* (see "removal").

remove, *v.t.* **dust,** entstauben, *v.t.* (durch Filter oder Zentrifuge).

render inoperative, *v.t.* betriebsunfähig machen, *v.t.*

renitrogenizing, *s.* Aufsticken, *n.* (Stahlerzeugung).

reoxidize, *v.t.* rückoxydieren, *v.t.*

repair, *v.t.* ausbessern, *v.t.*, reparieren, *v.t.*

repair, *s.* Reparatur, *f.*

repair shop, *s.* Reparaturwerkstätte, *f.*

repair trolley, *s.* Reparaturlaufkatze, *f.*

repair welding, *s.* Reparaturschweißung, *f.*

repeated blow impact test, *s.* (Stanton test), Dauerschlagversuch, *m.*

repeated stresses, *spl.* dynamische Beanspruchung, *f.*

repeater, *s.* Umführung, *f.* (Walzw.).

repetition work, *s.* Schablonenarbeit, *f.* (Werkz.-Masch.); Reihenfertigung, *f.*

replace, *v.t.* ersetzen, *v.t.* (Einrichtungen).

replacement, *s.* Ersatz, *m.* (von Einrichtungen).

re-reduce, *v.t.* rückreduzieren, *v.t.* (Chem.).

re-roll, *v.t.* weiterverwalzen, *v.t.*

re-rolling, *s.* Weiterverwalzung, *f.*

research, *v.t.* forschen, *v.t.*

research, *s.* Forschung, *f.*

research work, *s.* Forschungstätigkeit, *f.*

reserve, *s.* Bestand, *m.* (an Gütern).

reserves, *spl.* Vorräte, *mpl.* (z. B. an Erz; von Lagerstätten).

reservoir furnace, *s.* beheizte Kipp-Pfanne, *f.* (Stranggußverfahren).

resharpen, *v.t.* nachschleifen, *v.t.*, schärfen, *v.t.*

re-sheared sheets, *spl.* Fassonblech, *n.*, Kundenblech, *n.*

residual grease, *s.* Schmierfettrückstand, *m.*

residual magnetism, *s.* remanenter Magnetismus, *m.*

residue, *s.* Rückstand, *m.*

resilience, *s.* Federungsvermögen, *n.*, Elastizität, *f.* (des Werkstoffes).

resin, *s.* Harz, *n.*

resin cement, *s.* Kunstharzzement, *m.* (z. B. Tura Tone 1347; säurebeständig, gestaltsfest).

resistance, *s.* Festigkeit, *f.* (Mech.); Widerstand, *m.*

resistance furnace, *s.* Widerstandsofen, *m.*

resistance butt welding, *s.* Widerstandsstumpfschweißung, *f.*

resistance flash (butt) welding, *s.* Widerstandsabbrennschweißung, *f.* (fortlaufendes Abbrennen der Stoßstellen und darauffolgendes, schlagartiges Zusammenpressen der Teile).

resistance percussion welding, *s.* Widerstands-Abbrennschlagschweißung, *f.* (wie bei der Abbrennschweißung, nur werden hier die Teile durch kräftigen Schlag mit dem Hammer zusammengefügt).

resistance seam welding, *s.* Nahtschweißung, *f.* (Setzen einer ununterbrochenen Folge von Schweißpunkten durch Kupferrollen).

resistance spot welding, *s.* Punktschweißung, *f.* (dünnere Bleche werden durch Elektroden punktweise zusammengedrückt und verschweißt).

resistance to abrasion, *s.* Einschliffwiderstand, *m.*

resistance, *s.,* **to alternating stresses,** Wechselfestigkeit, *f.*

resistance, *s.,* **to atmospheric corrosion,** Witterungsbeständigkeit, *f.*

resistance to deformation, *s.* Formänderungswiderstand, *m.*

resistance to detachment, *s.* Haftfestigkeit, *f.*

resistance to fire, *s.* Feuerbeständigkeit, *f.*

resistance, *s.,* **to intergranular corrosion,** Kornzerfallsbeständigkeit, *f.*

resistance, *s.,* **to plastic flow,** Fließwiderstand, *m.* (Stahlverarbeitung).

resistance to scaling, *s.* Zunderbeständigkeit, *f.* (von hitzebeständigen Stählen).

resistance to shock, *s.* Schlagfestigkeit, *f.*

resistance, *s.,* **to thermal shock,** Temperaturwechselbeständigkeit, *f.*

resistance to wear, *s.* Abnutzungswiderstand, *m.,* Verschleißwiderstand, *m.,* Verschleißfestigkeit, *f.*

resistance to wear, *s.,* **at elevated temperatures,** Warmverschleißfestigkeit, *f.*

resistance welding, *s.* elektrische Widerstandspreßschweißung, *f.* (Punkt-, Naht-, Stumpf-, Abbrenn-, Schlagschweißung).

resistant, *a.,* **to slagging,** schlackenbeständig, *a.* (ff-Steine).

resources, *spl.* Hilfsquellen, *fpl.*

response, *s.,* **to hardening,** Härteannahme, *f.*

response, *s.,* **to heat treatment,** Ansprechen, *n.,* auf Wärmebehandlung.

rest bar, *s.* Führungsbalken, *m.* (Walzw.).

rest guide, *s.* Abstreifmeißel, *m.,* [Hundebalken, *m.*] (Walzw.).

resting guide, *s.* (see "rest guide").

resulphurized rimmed steel, *s.* geschwefelter Automatenstahl, *m.*

retaining ring, *s.* Sprengring, *m.* (Masch.), Haltering, *m.* (z. B. eines Lagers).

retard, *v.t.* verzögern, *v.t.*

retractable, *a.* ausziehbar, *a.,* rückziehbar, *a.*

return bend, *s.* Halbkreiskrümmer, *m.* (Rohr).

return fines, *spl.* feines Rückgut, *n.* (siehe „Rückgut").

return flow, *s.* Rückströmung, *f.*

return motion, *s.* Rückgang, *m.,* Rücklauf, *m.* (Masch.).

return pipe, *s.* Rücklaufrohr, *n.*

return pump, *s.* Rückförderpumpe, *f.*

returns, *spl.* Rückgut, *n.* (zur nochmaligen Behandlung im gleichen Prozeß).

revamping, *s.* Adaptierung, *f.*

reverberatory furnace, *s.* Flammofen, *m.*

reverberatory process, *s.* Herdfrischverfahren, *n.*

reversal, *s.* Umkehr, *f.,* Umsteuerung, *f.*

reversal of load, *s.* Lastwechsel, *m.* (Werkst.-Prüfg.).

reverse bending test, *s.* Hin- und Herbiegeversuch, *m.* (z. B. an Seildrähten).

reversed lay, *s.* Kreuzschlag, *m.* (Stahlseilherstellung).

reverse transformation, *s.* Rückumwandlung, *f.* (Wärmebehandlung).

reversing cycle heating, *s.* umschichtige Beheizung, *f.* (Koksofen).

reversing four-high mill, *s.* Umkehr-Quartoblechgerüst, *n.*

reversing gear, *s.* Umsteuervorrichtung, *f.*

reversing hot strip mill, *s.* Reversier-Warmbandwalzwerk, *n.,* Steckelwalzwerk, *n.*

reversing mechanism, *s.* Umsteuervorrichtung, *f.*

reversing mill, *s.* Reversierstraße, *f.,* Umkehrwalzwerk, *n.*

reversing motion, *s.* Umkehrbewegung, *f.* (Masch.).

reversing plate mill, *s.* Umkehrblechgerüst, *n.*

reversing reel, *s.* Umkehrtrommel, *f.* (eines Haspels).

reversing strip mill, *s.* Umkehr-, Haspelwalzwerk, *n.,* Umkehr-Haspel-Bandwalzwerk, *n.*

reversing valve, *s.* Umsteuerventil, *n.*

revolving, *a.* drehbar, *a.*

revolving bath, *s.* Karusselbad, *n.* (Galvanisieren).

revolving grate, *s.* Drehrost, *m.*

revolving grate type gas producer, *s.* Drehrostgaserzeuger, *m.*

revolving screen, *s.* Drehsieb, *n.*

revolutions, *spl.,* **per minute [rpm],** Umdrehungen, *pl.,* pro Minute [U/Min.].

rheotropic embrittlement, *s.* rheotropische Versprödung, *f.* (bei tiefer Temperatur; Abhilfe durch Kaltreckung).

rhodium, *s.* Rhodium, *n.*

rhodochrome, *s.* Rhodochrom, *n.*

rib, *s.* Rippe, *f.* (allgemein); Gewölberippe, *f.*

ribbed, *a.* geriffelt, *a.,* gerippt, *a.*

ribbed plate, *s.* Rippenplatte, *f.* (Eisenb.).

ribbed round, *s.* gerippter Betonstahl, *m.*

ribbed spring, *s.* Rippenfeder, *f.*

ribbed spring leaf, *s.* Rippenfeder, *f.*

ribbed spring steel, *s.* gerippter Federstahl, *m.*

ribbed tubing, *s.* Rippenrohre, *npl.*

Rice rating, *s.* Bemessungssatz, *m.,* nach Rice (in %: die tägliche Menge Kohlenstoff, die ein H-Ofen je m^2 eines gedachten Ringes, dessen innerer Kreis 1.8 m vor den Windformen liegt, verbrauchen sollte).

rich concrete, *s.* fetter Beton, *m.*

rich gas, *s.* Starkgas, *n.* (Koksofenbeheizung).

rich, *a.,* **in lines,** linienreich, *a.* (-es Metall; Spektrogr.).

rich, *a.,* **in oxygen,** sauerstoffreich, *a.*

rich ores, *spl.* hochhaltige Erze, *npl.*

rich slag, *s.* Garschlacke, *f.*

ridge, *v.t.* riffeln, *v.t.* (längsweise).

right-hand twist, *s.* Linksdrall, *m.*

right lay, *s.* Rechtsdrall, *m.* (Stahlseil).

right twist, *s.* Linksdrall, *m.* (Stahlseil).

rigid body, *s.* starrer Körper, *m.* (Phys.).

rigidity, *s.* Starrheit, *f.,* Steifigkeit, *f.* (des Werkstoffes gegenüber der Einwirkung verformender Kräfte).

rim, *s.* Felge, *f.* (Produkt); Rand, *m.;* Randzone, *f.* (eines Gußblocks).

rim depth, *s.* Tiefe, *f.,* der Randzone (Gußblock).

rim hole, *s.* Randblase, *f.* (in unberuhigt vergossenen Blöcken).

rimming action, *s.* Treiben, *n.* (des Stahles).

rimming steel, *s.* unberuhigter Stahl, *m.* (nicht desoxydiert, normalerweise mit einem Gehalt von unter 0.25% C).

rim zone, *s.* Randzone, *f.* (des Gußblocks).

ring, *s.* Ring, *m.* (Erzeugnis).

ring bolt, *s.* (see "eye bolt").

ring gear, *s.* Wendezahnrad, *n.* (Konverter).

ring lubrication, *s.* Ringschmierung, *f.*

rinse, *v.t.* spülen, *v.t.*

rinsing tank, *s.* Spülbehälter, *m.* (Beizen).

rise, *s.* Pfeilhöhe, *f.* (eines Segmentes).

riser, *s.* Steiger, *m.* (Gießtechnik).

rivet, *v.t.* nieten, *v.t.*

rivet, *s.* Niet, *n.*

rivet shearing machine, *s.* Nietenschere, *f.*

rivet seam, *s.* Nietnaht, *f.*

rivet spacing, *s.* Nietteilung, *f.*

rivet wire, *s.* Nietendraht, *m.*

riveter, *s.* Nietmaschine, *f.*

riveting machine, *s.* Nietmaschine, *f.*

roasting bed, *s.* Röstbett, *n.* (Erz).

roasting kiln, *s.* Röstofen, *m.*

roast ore, *s.* Rösterz, *n.,* geröstetes Erz, *n.*

robust construction, *s.* unverwüstliche Ausführung, *f.*

rock drill, *s.* Gesteinsbohrer, *m.*

rocker, *s.* Kippstuhl, *m.,* Wiege, *f.* (von Kippöfen).

rocker-bar type heating furnace, *s.* Schrittmacherofen, *m.,* Hubbalkenofen, *m.*

rocker plate, *s.* Bodenverschleißplatte, *f.* (Gerüstfenster; Walzw.).

rocking motion, *s.* Schaukelbewegung, *f.*

rock lining, *s.* Natursteinfutter, *n.* (aus Glimmerschiefer oder Sandstein; Bessemerkonverter).

rockrite cold reducing process, *s.* Kaltpilgerverfahren, *n.* (Herstellung nahtloser Rohre).

Rockwell-B-hardness, *s.* [RBH], Rockwell-B-Härte, *f.* (Skala für weichere Werkstoffe; Endlast mit Stahlkugel: 100 kg).

Rockwell-C-hardness, *s.* [RCH], Rockwell-C-Härte, *f.* (für härtere Werkstoffe; Prüfung durch Diamantkegel, bis zu 150 kg Endlast).

Rockwell hardness test, *s.* Rockwellhärteprüfung, *f.* (Härtebestimmung nach Eindringtiefe eines Prüfkörpers in die Oberfläche des Prüfstückes; Skala „B" für weichere Stoffe: Prüfkörper Stahlkugeln von 1.59 mm Dmr.; Skala „C" für härtere Stoffe: Prüfkörper Diamantkegel).

rod finishing mill, *s.* Drahtfertigstrecke, *f.*

rod mill, *s.* Drahtstrecke, *f.* (Walzw.).

Rohn cluster mill, *s.* Rohnsches Vielrollenwalzwerk, *n.*

roke, *s.* [roak], Oberflächenriß, *m.*, Riefe, *f.* (Oberflächenfehler beim Walzen oder Schmieden; Ursache: Gasblasen im Gußblock).

roll assembly, *s.* Walze, *f.*, mit Einbau (Walzw.).

roll barrel, *s.* Walzenballen, *m.*

roll body, *s.* Walzenballen, *m.*

roll carrier, *s.* Walzenständer, *m.* (des Lochwalzwerks).

roll casting, *s.* Walzenguß, *m.* (Werkstoff).

roll change, *s.* Walzenwechsel, *m.* (Walzw.).

roll change down time, *s.* Umbauzeit, *f.* (Walzw.).

roll changing, *s.* Walzenwechsel, *m.* (Vorgang).

roll changing C-hook, *s.* Walzenausbauhaken, *m.*

roll-changing rig, *s.* Walzenwechselvorrichtung, *f.*

roll-changing sledge, *s.* Bauschlitten, *m.* (auf dem die Walze samt Einbau ausgebaut, bzw. eingebaut wird; Walzw.).

roll cost, *s.* Walzenanschaffungspreis, *m.*

roll designer, *s.* Kalibreur, *m.* (Walzw.).

roll dressing, *s.* Nachdrehen, *n.*, der Walzen.

roll dressing department, *s.* Walzendreherei, *f.*

roll dressing machines, *spl.* Walzenbearbeitungsmaschinen, *fpl.*

rolled product, *s.* Walzerzeugnis, *n.*

rolled steel manufacture, *s.* Walzstahlfertigung, *f.*

rolled tube, *s.* gewalztes Rohr, *n.*

rolled wire, *s.* Walzdraht, *m.*

roller, *s.* Rolle, *f.* (Masch.).

roller chain, *s.* Rollenkette, *f.*, Gallsche Kette, *f.*

roller-hearth furnace, *s.* Rollherdofen, *m.* (elektrisch beheizt; weitgehend für Lötarbeiten an großen Bauelementen verwendet).

roller leveler, *s.* Rollenrichtmaschine, *f.* (für Blech).

roller spacing, *s.* Rollenteilung, *f.*

roller straightener, *s.* Rollenrichtmaschine, *f.* (für Stab- und Formstahl).

roller twist device, *s.* Rollen-Drallführung, *f.* (Walzw.).

roller twist guide, *s.* Rollendrallgerüst, *n.* (einer kontinuierlichen Knüppelstrecke).

roller type bending machine, *s.* Rollenbiegemaschine, *f.* (für Bleche).

roll face, *s.* Walzenballen, *m.*

roll flattening, *s.* Walzenabplattung, *f.* (Walztheorie).

roll-forging machine, *s.* Schmiede-Walzmaschine, *f.*

roll gap, *s.* Walzspalt, *m.* (Walztheorie).

roll grinder, *s.* Walzenschleifmaschine, *f.*

roll grinding, *s.* Nachschleifen, *n.*, der Walzen.

roll groove, *s.* eingedrehtes Walzenkaliber, *n.*

roll housing, *s.* Walzenständer, *m.* (Walzw.).

roll in, *v.t.* einwalzen, *v.t.* (Zunder, Kratzmarken).

rolling costs, *spl.* Walzkosten, *pl.*

rolling frequence, *s.* Walzhäufigkeit, *f.* (eines Produktes).

rolling friction, *s.* Wälzreibung, *f.*

rolling mill, *s.* Walzwerk, *n.*, Walzenstraße, *f.*

rolling mill designer, *s.* Walzwerksbauer, *m.*

rolling mill engineer, *s.* Walzwerksingenieur, *s.*

rolling mill installation, *s.* Walzwerksanlage, *f.*

rolling mill layout, *s.* Anlage, *f.*, des Walzwerks.

rolling mill practice, *s.* Walztechnik, *f.*, Walzwesen, *n.*

rolling mill product, *s.* Walzerzeugnis, *n.*

rolling over, *s.* Umfallen, *n.* (des Walzstabes im Kaliber).

rolling pressure, *s.* Walzdruck, *m.*

rolling schedule, *s.* Walzprogramm, *n.*

rolling stand, *s.* drehbarer Untersatz, *m.* (eines Drehofens).

rolling stock, *s.* Walzgut, *n.* (Walzw.); rollendes Material, *n.* (Eisenb.).

rolling technique, *s.* Walztechnik, *f.*

roll, *v.t.,* **in one heat,** in einer Hitze walzen.

roll inventory, *s.* Walzenpark, *m.* (Walzw.).

roll lathe, *s.* Walzendrehbank, *f.*

roll load, *s.* Walzdruck, *m.*

roll neck, *s.* Walzenzapfen, *m.* (Walzw.).

roll neck bearing, *s.* Laufzapfenlager, *n.*

roll neck journal, *s.* Laufzapfen, *m.*

roll obliquity angle, *s.* Schrägwinkel, *m.,* der Walzen (Rohrwalzwerk).

roll off, *v.t.* auswalzen, *v.t.*

roll opening, *s.* Walzensprung, *m.* (Kalibrierung); Walzspalt, *m.* (Walztheorie); Maulweite, *f.* (Walztechnik).

roll opening indicator, *s.* Maulweiteanzeiger, *m.* (Walzw.).

roll out, *v.t.* auswalzen, *v.t.* (Kaltwalzw.).

roll (pass) design, *s.* Walzenkalibrierung, *f.,* Kalibrierung, *f.*

roll (pass) designer, *s.,* Kalibreur, *m.*

roll (pass) designing, *s.* Kalibrieren, *n.*

roll pressure, *s.* Walzdruck, *m.*

roll setting, *s.* Walzeneinstellung, *f.*

roll spring, *s.* Springen, *n.,* der Walzen.

roll stand, *s.* Arbeitsgerüst, *n.,* Walzgerüst, *n.*

roll torque, *s.* Walzendrehmoment, *n.*

roll train, *s.* Walzstaffel, *f.*

roll turning lathe, *s.* Walzendrehbank, *f.*

roll turning shop, *s.* Walzendreherei, *f.*

roll wear, *s.* Walzenverschleiß, *m.*

roll welding, *s.* Walzdruckschweißung, *f.* (eine Art der Preßschweißung).

roof, *s.* Decke, *f.,* Gewölbe, *n.* (eines Ofens).

roofing, *s.* Dachbelag, *m.*

roofing nail, *s.* Dachnagel, *m.*

roof-lid, *s.* (see "pit cover").

roof monitor, *s.* Dachreiter, *m.* (Bauw.)

roof swing mechanism, *s.* Deckenschwenkmechanismus, *m.* (Elektrostahlofen).

root of joint, *s.* Wurzel, *f.,* der Schweißfuge.

rope balancing sheave, *s.* Seilausgleichsrolle, *f.*

rope clip, *s.* Seilklemme, *f.*

rope grease, *s.* Seilfett, *n.*

rope haulage, *s.* Seilförderung, *f.*

rope skid, *s.* seilgeschleppte Gleitschiene, *f.* (z. B. eines Grobblech-Warmbettes).

rope transfer, *s.* Seilschlepper, *m.* (Walzw.).

ropeway, *s.* Schwebebahn, *f.*

rope wire, *s.* Seildraht, *m.*

rose chucking reamer, *s.* Rosettenreibahle, *f.,* Aufweitereibahle, *f.* (die Stollen schneiden nur vorne an der abgefasten Spitze, der sog. „Rosette").

rotary blade shear, *s.* Kreismesser-Saum- und Teilschere, *f.* (Bleche).

rotary blower, *s.* Rotationsgebläse, *n.*

rotary cooler, *s.* Drehkühler, *m.* (Sinteranlage).

rotary cooling table, *s.* drehbarer Sinterkühltisch, *m.*

rotary forge practice, *s.* Schrägwalztechnik, *f.* (Rohrherstellung).

rotary forging, *s.* Schrägwalzung, *f.* (Rohre).

rotary forging mill, *s.* Schrägwalzwerk, *n.* (Rohre).

rotary furnace, *s.* Drehofen, *m.*

rotary kiln, *s.* Drehrohrofen, *m.*

rotary motion, *s.* Drehbewegung, *f.*

rotary piercing, *s.* Lochwalzung, *f.* (mit rotierendem Dorn oder Stopfen).

rotary pump, *s.* Drehkolbenpumpe, *f.*

rotary shear, *s.* umlaufende Schere, *f.* (zum Ablängen kontinuierlich gewalzter Stäbe).

rotary sintering kiln, *s.* Drehrohr-Sinterofen, *m.*

rotary slide valve, *s.* Drehschieber, *m.*

rotary tipper, *s.* Kreiselwipper, *m.*

rotate, *v.i., v.t.* drehen, *v.t.,* sich drehen, *v.i.*

rotating, *a.* drehbar, *a.*

rotating billet heating furnace, *s.* Knüppel-Drehofen, *m.*

rotating distributor, *s.* drehbarer Einwurf, *m.* (H-Ofen; Gichtverschluß).

rotating hearth furnace, *s.* Drehherdofen, *m.*

rotating motion, *s.* Drehbewegung, *f.*

rotating nodulizing kiln, *s.* Drehrohrsinterofen, *m.*

rotation, *s.* Drehung, *f.* (eines Körpers um eine äußere Achse).

Rotodip, *s.* Rotodip-Schutzverfahren, *n.* (zum Reinigen, Phosphatieren, und Auftragen des Grundanstriches in durchlaufender Behandlung. Name nach der mechanischen Drehung des Arbeitsstückes in den verschiedenen Lösungen; Kraftfahrzeugbau).

Rotospray finishing, *s.* Rotospray-Spritzlackierverfahren, *n.* (im Anschluß an das Rotodip-Verfahren; das Arbeitsstück hängt dabei rotierend an einer Laufkatze; Kraftfahrzeugbau).

rough, *a.* rauh, *a.* (-e Walze, -e Behandlung).

rough drop forging, *s.* Rohling, *m.* (Gesenkschmieden).

rougher, *s.* (see "roughing stand").

roughing die, *s.* Vorgesenk, *n.* (bestehend aus Ober- und Untergesenk; Gesenkschmieden).

roughing down, *s.* Vorarbeiten, *n.*

roughing mill, *s.* Vorstrecke, *f.* (Walzw.).

roughing pass, *s.* Vorbereitungskaliber, *n.* (Walzenkalibr.); Streckstich, *m.* (Walzung).

roughing stand, *s.* Vorgerüst, *n.* (einer Walzenstraße).

roughing stands, *spl.* Vorstrecke, *f.* (Walzw.).

roughing train, *s.* Vorstaffel, *f.* (Walzw.).

roughness, *s.* Rauhheit, *f.*

rough-turn, *v.t.* vordrehen, *v.t.* (Drehbank).

round billet, *s.* Rundknüppel, *m.* (Rohrherstellung).

round nail wire, *s.* Rundnageldraht, *m.*

rounds, *spl.* Gichten, *fpl.* (H-Ofenbetrieb).

round square, *s.* abgerundeter Quadratstahl, *m.* (Walzerzeugnis).

round-the-clock operation, *s.* ganztägiger Betrieb, *m.*

round wire, *s.* runder Draht, *m.*

rubber-insulated wire, *s.* Gummidraht, *m.*

rule, *s.* Maßstab, *m.*, Lineal, *n.*

rumble, *v.t.* (see "tumble").

rumbling, *s.* (see "tumbling").

run, *s.* Schweißgang, *m.*; Strang, *m.* (aus zusammengeschweißten Rohren).

run down rolling, *s.* Halbzeugwalzung, *f.* (Walzw.).

run idle, *v.i.* leer gehen, *v.i.*

run in, *v.i.* sich einlaufen, *v.i.* (Maschine, Motor).

runner, *s.* feuerfest ausgemauerter Kanal, *m.* (Sohle des Wärmespeichers); tangentialer Eingußkanal, *m.* (Blockguß, Gieß.).

runner brick, *s.* Kanalstein, *m.* (Blockguß, Gieß.).

running, *s.* Gang, *m.* (Maschine, Motor).

running costs, *spl.* Betriebskosten, *pl.* (z. B. eines Fördermittels).

running fit, *s.* Laufsitz, *m.* (Masch.).

running rope, *s.* schweres Zugseil, *n.* (6 Litzen zu je 12 Drähten).

run, *s.*, **of piping,** Rohrstrang, *m.* (aus einzelnen Rohrstücken zusammengeschweißt).

run-off, *s.* (see "flush-off").

run off slag, *v.t.* Schlacke abziehen, *v.t.* (SM-Roheisen-Schrott-Verfahren).

run-on table, *s.* Förderrollgang, *m.* (Walzw.).

run-out table, *s.* Auslaufrollgang, *m.* (Walzw.).

rupture, *s.* Bruch, *m.* (gewaltsamer).

rupture strength, *s.* Reißfestigkeit, *f.* (z. B. der Blockhaut beim Erstarren).

rupture stress, *s.* Zerreißspannung, *f.*

rust, *s.* Rost, *m.* (Chem.).

rustless steel, *s.* wetterbeständiger Stahl, *m.*

rust prevention, *s.*, **by vapor phase inhibitors,** VPI-Rostschutzverfahren *n.* (zur rostsicheren Verpackung von Stahlteilen).

rust preventive, *s.* Rostschutzmittel, *n.*

rust-proofing process, *s.* Rostschutzverfahren, *n.* (z. B. nach Barff: Aufblasen von Dampf auf das rotglühende Material, und dadurch Bildung eines Überzuges aus Fe_3O_4).

S

S-curve, *s.* (see "TTT-diagram"): S-Kurve, *f.* (Umwandlungskurve im Zeit-Temperatur-Umwandlungs-schaubild).

S-N curve, *s.* Wechselfestigkeitskurve, *f.* (Werkst.-Prüfg.).

SSU (Seconds Saybolt Universal), Maß, *n.*, der Zähflüssigkeit ↓ (bei 100° F Bezugstemperatur; im Deutschen nach Engler-Graden gemessen; Schmiermittel).

saddening, *s.* Zwischenaufheizung, *f.* (Vorblocken aufgeschwefelter Stähle: nach leichten Stichen wird der Block in die Tieföfen zurückgebracht und wieder erhitzt, bevor er weiter heruntergewalzt wird).

saddle, *s.* Stuhlplatte, *f.* (Eisenb.).

safe-edge file, *s.* glattkantige Feile, *f.*

safe load, *s.* zulässige Belastung, *f.*

safety catch, *s.* Verschlußsicherung, *f.*

safety guard, *s.* Schutzvorrichtung, *f.*

safety of operation, *s.* Betriebssicherheit, *f.*

safe working speed, *s.* zulässige Höchstgeschwindigkeit, *f.*

safe working stress, *s.* Sicherheitsbeanspruchung, *f.* (des Werkstoffs in einer Konstruktion).

sag, *v.i.* durchhängen, *v.i.* (des Seiles); sich durchbiegen, *v.i.*

sag, *s.* Durchhang, *m.* (Riemenantrieb).

salamander, *s.* Bodensau, *f.* (H-Ofen).

sal(e)able, *a.* marktgängig, *a.* (Erzeugnis).

salt bath brazing, *s.* Salzbadlötung, *f.*

salt bath descaling, *s.* Entzundern, *n.*, im Salzbad.

salt spray testing, *s.* Salzsprühversuch, *m.* (Korrosionsprüfung).

sample, *v.t.* Probe nehmen, *v.t.*

sample, *s.* Probe, *f.*, Muster, *n.*

sampling, *s.* Probenahme, *f.*

Sandberg sorbitic treatment, *s.* Sandberg-Verfahren, *n.* (Gegenstände aus C-Stahl werden mäßig gehärtet: Ziemlich rasche Abkühlung durch das Umwandlungsgebiet durch Aufblasen von Luft, Dampf oder Wasserstaub. Die Restwärme im Gegenstand bewirkt einen Anlaßvorgang.)

sand blast cleaning room, *s.* Sandputzerei, *f.*

sand blasting, *s.* Sandstrahlreinigung, *f.* (von Güssen).

sand blasting machine, *s.* Sandstrahlgebläse, *n.* (Putzen von Güssen).

sandblast tumbling barrel, *s.* Sandstrahl-Putztrommel, *f.*

sand incrustation, *s.* Sandstelle, *f.* (im Guß).

sand settlement system, *s.* Sand-Kläranlage, *f.*

sanitary installations, *spl.* sanitäre Anlagen, *fpl.*

saponification, *s.* Verseifung, *f.* (Chem.).

sash sections, *spl.* Einfassungseisen, *n.* (für Schiebefenster; Produkt eines Stab- oder Kundenwalzwerks).

sash window, *s.* Schiebefenster, *n.*

saturate, *v.t.* sättigen, *v.t.*

saturation, *s.* Sättigung, *f.* (Chem.).

saving, *s.*, **in raw materials,** Rohstoffersparnis, *f.*

saw, *s.* Säge, *f.*

saw blade, *s.* Sägeblatt, *n.*

saw blade, *s.*, **with inserted teeth,** Sägeblatt, *n.*, mit eingesetzten Zähnen.

saw frame, *s.* Sägegestell, *n.*, Sägerahmen, *m.*

saw blade arbor, *s.* Sägeblattwelle, *f.*

saw blade feed, *s.* Sägeblattvorschub, *m.* (Walzw.).

saw burr, *s.* Sägegrat, *m.* (beim Ablängen von Walzstäben).

saw cut, *s.* Sägeschnitt, *m.*

scab, *s.* Sandstelle, *f.* (Gußfehler); Schuppe, *f.* (Oberflächenfehler: Walzgut).

scaffold, *s.* Ansatz, *m.* (H-Ofen); Baugerüst, *n.*

scaffolding, *s.* Hängen, *n.*, der Gicht (H-Ofen); Ansätze, *fpl.*, Anwüchse, *fpl.* (Ofen, Konverter).

scale, *s.* Skala, *f.* (Meßw.); Maßstab, *m.* (Zeichnung); Zunder, *m.* (Oxydation).

scale breaker, *s.* Zunderbrechgerüst, *n.* (Grobwalzw.).

scale charging car, *s.* Zubringer, *m.*, mit Wiegevorrichtung (H-Ofen).

scale division, *s.* Skalenteilung, *f.*

scale reading, *s.* Skalenablesung, *f.*

scale shell, *s.* Zunderpelz, *m.* (eines Rohblocks nach Aufheizung im Tiefofen).

scales, *spl.* Kaltschweißen, *fpl.* (Oberflächenfehler des Gußblocks).

scaling, *s.* Verzundern, *n.*

scaling loss, *s.* Abbrand, *m.,* Glühverlust, *m.* (Wärmofen).

scaly, *a.* schalig, *a.,* schuppig, *a.*

scaly film, *s.* Zunderhaut, *f.* (dünne).

scarcity, *s.* Mangel, *m.* (an Arbeitskräften).

scarf, *s.* ausgeschärfte Schweißfuge, *f.*

scarfing, *s.* Brennputzen, *n.* (Vorblöcke, Brammen, Knüppel); Ausschärfen, *n.* (Blechkanten).

scarfing bay, *s.* Blockputzerei, *f.*

science, *s.* Wissenschaft, *f.*

science, *s.,* **of the strength of materials,** Festigkeitslehre, *f.*

scientific, *a.* wissenschaftlich, *a.*

scissors maker, *s.* Scherenschmied, *m.*

sclerometer, *s.* Ritzhärteprüfer, *m.*

scleroscope hardness test, *s.* Rücksprunghärteprüfung, *f.*

scoop, *s.* Kelle, *f.*

scope, *s.* Wirkungsbereich, *m.* (einer Werksleitung, Untersuchung, usw.), Umfang, *m.,* Geltungsbereich, *m.*

to score, *v.t.* verritzen, *v.t.*

scouring, *s.* Scheuern, *n.*

scouring powder, *s.* Scheuerpulver, *n.*

scouring sand, *s.* Scheuersand, *m.*

scragging, *s.* Vorspannen, *n.* (Federn).

scrap, *s.* Abfallstoff, *m.,* Schrott, *m.*

scrap baling press, *s.* Schrott-Paketierpresse, *f.*

scrap buggy, *s.* Schrottwagen, *m.*

scrap bundling machine, *s.* Schrottbündelmaschine, *f.*

scraper, *s.* Schabeisen, *n.* (Blechwalzg., Bandwalzg.); Kratzer, *m.*; Schrapper, *m.*

scraper conveyor, *s.* Kratzförderer, *m.*

scrap melting capacity, *s.* Schrottaufnahmsvermögen, *n.* (Windfrischverfahren).

scrap preparation plant, *s.* Schrottaufbereitungsanlage, *f.*

scrap yard, *s.* Schrottplatz, *m.*

scratch hardness, *s.* Ritzhärte, *f.* 1. Der Turner-Sklerometerversuch, bei dem eine belastete Diamantspitze einmal über die glatte Werkstofffläche hin- und hergezogen wird. 2. Die Mohssche Skala (in 10 Stufen, für nicht-metallische Elemente und Minerale).

scratch hardness test, *s.* Ritzhärteprüfung, *f.*

screen, *v.t.* abschirmen, *v.t.* (gegen Wasser, Hitze); sieben, *v.t.* (Erze).

screen cloth, *s.* Siebbespannung, *f.*

screening plant, *s.* Siebanlage, *f.,* Klassieranlage, *f.* (Erz).

screen "X" mesh, *s.* Siebnummer „X" (in Deutschland wird die Siebnummer nach Maschen je lfd. cm bestimmt. Siebnummer 80 = 80 Maschen je cm, oder 6400 Maschen je cm^2).

screen oversizes, *spl.* Siebrückstand, *m.*

screen undersizes, *spl.* Siebdurchgang, *m.*

screen wire, *s.* Maschendraht, *m.*

screw, *s.* Druckspindel, *f.* (der Anstellvorrichtung; Walzw.); Schraube, *f.* (ohne Mutter).

screw bolt, *s.* Schraubenbolzen, *m.*

screw box, *s.* Druckmutter, *f.* (Anstellung; Walzw.).

screw conveyor, *s.* Förderschnecke, *f.*

screw die, *s.* Gewindebacke, *f.*

screw-down, *s.* Walzenanstellung, *f.*

screw-down gear, *s.* Anstellvorrichtung, *f.* (für den Hub der Oberwalze; Walzw.).

screw plate die, *s.* Gewindeschneidkluppe, *f.*

screw spike, *s.* Schwellenschraube, *f.* (Eisenb.).

screw steel, *s.* Schraubenstahl, *m.*

screw stock, *s.* Schraubenstangen, *fpl.*

screw thread, *s.* Schraubengewinde, *n.*

screwed pipe joint, *s.* Rohrverschraubung, *f.*

screwing speed, *s.* Anstellgeschwindigkeit, *f.,* Druckspindelgeschwindigkeit, *f.* (einer Walzenanstellung).

scrubber, *s.* Scheuerwalze, *f.* (Beizerei); Wringwalzenabstreifer, *m.* (nach der Bandreinigungsanlage).

seabord, *a.* küstenwärts gelegen, *a.*

seal ring, *s.* Dichtungsring, *m.*

seam, *s.* Gußnaht, *f.*, Naht, *f.*, Überwalzung, *f.* (Fehler).

seamless boiler tubes, *spl.* nahtlose Kesselrohre, *npl.* (aus SM-Stahl).

seamless pipe, *s.* nahtloses Rohr, *n.*

seamless tube piercing mill, *s.* (see "tube piercing mill").

seam welding, *s.* Nahtschweißung, *f.*

searches, *spl.* Schürfarbeiten, *fpl.* (Erz).

secant, *s.* Sekante, *f.* (Math.).

second change, *s.* Ende, *s.*, der Kohlenstoffverbrennung (Windfrischverfahren).

secondary flow, *s.* stationäre Fließgeschwindigkeit, *f.* (physikalische Betrachtungsweise der Dauerstandfestigkeit).

secondary mills, *spl.* Mittelstraßen, *fpl.* (Walzw.).

second-cut file, *s.* Vorschlichtfeile, *f.*

second of arc, *s.* Bogensekunde, *f.*

seconds, *spl.* Bleche, *npl.*, zweiter Güte.

section, *v.t.* zerteilen, *v.t.* (von Gußblöcken).

section, *s.* Schnitt, *m.* (Zeichng.); Querschnitt, *m.* (Walzstab); Profil. *n.* (Stahlstab von besonderem Querschnitt).

section modulus, *s.* Widerstandsmoment, *n.* (statischer Wert).

sectional wire, *s.* Formdraht, *m.*

section rolling, *s.* Formwalzung, *f.*

sections, *spl.* Formstahl, *m.* (kleinere Querschnitte).

sections, *spl.*, of converter, Konverterteile, *mpl.* (Haube, Mittelstück, Unterteil).

Seger cone, *s.* Schmelzkegel, *m.*, Segerkegel, *m.*

segregate, *v.i.* ausscheiden, *v.i.*; ausseigern, *v.i.*

segregate band, *spl.* Seigerungsstreifen, *mpl.* (Gußgefüge).

segregation, *s.* Seigerung, *f.* (Ansammlung leicht schmelzender Verunreinigungen in den zuletzt erstarrenden Teilen eines Gußblockes, oder in Form von Einschlüssen in beliebigen Blockpartien); Ausscheidung, *f.* (des Graphits).

segregation, *s.*, in ingots, Blockseigerung, *f.*

segregation pattern, *s.* Seigerungsbild, *n.*

segregation phenomena, *spl.* Seigerungserscheinungen, *fpl.* (Metallogr.).

seize, *v.i.* sich festfressen, *v.i.* (Masch.).

seizing, *s.* Festklemmen, *s.* (z. B. des Schmiedestücks im Gesenk).

selective hardening, *s.* Teilhärtung, *f.*

selenium, *s.* Selen, *n.*

self-acting, *a.* selbsttätig, *a.*

self-aligning bearing, *s.* Pendellager, *n.* (Masch.).

self-aligning ring, *s.* Einstellring, *m.* (Kugellager).

self-hardening steels, *spl.* (see "air-hardening steels").

self-indicating load measuring device, *s.* Lastmeßanzeiger, *m.* (am Waagebalken der Zerreißmaschine).

self-locking, *a.* selbsthemmend, *a.* (Masch.).

self-oiling bearing, *s.* Ringschmierlager, *n.*

self-propelled, *a.* selbstfahrend, *a.*

self-seal door, *s.* selbstdichtende Türe, *f.* (Koksofen).

self-tapping screws, *spl.* selbsteinschneidende Schrauben, *fpl.*

semi-bright finish, *s.* halbblanke Ausfertigung, *f.*, halbblanke Oberfläche, *f.* (Blech, Band).

semi-coke, *s.* Halbkoks, *m.* (Schwelerzeugnis).

semi-continuous casting, *s.* Strangguß, *m.*, mit beschränkter Stranglänge.

semi-continuous wide strip mill, *s.* halbkontinuierliche Breitbandstraße, *f.* (Reversier-Vorstraße in Tandem mit kontinuierlichem Fertigstrang).

semi-elliptic spring, *s.* Halbelliptikfeder, *f.*

semi-finished products, *spl.* Halbzeug, *n.* (Vorblöcke, Knüppel, Schmiedestücke, Rohblöcke, Brammen, Röhrenstreifen, Drahtstangen, Platinen).

semi-finishing mill, *s.* Halbzeugstraße, *f.* (Walzw.).

semi-killed steel, *s.* halbberuhigter Stahl, *m.* (nicht vollkommen desoxydiert).

semi-machined, *a.* halbblank, *a.* (bearbeitet).

semi-steel, *s.* Halbstahl, *m.* (ein hochwertiges Gußeisen, zu dessen Herstellung ein gewisser Anteil Stahl verwendet wird).

Sendzimir mill, *s.* Sendzimir-Gerüst, *n.* (siehe „Vielwalzengerüst").

sensible heat, *s.* fühlbare Wärme, *f.*

sensitivity to cracking, *s.* Riß-empfindlichkeit, *f.*

sensitivity, *s.,* **to welding cracks,** Schweißrißempfindlichkeit, *f.*

sensitize, *v.t.* empfindlich machen, *v.t.* (Chem.).

separate, *v.t.* scheiden, *v.t.* (Erze).

separation, *s.* Scheidung, *f.*

separator, *s.* Scheider, *m.*

septum, *s.* Drosselventil, *n.*

sequence, *s.* Reihenfolge, *f.*

sequence, *s.,* **of microstructure,** Reihung, *f.,* der Feingefüge (von grob-lamellär bis feinnadelig; Metallogr.).

sequence, *s.,* **of operations,** Arbeitsfolge, *f.*

series fabrication, *s.* Reihenfertigung, *f.*

series manufacture, *s.* Reihenfertigung, *f.*

serve, *v.t., v.i.* bestreichen, *v.t.* (der Kran bestreicht die ganze Länge der Halle); versorgen, *v.t.* (die Schmieranlage versorgt sowohl die Zapfen- als auch die Kammwalzenlager); dienen, *v.i.*

service, *s.* Dienstleistung, *f.*

service demands, *spl.* Betriebsbeanspruchung, *f.*

service life, *s.* Standzeit, *f.* (Werkzeuge).

service performance, *s.* Betriebsverhalten, *n.* (z. B. eines Bauteiles).

service rail track, *s.* Versorgungsgleis, *n.*

service stress, *s.* Betriebsbeanspruchung, *f.* (eines Teiles, einer Maschine).

set, *v.t.* einstellen, *v.t.*

set, *v.i.* erhärten, *v.i.* (Zement, Mörtel).

set, *s.* Satz, *m.* (Werkzeuge, Walzen, Räder).

set a spring, *v.t.* eine Feder spannen, *v.t.*

set hammer, *s.* Setzhammer, *m.* (Schmiede).

set pin, *s.* Stellstift, *m.*

set screw, *s.* Hemmschraube, *f.,* Setzschraube, *f.*

setting, *a.* abbindend, *a.* (z. B. schnell abbindender Zement).

setting, *s.* Einstellung, *f.* (mehrerer Teile in eine ganz bestimmte Lage zueinander, um den gewünschten Arbeitseffekt zu erzielen).

setting, *s.* Erhärtung, *f.* (Zement, Mörtel).

setting, *s.,* **of the rolls,** Einstellung, *f.,* der Walzen.

setting time, *s.* Bindezeit, *f.* (Zement).

settling, *s.* Einsinken, *n.* (Halle, Objekt).

settling tank, *s.* Klärbehälter, *m.*

set up, *v.t.* errichten, *v.t.*

set-up, *s.* improvisierte Vorrichtung, *f.;* Sachlage, *f.*

sewerage, *s.* Entwässerung, *f.* (Kanalisation).

shade, *v.t.* schattieren, *v.t.* (Zeichng.).

shaft, *s.* Ofenschacht, *m.;* Welle, *f.* (Masch.).

shaft extension, *s.* Wellenstummel, *m.*

shafting, *s.* Wellen, *fpl.* (Sammelausdruck, Masch.).

shake, *v.t.* rütteln, *v.t.*

shaking table, *s.* Rätter, *m.* (Aufbereitg.).

shank, *s.* Einsteckende, *n.* (eines Handwerkzeugs); Schaft, *m.* (Werkzeuge, Niete, Bolzen).

shape, *s.* Profil, *n.* (gewalztes, gezogenes, gepreßtes; U.S.A.); Form, *f.* (allgemein).

shaped brick, *s.* Formstein, *m.* (Bauw).

shape pass, *s.* Entwicklungskaliber, *n.* (Walzenkalibr.).

shape-strength test, *s.* Gestaltfestigkeitsversuch, *m.* (praktische Ermittlung durch Versuche an Modellen oder fertigen Teilen).

shape wire, *s.* Formdraht, *m.*

shaping, *s.* Formgebung, *f.*

shaping pass, *s.* Formstich, *m.* (Schienenkalibr.).

shaping ring, *s.* Preßring, *m.;* Ziehring, *m.* (Röhrenerzeugung).

sharpen, *v.t.* schärfen, *v.t.* (Schneiden).

shatter, *v.i.* zersplittern, *v.i.*

shatter crack, *s.* Innenriß; Nierenbruch, *m.* (Schiene).

shatter-cracks, *spl.* feine Innenrisse, *mpl.* hervorgerufen durch Spannungen bei ungleichmäßiger Abkühlung; siehe auch „Flocken").

shatter marks, *spl.* Schlagwellen, *fpl.* (auf Blechen durch Springen der Walzen).

shatter test, *s.* Fallprobe, *f.* (Koks).

shavings, *spl.* Hobelspäne, *mpl.*

shear, *s.* Abscherung, *f.* (Maß der Verformung); Schere, *f.* (Masch.).

shear approach table, *s.* Rollgang, *m.*, vor der Schere (Walzw.).

shear blade, *s.* Schermesser, *n.*

shear bolster, *s.* Scherenuntersatz, *m.*

sheared width, *s.*, **of strip,** Bandbreite, *f.* nach dem Besäumen.

shear ga(u)ge, *s.* Scherenanschlag, *m.*, Scherenstoß, *m.* (über Scherenrollgang zum schnellen Messen und Zerteilen).

shear housing, *s.* Scherenständer, *m.*

shearing action, *s.* Scherung, *f.*, Scherwirkung, *f.*

shearing bolt, *s.* Scherbolzen, *m.* (Masch.).

shearing pin, *s.* Abscherstift, *m.* (Masch.).

shearing strength, *s.* Scherfestigkeit, *f.* (eines Bolzens, eines Niets, etc.).

shearing stress, *s.* Schubspannung, *f.* (Werkst.-Prüfg.).

shear modulus, *s.* (see "modulus of rigidity").

shear opening, *s.* Scherendurchlaß, *m.*, Maulweite, *f.*, zwischen den Messern, (Walzw.).

shear run-out table, *s.* Rollgang, *m.*, hinter der Schere (Walzw.).

shear steel, *s.* Gärbstahl, *m.*, Zementgärbstahl, *m.* (zur Herstellung bester Vorschneidemesser; durch Gärben von Zementstahl; einmal und zweimal gegärbter Stahl).

shear strength, *s.* Scherfestigkeit, *f.*

shear table, *s.* Scherenrollgang, *m.* (Walzw.).

shear tilting table, *s.* Scherenwipptisch, *m.* (Walzw.).

sheathed electrode, *s.* (see "heavy-coated electrode").

sheave, *s.* Seilscheibe, *f.*, Blockscheibe, *f.* (Masch.).

sheet, *s.* Feinblech, *n.* (in Europa unter 5 mm Stärke; U.S.A.: über 300 mm Breite — in Ringen oder Tafeln —, bzw. auch unter 300 mm Breite, wenn Stärke unterhalb 1,0 mm).

sheet and plate levellers, *spl.* Blechrichtmaschinen, *fpl.*

sheet and strip trimming department, *s.* Feinblech- und Bandrichterei, *f.*

sheet and strip trimming line, *s.*

Feinblech- und Bandstahl-Adjustage, *f.* (gradliniger Stofffluß).

sheet-annealing furnace charging machine, *s.* Glühkisten-Einsatzmaschine, *f.*

sheet bar, *s.* Platine, *f.* (Halbzeug).

sheet bar shear, *s.* Platinenschere, *f.*

sheet corrugating plant, *s.* Wellblechanlage, *f.*

sheet doubler, *s.* Blechdoppler, *m.* (für Mittel- und Feinblech).

sheet folding machine, *s.* Abkantmaschine, *f.*

sheet, *s.*, **for stamping,** Stanzblech, *n.*

sheet metal articles, *spl.* Blechwaren, *fpl.*

sheet metal frame, *s.* Blechrahmen, *m.* (allgem.).

sheet metal ga(u)ges, *spl.* Blechlehren, *fpl.*

sheet metal industry, *s.* blechverarbeitende Industrie, *f.*

sheet metal machinery, *s.* Blechbearbeitungsmaschinen, *fpl.*

sheet metal polisher, *s.* Blechpoliermaschine, *f.*

sheet metal sheet, *s.* Blechtafel, *f.*

sheet metal working machinery, *s.* Blechbearbeitungsmaschinen, *fpl.*

sheet piling, *s.* Spundwandblech, *n.*

sheets, *spl.*, **of down to ... inches,** Blechstärken, *fpl.*, bis zu ... mm.

sheets, *spl.*, **of up to ... inches,** Blechstärken, *fpl.*, bis zu ... mm.

sheet steel tube, *s.* Blechrohr, *n.* [-röhre] (geschweißt oder genietet).

sheet stock, *s.*, **for stamping work,** Stanzblech, *n.*

sheeting, *s.* Blechverkleidung, *f.*

shell, *s.* Mantel, *m.* (Gießform, Kessel).

shell reamer, *s.* Kalibrierreibahle, *f.* (mit achsparallelen Stollen, oder linksgängigen Schraubenstollen).

shelved car, *s.* Etagenwagen, *m.*

shelving, *s.* Stellage, *f.* (zur Lagerung von Gegenständen).

sherardizing, *s.* Sherardisieren, *n.*, Pulververzinken, *n.* (Erhitzen der zu überziehenden Gegenstände in Zinkstaub).

shielded arc welding, *s.* Schutzgasschweißung, *f.* (Kohle- oder Metall-Lichtbogen-Schweißung mit Lichtbogenumhüllung).

shift, *s.* Schicht, *f.* (Arbeitszeit).
shift gears, *v.t.* schalten, *v.t.* (Getriebe).
shim, *s.* keilförmige Zwischenplatte, *f.*
shipbuilding materials, *spl.* Schiffsbaumaterial, *n.*
shipbuilding sections, *spl.* Schiffsbauprofile, *npl.*, Schiffsbau-Formstahl, *m.*
shipping facilities, *spl.* Versandeinrichtungen, *fpl.*
shipping yard, *s.* Werksversand, *m.*
ships' plates, *spl.* Schiffsplatten, *fpl.*
shock, *s.* Stoß, *m.*, stoßweise Beanspruchung, *f.*
shock absorber, *s.* Stoßdämpfer, *m.*
shock effect, *s.* Stoßwirkung, *f.*
shock resistance, *s.* Schlagfestigkeit, *f.* (ausgedrückt in mkg).
shock test mechanism, *s.* Schlagwerk, *n.* (Werkst.-Prüfg.).
shoe plates, *spl.* Sohlplatten, *fpl.* (zur Befestigung des Ständerfußes; Walzw.).
shop, *s.* Fabrik, *f.*, Werk, *n.*, Betrieb, *m.* (im textlichen Zusammenhang).
shore hardness, *s.* Rücksprunghärte, *f.*, Shorehärte, *f.*
shore hardness test, *s.* Rücksprung-Härteprüfung, *f.* (dynamisch).
short cycle annealing, *s.* Durchlaufglühung, *f.* (praktisch jede Art von Glühung in modernen Öfen, die raschen Durchsatz ergeben).
shorterizing, *s.* (see "flame ha dening").
short lengths, *spl.* Unterlängen, *fpl.* (bei Walzerzeugnissen).
shorts, *spl.* (see "short lengths").
short time test, *s.* Kurzversuch, *m.* (Werkst.-Prüfg.).
shot, *s.* Granalien, *pl.* (Handelsform der Eisenlegierungen); Kies, *m.* (Strahlreinigen).
shot blasting, *s.* Strahlreinigen, *n.* (nach dem Preßluft- oder Schleuderstrahlverfahren; entrosten mit Schrot, entzundern mit Kies).
shot burnishing, *s.* Rollieren, *n.* (Oberflächenverfeinerung durch Behandlung im Rollfaß).
shot peening, *s.* Abblasen, *n.*, mit Stahlkugeln, Kugelstrahlen, *n.* (nach dem Preßluft- oder Schleuderstrahlverfahren; durch Kalthämmern der Oberfläche günstige Wirkung auf das Dauerverhalten).

shotting, *s.* Granulieren, *n.* (Metalle, Eisen).
shot welding, *s.* Schußschweißung, *f.* (Verfahren für rostfreie Stähle).
shrink, *s.* (see "shrinkage cavity").
shrinkage, *s.* Schwindung, *f.* (Volumsänderung der Metalle beim Erstarren und Abkühlen).
shrinkage cavity, *s.* Lunkerstelle, *f.* (im Guß).
shrinkage crack, *s.* Schrumpfriß, *m.*
shrink head, *s.* Gießkopf, *m.*, verlorener Kopf, *m.* (Blockguß).
shrink hole, *s.* Lunker, *m.* Schwindungshohlraum, *m.* (Guß).
shrink on, *v.t.* aufschrumpfen, *v.t.* (Flanschen, Radreifen).
shrink ring, *s.* Schrumpfring, *m.* (Masch.)
shuffle bar type cooling bed, *s.* Förderrost-Kühlbett, *n.* (Walzw.).
shunt, *v.t.* rangieren, *v.t.*
shunting locomotive, *s.* Rangierlokomotive, *f.*
shunt track, *s.* Rangiergleis, *n.*
shut down, *v.t.* außer Betrieb setzen, *v.t.*, einstellen, *v.t.* (den Betrieb).
shutter, *s.* Fensterladen, *m.*
side blowing, *s.* Verblasen, *n.*, mit Seitenwind (Konverter).
side blown converter, *s.* Seitenwindkonverter, *m.*
side-dump car, *s.* Seitenkipper, *m.* (Fahrzeug).
side guard, *s.* Führungslineal, *n.* (der Verschiebe- und Kantvorrichtung einer Blockstraße).
side guard pusher, *s.* Verschieberstempel, *m.* (Blockstrecke; Walzw.).
side milling cutter, *s.* Scheibenfräser, *m.*
side pressure, *s.* Seitendruck, *m.* (im Kaliber; Walzenkalibr.).
side projection, *s.* Seitenriß, *m.* (Zeichng.).
side shaft, *s.* (see "line shaft").
side shear, *s.* Saumschere, *f.*
side steps, *spl.* Seitenlager, *n.* (einer mehrteiligen Lagerschale).
side take-off, *s.* Querzug, *m.* (Walzw.).
side trimming, *s.* Besäumen, *n.* (Blech, Band).
siderite, *s.* Spateisenstein, *m.*

sides, *spl.,* **of thread,** Flanken, *n.,* des Gewindes (z.B. „der Flankenwinkel beträgt 60°“).

siding, *s.* Anschlußgleis, *n.*

sieve analysis, *s.* Siebanalyse, *f.*

sift, *v.t.* sieben, *v.t.* (Sand).

sight, *v.i.* **(on),** anzielen, *v.i.* (opt. Pyrometer).

sight feed lubricator, *s.* Schautropf-öler, *m.*

sighting eye, *s.* Visieroptik, *f.* (Pyrometer).

sigma-phase, *s.* Sigmaphase, *f.* (Metallogr.; in Zweistofflegierungen der Elemente: Cr, Fe, Co, Mn, Ni, V).

Silal cast iron, *s.* Silal, *s.* (Guß von ferritischem Grundgefüge, durch Zusatz von 5—7% Si erhöhte Zunderbeständigkeit).

silbereisen, *s.* Silbereisen, *n.*

silica, *s.* Kieselerde, *f.*

silica brick, *s.* Silikastein, *m.*

silica brickbats, *spl.* Silikabrocken, *mpl.* (als Zugabe zur Erhöhung des SiO_2-Gehaltes der Konverterschlacke).

silica lining, *s.* saures Ofenfutter, *n.*

silicate, *s.,* **of alumina,** kieselsaure Tonerde, *f.*

siliceous, *a.* kieselig, *a.*

siliceous flux, *s.* kieseliger Zuschlag, *m.* (Stahlw.)

siliceous limestone, *s.* Kieselkalk, *m.*

silicon, *s.* Silizium, *n.*

silicon blow, *s.* Warmblasen, *n.* (des Einsatzeisens durch die Si-Verbrennung; Bessemerverfahren).

silicon-carbide brick, *s.* Siliziumkarbidstein, *m.*

silico-manganese steel, *s.* Silmanganstahl, *m.*

silicon steels, *spl.* Siliziumstähle, *mpl.,* (ferritische Gruppe für magnetische und elektrische Zwecke; untereutektoide Gruppe als Vergütungsstähle).

siliconize, *v.t.* aufsilizieren, *v.t.* (z. B. des Gusses).

siliconized steel, *s.* silizierter Stahl, *m.*

silky fracture, *s.* seidenartiger Bruch, *m.*

sill, *s.* (see ''sill plate'').

sill plate, *s.* Schaffplatte, *f.* (SM-Ofen).

silver finished sheets, *spl.* versilbertes Blech, *n.*

silver solder, *s.* Silberschlaglot, *n.*

silver steel, *s.* Silberstahl, *m.* (besonders genau gezogene Stahlstangen und Drähte: Werkzeugstahl).

sine, *s.* Sinus, *m.* (Math.).

single-acting hammer, *s.* einfachwirkender Hammer, *m.* (Schmiede).

single crystal, *s.* Einkristall, *m.*

single-cut file, *s.* einhiebige Feile, *f.*

single-fixed-pulley tackle, *s.* Potenzflaschenzug, *m.*

single-holing, *s.* Einfachzug, *m.* (Draht).

single-purpose, *s.* Sonderzweck-.

single riveting, *s.* Einfachnietung, *f.* (eine Reihe von Nieten bei überlappten Nähten, oder je eine Reihe bei Stoßverbindungen).

single-stack annealing furnace, *s.* Einstapel-Haubenglühofen, *m.*

single-stand reversing universal plate mill, *s.* eingerüstiges Umkehr-Universalblechwalzwerk, *n.*

single-stand two-high reversing universal plate mill, *s.* Umkehr-Universalblechduo, *n.* (mit vertikalen Stauchwalzen; auch zur Walzung von Röhrenstreifen verwendet).

single uptakes, *spl.* getrennte Züge, *mpl.* (SM-Ofen).

sink-float process, *s.* Schwereaufbereitung, *f.* (Erz).

sinkhead, *s.* verlorener Kopf, *m.* (Blockguß).

sinter, *v.t.* sintern, *v.t.* (Erze).

sinter, *s.* Sinter, *m.,* Erzsinter, *m.* (Hochofenbeschickung).

sinter brick, *s.* Sinterstein, *m.*

sinter cooling pan conveyor, *s.* Sinter-Bandkühlanlage, *f.*

sinter cooling turntable, *s.* Sinter-Rundkühlanlage, *f.*

sinter, *s.,* **of a self-fluxing composition,** selbstgehender Sinter, *m.*

sintered metal carbides, *spl.* gesinterte Hartmetalle, *npl.* (bestehen aus gesättigten Karbiden des Wolframs, Titans, Molybdäns, Tantals; als Bindemetall z. B. Kobalt).

sintered product, *s.* Sintererzeugnis, *n.* (Pulvermeta urgie).

sintered tips, *spl.* gesinterte Hartmetallplättchen, *npl.*

sintering, *s.* Sinterung, *f.* (Verwandlung von Formkörpern aus Metallpulvern zu festen Metallkörpern unter Anwendung von Drücken und höherer Temperatur; Pulvermetallurgie); Sintern, *n.* (Erz).

sintering, *s.*, **of metal powders,** Sintern, *n.*, von Metallpulvern (Pulvermetallurgie).

sintering pan, *s.* Sinterpfanne, *f.*

sintering plant, *s.* Sinteranlage, *f.*

sintering properties, *spl.* Sinterungseigenschaften, *fpl.*

sinter pallet, *s.* Sinterwagen, *m.* (Sintermaschine).

Sirocco, *s.* (U.S.A.), Staubsack, *m.* (Sinteranlage; Bauart "Sirocco").

site, *s.* Baugelände, *n.*, Werksgelände, *n.*

site of erection, *s.* Baugelände, *n.*

six roll reversing mill, *s.* Sexto-Umkehrwalzwerk, *n.* (2 Arbeits- und 4 Stützwalzen).

size, *v.t.* sortieren, *v.t.* (Erze); kalibrieren, *v.t.*

size, *s.* Körnung, *f.* (Erz, Kohle, Koks); Größe, *f.* (eines Gegenstandes); Korngröße, *f.* (von gebrochenen oder gesiebten Stoffen).

sizing, *s.* Kalibrieren, *n.*, Prägen, *n.* (von Stanzteilen mit geringem Übermaß in Spezialprägegesenken zur Erzielung bestimmter Toleranzen); Sortierung, *f.* (Erz, Koks).

sizing dies, *spl.* Feinzugmatrizen, *fpl.*

sizing jigging screen, *s.* Klassier-Rüttelsieb, *n.*

sizing plant, *s.* Klassieranlage, *f.* (Erz).

sizing press, *s.* Kalibrierpresse, *f.*

size, *s.*, **of ingot,** Blockformat, *n.*

size, *s.*, **of stock,** Anstichquerschnitt, *m.* (Walzung).

size opening, *s.* Lochgröße, *f.* (Sieb).

skelp, *s.* Röhrenstreifen, *mpl.* (für geschweißte Rohre).

sketch, *s.*, Skizze, *f.*, Strichzeichnung, *f.*

sketch plate, *s.* Skizzenblech, *n.*

skew assembling table, *s.* Schrägsammelrollgang, *m.*

skewback, *s.* Keilstein, *m.* (SM-Ofengewölbe).

skew rolling, *s.* Schrägwalzung, *f.* (siehe „Lochwalzverfahren").

skew table, *s.* Schrägrollgang, *m.* (Walzw.).

skewback channel, *s.* Widerlagerbalken, *m.* (SM-Ofen).

skewness, *s.* Schrägstellung, *f.* (z. B. der Rollenachse; Rollgang).

skiagraph, *s.* (see "radiograph").

skid, *s.* Gleitschiene, *f.*

skim, *v.t.* abziehen, *v.t.* (Schlacke), abschlacken, *v.t.*

skimmer, *s.* Schlackenüberlauf, *m.*, Schlackenfuchs, *m.* (H-Ofen).

skimming ladle, *s.* Schaumkelle, *f.* (Gieß.).

skin, *s.* Gußhaut, *f.*

skin crack, *s.* Kontraktionsriß, *m.* (Stahlblock, Güsse).

skin defect, *s.* Oberflächenfehler, *m.*

skin, *s.*, **of the ingot,** Blockhaut, *f.*

skin pass, *s.* Polierstich, *m.* (Bandwalzung).

skin pass mill, *s.* Dressiergerüst, *n.* (Kaltwalzung).

skin zone, *s.* Randzone, *f.* (des Rohblocks, Gusses).

skip, *s.* Gichtkübel, *m.*, Kippkübel, *m.* (für Hartkoks; H-Ofen).

skip bridge, *s.* Gichtbrücke, *f.* (H-Ofen).

skip hoist, *s.* Schrägaufzug, *m.* (H-Ofen).

skull breaker, *s.* Fallwerk, *n.* (Schrottplatz).

skylight, *s.* Laterne, *f.*, Oberlicht, *n.* (Bauw.).

slab, *s.* Platte, *f.* (Bauw.); Bramme, *f.* (Walzerzeugn.).

slab and bloom shear, *s.* Block- und Brammenschere, *f.*

slab and edging method, *s.* Flach- und Stauchwalztechnik, *f.* (Schienenwalzung).

slabbing and blooming mill, *s.* Block- und Brammenstraße, *f.*

slabbing mill, *s.* Brammenstraße, *f.*

slab-charging machine, *s.* Brammen-Einsetzmaschine, *f.*

slab-heating furnace, *s.* Brammenofen, *m.*

slab ingot, *s.* Rohbramme, *f.*

slab mold, *s.* Brammenkokille, *f.*

slab rolling facilities, *spl.* Brammenwalzanlage, *f.*

slab shear, *s.* Brammenschere, *f.*

slab turning gear, *s.* Brammendrehvorrichtung, *f.* (Grobblechwalzwerk).

slab yard, *s.* Brammenlager, *n.*

slacken, *v.i.* sich lockern, *v.i.* (Seil, Riemen).

slacking slag, *s.* Zerfallschlacke, *f.* (CaO-reiche Schlacke zerrieselt nach Erstarren).

slackness, *s.* Luft, *f.* (Lager).

slack wind, *s.* abgedrosselter Wind, *m.* (H-Ofen).

slag analysis, *s.* Schlackenuntersuchung, *f.*

slag channel, *s.* Schlackenlauf, *m.*

slag control, *s.* (see "slag regulation").

slag cover, *s.* Schlackendecke, *f.*

slag duct, *s.* Schlackentrift, *f.*

slag dump, *s.* Schlackenhalde, *f.*

slag fusion zone, *s.* Schlackenschmelzzone, *f.* (H-Ofen).

slagging (practice), *s.* Schlackenführung, *f.*

slaggy iron, *s.* schlackiges Eisen, *n.*

slag-hole, *s.* Schlackenstich, *m.* (H-Ofen, Kupolofen).

slag ladle, *s.* Schlackenpfanne, *f.*

slag mill, *s.* Schlackenmühle, *f.*

slag off, *v.t.* abschlacken, *v.t.*

slag pancake sample, *s.* Schlackenkuchenprobe, *f.* (SM-Betrieb).

slag pot, *s.* Schlackenpfanne, *f.*

slag ratio, *s.* Schlackenzahl, *f.* (CaO/ SiO_2).

slag removal, *s.* Entschlackung, *f.* (z. B. der Kammern eines SM-Ofens); Schlackenabfuhr, *f.* (z. B. mit selbstentleerenden Pfannenwagen).

slag run-off, *s.* Schlackenablauf, *m.* (H-Ofen).

slag sales, *spl.* Schlackengutschrift, *f.*

slag service track, *s.* Schlackengleis, *n.* (H-Ofen).

slagstone, *s.* Schlackenstein, *m.* (Pflaster).

slag thimble, *s.* Schlackenkübel, *m.* (H-Ofen).

slag thread, *s.* Schlackenfaden, *m.*

slag utilization, *s.* Schlackenverwertung, *f.*

slag volume, *s.* Schlackenmenge, *f.*

slake, *v.t.*, **lime,** Kalk löschen, *v.t.*

slaked lime, *s.* gelöschter Kalk, *m.*

slaking, *s.*, **of lime,** Kalklöschen, *n.*

slaty fracture, *s.* Schieferbruch, *m.*

sledge withdrawal device, *s.* Walzenziehschlitten, *m.* (für schwere Stützwalzen).

sleeper, *s.* Schwelle, *f.* (Eisenb.).

sleeve, *s.* Muffe, *f.* (Kabel).

sleeve bearing, *s.* geschlossenes Gleitlager, *n.*

sleeve brick, *s.* Stopfenstangenrohr, *n.* (Pfanne).

slenderness, *s.* Schlankheit, *f.* (Verhältnis Länge:Durchmesser).

slewing crane, *s.* Drehkran, *m.*

slewing gear, *s.* Drehwerk, *n.* (eines Drehkranes).

slice, *v.t.* zerteilen, *v.t.* (Schienen, Gußblöcke).

slicing, *s.* Abstechen, *n.* (von Rohblöcken auf der Drehbank).

slide, *v.i.* gleiten, *v.i.*

slide, *s.* Schlitten, *m.* (Drehbank, Revolverkopf).

slide ga(u)ge, *s.* Schiebelehre, *f.* (Meßw).

slide head, *s.* Schlitten, *m.* (der Räummaschine).

slide plate, *s.* Gleitplatte, *f.* (Eisenb., Weiche).

slide rail, *s.* Zunge, *f.* (einer Weiche; Eisenb.).

slide rule, *s.* Rechenschieber, *m.*

slide travel, *s.* Schieberhub, *m.*

slide valve, *s.* Schieber, *m.*

slide valve gear, *s.* Schiebersteuerung, *f.*

slide valve rod, *s.* Schiebergestänge, *n.*

sliding bearing, *s.* Schiebelager, *n.* (Masch.).

sliding change gear mechanism, *s.* Schieberädergetriebe, *n.* (Masch.).

sliding damper, *s.* Fallschieber, *m.*

sliding fit, *s.* Schiebesitz, *m.* (Masch.).

sliding frame hot saw, *s.* Warmschlittensäge, *f.* (Walzw.).

sliding friction, *s.* gleitende Reibung, *f.*

sliding, *s.*, **of crystals** (see "slip of crystals").

sliding properties, *spl.* Gleiteigenschaften, *fpl.* (von Lagermetallen).

sliding sash, *s.* Fensterschieber, *m.*

sliding saw, *s.* Schlittensäge, *f.*

slip, *v.i.* gleiten, *v.i.*, rutschen, *v.i.* (Kupplg., Riemen).

slip, *s.* Gleitung, *f.* (Phys.); Stürzen, *n.*, der Gicht (H-Ofen).

slip bands, *spl.* Gleitlinien, *fpl.* (im Mikroskop sichtbare dunkle, annähernd parallele Linien auf dem Kristall; Kristallogr.).

slip cones, *spl.* Rutschkegel, *m.* (nach dem Bruch über den Endflächen des spröden Prüfkörpers; Druckversuch).

slip direction, *s.* Gleitrichtung, *f.* (Kristallogr.).

slip ga(u)ge, *s.* Endmaß, *n.*

slipping, *s.* Stürzen, *s.,* der Gicht (H-Ofen).

slip, *s.,* **of crystals,** Gleitung, *f.,* der Kristalle (Kristallogr.).

slip plane, *s.* Gleitebene, *f.* (angezeigt durch massierte Gleitlinien; Kristallogr.).

slip points, *spl.* Kreuzungsweiche, *f.* (Eisenb., verstellbar).

slit rail, *s.* längsgeteilte Schiene, *f.* (Verwendung z. B. zur Winkelwalzung).

slitter, *s.* Kreismesser, *n.* Längsteilmaschine, *f.* (Blech-Bandlängsteilung).

slitting line, *s.* Kreismesser-Besäumvorrichtung, *f.* (Bandstahl).

slitting, *s.,* **of rails,** Längsteilen, *n.,* von Schienen (zur Weiterwalzung).

sliver, *s.* Walzsplitter, *m.*

slop, *v.t.* Funken werfen, *v.t.* (Konverter).

slope, *s.* Gefälle, *n.* (Dach, Weg).

sloping back wall, *s.* Schrägwand, *f.* (SM-Ofen).

sloping loop channel, *s.* Tieflauf, *m.* (Walzw.).

slopping, *s.* Auswurf, *m.* Auswurftätigkeit, *f.* (Konverter).

slopping, *s.,* **endpoint (turn down),** grober Auswurf, *m.* (beim Umlegen des Konverters).

slot, *s.,* **and key,** Nut und Feder, *f.*

slotted, *a.* geschlitzt, *a.*

slotting, *s.* Nutenstoßen, *n.*

slow cool zone, *s.* Vorkühlkammer, *f.* (eines Zonenglühofens).

sludge valve, *s.* Abschlämmventil, *n.* (Gaswäscher, H-Ofen).

slug, *s.* Rohling, *m.* (Warmpressen im Gesenk, Strang- und Fließpressen).

sluggish, *a.* strengflüssig, *a.* (z. B. Erz), reaktionsträge, *a.*

small cone, *s.* oberer Verschlußkegel, *m.* (Gicht, H-Ofen).

small end-up, *a.* konisch, *a.* (Gußblock, Kokille).

small-end-up semi-closed-top type ingot mold, *s.* konische Kokille, *f.,* mit Nachgußkopf.

small hopper, *s.* oberer Zuführungstrichter, *m.* (Gicht; H-Ofen).

small-scale furnace, *s.* Versuchsofen, *m.*

small section mill, *s.* Feinstahlstraße, *f.* (Walzw.).

smelt, *v.t.* schmelzen, *v.t.* (Erz), erblasen, *v.t.* (Roheisen), verhütten, *v.t.* (Erz).

smeltable, *a.* schmelzwürdig, *a.*

smeltable ore, *s.* verhüttbares Erz, *n.*

smelted, *a.* geschmolzen, *a.* (Eisen).

smelter, *s.* (see "smelting fce.").

smelting furnace, *s.* Eisenschmelzofen, *m.* (auch für NE-Metalle).

smelting operation, *s.* Schmelzarbeit, *f.,* Verhüttungsarbeit, *f.* (H-Ofen, Kupolofen).

smelting plant, *s.* Eisenhütte, *f.,* Schmelzhütte, *f.*

smith hammer, *s.* Schmiedehammer, *m.*

smithing tool, *s.* Schmiedewerkzeug, *n.*

smoke, *s.* Qualm, *m.,* Rauch, *m.*

smoke dilution, *s.* Rauchverdünnung, *f.*

smoke hood, *s.* Rauchabzug, *m.*

smoking, *s.* Schwärzen, *n.* (der Gußform).

smooth, *v.t.* schlichten, *v.t.*

smooth file, *s.* Schlichtfeile, *f.*

snaker, *s.* Verkröpfgesenk, *n.*

snap ga(u)ge, *s.* Rachenlehre, *f.*

snap ring, *s.* Hakensprengring, *m.*

snarl test, *s.* Schleifenprobe, *f.* (Draht).

snowflakes, *spl.* (see "flakes").

snug fit, *s.* Feinpassung, *f.* (Masch.).

soak, *v.t.* durcherhitzen, *v.t.*

soaker battery, *s.* Tiefofenbatterie, *f.* (Blockstraße).

soaking, *s.* Ausgleichsglühen, *n.* (Halten eines Gußblocks bei bestimmter Temperatur, bis der Werkstoff gleichmäßig auf diese Temperatur gebracht ist).

soaking pit, *s.* Tiefofen, *m.*

soaking pit crane, *s.* Tiefofenkran, *m.*

soaking time, *s.* Durchwärmungszeit, *f.*

soapstone, *s.* Speckstein, *m.*

socket, *s.* Muffe, *f.* (Rohr).

socket wrench, *s.* Steckschlüssel, *m.*

soda, *s.* Soda, *n.*

soda ash, *s.* Natriumkarbonat, *n.*

sodium, *s.* Natrium, *n.*

sodium-hydride pickling, *s.* Natriumhydrid-Beizverfahren, *n.*

soft-anneal, *s.* (see "spheroidizing").

soft cast iron roll, *s.* Weichwalze, *f.* (aus Gußeisen; Vorwalzen für schwere, große Profile).

soften, *v.t.* entkohlen, *v.t.* (Stahl).

softening, *s.* Erweichung, *f.* (des Stahls durch Warmbehandlung).

softening cycle, *s.* Weichglühen, *n.* (Wärmebehandlung des Stahls nach der Warmverformung).

softening point, *s.* Erweichungspunkt, *m.* (ff.-Stoffe).

soft grain roll, *s.* (see "soft cast iron roll").

soft paraffin, *s.* Ozokerit, *m.*

soft roll, *s.* (see "soft cast iron roll").

soft sand-cast roll, *s.* (see "soft cast iron roll").

soft solder, *s.* Weichlot, *n.* (niedrig schmelzende Legierung).

(soft) soldering, *s.* Weichlöten, *n.*

soft-spottiness, *s.* Weichfleckigkeit, *f.* (Fehlererscheinung bei Einsatzhärtung; die Härtewirkung wird durch örtliche Entkohlung verringert; ebenso wirken zu starke Gaben Al in der Pfanne).

soft steel, *s.* Weichstahl, *m.* (bis 0.40% C).

soft tempered martensite brittleness, *s.* Anlaßsprödigkeit, *f.*, des hoch angelassenen Martensits (nach Anlassen auf 400—600° C).

soldered seam, *s.* Lötnaht, *f.*

soldering fluid, *s.* Lötwasser, *n.*

soldering operation, *s.* Lötarbeit, *f.* (mit Weichlot).

sole plate, *s.* Sohlplatte, *f.*

solid, *a.* massiv, *a.* (nicht hohl).

solid, *s.* fester Körper, *m.*

solid body, *s.* Vollkörper, *m.*

solid casting, *s.* Vollguß, *m.*

solidification, *s.* Erstarrung, *f.*

solidification range, *s.* Erstarrungsbereich, *m.* (zwischen Liquidus- und Soliduslinie; Zustandsschaubild).

solidification shrinkage, *s.* Schwindung, *f.* (von Güssen).

solidify, *v.i.* erstarren, *v.i.* (Metall durch Abkühlung).

solids, *spl.* starre Körper, *mpl.* (Phys.).

solid section, *s.* Vollquerschnitt, *m.*

solid shape, *s.* Vollquerschnitt, *m.*

solid shrinkage, *s.* Schrumpfung, *f.* (nach der Erstarrung; Guß).

solid solution, *s.* feste Lösung, *f.* (Metallogr.).

solid solution range, *s.* Gebiet, *n.*, der festen Lösung (Zustandsschaubild; das Gebiet, innerhalb dessen das γ-Eisen mit der Temperatur wechselnde Mengen Kohlenstoff in Lösung halten kann).

solid solution series, *s.* Mischkristallreihe, *f.* (Metallogr.).

solid state, *s.* Solidus, *m.* (Chem.).

solidus, *s.* Soliduslinie, *f.* (obere Grenze für den nur festen Zustand; Zustandsschaubild).

soluble, *a.* lösbar, *a.*, löslich, *a.*

soluble cutting oil, *s.* wasserlösliches Schneidöl, *n.*

solubility, *s.* Löslichkeit, *f.* (Chem.).

solution, *s.* Lösung, *f.* (Chem., Phys.).

solution loss, *s.* Lösungsverlust, *m.* (z. B. an C im Hochofenprozeß).

solvent, *s.* Lösungsmittel, *n.*

sonic inspection, *s.* Überschalluntersuchung, *f.* (von Werkstoffen).

sonims, *spl.* nichtmetallische Einschlüsse, *mpl.*

source, *s.*, **of supply,** Bezugsquelle, *f.*

sow, *s.* Ofensau, *f.*; Masselgraben, *m.*, Masselgrabeneisen, *n.*, Schaleneisen (H-Ofen).

sow channel, *s.* Masselgraben, *m.* (H-Ofen).

sow iron, *s.* Schaleneisen, *n.* (H-Ofen).

space heating, *s.* Raumtemperierung, *f.*

spacer, *s.* (see "distancer").

spacing, *s.* laufender Abstand, *m.*, Mittenabstand, *m.*

spacing, *a.* Distanz- (Distanzplatte, -ring, -rohrstück).

spade type chisel, *s.* Schaufelmeißel, *m.*

spall, *v.i.* platzen, *v.i.*, abplatzen, *v.i.* (ff. Steine).

spalling, *s.* Abblätterungen, *fpl.* (Fehlererscheinung, z. B. bei Radreifen; auch bei ff. Steinen).

spalling test, *s.* Abschreckprobe, *f.* (zur Bestimmung der Temperaturwechselbeständigkeit feuerfester Steine).

span, *s.* Bogenweite, *f.* (Bauw.).

span, *s.*, **of roof,** Gewölbespannweite, *f.*

spanner, *s.* Schlüssel, *m.*

spar, *s.* Spat, *m.*

spare, *s.* Reserve- (-teil).

spark testing, *s.* Funkenprobe, *f.* (Ermittlung der Stahlzusammensetzung nach dem Funkenbild).

spathic iron, *s.* Eisenspat, *m.*, Spateisenstein, *m.*

spec, *s.* (see "inspection").

special alloy casting, *s.* Sonderguß. *m.* (Erzeugnis).

special deep drawing stock, *s.* Sondertiefziehbleche, *npl.*

special grade pig iron, *s.* Sonderroheisen, *n.*

special rail mill, *s.* Schienenwalzwerk, *n.* (Trio nur für Schienen verwendet).

special sections, *spl.* Sonderprofile, *npl.*

special shape wire, *s.* Profildraht, *m.*

special(ty) steels, *spl.* Sonderstähle, *mpl.*

special trackwork, *s.* Weichenbau, *m.* (Eisenb.).

special vehicle, *s.* Einzweckfahrzeug, *n.*

specification, *s.* Vorschrift, *f.*

specification, *s.*, **of treatment,** Behandlungsvorschrift, *f.*

specific gravity, *s.* spezifisches Gewicht, *n.*

specific heat, *s.* spezifische Wärme, *f.*

specific weight, *s.* Wichte, *f.*

specified length, *s.* vorgeschriebene Länge, *f.*

specified size, *s.* (see "nominal size").

specify, *v.t.* vorschreiben, *v.t.*

specimen, *s.* Probe, *f.* (Werkstoff).

spectroscope, *s.* Spektroskop, *n.*

spectroscopic analysis, *s.* Spektralanalyse, *f.*

spectrum, *s.* Spektrum, *n.*

spectrum line, *s.* Spektrallinie, *f.*

speed, *s.* Gang, *m.* (Getriebe); Geschwindigkeit, *f.*, Drehzahl, *f.*

speed adjustment, *s.* Geschwindigkeitsregulierung, *f.*; Drehzahlregelung, *f.*

speed control, *s.* Drehzahlverstellung, *f.*

speed governor, *s.* Geschwindigkeitsregler, *m.*; Drehzahlregler, *m.*

speed limit, *s.* Drehzahlgrenze, *f.*, Geschwindigkeitsgrenze, *f.*

speed, *s.*, **of elongation,** Dehnungsgeschwindigkeit, *f.* (Werkst.-Prüfg.).

spelter, *s.* Zinkbarren, *m.*

spent pickling acid, *s.* Altbeize, *f.*

spherical, *a.* kugelförmig, *a.*

spherical graphite cast iron, *s.* Gußeisen, *n.*, mit Kugelgraphit.

spheroidal cementite, *s.* (see "spheroidite").

spheroidite, *s.* kugeliger Zementit, *m.* (Glühgefüge; siehe „Weichglühen"; Metallogr.).

spheroidized carbide, *s.*, **(cf. spheroidite),** zum Kugeln, *n.*, gebrachter Zementit, koagulierter Zementit, *m.* (siehe „Weichglühen").

spheroidizing, *s.* Weichglühen, *n.* (von Stählen mit höherem C-Gehalt nach Warmverformung und vor spanabhebender Bearbeitung. Das erzielte Glühgefüge ist kugeliger Zementit. Glühung unterhalb A_{c1}), Glühen, *n.*, unterhalb des Perlitpunktes.

spheroidizing property, *s.* Ballungsfähigkeit, *f.* (Kristallogr.).

spider, *s.* Radstern, *m.*, Speichenkreuz, *n.* (Rad); Königsstein, *m.* (Gieß.).

spiegel, *s.* Spiegeleisen, *n.*

spiegel-iron, *s.* (see "spiegel").

spindle balance bracket, *s.* federnd gelagerter Spindelausgleichsbalken, *m.* (bei älteren Walzgerüsten, zur Lagerung der Unterspindel).

spindle band, *s.* Spindel-Sicherungsband, *n.* (verhindert Springen der Spindel und Verschmutzen des Lagers; Walzw.).

spindle carrier, *s.* Spindelstuhl, *m.* (Walzw.).

spindle speed, *s.* Spindeldrehzahl, *f.*

spinning, *s.* Drücken, *n.* (das Formen einer in Umdrehung befindlichen Metallscheibe über einem Formfutter, mit Hilfe von Drückwerkzeugen. Herstellung von Hohlteilen mit komplizierter Linienführung).

spinning lathe, *s.* Drückbank, *f.* (siehe Drücken).

spinning tools, *spl.* Drückwerkzeuge, *fpl.*

spiral bevel gear, *s.* schrägverzahntes Kegelrad, *n.*, schrägverzahntes Kegelgetriebe, *n.*

spiral bevel gearing, *s.* Kegelradschrägverzahnung, *f.*

spiral drill, *s.* Drillbohrer, *m.*

spiral wire, *s.* Spiraldraht, *m.*

spittings, *spl.* feinkörniger Auswurf, *m.* (Konverter).

splash lubrication, *s.* Tauchschmierung, *f.*

splice, *s.* Stoßlasche, *f.* (Eisenb.).

splice bar, *s.* Stemmlasche, *f.* (gegen das Schienenwandern, Eisenb.).

splice plate, *s.* Verbindungslasche, *f.* (Bauw.).

spline shaft, *s.* Keilwelle, *f.* (Masch.).

split ingot, *s.* längsgeteilter Gußblock, *m.*

splitting shear, *s.* Spaltschere, *f.*, Teilschere, *f.* (Blech).

spluttering, *s.*, **of the arc,** Sprühen, *n.*, des Lichtbogens.

spoke, *s.* Speiche, *f.*

spoke wire, *s.* Speichendraht, *m.*

sponge iron, *s.* Eisenschwamm, *m.*

sponginess, *s.* (see "porosity").

spontaneous ignition, *s.* Selbstzündung, *f.*

spot electrode, *s.* Punktelektrode, *f.*

spot welder, *s.* Punktschweißmaschine, *f.*

spot welding, *s.* Punktschweißung, *f.*

Spra-Bonderizing, *s.* Spritzbonderverfahren, *n.* (Durchlaufverfahren für Massenfertigung).

spray coating shop, *s.* Spritzlackiererei, *f.*

sprayed-metal coating, *s.* Spritzmetallüberzug, *m.*

spray gun, *s.* Spritzpistole, *f.*

spray metallizing, *s.* Spritzmetallisieren, *n.* (Oberflächenbehandlung).

spray painting, *s.* Spritzlackieren, *n.*

spread, *s.* Breitung, *f.* (des Werkstoffes bei der Formgebung).

spreader plow, *s.* Haldenplaniermaschine, *f.*

spring, *s.* Feder, *f.*

spring, *v.t.*, **a leak,** leck werden, *v.i.*, undicht werden, *v.i.*

spring assembly, *s.* Federsatz, *m.*

spring bolt, *s.* Federbolzen, *m.*

spring coiler, *s.* Federwickelmaschine, *f.*

springer, *s.* Widerlagstein, *m.* (Bauw.).

spring hanger, *s.* Federaufhängung, *f.*

spring leaf, *s.* Federblatt, *n.* (fertiges Erzeugn.).

spring loaded, *a.* federbelastet, *a.*

spring-loaded gag, *s.* gefederter Vorstoß, *m.* (Walzw.).

spring manufacturing shop, *s.* Federnwerk, *n.*

spring mattress, *s.* Sprungfedermatratze, *f.*

spring pin, *s.* Federstift, *m.*

spring plate, *s.* Federblatt, *n.* (Vormaterial).

spring ring, *s.* Sprengring, *m.*

spring screw, *s.* Federschraube, *f.*

spring steel, *s.* Federstahl, *m.*

spring stop, *s.* Federanschlag, *m.*

spring temper, *s.* Federhärte, *f.* (als Bezugsmaß).

spring tongs type switch, *s.* Federweiche, *f.*

spring valve, *s.* Federventil, *n.*

spring washer, *s.* federnde Unterlagscheibe, *f.*, Federring, *m.*

spring wire, *s.* Federdraht, *m.*

spring workshop, *s.* Federnwerk, *n.*

sprocket wheel, *s.* Kettenrad, *n.* (antreibendes).

sprue, *s.* Anschnitt, *m.*, (Gieß.); Knochen, *m.*, Anguß, *m.* (das erstarrte Metall).

spur gear, *s.* Stirnrad, *n.*, Stirn(rad)getriebe, *n.*

spur track, *s.* Stichgleis, *n.* (Eisenb.).

sputtering, *s.* Zischen, *n.* (des Lichtbogens).

square, *v.t.* rechtwinkelig abschneiden, *v.t.*

square, *a.* winkelrecht, *a.*

square, *s.* Quadrat, *n.*, Quadratstahl, *m.* (Walzw.).

square bolt, *s.* Vierkantbolzen, *m.* (mit quadratischem Kopf).

square cut end, *s.* winkelrechtgeschnittenes Stabende, *n.*

square joint, *s.* rechtwinkelige Verbindung, *f.* (Schweißen).

square pass, *s.* Quadratkaliber, *n.* (Walzenkalibr.).

square root angle, *s.* scharfkantiger Winkelstahl, *m.* (Walzerzeugn.).

squares, *spl.* Quadratstahl, *m.* (Walzerzeugn.).

square section, *s.* Rechtkant, *m.* (Stab).

square thread, *s.* Flachgewinde, *n.*

squatting test, *s.* Erweichungsprobe, *f.* (ff. Stoffe).

squeegee, *s.* Quetschwalze, *f.*

squeeze pointer, *s.* Rohranspitzmaschine, *f.*

squeezer press, *s.* Kalibrierpresse, *f.*

squeezing action, *s.* Druckwirkung, *f.* (einer Kalibrierpresse).

stability, *s.* Beständigkeit, *f.;* Gestalts-festigkeit, *f.*
stabilizers, *spl.* stabilisierende Legie-rungselemente, *npl.* (z. B. Cr, W, Mo: zur Stabilisierung des Ferrits; Mn, Ni, Co: des Austenits).
stabilizing treatment, *s.* Stabilisie-rungsbehandlung, *f.* (z. B. austeniti-scher, nichtrostender Stähle).
stable arc, *s.* ruhiger Lichtbogen, *m.* (Schweißen).
stable system, *s.* stabiles System, *n.* (z. B. Eisen-Graphit).
stack, *s.* Schacht, *m.* (eines Hochofens); Esse, *f.*, Schornstein, *m.*
stack annealing furnace, *s.* Ring-glühofen, *m.*, Stapelglühofen, *m.* (zum Glühen von Material in Ringen).
stack base, *s.* Schornsteinsockel, *m.*
stack batter, *s.* Verjüngung, *f.*, des Schachtes (H-Ofen).
stack coil annealing furnace, *s.* (single and multiple), Ringglühofen, *m.*, Stapelglühofen, *m.* (mit einem oder mehreren Stapeln).
stack damper, *s.* Rauchschieber, *m.*
stack flue, *s.* Essenfuchs, *m.*
stack gases, *spl.* Gase, *npl.*, in der Schachtzone (H-Ofen).
stacking grate, *s.* Stapelrost, *m.*
staggered roll, *s.* Staffelwalze, *f.* (Walzw.).
stahleisen, *s.* Stahleisen, *n.*
stainless iron, *s.* nichtrostendes Eisen, *n.* (0.10%C und 12—16%Cr).
stainless sheets, *spl.* rostfreies Blech, *n.*
stainless steel, *s.* rostfreier Stahl, *m.*, nichtrostender Stahl, *m.*, korrosions-freier Stahl, *m.*
stamp, *v.t.* stempeln, *v.t.* (Erzeugnisse).
stamp, *v.t.*, **between dies,** im Gesenk ausschmieden, *v.t.*
stamping, *s.* Stanzen, *n.* (Tätigkeit); Stanzteil, *m.* (Erzeugnis); Stempeln, *n.* (von Kennzeichen in Erzeugnissen, vertieft); Prägen, *n.*
stamping die, *s.* Prägeplatte, *f.*
stamping mold, *s.* Prägeform, *f.*
stamping quality sheets, *spl.* Stanz-bleche, *npl.*
stamping shop, *s.* Stanzwerk, *n.*
stamping technique, *s.* Stanztechnik, *f.*

stamping work, *s.* Stanzartikel, *m.*
stanchion, *s.* Stütze, *f.* (Bauw.); Runge, *f.* (Eisenb.).
stand, *s.* Walzgerüst, *n.*
stand-by, *s.*, **as a,** als Reserve, *adv.*
stand-by stand, *s.* Wechselgerüst, *n.*, Austauschgerüst, *n.* (Walzw.).
standard, *s.* Ständer, *m.* (Bauw.); Norm, *f.*
standard, *a.* Normal- (in Zusammen-setzungen, Bedeutg.: Normalmaß).
standard charge, *s.* Normalgattierung, *f.* (Schmelzofenbetrieb).
standard construction, *s.* Normal-ausführung, *f.*
standard costs, *spl.* Normalkosten, *fpl.*
standard dimension, *s.* Normalmaß, *n.*
standard ga(u)ge, *s.* Normalspur, *f.* (Eisenb.); Normallehre, *f.*
standard ga(u)ge railway, *s.* Normal-spurbahn, *f.*
standardization, *s.* Normung, *f.*, Eichung, *f.*
standardize, *v.t.* eichen, *v.t.* (Instru-mente); normen, *v.t.*
standard length, *s.* normale Länge, *f.*
standard load, *s.* Vorlast, *f.* (Rock-well-Prüfung: 10 kg).
standard measure, *s.* Eichmaß, *n.*
standard mixture, *s.* Normalgattie-rung, *f.* (Schmelzofenbetrieb).
standards, *spl.* Normen, *fpl.*
standard size, *s.* Normalformat, *n.*, Normalgröße, *f.*
standard specifications, *spl.* Nor-malien, *pl.*, Normalvorschriften, *fpl.*
standard T-rail, *s.* Normalschiene, *f.* (Eisenb.).
Stanton test, *s.* (see "repeated blow impact test").
staple, *s.* Öse, *f.*
staple wire, *s.* Ösendraht, *m.*
star bit, *s.* Meißelbohrer, *m.*
start (up), *v.t.* ingangsetzen, *v.t.*
starting power, *s.* Anzug, *m.*, Anzugs-kraft, *f.* (Masch.).
starting resistance, *s.* Anlaufwider-stand, *m.*
starting section, *s.* Anfangsquer-schnitt, *m.* (Walzung).
state, *s.* Erscheinungsform, *f.* (Phys.).
state, *s.*, **of development,** Entwick-lungsstand, *m.*

state, *s.,* **of equilibrium,** Gleichgewichtslage, *f.,* Gleichgewichtszustand,
m.
static equilibrium, *s.* statisches
Gleichgewicht, *n.*
static pressure, *s.* statischer Druck, *m.*
(Mech.).
static strength, *s.* statische Festigkeit, *f.*
static stress, *s.* statische Beanspruchung, *f.* (Mech.).
statics, *s.* Statik, *f.*
stationary, *a.* ortsfest, *a.*
**stationary wheel type pig casting
machine,** *s.* Drehtischgießmaschine,
f. (H-Ofen).
statistical, *a.* statistisch, *a.*
statistics, *s.* Statistik, *f.*
status, *s.,* **of state,** Aggregatzustand,
m. (Phys.).
stay, *s.* Spreize, *f.* (Stativ).
stay bolt, *s.* Stehbolzen, *m.*
steady position, *s.* Ruhelage, *f.* (Mech.).
steady pressure, *s.* **(cf. steady
squeeze),** ruhender Druck, *m.* (z. B.
einer Presse).
steady rest, *s.* Setzstock, *m.* (Werkz.-
Masch.).
steady squeeze, *s.* ruhender Druck, *m.*
(einer Presse auf das Werkstück).
steam atomizer, *s.* Dampfzerstäuber,
m. (für Brenner).
steam blower, *s.* Dampfgebläse, *n.*
steam blowing engine, *s.* Dampfgebläse, *n.*
steam coal, *s.* Dampfkohle, *f.*
steam coil, *s.* Dampfschlange, *f.*
steam coil furnace, *s.* Dampfofen, *m.*
(mit Dampf beheizter Trockenofen).
steam conduit, *s.* Dampfleitung, *f.*
steam diagram, *s.* Dampfdruckbild, *n.*
steam dome, *s.* Dom, *m.* (eines Kessels).
steam drive, *s.* Dampfantrieb, *m.*
steam drop hammer, *s.* Dampfhammer, *m.*
steam engine, *s.* Dampfmaschine, *f.*
steam generating heat, *s.* Dampfbildungswärme, *f.*
steam-hydraulic, *a.* dampfhydraulisch, *a.*
steam-jet blower, *s.* Dampfstrahlgebläse, *n.*
steam meter, *s.* Dampfzähler, *m.*

steam packing, *s.* Dampfdichtung, *f.*
steam power plant, *s.* Dampfkraftwerk, *n.*
steam pressure, *s.* Dampfdruck, *m.,*
Dampfspannung, *f.*
steam shovel, *s.* Dampfbagger, *m.*
steam tight, *a.* dampfdicht, *a.*
steam trap, *s.* Kondenstopf, *m.*
steatite, *s.* Speckstein, *m.*
Steckel mill, *s.* Steckel-Walzwerk, *n.,*
Reversier-Warmbandwalzwerk, *n.*
(mit Haspelöfen).
steel arches, *spl.* hufeisenförmiger
Grubenausbau, *m.*
steel bars, *spl.* Stabstahl, *m.*
steel building, *s.* Stahlbauwerk, *n.*
(Schuppen, Silos, Werkshallen, etc.).
steel casting, *s.* Stahlguß, *m.* (Produkt).
steel chaser, *s.* Blocklieferer, *m.* (Arbeiter).
steel clad brick, *s.* blechummantelter
Baustein, *m.*
steel compositions, *spl.* Stähle, *mpl.,*
Stahlzusammensetzungen, *fpl.*
steel construction, *s.* Stahlbau, *m.*
(Ausführung in Stahl).
steel-consuming industries, *spl.*
stahlverarbeitende Industrien, *fpl.*
steel discharge, *s.* Ziehherd, *m.* (Stoßofen; Walzw.).
steel fabricating shop, *s.* Stahlbauwerkstätte, *f.*
steel fabricating workshop, *s.* Stahlbauwerkstätte, *f.*
steel fabrication, *s.* Stahlbau, *m.* (von
Gerüsten oder Bauteilen).
steel facing, *s.* Anstählen, *n.* (Herstellung verschleißfester Oberflächen
durch Aufschmelzen von Schichten
verschleißfesten Stahles).
steel foundry, *s.* Stahlgießerei, *f.*
steel furnace, *s.* Stahlofen, *m.* (metallurgischer Ofen zur Erzeugung von
Stahl).
steel furniture, *s.* Stahlmöbel, *f.*
steel hanger, *s.* Aufhängebügel, *m.*
(Hängegewölbe, SM-Ofen).
steel ingot, *s.* Gußblock, *m.,* Rohblock, *m.*
steel maker, *s.* Stahlproduzent, *m.*
steel manufacturing mills, *spl.*
Stahlverarbeitungsbetriebe, *mpl.*
steel-melting shop, *s.* Stahlwerk, *n.*
(Teil eines Hüttenwerks).

steel mill, *s.* Stahlhütte, *f.*

(steel) mill crane, *s.* Hüttenwerkskran, *m.*

steel mill equipment, *s.* Hüttenwerkseinrichtung(en), *f(pl).*

steel mill machinery, *s.* Hüttenwerksmaschinen, *fpl.*

steel mill operator, *s.* Hüttenmann, *m.*

steel molding, *s.* Stahlgußformerei, *f.* (Gieß.).

steel pipe, *s.* Stahlrohr, *n.* (Leitung).

steel plant, *s.* Stahlhütte, *f.*

steel plate apron conveyor, *s.* Stahlgliederbandförderer, *m.*

steel plates, *spl.* Grobblech, *n.* (Sammelbegriff).

steel processing mills, *spl.* Stahlverarbeitungsbetriebe, *mpl.*

steel sheet piling, *s.* Spundwandstahl, *m.*

steel props, *spl.* Stahlstempel, *mpl.* (Grubenbedarf).

steel roofing bars, *spl.* Stahlkappen, *fpl.* (Grubenbedarf).

steel sheets, *spl.* Stahlblech, *n.* (als Fertigprodukt).

steel shot, *s.* Stahlguß-Schrot, *m.* (selten verwendet; häufig bezieht sich die englische Bezeichnung auf Hartguß-Schrot).

steel structure, *s.* Stahlbauwerk, *n.* (als Objekt); Stahltragwerk, *n.* (als tragendes Gerüst eines Bauwerks), Gerippe, *n.*, Tragwerk, *n.* (Bauw.).

steel tie, *s.* Stahlschwelle, *f.* (Eisenb.).

steel tube construction, *s.* Stahlrohrbau, *m.*

steel tube structure, *s.* Stahlrohrtragwerk, *n.*

steel, *s.*, **with high-temperature characteristics,** warmfester Stahl, *m.*

steel works, *spl.* Stahlhütte, *f.*

steeling, *s.* (see "steel facing").

steelmaker, *s.* Stahlwerker, *m.*; Stahlproduzent, *m.*

steel-making furnace, *s.* Stahlschmelzofen, *m.*

steelmaking iron, *s.* Stahlroheisen, *n.*

steelmaking pig, *s.* Stahlroheisen, *n.*

steelmaking practice, *s.* Stahlwerksbetrieb, *m.*

steelmaking scrap, *s.* Stahlschrott, *m.*

steelmaking shop, *s.* Stahlwerk, *n.* (Teil des Hüttenwerks).

steelwork, *s.* Stahlbauten, *mpl.*, Stahlkonstruktion, *f.*

steelworks, *spl.* Stahlwerk, *n.* (Teil des Hüttenwerks).

steep, *v.t.* tränken, *v.t.*, imprägnieren, *v.t.*

steep, *v.t.*, **in lye,** laugen, *v.t.*

stellite, *s.* Stellit, *m.* (im Lichtbogen- oder Induktionsofen hergestelltes Hartmetall).

stellite process, *s.* Auftropfverfahren, *n.* (Auftropfen einer dünnen Stellitschicht auf Arbeitsflächen von Werkzeugen usw., mit Hilfe einer Sauerstoff-Azetylen-Schweißflamme).

step bearing, *s.* Stützlager, *n.* (Laufzapfen; Walzw.).

step grate, *s.* Etagenrost, *m.*

step-back welding, *s.* Pilgerschweißung, *f.*

stepped pulley, *s.* (see "cone pulley").

sticker, *s.* **(ingot),** steckengebliebener Gußblock, *m.*

stickers, *spl.* angeklebte Blechtafeln, *fpl.* (beim Sturzenglühen).

sticking furnace, *s.* „hängender" Ofen, *m.* (H-Ofen).

sticky scale, *s.* Klebzunder, *m.*

stiffening plate, *s.* Verstärkungsblech, *n.*

stiffness, *s.* (see "rigidity").

stirrer, *s.* Rührwerk, *n.*

stirring coil, *s.* Rührspule, *f.* (Induktionsrührer).

stirring gear, *s.* Rührwerk, *n.*

stirring mechanism, *s.* Rührwerk, *n.*

stirring motion, *s.* Rührbewegung, *f.* (Induktionsrührer).

stitching wire, *s.* Heftdraht, *m.*

stock, *s.* Bestand, *m.* (an Waren); Lager, *n.* (Erzeugnisse); Rohling, *m.* (Schmieden); Vormaterial, *n.* (Walzung).

stock bay, *s.* Materialhalle, *f.* (Stahlwerk).

stock bins, *spl.* Materialtaschen, *fpl.* (H-Ofen).

stock column, *s.* Materialsäule, *f.*, Beschickungssäule, *f.* (H-Ofen).

stock descent, *s.* Niederrücken, *n.*, der Beschickungssäule (H-Ofen).

stock length, *s.* vorgeschriebene Länge, *f.* (z. B. einer Schiene).

stock level ga(u)ge, *s.* Gichtsonde, *f.*, mit Anzeiger, Möllersonde, *f.*, mit Anzeiger, Teufenanzeiger, *m.* (H-Ofen).

stock level indicator, *s.* Gichtsonde, *f.*, mit Anzeiger, Möllersonde, *f.*, mit Anzeiger, Teufenanzeiger, *m.* (H-Ofen).

stock line diameter, *s.* Gichtdurchmesser, *m.* (H-Ofen).

stock line ga(u)ge, *s.* Gichtsonde, *f.*, mit Anzeiger, Möllersonde, *f.*, mit Anzeiger, Teufenanzeiger, *m.*

stock line indicator, *s.* Teufenanzeiger, *m.*, Möllersonde, *f.*, Gichtsonde, *f.*, mit Anzeiger (H-Ofen).

stockline recorder, *s.* Teufenschreiber, *m.* (Gicht; H-Ofen).

stock movement, *s.* Bewegung, *f.*, der Beschickungssäule.

stock yard, *s.* Materiallagerplatz, *m.* (Schrott, Erz).

stop, *s.* Anschlag, *m.* (z. B. Auslaufrollgang; Walzw.).

stop ga(u)ge, *s.* Anschlag, *m.* (z. B. hinter der Schere; Walzw.).

stop-measuring gear, *s.* Anschlag, *m.* (z. B. hinter der Schere; Walzw.).

stock rail, *s.* Backenschiene, *f.* (einer Weiche, Eisenbahn).

stock rod, *s.* Gichtsonde, *f.*, Möllersonde, *f.* (H-Ofen).

stop pin, *s.* Steckbolzen, *m.*

stoppage, *s.* Stillsetzung, *f.*

stopper, *s.* Ofendeckstein, *m.*; Stopfen, *m.* (Gießpfanne).

stopper ingot, *s.* erstarrter Gußstab, *m.* (Horizontal-Strangguß).

stopper maker, *s.* Stopfenmacher, *m.* (Gieß.).

stopper rod, *s.* Stopfenstange, *f.* (Gießpfanne).

stopper-rod brick, *s.* (see "sleeve brick").

storage, *s.* Lagerung, *f.*

storage hopper, *s.* Füllrumpf, *m.*

store, *s.* Bestand, *m.* (an Waren).

store, *s.* Lager, *n.* (Material).

stove, *s.* Winderhitzer, *m.* (H-Ofen; Kurzform für "hot blast stove").

stove dome, *s.* Winderhitzerkuppel, *f.*

straight carbon steel, *s.* unlegierter Kohlenstoffstahl, *m.*

straighten, *v.t.* richten, *v.t.* (Draht, Formstäbe, usw.).

straightener, *s.* Richtmaschine, *f.*

straightening machine, *s.* Richtmaschine, *f.*

straightening roller, *s.* Richtrolle, *f.* (einer Rollenrichtmaschine).

straight piercing, *s.* Lochpressen, *n.*

straight rolls, *spl.* glatte Walzen, *fpl.* (Walzw.).

strain, *s.* Dehnung, *f.* (Zug-, Dauerstandversuch); Formänderung, *f.*, Verformung, *f.*

strain, *s.* Spannung, *f.* (im Körper erzeugte und bleibend deformierende; Prüfwesen).

strain-age-embrittlement, *s.* (see "strain-age-hardening").

strain-age hardening, *s.* Kaltverfestigung, *f.* (Anstieg von Streckgrenze und Festigkeit, Abnahme der Kerbschlagwerte).

strain aging, *s.* Reckaltern, *n.*, Stauchaltern, *n.* (ein durch Kaltverformung eingeleitetes oder beschleunigtes Altern; vgl. „Altern").

strain energy, *s.* Formänderungsarbeit, *f.*

strain-hardening theory, *s.* Dehnungs-Theorie, *f.* (Standversuch).

straining, *s.* Reckung, *f.*, überelastische Beanspruchung, *f.*

strain rate, *s.* Dehnungsgeschwindigkeit, *f.*

strain stress, *s.* Reckspannung, *f.*

strand, *v.t.* verseilen, *v.t.* (Stahlseilherstellung).

stranded copper wire, *s.* Kupferseil, *n.*

stranded wire, *s.* Litze, *f.*

stranded wire, *s.* verseilter Draht, *m.*

stranding characteristics, *s.* Flechtungszahl, *f.* (Stahlseilherstellung).

strap, *s.* Lasche, *f.* (Nieten); Schelle, *f.* (Befestigung; Rohre); Gurt, *m.*

strapping, *s.* Ballenbandstahl, *m.* (Verpackung).

stratification, *s.* Schichtung, *f.*

Strauss test, *s.* Strauss-Probe, *f.* (auf Werkstoffempfindlichkeit gegenüber interkristalliner Korrosion).

stream, *s.* Strahl, *m.* (Gas, Flüssigkeit, kleine Festkörper); Strömung, *f.*

streamers, *spl.* langgestreckte Einschlüsse, *mpl.* (im Werkstoff).

strength, *s.* Festigkeit, *f.*, Formänderungswiderstand, *m.*

strength characteristics, *spl.* Festigkeitseigenschaften, *fpl.*

strength, *s.,* **of materials,** Werkstofffestigkeit, *f.*

strength value, *s.* Festigkeitswert, *m.*

stress, *s.* Spannung, *f.* (als Formänderungswiderstand des Werkstoffes, gemessen in kg/mm²).

stress, *s.* Spannung, *f.* (die ausgeübte Beanspruchung; Prüfwesen).

stress-corrosion cracking, *s.* Korrosionsdaueranrisse, *mpl.*

stress-crack corrosion, *s.* Spannungsrißkorrosion, *f.* (unrichtig auch „Laugensprödigkeit" genannt).

stress cycle, *s.* Lastperiode, *f.* (Dauerversuch).

stressing, *s.,* **in compression,** Druckbeanspruchung, *f.*

stress, *s.,* **in lb.,** Spannung, *f.,* in kg (techn.).

stress, *s.,* **in lb/unit area,** Spannung, *f.,* in kg/Flächeneinheit.

stress raisers, *spl.* Stellen, *fpl.,* hoher Spannungsanhäufung (z. B. scharfe Kanten oder Kerben und Querschnittsübergänge; Ursache für Dauerbruch).

stress relief, *s.* Spannungslösung, *f.* (durch geeignete Wärmebehandlung).

stress-relief annealing, *s.* (see "stress-relieving").

stress-relief treatment, *s.* Entspannung, *f.*

stress-relieving, *s.* Spannungsfreiglühen, *n.* (Lösen der Restspannungen im Werkstoff durch Erhitzen auf geeignete Temperatur und richtig langes Halten auf dieser Temperatur).

stress reversal, *s.* Spannungswechsel, *m.,* Belastungswechsel, *m.,* Lastwechsel, *m.* (im Dauerversuch; Werkst.-Prüfg.).

stress-strain curve, *s.* Spannungs-Dehnungs-Schaulinie, *f.* (Zugversuch; Werkst.-Prüfg.).

stress-strain diagram, *s.* Spannungs-Dehnungs-Schaubild, *n.* (Zugversuch; Werkst.-Prüfg.).

stressless layer, *s.* neutrale Faser, *f.* (Biegeversuch).

stretched wire, *s.* Streckdraht, *m.*

stretcher leveller, *s.* Spannmaschine, *f.* (hydraulisch betätigt, zum Richten von Blechen).

stretcher strains, *spl.* Fließfiguren, *fpl.,* Kraftwirkungsfiguren, *fpl.,* Lüdersche Linien, *fpl.* (auf der Oberfläche geglühter, kohlenstoffarmer Tiefziehbleche und Bänder).

stretching hammer, *s.* Reckhammer, *m.*

strike, *v.t.* zünden, *v.t.* (den Lichtbogen).

striking face, *s.* Aufschlagfläche, *f.* (eines Fallhammers).

stringers, *spl.* zeilenartige Einschlüsse, *mpl.* (Stahl).

strip, *v.t.* strippen, *v.t.,* abstreifen, *v.t.* (der Kokille vom Block).

strip, *s.* Bandstahl, *m.* (U.S.A.: unter 300 mm Breite und 1.0—5.85 mm Stärke. Europa: 1. schmales Band: unter 500 mm Breite, in Ringen verschickt; 2. Breitband: über 500 mm Breite, in Ringen verschickt).

strip dryer, *s.* Bandtrockenvorrichtung, *f.* (nach dem Beizen).

strip flattener, *s.* Bandrichtmaschine, *f.*

strip machinery, *s.* Bandbearbeitungsmaschinen, *fpl.*

strip mill products, *spl.* warm- und kaltgewalzter Bandstahl, *m.*

stripper, *s.* Scheren-Auslaufführung, *f.* (Bandschere); Stripper, *m.* (Kran).

stripper crane, *s.* Stripperkran, *m.*

stripper plate, *s.* Abstreifplatte, *f.* (Sintermaschine).

stripper tongs, *spl.* Kokillenzange, *f.* (Stahlw.).

stripping bay, *s.* Stripperhalle, *f.* (Stahlw.).

strip processing machinery, *s.* Bandstahl-Bearbeitungsmaschinen, *fpl.*

strip sample punch, *s.* Stanzvorrichtung, *f.,* für Probestreifen.

strip section rolling, *s.* Bandprofilwalzung, *f.*

strip slitting and trimming line, *s.* Bandbesäum- und Teilanlage, *f.*

strip slitting line, *s.* Bandzerteilanlage, *f.* (Walzw.).

strip stitcher, *s.* Bandheftmaschine, *f.* (Beizanlage).

strip stitching device, *s.* Bandheftvorrichtung, *f.* (Alternative zur Bandschweißmaschine).

strip, *v.t.,* **the teeth of a gear,** Radzähne abbrechen, *v.t.*

strip welder, *s.* Bandschweißmaschine, *f.* (zum Aneinanderschweißen von Ringen für die Durchlaufbeizung bzw. Kaltwalzung).

stroke, *s.* Hub, *m.* (Kolben, Presse).

stroke of press, *s.* Preßhub, *m.*

strontium, *s.* Strontium, *n.* (als Desoxydations- und Entschwefelungsmittel im SM-Verfahren).

structural angles, *spl.* Winkelstahl, *m.,* für Bauzwecke.

structural casting, *s.* Bauguß, *m.*

structural engineer, *s.* Hochbauingenieur, *m.*

structural fabrication, *s.* Fertigung, *f.,* von Bauelementen.

structural fittings, *spl.* Baubeschläge, *mpl.*

structural materials, *spl.* Baustoffe, *mpl.*

structural mill, *s.* Schwerprofilstraße, *f.* (Walzw.).

structural mill products, *spl.* Bauformstahl, *m.*

structurals, *spl.* Formstahl, *m.,* Bauformstahl, *m.* (größere Querschnitte).

structural sections, *spl.* Bauformstahl, *m.*

structural shapes, *spl.* Bauformstahl, *m.*

structural steels, *spl.* Großbaustähle, *mpl.*

structural steelwork, *s.* Stahlaufbauten, *mpl.* Stahlhochbau, *m.*

structure, *s.* Bau, *m.,* Bauwerk, *n.;* Gefüge, *n.,* Struktur, *f.* (Metallogr.).

strut, *v.t.* ausstreben, *v.t.* (Bauw.).

strut, *s.* Versteifung, *f.,* Strebe, *f.*

Stubbs steel, *s.* (see "silversteel"), Silberstahl, *m.*

stud, *s.* Stiftschraube, *f.,* Kettensteg, *m.*

stud bolt, *s.* Stiftschraube, *f.*

stud link chain, *s.* Stegkette, *f.*

stuffing box, *s.* Stopfbüchse, *f.* (Masch.).

stuffing box gland, *s.* Stopfbüchsenbrille, *f.* (Masch.).

sub-critical anneal, *s.* (see "spheroidizing"), Rekristallisationsglühen, *n.,* Weichglühen, *n.*

subcritical transformation, *s.* Ar₁-Umwandlung, *f.* (Metallogr.).

subhearth, *s.* Herdunterbau, *m.* (SM-Ofen).

submerged-arc buildup welding, *s.* Unterpulver-Auftragschweißung, *f.*

submerged arc welding, *s.* Unterpulver-Lichtbogenschweißung, *f.* verdeckte Lichtbogenschweißung, *f.*

subsidiary curve, *s.* Vergleichsschaulinie, *f.* (zu Vergleichszwecken zusätzlich ins Schaubild eingetragen).

subsiding, *s.* Einsinken, *n.* (Halle, Objekt).

substance, *s.* Stoff, *m.*

substitute, *s.* Ersatzstoff, *m.*

substitute steel, *s.* Ersatzstahl, *m.*

sub-zero temperature, *s.* Minustemperatur, *f.*

sucking, *s.* Saugen, *n.*

suction air, *s.* Saugluft, *f.*

suction dryer, *s.* Saugtrockner, *m.*

suction dust catcher, *s.* Saugfilter, *m.*

suction pipe, *s.* Saugleitung, *f.*

suction pump, *s.* Saugpumpe, *f.*

suction type sintering machine, *s.* Saugzug-Sintermaschine, *f.*

suction valve, *s.* Saugventil, *n.*

sull coating, *s.* Abbrausen, *n.,* der Drähtringe.

sulphur, *s.* Schwefel, *m.*

sulphuric acid, *s.* Schwefelsäure, *f.*

sulphur print, *s.* Schwefelabdruck, *m.* (zur Feststellung der Verteilung des Schwefels; makroskopische Prüfung).

sulphur printing, *s.* Schwefelabdruckverfahren, *n.* (Metallogr).

super-high speed steel, *s.* (see "Cobalt high-speed steel"), Schnellstahl, *m.* für höchste Schnittgeschwindigkeiten (etwas höher gekohlt und legiert als üblich, bei Zusatz von bis zu 12% Kobalt und 1% Molybdän).

supercooling, *s.* Unterkühlung, *f.* (Metallogr.).

superficial, *a.* oberflächlich, *a.*

superficial hardness, *s.* Oberflächenhärte, *f.*

superheater, *s.* Dampfüberhitzer, *m.*

superheating, *s.* Überhitzung, *f.* (1. Verfeinerung des Graphits in schwachlegierten Gußeisen, 2. zur Herstellung von Gußeisen höherer Festigkeit).

superimpose, *v.t.* überlagern, *v.t.* (z. B. von Schaulinien).

supersonic inspection, *s.* Ultraschallprüfung, *f.* (auf Fehler im Werkstoffinneren).

superstructure, *s.* Oberbau, *m.* (Eisenb.); Aufbauten, *pl.*

supervision, *s.* Beaufsichtigung, *f.*

supply, *v.t.* versorgen, *v.t.* (mit Stoffen).

supply, *v.t.*, **heat**, Wärme zuführen, *v.t.*

supporting frame, *s.* Stützgerüst, *n.*

supporting grid, *s.* Tragrost, *m.* (Masch.).

supports, *spl.* Auflager, *npl.* (für Fallhammerproben; Werkst.-Prüfg.).

surface, *v.t.* plandrehen, *v.t.* (Werkz.-Masch.).

surface, *s.* Fläche, *f.* Oberfläche, *f.*

surface blowing, *s.* Blasen, *n.*, mit Seitenwind (z. B. im Tropenaskonverter); Oberwindfrischen, *n.* (Konverterbetrieb).

surface-condition, *v.t.* putzen, *v.t.* (Halbzeug).

surface crack, *s.* Oberflächenriß, *m.*

surface defect, *s.* Oberflächenfehler, *m.* (des Erzeugnisses).

surface finish, *s.* Oberflächengüte, *f.*

surface finishing, *s.* Verfertigen, *n.*, von Oberflächen.

surface hardening, *s.* Oberflächenhärtung, *f.* (ein übergeordneter Begriff, der mehrere Verfahren einschließt: Einsatzhärtung, Verstikkung, örtliche Abschreckhärtung, Induktionshärtung, Kaltverformung).

surface hardness, *s.* Oberflächenhärte, *f.*

surface impregnation, *s.* Oberflächentränkung, *f.* (z. B. bei porösen Güssen).

surface milling machine, *s.* Flächenfräsmaschine, *f.*

surface pressure, *s.* Flächendruck, *m.*

surface quality, *s.* Oberflächenbeschaffenheit, *f.*

surface refinement, *s.* Oberflächenveredelung, *f.*

surface refining, *s.* Oberflächenveredelung, *f.*

surface refining, *s.*, **by abrasives**, Poliertechnik, *f.*

surface sintering, *s.* Versinterung, *f.*, der Oberfläche (des Stückerzes im H-Ofenprozeß).

surge tank, *s.* Druckausgleichsbehälter‘ *m.* (Flüssigkeiten).

surplus gas burner, *s.* Gasfackel, *f.*

surplus metal, *s.* überschüssiger Werkstoff, *m.*

susceptibility, *s.*, **to aging**, Alterungsneigung, *f.* (siehe „Altern“).

susceptibility, *s.*, **to cracking**, Rißanfälligkeit, *f.*

susceptibility, *s.*, **to flaking**, Flockenanfälligkeit, *f.* (des Stahls; wahrscheinliche Ursache: Wasserstoff).

susceptibility, *s.*, **to fracture, (low-) (high-)**, Bruchsicherheit *f.* (gute-) (geringe-).

susceptibility, *s.*, **to weld decay**, Empfindlichkeit, *f.*, gegen interkristalline Korrosion (beseitigt durch Zugabe von Tantal, Niob, Titan, Vanadin; siehe „interkristalline Korrosion“).

suspended arch, *s.* Hängedecke, *f.* (SM-Ofen).

suspended roof, *s.* Hängedecke, *f.* (Ofenbau).

suspension gear, *s.* Gehänge, *n.* (Masch.).

sustain, *v.t.* unterhalten, *v.t.* (z. B. die Verbrennung).

swage, *v.t.* im Gesenk schmieden, *v.t.* (nur für flache Gesenke).

swage, *s.* Doppelgesenk, *n.* (zumeist in Verwendung mit Brettfallhammer, aber auch Schmiedehammer, für Staucharbeiten).

swaging, *s.* Gesenkstauchen, *n.* (kalt oder warm), Recken, *n.*, im Gesenk [1. Ausstrecken, *n.* (von Rundstäben, Rohren, Drähten), 2. Verjüngen, *n.* (der Enden). 3. Anspitzen, *n.* (der Enden)]; Gesenkschmiedearbeit, *f.*

swaging die, *s.* Stauchgesenk, *n.* (zur Warmformgebung in Pressen).

swelling property, *s.* Blähvermögen, *n.* (Kohle).

swing bridge, *s.* Drehbrücke, *f.*

swinging, *a.* schwenkbar, *a.*

swinging spout, *s.* Schwenkrinne, *f.*

switch plate, *s.* Grundplatte, *f.* (einer Eisenb.-Weiche).

switch side guard, *s.* Ablenkführung, *f.*, verschiebbare Seitenführung, *f.* (Walzw.).

swivel, *v.t.* drehen, *v.t.*

swivel bridge, *s.* Drehbrücke, *f.*
swivel damper, *s.* Drehschieber, *m.* (einer Kühlform; H-Ofen).
synthetic pig iron, *s.* synthetisches Roheisen, *n.*

synthetic resin, *s.* Kunstharz, *n.*
system of crystallization, *s.* Kristall-system, *n.*
system, *s.*, **of measurement,** Meß-system, *n.*

T

T-bolt, *s.* Hakenschraube, *f.*
T-head bolt, *s.* Hammerschraube, *f.*
T-pipe fitting, *s.* Dreiweg-Formstück, *n.* (Rohrverbindung).
T-rail, *s.* T-Schiene, *f.*, Vignolschiene, *f.*
TTT-diagram, *s.* (see "time-temperature-transformation diagram").
table beam, *s.* Rollgangsrahmen, *m.* (Walzw.).
table beam separator, *s.* Kreuztraverse, *f.*, des Rollgangrahmens (Walzw.).
table guards, *spl.* Führungstisch, *m.* (Walzw.).
table operator, *s.* Rollgangführer, *m.* (Walzw.).
table push-off, *s.* Rollgang-Abschieber, *m.* (Walzw.).
tackle, *s.* Flaschenzug, *m.* (Mech., Masch.).
tackle hook, *s.* Blockhaken, *m.* (des Flaschenzuges).
tack welder, *s.* Heftschweißmaschine, *f.*
tack welding, *s.* Heftschweißung, *f.*
Taconite, *s.* Taconit-Erz, *n.* (25—30% Fe und 50% Kieselsäure).
tag wire, *s.* Etikettendraht, *m.*
tail center, *s.* Reitnagel, *m.* (Drehbank).
tailings, *spl.* Erzabfälle, *mpl.*
tail shaft and sheave, *s.* mitlaufende Gegenwelle, *f.*, mit Seilscheibe (Seilschlepper; Walzw.).
tail stock, *s.* Reitstock, *m.* (Drehbank).
tail track, *s.* Stockgeleise, *n.* (Eisenb.).
take, *v.t.* messen, *v.t.* (einen Winkel).
take-up sheave, *s.* Spannscheibe, *f.* (Seilschlepper; Walzw.).
tandem cold mill, *s.* Kalt-Tandem-straße, *f.*
tandem mill, *s.* Tandemstraße, *f.*
tandem seat, *s.* Doppelsitz, *m.* (Ventil).
tangentially fired circular soaking pit, *s.* tangential beheizter Rundtief-ofen, *m.*

tangentially gas-fired annealing cover, *s.* tangential-gasbeheizte Glüh-haube, *f.*
tantalum, *s.* Tantal, *n.* (als Legierungselement, z. B. in gesinterten Hartmetallen, Schnellstählen u. dgl.).
Tantung, *s.* Tantung-Hartmetall, *n.* (Tantal-Wolfram; zum Bestücken von Schneidwerkzeugen).
tap, *v.t.* abstechen, *v.t.* (Eisen, Stahl aus dem Ofen); ein Gewinde bohren, *v.t.*
tap, *s.* Abstich, *m.*; Gewindebohrer, *m.*
taper, *v.i.* sich verjüngen, *v.i.*
taper, *s.* Verjüngung, *f.*, Konizität, *f.*
taper adapter, *s.* Konuseinsatz, *m.* (Werkz.-Masch.).
taper attachment, *s.* Konusdrehvor-richtung, *f.* (Werkz.-Masch.).
tapered roll neck, *s.* abgeschrägter Laufzapfen, *m.* (zur Verwendung von Morgoillagern; Walzw.).
taper of ingot, *s.* Anzug, *m.*, des Blok-kes.
taper of pass, *s.* Kaliberanzug, *m.* (Walzenkalibr.).
taperpin, *s.* Kegelstift, *m.*, Keilstift, *m.*
taper pipe reamer, *s.* Röhren-Kegel-reibahle, *f.* (zur Vorbereitung für das Gewindeschneiden).
taper reamer, *s.* Kegelreibahle, *f.*
taper roller bearing, *s.* Kegelrollen-lager, *n.*
tape rule, *s.* Meßband, *n.*
taper sleeve, *s.* Kegelhülse, *f.*
tap hole, *s.* Stichloch, *n.* (des Ofens); Eisenstich, *m.* (H-Ofen, Kupolofen).
taphole blasting, *s.* Aufschießen, *n.*, des Abstichs.
taphole lancing, *s.* Aufbrennen, *n.*, des Stichlochs.
taphole powder lancing, *s.* Auf-schneiden, *n.*, des Abstichs mit Pul-verzusatz (Brennschneiden).
tappet, *s.* Stößel, *m.* (Pumpe, Ventil); Hebedaumen, *m.*, Hebekopf, *m.* (Masch.).

tapping, *s.* Abstechen, *n.* (Roheisen, Stahl).

tapping ladle, *s.* Abstichpfanne, *f.*

tapping spout, *s.* Abstichkanal, *m.*

tapping temperature, *s.* Abstichtemperatur, *f.* (Schmelzofenbetrieb).

tap-to-gas-on, *s.* Reparaturzeit, *f.*, vom letzten Abstich bis zum Wiederanstellen der Brenner (Reparatur, Kenndaten, von Schmelzöfen).

tap-to-tap time, *s.* Reparaturzeit, *f.*, gerechnet vom letzten Abstich bis zum ersten nach Beendigung der Reparatur.

tar coke, *s.* Pechkoks, *m.*

target, *s.* Leistungsziel, *n.* (Erzeugung).

tartaric acid, *s.* Weinsäure, *f.* (Chem.).

Tecalemite, *s.* Tecalemit-Laufzapfenschmiere, *f.* (Walzw.).

technical chemistry, *s.* technische Chemie, *f.*

technical counsellor, *s.* technischer Berater, *m.*

technical journal, *s.* technische Zeitschrift, *f.*

technical staff, *s.* technisches Personal, *n.*

technics, *s.* Technik, *f.* (als Begriff).

technique, *s.* Technik, *f.*, Arbeitsweise, *f.*, Verfahrensweise, *f.*

technological test, *s.* technologische Prüfung, *f.* (Werkst.-Prüfg.).

technologist, *s.* Technologe, *m.*

Tee, *s.* T-Stahl, *m.* (Walzerzeugn.).

teem, *v.t.* gießen, *v.t.* (Blockguß).

teem down-hill, *v.t.* fallend gießen, *v.t.*

teeming ladle, *s.* Stopfenpfanne, *f.* (Blockguß).

teeming method, *s.* Vergießtechnik, *f.* (Blockguß).

teeming platform, *s.* Gießbühne, *f.* (Blockguß).

teeming practice, *s.* Gießtechnik, *f.* (Blockguß).

teeming rate, *s.* Gießgeschwindigkeit, *f.*

teeming speed, *s.* Gießgeschwindigkeit, *f.*

tel-autograph, *s.* Fernschreiber, *m.*

telemetering, *s.* Fernmessung, *f.*

telemeters, *spl.* Fernmeßgeräte, *npl.*

telephone, *s.* Fernsprecher, *m.*, Telephon, *n.*

telewriter, *s.* Fernschreiber, *m.*

telescopic, *a.* ausziehbar, *a.*

telescopic spindle, *s.* Teleskopspindel, *f.* (Walzw.).

telescoping, *a.* zusammenschiebbar, *a.*

tellurium, *s.* Tellurium, *n.* (Zugabe zu legierten Stählen verbessert deren Zerspanbarkeit).

temper, *v.t.* anlassen, *v.t.* (den gehärteten Stahl).

temper, *s.* Härtestufe, *f.*; Kohlenstoffgehalt, *m.*, des Stahles (und damit seine Härtbarkeit); Güte, *f.* (z. B. „ein Werkzeug erster —").

temper and finish, *s.* Härte und Oberfläche, *f.* (von Blechen und Bandstahl).

temperature check, *s.* Temperaturkontrolle, *f.* (Stahlfrischen).

temperature drop, *s.* Temperaturabfall, *m.*

temperature gradient, *s.* Temperaturgefälle, *n.*, Wärmegefälle, *n.*

temperature level, *s.* Temperaturlage, *f.*

temperature range, *s.* Temperaturgebiet, *n.*

temperature stresses, *spl.* Wärmespannungen, *fpl.*

temper carbon, *s.* Temperkohle, *f.* (elementarer, oder graphitischer, Kohlenstoff in Knötchenform; vgl. „Temperglühen").

temper colors, *spl.* Anlaßfarben, *fpl.* (als Temperaturanzeiger).

temper hardening, *s.* Härtung, *f.*, durch Anlassen.

temper mill, *s.* Dressierwalzwerk, *n.* (Bleche, Band).

tempering, *s.* Anlassen, *n.* (Wiedererhitzen gehärteten oder normalisierten Stahles bis unter A_{c1}, gefolgt von beliebig rascher Abkühlung).

tempering cycle, *s.* Anlaßvorgang, *m.*

tempering furnace, *s.* Anlaßofen, *m.*

tempering sorbite, *s.* Anlaßsorbit, *m.* (erhalten durch Anlassen auf ca. 600° C).

tempering temperature, *s.* Anlaßtemperatur, *f.*

template paper, *s.* Schablonenpapier, *n.* (z. B. auch verwendet zur Verminderung der Wärmeübertragung zwischen Block und Kokille).

template, *s.* Lehre, *f.*; Muster, *n.*; Schablone, *f.*

template board, *s.* Formbrett, *n.* (Formerei).

templet, *s.* (see "template").

templet board, *s.* (see „template board").

tenacity, *s.* Zähfestigkeit, *f.*

tendency, *s.* Neigung, *f.*

tendency, *s.,* **to brittle failure,** Sprödbruchneigung, *f.* (des Werkstoffs).

tensile strain, *s.* Reckspannung, *f.,* Zugspannung, *f.* (im Körper erzeugte, dauernd deformierende).

tensile strength, *s.* Zugfestigkeit, *f.*

tensile stress, *s.* Zugspannung, *f.,* Reckspannung, *f.* (die ausgeübte Beanspruchung).

tensile testing machine, *s.* Zerreißmaschine, *f.* (Werkst.-Prüfg.).

tensile testpiece, *s.* Zugversuchsprobe, *f.*

tensional stress, *s.* Zugspannung, *f.*

tension reel, *s.* Zughaspel, *m.* (Kaltwalzw.).

tension spring, *s.* Spannfeder, *f.*

tension test, *s.* Zugversuch, *m.*

tension-torsion test, *s.* Zug-Verdreh-Versuch, *m.* (Werkst.-Prüfg.).

tension unit, *s.* Spannrollengerüst, *n.* (Band-Durchlaufbehandlung).

tension wire, *s.* Spanndraht, *m.*

tentative standard, *s.* Vornorm, *f.*

terminal face, *s.,* **of a crystal,** Kristallendfläche, *f.* (Kristallogr.).

ternary steel, *s.* Ternärstahl, *m.,* Dreistoffstahl, *m.*

terne plate, *s.* (see "terne sheets").

terne sheets, *spl.* Terne-Bleche, *npl.,* T-Bleche, *npl.,* Mattbleche, *npl.* (Überzug aus Blei mit geringem Zinnzusatz).

test, *v.t.* erproben, *v.t.;* prüfen, *v.t.,* untersuchen, *v.t.*

test, *s.* Probe, *f.,* Prüfung, *f.,* Versuch, *m.*

test bar, *s.* Probe, *f.* (Werkstoff).

test blow, *s.* Blaseversuch, *m.* (im Konverter).

test carrier, *s.* Probenträger, *m.* (Arbeiter).

tested, *a.* geprüft, *a.*

testing, *s.,* **for wear and tear,** Verschleißprüfung, *f.*

testing rate, *s.* Versuchsgeschwindigkeit, *f.* (Werkst.-Prüfg.).

testing technique, *s.* Prüftechnik, *f.* (Werkst.-Prüfg.).

testing temperature, *s.* Prüftemperatur, *f.*

test load, *s.* Prüflast, *f.* (Werkst.-Prüfg.).

test rod, *s.* Möllersonde, *f.* (H-Ofengicht).

test run, *s.* Probelauf, *m.* (Masch.).

texture, *s.* -textur (als Suffix; z. B. Walztextur).

Theisen rotary disintegrator, *s.* Theisen-Desintegrator, *s.* (Gasreinigung).

Theisen type desintegrator, *s.* Theisenwäscher, *m.* (Gasreinigung).

theory of ions, *s.* Ionentheorie, *f.*

thermal conductivity, *s.* Wärmeleitfähigkeit, *f.*

thermal efficiency, *s.* thermischer Wirkungsgrad, *m.*

thermal hysteresis, *s.* Hysterese, *f.* (der Temperaturunterschied zwischen zugehörigen A_c- und A_r-Punkten; die A_c-Punkte liegen dabei immer höher; Metallogr.).

thermal lag, *s.* (see "thermal hysteresis").

thermal requirements, *spl.* Wärmebedarf, *m.* (eines Prozesses).

thermal treated, *a.* wärmebehandelt, *a.*

thermal treatment, *s.* Wärmebehandlung, *f.*

thermionic valve, *s.* Elektronenröhre, *f.*

thermit welding, *s.* Thermitschweißung, *f.*

thermit upset welding, *s.* Thermit-Stauchschweißung, *f.* (Schienen).

thermochemical efficiency, *s.* thermochemischer Wirkungsgrad, *m.* (z. B. des H-Ofenprozesses).

thermochemistry, *s.* Pyrochemie, *f.*

thermocouple, *s.* Thermoelement, *n.* (Wärmemessung).

thermo-electric pyrometers, *spl.* thermo-elektrische Pyrometer, *npl.* (Meßbereich 400°—1400° C).

thermo-plasticity, *s.* Warmplastizität, *f.* (von Kunstharzen).

thicken, *v.t.* eindicken, *v.t.* (auf mechanischem Wege).

thickener, *s.* Eindicker, *m.* (für Schlämme).

thickness, *s.* Dicke, *f.*, Stärke, *f.* (von Blechen, Band).

thickness ga(u)ge, *s.* Dickenmesser, *m.* (Bleche, Band).

thick-walled, *a.* starkwandig, *a.*

thin flat products, *spl.* Feinbleche und Bandstahl, *pl.*

thin sheet, *s.* Feinblech, *n.*

thin sheet rolling mill, *s.* Feinblechwalzwerk, *n.*

thin skinned, *a.* dünnschalig, *a.* (Stahlblock).

Thomas fertilizer, *s.* Thomasmehl, *n.*

Thomas iron, *s.* Thomaseisen, *n.*

Thomas process, *s.* Thomasverfahren, *n.*

Thomas slag, *s.* Thomasschlacke, *f.*

Thomas steel, *s.* Thomasstahl, *m.*

thorium, *s.* Thorium, *n.*

thread, *s.* Gewinde, *n.*

thread chasing, *s.* Gewindestrehlen, *n.* (unter Verwendung eines Gewindestahles mit mehreren Schneidzähnen).

thread cutting, *s.* Gewindeschneiden, *n.* (allgem. Ausdruck, ohne Bezeichnung des Verfahrens).

thread form, *s.* Gewindeprofil, *n.*

thread fit, *s.* Gewindepassung, *f.* (Masch.).

threaded-end hand reamer, *s.* Reibahle, *f.*, mit Gewindespitze.

threaded length, *s.* Gewindelänge, *f.*

threader leveller, *s.* Bandricht- und Einsteckmaschine, *f.* (Kaltwalzw.).

thread ga(u)ge, *s.* Gewindelehre, *f.*

thread grinding, *s.* Gewindeschleifen, *n.*

thread hobbing, *s.* Gewindewälzfräsen, *n.* (nach dem Wälzverfahren, unter Verwendung von Gewinde-Wälzfräsern).

threading, *s.* Einfädeln, *n.* (des Drahtes in die Ziehmaschine); Einziehen, *n.* (des Bandes in die Walzen).

threading die, *s.* Gewindeschneidbacken, *m.*

threading die head, *s.* Gewindeschneidkopf, *m.* (für Außengewinde).

threading machine, *s.* Gewindeschneidmaschine, *f.*

threading tool, *s.* Gewindeschneidstahl, *m.* (allgem. Ausdruck).

thread milling, *s.* Gewindefräsen, *n.* (mit Gewindefräsern).

thread rolling die, *s.* Gewindewalzbacken, *m.*

threads, *spl.*, per inch, Gewindegänge, *mpl.*, je Zoll (Rohre).

three bays-wide building, *s.* dreischiffige Halle, *f.*

three-high mill, *s.* [three-hi, 3-hi], Trio-Walzwerk, *n.* (Walzgerüste mit drei übereinandergelagerten, horizontalachsigen Walzen).

three-high pinion stand, *s.* Dreikammwalzengerüst, *n.* (Walzw.).

three-throw switch, *s.* Dreiwegweiche, *f.*, symmetrische Doppelweiche, *f.* (Eisenb.).

three-way, *a.* Dreiwege- (z. B. -hahn, -schalter).

throat, *s.* Gichtöffnung, *f.* (H-Ofen); Ausladung, *f.* (Werkz.-Masch.).

throat of a shear, *s.* Maulweite, *f.*, der Schere; Ausladung, *f.*, der Scherenständer.

throttle, *v.t.* drosseln, *v.t.*

throttle, *s.* Drossel, *f.* (Masch.).

throttle slide, *s.* Drosselschieber, *m.* (Masch.).

throttle valve, *s.* Drosselklappe, *f.*, Drosselventil, *n.*

through bolt, *s.* [thru bolt], durchgehender Bolzen, *m.*

through hardening, *s.* Durchhärtung, *f.*

through-hardening steel, *s.* durchhärtender Stahl, *m.*

through-put, *s.* Durchsatz, *m.* (Erzeugung).

throughput time, *s.* Durchsatzzeit, *f.* (H-Ofenbetrieb).

through shaft, *s.* [thru shaft], durchgehende Welle, *f.* (Masch.).

throw, *s.* Arbeitsradius, *m.* (einer Schüttrinne); Kröpfung, *f.* (der Kurbelwelle).

thrust bearing, *s.* Drucklager, *n.* (Masch.).

thrust block, *s.* Drucklager, *n.* (Masch.).

thrust collar, *s.* Druckring, *m.* (Walzenkalibr.).

thrust shaft, *s.* Druckwelle, *f.* (Masch.).

thumb nut, *s.* Flügelmutter, *f.*

thumb tack, *s.* Reißnagel, *m.*

Thyssen roll pass design, *s.*, for rails, Thyssensche Schienenkalibrierung, *f.*

tie, *s.* Maueranker, *m.* (Bauw.); Schwelle, *f.* (Eisenb.).

tie bolt, *s.* Schwellenschraube, *f.* (Eisenb.); Verankerungsschraube, *f.* (Bauw.).

tie-bolted beam, *s.* verankerter Querträger, *m.* (Bauw.).

tie plate, *s.* Unterlagsplatte, *f.* (Eisenb.); Zwischenplatte, *f.* (Walzw.).

tilt, *v.t.* kippen, *v.t.,* umlegen, *v.t.* (den Konverter).

tilting basic open hearth furnace, *s.* basischer Kippofen, *m.*

tilting chair, *s.* Blockkipper, *m.* (zum Aufsetzen von im Zangenkran hängenden Blöcken auf den Zubringerrollgang der Block- und Brammenstraße).

tilting crucible furnace, *s.* kippbarer Tiegelofen, *m.* (mit feststehenden Tiegeln).

tilting finger, *s.* Kanthaken, *m.* (einer Kantvorrichtung).

tilting gear, *s.* Kanteinrichtung, *f.* (Walzw.).

tilting ingot buggy, *s.* fahrbarer Blockkipper, *m.*

tilting ladle, *s.* Kipp-Pfanne, *f.*

tilting mechanism, *s.* Kanter, *m.* (Walzw.); Kippvorrichtung, *s.* (Masch.).

tilting moment, *s.* Kippmoment, *n.* (Mech.).

tilting open hearth furnace, *s.* Kippofen, *m.*

tilting table, *s.* Wippe, *f.,* Wipptisch, *m.* (Walzw.).

tilting table manipulator, *s.* Wipptisch-Kantvorrichtung, *f.* (Walzw.).

time-elongation curve, *s.* Zeit-Dehnungs-Kurve, *f.* (Kriechversuch).

time-extension curve, *s.* (see "time-elongation curve").

time for construction, *s.* Bauzeit, *f.* (einer Einrichtung).

time losses, *spl.* Verlustzeiten, *fpl.*

time of loading, *s.* Belastungsdauer, *f.* (im statischen Versuch).

time of transformation, *s.* Umbauzeit, *f.,* Umstellungszeit, *f.* (z. B. von Öfen oder Anlagen).

time quenching, *s.* gestuftes Härten, *n.,* Warmbadhärten, *n.* (Abkühlen des Werkstoffs von der Härtetempe- ratur in einem auf eine Temperatur oberhalb des M_S-Punktes erhitzten Zwischenbad; Härten und Anlassen in einem Vorgang).

time-temperature limits, *spl.* Umwandlungskurven, *fpl.* (eines Gebietes im isothermalen Umwandlungsschaubild; Metallogr.).

time-temperature-transformation diagram, *s.* [TTT-diagram],. Zeit-Temperatur-Umwandlungsschaubild, *n.* [ZTU-Schaubild] (ein Schaubild, in dem die Umwandlung des Austenits als Funktion von Zeit und Temperatur eingetragen ist).

time unit hardness, *s.* Zeithärte, *f.* (Pendelhärteversuch).

time yield, *s.* Zeitdehnung, *f.* (Dauerstandversuch).

time-yield, *s.* Zeitstandfestigkeit, *f.,* nach Hatfield (die Grenzbelastung, bei der die Dehngeschwindigkeit in der 24. bis 72. Stunde $10^{-4}\%/h$ nicht übersteigt).

tin, *s.* Zinn, *n.*

tin-base solders, *spl.* Zinnlote, *npl.* (Weichlöten).

tin coating, *s.* Zinnüberzug, *m.*

tin foil, *s.* Stanniol, *n.*

tin-lead solders, *spl.* Lötzinne, *npl.* (Weichlöten).

tinned wire, *s.* verzinnter Draht, *m.*

tinning industry, *s.* Konservenindustrie, *f.*

tinning line, *s.* Durchlaufverzinnerei, *f.*

tinning plant, *s.* Verzinnerei, *f.*

tinplate, *s.* Weißblech, *n.*

tinplate mill, *s.* Weißblechwalzwerk, *n.*

tinplate varnish, *s.* Weißblechlack, *m.*

tin strip, *s.* Weißband, *s.·*

tin sheet tin, *s.* Weißblechdose, *f.* (Erzeugnis).

tin-tack, *s.* Tapeziernagel, *m.*

tipped tools, *spl.* Hartmetall-bestückte Werkzeuge, *npl.*

tipping, *s.* Bestücken, *n.* (von Schneidwerkzeugen mit Schnellstahl- oder Hartmetallplättchen).

tipping device, *s.* Kippvorrichtung, *f.* (für Waggons).

tipping platform, *s.* Kippbühne, *f.*

tipping stage, *s.* Sturzbühne, *f.*

tire, *s.* [tyre], Radreifen, *m.*

tire mill, *s.* Radreifenwalzwerk, *n.*
tire steel, *s.* Radreifenstahl, *m.*
titania content, *s.* Titansäuregehalt, *m.*
titanium, *s.* Titan, *n.*
toe, *s.,* **of the leg,** Schenkelende, *n.* (Winkelkalibr.).
tolerance, *s.* Abmaß, *n.,* Toleranz, *f.*
tolerance chart, *s.* Toleranzkarte, *f.*
tolerance zone, *s.* Toleranzfeld, *n.*
toncan iron, *s.* Tonkaneisen, *n.*
tong gear, *s.* Zangenmechanismus, *m.* (z. B. des Blockkranes).
tongue and groove, *s.* Nut und Feder (z. B. einer Mauerung).
tongue and groove pass, *s.* geschlossenes Formkaliber, *n.* (Walzenkalibr.).
tonnage expenses, *spl.* Unkosten, *pl.,* je Tonne Erzeugnis.
tonnage output, *s.* Durchsatzmenge, *f.*
tonnage oxygen, *s.* technischer Sauerstoff, *m.* (bis 99.8% O_2).
tool, *s.* Gerät, *n.,* Werkzeug, *n.*
tool-engineer, *s.* Werkzeugbauer, *m.*
toolholder, *s.* Stahlhalter, *m.* (Werkz.-Masch.).
tool mark, *s.* Drehriefe, *f.* (im Werkstück).
tool setting, *s.* Werkzeugeinstellung, *f.*
tool steel, *s.* Werkzeugstahl, *m.*
toolweld process, *s.* Toolweld-Verfahren, *n.* (Wiederherstellung stumpfer Werkzeugschneiden durch elektrische Lichtbogenschweißung unter Verwendung einer Schnellstahl-Elektrode, die eine Schneidenhärte nicht unter 55 Rockwell C gewährleistet).
toothed rail, *s.* Zahnschiene, *f.* (Eisenb.).
toothed wheel, *s.* Zahnrad, *n.*
tooth spacing, *s.* Zahnteilung, *f.* (von Zahnrädern).
top, *s.* Gicht, *f.* (H-Ofen); Oberkante, *f.* (Meßw.).
top blade, *s.* Obermesser, *n.* (der Schere).
top box, *s.* Oberform, *f.* (Formerei).
top casting, *s.* fallender Guß, *m.* (Blockguß).
top charge electric furnace, *s.* korbbeschickter Elektroofen, *m.*
top discard, *s.* Gießkopf, *m.,* verlorener Kopf, *m.* (des Gußblockes).

top end, *s.,* **of a rail,** Vorderende, *n.,* einer Schiene (nach dem ersten Endenschnitt am Walzstab).
top fitting, *s.* Kronenarmatur, *f.* (H-Ofengicht).
top flange, *s.* Oberflansch, *m.*
top flask, *s.* Oberkasten, *m.* (Formerei).
top gas, *s.* Gichtgas, *n.* (H-Ofen).
top gas mud, *s.* Gichtschlamm, *m.* (H-Ofengasreinigung).
top knife, *s.* Obermesser, *n.* (Schere).
top of rail, *s.* Schienenoberkante, *f.*
top of roller, *s.* Rollenoberkante, *f.*
top platform, *s.* Gerüstbühne, *f.* (des Walzgerüstes); Gichtbühne, *f.* (H-Ofen).
top-pour, *v.t.* fallend gießen, *v.t.* (Blockguß).
top pouring, *s.* fallender Guß, *m.*
top pressure operation, *s.* Hochdruckbetrieb, *m.,* Betrieb, *m.,* mit Überdruck an der Gicht, Betrieb, *m.,* mit erhöhtem Gasdruck an der Gicht (H-Ofenbetrieb).
top repair, *s.* Gewölbereparatur, *f.* (SM-Ofen); Gichtreparatur, *f.* (H-Ofen).
top roll, *s.* Oberwalze, *f.* (im Triogerüst; Walzw.).
top roll pressure, *s.* Oberdruck, *m.* (Walzung).
top-run ingot, *s.* fallend vergossener Block, *m.*
top step, *s.* Oberlager, *n.* (einer mehrteiligen Lagerschale).
top temperature, *s.* Gichttemperatur, *f.* (Kennzahl im H-Ofenbetrieb).
top view, *s.* Draufsicht, *f.* (Zeichng.).
torch, *s.* Brenner, *m.* (kurz für Schneid-, Schweißbrenner).
torch brazing, *s.* Flammenlötung, *f.* (mit Hartloten).
torch cutting, *s.* Brennschneiden, *n.* (z. B. von schweren Blechen).
torch desurfacing, *s.* Brennputzen, *n.* (von Blöcken, Halbzeug, mit Azetylen-Sauerstoffbrennern).
torch floor, *s.* Schneidbrennerbühne, *f.* (des Gießturmes; Strangguß).
torch hardening, *s.* Brennhärtung, *f.* (Oberflächenhärtung).
torque, *s.* Drehmoment, *n.*
torsion, *s.* Drehung, *f.,* Verdrehung, *f.,* Verwindung, *f.* (eines Körpers um eine seiner inneren Achsen).

torsional endurance limit, *s.* (see "torsional fatigue limit").

torsional fatigue limit, *s.* Verdrehwechselfestigkeit, *f.* (Dauerversuch).

torsional fatigue strength, *s.* Verdrehwechselfestigkeit, *f.* (Dauerversuch).

torsional oscillation, *s.* Drehschwingung, *f.*

torsional shear stress, *s.* Schubspannung, *f.*, bei verdrehender Beanspruchung.

torsional strain, *s.* Verdrehung, *f.* (die bleibende Formänderung im Verdrehungsversuch).

torsional stress, *s.* Drehspannung, *f.* (Verdrehungsversuch).

torsion spring, *s.* Torsionsfeder, *f.*

torsion test, *s.* Verdrehungsversuch, *m.* (Werkst.-Prüfg.).

Tor steel, *s.* Torstahl, *m.* (kaltgereckter Sonderbetonstahl mit zwei gegenüberliegenden schraubenartigen Rippen über die ganze Stablänge).

total, *a.* Gesamt-.

total output, *s.* Gesamtleistung, *f.* (Erzeugung, Kraft).

toughen, *v.t.* verzähen, *v.t.* (den Stahl, z. B. durch Walzen, Schmieden).

toughness value, *s.* (see "notched-bar value").

tough steel, *s.* zäher Stahl, *m.*

tower, *s.* Turm, *m.*; Gießturm, *m.* (Strangguß).

tower type annealing furnace, *s.* Turmglühofen, *m.* (einer Durchlaufanlage).

tower type continuous strip cleaning and annealing line, *s.* Band-Durchlaufglühofenanlage, *f.*, mit vertikalem Ofen.

track, *s.* Gleis, *n.* (Eisenb.); Lauffläche, *f.*, Bahn, *f.* (eines Walzenbauschlittens).

trackage, *s.* Gleisanlagen, *fpl.*

track bolt, *s.* Laschenschraube, *f.* (Eisenb.).

track fastening materials, *spl.* Oberbaukleinmaterial, *n.* (Eisenb.).

track fastenings, *spl.* Schienenbefestigungsteile, *mpl.*, Oberbaukleinmaterial, *n.* (Eisenb.).

track ga(u)ge, *s.* Spurweite, *f.* (Eisenb.).

track haulage, *s.* Gleisförderung, *f.*

trackless haulage, *s.* gleislose Förderung, *f.*

track machine, *s.* Gleisrück- und Hebemaschine, *f.* (Eisenb.).

track shifter, *s.* Gleisrückmaschine, *f.* (Eisenb.).

track time, *s.* Übergabezeit, *f.* (des Blockes zwischen Ziehen der Kokille und Einsetzen in den Tiefofen).

trackwork, *s.* Gleisbau, *m.* (Eisenb.).

trackwork materials, *spl.* Oberbaumaterial, *n.* (Eisenb.).

traction, *s.* Zugkraft, *f.* (Masch.).

tramp elements, *spl.* zufällige Eisenbegleiter, *mpl.*

tramrail, *s.* Rillenschiene, *f.*

tramway materials, *spl.* Straßenbahnmaterial, *n.*

tramway rail, *s.* Rillenschiene, *f.*

transcrystallization, *s.* Transkristallisation, *f.*

transfer, *s.* Schleppvorrichtung, *f.* (Walzw.).

transfer car, *s.* Schleppwagen, *m.*

transfer finger, *s.* Schleppdaumen, *m.* (Masch.).

transfer ladle, *s.* Zwischenpfanne, *f.*, Umfüllpfanne, *f.* (zwischen fahrbarem Roheisenmischer und SM-Ofen).

transfer table, *s.* Querzug, *m.* (Knüppel- und Platinenstraßen).

transform, *v.t.*, *v.i.* umbauen, *v.t.*, umstellen, *v.t.* (einen Ofen, eine Anlage); sich umwandeln, *v.i.* (Metallogr.).

transformation, *s.* Umwandlung, *f.* (Metallogr.); Umbau, *m.*, Umstellung, *f.* (eines Ofens, einer Anlage).

transformation behavior, *s.* Umwandlungsverhalten, *n.* (Metallogr.).

transformation characteristics, *spl.* Umwandlungsmerkmale, *npl.* (Metallogr.).

transformation of energy, *s.* Energieumwandlung, *f.*

transformation range, *s.* Umwandlungsgebiet, *n.* (Metallogr.).

transformation rate, *s.* Umwandlungsgeschwindigkeit, *f.* (Metallogr.).

transformer sheet steel, *s.* Transformatorenblechstahl, *m.*

transformer steel sheet, *s.* Transformatorenblech, *n.*

transition, *s.* Übergang, *m.*, Umwandlung, *f.* (Metallogr.).

transition phase, *s.* Übergangsphase, *f.* (Metallogr.).

transition point, *s.* Übergang, *m.*, der Schmelze (Windfrischen).

transition temperature, *s.* Umwandlungswärme, *f.* (Metallogr.).

translation, *s.* Translation, *f.* (Metallogr.).

translation banding, *s.* Translationsstreifung, *f.* (Metallogr.).

transversal, *a.* Quer- (z. B. -achse, -bewegung).

transversal crack, *s.* Querriß, *m.*, Transversalriß, *m.*

transverse, *a.* Quer- (z. B. -rippe, -schiene).

transverse bending strength, *s.* Querfestigkeit, *f.*, Durchbiegungsfestigkeit, *f.*

transverse bending test, *s.* Querbiegeversuch, *m.* (Werkst.-Prüfg.).

transverse strength, *s.* Biegefestigkeit, *f.*, Querfestigkeit, *f.*

transverse test, *s.* Biegeversuch, *m.*, für Gußeisen (Messung von Biegefestigkeit und Durchbiegung durch Lastangriff in der Mitte einer beidseitig frei gelagerten Rundprobe).

traveling, *a.* fahrbar, *a.*, Lauf-.

traveling crab, *s.* Laufkatze, *f.*

traveling crane, *s.* Fahrkran, *m.*

traveling erecting jib, *s.* fahrbarer Montagearm, *m.*

traveling gear, *s.* Fahrwerk *n.* (Masch.).

traveling grate, *s.* Wanderrost, *m.* (Feuerung).

traveling ingot buggy, *s.* Blockförderwagen, *m.* (Stahlwerk).

traveling platform, *s.* Schiebebühne, *f.* (Transporteinrichtung).

traveling roller table, *s.* fahrbarer Rolltisch, *m.* (Walzw.).

traveling speed, *s.* Fahrgeschwindigkeit, *f.* (Masch.).

traveling tilter, *s.* fahrbarer Wipptisch, *m.* (Walzw.).

traverser, *s.* Schiebebühne, *f.* (Transporteinrichtung).

traverse transfer, *s.* Querzug, *m.*, Schlepper, *m.* (Walzw.).

traxcavator, *s.* selbstfahrende Kleinräummaschine, *f.* (zum Ausnehmen der Schlackenkammern).

tread, *s.* Fahrfläche, *f.* (der Schiene); Lauffläche, *f.* (des Rades, der Kette); Laufkranz, *m.* (des Spurrades).

treadle shear, *s.* fußtrittbetätigte Schere, *f.*

tread section, *s.* Laufstollenprofil, *n.* (für Raupenschlepper, Panzer; Walzerzeugnis).

treat, *v.t.* behandeln, *v.t.*

treatment, *s.* Behandlung, *f.*

trellis, *s.* Gitter, *n.* (als Konstruktion oder Bauteil).

trellis girder, *s.* Gitterträger, *m.*

trellis wire, *s.* Gitterdraht, *m.*

trellis work, *s.* Gitterwerk, *n.*

trench troughing, *s.* Kabelgraben-Verzugsblech, *n.*

trestle, *s.* Bock, *m.* (Gestell).

trial, *s.* Erprobung, *f.*, Versuch, *m.*

trial run, *s.* Erprobung, *f.*

triangle, *s.* Dreieck, *n.* (Geom.).

triangular file, *s.* Dreikantfeile, *f.*

triangular perforation, *s.* Dreiecklochung, *f.* (siebartig).

triblet, *s.* Dorn, *m.* (z. B. einer Röhrenpresse).

tried, *a.* erprobt, *a.*

trigger, *s.* Abzug, *m.*, Auslöser, *m.* (z. B. der fliegenden Schere, betätigt durch den verstellbaren Anschlag).

trimmer punch, *s.* Abgratstempel, *m.*

trimming, *s.* Abgratarbeit, *f.*, Abgraten, *n.* (Schmiede-, Preßgrate); Besäumen, *n.* (den Rand von gezogenen Gefäßen, von Bändern, etc.).

trimming shear, *s.* Saumschere, *f.* (Bleche, Band).

trim off, *v.t.* abgraten, *v.t.*

trip, *v.t.* auslösen, *v.t.* (einen Mechanismus).

triple riveting, *s.* Dreifachnietung, *f.*

triplexing process, *s.* Triplexverfahren, *n.* (Kupolofen + Konverter + SM-Ofen oder Elektroofen; Stahlerzeugung).

tripod, *s.* Dreibein, *n.*, Dreifuß, *m.*

tripping mechanism, *s.* Ausklinkvorrichtung, *f.* (Masch).

trolley wire, *s.* Fahrdraht, *m.*

troostite, *s.* Troostit, *m.* (Zwischengefüge, erhalten durch erhöhte Abkühlungsgeschwindigkeit und Senkung von A_{r_1}; zwischen Sorbit und Martensit).

troostite-martensite, *s.* (see "bainite").

troosto-martensite, *s.* (see "bainite").

trouble, *s.* Störung, *f.*

trouble, *s.*, **by excess lime**, Kalkelend, *n.* (H-Ofenbetrieb).

true, *v.t.* eichen, *v.t.* (Maße); abrichten, *v.t.* (eine Schleifscheibe).

true resistance to breaking, *s.* wahre Bruchfestigkeit, *f.* (Festigkeitslehre).

true running, *s.* Rundlaufen, *n.* (von Rollen- oder Kugellagern).

true tensile stress, *s.* Reißfestigkeit, *f.* (die Belastung beim Bruch, bezogen auf den kleinsten Querschnitt an der Bruchstelle; wahre Zugkurve).

true to ga(u)ge, *a.* maßgenau, *a.*

truing, *s.* Abrichten, *n.* (einer Schleifscheibe).

truing device, *s.* Abrichtvorrichtung, *f.* (vgl. „abrichten").

truncated cone roll, *s.* kegelstumpfförmige Walze, *f.* (siehe „Lochwalzverfahren").

trunnion, *s.* Drehzapfen, *m.* (zum Drehen von Teilen in der Vertikalebene); Tragzapfen, *m.* (des Konverters).

trunnion ring, *s.* Tragring, *m.* (des Konverters).

truss, *s.* Strebe, *f.* (Bauw.).

Tru-steel shot, *s.* Tru-Stahlschrot, *m.* (zum Blank- und Kugelstrahlen).

tube, *s.* Rohr, *n.* (bei Messung des Außendurchmessers, ferner alle Nichteisen- und Nichtmetallrohre).

tube bender, *s.* Rohrbiegemaschine, *f.*

tube billet, *s.* Röhrenrundstahl, *m.* (Ausgangsmaterial).

tube blank, *s.* Rohrknüppel, *m.* (vorgelocht).

tube-drawing die, *s.* Röhrenziehring, *m.* (aus besonders verschleißfestem Werkstoff: Wolframstahl, verstickter Werkzeugstahl, Wolframkarbid).

tube-making practice, *s.* Rohrherstelltechnik, *f.*

tube-making process, *s.* Rohrherstellungsverfahren, *n.*

tube mill, *s.* Röhrenwerk, *n.*

tube reducing machine, *s.* Röhrenreduziermaschine, *f.* (nahtlose Rohre).

tube rolling mill, *s.* Röhrenwalzwerk, *n.* (ohne Typenangabe).

tube strip, *s.* Röhrenstreifen, *m.* (Walzerzeugnis).

tubular, *a.* röhrenartig, *a.*, röhrenförmig, *a.*

tubular body, *s.* Hohlkörper, *m.*

tubular casting, *s.* Röhrenguß, *m.*

tubular girder, *s.* Rohrträger, *m.*

tubular rivet, *s.* Hohlniet, *n.*

tubular strut, *s.* Rohrstrebe, *f.* (Bauw.)

tubular tower, *s.* Rohrmast, *m.* (Bauw.).

tumble, *v.t.* im Rollfaß entzundern, *v.t.* (von kleinen Schmiedestücken, als Alternative zum Sandstrahlputzen).

tumbler cleaning process, *s.* Rollfaßverfahren, *n.* (zum Entzundern kleiner Schmiedestücke und Güsse).

tumbler file, *s.* Flachovalfeile, *f.*

tumbling, *s.* Rollfaßentzunderung, *f.*, Trommeln, *n.* (siehe „Rollfaßverfahren").

tundish, *s.* Gießwanne, *f.*; Zwischengefäß, *n.* (Strangguß).

tungsten carbide die, *s.* Wolframkarbid-Ziehstein, *m.* (mit einem Ziehloch; andere künstliche Steine von sehr hoher Härte ebenfalls verwendet, z. B. Diamant, Wallramit, Widia; Drahtzug).

tungsten steels, *spl.* Wolframstähle, *mpl.*

tunnel kiln, *s.* Tunnelofen, *m.* (Brikettierung).

tup, *s.* Bär, *m.*, Ramme, *f.*

tup test, *s.* Fallhammerprüfung, *f.* (z. B. von Schienen).

tup testpiece, *s.* Fallhammerprobe, *f.*

turbine blade, *s.* Turbinenschaufel, *f.*

turbine rotor, *s.* Turbinenläufer, *m.*

turboblower, *s.* Turbogebläse, *n.* (H-Ofenanlage).

turbo combustion controller, *s.* Turbovergaser, *m.* (für Gas-Luft Gemische).

turbo-hearth process, *s.* Turbo-Windfrischverfahren, *n.*, Turboherd-Verfahren, *n.* (modifizierter, basisch zugestellter Seitenwindkonverter, der übliches Stahleisen verarbeitet; amerik. Verfahren).

turbulence, *s.* Durchwirbelung, *f.* (z. B. des Stahlbades).

turn, *v.t.,* *v.i.* drehen, *v.t.,* sich drehen, *v.i.*

turn, *s.* Schicht, *f.* (Arbeitszeit).

turnbuckle, *s.* Spannschloß, *n.* (Masch).

turndown slopping, *s.* grober Auswurf, *m.,* beim Abkippen der Birne (Windfrischverfahren).

turned and gound bars, *spl.* geschälter und geschliffener Stabstahl, *m.*

turned bars, *spl.* geschälter Stabstahl, *m.*

turning, *a.* drehbar, *a.*

turning pattern, *s.* Drehriefen, *fpl.* (im Werkstück).

turning tool, *s.* Drehmeißel, *m.,* Drehstahl, *m.*

turnings, *spl.* Drehspäne, *mpl.*

turnout, *s.* Ausweiche, *f.* (Eisenb.).

turnover, *s.* Umsatz, *m.* (kaufmännisch).

turn-over device, *s.* Wendevorrichtung, *f.* (Brammen, Bleche).

turn-over molding machine, *s.* Wendeplatten-Formmaschine, *f.* (Gieß.).

turnstile, *s.* Drehkreuz, *n.* (Masch.).

turntable, *s.* Drehscheibe, *f.* (Eisenb.).

turret lathe, *s.* Revolver, *m.,* Revolverdrehbank, *f.* (Werkz.-Masch.).

twin motor drive mill, *s.* Zweiwalzen-Gerüst, *n.,* mit einzeln angetriebenen Walzen).

twinning, *s.* Zwillingsbildung, *f.* (Kristallogr.).

twin uptakes, *spl.* Zwillingszüge, *mpl.* (SM-Ofenbauweise).

twist, *v.t.,* *v.i.* verdrallen, *v.t.* (Stahlseilherstellung); verdrehen, *v.t.,* *v.i.* (der Walzstab bei der Walzung); verwinden, *v.t.* (einen Stab um die eigene Achse).

twist, *s.* Verwindung, *f.* (eines Stabes um die eigene Achse); Drall, *m.* (Drahtseil).

twist drill, *s.* Spiralbohrer, *m.*

twisted wire, *s.* (see "stranded wire").

twisting machine, *s.* Verwindemaschine, *f.* (Stabstahl; z. B. bei der Herstellung von Torstahl).

twisting moment, *s.* Verdrehmoment, *n.*

twisting test, *s.* Prüfung, *f.,* auf Verwindbarkeit (von Seildrähten; in Deutschland häufiger die Hin- und Herbiegeprobe).

two-alloy steel, *s.* binär legierter Stahl, *m.,* Zweistoffstahl, *m.*

two bays-wide building, *s.* zweischiffige Halle, *f.*

two-high mill, *s.* [two-hi, 2-hi], Duo-Walzwerk, *n.,* Zweiwalzengerüst, *n.* (Walzgerüste mit 2 Walzen in horizontaler Lagerung).

two-high pinion stand, *s.* Duo-Kammwalzengerüst, *n.,* Kammwalzen-Duo, *n.,* Zweikammwalzengerüst, *n.*

two-high reversing operating, *s.* Duo-Umkehrwalzung, *f.* (Blockstraße).

two-high tandem reversing plate mill, *s.* Tandem-Umkehrblechstrecke *f.* (für Mittelbleche; zumeist zweigerüstig).

two-ply belt, *s.* Doppelriemen, *m.* (Antrieb).

two-stage (heat-)treatment, *s.* zweistufige Vergütung, *f.*

two strand pig machine, *s.* Doppelgießmaschine, *f.* (H-Ofenanlage).

two-zone over-and-under fired billet heating furnace, *s.* Zweizonen-Knüppelwärmeofen, *m.,* mit Ober- und Unterfeuerung (Walzw.).

tuyere, *s.* Blasdüse, *f.*; Blasform, *f.,* Windform, *f.*

tuyere area, *s.* Blasquerschnitt, *m.* (der Blasform).

tuyere connection, *s.* Düsenstock, *m.* (H-Ofen).

tuyere cooler, *s.* Kühlkasten, *m.* (der Windform; H-Ofen).

tuyere gate, *s.* Düsensparschieber, *m.*

tuyere level, *s.* Windformenebene, *f.* (H-Ofen).

tuyere nozzle, *s.* Blasformrüssel, *m.* (H-Ofen).

tuyere opening, *s.* Formauge, *n.* (der Blasform).

tuyere plate, *s.* Nadelboden, *m.,* Blechboden, *m.* (des Bodenwindkonverters).

tuyere stock, *s.* Kniestück, *n.* (des Düsenstocks; H-Ofen).

tuyere zone, *s.* Formenzone, *f.* (H-Ofenbetrieb).

Tysland-Hole electric furnace, *s.* elektrischer Niederschachtofen, *m.,* Bauart Tysland-Hole.

U

U-section, *s.* U-Stahl, *m.* (Walzerzeugnis).

U-section, *s.,* **with parallel flanges,** Parallelflansch-U-Stahl, *m.*

U-shaped plate, *s.* Kanalblech, *n.*

U. T. S. (see "ultimate tensile stress").

ultimate breaking load, *s.* Bruchlast, *f.* (Werkst.-Prüfg.).

ultimate breaking strength, *s.* Bruchfestigkeit, *f.* (Werkst.-Prüfg.).

ultimate breaking stress, *s.* Bruchspannung, *f.* (Werkst.-Prüfg.).

ultimate load, *s.* Bruchlast, *f.* (Werkst.-Prüfg.).

ultimate strength, *s.* (see "tensile strength").

ultimate stress, *s.* (see "tensile strength").

ultimate stress limit, *s.* Bruchgrenze, *f.* (Werkst.-Prüfg.).

ultimate tensile stress, *s.* [U. T. S.], (see "tensile strength").

ultrasonic inspection, *s.* (see "supersonic inspection").

unannealed, *a.* ungeglüht, *a.* (Blech, Draht, Bandstahl).

unbalance, *s.* Unwucht, *f.* (eines rotierenden Körpers).

uncoiler, *s.* Ablaufhaspel, *m.,* Abrollhaspel, *m.* (Bandstahl).

under construction, to be, im Bau begriffen sein.

undercutting, *s.* Unterschneidung, *f.* (Masch.).

underfills, *spl.* leere Stellen, *fpl.* (Profilwalzung).

underground engineering, *s.* Tiefbau, *m.*

understructure, *s.* Sockel, *m.* (z. B. des H-Ofens).

under trial, to be, in Erprobung sein.

undissolved carbide, *s.* ungelöster Zementit, *m.* (Metallogr.).

undissolved carbides, *spl.* ungelöste Karbide, *npl.* (von Legierungselementen; Metallogr.).

unequal leg angles, *spl.* ungleichschenkliger Winkelstahl, *m.* (Walzerzeugnis).

uneven cooling, *s.* ungleichmäßige Abkühlung, *f.*

unfinished, *a.* roh, *a.*

uniaxial, *a.* einachsig, *a.*

uniaxiality, *s.* Einachsigkeit, *f.*

uniform, *a.* gleichförmig, *a.*

uniformity, *s.* Gleichförmigkeit, *f.;* Gleichheit, *f.* (z. B. der Zähne eines Rades).

uni-lateral tolerance, *s.* Toleranz, *f.;* in einem Sinne (entweder plus, oder minus).

union, *s.* Verbinder, *m.,* Verbindung, *f.* (z. B. Rohr-).

union joint hose, *s.* Schlauchverbindung, *f.*

Unionmelt welding, *s.* (see "submerged arc welding").

unit, *s.* Einheit, *f.* (1. als Produktionsanlage, Antrieb, etc., 2. als Einheit der Zeit, der Wärme, etc.).

unit of force, *s.* Krafteinheit, *f.*

unit strain, *s.,* **in inch/unit length,** Formänderung, *f.,* in mm/Meßlänge.

unit stress, *s.,* **in lb/sq. in.,** Spannungswert, *m.,* in kg/mm^2.

universal beam mill, *s.* Universalträgerstrecke, *f.* (Walzw.).

universal coupling, *s.* Universalkupplung, *f.* (z. B. der Walzspindel).

universality, *s.* Allgemeingültigkeit, *f.*

universal joint, *s.* Universalgelenk, *n.* (Masch.).

universal mill, *s.* Universalstrecke, *f.* (Walzw.).

universal plates, *spl.* Universalstahl, *m.* (Erzeugnis einer Universalstrecke).

universals, *spl.* (see "universal plates").

unlagged pipe, *s.* nicht-isoliertes Rohr, *n.*

unload, *v.t.* entladen, *v.t.*

unscrew, *v.t.* abschrauben, *v.t.*

unsound weld, *s.* Fehlschweiße, *f.*

unsteady arc, *s.* flackernder Lichtbogen, *m.*

untempered, *a.* nicht-angelassen, *a.*

up-and-down cut shear, *s.* zweischnittige Schere, *f.*

upcoiler, *s.* Aufwickelhaspel, *m.* (Kaltwalzw.).

upcoiler, *s.,* **with strip oiling system,** Aufwickelmaschine, *f.,* mit automatischer Bandölung (Kaltwalzw.).

up-cut, *s.* Feinhieb, *m.* (einer zweihiebigen Feile).
upcut shear, *s.* von unten schneidende
Schere, *f.*
up-ender, *s.* Kippstuhl, *m.* (Masch.;
z. B. im Kaltwalzwerk am Ring-
abstreifer).
upending, *s.* Stauchen, *n.* (Schmieden).
upfeed, *s.* Steigspeisung, *f.* (z. B. von
Kühlwasser in hochliegende Kühl-
kästen).
uphand welding, *s.* Aufwärtsschweißen, *n.*
uphill casting, *s.* steigender Guß , *m.*
uphill pouring, *s.* steigender Guß, *m.*
upholstery nail, *s.* Tapezierernagel, *m.*
upholstery springs, *spl.* Möbelfedern,
fpl.
upkeep, *s.* Unterhaltung, *f.* (z. B. eines
Ofens, von rollendem Material, etc.).
upper critical cooling rate, *s.* obere
kritische Abkühlungsgeschwindigkeit, *f.* (bei der der A_r'-Punkt ver-
schwindet).
upper critical temperature, *s.* obere
Umwandlungstemperatur, *f.* (A_3-Um-
wandlung).
upper die, *s.* Obergesenk, *n.* (starr mit
dem Bären verbunden; Gesenkschmie-
den); Stempel, *m.*, Patrize *f.*, (des
Abgratgesenkes; Gesenkschmieden).
upper flange, *s.* Oberflansch, *m.*
upper roll, *s.* Oberwalze, *f.* (im Duo-
Gerüst; Walzw.).
upright, *s.* Runge, *f.* (Eisenbahnwagen);
Ständer, *m.* (Masch.; Bauw.).

upsetting, *s.* Stauchen, *n.* (Schmieden).
upsetting die, *s.* Stauchmatrize, *f.*
(Gesenkschmieden).
upsetting energy, *s.* Staucharbeit, *f.*
(Schmieden).
upsetting machine, *s.* (see "heading
machine").
upsetting press, *s.* Stauchpresse, *f.*
upsetting pressure, *s.* Stauchdruck,
m. (Schmieden).
upsetting strain, *s.* (see "negative
strain").
upsetting test, *s.* Stauchversuch, *m.*
(Werkst.-Prüfg.).
upsetting work, *s.* Staucharbeiten, *fpl.*
(Schmieden).
uptake, *s.* Steigrohr, *n.* (H-Ofen);
Steigzug, *m.* (SM-Ofen).
upstairs, *s.*, **of a furnace,** Oberofen, *m.*
(SM-Ofen).
upward stream, *s.* Aufstrom, *m.*
(Gase).
uranium, *s.* Uran, *n.*
uranium-nickel alloy, *s.* Uran-Nickel-
Legierung, *f.* (67% U und 33% Ni;
hochsäurefest).
usability, *s.* Eignung, *f.* (des Werkstoffs).
utility products, *spl.* Gebrauchsgüter,
npl.
utilization, *s.* Ausnutzung, *f.*, Nutzbarmachung, *f.*, Verwertung, *f.*
utilize, *v.t.* ausnutzen, *v.t.*, nutzbar
machen, *v.t.*, verwerten, *v.t.*
utilize, *v.t.*, **to full capacity,** voll auslasten, *v.t.*

V

V-belt, *s.* Keilriemen, *m.* (Masch.).
V-belt drive, *s.* Keilriemenantrieb, *m.*
(Masch.).
V-notch, *s.* Spitzkerb, *m.*
vacuum die casting, *s.* Vakuum-
Spritzguß, *m.* (siehe unter Spritzgußverfahren).
value of fuel, *s.* Brennstoffwert, *m.*
(monetär).
valve cap, *s.* Ventilverschraubung, *f.*
valve setting, *s.* Einstellung, *f.*, der
Ventile.
valve spring wire, *s.* Ventilfederdraht,
m. (aus geglühtem, übereutektoidem
Stahldraht).

vanadium containing steels, *spl.*
Vanadiumstähle, *mpl.*
vanadium steel, *s.* Vanadinstahl, *m.*
Vanlom work rolls, *spl.* Vanadin-
Wolfram-Arbeitswalzen, *fpl.* (Send-
zimirkaltwalzwerk).
vapour blasting, *s.* Naß-Sandstrahlen
n. (mit einer Mischung von Wasser
und kleinkörnigem Stahlkies: Oberflächenbehandlung).
variable, *s.* veränderliche Größe, *f.*
(Math.).
varnish, *s.* Decklack, *m.*
varnished core wire, *s.* Lackaderdraht, *m.*

velocity, *s.* Geschwindigkeit, *f.*
velocity of discharge, *s.* Ausliefergeschwindigkeit, *f.,* Austrittsgeschwindigkeit, *f.*
velocity of flow, *s.* Strömungsgeschwindigkeit, *f.*
velocity of gas, *s.* Gasgeschwindigkeit, *f.* (z. B. durch einen Hochofen).
ventilate, *v.t.* lüften, *v.t.*
ventilating louvers, *spl.* Entlüftungsschlitze, *mpl.* (Bauw.).
ventilation system, *s.* Lüftungsanlage, *f.*
ventilator, *s.* Lüfter, *m.*
Venturi port, *s.* Staudruck-Gasführung, *f.* (z. B. im gasgefeuerten SM-Ofen).
Venturi tube, *s.* Staudruckrohr, *n.*
vermiculite, *s.* Vermiculit, *m.* (Dämmstoff).
vertical gas uptake, *s.* senkrechter Gaszug, *m.* (SM-Ofen).
vertical heating furnace, *s.* Tiefofen, *m.*
vertical welding, *s.* Senkrechtschweißung, *f.*
vibrate, *v.i., v.t.* schwingen, *v.i.,* vibrieren, *v.i.,* rütteln, *v.t.*
vibration, *s.* Schwingung, *f.,* Erschütterung, *f.*
vibrationless operation, *s.* erschütterungsfreier Gang, *m.* (einer Maschine).
vibrator, *s.* Rütteltisch, *m.;* Schwingungsvorrichtung, *f.* (Masch.).
vibratory, *a.* schwingend, *a.,* vibrierend, *a.*

vibratory screen, *s.* Schwingsieb, *n.,* Rüttelsieb, *n.*
vibratory strength, *s.* Schwingungsfestigkeit, *f.* (Dauerversuch).
Vickers hardness, *s.* Vickers-Härte, *f.*
viscous, *a.* zähflüssig, *a.*
viscous slag, *s.* zähflüssige Schlacke, *f.*
viscousness, *s.* Dickflüssigkeit, *f.,* Zähflüssigkeit, *f.*
viscosity, *s.* Flüssigkeitsgrad, *m.;* Zähigkeit, *f.* (Gas).
vitreous, *a.* glasig, *a.*
vitreous fracture, *s.* glasiger Bruch, *m.*
vitreous sand, *s.* Glassand, *m.*
vitrified bond, *s.* keramische Bindung, *f.*
vitrified brick, *s.* Glasurstein, *m.* (ff. Baustoff).
vitrify, *v.t.* dichtbrennen, *v.t.* (feuerfeste Stoffe).
vivianite, *s.* Blaueisenerz, *n.*
void, *s.* Zwischenhohlraum, *m.* (z. B. in einer Schicht fester Körper).
volatile, *a.* flüchtig, *a.*
volatile matter, *s.* flüchtige Bestandteile, *mpl.* (in Brennstoffen).
volatilization, *s.* Verflüchtigung, *f.*
volume, *s.* Rauminhalt, *m.,* Volumen, *n.,* Menge, *f.* (z. B. Schlacke, Gas).
volumetric, *a.* maßanalytisch, *a.*
volumetric analysis, *s.* Maßanalyse, *f.* (Chem.).
volumetric determination, *s.* titrimetrische Bestimmung, *f.* (Chem.).

W

wabbler, *s.* (see "wobbler").
wagon, *s.* Güterwagen, *m.,* Waggon, *m.*
walking beam furnace, *s.* Hubbalkenofen, *m.,* Schrittmacherofen, *m.* (Wärmofen).
walking beam heating furnace, *s.* (see "walking beam furnace").
wall, *s.* Seitenwandung, *f.*
wall crane, *s.* Konsolkran, *m.*
wall tie, *s.* Maueranker, *m.* (Bauw.).
warpage, *s.* Verzug, *m.,* Werfen, *n.* (des Materials durch unzweckmäßige Wärmebehandlung).
washed electrode, *s.* dünngetauchter Schweißdraht, *m.*

wash heat, *s.* Schweißhitze, *f.* (Oberflächenverbesserung von Blöcken und Brammen).
wash heating furnace, *s.* Abschweißofen, *m.*
washing, *s.* Naßreinigung, *f.* (Gas).
washing and jigging of ores, *s.* naßmechanische Erzaufbereitung, *f.* (durch Waschen und Setzen).
waste, *s.* Abfallstoff, *m.*
waste heat utilization, *s.* Abhitzeverwertung, *f.*
waste pickle liquor, *s.* Abfallbeize, *f.,* Altbeize, *f.*
waste pocket sleeve bearing, *s.* Gleitlager, *n.,* mit Wergpackung (Masch.).

waster, *s.* Abfall, *m.* (als Stück); Fehlguß, *m.*

waste water purification plant, *s.*
Kläranlage, *f.*

watchman's lodge, *s.* Pförtnerhaus, *n.*

water conditioning, *s.* Wasseraufbereitung, *f.*

water hardening steel, *s.* Wasser-
härter, *m.* (Stahl, der infolge seiner
Zusammensetzung durch Wasserab-
schreckung gehärtet werden kann).

water-hydraulic, *a.* Druckwasser, *n.*

water-quench, *v.t.* mit Wasser abschrecken, *v.t.*

water quench, *s.* Wasserabschreck-
härtung, *f.*

water skirt, *s.* Kühlwassermantel, *m.*

water-tube boiler, *s.* Siederohrkessel,
m.

waviness, *s.* Riffelbildung, *f.* (der
Schiene in der Horizontalebene).

wearable part, *s.* Verschleißteil, *m.*

wear and tear, *s.* Verschleiß, *m.*, durch
Abnützung.

wear by abrasion, *s.* schmirgelnder
Verschleiß, *m.*

wear hardness, *s.* Verschleißhärte, *f.*

wearing part, *s.* Verschleißteil, *m.*

wearing parts, *spl.* Schleißteile, *mpl.*

wearing plate, *s.* Verschleißplatte, *f.*,
Verschleißblech, *n.*

wearing properties, *spl.* Verschleißeigenschaften, *fpl.*

wearing qualities, *spl.* Verschleißeigenschaften, *fpl.*

wear number, *s.* Verschleißzahl, *f.*

wear resistance, *s.* Verschleißfestigkeit, *f.*

wear resisting property, *s.* Verschleißverhalten, *n.*

weathered ores, *spl.* verwitterte Erze,
npl.

web, *s.* Steg, *m.* (der Schiene, des
Trägers).

wedge, *s.* Keil, *m.* (als Unterlags- oder
Zwischenteil zur Befestigung oder
Verstellung).

wedge-draw cupping test, *s.* Keilzug-
Tiefungsprobe, *f.* (an Tiefziehblechen).

wedge rail anchor, *s.* Keilklemme, *f.*
(Eisenb.).

wedge-shaped, *a.* keilförmig. *a.*

weight, *s.*, **dead,** Eigengewicht, *n.*

weight, *s.*, **net,** Eigengewicht, *n.*

weight per piece, *s.* Stückgewicht, *n.*

weld, *v.t.*, *v.i.* schweißen, *v.t.*, verschweißen mit, *v.i.*

weld, *s.* Schweißnaht, *f.*, Schweißverbindung, *f.*

weldability, *s.* Schweißbarkeit, *f.*

weld bending test, *s.* Aufschweißbiegeprobe, *f.* (zur Bestimmung der Spröd-
bruchsicherheit von Grobblechen).

weld bending test specimen, *s.* Aufschweißbiegeprobe, *f.*

weld decay, *s.* (see "intercrystalline
corrosion").

weld deposit, *s.* Schweißlage, *f.* (Auftragschweißung).

welded joint, *s.* Schweißverbindung, *f.*

welded pipe, *s.* geschweißtes Rohr, *n.*
(siehe „Rohr").

welded seam, *s.* Schweißnaht, *f.*

welded tube, *s.* geschweißtes Rohr, *n.*
(siehe „Rohr").

welder, *s.* Schweißer, *m.* (Arbeiter);
Schweißmaschine, *f.*

welding, *s.* Schweißen, *n.*, Schweißung,
f.

welding and cutting apparatus, *s.*
Schneid- und Schweißeinrichtungen,
fpl. (allgemein).

welding electrode, *s.* Schweißelektrode, *f.*

welding equipment, *s.* Schweißein-
richtung(en), *f(pl).*

welding fixture, *s.* Schweißvorrichtung, *f.* (zum Einspannen der zu
schweißenden Teile).

welding flux, *s.* Schweißmittel, *n.*

welding head, *s.* Schweißkopf, *m.*
(einer Schweißmaschine).

welding machine, *s.* Schweißmaschine, *f.*

welding machine, *s.*, **automatic,**
Schweißautomat, *m.*

welding material, *s.* Schweißgut, *n.*

welding pass, *s.* Schweißgang, *m.*
(Arbeitsgang).

welding plant, *s.* Schweißwerk, *n.*

welding powder, *s.* Schweißpulver, *n.*

welding practice, *s.* Schweißereitechnik, *f.*

welding pressure, *s.* Schweißdruck, *m.*

welding process, *s.* Schweißverfahren,
n.

welding property, *s.* Schweißeignung,
f.

welding properties, *spl.* Schweißeigenschaften, *fpl.*

welding rod, *s.* Schweißstab, *m.,* Schweißdraht, *m.*

welding rod, *s.* Elektrodendraht, *m.*

welding shop, *s.* Schweißatelier, *n.*

welding steel, *s.* Schweißstahl, *m.* (schweißbarer Stahl).

welding technique, *s.* Schweißtechnik, *f.,* Schweißmethode, *f.*

welding transformer, *s.* Schweißumformer, *m.*

welding voltage, *s.* Schweißspannung, *f.*

welding wire, *s.* Schweißdraht, *m.*

weld joining, *s.* Verbindungsschweißung, *f.*

weldments, *spl.* Schweißarbeiten, *fpl.,* Schweißungen, *fpl.*

weld metal, *s.* Elektrodendraht, *m.,* Zusatzwerkstoff, *m.* (Schweißen).

weld nugget, *s.* Schweißperle, *f.*

weld steel fabricating shop, *s.* Schweißbauwerkstätte, *f.*

weld surfacing, *s.* Auftragschweißung, *f.* (Wiederherstellung verschlissener Teile, oder Erzeugung verschleißfester Oberflächen).

wet, *v.t.* benetzen, *v.t.* (Chem.).

wet, *a.* naß, *a.*

wet cleaning, *s.* Naßreinigung, *f.* (Gas).

wet dressing, *s.* Naßaufbereitung, *f.* (Erze).

wet grinding, *s.* Naßschleifen, *n.*

wet lubricating process, *s.* Naßblankzug, *m.* (Drahtzug).

wet mechanical dressing of ores, *s.* naßmechanische Erzaufbereitung, *f.*

wet process, *s.* nasses Verfahren, *n.*

wetting agent, *s.* Netzmittel, *n.* (Chem.).

wet type electric precipitator, *s.* Naßelektrofilter, *m.* (H-Ofengasreinigung).

wet washed gas, *s.* naßgereinigtes Gas, *n.*

wet washer, *s.* Gaswäscher, *m.* (H-Ofengas).

wet washing, *s.* Naßreinigung, *f.* (von Gasen).

wet wire drawing, *s.* Naß-Drahtzug, *m.*

wheel, *s.* Rad, *n.*

wheelabrating, *s.* Schleuderstrahlen, *n.* (mit Stahlkies; Reinigen von Oberflächen).

wheelabrator, *s.* Wheelabrator-Schleuderstrahlmaschine, *f.*

wheel arm, *s.* Radarm, *m.* (bei großen Rädern).

wheel base, *s.* Radstand, *m.* (Fahrzeug).

wheel blank, *s.* Radrohling, *m.,* vorgeschmiedetes Rad, *n.*

wheel body, *s.* Radkörper, *m.*

wheel boss, *s.* Radnabe, *f.*

wheel center, *s.* Radscheibe, *f.*

wheel disk, *s.* Radscheibe, *f.*

wheel flange, *s.* Spurkranz, *m.*

wheel forging press, *s.* RäderSchmiedepresse, *f.*

wheel foundry, *s.* Radgießerei, *f.*

wheel hub, *s.* Radnabe, *f.*

wheel pressure, *s.* Raddruck, *m.*

wheel rim, *s.* Radkranz, *m.*

wheel rolling mill, *s.* Räderwalzwerk, *n.*

whee spider, *s.* Radstern, *m.*

wheel type shock tester, *s.* Guillery-Schlagwerk, *n.* (Werkst.-Prüfg.).

white annealing, *s.* zweite Glühung, *f.* (Weißblecherzeugung).

white cast iron, *s.* weißes Gußeisen, *n.* (ohne Graphit).

white hot, *a.* weißglühend, *a.*

whiteheart malleable, *s.* weißer Temperguß, *m.*

white lead, *s.* Bleiweiß, *n.*

white metal, *s.* Weißmetall, *n.* (Lager).

white pickling, *s.* zweite Beizung, *f.* (Weißblecherzeugung).

white pig iron, *s.* weißes Roheisen, *n.*

white spirit, *s.* (see "methylated spirit").

Whitworth Standard Thread, *s.* [B. S. W.], Whitworthgewinde, *n.*

wide-end-up, *a.* (see "big-end-up").

wide flanged beam, *s.* Breitflanschträger, *m.*

wide flats, *spl.* Breitstahl, *m.* (Walzerzeugnis).

wide strip, *s.* Breitbandstahl, *m.*

width across flats, *s.* Schlüsselweite, *f.* (der Querschnitt von Vielecken, gemessen am Durchmesser zwischen zwei parallelen Seiten).

width of jaw, *s.* Maulweite, *f.* (eines Schraubenschlüssels).

width of keyway, *s.* Nutbreite, *f.*

width of rail base, *s.* Schienenfußbreite, *f.*

width of thread, *s.* Gangbreite, *f.* (Schraube).

wild heat, *s.* schäumende Schmelze, *f.* (Stahlerzeugung).

Wilputtee coke oven, *s.* Wilputtee Koksofen, *m.* (verbesserte Koppers-Bauweise).

wind belt, *s.* Windkasten, *m.* (Kupolofen).

wind box, *s.* Windkasten, *m.* (Konverter).

wind pressure, *s.* Winddruck, *m.* (H-Ofen, Konverter).

wind reel, *s.* angetriebene Aufwickeltrommel, *f.* (Kaltwalzw.).

wind volume, *s.* Windmenge, *f.*

winch, *s.* Winde, *f.* (Masch.).

winding frame, *s.* Haspelwerk, *n.* (zum Durchziehen und Aufwickeln des Drahtes; Drahtverzinkung).

window case, *s.* Fensterstock, *m.*

window frame bars, *spl.* Fensterrahmenstahl, *m.*

window fittings, *spl.* Fensterbeschläge, *mpl.*

window ride, *s.* Fensterband, *n.*

window sash sections, *spl.* Fensterfüllungsstahl, *m.* (Schiebefenster).

window steel bars, *spl.* Fensterstahl, *m.*

wing, *s.* Schwinge, *f.* (eines Erzbrechers).

wing headed screw, *s.* Flügelschraube, *f.*

wing nut, *s.* Flügelmutter, *f.*

wing rail, *s.* Flügelschiene, *f.*

wing wall, *s.* Stirnwand, *f.* (SM-Ofen).

wiper, *s.* Abstreifer, *m.,* Abstreifvorrichtung, *f.* (Beizerei, Verzinnungs- oder Verzinkungsanlagen).

wirebar, *s.* Drahtstab, *m.* (Walzerzeugnis).

wire bending machine, *s.* Drahtbiegemaschine, *f.*

wire cloth, *s.* Drahtgewebe, *n.*

wire-die preparation, *s.* Aufstellen, *n.,* Zieheisenstellen, *n.* (Lochen der Zieheisen nach erfolgtem Zuschlagen; Lochdorne aus Schnellarbeitsstahl, genau geschliffen).

wire drawing bench, *s.* Drahtziehbank, *f.*

wire-drawing block, *s.* Drahthaspelwerk, *n.* (mit einem Haspel und einer oder mehreren Ziehscheiben).

wire drawing effect, *s.* übermäßige Streckung, *f.,* im Kaliber (Walzung).

wire drawing installation, *s.* Drahtzieherei, *f.*

wire-drawing lubricant, *s.* Drahtzugschmiere, *f.*

wire drawing machine, *s.* Drahtzugmaschine. *f.*

wire fabric, *s.* Drahtgewebe, *n.*

wire fabric belt, *s.* Drahtgurt, *m.,* Drahtband, *n.*

wire galvanizing plant, *s.* Elektrolytische Drahtverzinkungsanlage, *f.*

wire ga(u)ges, *spl.* Drahtlehren, *fpl.*

wire manufacture, *s.* Drahterzeugung, *f.*

wire manufacturing, *s.* Drahtverarbeitung, *f.*

wire mattress, *s.* Drahtmatratze, *f.*

wire nail, *s.* Drahtnagel, *m.*

wire netting, *s.* Drahtgeflecht, *n.*

wire netting machine, *s.* Drahtflechtmaschine, *f.*

wire patenting, *s.* Patentieren, *n.,* Vergüten, *n.,* von Draht (Erhitzen über den Umwandlungspunkt und Abkühlen in Bleibad; Durchziehverfahren, oder Tauchverfahren).

wire patenting furnace, *s.* Drahtpatentierofen, *m.*

wire pin, *s.* Drahtstift, *m.*

wire press, *s.* Drahtpresse, *f.*

wire rod, *s.* Walzdraht, *m.*

wire rod mill, *s.* Drahtwalzwerk, *n.*

wire rod rolling, *s.* Drahtwalzung, *f.*

wire rope, *s.* Drahtseil, *n.,* Stahlseil, *n.*

wire rope block, *s.* Drahtseilkloben, *m.*

wire rope drum, *s.* Seiltrommel, *f.*

wire rope transfer, *s.* Seilschlepper, *m.* (Walzw.).

wire sieve, *s.* Drahtsieb, *n.*

wire straightener, *s.* Drahtrichtmaschine, *f.*

wire stranding machine, *s.* Drahtlitzenmaschine, *f.*

wire tinning line, *s.* Drahtverzinnerei, *f.*

withdrawal mechanism, *s.* Ausziehvorrichtung, *f.* (Strangguß).

withdrawal rolls, *spl.* Ausziehrollen, *fpl.* (Strangguß).

withdrawing rolls, *spl.* (see "withdrawal rolls").

wobbler, *s.* [**wabbler**], Walzenkuppelzapfen, *m.* (Walzw.).

wobbler flute, *s.* Trefferkehlung, *f.* (Walzspindel; Walzw.).

wobbler pod, *s.* Trefferblatt, *n.* (Walzspindel; Walzw.).

Wöhler curve, *s.* Wöhlerkurve, *f.* (Ermittlung der Dauerfestigkeit).

woody fracture, *s.* (see "fibrous fracture").

work, *v.t.*, *v.i.* verarbeiten, *v.t.*; gehen, *v.i.* (z. B. „der Ofen geht").

work, *s.* Werkstück, *n.;* direkter Walzdruck, *m.* (Walzung).

workability, *s.* Verarbeitbarkeit, *f.* (spanlos).

work hardening, *s.* Kalthärtung, *f.*, Verfestigung, *f.* (durch Kaltformgebung).

working, *s.* Verarbeitung, *f.* (durch Walzen, Schmieden); Gang, *m.* (eines Ofens).

working capacity, *s.* nutzbarer Inhalt, *m.*

working condition, to be in, in betriebsfähigem Zustand sein.

working diameter, *s.* Arbeitsdurchmesser, *m.* (Walzenkalibr.).

working face, *s.* Arbeitsfläche, *f.* (z. B. eines Gesenkes).

working length, *s.* Nutzlänge, *f.*

working life, *s.* Lebensdauer, *f.* (eines Bauteiles).

working lining, *s.* Verschleißfutter, *n.* (eines Konverters).

working load, *s.* Betriebsbelastung, *f.*

working, *s.*, **of a furnace**, Ofengang, *m.*

working of steel, *s.* Stahlverarbeitung, *f.* (durch Walzen, Schmieden).

working parts, *spl.* arbeitende Teile, *mpl.* (einer Maschine).

working pressure, *s.* Betriebsdruck, *m.* (einer Druckleitung).

working properties, *spl.* Verarbeitungseigenschaften, *fpl.* (des Werkstoffes).

working roller table, *s.* Arbeitsrollgang, *m.* (Walzw.).

working strength, *s.* Arbeitsfestigkeit, *f.* (Dauerversuch).

working stroke, *s.* Arbeitshub, *m.* (z. B. der Presse).

working surface, *s.* Angriffsfläche, *f.*

working, *s.*, **the heat**, Schmelzführung, *f.* (Stahlfrischen).

working volume, *s.* nutzbares Volumen, *n.* (des Windes).

work loading door, *s.* Einsatztüre, *f.* (z. B. einer Galvanisiertrommel).

work locating fixture, *s.* Spannvorrichtung, *f.*

workmanship, *s.* Ausarbeitung, *f.*, Ausfertigung, *f.* (von Fertigprodukten).

work of deformation, *s.* Formänderungsarbeit, *f.*

work penetration, *s.* Durcharbeitung, *f.* (Walzung).

work roll, *s.* Arbeitswalze, *f.* (von Quarto- oder Vielrollenwalzwerken).

work roller, *s.* Arbeitsrolle, *f.* (einer Rollenrichtmaschine).

works, *s.* Betrieb, *m.*, Werk, *n.*, Hütte, *f.* (im textlichen Zusammenhang).

workshop, *s.* Werkstätte, *f.*

work spindle, *s.* Werkstückspindel, *f.* (Werkz.-Masch.).

worm, *s.* Schnecke, *f.* (endlose Schraube).

worm drive. *s.* Schneckenantrieb, *m.* (Masch.).

worm gear, *s.* Schneckenrad, *n.* (Getriebeteil); Schneckenradgetriebe, *n.*

worm gearing, *s.* Schneckenverzahnung, *f.*

worms, *spl.* (see "stretcher strains").

worm thread, *s.* Schneckengewinde, *n.*

worm wheel, *s.* Schneckenrad, *n.* (angetriebenes Rad des Schneckengetriebes).

woven wire fence, *s.* Drahtgeflechtzaun, *m.*

wrench, *s.* Schlüssel, *m.* (Masch.).

wrinkling, *s.* Fältchenbildung, *f.*, Runzelbildung, *f.*

wrought-iron, *s.* Schweißeisen, *n.*, Frischfeuerstahl, *m.*

wrought pipe, *s.* Stahlrohre, *npl.* (in U.S.A. gebräuchlicher Ausdruck für korrosionsbeständige Rohre; siehe dazu „Schweißeisenrohre").

wrought steel, *s.* warmverformter Stahl, *m.*

wüstite, *s.* Wüstit, *m.*

X

X-ray checking, *s.* Röntgen-Kontrollprüfung, *f.*

X-ray crystal analysis, *s.* Röntgenuntersuchung, *f.*, des Kristallbaues.

X-ray examination, *s.* Röntgenuntersuchung, *f.*

X-ray interference pattern, *s.* Röntgenbeugungsbild, *n.* (Untersuchung des Kristallbaues).

Y

Y-mill, *s.* Ypsilon-Gerüst, *n.* (ein Umkehr-Kaltwalzgerüst; Walzen in Form eines „Y" angeordnet, Hersteller Mackintosh-Hemphill, U.S.A.; siehe auch unter „Vielwalzengerüst").

Y-pipe, *s.* Hosenrohr, *n.*

Y-pipe fitting, *s.* Dreiweg-Formstück, *n.*, Hosenrohrfitting, *m.*

yield, *v.i.* fließen, *v.i.* (der Werkstoff).

yield criterion, *s.* Abgleitung, *f.* (Maß für die plastische Schiebung; Kristallogr.).

yielding, *s.*, **by slip,** plastische Schiebung, *f.* (Kristallogr.).

yield point, *s.* Streckgrenze, *f.* [0·2 Grenze].

yield point, *s.*, **at elevated temperatures,** Warmstreckgrenze, *f.*

yield point, *s.*, **in bending,** Biegegrenze, *f.*

yield point, *s.*, **in compression,** Quetschgrenze, *f.* (Druckversuch).

yield strength, *s.* (see "yield point").

yield stress, *s.* Fließspannung, *f.* (die Spannung, die zuerst eine erkennbare bleibende Dehnung hervorruft); Streckgrenze, *f.* (gelegentliche, unkorrekte Bezeichnung für "yield point").

yield stress, *s.*, **in bending,** Biegefließspannung, *f.*

yield/tensile ratio, *s.* Streckgrenzenverhältnis, *n.*

yoke, *s.* Gabel, *f.*, Joch, *n.* (Masch.).

Young's modulus, *s.* (see "elastic modulus").

yttrium, *s.* Yttrium, *n.* (zu den „seltenen Erden" gehöriges Element).

Z

zebra type roof, *s.* Zebragewölbe, *n.* (SM-Ofengewölbe in Streifenbauweise unter abwechselnder Verwendung zweier verschiedener Steinsorten).

Zee, *s.* Z-Stahl, *m.* (Walzerzeugnis).

zero, *s.* Null, *f.*

zero point, *s.* Nullpunkt, *m.*

zinc, *s.* Zink, *n.*

zinc plate, *s.* Zinkblech, *n.*

zinc plating solution, *s.* Verzinkungsbad, *n.*

zirconium, *s.* Zirkon, *n.* (als Desoxydationsmittel und als Legierungselement).

zirconium-nickel-silicon-iron alloys, *spl.* säurebeständige Zirkon-Nickel-Silizium-Eisen-Legierungen, *fpl.* (mit 2.7% Zr; besonders beständig gegenüber Chlorwasserstoff und Schwefelsäure).

zone of combustion, *s.* Verbrennungszone, *f.*

II. German - English

User's Page

For the benefit of users, short references or simplified definitions have been added in round brackets, placing the term in question in its appropriate surroundings. Where a term has more than one equivalent, these spotting references will put the reader at his ease and help to avoid erroneous selection.

Addenda in square brackets either mean an optional way of spelling, or the abbreviation generally used for the term in question.

Abbreviations and terms beginning with a set-off capital, or Greek, letter are listed at the head of each digit for convenience.

The use of commas and semi-colons should be closely watched in that terms separated by commas may be used optionally, while terms separated by semi-colons are different in meaning.

To avoid lengthy wording of explanations given in parenthesis, the below listed system of abbreviations has been introduced for this purpose.

Abbreviations

bldg.	building	math.	mathematics
bl. fce.	blast furnace	mat. handlg.	materials handling
cf.	confer	mat. testg.	materials testing
chem.	chemistry	measrg.	measuring
crystallogr.	crystallography	meltg.	melting
drwg.	drawing	metallogr.	metallography
e. g.	for example	moldg.	molding
el.	electric(al)	o. h. fce.	open hearth furnace
engnrg.	engineering	opt.	optical
etc.	et cetera	phys.	physics
fce.	furnace	railw.	railway
foundg.	founding	rollg.	rolling
geom.	geometry	rollg. mill	rolling mill
instr.	instrument	technol.	technological
mach.	machinery	testg.	testing
mach. tool	machine tool	U. K.	United Kingdom

Grammatical Abbreviations

This second system of abbreviations in *italic* letters has been included to give the reader an indication of how to use the word or phrase he is looking for grammatically. It should be noted that German nouns are signified as such by their genders only.

a.	adjective
adv.	adverb
f.	noun of the feminine gender
fpl.	noun of the feminine gender, plural
m.	noun of the masculine gender
mpl.	noun of the masculine gender, plural
n.	noun of the neuter gender
npl.	noun of the neuter gender, plural
pl.	plural
s.	noun
spl.	noun, plural
v.i.	intransitive verb
v.t.	transitive verb

Errors

p. 57, left column, line 8 read: escaping gas for: escaping.

p. 65, left column, line 13 from foot read: basis metal for: base metal.

p. 136, left column, line 2 from foot read: fine jet of solids) for: fine jet, *s.*, solids) of.

p. 147, right column, line 7 read: pourability for: parability.

A

α-**Eisen,** *n.* α-iron, *s.* (polymorphic form of iron stable below 906° C; body-centered lattice; magnetic up to 768° C).

Ac- und Ar-Punkte, *mpl.* A_c and A_r points, *spl.* (arrest points in the transformation range; A_c are arrest points on heating, A_r on cooling; nominally there are four such points: A_1 through A_4).

Acm-Linie, *f.* A_{cm} line, *s.* (denoting the limit of carbide solubility in gamma iron).

Acm-Punkt, *m.* A_{cm} point, *s.*, A_{cm} temperature, *s.* (equilibrium transformation temperature for hypereutectoid steels).

A0-Punkt, *m.* A_0 point, *s.* (a magnetic change in cementite at 200° C).

A1-Punkt, *m.* A_1 point, *s.* (the eutectoid transformation austenite $\rightleftarrows$ ferrite and cementite at 723° C).

A2-Punkt, *m.* A_2 point, *s.*, Curie point, *s.* (change from magnetic to paramagnetic alpha-iron on heating, or reversely on cooling).

A3-Punkt, *m.* A_3 point, *s.* (the change $\alpha \rightleftarrows \gamma$-iron at 906—896° C).

A4-Punkt, *m.* A_4 point, *s.* (the transformation gamma $\rightleftarrows$ delta iron at 1,400° C).

A1-Umwandlung, *f.* (siehe „untere Umwandlungstemperatur").

A3-Umwandlung, *f.* critical range, *s.*, transformation range, *s.* (the temperature interval in which austenite forms on heating, and changes to other constituent forms on cooling).

Ae1-Punkt, *m.* A_{e1} point, *s.* (for a steel of eutectoid composition, a characteristic equilibrium temperature, above which the steel remains in the austenitic state).

Ae3-Punkt, *m.* A_{e3} point, *s.* (characteristic transformation temperature for a steel of hypo-eutectoid composition; cf. A_{e1} point).

Ae3-Ae1-Gebiet, *n.* A_{e3}-A_{e1} range, *s.* (in which the austenite is unstable with respect to proeutectoid ferrite).

Ar-Umwandlung, *f.* sub-critical transformation, *s.*

Ar'-Ar''-Punkte, *mpl.* A_r'-A_r'' points, *spl.* (see "critical cooling rate").

Ata. (siehe „absolute Atmosphäre").

Atü. (siehe „Überdruck in Atm.").

Abbauprodukt, *n.* decomposition product, *s.* (chem.).

Abbildung, *f.* [Abb.], figure, *s.* (e.g. fig. 1, fig. 2, etc.), picture, *s.*

abbindend, *a.* setting, *a.* (e.g. "quicksetting cement").

Abbinden, *n.*, **des Stickstoffes,** nitrogen fixation, *s.* (steelmaking).

Abblasen, *n.*, **mit Stahlkies,** grit blast cleaning, *s.* (cleaning of castings, or removal of heat treatment scale).

Abblasen, *n.*, **mit Stahlkugeln,** shot peening, *s.* (resulting in increase of surface hardness).

Abblaseventil, *n.* bleeder, *s.*, bleeder valve, *s.* (bl. fce.).

abblättern, *v.i.* to spall, *v.i.* (of refractories) to exfoliate, *v.i.* to flake-off, *v.i.* (of metal, scale).

Abblätterungen, *fpl.* spalling, *s.* (1. surface defect, e. g. of wheel tires; 2. of refractory materials).

Abbrand, *m.* melting loss, *s.* (steelmaking); scaling loss, *s.* (reheating fces.); furnace loss, *s.* (general term).

Abbrand, *m.*, **der Eisenbegleiter,** metalloid oxidation, *s.* oxidation, *s.*, of accompanying elements (stee making).

Abbrände, *mpl.* oxide losses, *spl.*

Abbrand-Stumpfschweißung, *f.* flash butt welding, *s.*

Abbrausen, *n.,* **der Drahtringe,** sull coating, *s.* (wire drawing).

Abbruch, *m.* demolition, *s.* (bldg.).

Abbrucharbeiten, *fpl.* demolition work, *s.* (bldg.).

Abdampf, *m.* dead steam, *s.,* exhaust steam, *s.*

Abdeckplatte, *f.* apron, *s.* (rollg. mill table); cover plate, *s.* (e. g. of crane runway).

abdrehen, *v.t.* to desurface, *v.t.* (semifinished products).

Abfall, *m.* discard. *s.,* waste, *s.,* scrap, *s.*

Abfallbeize, *f.* waste pickle liquor, *s.*

Abfallrutsche, *f.* crop chute, *s.* (at a shear, or saw).

Abfallstoff, *m.* scrap, *s.,* waste, *s.*

Abflämmen, *n.* flame scarfing, *s.* (desurfacing of semifinished products through the action of a high-temperature flame).

Abflämm-Maschine, *f.* flame-scarfing machine, *s.*

Abfuhr, *f.* removal, *s.* (of gas, residual matter, slag, etc.).

Abgase, *npl.* off-gases, *spl.,* outgoing gas, *s.,* exhaust gas, *s.*

abgedrosselter Winddruck, *m.* slacked wind, *s.* (bl. fce. practice).

abgerundeter Quadratstahl, *m.* round squares, *spl.* (rolled product).

abgeschrägter Laufzapfen, *m.* tapered roll neck, *s.* (for use with Morgoil bearings; rollg. mill).

abgewinkelt, *a.* angular, *a.*

Abgleitung, *f.* yield criterion, *s.* (a measure for the yielding of materials by slip; crystallogr.).

Abgratarbeit, *f.* trimming, *s.* (of pressings, stampings).

Abgraten, *n.* trimming, *s.* (a flash, or fin, caused by pressing, drop forging, welding), burring, *s.,* deburring, *s.*

Abgratmaschine, *f.* flash trimmer, *s.* (welding).

Abgratstempel, *m.* trimmer punch, *s.* (stamping work).

Abgratwerkzeug, *n.* clipping tool, *s.* (for drop forgings and die-castings; U. K.).

Abguß, *m.* cast, *s.* (all ingots teemed in one operation from the same heat).

Abhitzeverwertung, *f.* waste heat utilization, *s.*

Abkanten, *n.* folding, *s.* (sheets).

Abkantmaschine, *f.* sheet folding machine, *s.*

Abkantpresse, *f.* brake, *s.* (a press type machine provided with a V-shaped die).

Abklopfen, *n.* rapping, *s.* (molding practice).

Abklopfhammer, *m.* descaling chipper, *s.* (boiler maintenance).

abkühlen, *v.t.* to chill, *v.t.* (castings); to cool, *v.t.*

abkühlende Wirkung, *f.* cooling action, *s.*

Abkühlungsfläche, *f.* cooling surface, *s.*

Abkühlungskurve, *f.* cooling curve, *s.* (cf. CT-diagram).

Abkühlungsgeschwindigkeit, *f.* cooling rate, *s.*

Abkühlungszeit, *f.* cooling time, *s.*

Abläng-Blechschere, *f.* cross-cut shear, *s.* (plate, sheet).

Ablängen, *n.* cutting to length, *s.* (according to order specification).

Ablaufhaspel, *m.* pay-off reel, *s.* (cold reducing mill); uncoiler, *s.* (processing line).

Ablaufrinne, *f.* launder, *s.*

Ablaufrollgang, *m.* delivery table, *s.* (rollg. mill).

Ablenkführung, *f.* switch side guard, *s.,* deflecting side guard, *s.* (rollg. mill table).

Ablesung, *f.* reading, *s.* (instrument).

Ablesungsfehler, *m.* reading error, *s.* (instrument).

Abmaß, *n.* tolerance, *s.*

abmontieren, *v.t.* to dismount, *v.t.,* to dismantle, *v.t.*

Abnahme, *f.* reduction, *s.* (general term); inspection, *s.* (of products prior to shipment); draft, *s.* (the actual percentage reduction in cross section of stock at each pass in rolling).

Abnahmebeamter, *m.* inspector, *s.*

Abnahmebescheinigung, *f.* inspector's certificate, *s.*

Abnahme-Maßkontrolle, *f.* acceptance test, *s.*

Abnahmeprüfung, *f.* inspection test, *s.* (for mechanical properties).

Abnahmereihe, *f.* reduction schedule, *s.* (roll pass design).

Abnahmestempel, *m.* inspector's stamp, *s.*

Abnahmeverweigerung, *f.* rejection, *s.*

Abnahmevorschrift, *f.* inspection specification, *s.*

Abnehmer, *m.* inspector, *s.*

Abnutzungswiderstand, *m.* resistance to wear, *s.*

abplatzen, *v.i.* to spall, *v.i.* (refractories).

Abrecken, *n.* fulling, *s.* (roughing operation reducing the middle cross section of the stock bar symmetrically relative to its ends).

Abreckgesenk, *n.* fulling die, *s.* (a roughing type of die reducing the bar in the middle while thickening the ends; drop forging).

abreiben, *v.t.* to abrade, *v.t.*

Abreißarbeiten, *fpl.* demolition work, *s.* (e.g. at a fce.).

abrichten, *v.t.* to true, *v.t.* (a grinding wheel).

Abrichten, *n.* truing, *s.* (a grinding wheel).

Abrichtvorrichtung, *f.* truing device, *s.*

Abrieb, *m.* abrasion, *s.* (wear by rubbing).

Abriebfestigkeit, *f.* abrasive resistance, *s.*

Abrollhaspel, *m.* uncoiler, *s.* (processing line; strip mill).

Absaugventilator, *m.* air exhaustor, *s.*

Abschaltzeit, *f.* down-time, *s.* (of a mill, fce., etc.).

Abscherstift, *m.* shearing pin, *s.* (mach.).

Abscherung, *f.* shear, *s.*

Abschieber, *m.* kick-off, *s.* (a device pushing the rolled product from the approach table onto the cooling bed).

abschirmen, *v.t.* to screen, *v.t.* (against heat, water, etc.).

Abschlämmventil, *n.* sludge valve, *s.* (gas washer).

abschlacken, *v.t.* to slag off, *v.t.*, to skim, *v.t.*, to flush off, *v.t.*

Abschlacken, *n.* deslagging, *s.* (operation).

Abschlacktechnik, *f.* flushing practice, *s.* (steelmaking).

Abschmelzen, *n.* fusing, *s.*

Abschneidemaschine, *f.* cutting-off machine, *s.*

abschneiden, *v.t.* to cut off, *v.t.* (with any cutting-off tool).

Abschnürung, *f.,* **des Gamma-Gebietes,** gamma loop, *s.* (in a constitutional diagram, a restricted area delimiting the compositions and temperatures at which the gamma-phase occurs).

Abschrägen, *n.* bevelling, *s.*, chamfering, *s.*

Abschrägung, *f.* chamfer, *s.*

abschrauben, *v.t.* to unscrew, *v.t.*

Abschreckalterung, *f.* quench aging, *s.* (alterations in properties with time, of quenched steels).

abschrecken, *v.t.* to chill, *v.t.* (castings); to quench, *v.t.* (hardening practice).

Abschrecken, *n.* quenching, *s.* (rapid cooling from an elevated temperature of a metal or alloy by immersion in a liquid bath).

abschrecken, *v.t.,* **mit Wasser,** to water-quench, *v.t.*

abschrecken, *v.t.,* **mit Öl,** to oil-quench, *v.t.*

Abschrecken, *n.,* **in Warmbädern,** quenching in molten salt bath, *s.;* quenching in molten metal, *s.*

Abschrecken, *n.,* **örtlich begrenztes,** differential quenching, *s.* (by which only desired portions of an object are quenched and hardened).

Abschrecken, *n.,* **von der Walzhitze,** direct quench, *s.*, from rolling heat.

Abschreckhärtung, *f.,* **aus der Warmformgebungshitze,** quench, *s.*, from the hot forming heat (rolling, or forging).

Abschreckprobe, *f.* spalling test, *s.* (determination of resistance to spalling of refractories).

Abschrecksorbit, *m.* quenching sorbite, *s.* (obtained while cooling through Ar' below the pearlite, and above the troostite, range).

Abschrecktemperatur, *f.* quenching temperature, *s.*

Abschreckvorrichtung, *f.* quench head, *s.* (a mechanical device located at the discharge end of one or more quench furnaces).

Abschreibung, *f.* depreciation, *s.*, write-off, *s.*

Abschweißen, *n.,* **von Oberflächen,**

flame washing, *s.*, flame finishing, *s.* (with high-temperature oxygen flame).

Abschweißofen, *m.* wash heating furnace, *s.* (for descaling and surface conditioning of blooms and slabs).

absolute Atmosphäre, *f.* [Ata.], absolute atmosphere, *s.* (corresponding to pounds per sq. in. absolute [psia.], when 14.7 psi = 1 Atm.).

absoluter Druck, *m.* absolute pressure, *s.*

absoluter Nullpunkt, *m.* absolute zero, *s.* (— 459.7°F).

absolute Temperatur, *f.* absolute temperature, *s.* (expressed in °K or °R — Kelvin or Rankine —, with n°K = °C + 273.2, and n°R = °F + + 459.7).

absperren, *v.t.* to block, *v.t.* (mach.); to cut-off, *v.t.* (supply of gas, water, oil, etc.).

Abstand, *m.*, **laufender,** spacing, *s.*

Abstand, *m.*, **Mitte zu Mitte,** distance between centers, *s.*

Abständen, *mpl.*, **in,** on centers.

Abstechdrehbank, *f.* ingot slicing lathe, *s.*

Abstechen, *n.* slicing, *s.* (of ingot on special lathe); tapping, *s.* (molten metal from a fce.).

Abstechmaschine, *f.* cutting-off machine, *s.* (used for bar and tube stock).

Abstich, *m.* tap, *s.* (steel); cast, *s.* (iron); tapping, *s.* (operation).

Abstichkanal, *m.* tapping spout, *s.*

Abstichpfanne, *f.* tapping ladle, *s.*

Abstichseite, *f.* pit side, *s.* (of o.h.fce.).

Abstichtemperatur, *f.* casting temperature, *s.* (bl.fce. practice); tapping temperature, *s.* (steelmaking fce.).

Abstoßvorrichtung, *f.* pusher, *s.* (rollg. mill table).

abstreifen, *v.t.* to strip, *v.t.* (molds from ingots).

Abstreifer, *m.* wiper, *s.* (pickling line).

Abstreifplatte, *f.* stripper plate, *s.* (sintering machine).

Abstreifvorrichtung, *f.* wiper, *s.* (e.g. used in tinning or galvanizing lines).

Abszisse, *f.* abscissa, *s.* (plural: abscissae).

Abteilung, *f.* [Abt.], department, *s.* [dept.].

abwalzen, *v.t.* to reduce, *v.t.* (by rolling).

Abwärtsschweißen, *n.* downhand welding, *s.*

abwechselnd, *a.* alternate, *a.*, alternating, *a.*

abweichen, *v.i.* to depart, *v.i.* (from the conventional); to deviate, *v.i.* (values, dimensions).

Abweichung, *f.*, **von,** departure, *s.*, from; deviation, *s.*, from.

Abwickeltrommel, *f.*, **geschleppte und abgebremste,** drag reel, *s.* (strip rolling).

Abwurfseite, *f.* discharge end, *s.* (of a sintering machine).

abziehen, *v.t.*, **Schlacke,** to skim, *v.t.*

Abzug, *m.* escape, *s.* (for vapor, steam, etc.); discharge duct, *s.* (for combustion gases).

Abzug, *m.* trigger, *s.* (of a flying shear, actuated by a lengthwise adjustable flag stop).

Abzweigrohr, *n.* branch pipe, *s.*

Achsabstand, *m.* axle base, *s.* (of vehicles).

Achsbund, *m.* axle collar, *s.* (mach.).

Achsbuchse, *f.* axle box, *s.* (mach.).

Achsdruck, *m.* axle load, *s.*

Achse, *f.* axis, *s.* (opt., geom.); axle, *s.* (mach.); arbor, *s.* (e.g. of grinding wheel).

Achsenfabrik, *f.* axle mill, *s.*

Achsenwerk, *n.* axle mill, *s.*

Achshals, *m.* axle journal, *s.* (mach.).

Achslager, *n.* axle bearing, *s.*

Achslagergehäuse, *n.* axle bearing box, *s.*

Achslagerkasten, *m.* axle bearing box, *s.*

Achsstummel, *m.* axle journal, *s.*

Adaptierung, *f.* revamping, *s.* (e.g. of a fce.).

Adhäsionsgewicht, *n.* adhesion weight, (e.g. of a locomotive).

Adjustage, *f.* conditioning department, *s.*

Adjustagemaschinen, *fpl.* finishing line equipment, *s.*

Adjustagen, *fpl.* finishing banks, *spl.*

Adsorptionsvermögen, *n.* adsorbing power, *s.*

Agglomerat, *n.* agglomerate, *s.*

Agglomerierverfahren, *n.* agglomerating process, *s.* (e.g. sintering, pelletizing, nodulizing).

Aggregatzustand, *m.* status of state, *s.* (phys.).

Ajax-Metall, *n.* Ajax metal, *s.* (a leaded bronze used as a bearing metal).

aktiver Roheisenmischer, *m.* active hot metal mixer, *s.*

Aktivkohle, *f.* activated carbon, *s.* (used as filter insert).

Alclad, *n.* Alclad, *s.* (composite sheet of an aluminum alloy coated with pure aluminum for corrosion protection).

Aldecor-Stahl, *m.* Aldecor, *s.* (low Mn-Cu-Mo alloy steel).

Alitieren, *n.* alitizing, *s.* (process of heating the work in finely powdered aluminum).

Alkali, *n.* alkali, *s.*

alkalische Wirkung, *f.* alkalinity, *s.*

alkoholische Pikrinsäure, *f.* picral, *s.* (etchant; alcoholic solution of picric acid; development of microstructure in commercial steels).

alkoholische Salpetersäure, *f.* nital, *s.* (etchant; alcoholic solution of nitric acid, 1 or 2 pct; development of grain boundaries).

allgemeine Anordnung, *f.* general arrangement, *s.* (e.g. of a mill).

Allgemeingültigkeit, *f.* universality, *s.*

allomerisch, *a.* allomeric, *a.* (of the same crystalline form, but of different chemical composition).

allomorph, *a.* allomorphous, *a.* (of the same chemical composition, but of different crystalline form).

allotriomorph, *a.* allotriomorphic, *a.* (crystals not developed to their proper crystalline form through the influence of their surroundings).

Allotropie, *f.* allotropy, *s.* (of elements existing in two or more distinct forms which are identical chemically, but show different physical properties).

Al-Metall, *n.* aluminum metal, *s.* (deoxidizer).

Aloxitschmirgel, *m.* aloxite, *s.* (aluminum basis abrasive, electrically fused).

Alsifer, *n.* Alsifer, *s.* (master alloy containing 20% Al, 40% Fe, 40% Si).

als Reserve, *app.* as a stand-by, *app.* (e.g. "the second shear is used as a stand-by").

Altbeize, *f.* spent pickling acid, *s.*

Alterungseigenschaften, *fpl.* aging characteristics, *spl.*

Alterungshärtung, *f.* age-hardening, *s.* (a process of aging resulting in partial transformation of a supersaturated solid solution. If precipitated phase becomes visible under the microscope the term "precipitation hardening" applies).

Alterungsneigung, *f.* susceptibility to aging, *s.*

Alterungsverhalten, *n.* aging behavior, *s.*

Alumetieren, *n.* alumetizing, *s.* (aluminum coating by spraying).

Alumilit-Verfahren, *n.* alumilite process, *s.* (anodic oxidation of light metals; U.K.).

Aluminitverfahren, *n.* aluminite process, *s.* (anodic surface treatment of aluminum and aluminum alloys using sulphuric acid as the electrolyte; it is similar in effect to the process using oxalic acid as the electrolyte; U.S.A.).

Aluminiumbronze, *f.* aluminum bronze, *s.*

Aluminiumlegierung, *f.* aluminum alloy, *s.*

Aluminiumlot, *n.* aluminum solder, *s.*

Aluminium-Masse, *f.* aluminum paste, *s.*

aluminothermisches Schweißen, *n.* aluminothermy, *s.*

Alundumschmirgel, *m.* alundum, *s.* (bauxite basis abrasive, electrically fused).

am Arbeitsplatz, *adv.* at the job, *adv.*

Amboßstock, *m.* anvil block, *s.* (forging).

Amboßverschleißplatte, *f.* anvil cap, *s.* (drop hammer).

amerikanische Drahtlehre, *f.* Brown and Sharpe Gage, *s.* (for non-ferrous wires and rods; U.S.A.).

amerikanisches Normalgewinde, *n.* American standard screw thread, *s.* (angle between sides of thread is 60 degrees).

Ammoniak, *m.* ammonia, *s.*

Ammoniakgewinnung, *f.* ammonia recovery, *s.* (by-product plant).

Ammoniak, *m.,* **salpetersaurer,** ammonium nitrate, *s.*

Ammoniakwäscher, *m.* ammonia washer, *s.* (by-product plant).

Ammoniak, *m.,* **wässeriger,** ammonia water, *s.*

Analysenabweichung, *f.* missed analysis, *s.* (steelmaking).

Analysenbereich, *n.* analysis range, *s.* (chem.).

Analysenbericht, *m.* analysis certificate, *s.*

Anbau, *m.* annexe, *s.* (to a building).

anbauen, *v.t.* to attach, *v.t.* (mach.)

aneinanderstoßen, *v.i.* to abut, *v.i.*

Anelastizität, *f.* anelasticity, *s.* (theory on the elasticity of metals).

Anfangsquerschnitt, *m.* initial cross section, *s.,* starting section, *s.*

Anfressung, *f.* pitting, *s.* (surface defect; caused by corrosion, or by mechanical action, e. g. adhesion in bearings or draw plates).

Anfressung, *f.,* **lokale,** local pitting, *s.* (by corrosion).

Angaben, *fpl.* data. *spl.* (of results, etc.).

angegossen, *a.* cast integral with.

angeordnet, *a.,* **in Stufen,** arranged in steps (e. g. blades of a cutter).

angesäuerte Beize, *f.* acid pickle, *s.*

angesäuertes Wasser, *n.* acidulated water, *s.*

angetriebene Aufwickeltrommel, *f.* wind reel. *s.* (strip rolling).

angetriebene Rolle, *f.* live roller, *s.* (of a roller table, lifting table, tilting table, etc.; rollg. mill).

angetriebene Welle, *f.,* **mit Seilscheibe,** head shaft and sheave, *s.* (wire rope transfer; rollg. mill).

Angießen, *n.* burning on, *s.* (of lugs, projections, etc., to castings).

angrenzend, *a.* adjacent, *a.*

Angriffsfläche, *f.* working surface, *s.*

Anguß, *m.* lug, *s.* (mach.).

Anhaltszahlen, *fpl.* reference data, *spl.*

anisothermischer Austenitzerfall, *m.* anisothermal decomposition, *s.,* of austenite (metallogr.).

Anker, *m.* belt, *s.* (bl. fce. construction).

Ankerbolzen, *m.* anchor bolt, *s.*

Ankerplatte, *f.* anchor plate, *s.* (bldg.).

Ankersäule, *f.* buckstay, *s.* (o. h. fce. construction).

Anköpfarbeit, *f.* heading operation, *s.* (e. g. bolts).

Anköpfer, *m.* heading tool, *s.*

ankörnen, *v.t.* to center, *v.t.* (the work piece).

Anlage, *f.* installation, *s.,* plant, *s.*

Anlage, *f.,* **des Walzwerks,** rolling mill layout, *s.*

Anlassen, *n.* drawing, *s.,* tempering, *s.* (reheating hardened or normalized steel to a temperature below transformation range, followed by a desired rate of cooling).

Anlassen, *n.* accelerated aging, *s.* (a low-temperature treatment applied to metal alloys to speed up age-hardening).

Anlassen, *n.,* **auf zu hohe Temperatur,** over-drawing, *s.*

Anlassen, *n.,* **der Schliff-Fläche,** heat tinting, *s.* (a method of developing the microstructure; metallogr.).

Anlaßfarben, *fpl.* temper colors, *spl.* (temperature indication).

Anlaßmartensit, *m.* beta-martensite, *s.* [β-martensite] (obtained by tempering alpha-martensite at temperatures between 100 and 170° C; body centered cubic lattice).

Anlaßofen, *m.* draw furnace, *s.,* tempering furnace, *s.*

Anlaßsorbit, *m.* tempering sorbite, *s.* (obtained by tempering quenched steels to about 600° C).

Anlaßsprödigkeit, *f.,* temper brittleness, *s.* (occurs when tempering heat-treating steels between 450—550° C).

Anlaßsprödigkeit, *f.,* **des hoch angelassenen Martensits,** soft tempered martensite brittleness, *s.* (tempering temperature between 400—600° C).

Anlaßsprödigkeit, *f.,* **des niedrig angelassenen Martensits,** hard tempered martensite brittleness, *s.* (tempering temperature between 250 and 400° C).

Anlaßtemperatur, *f.,* draw temperature, *s.,* tempering temperature, *s.*

Anlaßvorgang, *m.,* drawing cycle, *s.,* tempering cycle, *s.*

Anlaufwiderstand, *m.,* starting resistance, *s.*

anmontieren, *v.t.,* to attach, *v.t.* (mach.).

Annagung, *f.,* corrosion, *s.*

Annäherungswert, *m.,* approximate value, *s.*

Anodenschlamm, *m.,* anode mud, *s.,* anode slime, *s.* (insoluble residue on the anode in electrolytic refining processes).

anodische Oberflächenbehandlung, *f.* anodic oxidation, *s.,* anodic treatment, *s.,* anodizing, *s.*

anodisches Metall-Reinigungsverfahren, *n.* anodic cleaning process, *s.* (used for die-castings, etc.).

Anordnung, *f.* arrangement, *s.*

anpassen, *v.t.* to adapt, *v.t.*

Anpassungsfähigkeit, *f.* flexibility, *s.* (of operation, of a process); adaptability, *s.*

Anpressungsdruck, *m.* contact pressure, *s.*

anreichern auf, *v.t.* enrich to, *v.t.*

Anreicherung, *f.* enrichment, *s.* (of air with oxygen).

Anreicherung, *f.,* **des Erzes,** concentration of ore, *s.*

Anreicherung, *f.,* **mit Sauerstoff,** oxygenation, *s.* (of the air blast).

Anreißwerkzeug, *n.* marking tool, *s.*

Anriß, *m.* incipient crack, *s.* (defect).

Ansatz, *m.* lug, *s.* (mach.); buildup, *s.* (allover the lining of a fce.); scaffold, *s.* (bl. fce.).

Ansätze, *mpl.* accretions, *spl.*; scaffolding, *s.* (on lining of a fce.).

ansäuern, *v.t.* to acidify, *v.t.*

Ansaugdruck, *m.* intake pressure, *s.*

Ansaugöffnung, *f.* aspirating mouth, *s.*

Ansaugrohr, *n.* intake, *s.*

Ansaugtemperatur, *f.* intake temperature, *s.*

Ansaugvolumen, *n.* intake volume, *s.* aspirated volume, *s.* (blower).

Anschaffungskosten, *pl.* first cost, *s.*

Anschlag, *m.* head, *s.* (of a ga[u]ge, e. g. a depth gage), stop, *s.* (e. g. on run-out table; rollg. mill); stop measuring gear, *s.,* stop ga[u]ge, *s.* (delivery side of shear; rollg. mill).

Anschlußgleis, *n.* siding, *s.* (railway).

Anschlußschiene, *f.* junction rail, *s.*

Anschlußstück, *n.* gooseneck, *s.* (penstock, bl. fce.).

Anschnitt, *m.* ingate, *s.* (molding practice).

Anschnittechnik, *f.* gating practice, *s.* (founding).

anspeisen, *v.t.* to feed, *v.t.* (liquids, electric current).

Anspitzhammer, *m.* pointing hammer, *s.*

Anspitzmaschine, *f.* pointing machine, *s.* (bars, pipe).

Ansprechen, *n.,* **auf Wärmebehandlung,** response, *s.,* to heat treatment.

Anstählen, *n.* steel facing, *s.* (manufacture of hard-wearing surfaces by welding or brazing; facing material: hard-wearing steels).

Anstaucharbeiten, *fpl.* heading work, *s.,* jumping-up work, *s.*

anstauchen, *v.t.* to head, *v.t.* (forming the heads of bolts, etc., in a forging machine).

Anstauchgesenk, *n.* heading die, *s.* (consisting of a fixed and a movable die firmly clamped together during the operation: heading or jumping the ends of squares or rounds).

Anstauchmaschine, *f.* heading machine, *s.,* upsetting machine, *s.*

Anstellgeschwindigkeit, *f.* screwing speed, *s.* (see "screw-down gear").

Anstellung, *f.,* **von Hand,** manually operated screw-down, *s.* (see "screw-down gear").

Anstellvorrichtung, *f.* screw-down gear, *s.* (setting the lift of the top roll of a two-high mill stand; rollg. mill).

Anstichkapazität, *f.,* **einer Stabstahlstraße,** bar mill size, *s.* (in Germany the size description is given in initial rol! diameters: „Stabstahlstraße mit 400 mm Walzendurchmesser").

Anstichquerschnitt, *m.* size of stock, *s.,* initial pass section, *s.* (rolling)

Ansuchen, *n.* application, *s.* (patent).

Antennendraht, *m.* antenna wire, *s.*

Anthrazit-Hochofen, *m.* anthracite blast furnace, *s.* (prior to the introduction of the coke blast furnace).

Anthrazitkohle, *f.* anthracite, *s.*

Antrieb, *m.* drive, *s.* (mach.).

Antrieb, *m.,* **mit Stirnrädervorgelege,** gear reduction drive, *s.* (mach.).

Antriebsmaschine, *f.* driving unit, *s.,* prime mover, *s.*

Antriebsseite, *f.,* **des Arbeitsgerüstes,** pinion side, *s.,* of a mill (rollg. mill).

Antriebsseite, *f.*, **des Walzgerüstes,** drive side, *s.*, of a mill (rollg. mill).

Antriebsspindel, *f.* driving spindle, *s.* (connecting pinion with work roll; rollg. mill).

Antriebswelle, *f.* output shaft, *s.* (of motor).

anvisieren, *v.t.* to sight on, *v.t.* (optical instruments).

Anwendung, *f.* application, *s.*

Anwendungsbereich, *n.* range of application, *s.*

Anwendungsgebiet, *n.* application, *s.*, field of application, *s.*

Anwüchse, *mpl.* accretions, *spl.*, scaffolding, *s.* (on fce. or converter lining).

Anzapfleitung, *f.* bleeder pipe, *s.* (e. g. steam).

Anzeige, *f.* indication, *s.* (instrument).

Anzeigeflüssigkeit, *f.* magnetic ink, *s.* (magnaflux testing).

Anziehung, *f.* attraction, *s.* (phys.).

anzielen, *v.t.* to sight on, *v.t.* (optical pyrometer).

Anzug, *m.* starting power, *s.*

Anzug, *m.*, **des Blockes,** taper, *s.*, of ingot.

Anzugskraft, *f.* starting power, *s.*

Anzünder, *m.* burnerman, *s.* (at the sintering machine).

Arbeiten, *fpl.* operations, *spl.*

arbeitende Teile, *mpl.* working parts, *spl.* (of a machine).

Arbeitsdruck, *m.* effective pressure, *s.*

Arbeitsdurchmesser, *m.* working diameter, *s.* (roll pass design).

Arbeitsfestigkeit, *f.* working strength, *s.* (of materials).

Arbeitsfläche, *f.* working face, *s.* (e. g. of a die).

Arbeitsfolge, *f.* sequence of operations, *s.*

Arbeitsgang, *m.* operation, *s.*, pass, *s.* ("the piece is formed in one operation, or pass").

Arbeitsgerüst, *n.* roll stand, *s.* (rollg. mill).

Arbeitshub, *m.* working stroke, *s.* (mach.).

Arbeitskurve, *f.* characteristic curve, *s.*

Arbeitsradius, *m.* throw, *s.* (of a swinging spout); coverage, *s.* (of cranes).

Arbeitsrolle, *f.* work roller, *s.* (of a roller leveller).

Arbeitsrollgang, *m.* main roller table, *s.* (rollg. mill).

Arbeitsrollgang, *m.*, **vor der Walze,** main ingoing roller table, *s.* (blooming and slabbing mill).

Arbeitsseite, *f.*, **des Walzgerüstes,** off side, *s.*, of a mill (rollg. mill).

Arbeitsspiel, *n.* cycle of operations, *s.*

Arbeitsstück, *n.*, **mit flachem Querschnitt,** flat work, *s.*

Arbeitsstück, *n.*, **mit kreisrundem Querschnitt,** circular work, *s.*

Arbeitstrupp, *m.* gang, *s.* (of workmen).

Arbeitstür, *f.*, **zum Einführen der Ebnungsstange,** levelling door, *s.*, (coke oven).

Arbeitswalze, *f.* work roll, *s.* (rollg. mill).

Arbeitsweise, *f.* operating technique, *s.*

Arcatomschweißung, *f.* atomic hydrogen welding, *s.* (a process in which hydrogen, dissociated by the heat of the electric arc, supplies the welding heat locally and at the same time shields the molten filler metal).

Argon-Lichtbogenschweißung, *f.* argon-shielded arc welding, *s.*

Arm, *m.* arm, *s.* (mach.).

Armaturen, *fpl.* fittings, *spl.*, accessories, *spl.*

Armco-Eisen, *n.* Armco iron, *s.* (technically pure iron of 99.80—99.90% C, made in the basic o. h. fce.).

Armstrong-Muffe, *f.* Armstrong joint, *s.* (pipe fitting).

Arsen, *n.* arsenic, *s.*

arsengehärtet, *a.* arsenic-hardened, *a.* (contents in iron alloys of up to 1.9% *As* result in an increase of tensile and yield strength).

Arsenkies, *m.* arsenical pyrites, *spl.*

Art, *f.*, **des Vergießens,** mold practice, *s.*

Asarco-Stranggußverfahren, *n.* Asarco process, *s.* (for non-ferrous metals only; used by the American Smelting & Refining Co.).

Asbestfaser, *f.* asbestos wool, *s.*

Aschenfahrer, *m.* ash man, *s.*

Aschenfall, *m.* ash pit, *s.*

Aschengehalt, *m.* ash content, *s.* (of fuels).

Aschenkasten, *m.* ash pan, *s.*

asymmetrische Konverterform, *f.* eccentric converter design, *s.*

Atmosphäre, *f.* atmosphere, *s.* (phys.).

atomare Umwandlung, *f.* atomic transformation, *s.*

atomarer Wasserstoff, *m.* atomic hydrogen, *s.*

Atombewegung, *f.*, abnormale, im Kristallgitter, mobile atomic irregularities, *spl.* (see "atomic dislocation").

Atome, *npl.*, Bewegungsmechanismus der, atomic mechanism, *s.*

Atomenergie, *f.* atomic energy, *s.*

Atomgewicht, *n.* atomic weight, *s.*

Atomgruppe, *f.* atomic group, *s.*

atomistische Versetzung, *f.* atomic dislocation, *s.* (crystal physics).

Atomkern, *m.* atomic nucleus, *s.*

Atomkraft, *f.* atomic power, *s.*

Atomkräfte, *fpl.* atomic forces, *spl.*

Atomlehre, *f.* atomic theory, *s.*

Atomspaltung, *f.* atomic fissure, *s.*

Atomzahl, *f.* atomic number, *s.*

Atomzerfall, *m.* atomic disintegration, *s.*

Atramentieren, *n.* Atrament process, *s.* (phosphating by various methods: Atrament A, using manganese phosphate; Atrament Zi, using zinc phosphate; Atrament M, for zinc and its alloys; Atrament C, using chlorates for oxidation).

Ätzbild, *n.* etching figure, *s.*

ätzen, *v.t.* to etch, *v.t.*

Ätzfiguren, *fpl.* etch-figures, *spl.*, etching pits, *spl.* (macroscopic examination).

Ätzkraft, *f.* corrosive power, *s.*, causticity, *s.*

Ätzmittel, *n.* etchant, *s.*, etching reagent, *s.*, reagent, *s.* (short for "etching reagent").

Ätzpolieren, *n.* polish attack, *s.* (development of microstructure by combined etching and relief-polishing).

Ätzwirkung, *f.* corrosive action, *s.*

aufbereitetes Wasser, *n.* make-up water, *s.*, conditioned water, *s.*

Aufbiegen, *n.*, der Schenkel, leg bending, *s.* (angle rolling).

Aufblasen, *n.*, von Sauerstoff, oxygen top blowing, *s.* (oxygen steel-making process).

Aufbohren, *n.* boring, *s.* (enlarging and sizing of existing bores).

Aufbrennen, *n.*, des Stichlochs, tap hole lancing, *s.* (bl. fce., o. h. fce.).

auf der Welle, *adv.* at the shaft, *adv.* (measuring).

aufdornen, *v.t.* to ream, *v.t.*

Auffangplatte, *f.* end stop, *s.* (rollg. mill table).

Aufgabe, *f.*, selbsttätige, automatic feed, *s.* (mach.).

Aufgabetrichter, *m.* feed hopper, *s.*

aufgeben, *v.t.* to charge, *v.t.* (e. g. ore into fce.); to feed, *v.t.* (e. g. ore into hopper car).

aufgekohlte Randzone, *f.* carburized case, *s.*

aufgeschweißtes Metall, *n.* metal deposit, *s.* (deposit welding).

aufgetrichtertes Rohrende, *n.* bell end of a tube, *s.* (thick-walled end; piercing practice).

auf gleicher Höhe sein mit . . ., to be flush with . . ., to be on a level with . . ., to be level with . . .

Aufgliederung, *f.* breakdown, *s.* (e. g. of costs).

Aufhängebügel, *m.* steel hanger, *s.* (suspended arch; o. h. fce. construction).

aufhauen, *v.t.* to cut, *v.t.* (a file blank); to recut, *v.t.* (a blunted file).

Aufhauen, *n.* ragging, *s.* (of rolls to improve bite).

Aufheizgeschwindigkeit, *f.* heating-up rate, *s.* (of steel in a heating fce.).

Aufheizung, *f.* heat-up, *s.* (of steel in a heating fce.).

Aufklapp-Kaliber, *n.* butterfly pass, *s.* (roll pass design, angles).

Aufklapp-Kalibrierung, *f.* butterfly pass design, *s.* (for angle rollg.).

Aufkohlen, *n.*, in gasförmigem Kohlungsmittel, gas carburizing, *s.* (general term).

Aufkohlschmelze, *f.* recarburizing heat, *s.* (steelmaking).

Aufkohlung, *f.* carburizing, *s.*; case carburizing, *s.*; carburization, *s.*; cementation, *s.* (impregnation of a surface layer of low carbon steel with additional carbon by heating in contact with solid, liquid, or gaseous carburizers); blocking, *s.*, pigging, *s.* (of o. h. heats by addition of pigs or blocks into the fce. prior to tapping).

Aufkohlungsofen, *m.* carburizing furnace, *s.*

Aufkohlungstiefe, *f.* depth of carburizing, *s.*

Auflage, *f.* bearing surface, *s.*

Auflagefläche, *f.* base face, *s.*

Auflagemetall, *n.* cladding material, *s.* (e. g. nickel, Monel metal, Inconel, aluminum).

Auflager, *n.* support, *n.* (of a testing machine).

Auflaufschiene, *f.* ramp rail, *s.* (railway).

auflockern, *v.t.* to fluff, *v.t.* (a mixture).

Auflockerung, *f.* aeration, *s.* (e. g. of molding sand).

Aufnahme, *f.* pick-up, *s.* (e. g. of hydrogen, or nitrogen, by the metal).

Aufnehmer, *m.* container, *s.* (of an extrusion press); receiver, *s.* (of a compressor).

Aufrauhen, *n.* ragging, *s.* (of rolls to improve bite).

Aufrechterhaltung, *f.* maintenance, *s.* (of conditions).

aufreiben, *v.t.* to ream, *v.t.* (a bore).

aufrichten, *v.t.*, **den Konverter,** raise, *v.t.*, the converter.

Aufriß, *m.* elevation, *s.* (drwg.).

Aufschießen, *n.*, **des Abstichs,** tap hole blasting, *s.* (bl. fce., o. h. fce.).

Aufschlagfläche, *f.* striking face, *s.* (of a tup).

Aufschmelzen, *n.* fusing, *s.*

Aufschneiden, *n.*, **des Abstichs mit Pulverzusatz,** tap hole powder lancing, *s.*

aufschrumpfen, *v.t.* to shrink on, *v.t.* (flanges, wheel rims).

Aufschütten, *n.* bedding, *s.* (of ore).

Aufschütt- und Rückverladeeinrichtungen für Erze, *fpl.*, ore bedding and reclamation equipment, *s.*

Aufschweißbiegeprobe, *f.* weld bending test, *s.* (determination of susceptibility to brittle fracture of heavy plate); weld bending test specimen, *s.*

Aufschweißen, *n.*, **verschleißfester Oberflächen,** hard facing, *s.*, hard surfacing, *s.* (of wearing surfaces by deposits of hard-wearing materials, e. g. low-alloy steel, high-alloy steel, non-ferrous alloys, tungsten carbide).

Aufschweißung, *f.* buildup, *s.* (metal deposited by welding on worn surface areas).

aufsilizieren, *v.t.* to siliconize, *v.t.*

Aufspannvorrichtung, *f.* clamping device, *s.*

Aufsteckdorn, *m.* arbor, *s.* (mach. tool).

aufsteigen, *v.i.* to ascend, *v.i.* (gases).

aufstellen, *v.t.*, **eine Theorie,** to advance a theory.

Aufstellung, *f.* erection, *s.* (of plant, fce.); installation, *s.* (of rollg. mill).

Aufstellungsort, *m.*, **am,** in the field, *adv.*

Aufsticken, *n.* renitrogenizing, *s.* (steelmaking practice); nitriding, *s.*

Aufstickung, *f.* nitrogen pick-up, *s.* (by a bath of metal during refining).

Aufstrom, *m.* upward stream, *s.* (of gases).

auftragen, *v.t.* to build up, *v.t.* (welding); to apply, *v.t.* (paint).

auftragen, *v.t.*, **X in Abhängigkeit von Y,** to plot X against Y (diagram).

Auftragschweißung, *f.* build-up welding, *s.*, weld surfacing, *s.*, deposit welding, *s.* (for salvaging worn equipment, or for applying effective wearing surfaces to new equipment).

Auftragslinie, *f.* abscissa, *s.* (plural: abscissae).

Auftragsmetall, *n.* deposited metal, *s.*

auftreffen, *v.i.* to impinge, *v.i.*

Auftreff-Fläche, *f.* impingement area, *s.* (see "oxygen steelmaking process").

Auftropfverfahren, *n.* stellite process, *s.* (facing of tools etc., with stellite by fusion welding, using high-temperature flame torch).

Aufwärtsschweißen, *n.* up-hand welding, *s.*

Aufweiteprobe, *f.* bulging test, *s.*, drifting test, *s.* (ductility test for copper and brass pipe and tubing).

Aufweitewalzwerk, *n.* becking mill, *s.* (production of railway tires; the bloom is decreased in thickness and increased in dia. by the squeezing action of the rolls).

Aufweitung, *f.,* **des Atomgitters** (siehe „Verspannung des Atomgitters").

Aufwerfhammer, *m.* helve hammer, *s.* (forge).

Aufwickelhaspel, *m.* recoiler, *s.* (e. g. in a processing line); upcoiler, *s.* (strip mill).

Aufwickelmaschine, *f.,* **mit automatischer Bandölung,** up-coiler, *s.,* with strip oiling system (cold strip mill).

Augenbolzen, *m.* eye bolt, *s.,* ring bolt, *s.*

ausarbeiten, *v.t.* to finish, *v.t.* (a piece of work).

Ausarbeitung, *f.* workmanship, *s.*

Ausbau, *m.* expansion, *s.* (of existing plant); removal, *s.* (of bearings, of rolls, etc.).

ausbauchen, *v.i.* to belly, *v.i.*

ausbauen, *v.t.* to expand, *v.t.* (existing plant, or department;) to disassemble, *v.t.* (parts of equipment); to remove, *v.t.* (rolls, bearings).

ausbessern, *v.t.* to fettle, *v.t.* (a fce. lining).

ausbessern, *v.t.* to repair, *v.t.*

Ausbohren, *n.* drilling, *s.* (of through-holes).

Ausdehnung, *f.,* **adiabatische,** adiabatic expansion, *s.* (of gases; no supply of heat).

Ausdehnungsfuge, *f.* expansion joint, *s.*

aus dem vollen, *adv.* from the solid, *adv.* (e. g. "the part is machined from the solid").

Ausfertigung, *f.* finish, *s.* (of the surface); workmanship, *s.* (finished products).

Ausfertigungseinrichtungen, *fpl.* finishing equipment, *s.*

Ausflußseite, *f.,* **der Pumpe,** delivery side, *s.,* of a pump.

Ausfräsen, *n.,* **von Gesenken,** die-sinking, *s.*

ausgelaufener Block, *m.* bled ingot, *s.* (see "bleeding").

Ausgerichtetsein, *n.,* **der Ober- nach der Unterwalze,** parallelism, *s.,* of the rolls (achieved by operating one-half of the screw-down gear, if rolls are out of parallel).

ausgeschärfte Schweißfuge, *f.* scarf, *s.* (welding).

Ausgleichsglühen, *n.* soaking, *s.* (holding a steel ingot at a given temperature until the material has become uniformly heated to that temperature; soaking pit practice).

Ausgleichsgrube, *f.* dead soaker, *s.* (unfired type of soaking pit).

Ausgleichsmuffe, *f.* compromise box, *s.* (for coupling different size pinion wobbler with driving spindle; rollg. mill).

Ausgleichsrohrverbindung, *f.* expansion pipe joint, *s.*

Ausglühen, *n.* full annealing, *s.* (heating up to a temperature above transformation range, holding there, and then cooling below transformation range; subsequently the work is furnace-cooled or slow-cooled to room temperature).

Ausguß, *m.* nozzle, *s.* (of teeming ladle); grouting, *s.* (foundation work).

Aushärtung, *f.* dispersion hardening, *s.,* precipitation hardening, *s.* (a gradual increase of hardness with time, characterized by visible precipitation of the excess phase, or by finely dispersed particles of the excess phase).

Ausheber, *m.* knock-out, *s.* (stamping practice).

Ausklinken, *n.* coping, *s.* (of beams and flats).

Ausklinkvorrichtung, *f.* tripping mechanism, *s.* (mach.).

Auskodieren, *n.* decoding, *s.*

Ausladung, *f.* radius, *s.* (of crane jib); throat, *s.* (of a shear).

Ausladungsschere, *f.* open-gap shear, *s.* (sheet, plate).

Auslagern, *n.* artificial aging, *s.* (a low-temperature treatment applied to metal-alloys that will not age-harden at room temperature); age-hardening, *s.* (e. g. of aluminum and its alloys).

auslasten, *v.t.* to utilize to full capacity (e. g. a rollg. mill).

Auslaufen, *n.,* **der Blöcke,** bleeding, *s.,* of ingots (on stripping of uphill-cast molds "bleeding" occurs sometimes from knocked-off runners).

Auslaufgeschwindigkeit, *f.* delivery speed, *s.* (rollg. mill practice).

Auslaufrollgang, *m.* run-out table, *s.* (rollg. mill).

auslegen, *v.t.* to pay out, *v.t.* (cable).

Ausleger, *m.* boom, *s.* (mobile crane); jib, *s.* (crane); arm, *s.* (mach. tools).

Ausliefergeschwindigkeit, *f.* velocity of discharge, *s.* (e. g. of pump); delivery speed, *s.* (of a rollg. mill).

Auslöschen, *n.*, **des Lichtbogens,** extinction, *s.*, of the arc.

auslösen, *v.t.* to trip, *v.t.* (to set another mechanism going); to release, *v.t.* (mach.).

Auslöser, *m.* trigger, *s.* (of a flying shear, actuated by a lengthwise adjustable flag stop).

Auslöseventil, *n.* release valve, *s.* (mach.).

Auslösevorrichtung, *f.* tripping device, *s.*, tripping mechanism, *s.*

Auslösung, *f.* release, *s.* (mach.)

Ausmauerung, *f.*, **basische,** basic lining, *s.* (of fces.).

Ausmauerung, *f.*, **saure,** acid lining, *s.* (of fces.).

ausmeißeln, *v.t.* to gouge, *v.t.* (to take material off a surface).

ausmerzen, *v.t.* to eliminate, *v.t.* (defects, impurities).

Ausnutzung, *f.* utilization, *s.*

Auspressen, *n.* extruding, *s.*

ausrecken, *v.t.* to kill, *v.t.* (the wire).

ausrichten, *v.t.* to align, *v.t.* [to aline].

Ausrichtung, *f.* alignment, *s.* (of roll stands, machines, etc.); orientation, *s.* (of crystals).

ausrücken, *v.t.* to disconnect, *v.t.* to disengage, *v.t.* (mach.).

Ausrüstung, *f.* equipment, *s.*

Aussäbeln, *n.* hooking, *s.* (of the bar on delivery from the rolls, caused by faulty roll pass design).

ausschalten, *v.t.* to eliminate, *v.t.* (errors, unreliable data).

Ausschaltstellung, *f.* open position, *s.*, off-position, *s.* (of switches, levers).

Ausschärfen, *n.* scarfing, *s.* (edges of sheet, plate, strip).

ausscheiden, *v.i.*, *v.t.* to segregate, *v.i.* (e. g. impurities from molten metal); to separate, *v.t.*

Ausschlag, *m.* deflection, *s.* (of indicator needle).

Ausschlagen, *n.*, **der Formen und Rillen eines Gesenkes,** filling, *s.*, the recesses and groves of a die (i. e. with metal; drop forging practice).

Ausschlagweite, *f.* amplitude, *s.* (of pendulum swing).

Ausschlagwinkel, *m.* angle of deflection, *s.* (indicator needle).

ausschmieden, *v.t.*, **im Gesenk,** to stamp between dies, to drop-stamp, *v.t.*, to drop-forge, *v.t.*

Ausschuß, *m.* rejects, *spl.*, discard, *s.* (unsalable product).

Ausschweifung, *f.* flare, *s.* (roll pass design).

Aussehen, *n.* appearance, *s.* (of finished product).

ausseigern, *v.i.* to segregate, *v.i.* (of phases from molten metal).

Ausseigerung, *f.* liquation, *s.* (exudation of drops of liquid metal through the outer crust of a solidifying mass; e. g. in the casting of bronzes).

Außengewinde, *n.* male thread, *s.*

Außenluft, *f.* atmosphere, *s.*

Außenlufttemperatur, *f.* atmospheric temperature, *s.*

Außenring, *m.* outer race, *s.* (of ball, or roller, bearing).

außer Betrieb setzen, *v.t.* to shut down, *v.t.* to put out of operation, *v.t.*

äußere Spannung, *f.* applied stress, *s.* (exercised by an external force on the material).

äußerer Durchmesser, *m.* outside diameter, *s.* [O. D.]

aussetzend, *a.* intermittent, *a.* (operations).

aussetzender Betrieb, *m.* intermittent operations, *s.*

Aussparung, *f.* recess, *s.* (mach., bldg.).

ausstanzen, *v.t.* to blank, *v.t.*

ausstatten, *v.t.* to fit out, *v.t.* (laboratory); to equip, *v.t.* (a shop).

Ausstattung, *f.* equipment, *s.* (of a machine tool).

Ausstoß, *m.* output, *s.* (production).

Ausstoßmaschine, *f.* pusher-out, *s.* (serving a reheating furnace; rollg. mill).

Ausstoßvorrichtung, *f.* furnace pusher-out, *s.* (pusher type furnace; rollg. mill).

Austauschbarkeit, *f.* interchangeability, *s.* (of machine parts).

Austauschbau, *m.* interchangeable manufacture, *s.*

Austauschgerüst, *n.* change stand, *s.* (rollg. mill).

Austauschteile, *mpl.* interchangeable parts, *spl.*

Austenit, *m.* austenite, *s.* (solid solutions in which gamma iron acts as the solvent).

austenitische Chrom-Nickel-Stähle, *mpl.* austenitic stainless steels, *spl.* (containing not less than 10% Cr and 8% Ni; showing better resistance to corrosion than pearlitic stainless steel).

austenitischer Guß, *m.* austenitic cast iron, *s.* (various grades of high nickel cast irons).

austenitische Stähle, *mpl.* austenitic steels, *spl.* (for which the gamma — alpha transformation temperature is below room temperature).

Austenitisierung, *f.* austenitizing treatment, *s.* (applied to bring steel into the austenitic state by heating to the appropriate transformation temperature).

Austenitisierungstemperatur, *f.* austenitizing temperature, *s.*

Austenitzerfall, *m.* decomposition of austenite, *s.*

Austrittsbandspannung, *f.* reel tension, *s.*, front tension of strip, *s.* (the tension acting on the strip at the delivery side of a cold reducing mill).

Austrittsgeschwindigkeit, *f.* delivery speed, *s.* (rolling).

auswalzen, *v.t.* to roll out, *v.t.* (cold reducing mill); to roll off, *v.t.* (a bloom, billet).

Auswaschung, *f.* erosion, *s.*

Ausweiche, *f.* turnout, *s.* (railway).

Ausweichlösung, *f.* alternative, *s.*

auswerfen, *v.t.* to eject, *v.t.*

Auswerfer, *m.* ejector, *s.* (mach.).

Auswirkung, *f.* effect, *s.*

Auswuchtmaschine, *f.* balancing machine, *s.*

Auswuchtung, *f.* balancing, *s.* (an operation by which any unbalance in constructional parts, e. g. shafts, wheels, etc., is removed).

Auswurf, *m.*, **beim Abkippen der Birne,** endpoint slopping, *s.*, turndown slopping, *s.* (bessemer process).

Auswurf, *m.*, **feinkörniger,** spittings, *spl.* (converter practice).

Auswurf, *m.*, **grober,** endpoint slopping, *s.*, turndown slopping, *s.* (on tilting of bessemer converter).

Auswurf, *m.*, **nach Einsetzen der Kochperiode,** middle-of-the-blow slopping, *s.* (bessemer practice).

Auswurftätigkeit, *f.* slopping, *s.* (converter practice).

Auswurftätigkeit, *f.*, **sinkt ab,** the blow becomes clearer (converter practice).

ausziehbar, *a.* retractable, *a.* (of a device that may be withdrawn if required); telescopic, *a.* (of parts made adjustable in length).

ausziehen, *v.t.* to draw, *v.t.* (the ingot from the soaking pit).

Ausziehrollen, *fpl.* withdrawal rolls, *spl.* (continuous casting process).

Ausziehvorrichtung, *f.* withdrawal mechanism, *s.* (continuous casting process).

Autobeschickmaschine, *f.* auto-floor charger, *s.* (o. h. fce., heating furnaces).

Autoeinsetzmaschine, *f.* (siehe „Autobeschickmaschine").

Autogenschweißung, *f.* autogenous welding, *s.*

Autoklav, *m.* autoclave, *s.*

Automanipulator, *m.* auto-floor manipulator, *s.* (forge).

Automatenstähle, *mpl.* free-cutting steels, *spl.*, free-machining steels, *spl.* (e. g. leaded, or sulphurized, grades).

Axialbelastung, *f.* axial load, *s.*

Axialdruck, *m.* axial force, *s.*

Axialdurchbiegung, *f.* axial deflection, *s.* (of a horizontal beam).

Axialgebläse, *n.* axial flow type blower, *s.*, axial blower, *s.*

Azetylen-Sauerstoff Schneidbrenner, *m.* acetylene-oxyhydrogen torch, *s.*

Azetylen-Schneidverfahren, *n.* acetylene cutting, *s.*

Azotometer, *n.* azotometer, *s.* (electric analysis).

B

β-Eisen, *n.* (siehe „Beta Eisen").

Babbitmetall, *n.* babbit, *s.* (bearing metal).

Backen, *n.* agglutination, *s.* (of the coke).

Backenbrecher, *m.* jaw breaker, *s.*

backende Kohle, *f.* baking coal, *s.*, caking coal, *s.*

Backenschiene, *f.* stock rail, *s.* (of a switch, railw.).

Bad, *n.* bath, *s.* (of molten metal).

Baggerbetrieb, *m.* drag line operation, *s.*

baggern, *v.t.* to dredge, *v.t.*, to excavate, *v.t.*

Baggerung, *f.* dredging, *s.* (operation).

Bahn, *f.* (siehe „Lauffläche").

Bainit, *m.* bainite, *s.* (decomposition product of austenite between 500 and 200°C; "upper" bainite and "lower" bainite; of intermediate character between troostite and martensite; metallogr.).

Ballen, *m.* (Walze), body, *s.*, face, *s.*, barrel, *s.* (of rolls).

Ballenbandstahl, *m.* strapping, *s.* (packing).

Ballenlänge, *f.* body length, *s.*, barrel length, *s.*, face length, *s.* (roll).

Ballenpresse, *f.* baling press *s.*, bundling press, *s.* (scrap).

ballig, crowned, *a.*, convex, *a.*

Balligdrehvorrichtung, *f.* crowning attachment, *s.* (roll turning lathe).

Ballon, *m.* carboy, *s.*

Ballonkipper, *m.* carboy tipper, *s.*

Ballungsfähigkeit, *f.* spheroidizing property, *s.* (metallogr.).

Bandaustrittgeschwindigkeit, *f.* delivery strip speed, *s.* (strip mill).

Bandbearbeitungsmaschinen, *pl.* strip processing machinery, *s.*

Bandbesäum- und Teilanlage, *f.* strip slitting and trimming line, *s.*

Bandbreite, *f.*, nach dem Besäumen sheared width of strip, *s.*

Banddurchlaufbeizanlage, *f.* continuous strip pickling line, *s.*

Band-Durchlaufglühofenanlage, *f.*, mit vertikalem Ofen, tower type continuous strip cleaning and annealing line, *s.*

Band-Durchlaufglühofenanlage, *f.* mit horizontalem Ofen, horizontal type continuous strip cleaning and annealing line, *s.*

Band-Durchziehglühanlage, *f.* continuous strip annealing line, *s.*

Bandebener, *m.*, mit schwimmender Rolle, floating roller strip flattener, *s.*

Bandförderer, *m.* belt conveyor, *s.*

Bandheftmaschine, *f.* strip stitcher, *s.* (pickling line).

Bandstahlpolierwalze, *f.* planishing roll, *s.*

Band-Profilwalzung, *f.* cold roll forming, *s.* (of strip into special light sections), strip section rolling, *s.*

Bandrichtmaschine, *f.* strip flattener, *s.*

Band-Richt- und Einsteckmaschine, *f.* threader leveller, *s.*

Bandschweißmaschine, *f.* strip welder, *s.* (butt-welding of coils before line pickling).

Band-Sonderquerschnitte, *m.* cold rolled steel sections, *s.*

Bandstahl, *m.* strip, *s.* (U. S. A.: less than 300 m/m in width and 1.0—5.8 m/m in thickness; Europe: 1. narrow strip, — less than 500 m/m, requiring coiling for transport; 2. wide strip — over 500 m/m in width, requiring coiling for transport).

Bandtrockenvorrichtung, *f.* strip dryer, *s.* (after pickling).

Bandvergütungsverfahren, *n.*, nach Chesterfield, Chesterfield's process, *s.* (coils are heated in a suitable box; the strip is then slowly pulled out and passed between water-cooled blocks; tempering is effected by coating the strip with oil and burning off the oil).

Bandzerteilanlage, *f.* strip slitting line, *s.* (processing plant).

Bär, *m.* ram, *s.*, tup, *s.* (mach.).

Bart, *m.* burr, *s.* (defect).

Base, *f.* base, *s.* (chem.).

Basis, *f.* base, *s.*, base line, *s.*

basische Schlackenführung, *f.* basic slag practice, *s.*

basische Schmelzführung, *f.* basic smelting, *s.* (bl. fce.).

basischer Brennkopf, *m.* basic end, *s.* (o. h. fce.).

basischer Kippofen, *m.* tilting basic open hearth furnace, *s.*

basischer Ofen, *m.* basic furnace, *s.*

basischer S. M. Stahl, *m.* basic steel, *s.*

basischer Stahl, *m.* basic steel, *s.* (melted under a basic slag in furnace having basic bottom and lining).

basisches Verfahren, *n.* basic process, *s.*

Batteriewirbler, *m.* multiclone, *s.* (dry top gas cleaning).

Bau, *m.* building, *s.,* structure, *s.;* constitution, *s.* (chem.); construction, *s.* (mach.); erection, *s.* (in the field).

Bauart, *f.* construction, *s.,* design, *s.*

Baubeschläge, *pl.* builder's fittings, *spl.* structural fittings, *spl.*

Baubreite, *f.* overall width, *s.* (e. g. of a machine).

bauen, *v.t.* to construct, *v.t.* to build, *v.t.*

Bauer, *m.* constructor, *s.,* builder, *s.*

baufällig, *a.* delapidated, *a.*

Bauformstahl, *m.* structural section, *s.* (U. K.), structurals, *spl.* (U. S. A.), structural shapes, *spl.* (U. S. A.), structural mill products, *spl.*

Baugelände, *n.* site of erection, *s.*

Baugerüst, *n.* scaffold, *s.*

Bauguß, *m.* structural casting, *s.* (product).

Bauhöhe, *f.* overall height, *s.* (of a machine).

Bauingenieur, *m.* civil engineer, *s.*

Baukosten, *pl.* constructional cost, *s.*

Baumwoll-Verpackungseisen, *pl.* cotton ties, *spl.*

Bauschinger Effekt, *m.* Bauschinger effect, *s.* (compressive stress to reverse a given strain is numerically less than stress required to produce initial tensile strain).

Bauschlitten, *m.* roll-changing sledge, *s.* (on which the roll and chock assembly is axially drawn out of, or moved into, the mill housing).

Baustahl, *m.* structural steel, *s.*

Baustoffe, *pl.* building materials, *spl.,* structural materials, *spl.*

Bauunternehmer, *m.* contractor, *s.* (free-lance firm contributing to large building or constructional project).

Bauweise, *f.* construction, *s.*

Bauwerk, *n.* structure, *s.*

Bauzeit, *f.* time for construction, *s.* (of equipment).

Beanspruchung, *f.* applied stress, *s.* (exercised by an external force on the material).

beanstandetes Material, *n.* rejects, *s.* (inspection).

beanstanden, *v.t.* to raise, *v.t.,* a claim (for defective material).

Beanstandung, *f.* complaint, *s.*

bearbeitbar, leicht, *a.* easy-machining, *a.* (easy-machining steel for any cutting operation).

bearbeiten, *v.t.* to machine, *v.t.* (by cutting).

Bearbeitungseigenschaften, *pl.* machining properties, *pl.* (of materials).

Bearbeitungskosten, *pl.* machining costs, *pl.* (mach. tools).

Bearbeitungszugabe, *f.* finishing allowance, *s.,* machining allowance, *s.*

Beaufschlagung, *f.* admission, *s.* (of a turbine).

Becherbruch, *m.* cup and cone fracture, *s.*

becherförmiger Bruch, *m.* cup fracture, *s.,* cup-and-cone-fracture, *s.* (caused by excessive cold drawing before further annealing).

Becherwerk, *n.* bucket elevator, *s.*

bedienen, *v.t.* to operate, *v.t.,* to attend, *v.t.* (machinery).

Bedienung, *f.* attendance, *s.*

Bedienungshebel, *m.* operating handle, *s.* operating lever, *s.* (mach.).

Bedienungsmann, *m.* attendant, *s.* operator, *s.* (of machinery).

Bedienungsstand, *m.* operator's platform, *s.*

Bedienungsvorschrift, *f.* operating instructions, *spl.* (for machines).

beeinträchtigen, *v.t.* to impair, *v.t.*

Beendigung, *f.,* **des Blasvorganges,** end of blow, *s.* (converter).

Befestigung, *f.* fastening, *s.*

Befestigungskeil, *m.* fastening key, *s.*

Befestigungsmaterial, *n.* fastening materials, *spl.*

Befestigungsschelle, *f.* fastening bracket, *s.*

befeuchten, *v.t.* to wet, *v.t.,* to damp, *v.t.,* to moisten, *v.t.*

Begichtungsanlage, *f.* charging installation, *s.* (bl. fce., cupola).

Begriffsbestimmung, *f.* definition, *s.*

Begriffsbildung, *f.* terminology, *s.*

begünstigen, *v.t.* to facilitate, *v.t.*

Behälter, *m.* container, *s.* (general); box, case, *s.* (packaging)

Behälterbauindustrie, *f.* container industry, *s.*

Behälterbleche, *npl.* container plates, *spl.*

Behälterboden, *m.* can end, *s.*

Behälterfabrikation, *f.* can manufacturing, *s.*

behandeln, *v.t.* to treat, *v.t.*

Behandlung, *f.* treatment, *s.* (by a process).

Behandlung, *f.,* **bei tiefen Temperaturen,** low-temperature treatment, *s.* (of material).

beheizte Kipp-Pfanne, *f.* reservoir furnace, *s.* (continuous casting).

Beheizungsanlage, *f.* heating system, *s.*

Beheizungsschema, *n.* heating system, *s.* (coke oven).

Behelf, *m.* appliance, *s.*

Behelfs-, auxiliary, *a.*

bei erhöhten Temperaturen, *adv.* at elevated temperatures, *adv.*

Beigabe, *f.* additive, *s.* (material).

Beimengung, *f.* admixture, *s.*

Beiwert, *m.* coefficient, *s.*

Beizabsäure, *f.* spent pickling acid, *s.*

Beizanlage, *f.* pickling plant, *s.*

Beiz-Anspitzverfahren, *n.* overpickling process, *s.* (pointing of bars by putting their ends into hot sulphuric acid of 50% concentration).

Beizbad, *n.* pickling bath, *s.;* pickling tank, *s.*

Beizblasen, *pl.* blow holes exposed by pickling, *spl.*

Beizbottich, *m.* pickling tank, *s.*

Beizflüssigkeit, *f.* pickling liquor, *s.*

Beizkorb, *m.* pickling basket, *s.*

Beizmaschinen, *fpl.* pickling machines, *spl.*

Beizsprödigkeit, *f.* pickle brittleness, *s.* (caused by hydrogen occlusions along the grain boundaries); acid brittleness, *s.* (caused by evolution

of hydrogen during pickling).

Beizung, *f.* pickling, *s.*

Beizversprödung, *f.* embrittlement by pickling, *s.* (see "pickling brittleness").

Beizzusatz, *m.* pickling compound, *s.,* inhibitor, *s.*

Beizzusätze, *mpl.* pickling inhibitors, *spl.*

bekämpfen, *v.t.* to combat, *v.t.*

Bekohlungsvorrichtung, *f.* mechanical stoker, *s.*

Belastbarkeit, *f.* load carrying capacity, *s.*

Belastungsdauer, *f.* time of loading, *s.* (static testing).

Belastungs-Dehnungs-Schaubild, *n.* load-extension diagram, *s.* (tensile testg.).

Belastungswechsel, *m.* (siehe „Spannungswechsel").

Belegschaft, *f.* personnel, *s.*

Beleuchtung, *f.* lighting, *s.*

Beleuchtungstechnik, *f.* light engineering, *s.*

Belgierwalzwerk, *n.* Belgium type mill, *s.* (rollg. mill).

beliebig, *a.* arbitrary, *a.*

Belüfter, *m.* fan, *s.*

bemessen, *v.t.* to assess, *v.t.;* to rate, *v.t.* (e. g. capacity).

Bemessung, *f.* rating, *s.*

Beobachtung, *f.* observation, *s.* (made in research work).

Bereitstellungsanschlag, *m.* positioning stop, *s.* (to bring up stock against a positioning stop).

Bergwerksmaschinen, *pl.* mining machinery, *spl.*

Berstdruck, *m.* bursting pressure, *s.*

bersten, *v.i.* to burst, *v.i.* (a container, or pipe under excessive stress).

beruhigen, *v.t.* to kill, *v.t.* (the steel).

beruhigter Stahl, *m.* killed steel, *s.* (fully deoxidized).

beruhigt vergossener Block, *m.* killed-steel ingot, *s.*

Berührungslinie, *f.* contact line, *s.,* linie of action, *s.* (line along which contact between mating gear teeth occurs).

berührungslose Dickenmeßgeräte, *npl.* non-contacting thickness gages, *spl.*

Besäumen, *n.* trimming, *s.* (of press-drawn articles, sheets, strip).

Besäumschere, *f.* trimming shear, *s.* (plate, sheet, strip).

Besatzstein, *m.* filler brick, *s.*

beschicken, *v.t.* to charge, *v.t.* (a furnace); to feed, *v.t.* (a bin, hopper).

Beschickung, *f.* burden, *s.* (blast furnace); charge, *s.* (all furnaces).

Beschickungssäule, *f.* stock column, *s.*

beschleunigen, *v.t.* to accelerate, *v.t.*, to speed up, *v.t.*

Beschleuniger, *m.* accelerator, *s.* (chem.).

Beschleunigungsmoment, *n.* accelerating moment, *s.*

besponnener Draht, *m.* covered wire, *s.*

Bessemer Roheisen, *n.* acid bessemer pig, *s.*

Bessemerschlacke, *f.* acid converter slag, *s.*

Bessemerstahl, *m.* acid bessemer steel, *s.*

Bessemerstahlwerk, *n.* bessemer steel plant, *s.*, acid converting mill, *s.*

Bessemerverfahren, *n.* acid bessemer, *s.*, acid bessemer process, *s.*

Bestand, *m.* stock, *s.*, store, *s.* (materials); reserve, *s.*

Beständigkeit, *f.* stability, *s.*

Bestandteil, *m.* part, *s.* (constructional); ingredient, *s.* (chem.); constituent, *s.* (volatile constituent); component, *s.* (of a force).

Besteckstahl, *m.* cutlery steel, *s.*

Bestellängen, *fpl.* order lengths, *spl.* (of material).

Bestellnummer, *f.* indent number, *s.*

bestimmen, *v.t.* to analyse, *v.t.* (chem.).

Bestimmung, *f.* analysis, *s.* [pl. -es] (chem.).

bestimmen, *v.t.*, to determine, *v.t.* (a value, a size).

Bestimmung, *f.* determination, *s.*

bestreichen, *v.t.* to cover, *v.t.*, to serve, *v.t.* (the crane serves [covers] the full length of the bay).

Bestücken, *n.* tipping, *s.* (of tools with high speed steel or tungsten-carbide tips).

Beta Eisen, *n.*, [β-Eisen], beta iron, *s.* [β-iron] (non-magnetic allotropic modification of iron; body-centered cubic lattice; stable from 768—910°C).

betätigen, *v.t.* to operate, *v.t.;* to actuate, *v.t.* (e. g. a lever).

Betätigung, *f.* operating, *s.;* actuating, *s.* (e. g. a valve).

Beton, *m.* concrete, *s.*

Betonbewehrung, *f.* concrete reinforcing, *s.*

Betonfundament, *n.* concrete foundation, *s.*

Beton, *m.*, **magerer,** poor concrete, *s.*

Betonmantel, *m.* concrete casing, *s.* (e. g. of a column).

Betonmischmaschine, *f.* concrete mixer, *s.*

Betonpfahl, *m.* concrete pile, *s.* (bldg.).

Betonplatte, *f.* concrete slab, *s.*

Betonsockel, *m.* concrete footing, *s.*

Betonstabstahl, *m.* reinforcing bars, *spl.*

Betrieb, *m.* operation, *s.* (of a mill, a machine, a furnace, etc.); works, *s.*, plant, *s.*, workshop, *s.*, shop, *s.*

Betrieb, *m.*, **laufender,** current operation, *s.*, current practice, *s.*

Betrieb, *m.*, **mit höherem Gasdruck an der Gicht,** pressure operation, *s.*, top pressure operation, *s.*, high top pressure operation, *s.*, pressurized operation, *s.* (bl. fce.).

Betrieb, *m.*, **mit Überdruck an der Gicht,** pressure operation, *s.*, top pressure operation, *s.*, high top pressure operation, *s.* (bl. fce.).

Betriebsanlagen, *pl.* installations, *spl.*, facilities, *spl.*

Betriebsaufzeichnungen, *fpl.* log, *s.*

Betriebsbeanspruchung, *f.* service stress, *s.* (stress to which a part, or machine, is subjected in service); service demands, *spl.*

Betriebsbedingungen, *fpl.* operating conditions, spl.

Betriebsbelastung, *f.* working load, *s.*

Betriebsbereitschaft, *f.* availability, *s.* (e. g. furnace availability).

Betriebsdruck, *m.* working pressure, *s.* (of feed lines under pressure).

Betriebseinrichtung(en), *f(pl).* operating equipment, *s.*

betriebsfertig, *a.* ready, *a.*, for operation (the equipment is furnished ready for operation).

Betriebsführung, *f.* operating practice, *s.*

Betriebsgliederung, *f.* organization of a plant, *s.*

Betriebskosten, *pl.* running costs, *spl.* (e. g. of a conveyor).

Betriebskosten, *pl.,* **reine,** operating costs, *spl.*

Betriebsleistung, *f.* performance, *s.* (of a machine, furnace, etc.).

Betriebspraxis, *f.* manufacturing practice, *s.*

Betriebssicherheit, *f.* safety of operation, *s.*

Betriebsstoffe, *pl.* operating materials, *spl.*

Betriebsstörung, *f.* breakdown, *s.* (of a machine).

Betriebstempo, *n.* operating rate, *s.*

Betriebstempo, *n.,* **eines Ofens,** driving rate, *s.,* of a furnace.

Betriebs- und feste Kosten, *pl.* costs above materials, *pl.*

betriebsunfähig machen, *v.t.* to render inoperative, *v.t.*

Betriebsverhalten, *n.* service performance, *s.* (e. g. of a structural part).

Betriebsverhalten, *n.,* **einer Maschine,** performance, *s.,* of a machine.

Betriebsverhältnisse, *pl.* operating conditions, *pl.*

Betriebsvorschrift, *f.* operating instructions, *spl.* (for a given machine).

Betriebsweise, *f.* operating technique, *s.,* method of operation, *s.*

Betriebszuverlässigkeit, *f.* reliability in service, *s.*

Bettplatte, *f.* bed plate, *s.* (rolling mill stand).

Bettung, *f.* bedding, *s.* (of a railway track).

Beugungsbild, *n.* diffraction pattern, *s.* interference pattern, *s.* (radiography).

beurteilen, *v.t.* to assess, *v.t.*

Beurteilung, *f.* assessment, *s.,* judgement, *s.*

Beurteilungsfehler, *m.* error of judgement, *s.*

beweglich, *a.* moving, *a.* (moving parts of a machine); mobile, *a.* (not stationary); portable, *a.,* movable, *a.* (can be moved).

bewegliche Last, *f.* live load, *s.*

beweglicher Transportdaumen, *m.* ducking dog, *s.* (of a dog carriage: the ducking dog travels for a preset distance and then "ducks" underneath skid level; rollg. mill).

bewegliche Transportdaumen, *pl.* go-devils, *s.* (disappearing dogs of a transfer; rollg. mill).

Beweglichkeit, *f.* flexibility, *s.* (of operation).

Bewegung, *f.,* **der Beschickungssäule,** stock movement, *s.*

bewehren, *v.t.* to reinforce, *v.t.* (bldg.); to armor, *v.t.* (cables).

bewehrtes Kabel, *n.,* armored cable, *s.*

Bewehrung, *f.* reinforcing, *s.* (bldg.); armoring, *s.* (of a cable).

bewuchsverhindernder Unterwasseranstrich, *m.* anti-fouling paint, *s.*

bezeichnen, *v.t.* to designate, *v.t.*

Bezeichnung, *f.* designation, *s.*

Bezugshöhe, *f.* elevation, *s.*

Bezugs-Kegelschmelzpunkt, *m.* pyrometric cone equivalent, *s.* (refractories).

Bezugsquelle, *f.* source of supply, *s.*

Bezugstemperatur, *f.* basic temperature, *s.,* ambient temperature, *s.*

Bibby-Kupplung, *f.* Bibby coupling, *s.* (spring type coupling).

Biegebeanspruchung, *f.* applied bending stress, *s.*

Biegebelastung, *f.* bending load, *s.* (mat. testg.).

Biegedorn, *m.* bending pin, *s.* (bending test).

Biegefestigkeit, *f.* bending strength, *s.* (the maximum stress causing fracture with no considerable amount of plastic deformation); transverse strength, *s.*

Biegefließspannung, *f.* yield stress, *s.,* in bending.

Biegegesenk, *n.* bending die, *s.* (employed after roughing to form the stock asymmetrically in preparation for the finishing work).

Biegegrenze, *f.* yield point, *s.,* in bending (mat. testg.).

Biegegrenze, *f.,* **technische,** maximum safe bending stress, *s.* (the stress when the test piece begins to flow).

Biegepfeil, *m.* pitch of flexure, *s.* (the amount of flexure expressed in per cent of length of test piece between supports); ratio of deflection to width between supports, *s.*

Biegeschwellfestigkeit, *f.* pulsating bending fatigue strength, *s.*

Biegeschwingungsfestigkeit, *f.* bending fatigue range, *s.*

Biegespannung, *f.* bending stress, *s.*

Biegeversuch, *m.,* **für Gußeisen,** transverse test, *s.* (a cast iron bar supported as a beam is loaded in midposition until it fractures; breaking load and deflection before fracture are determined).

Biegezahl, *f.* bending value, *s.*

biegsam, *a.* flexible, *a.* (material).

biegsame Welle, *f.,* flexible shaft, *s.*

Bilderrahmenbruch, *m.* fracture, *s.,* of blackheart malleable iron.

bildliche Darstellung, *f.,* graph, *s.*

bildsame Formänderung, *f.,* plastic deformation, *s.*

Bildsamkeit, *f.* plasticity, *s.*

Bildungswärme, *f.* heat of formation, *s.* [$\triangle$H], (the energy freed on formation of a new compound by a chemical process).

Bimetall, *n.* bimetal, *s.* (two bonded-together metal strips of different thermal expansion).

Bimserzeugnis, *n.* pumice product, *s.*

Bimssand, *m.* pumice sand, *s.*

Bimsstein, *m.* pumice stone, *s.*

Bimssteinpulver, *n.* pumice stone powder, *s.*

binär legierter Stahl, *m.* two-alloy steel, *s.,* binary steel.

Bindefestigkeit, *f.* bonding strength, *s.*

Bindeglied, *n.* link, *s.* (general).

Bindevermögen, *n.* bonding power, *s.*

Bindemittel, *n.* binder, *s.*

Bindestoff, [Binder] *m.* bonding material, *s.* (mortar, cement).

Bindezeit, *f.* setting time, *s.* (cement).

Bindung, *f.* bond, *s.*

Bindung, *f.,* **des Stickstoffes,** nitrogen fixation, *s.* (in steel, in the form of nitrides).

Birmingham-Drahtlehre, *f.* Birmingham Wire Gauge, *s.* (British standard system designating the diameters of rods and wire by numbers).

Birne, *f.* converter, *s.* (met.).

bituminöse Kohle, *f.* bituminous coal, *s.*

Bitter-Verfahren, *n.* micro iron filings technique, *s.* (showing the surface effects of domains using colloidal magnesite).

Blähvermögen, *n.* swelling property, *s.* (of coal, coke).

blank (bearbeitet), *a.* machined, *a.*

blank, *a.* bright, *a.,* polished, *a.*

Blankdraht, *m.* bare wire, naked wire, *s.* (non-covered); bright wire, *s.* (bright drawn).

blankgezogener Stabstahl, *m.* bright drawn bars, *spl.*

Blankglühen, *n.* bright annealing, *s.* (in a controlled furnace atmosphere to reduce surface oxidation to a minimum).

blankputzen, *v.t.* to polish, *v.t.* (surfaces).

Blankstahl, *m.* bright steel, *s.,* bright drawn steel, *s.*

Blankstrahlen, *n.* grit blasting, *s.* (see also "shot blasting").

Blankvernickelung, *f.* bright nickel plating, *s.*

Blankziehen, *n.* bright drawing, *s.*

Bläschen, *n.* pepper blister, *s.,* pinhead blister (cf. "blister").

Blase, *f.* blow hole, *s.* (sub surface defect in steel caused by escaping gases); blister, *s.* (surface defect).

Blasen, *n.,* **mit Bodenwind,** bottom blowing, *s.* (converter).

Blasen, *n.,* **mit Seitenwind,** side blowing, *s.* (converter); surface blowing, *s.* (converter).

Blasenstahl, *m.* blister bar, *s.,* blister steel, *s.* (made from wrought iron).

Blasevorgang, *m.* blowing operation, *s.* (converter).

Blasezeit, *f.* blowing time, *s.* (converter).

Blasform, *f.* tuyere, *s.*

Blasformrüssel, *m.* tuyere nozzle, *s.*

Blashochofen, *m.* blast furnace, *s.*

blasig, *a.* honeycombed, *a.* (surface of casting).

blasiger Guß, *m.* blown casting, *s.*

Blaskosten, *fpl.* blowing costs, *spl.* (blast furnace).

Blasquerschnitt, *m.* tuyere area, *s.*

Blasstahl, *m.* blown steel, *s.*

Blasstahlwerk, *n.* converting steel mill, *s.,* converting mill, *s.*

Blasstahlwerksausbringen, *n.* converting mill yield, *s.*

Blasversuch, *m.* test blow, *s.* (in a converter).

Blattfeder, *f.* leaf spring, *s.*, laminated spring, *s.*

Blaubruchgebiet, *n.* blue-short range, *s.*

Blaubrüchigkeit, *f.* blue shortness, *s.* (a property of soft steels caused by working at temperatures between 200 and 300°C).

Bläuen, *n.* bluing, *s.* (sheet, strip; surface treatment by steam or air to produce thin blue oxide film: improving appearance and resistance to corrosion).

Blaueisenerz, *n.* vivianite, *s.* (iron ore).

Blauglühen, *n.* blue annealing, *s.* (softening iron-base alloy sheets, formation of a bluish oxide).

Blaupause, *f.* blue print, *s.*

Blausprödigkeit, *f.* (siehe auch „Blaubrüchigkeit"), ferrite brittleness, *s.*, blue brittleness, *s.*

Blauwassergas, *n.* blue water gas, *s.* (gaseous fuel; produced by passing steam over red-hot coke).

Blechbearbeitungsmaschinen, *pl.* sheet metal machinery, *s.*, sheet metal working machinery, *s.*

Blechbeklebemaschine, *f.* plate pasting machine, *s.* (for electric sheets).

Blechbiegemaschine, *f.* plate-bending machine, *s.*

Blechbiegewalzen, *fpl.* plate bending rolls, *spl.* (manufacture of cylindrical shells).

Blechboden, *m.* tuyere plate, *s.* (converter).

Blechdoppler, *m.* sheet doubler, *s.*

Blechdrehvorrichtung, *f.* plate centering gear, *s.* (to position the plate for correct and square entry; plate mill).

Bleche 1. Güte, *pl.* primes, *spl.*

Bleche 2. Güte, *pl.* seconds, *s.*, menders, *s.*

Bleche, *pl.*, **und Bandstahl,** flat products, *spl.* (general term).

Blechfaltmaschine, *f.* sheet folding machine, *s.*

Blechfesthalter, *m.* blank clamp, *s.* (used in sheet presswork).

Blechformstanze, *f.* blanking die, *s.*

Blechlack, *m.* tin-plate varnish, *s.*

Blechlackiererei, *f.* paint process plant, *s.*

Blechlehren, *pl.* sheet metal ga(u)ges, *spl.*

Blechmantel, *m.* plate shell, *s.* (e. g. of a converter).

Blechnagel, *m.* cut nail, *s.* (for sheets).

Blechpoliermaschine, *f.* sheet metal polisher, *s.* (polishing machine).

Blechrahmen, *m.* sheet metal frame, *s.* (general term); plate frame, *s.* (heavier constructions).

Blechrichtmaschine, *f.* plate straightener, *s.*

Blechrichtmaschinen, *pl.* sheet and plate levellers, *spl.* (general).

Blechrohr (-röhre), *n. (f).* sheet steel tube, *s.* (welded or riveted).

Blechschere, *f.* plate shear, *s.*

Blechschneider, *m.* plate shear operator, *s.*

Blechstärken, *pl.* **bis zu X mm,** sheets of down to X in.; sheets of up to X in.

Blechtafel, *f.* sheet metal sheet, *s.*

Blechtafeln, *pl.* **angeklebte,** stickers, *spl.* (pack annealing).

blechummantelter Baustein, *m.* steel clad brick, *s.*

blechverarbeitende Industrie, *f.* sheet metal industry, *s.*

Blechverkleidung, *f.* sheeting, *s.*

Blechwaren, *pl.* sheet metal articles, *spl.*

Blechwendevorrichtung, *f.* plate turnover gear, *s.* (inspection of bottom surface).

Blei, *n.* lead, *s.*

Bleiarmatur, *f.* lead armature, *s.*

Bleiauskleidung, *f.* lead lining, *s.*

bleibend, *a.* permanent, *a.*

bleibende Dehnung, *f.* permanent elongation, *s.* (mat. testg.); plastic strain, *s.*, permanent set, *s.*, permanent deformation, *s.* (when the applied stress surpasses the elastic limit).

bleibende Durchbiegung, *f.* permanent set, *s.* (of a spring, beam etc.).

bleibende Flächenausdehnung, *f.* plane strain, *s.* (cold rolling).

bleibende Formänderung, *f.* permanent deformation, *s.*

bleibende Verformung, *f.* (siehe „bleibende Dehnung"), permanent deformation, *s.*

Bleidichtung, *f.* lead joint, *s.*

bleiführend, *a.* lead-bearing, *a.*

Bleihülle, *f.* lead covering, *s.*

Bleilagermetall, *n.* lead-base bearing metal, *s.*

Bleimantel, *m.* lead jacket, *s.*, lead sheath, *s.*

Bleimennige, *f.* red lead, *s.*

Bleimuffe, *f.* lead type end box, *s.* (of a cable).

Bleipatentieren, *n.*, **satzweises,** batch patenting, *s.* (heating coils of wire in a muffle type fce. and subsequently cooling them in a lead bath).

Bleirot, *n.* red lead, *s.*

Bleiüberzug, *m.* lead coating, *s.*

Bleiweiß, *n.* white lead, *s.*

Blende, *f.* aperture, *s.* (of microscope).

Blindboden, *m.* false bottom, *s.*

Blindbohrung, *f.* blind hole, *s.*, bottomed hole, *s.*

blinder Stich, *m.* dead pass, *s.*, dummy pass, *s.* (rollg. mill).

blindes Kaliber, *n.* dead pass, *s.* (the steel passes through the rolls without any work performed on it).

Blindhärteversuch, *m.* blank hardness test, *s.*

Blindwelle, *f.* jack shaft, *s.* (mach.).

Bloch'sche Wände, *pl.* Bloch walls, *spl.* (magnetism of iron).

Block, *m.* pulley, *s.*, pulley block, *s.* (of a tackle); ingot, *s.* (in a given context); bloom, *s.* (in a given context).

Blockauszieher, *m.* ingot drawing crane, *s.*

Block, *s.*, **beruhigt vergossener,** killed-steel ingot, *s.*

Blöckchen, *pl.* piglets, *spl.* (commercial shape of ferro-alloys).

Blockdrücker, *m.* ingot pusher, *s.* (mill fce.).

Blockendtemperatur, *f.* drawing temperature, *s.* (soaking pit).

Blockförderwagen, *m.* traveling ingot buggy, *s.*

Blockform, *f.* ingot mold, *s.*

Blockformat, *n.* size of ingot, *s.*

Blockfuß, *m.* ingot bottom, *s.*

Blockgerüst, *n.* blooming (mill)stand, *s.*

Blockgießform, *f.* ingot mold, *s.*

Blockgruppe, *f.* batch of ingots, *s.*

Blockguß, *m.* ingot casting, *s.*

Blockhaut, *f.* ingot skin, *s.*

Blockkaliber, *n.* blooming pass, *s.*

Blockkerntemperatur, *f.* center temperature of ingot, *s.*

Blockkipper, *m.* tilting chair, *s.* (in position at the end of mill approach table to receive ingots transferred by a dogging crane).

Blockkran, *m.* ingot crane, *s.*

Blocklieferer, *m.* steel chaser, *s.* (workman).

Block mit verlorenem Kopf, *m.* hot-top ingot, *s.*

Block, *m.* **offen vergossen,** open-top ingot, *s.*

Blockpreßverfahren, *n.* fluid compression process, *s.*

Blockputzarbeit, *f.* ingot conditioning, *s.*

Blockputzerei, *f.* scarfing bay, *s.*

Blocksatz, *m.* batch of ingots, *s.*

Blockschere, *f.* bloom shear, *s.* (cutting blooms to required lengths).

Blockschiene, *f.* filled section rail, *s.* (railw.).

Blockseigerung, *f.* (siehe „Seigerung"), segregation in ingots, *s.*

Blockseigerung, *f.*, **umgekehrte,** inverse segregation, *s.*, negative segregation, *s.*

Blockstahl, *m.* ingot steel, *s.* (rating of the production capacity on the tonnage of ingot steel as opposed to "crude steel").

Blockstraße, *f.* blooming mill, *s.*, cogging mill, *s.* (U. K.).

Blockstrecke, *f.* blooming mill, *s.* cogging mill, *s.* (U. K.).

Blockstrecke *f.* — **44 Zoll,** 44″ blooming mill, *s.* (the 44 inches designating pitch diameter of pinions).

Blockteilmaschine, *f.* ingot slicing machine, *s.*

Block- und Brammenschere, *f.* bloom and slab shear, *s.*

Block- und Brammenstraße, *f.* slabbing and blooming mill, *s.*

Block, *m.*, **verkehrt- konisch gegossener,** big-end-up ingot, *s.*

Blockwaage, *f.* ingot weigher, *s.* (as part of blooming mill approach table).

Blockwagen, *m.* ingot buggy, *s.*, ingot car, *s.* (from soakers to blooming mill).

Blockwalze, *f.* blooming roll, *s.*

Blockwalzwerk, *n.* primary mill, *s.*, blooming mill, *s.*, cogging mill, *s.* (U.K.).

Blockwendemaschine, *f.* forging manipulator, *s.*

Blockwiege, *f.* ingot cradle, *s.* (mounted on ingot buggy).

Blumendraht, *m.* flower wire, *s.,* florist's wire, *s.*

Bock, *m.* frame, *s.,* jack, *s.,* trestle, *s.* (as a support).

Bockkran, *m.* gantry crane, *s.*

Bodenabstand, *m.* ground clearance, *s.* (of a car, machine, etc.).

Bodenarbeiter, *m.* bottom maker, *s.* (workman occupied with bottom making in a Bessemer plant).

Bodenauswechselvorrichtungen, *fpl.* bottom changing facilities, *spl.* (converter).

Bodenbeschaffenheit, *f.* nature of the soil, *s.* (bldg.).

Bodeneinsatzwagen, *m.* converter bottom buggy, *s.,* bottom charging car, *s.*

Bodenentleerer, *m.* bottom discharge car, *s.,* drop bottom car, *s.*

Bodenfläche, *f.* floor space, *s.* (the equipment requires a floor space of X sq. ft.), floor area, *s.*

bodenlaufende Einrichtungen, *fpl.* floor moving equipment, *s.*

Bodenmacherei, *f.* bottom house, *s.* (converting mill with bottom blown converters).

Bodenplatte, *f.* bottom slab, *s.* (e. g. of pickling tank).

Bodenplatten, *pl.* pan plates, *spl.* (o. h. fce. bottom).

Bodensau, *f.* salamander, *s.* (bl. fce).

Bodenschätze, *pl.* mineral resources, *spl.*

Bodenstampfmaschine, *f.* bottom ramming machine, *s.*

Bodenverschleißplatte, *f.* rocker plate, *s.* (housing window).

Bodenwindkonverter, *m.* bottom blown converter, *s.*

Bogen, *m.* arch, *s.* (bldg.); curve, *s.* (of a track); arc, *s.* (of a circle); curvature, *s.* (of a piece of work).

bogenförmig, *a.* arched, *a.*

Bogengerüst, *n.* centering, *s.* (bldg.).

Bogenschalung, *f.* centers, *s.* (e. g. when the centers are set bricking of the roof is started from either side).

Bogenschalung, *f.* arch centering, *s.* (bldg.; o. h. fce.).

Bogenscheitel, *m.* crown, *s.* (of an arch).

Bogenschiene, *f.* curve rail, *s.* (railw.).

Bogensekunde, *f.* second of an arc, *s.*

Bogenträger, *m.* arched girder, *s.*

Bogenweiche, *f.* curve switch, *s.* (railw.).

Bogenweite, *f.* span, *s.,* width, *s.* (of an arch).

Bohnerz, *n.* limonite, *s.*

Bohrarbeit, *f.* drilling, *s.* (of through holes); boring, *s.* (to enlarge holes by boring).

Bohrdruck, *m.* boring pressure, *s.*

bohren, *v.t.,* **ein Gewinde,** to tap, *v.t.*

Bohrer, *m.* borer, *s.* (see: to bore); drill, *s.* (see: to drill); driller, *s.* (workman).

Bohrerspitze, *f.* drill bit, *s.*

Bohrerstähle, *pl.* finishing steels, *spl.,* drill steels, *spl.* (a low-tungsten type of tool steel).

Bohrgrat, *m.* drilling burr, *s.* (to be removed).

Bohrlochfeile, *f.* drill file, *s.*

Bohrmehl, *n.* borings, *spl.;* drillings, *spl.* (for check analyses).

Bohrmeißel, *m.* boring cutter, *s.* (mach. tool).

Bohrprobe, *f.* drillings, *spl.* (used for check analyses).

Bohrstahl, *m.* borer, *s.* (see: to bore).

Bohrstange, *f.* boring bar, *s.*

Bolzen, *m.* bolt, *s.* (as a fastening element); pin, *s.* (as a pivotal element).

Bolzenkopf, *m.* bolt head, *s.*

Bombiermaschine, *f.* crowning machine, *s.* (bending corrugated sheet to desired shape).

bombierte Riemenscheibe, *f.* crown-face pulley, *s.*

bombierte Walzen, *pl.* convex rolls, *spl.* (rollg. mill).

Bonderit-SS-Verfahren, *n.* Bonderite-SS-process, *s.* (for facilitating the drawing especially of stainless steel by formation of an oxalate coating).

Bondern, *n.* bonderizing, *s.* (priming steel parts to produce a coating of manganese phosphate, increasing the adhesion of paint, enamel, lacquer, or lubricants).

Bonderüberzug, *m.,* **aus amorphem Phosphat,** amorphous phosphate coating, *s.* (see "phosphating").

Bonderverfahren, *n.* bonderizing process, *s.* (facilitating cold deformation).
Bor, *n.* boron, *s.*
Borstahl, *m.* boron steel, *s.*
Borax, *f.* borate of sodium, *s.*, borax, *s.*
bördeln, *v.t.* to flange, *v.t.* (sheet, plate); to edge, *v.t.* (cans, tins).
Bördeln, *n.* flanging, *s.* (of sheets, general term encompassing: blading, curling, edge raising, folding).
Bördelnahtschweißung, *f.* flange welding, *s.*
Bördelpresse, *f.* flanging press, *s.*, curling press, *s.* (sheet).
Brammendrehvorrichtung, *f.* slab turning gear, *s.* (plate mill).
Brammeneinsetzmaschine, *f.* slab charging machine, *s.*
Brammenkaliber, *n.* bull head pass, *s.*
Brammenkokille, *f.* slab mold, *s.*
Brammenlager, *n.* slab yard, *s.*
Brammenofen, *m.* slab heating furnace, *s.*
Brammenschere, *f.* slab shear, *s.*
Brammenstraße, *f.* slabbing mill, *s.*
Brammen- und Blockschere, *f.* slab and bloom shear, *s.* (rollg. mill).
Brammenwalzanlage, *f.* slab rolling facilities, *spl.*
Brand, *m.* charge, *s.* (of a brick kiln).
Brandriß, *m.* fire crack, *s.*
Brauneisenerz, *n.* bog iron ore, *s.*
Braunspat, *m.* ankerite, *s.*
Braunstein, *m.* brownstone, *s.* (bioxide of manganese), manganese ore, *s.*
Brechanlage, *f.* crushing plant, *s.* (ore).
Brechbacke, *f.* breaker jaw, *s.*
brechen, *v.i.* to fail, *v.i.*, to fracture, *v.i.*
brechen, *v.t.* to break, *v.t.* (in two), to crush, *v.t.* (ore to bits).
Brechermaul, *n.* mouth, *s.* (through which a breaker or crusher is fed).
Brechtopf, *m.* breaker block, *s.* (a breaking member to absorb screw-down shock and safeguarding roll and/or housing; rollg. mill).
Breitbandstahl, *m.* wide strip, *s.*
Breitflanschträger, *m.* broad flanged beam, *s.*, wide flanged beam, *s.*, H-section, *s.*, DID beams, *spl.*
Breitstahl, *m.* flat billet, *s.*, wide flats, *spl.*
Breitung, *f.* spread, *s.* (of material during forming operations).

Bremsarbeit, *f.* braking effect, *s.*
Bremsbacke, *f.* brake shoe, *s.*
Bremsbelag, *m.* brake lining, *s.*
Bremsfläche, *f.* braking surface, *s.*
Bremshaspel, *m.* drag reel, *s.* (cold reducing mill).
Bremskraft, *f.* braking power, *s.*
Bremsmoment, *n.* braking moment, *s.*
Bremspferdestärke, *f.* brake horsepower, *s.* [BHP].
Bremswirkung, *f.* braking action, *s.*
Bremszug, *m.* drag, *s.* (cold rolling practice).
Bremszugspannung, *f.* drag tension, *s.* (cold rolling practice).
brennbar, *a.* combustible, *a.*
Brennbarkeit, *f.* combustibility, *s.*
brennen, *v.t.* to burn, *v.t.* (bricks).
Brenner, *m.* burner, *s.* (gas, oil); torch, *s.* blow pipe, *s.* (welding or cutting or hardening).
Brennhärtung, *f.* torch hardening, *s.* (superficial hardening).
Brennerspitze, *f.* burner tip, *s.*
Brennkopf, *m.* doghouse, *s.* (o. h. fce.).
Brennofen, *m.* braking kiln, *s.* (refractories).
Brennputzen, *n.* torch desurfacing, *s.* hot scarfing, *s.*, hot deseaming, *s.* (with oxy-acetylene torch; blooms, slabs, billets).
Brennputzen mit Pulverzusatz, *n.* powder machine scarfing, *s.*
Brennschneiden, *n.* gas-cutting, *s.* torchcutting, *s.* (cutting to size of heavy plates).
Brennschneiden mit Pulverzusatz, *n.* powder torch cutting, *s.*
Brennstoff, *m.* fuel, *s.*
Brennstoffausnützung, *f.* fuel utilization, *s.*
Brennstoffdurchsatz, *m.* fuel firing rate, *s.*
Brennstoffgemisch, *n.* fuel mixture, *s.*
Brennstoffleistung, *f.* fuel efficiency, *s.*
Brennstoffverbrauchssatz, *m.* fuel rate, *s.*
Brennstoffwärme, *f.* heat of fuel, *s.*
Brennstoffwert, *m.* value of fuel, *s.* (monetary).
Brennwärme, *f.* combustion heat, *s.*
Brettfallhammer, *m.* board hammer, *s.* (forging).

Brikett, *n.* briquet, *s.*
Brikettieranlage, *f.* briquetting plant, *s.*
Brikettpresse, *f.* briquetting press, *s.*
Brille, *f.* gland, *s.* (of a stuffing box).
Brillenschieber, *m.* goggle valve, *s.* (bl. fce.: dust catcher entry).
Brocken, *mpl.* bats, *spl.*
Bronze, *f.* bronze, *s.*
Bronzegießerei, *f.* brass foundry, *s.*
Bronzieren, *n.* bronzing, *s.*
Bruch, *m.* fraction, *s.* (math.); fracture, *s.;* rupture, *s.* (forceful); breakage, *s.* (articles); quarry, *s.* (stone quarry); failure, *s.* (service).
Bruchaussehen, *n.* pattern of fracture, *s.* (means of judging steel).
Bruchbelastung, *f.* ultimate load, *s.,* breaking load, *s.* (mat. testg.).
Bruchdehnung, *f.* elongation per cent after fracture, *s.,* elongation prior to rupture, *s.,* elongation at rupture, *s.* [seldom: "breaking elongation"] (tensile testing).
Brucheinschnürung, *f.* reduction of area per cent after fracture, *s.,* reduction of area at rupture'. *s.* (tensile testing).
Bruchfestigkeit, *f.* fracture strength, *s.*
Bruchfestigkeit, *f.* ultimate breaking strength, *s.*
Bruchfläche, *f.* fracture, *s.,* surface of fracture, *s.* (mat. testg.).
Bruchgrenze, *f.* ultimate stress limit, *s.,* breaking point, *s.* (to raise the stress up to breaking point).
Bruchlast, *f.* ultimate load, *s.*

Bruchlast, *f.* ultimate breaking load, *s.*
Bruchsicherheit, *f.* 1. „gute"; 2. „geringe"; susceptibility to fracture, *s.* 1. low; 2. high.
Bruchspannung, *f.* ultimate breaking stress, *s.*
Bruchtagbau, *m.* quarry mining, *s.* (ores).
Bruchteil, *m.* fraction, *s.*
Brückenbau, *m.* bridge building, *s.*
Brückenkabel, *n.* bridge cable, *s.* (suspension bridges).
Buchbindedraht, *m.* bookbinder's wire, *s.*
Büchsenboden, *m.* (siehe „Behälterboden").
Buckelschweißung, *f.* projection welding, *s.*
Buckligkeit, *f.* **der Schiene,** corrugation of rail, *s.* (in the vertical plane).
Bügelbandsäge, *f.* hack saw, *s.*
Bund, *m.* collar, *s.* (of an axle).
Bündelmaschine, *f.* bundling machine, *s.* (for bars, rods).
bündige Fuge, *f.* flush joint, *s.*
Bundmutter, *f.* collar nut, *s.*
Bunkerkohle, *f.* bunker coal, *s.*
Bunsenbrenner, *m.* atmospheric burner, *s.*
Buntmetallblech, *n.* non-ferrous sheets, *spl.*
Bürstenabstreicher, *m.* scraper brushes, *spl.* (pickling).
Bürstendraht, *m.* brush wire, *s.*
Büroeinrichtungen aus Metall, *pl.* metal office equipment, *s.*

C

Calmet, *n.* (austenitic Cr-Ni-Fe-Al alloy used for furnace hearth plates, annealing pans, etc.; resists oxidation up to 1050°C).
Carbonyl, *n.* carbonyl, *s.* (compound formed by combination of carbon monoxide and a certain metal, e.g. Fe, Ni, Mo, Co).
Chamosit, *m.* chamosite, *s.* (silicate of iron and aluminum).
Charge, *f.* heat, *s.* (of steel).
Charge, *f.,* **mit Sauerstoffzusatz erblasene,** oxygenated blow, *s.* (converter practice).

chargieren, *v.t.* to charge, *v.t.*
Chargierkran, *m.* charging crane, *s.* (melting shop).
Charpy-Schlagbiegeversuch, *m.* Charpy test, *s.* (ends of the specimen are supported, the pendulum strikes at the center of the face opposite the notch).
Chemie, *f.* chemical science, *s.,* chemistry, *s.*
chemische Anfressung, *f.* chemical erosion, *s.*
chemische Industrie, *f.* chemical industry, *s.*

chemische Reaktion, *f.* chemical reaction, *s.*

chemischer Aufbau, *m.* chemical constitution, *s.*

chemischer Vorgang, *m.* chemical process, *s.*

chemische Umsetzung, *f.* chemical change, *s.*

chemische Verbindung, *f.* compound, *s.*

chemische Wirkung, *f.* chemical action.

chemische Zusammensetzung, *f.* chemical composition, *s.*, chemistry, *s.* (of materials as determined by chemical analysis).

chemisch gebundene Steinsorten, *fpl.* chemically bonded bricks, *spl.* (refractories).

Chi-Phase, *f.* chi-phase, *s.* (in stainless steels; metallogr.).

Chlor, *n.* chlorine, *s.*

Chlorid, *n.* chloride, *s.*

Chrom, *n.* chrome (prefix); chromium, *s.*

Chromansil-Stahl, *m.* Chromansil, *s.* (a pearlitic Cr-Mn-Ni steel).

Chromeisenerz, *n.* chromite, *s.*

Chromeisenstein, *m.* chromic iron ore, *s.*

Chromel, *n.* chromel, *s.* (a series of heat-resisting Cr-Ni alloys for electric heating elements).

Chromel-Alumel-Thermoelement, *n.* chromel-alumel couple, *s.* (wire a — 90% Ni, 10% Cr; wire b — 98% Ni, 2% Al; temperature limits — 1100°C for continuous, 1300°C for intermittent use).

chromlegierte Stahlarbeitswalzen, *fpl.* Crocar-steel work rolls, *spl.*

(12% Cr, 2.2% C; used in Sendzimir cold reduction mills).

Chrom-Molybdän-Stähle, *mpl.* chrome-moly steels, *spl.*

Chrom-Nickel-Stähle, *mpl.* nickel-chrome steels, *spl.*, nickel-chromium steels, *spl.* (most important group are the pearlitic steels with Ni 4.5% max. and Cr 1.25% max., used for structural applications).

Chrom-Nickel-Molybdän-Stahl, *m.* nickel-chrome-molybdenum steel, *s.* (Mo is entered to reduce temper brittleness).

Chro-mow-Stahl, *m.* chro-mow, *s.* (W-Cr-Mo steel for forging tools, extrusion punches, etc.; .3 C, 1.0 Si, 1.25 W, 5.0 Cr, 1.35 Mo).

Chromoxyd, *n.* chromic oxide, *s.*

Chromstahl, *m.* chromium steel, *s.*, chrome steel, *s.*

Chromstein, *m.* chromium brick, *s.*, chrome brick, *s.* (refractories).

Cocoon-Kunststoffüberzug, *m.* Cocoon coating, *s.* (corrosion preventive).

Cohenit, *m.* Cohenite, *s.* (the cementite present in meteorites).

Colclad-Stähle, *mpl.* Colclad, *s.* (a series of clad steels used in form of sheets for constructional purposes in the chemical industries and in oil refineries).

Corten-Stahl, *m.* Cor-Ten steel, *s.* (a low-carbon steel containing Cu, Si, P, Cr, Ni, and made by the Republic Steel Corp. for sheets, plates, strip).

Cowper, *m.* hot blast stove, *s.* (bl.fce. plant).

D

δ-**Eisen,** *n.* (siehe „Delta Eisen").

Dachbelag, *m.* roofing, *s.*

Dachnagel, *m.* roofing nail, *s.*

Dachreiter, *m.* roof monitor, *s.* (bldg.).

Dachschwelle, *f.* bevel-edge tie, *s.* (railw.).

Dämmstoff, *m.* insulating material, *s.*

Dämpfeabsaugung, *f.* fume exhaust system, *s.*

dämpfen, *v.t.* to bank (a furnace); to damp (oscillation); to cushion

(shock).

Dämpfungsbestimmung, *f.* damping test, *s.* (a long-period bending, or other, test for damping capacity; mat. testg.).

Dämpfungsfähigkeit, *f.* damping capacity, *s.* (measure of the ability of material subjected to high vibrational stresses to convert the applied energy into heat; mat. testg.).

Dämpfungsfähigkeit, *f.*, **spezifische**

damping, *s.*, internal friction, *s.*, mechanical hysteresis loss, *s.*, crackless plasticity, *s.* (the ratio of the loss of energy per cycle to the maximum energy of that cycle; mat. testg.).

Damaszenerstahl, *m.* Damascene steel, *s.* (high-grade crucible . cast steel, forged, quenched and tempered within definite limits of temperature).

Dammgrube, *f.* foundry pit, *s.*

Dampfantrieb, *m.* steam drive, *s.*

Dampfbagger, *m.* steam shovel, *s.*

Dampfbildungswärme, *f.* steam generating heat, *s.*

dampfdicht, *a.* steam tight, *a.*

Dampfdichtung, *f.* steam packing, *s.*

Dampfdruck, *m.* steam pressure, *s.*

Dampfdruckbild, *n.* steam diagram, *s.*

Dampfgebläse, *n.* steam blower, *s.*, steam blowing engine, *s.*

Dampfhammer, *m.* steam drop hammer, *s.*

dampfhydraulisch, *a.* steam-hydraulic, *a.*

Dampfkohle, *f.* steam coal, *s.*

Dampfkraftwerk, *n.* steam power plant, *s.*

Dampfleitung, *f.* steam conduit, *s.*

Dampfmaschine, *f.* steam engine, *s.*

Dampfschlange, *f.* steam coil, *s.*

Dampfspannung, *f.* steam pressure, *s.*

Dampfstrahlgebläse, *n.* steam-jet blower, *s.*

Dampftrockenofen, *m.* steam coil furnace, *s.*

Dampfturbine, *f.* steam turbine, *s.*

Dampfüberhitzer, *m.* superheater, *s.*

Dampfzähler, *m.* steam meter, *s.*

Dampfzerstäuber, *m.* steam atomizer, *s.* (for burners).

Dauerbeanspruchung, *f.* fatigue stress, *s.*

Dauerbiegeversuch, *m.* fatigue bending test, *s.*

Dauerbruch, *m.* creep fatigue failure, *s.*, fatigue failure, *s.* (of material by repeated application and removal of stresses within the static elastic limit; mat. testg.).

Dauerbruchaussehen, *n.* fatigue fracture, *s.* (cf. "fatigue failure").

Dauerelektrode, *f.* continuous electrode, *s.*

Dauerfestigkeit, *f.* endurance limit, *s.*, fatigue limit, *s.*, fatigue range, *s.*, fatigue strength, *s.* (that value of the stress range just insufficient to cause failure after repetition of sufficiently large number of stress cycles; mat. testg.).

Dauerformguß, *m.* permanent mold casting, *s.* (U.S.), gravity die casting, *s.* (cf. "die casting process").

Dauerkerbschlagversuch, *m.* notched-bar impact fatigue test, *s.*

Dauerlast, *f.* continuous load, *s.*

Dauerleistung, *f.* continuous output, *s.*

Dauerschlagversuch, *m.* repeated blow impact test, *s.*, Stanto ntest, *s.*

Dauerschlagzahl, *f.* impact fatigue in number of blows (mat. testg.).

Dauerstandfestigkeit, *f.* . creep resistance, *s.* (general); time yield, *s.* (Hatfield), limiting creep stress, *s.* (for practical purposes; also called "permissible creep"; the German term "Dauerstand-" invariably indicates elevated temperatures; for creep at room or lower temp's see "Kriech"-).

Dauerstandverhalten, *n.* (siehe „Kriechverhalten"), creep characteristics, *spl.*

Dauerstandversuch, *m.* creep test, *s.* (for determining the creep behaviour of materials; mat. testg.).

Dauerverhalten, *n.*, **gutes,** anti-fatigue property, *s.*

Dauerversuch, *m.* fatigue testing, *s.*, endurance testing, *s.* (determination of the behavior of materials on being subjected to repeated ranges of stress; mat. testg.).

Dauerversuchsprobe, *f.* fatigue specimen, *s.*

Daumen, *m.* cam, *s.*, dog, *s.*, lifter, *s.* (mach.).

Decaleszenz, *f.* decalescence, *s.* (heat absorbed by transformation; metallogr.).

Deckanstrich, *m.* finishing coat, *s.* (paint).

Decke, *f.* roof, *s.* (of electric arc fce.).

Decke, *f.*, **gewölbte,** arched roof, *s.* (of a fce.).

Deckel, *m.* lid, *s.* cover, *s.* (container), cap, *s.* (container, screwed- on).

Deckenschwenkmechanismus, *m.*

roof swing mechanism, *s.* (electric steel furnace).

Decklack, *m.* varnish, *s.*

Dehnfähigkeit, *f.* ductility, *s.*

Dehngrenze, *f.* permanent elongation stress, *s.*, proof stress, *s.* (tensile testg.: a stress causing a permanent extension not greater than a specified percentage, e.g. 0.2%, of the gauge length; used with materials not showing a yield point).

Dehnung, *f.* elongation, *s.*

Dehnung, *f.* strain, *s.*, deformation, *s.* (mat. testg.).

Dehnungsfuge, *f.* expansion joint, *s.* (bldg.).

Dehnungsgeschwindigkeit, *f.* speed of elongation, *s.* (mat. testg.).

Dehnungsmodul E, *m.* (siehe „Elastizitätsmodul“).

Dehnungsrohr, *n.* expansion pipe, *s.*

Dehnungs-Verfestigungs-Theorie, *f.* strain-hardening theory, *s.* (creep testing).

Dehnungswert, *m.* elongation value, *s.*

Dehnungszahl, *f.* modulus of specific extension, *s.*, coefficient of elongation, *s.* (reciprocal of elastic modulus).

Dehnverlauf, *m.* creep characteristics, *spl.* (creep testg.).

Dekorationsnagel, *m.* fancy nail, *s.*

dellenartiger Rostangriff, *m.*, örtlicher, local corrosion, *s.*, local pitting, *s.*

Dellenschweißung, *f.* projection welding, *s.*

Delta Eisen, *n.*, [δ-Eisen] delta iron, *s.* [δ-iron] (allotropic form of iron existing between about 1400° C and the melting point; crystallizes in the body-centered cubic form).

Demontage, *f.* dismantling, *s.*

demontieren, *v.t.* to dismantle, *v.t.*

Dendritenstruktur, *f.* dendritic structure, *s.* (the structure of columnar crystals in the as-cast state; metallogr.).

Desintegrator, *m.* desintegrator, *s.* (gas cleaning).

Desoxydation, *f.* deoxidation, *s.* (of steel in the ladle).

Desoxydationsmittel, *n.*, deoxidizer, *s.*

desoxydieren, *v.t.* to deoxidize, *v.t.*

Destillationskokerei, *f.* by-product coking practice, *s.*

Destillationsofen, *m.* by-product coke oven, *s.*

Detailzeichnung, *f.* detail drawing, *s.*

Diagramm, *n.* diagram, *s.*

diamantartig, *a.* adamantine, *a.*

Diamantprüfkörper, *m.* brale, *s.* (the conical diamond penetrator used in the Rockwell tester); diamond penetrator. *s.* (general).

dichtbrennen, *v.t.* to vitrify, *v.t.* (refractories).

Dichthammer, *m.* ca(u)lking hammer, *s.*

dichter Block, *m.* homogeneous ingot, *s.* (by deoxidation).

Dichtung, *f.* joint, *s.* (asbestos, rubber); packing, *s.* (fabric); gasket, *s.* (metallic).

Dichtungsring, *m.* seal ring, *s.*

Dickenmesser, *m.* thickness ga(u)ge, *s.*

dickflache Feile, *f.* pillar file, *s.*

dickflüssig, *a.* consistent, *a.*, viscous, *a.*

Dickflüssigkeit, *f.* consistency, *s.* (property); viscousness, *s.*

Didym, *n.* didymium, *s.* (element belonging to the "rare earths" variety).

Dieselbagger, *m.*, Diesel shovel, *s.*

Diesel-Elektrobagger, *m.* Diesel-electric shovel, *s.*

Diesellok(omotive), *f.* Diesel locomotive, *s.*

Dienstleistung, *f.* service, *s.* (of an article).

Diffusionsgeschwindigkeit, *f.* rate of diffusion, *s.*

Diffusionsglühen, *n.* (siehe "homogenisierendes Glühen").

Diffusionsverchromung, *f.* hot-chromizing, *s.* (a process in which pieces to be protected are heated either in contact with a solid cementation powder consisting of chromium, aluminum and an ammonium halide, or in the gas above this mixture; coating is effected by the diffusion of chromium).

Diffusionsvermögen, *n.* diffusibility, *s.* (phys.).

Diffusität, *f.* diffusivity, *s.*

Dilatometer, *n.* dilatometer, *s.*

Dinasstein, *m.* ganister brick, *s.*, dinas brick, *s.* (acid furnace refractory).

Dinorm, *f.* Din standard, *s.*

direkt umsteuerbar, *a.* direct reversible, *a.*

direkter Lichtbogenofen, *m.* direct arc furnace, *s.* (direct heating of the bath by the arc; Héroult furnace).

direkter Walzdruck, *m.* work, *s.* (rolling).

direktwirkend, *a.* direct acting, *a.*

Dissousgasschweißung, *f.* oxyacetylene welding, *s.*

Dissoziationswärme, *f.* heat of dissociation, *s.*

dissoziierter Ammoniak, *m.* ammogas, *s.* (U.S.A.).

Distanz- spacing, *a.*, distancing, *a.* (plate, ring, pipe).

Dolomit, *m.* dolomite, *s.* (basic refractory).

Dolomitanlage, *f.* dolomite plant, *s.* (steel plant).

Dolomit-Schleudermaschine, *f.* dolomite throwing machine, *s.* (o.h.fce.).

Dolomitstein, *m.* dolomite brick, *s.* (basic refractory brick).

Dom, *m.* dome, *s.*, steam dome, *s.* (of a boiler).

Domhaube, *f.* dome cap, *s.*

Domsitz, *m.* dome seating, *s.* (boiler).

Döpper, *m.* riveting die, *s.*

Doppelbogenweiche, *f.* double-curve switch, *s.* (railw.).

Doppelgesenk, *n.* swage, *s.* (used with board hammers, or manually directed smith- or flat hammers).

Doppelgießmaschine, *f.* two strand pig machine, *s.* (bl. fce.).

Doppelhärtung, *f.* double refining, *s.* (U.K.) (in case-hardening: reheating and quenching at two temperatures 1. to refine the core 2. to refine and harden the case); regenerative quenching, *s.* (U.S.A.) (a double quenching applied to carburized objects to refine case and core).

Doppelkegelfeder, *f.* double-cone spring, *s.*

doppelkegelförmige Walze, *f.* double-conical roll, *s.* [Mannesmann type] (see "piercing mill process").

Doppelkopfschiene, *f.* bullhead rail, *s.*

doppeln, *v.t.* to double, *v.t.* (sheet).

Doppelnietung, *f.* double riveting, *s.* (two rows of rivets in a lap joint, or two rows on each side of a butt-joint).

Doppelriemen, *m.* two-ply belt, *s.* (drive).

doppelseitig plattierter Stahl, *m.* duo-clad steel, *s.* (see "cladding").

Doppelstock, *m.* bar folder, *s.* (folding back and cutting to length of thin sheet).

Doppelstuhl, *m.* double chair, *s.* (railw.).

doppelte Kreuzungsweiche, *f.* double slip points, *spl.* (railw.).

doppeltrümmiger Schrägaufzug, *m.* double track inclined hoist, *s.* (bl. fce.).

Doppel-T-Stahl, *m.* I-beam, *s.*

Doppel-T-Träger, *m.* I-beam, *s.* (structural mill product).

doppeltwirkender Hammer, *m.* double-acting hammer, *s.* (forge).

Doppelweiche, *f.* double switch, *s.* (railw.).

Dorn, *m.* piercer, *s.*, piercing mandrel, *s.* (manufacture of seamless pipe in a piercing mill); drift, *s.* (see "drifting test"); mandrel, *s.* (mach.).

Dornstange, *f.* (siehe Stopfen).

Dornumwickelprobe, *f.* mandrel coiling test, *s.* (testing of wire).

Dorr-Eindicker, *m.* Dorr thickener, *s.* (reclamation of wet washer sludges).

Dosenhersteller, *m.* canmaker, *s.*

Dosenerzeugung, *f.* can manufacturing, *s.*

Dosenkörper, *m.* can body, *s.*

Dosenlibelle, *f.* circular spirit level, *s.*

Drahtbiegemaschine, *f.* wire bending machine, *s.*

Drahtbund, *m.* coil of wire, *s.*

Drahterzeugung, *f.* wire manufacture, *s.*

Drahtfertigstrecke, *f.* rod finishing mill, *s.*

Drahtflechtmaschine, *f.* wire netting machine, *s.*

Drahtgaze, *f.* wire cloth, *s.*, wire gauze, *s.*

Drahtgeflecht, *n.* wire netting, *s.*

Drahtgeflechtzaun, *m.* woven wire fence, *s.*

Drahtgewebe, *n.* wire fabric, *s.*

Drahtgitter, *n.* trellis, *s.*

Drahtgurt, *m.* wire fabric belt, *s.*

Drahthaspelwerk, *n.* wire drawing block, *s.* (a machine having one capstan gear and one or more blocks).

Drahtkorn, *n.* cut wire, *s.* (for shot blasting).

Drahtlehren, *fpl.* wire ga(u)ges, *spl.*
Drahtlitzenmaschine, *f.* wire stranding machine, *s.*
Drahtmatratze, *f.* wire mattress, *s.*
Drahtnagel, *m.* wire nail, *s.*
Draht-Patentierofen, *m.* wire-patenting furnace, *s.*
Drahtpresse, *f.* wire press, *s.*
Drahtrichtmaschine, *f.* wire straightener, *s.*
Drahtrolle, *f.* coil of wire, *s.*
Drahtseil, *n.* wire rope, *s.*
Drahtsieb, *n.* wire sieve, *s.*
Drahtstab, *m.* wirebar, *s.*
Drahtstift, *m.* wire pin, *s.*
Drahtstrecke, *f.* rod mill, *s.* (rollg. mill).
Drahtverarbeitung, *f.* wire manufacturing, *s.*
Drahtverzinnerei, *f.* wire tinning line, *s.*
Drahtwalzung, *f.* wire-rod rolling, *s.*
Drahtwalzwerk, *n.* wire-rod mill, *s.*
Draht-Warmzug, *m.* hot drawing wire, *s.* (for high-carbon and high-alloy steel wire; drawing temperature after passing a 550°C lead bath is about 330°C).
Drahtzange, *f.* pliers, *spl.*
Drahtzieheisen, *n.* draw plate, *s.*
Drahtzieherei, *f.* wire drawing installation, *s.*
Drahtziehmaschine, *f.* wire drawing machine, *s.*
Drahtziehschmiermittel, *npl.* wire drawing lubricants, *spl.*
Drahtzug, *m.* wire drawing bench, *s.* (tool); wire drawing operation, *s.*
Drahtzugschmiere, *f.* wire-drawing lubricant, *s.*
Draht, *m.,* **zur Weiterverarbeitung,** manufacturing wire, *s.*
Drall, *m.* twist, *s.* (opposed to "lay": right twist = left lay and vice versa), lay, *s.*
Drallführung, *f.* roller twist guide, *s.* (used in continuous rolling mills, especially in billet rolling).
Draufsicht, *f.* top view, *s.*
Drehachse, *f.* fulcrum, *s.* (mach.); axis of rotation, *s.* (mech.).
drehbar, *a.* revolving, *a.*, rotating, *a.*, pivoting, *a.*, turning, *a.*
drehbarer Einwurf, *m.* rotating distributor, *s.* (bl. fce.).

drehbarer Sinterkühltisch, *m.* rotary cooling table, *s.* (sintering).
drehbarer Untersatz, *m.* rolling stand, *s.* (of a rotating furnace).
Drehbeanspruchung, *f.* applied torsional stress, *s.*
Drehbewegung, *f.* rotary motion, *s.* (mech.).
Drehbolzen, *m.* fulcrum pin, *s.*
Drehbrücke, *f.* swivel bridge, *s.*, swing bridge, *s.*
Drehbügel, *m.* revolving shackle, *s.* (of a suspension).
drehen, *v.t., v.i.* to turn, *v.t.*, to rotate, *v.t.*, to swivel, *v.t.*, to turn, *v.i.*, to rotate, *v. i.*, to pivot (on a pin), *v.i.*
Drehfestigkeit, *f.* torsion strength, *s.*
Drehherdofen, *m.* rotating hearth furnace, *s.*
Drehkolbenpumpe, *f.* rotary pump, *s.*
Drehkraft, *f.* torsional force, *s.*
Drehkran, *m.* slewing crane, *s.*, rotary crane, *s.*
Drehkreis, *m.* radius, *s.* (of a slewing crane).
Drehkreuz, *n.* turnstile, *s.*
Drehkühler, *m.* rotary cooler, *s.* (sintering).
Drehmeißel, *m.* turning tool, *s.*
Drehmoment, *n.* torque, *s.* (of a roll).
Drehofen, *m.* rotary furnace, *s.*
Drehpunkt, *n.* pivotal point, *s.*, pivot, *s.* (a pin-shaped fulcrum); center of rotation, *s.* (phys.); fulcrum, *s.* (mach.).
Drehrichtung, *f.* direction of rotation, *s.*
Drehriefe, *f.* tool mark, *s.*
Drehriefen, *pl.* turning pattern, *s.*
Drehrohrofen, *m.* rotary kiln, *s.*
Drehrohr-Sinterofen, *m.* rotary sintering kiln, *s.*, rotating nodulizing kiln, *s.*
Drehrost, *m.* revolving grate, *s.*
Drehrostgaserzeuger, *m.* revolving grate type gas producer, *s.*
Drehscheibe, *f.* turntable (railw.).
Drehschieber, *m.* swivel damper, *s.* (of a tuyere; bl. fce.); rotary slide valve, *s.*
Drehschwingung, *f.* torsional oscillation, *s.*
Drehschwingungsfestigkeit, *f.* tor-

sional fatigue limit, *s.*, torsional endurance limit, *s.*

Drehschwingungsprüfmaschine, *f.* torsion-vibration testing machine, *s.*

Drehsieb, *n.* revolving screen, *s.*

Drehspäne, *pl.* turnings, *spl.*

Drehspannung, *f.* torsional stress, *s.*

Drehstahl, *m.* cutting tool, *s.*, turning tool, *s.*

Drehtischgießmaschine, *f.* stationary wheel type pig casting machine, *s.* (bl. fce.).

Drehung, *f.* rotation, *s.* (motion of body round axis); torsion, *s.* (against a resisting force, amount of torsion not likely to go through 360° C).

Drehzahlgrenze, *f.* speed limit, *s.*

Drehzahlregler, *m.* speed governor, *s.*

Drehzahlregelung, *f.* speed adjustment, *s.*

Drehzapfen, *m.* trunnion, *s.* (permitting the tilting of bodies in the vertical plane); pivot, *s.* (permitting bodies to swing in the horizontal plane).

Dreibein, *n.* tripod, *s.* (supporting member).

Dreieck, *n.* triangle, *s.*

dreieckig, *a.* triangular, *a.*

dreifach, *a.* triple, *a.*

Dreifachnietung, *f.* triple riveting, *s.* (see: single, double riveting).

Dreikammwalzengerüst, *n.* three-high pinion stand, *s.* (rollg. mill).

Dreikantlochung, *f.* triangular perforation, *s.*

dreischiffige Halle, *f.* three bays-wide building, *s.*

Dreistoffstahl, *m.* ternary steel, *s.*

Dreiwege-, three-way (cock, switch).

Dreiweg-Formstück, *n.* T-pipe fitting, *s.*, Y-pipe fitting, *s.*

Dreiwegweiche, *f.* three-throw switch, *s.* (railw.).

Dressierwalzwerk, *n.* temper mill, *s.*, skin pass mill, *s.*

Drillbohrer, *m.* spiral drill, *s.*

Drittelrundfeile, *f.* half round file, *s.* (arc is about 1/3 of a full circle).

Drossel, *f.* throttle, *s.*

Drosselklappe, *f.* throttle valve, *s.*

drosseln, *v.t.* throttle, *v.t.*

Drosselschieber, *m.* throttle slide, *s.*

Drosselventil, *n.* septum, *s.*, choke valve, *s.*

Druckabfall, *m.* pressure drop, *s.*

Druck, *m.* **absoluter,** absolute pressure, *s.*

Druckausgleichsbehälter, *m.* surge tank, *s.* (liquids).

Druckausgleich-Ventil, *n.* equalizing valve, *s.* (pressure bl. fce.).

Druckauslösung, *f.* pressure release, *s.*

Druckbeanspruchung, *f.* compressive stress, *s.*, stressing in compression, *s.*

Druckbehälter, *m.* pressure tank, *s.*, pressure vessel, *s.*

druckbelüftet, *a.* force-ventilated, *a.*

Druckfeder, *f.* compressive spring, *s.*

Druckfestigkeit, *f.* bursting strength, *s.* (of a die, a container); compressive strength, *s.* (mat. testg.).

druckhafte Kaliberstelle, *f.* live hole, *s.*, of a pass (roll pass design).

Druckhöhe, *f.* head, *s.* (of a pump, of water).

druckknopfgesteuert, *a.* push button controlled, *a.* (mach.).

Druckknopfsteuerung, *f.* push button control, *s.*

Druckknopftisch, *m.* push button panel, *s.*

Druckkraft (einer Presse), *f.* capacity, *s.* (of a press).

Drucklager, *n.* thrust bearing, *s.*

Druckleitung, *f.* pressure line, *s.*

Drucklinie, *f.* center axis of pressure, *s.* (mech.).

drucklose Kaliberstelle, *f.* dead hole, *s.*, of a pass (roll pass design).

Druckluft, *f.* compressed air, *s.*, pressure air, *s.*

Druckluftaufzug, *m.* air hoist, *s.*

druckluftbetätigt, *a.* air operated, *a.*

druckluftbetätigter Niederhalter, *m.* air clamp, *s.* (plate shear).

druckluftbetätigter Selbstentleerer, *m.* air dump car, *s.*

druckluftbetriebene Maschinen, *pl.* air-actuated machinery, *s.*

Druckluftbremse, *f.* air brake, *s.*, pneumatic brake, *s.*

Druckluftentlastung, *f.* pneumatic balancing, *s.* (of rolls, mill spindles).

Druckluftförderer, *m.* (pressure) air conveyor, *s.*

Druckluftförderung, *f.* air lift, *s.* (for liquids).

druckluftgesteuerter Schlackenkippwagen, *m.* air dump cinder car, *s.*

Drucklufthammer, *m.* pneumatic hammer, *s.* (as a hand tool); air drop hammer, air hammer, *s.* (forge).

Druckluftkühlung, *f.* forced-draft cooling, *s.*

Druckluftkupplung, *f.* air clutch, *s.*

Druckluftmotor, *m.* air motor, *s.*

Druckluft-Speicheranlage, *f.* pressure air accumulator system, *s.*

Druckluftwerkzeug, *n.* air tool, *s.*

Druckluftzylinder, *m.* air cylinder, *s.*

Druckmesser, *m.* pressure ga(u)ge, *s.*

Druckminderer, *m.* pressure reducer, *s.*, reducer, *s.* (special fitting in pipe lines).

Druckminderventil, *n.* pressure-reducing valve, *s.*

Druckmutter, *f.* screw box, *s.* (screwdown; rollg. mill).

Drucköler, *m.* pressure oiler, *s.*

Druckölschmierung, *f.* pressure oil lubrication, *s.*

Druckprobe, *f.* pressure test, *s.* (e.g. of an air line).

Druckregler, *m.* pressure regulator, *s.*

Druckrichtungswechsel, *m.* directional pressure change, *s.*

Druckring, *m.* thrust collar, *s.* (roll pass design).

Druckrohr, *n.* pressure pipe, *s.*

Druckschaltung, *f.* automatic feed, *s.* (machine tools).

Druckschmierung, *f.* forced lubrication, *s.*, pressure lubrication, *s.*, pressure feed lubrication, *s.*

Druckseite, *f.* delivery side, *s.* (of a compressor).

Druckspannung, *f.* compressional stress, *s.*

Druckspannungsachse, *f.* axis of compressive stress, *s.* (mat. testg.).

Druckspindel, *f.* screw, *s.* (of a screwdown; rollg. mill).

Druckstufe, *f.* pressure stage, *s.* (of a compressor, blower).

Druckstufe des Kalibers, *f.* pass draft, *s.* (roll pass design).

Druckturbine, *f.* pressure operated turbine, *s.*

Druckübertragung, *f.* pressure transmission, *s.*

Druckumlauf, *m.* forced circulation, *s.*

(cooling, lubrication systems).

Druckventil, *n.* delivery valve, *s.* (blower).

Druckvorspannen, *n.*, **der Oberfläche,** pre-stressing of surface in compression (by cold work, e.g. by surface peening).

Druckwasser, *n.* water-hydraulic, *a.*

Druckwasserabbrausung, *f.* blast water operation, *s.* (descaling of sheet bars during rolling).

Druckwasseranlagen, *pl.* hydraulic installations, *spl.*

Druckwasser-Entzunderung, *f.* hydraulic descaling, *s.* (slab and sheet bar rolling).

Druckwasserreinigung, *f.* blast water cleaning, *s.* (e.g. of steel castings).

Druckwasser - Speicheranlage, *f.* pressure water accumulator system, *s.*

Druckwelle, *f.* thrust shaft, *s.* (mach.); pressure wave, *s.* (in pressure gas systems).

Druckwirkung, *f.* squeezing action, *s.* (of a squeezer, or sizing press).

Drückbank, *f.* spinning lathe, *s.* (see "spinning").

Drücken, *n.* spinning (shaping of a revolving metallic disc over a chuck or block or pattern or former by means of spinning tools; manufacture of complicated hollow parts).

Drückwerkzeuge, *mpl.* spinning tools, *spl.*

Dübel, *m.* dowel, *s.* (mach.).

dübeln, *v.t.* to dowel, *v.t.* (fastening by —).

Düngemittel, *n.* fertilizer, *s.*

Düngemittelschlacke, *f.* fertilizer slag, *s.*

Dunkelfeldbeleuchtung, *f.*, black light testing, *s.*, (microscopic examination).

dunkelgelb, *a.* dark straw, *a.* (temper color).

dunkle Rotglühhitze, *f.* dark red heat, *s.*

dunkle Rotglut, *f.* dark red heat, *s.*

dünnflüssig, *a.* fluid, *a.*

Dünnflüssigkeit, *f.* fluidity, *s.*

dünngetauchter Schweißdraht, *m.* washed electrode, *s.* (welding).

dünnschalig, *a.* thin skinned, *a.* (ingot).

Duo-Kammwalzengerüst, *n.* two-high pinion stand, *s.*

Duo-Umkehrwalzung, *f.* two-high reversing operating, *s.* (blooming mill practice).

Duo-Walzwerk, *n.* two-high mill, *s.* (having stands with two rolls mounted one above the other).

Duplexbetrieb, *m.* duplexing, *s.*, duplexing practice, *s.* (steelmaking).

Duplexstahl, *m.* duplex steel, *s.* (preblown in a converter and finish-refined in the tilting open-hearth or electric furnace).

Duplexverfahren, *n.* acid bessemer — basic open hearth process, *s.*, Duplex process, *s.*

Duplexvormetall, *n.* preblown duplexing metal, *s.*

Duralerzeugnis, *n.* duralumin product, *s.*

Durcharbeitung, *f.* penetration of work, *s.* (rolling).

durchbiegen (sich), *v.i.* to bend, *v.i.*, to sag, *v.i.*

Durchbiegeversuch, *m.* deflection test, *s.* (mat. testg.).

Durchbiegung, *f.* deflection, *s.* (of a supported beam under load).

Durchbiegungsfestigkeit, *f.* transverse bending strength, *s.*

durchblasen, *v.t.* to purge, *v.t.* (e. g. a line).

durchdringen, *v.t.* to penetrate, *v.t.*

durchdringlich, *a.*, permeable, *a.*

Durchdringlichkeit, *f.* permeability, *s.*

Durchdringung, *f.* penetration, *s.*

durcherhitzen, *v.t.* to soak, *v.t.*

Durchfedern, *n.* deflection, *s.* (of rolls).

Durchflußgeschwindigkeit, *f.* flow rate, *s.* (of a liquid through a pipe system).

durchführbar, *a.* feasible, *a.*, practicable, *a.*

Durchführbarkeit, *f.* feasibility, *s.* practicability, *s.*

Durchgasung, *f.* gas distribution, *s.* (bl. fce.).

Durchgasung des Ofens, *f.* distribution, *s.*, of gas in a furnace (e. g. blast fce.).

Durchgehen, *n.* racing, *s.* (of a machine, a motor).

durchgehender Bolzen, *m.* through bolt, *s.* [thru bolt].

durchgehender Träger, *m.* continuous girder, *s.*

durchgehende Welle, *f.* through shaft, *s.* [thru shaft].

durchgeschlagener Probestab, *m.* broken test bar, *s.* (impact test).

durchgeschmiedet, *a.* forged through, *a.*

Durchhang, *m.* sag, *s.* (of a rope, belt).

durchhängen, *v.i.* to sag, *v.i.*

durchhärtender Stahl, *m.* through hardening steel, *s.*

Durchhärtung, *f.* through hardening, *s.*, full hardening, *s.*

Durchlaß, *m.* opening, *s.* (of a shear).

durchlässig, *a.* pervious, *a.* (layers of materials).

Durchlässigkeit, *f.* permeability, *s.* (magnetic).

durchlaufender Träger, *m.* continuous girder, *s.*

Durchlaufglühofen, *m.* continuous annealing furnace, *s.*

Durchlaufglühung, *f.* continuous annealing, *s.*, short cycle annealing, *s.* (e. g. in a modern electric continuous furnace, as opposed to an old-type batch furnace).

Durchlauf-Knüppelwärmofen, *m.* continuous billet reheating furnace, *s.*

Durchlauf-Rohrschweißanlage, *f.* continuous weld pipe mill, *s.*

Durchlauf-Stoßofen, *m.* continuous pusher type heating furnace, *s.* (rollg. mill).

Durchlauf-Stufenbeizung, *f.* cascade pickling line, *s.* (steel strip).

Durchlaufverfahren, *n.* continuous process, *s.*

Durchlauf-Vergüterei, *f.* continuous heat-treating line, *s.*

Durchlaufverzinnerei, *f.* line tinning, *s.*

Durchlauf-Verzinnungsanlage, *f.* continuous tinning line, *s.*

durchlochen, *v.t.*, to perforate, *v.t.* (sieve-like); to punch, *v.t.* (single holes).

Durchlochung, *f.* perforation, *s.*

Durchlüftung, *f.* aeration, *s.* (molding sand).

Durchmischung, *f.*, **des Bades,** mixing, *s.*, of the bath (steelmaking).

Durchsatz, *m.* through-put, *s.*

Durchsatzmenge, *f.* tonnage output, *s.*

Durchsatzvermögen, *n.*, **je Zeit-**

einheit eines Ofens, driving rate of a furnace, *s.*

Durchsatzzeit, *f.* throughput time, *s.* (bl. fce.).

Durchschnitt, *m.* average, *s.* (value).

Durchstoßofen, *m.* push-through furnace, *s.* (rollg. mill).

Durchvergütung, *f.* full quenching and subsequent drawing, *s.*

Durchwärmungszeit, *f.* soaking time, *s.* (ingots, slabs).

Durchwirblung, *f.* turbulence, *s.*

Durchwirblung, *f.*, **des Metallbades,** agitation, *s.*, of the bath.

Durchzieh-Patentierverfahren, *n.* continuous wire patenting, *s.* (see wire patenting).

Düse, *f.* nozzle, *s.* (part of equipment); jet device, *s.* (for injecting liquids or gases under pressure).

Düsenmundstück, *n.* jet nozzle, *s.*

Düsensperrschieber, *m.* tuyere gate, *s.*

Düsenstock, *m.* penstock, *s.* (bl. fce.), tuyere connection, *s.*, blast connection, *s.*, tuyere stock, *s.*

DVMR-Probe, *f.* DVMR impact test specimen, *s.* (a Charpy type notched bar according to German Standard 'DIN': — $\varnothing$ = 0.0155 sq. in.; fractured $\varnothing$ = 0.39″ × 0.28″; overall length = 2.165″; supported length = 1.575″).

dynamisch, *a.* dynamic, *a.*

dynamisch ausgewuchtet, *a.* dynamically balanced, *a.*

dynamische Beanspruchung, *f.* dynamic stresses, *spl.*, repeated stresses, *spl.*

dynamische Festigkeit, *f.* dynamic strength, *s.*

dynamische Zähigkeit, *f.* dynamic viscosity, *s.* (of gases; phys.).

dynamischer Versuch, *m.* dynamic testing, *s.* (mat. testg.).

Dynamobleche, *pl.* dynamo sheets, *spl.*

Dynamoguß, *m.* dynamo casting, *s.*

E

E-Modul, *m.* (siehe „Elastizitätsmodul").

E-Stahl, *m.* E steel, *s.* (a low-carbon free-machining bessemer steel with .04—.06 % C, produced by Jones & Laughlin Steel Corp.).

ebene Preßfläche, *f.* plane test basis, *s.* (crushing test).

Ebene, *f.*, **geneigte,** inclined plane, *s.*

Ebene, *f.*, **horizontale,** horizontal plane, *s.*

Ebene, *f.*, **schiefe,** gradient, *s.*, descent, *s.*

Ebene, *f.*, **vertikale,** vertical plane, *s.*

Ebnungsstange, *f.* leveling bar, *s.* (coke oven).

Eckblech, *n.* gusset, *s.*, gusset sheet, *s.*

Eckenabrundung, *f.* corner radius, *s.* (roll pass design).

Ecken-Hochbiegeprobe, *f.* flex-test, *s.* (a one-minute test ascertaining the drawing quality of strip steel by measuring: resistance to bending, dia. of bend, and by sperometer determination of susceptibility to stretcher strains).

Eckwinkel, *m.* corner angle, *s.*, corner bracket, *s.*

Edelgleitsitz, *m.* medium force fit, *s.* (mach.).

Edelstahl, *m.* high grade steel, *s.*, high quality steel, *s.* (note: sometimes the German expression is also used for alloy steels).

eichen, *v.t.* to ga(u)ge, *v.t.* (dry and liquid measures); to adjust, *v.t.* (weights); to true, *v.t.* (measures); to calibrate, *v.t.* (instruments); to standardize, *v.t.* (instruments).

Eichmaß, *n.* (siehe „eichen"), calibrating apparatus, *s.*, ga(u)ge, *s.*, standard (measure), *s.*

Eichung, *f.* calibration, *s.*, standardization, *s.*

Eiern, *n.* ovalizing, *s.* (of billet shell taking alternately the shape of an oval during the piercing operation; rotary piercing).

Eigen-, home- (-scrap, -supplies, etc.).

Eigengewicht, *n.* net weight, *s.*, dead weight, *s.*

Eigenschaft, *f.* property, *s.*, characteristic, *s.*

Eignung, *f.* aptitude, *s.*, suitability, *s.*, usability, *s.*

Eimerkettenförderer, *m.* bucket chain conveyor, *s.*

einachsig, *a.* uniaxial, *a.* (e.g. of stress).

Einbau, *m.* installation, *s.* (of plant, equipment); mounting, *s.* (operation); arrangement, *s.* (of bearings).

einbauen, *v.t.* to arrange, *v.t.* (bearings).

einbauen, *v.t.* to fit, *v.t.*, to mount, *v.t.*

einblasen, *v.t.* to inject, *v.t.*, to blow in, *v.t.*

Einblasen, *n.*, **von Sauerstoff,** oxygen injection, *s.*

Einbrand, *m.* penetration, *s.* (welding).

Einbrandkerbe, *f.* groove, *s.* (welding).

Einbrandtiefe, *f.* depth of penetration, *s.* (welding).

Einbrennen, *n.* heat-up, *s.* (of a fce. lining).

Einbrenngeschwindigkeit, *f.* heating-up rate, *s.* (of fce. after rebuild).

Einbrennlack, *m.* japanning compound, *s.* (black in color).

eindicken, *v.t.* to thicken, *v.t.* (slurries); to concentrate, *v.t.* (chem.).

Eindicker, *m.* thickener, *s.* (cf. "Dorr thickener").

eindrehsicheres Seil, *n.* non-spinning rope, *s.*

Eindringtiefe, *f.* depth of penetration, *s.* (Rockwell hardness test).

Eindring-Prüfkörper, *m.* penetrator, *s.* (Rockwell testing).

Eindruck, *m.* indentation, *s.* (Brinell testing).

Eindrucktiefe, *f.* depth of impression, *s.*, depth of indentation, *s.* (Brinell testing).

Eindruck-Prüfkörper, *m.* indenter, *s.* (Brinell testing).

einebnen, *v.t.* to even, *v.t.*, to level, *v.t.*

Einfachkordieren, *n.* spiral knurling, *s.* (operation).

Einfachnietung, *f.* single riveting, *s.* (one row of rivets in a lap joint, or one row on each side of a butt joint).

einfachwirkender Hammer, *m.* single-acting hammer, *s.* (forge).

Einfachzug, *m.* single-holing, *s.* (wire drawing).

Einfädeln, *n.* threading, *s.* (e.g. of strip into the cold rolls).

Einfassungseisen, *pl.* casement sections, *spl.* (french windows); frame sections, *spl.* (door jambs); sash sect-ions, *spl.* (sash windows) (generally produced by jobbing mills).

einfluchten, *v.t.* to align, *v.t.* [aline].

Einfluchtung, *f.* alignment, *s.* [alinement].

Einführung, *f.* entry guide, *s.* (rollg. mill); adoption, *s.* (of process, method); introduction, *s.* (general).

eingedrehtes Walzenkaliber, *n.* roll groove, *s.*, roll pass, *s.*

eingerüstiges Umkehr-Universal-blechwalzwerk, *n.* single-stand reversing universal plate mill, *s.*

eingeschliffene Hohlkehle, *f.* hollow-ground edge, *s.*

eingesetzte Messer, *npl.* inserted teeth, *spl.* (e.g. of a milling cutter).

eingesetztes Schweißeisen, *n.* blister steel, *s.*, cemented bars, *spl.*

eingesteckt werden, eingestochen werden, to be entered into (e.g. "the square is entered into a leading oval"; rolling practice).

eingießen, *v.t.* to charge, *v.t.* (e.g. hot metal into the furnace); to fill, *v.t.*

Eingriff, *m.* area of contact, *s.* (of toothed wheels).

Eingrifflinie, *f.* line of contact, *s.* (of gears).

Einguß, *m.* feeder, *s.*, gate, *s.*, ingate, *s.*, runner, *s.*, sprue, *s.* (casting practice).

Eingußdämpfer, *m.* pad, *s.* (fitted to the bottom of ingot molds to absorb the impact of the pouring steel, and to prevent excessive splashing).

Eingußkasten, *m.* feed box, *s.* (casting practice).

Eingußtrichter, *m.* sprue, *s.*, gate, *s.* (casting practice).

einhalsen, *v.t.* to flange inward, *v.t.* (e.g. the end, or bottom, of a boiler).

Einhalsung, *f.* necking, *s.* (caused by differential freezing of cool and hot bands in the ingot; ingot casting).

Einhärtung, *f.* depth-hardening, *s.*

Einhärtungstiefe, *f.* depth of hardening, *s.*

Einheit, *f.*, **der Kriechgeschwindigkeit,** creep rate unit, *s.* [cru] (meaning 10% creep in 1,000 hrs).

einhiebige Feile, *f.* single-cut file, *s.*

einhiebige Grobfeile, *f.* float, *s.*

einkerben, *v.t.* to incise, *v.t.* (with blade); to nick, *v.t.* (with chisel); to notch, *v.t.* (with file).

Einkristall, *m.* single crystal, *s.* (crystallogr.).

Einlaß, *m.* admission, *s.* (of air, gas, liquids).

Einlaßventil, *n.* admission valve, *s.*, inlet valve, *s.*

einnehmen, *v.t.* to absorb, *v.t.* (e.g. heat).

Einpfählung, *f.* pile driving, *s.*

einreihig, *a.* single-row, *a.*

einreißen, *v.t.*, **das Gewölbe,** to drop the roof, *v.t.* (o. h. fce.).

Einrichtung, *f.* arrangement, *s.* (of equipment in a building); equipment, *s.* (machinery, plant); establishment, *s* .(e.g. of a site for building purposes); furnishing, *s.* (of laboratory, etc.).

einrücken, *v.t.* to connect, *v.t.*, to couple, *v.t.*, to engage, *v.t.* (mach.).

Einsatz, *m.* charge, *s.* (the total of materials charged into any type of furnace); case, *s.* (the hard, high-carbon rim zone of a case-carburized article).

Einsatzgewicht, *n.* charge weight, *s.*

Einsatzhärtbarkeit, *f.* case-hardening property, *s.*

Einsatzhärteofen, *m.* case-hardening furnace, *s.*

Einsatzhärtung, *f.* case carburizing, *s.*, case hardening, *s.*

Einsatzkasten, *m.* case-hardening box, *s.*

Einsatzmittel, *n.* carburizer, *s.*, case-hardening compound, *s.*

Einsatzmuldenwagen, *m.* charging box car, *s.* (melting shop).

Einsatzstahl, *m.* case-hardening steel, *s.*

Einsatzstoffe, *mpl.* charging materials, *spl.*

Einsatztiefe, *f.* case depth, *s.*, depth of case, *s.*, depth of carburizing, *s.*

Einsatztüre, *f.* work loading door, *s.* (e. g. of a plating barrel); charging door, *s.* (of a furnace).

einschiebbar, *a.* collapsible, *a.*

Einschließen, *n.* entrapment, *s.* (e. g. of non-metallics in the steel).

Einschliffwiderstand, *m.* resistance to abrasion, *s.*

Einschlüsse, *mpl.* inclusions, *spl.* (in metal due to segregation).

Einschlüsse, *mpl.*, **langgestreckte,** streamers, *spl.* (type of non-metallic

inclusions in steel).

Einschmelzdauer, *f.* melt down period, *s.* (steelmaking).

einschmelzen, *v.t.* to melt down, *v.t.* (the cold charge).

Einschnitt, *m.* cut, *s.*, incision, *s.*

Einschnürung, *f.* necking, *s.* (the visible thinning of a bar under high tensile load); reduction of area, *s.* (the measured per cent reduction of cross-sectional area at the fracture related to the original cross section of the bar).

einsetzen, *v.t.* to case-harden, *v.t.*; to charge, *v.t.* (material into heating furnaces); to insert, *v.t.* (mach.).

Einsetzen, *n.* cementation, *s.* (a process of introducing one or more elements into the outer layer of metal objects by high-temperature diffusion).

Einsetzkübel, *m.* charging bucket, *s.* (bl. fce. charging).

Einsetz-Tiegelofen, *m.* pit type crucible furnace, *s.*

Einsetzzeit, *f.* charging time, *s.* (one of fce. operating data).

Einsinken, *n.* settling, *s.*, subsiding, *s.* (of buildings).

einspannen, *v.t.* to chuck, *v.t.* (the work; mach. tool); to clamp, *v.t.* (the tool; mach. tool); to clamp into place, *v.t.* (e. g. the plate, or sheet, at the shear).

Einspannkopf, *m.* gripping head, *s.* (of a testing machine).

Einspannvorrichtung, *f.* jig, *s.*, fixture, *s.*

einspritzen, *v.t.* to inject, *v.t.* (liquid fuels).

einstampfen, *v.t.* to ram in, *v.t.* (the bottom of a fce.).

Einstapel-Haubenglühofen, *m.* single-stack annealing furnace, *s.* (annealing of wide strip coils).

Einsteckende, *n.* shank, *s.* (of a hand tool).

Einsteckvorrichtung, *f.* pointing head, *s.* (of a draw-bench).

einstellen, *v.t.*, **den Betrieb,** to shut down (a fce., a mill, etc.).

einstellen, *v.t.* to adjust, *v.t.*, to set, *v.t.*

Einstellring, *m.* self-aligning ring, *s.* (of ball bearing).

Einstellung, *f.* adjustment, *s.* (the act

of bringing to a desired position);
setting, *s.* (bringing parts to a predetermined position relative to each
other to achieve the desired operating
effect).

Einstellung, *f.,* **der Ventile,** valve
setting, *s.*

Einstellung, *f.,* **der Walzen,** setting, *s.,*
of the rolls.

Einstellvorrichtung, *f.* adjusting
equipment, *s.*

Einstoßvorrichtung, *f.* furnace pusher, *s.* (rollg. mill).

Einströmungskanal, *m.* inlet port, *s.*
(e. g. for steam, fuel).

Eintauch-Thermoelement, *n.*
immersion thermocouple, *s.*

eintreten, *v.i.,* **in ein Kaliber,** to enter,
v.i., a pass (rollg. mill practice).

Eintrittseite, *f.* entry side, *s.* (of a
rollg. mill stand); ingoing side, *s.* (of
a rollg. mill).

einwalzen, *v.t.* to roll in, *v.t., v.i.* (scale,
marks).

Einweg-Tiefofen, *m.* one-way fired
soaking pit, *s.*

Einwirkung, *f.* action, *s.*

Einzelantrieb, *m.* individual drive, *s.*
(general); twin drive, *s.* (blooming
and slabbing mill).

Einzelbezirk, *m.* domain, *s.* (theory of
magnetization).

Einzel-, einzeln, *a.* individual, *a.* (one
each); separate, *a.* (independent from
others); single, *a.* (one piece at a
time).

Einziehen, *n.* threading, *s.* (e. g. the
wire into a drawing machine).

Einzweckfahrzeug, *n.* special vehicle,
s.

Eisenabbrand, *m.* Fe-losses, *spl.,* iron
losses, *spl.* (due to oxidation; steelmaking).

eisenarm, *a.* low in iron, *a.* (of ores).

Eisenbahnbau, *m.* railway construction, *s.*

Eisenbahnmaterial, *n.* railway materials, *spl.*

Eisenbahnoberbau, *m.* permanent
way, *s.,* railway permanent construction, *s.*

Eisenbahnschiene, *f.* railway rail, *s.*

Eisenbahnschwelle, *f.* sleeper, *s.,*
tie, *s.*

Eisenbär, *m.* bear, *s.* (residual metal in
a fce.).

Eisenbegleiter, *mpl.* metalloids, *spl.,*
accompanying elements, *spl.*

Eisenbeton, *m.* reinforced concrete, *s.*

Eisenbetonbau, *m.* reinforced concrete
work, *s.*

Eisenchrysolit, *m.* fayalite, *s.*

Eiseneinsatz, *m.* metal charge, *s.* (steel
fces.).

Eisen, *n.,* **für das Bessemerverfahren
ungeeignetes,** non-bessemer iron, *s.*

Eisengießerei, *f.* iron foundry, *s.*

Eisenguß, *m.* iron castings, *spl.* (products).

Eisenhütte, *f.* iron making plant, *s.,*
iron works, *s.,* smelting plant, *s.*

Eisenhüttenkunde, *f.* metallurgy of
iron and steel, *s.*

Eisenhüttenwesen, *n.* metallurgy of
iron and steel, *s.*

Eisenkarbid, *n.* carbide of iron, *s.,*
cementite, *s.*

Eisenkarbidätzung, *f.* carbide etching, *s.* (by boiling the specimen in
solutions of sodium, or potassium
hydroxide, picric acid, sodium picrate).

Eisen-Kohlenstoff-Legierungen, *fpl.*
iron-carbon alloys, *spl.*

Eisen-Kohlenstoff-Schaubild, *n.*
iron-carbon diagram, *s.* (metallogr.).

Eisenmennige, *f.* iron minium, *s.*

Eisenmöller, *m.* metal charge, *s.,*
metal mixture, *s.* (bl. fce. charging).

Eisenoxyd, *n.* iron oxide, *s.,* ferric
oxide, *s.*

Eisenoxydfarbe, *f.* magnetic ink, *s.*
(magnetic iron oxide suspended in oil;
magnetic testing of materials).

Eisenoxydul, *n.* ferrous oxide, *s.*

Eisenoxyduloxyd, *n.* magnetic oxide
of iron, *s.*

Eisenphosphat, *n.* iron phosphate, *s.*

Eisenpulver, *n.* iron powder, *s.*

eisenreich, *a.* high in iron, *a.* (ores).

Eisenrinne, *f.* iron runner, *s.,* iron
gutter, *s.* (cast house, bl. fce. plant).

Eisensau, *f.* bear, *s.,* salamander, *s.*
(residual metal on fce. bottom).

Eisenschlacke, *f.* oxidic slag, *s.* (containing FeO, Fe_2O_3, MnO, SiO_2).

Eisenschmelzofen, *m.* smelting furnace, *s.,* smelter, *s.*

Eisenschwamm, *m.* sponge iron, *s.*

Eisenspat, *m.* iron spar, *s.*, siderite, *s.*, spathic iron, *s.*

Eisenstich, *m.* iron notch, *s.*, tap hole, *s.* (bl. fce., cupola).

Eisenverbrennung, *f.* iron oxidation, *s.*

Eisenverlust, *m.* iron loss, *s.* (melting practice).

Eisenwaren, *fpl.* hardware, *s.*

Eisen-Zementit-Schaubild, *n.* iron-cementite diagram, *s.*, iron-iron carbide diagram, *s.*, metastable diagram, *s.* (metallogr.).

Eisenzyanid, *n.* ferricyanide, *s.*,

Eisenzyanür, *n.* ferrocyanide, *s.*

elastisch, *a.* elastic, *a.*, flexible, *a.*

elastische Formänderung, *f.* elastic deformation, *s.*

elastische Kupplung, *f.* flexible coupling, *s.*

elastische Nachwirkung, *f.* afterworking, *s.*

Elastizität, *f.* elasticity, *s.*, flexibility, *s.*

Elastizitätsgrenze, *f.* [0.01 Grenze], elastic limit, *s.* (the greatest stress a material can withstand without permanent deformation).

Elastizitätshysteresis, *f.* elastic hysteresis, *s.*

Elastizitätsmodul, *m.* [E-Modul], elastic modulus, *s.*, modulus of elasticity, *s.*, Young's modulus, *s.*, coefficient of elasticity, *s.* (the ratio of stress: corresponding strain, expressed in lbs. per sq. in.).

Elastizitätsmodul, *m.*, für gleichen Druck von allen Seiten, bulk modulus, *s.*

elektrisch angetrieben, *a.* electrically driven, *a.*

elektrisch betätigt, *a.* electrically actuated, *a.*

elektrisch betätigte Stichlochstopfmaschine, *f.* electric type clay gun, *s.* (bl. fce.).

elektrisch betrieben, *a.* electrically operated, *a.*

elektrisch gesteuerte Kolben-Stichlochstopfmaschine, *f.* electric plunger clay gun, *s.* (bl. fce.).

elektrische Anstellung, *f.* electrically driven screw-down, *s.* (see "screw-down gear").

elektrische Eigenschaften, *fpl.* electrical properties, *spl.* (of materials).

elektrische Einrichtung, *f.* electric(al) equipment, *s.*

elektrische Lichtbogenschweißung, *f.* electric arc welding, *s.* (general term denoting welding processes where the welding heat is obtained from an electric arc formed either between parent metal and electrode, or between two electrodes).

elektrische Schweißaggregate, *spl.* electric welding apparatus, *spl.* (general term).

elektrische Verhüttung, *f.* electric smelting, *s.* (of ores).

elektrische Widerstands-Preß-schweißung, *f.* electric resistance welding, *s.* (general term encompassing various techniques, such as spot welding, seam welding, butt welding, flash welding, percussive welding).

elektrischer Antrieb, *m.* electric drive, *s.*

elektrischer Feingasreiniger, *m.* electric precipitator, *s.*

elektrischer Laufkran, *m.* electric overhead traveling crane, *s.* [E. O. T.-crane].

elektrischer Niederschachtofen, *m.*, Bauart Tysland-Hole, Tysland-Hole furnace, *s.*

elektrischer Schmelzofen, *m.* electric smelter, *s.*, electric smelting furnace, *s.* (electric pig iron production).

elektrisches Rührwerk, *n.* induction stirrer, *s.* (used with electric steel furnaces).

elektrisches Schmelzverfahren, *n.* electric smelting process, *s.* (in the electric pig iron furnace).

elektrisches Schweißverfahren, *n.* electric welding process, *s.*

Elektrobagger, *m.* electric excavator, *s.*

Elektrobleche, *npl.* electric sheets, *spl.* (transformer, dynamo).

Elektrode, *f.* electrode, *s.*

Elektrodenabbrand, *m.* electrode consumption, *s.*

Elektrodenarm, *m.* horn, *s.* (welding machine).

Elektrodendraht, *m.* welding rod, *s.*

Elektrodenhalter, *m.* electrode holder, *s.*

Elektrodenhubwerk, *n.* electrode hoists, *spl.* (of electric fces.).

Elektrodenkühlmantel, *m.* electrode cooling-water jacket, *s.* (electric furnaces).

Elektrofilter, *m.* electric filter, *s.*, electric precipitator, *s.* (fine gas cleaning).

Elektrohebemagnet, *m.* electric lifting magnet, *s.*

Elektrohubkarren, *m.* electric lift truck, *s.* (materials handling).

Elektrohubwerk, *n.* electric hoist, *s.*

Elektroingenieur, *m.* electrical engineer, *s.*

Elektrokarren, *m.* electric truck, *s.* (materials handling).

Elektrolyse, *f.* electrolysis, *s.*

Elektrolyt, *m.* electrolyte, *s.*

Elektrolyteisen, *n.* electrolytic iron, *s.*

elektrolytisch, *a.* electrolytic, *a.*

elektrolytische Abscheidung, *f.* electrodeposition, *s.* (surface processing).

elektrolytische Drahtverzinkungsanlage, *f.* wire galvanizing plant, *s.*

elektrolytische Durchlaufverzinkung, *f.* bethanizing, *s.* (process of zink-coating wire, developed by the Bethlehem Steel Corp., U. S. A.).

elektrolytische Durchlaufverzinnungsanlage, *f.* continuous electrolytic tinning line, *s.*

elektrolytisches Polieren, *n.* electropolishing, *s.*, electrolytic polishing, *s.*

elektrolytische Rostschutzverfahren, *npl.* electro-deposition, *s.*, electro-chemical deposition, *s.* (practically the same as electroplating. Difference: coating by electro-deposition is thick and withstanding effects of wear and abrasion, while electroplated coating is meant for decoration).

elektrolytische Verzinkung, *f.* electrolytic galvanizing, *s.*

elektrolytische Verzinnung, *f.* electrolytic tinning, *s.*, electro-tinning, *s.*

elektrolytisch verzinntes Blech, *n.* electrotin plate, *s.*

elektrolytische Verzinnungsverfahren, *npl.* electrotinning processes, *spl.* (1. the acid, or Ferrostan, process; 2. the alkaline process; 3. the halo-

gene process).

elektromagnetisch, *a.* electromagnetic, *a.*

elektromagnetische Aufspannung, *f.* electromagnetic hold-down, *s.* (at a plate or sheet shear).

elektromagnetischer Naßschneider, *m.* electromagnetic wet separator, *s.* (gas cleaning).

Elektromaschinenbau, *m.* electric engineering, *s.*

Elektromonteur, *m.* electrical fitter, *s.*

Elektrometall-Ofen, *m.* electric smelting furnace, *s.*

elektromotorische Kraft, *f.* electromotive force, *s.* [EMF].

Elektron, *n.* electron, *s.*

Elektronenmikroskop, *n.* electron microscope, *s.*

Elektronenröhre, *f.* thermionic valve, *s.*

Elektronensteuerung, *f.* electronic control, *s.*

Elektro-Niederschachtofen, *m.* electric pig iron furnace, *s.*, electric low shaft furnace, *s.*

Elektroofen, *m.* electric furnace, *s.*

Elektroofen, *m.*, **von oben beschickter,** top charging electric furnace, *s.* (steelmaking).

Elektroofen, *m.*, **mit Korbbeschikkung,** top charging electric furnace, *s.* (steelmaking).

elektrooptische Pyrometer, *npl.* electro-optical pyrometers, *spl.* (covering the temperature range from 800—3,000° C).

Elektro-Pistolenwerkzeuge, *npl.* portable electric tools, *spl.*

Elektroplattieren, *n.* electroplating, *s.* (for decorative coatings).

Elektropolierbad, *n.* electrolytic polishing bath, *s.*

Elektropolieren, *n.* electrolytic polishing, *s.*, electropolishing, *s.* (processing preferably of stainless and heat-resisting steels).

Elektro-Roheisen, *n.* electrically reduced pig iron, *s.*, electric pig iron, *s.*

Elektrorolle, *f.* gear motor roller, *s.*, motor-roller, *s.* (mill table; rollg. mill).

Elektro-Rollgang, *m.* individually driven roller table, *s.* (rollg. mill).

Elektro-Salzbadentzunderungs-

ofen, *m.* electric salt bath descaling furnace, *s.* (the bath being made up of e. g. sodium hydride and caustic soda).

Elektroschmelzofen, *m.* electric melting furnace, *s.* (steel); electric smelting furnace, *s.* (iron).

Elektro-Schweißkonstruktionen, *fpl.* electric welded fabrication, *s.*

Elektrostahl, *m.* electric steel, *s.* (made in the electric furnace).

Elektrostahlofen, *m.*, **Bauart Lectromelt,** Lectromelt furnace, *s.* (steelmaking).

Elektrostahlwerk, *n.* electric steelmaking plant, *s.* (the nonintegrated type); electric furnace melting shop, *s.*, electric melting shop, *s.*, electric steelmaking shop, *s.* (division of an iron and steel plant).

elektrostatischer Filter, *m.* electrostatic precipitator, *s.* (for dry dust precipitation).

Elektrotechniker, *m.* electrician, *s.*

Elementarmagnet, *m.* molecular magnet, *s.*

Elliptikfeder, *f.* elliptic spring, *s.*

Eloxalverfahren, *n.* oxalic acid anodizing process, *s.* (using oxalic acid for electrolyte; treatment of aluminum and its alloys).

Eloxieren, *n.* (siehe „Eloxalverfahren").

Emaillack, *m.* enamel varnish, *s.*

Emaillieren, *n.* porcelain enameling, *s.*

Emailliereinrichtung, *f.* enameling equipment, *s.*

Emaillierofen, *m.* enameling furnace, *s.*, enamel furnace, *s.*

Emailüberzug, *m.* enamel facing, *s.*, enamel coating, *s.*

empfindlich, *a.* (gegen), sensitive, *a.* (to).

Empfindlichkeit, *f.* sensitivity, *s.*

Empfindlichkeit, *f.*, **gegen interkristalline Korrosion,** susceptibility to weld decay, *s.* (minimized by stabilizers, e. g. titanium tantalum, columbium, vanadium; cf. "intercrystalline corrosion").

empfindlich machen, *v.t.* to sensitize, *v.t.* (chem.).

emulgieren, *v.t.* to emulsify, *v.t.*

Emulsion, *f.* emulsion, *s.*

Ende, *n.*, **der Kochperiode,** end of boil, *s.* (steelmaking).

Ende, *n.*, **der Kohlenstoffverbrennung,** second change, *s.* (term used in connection with pneumatic steelmaking processes).

Endenschere, *f.* end cut shear, *s.*

Endgefüge, *n.* final structure, *s.* (after completion of heat treatment).

Endgeschwindigkeit, *f.* final speed, *s.*

Endlast, *f.* maximum load, *s.* (e. g. in the Rockwell hardness test).

Endmaß, *n.* slip ga(u)ge, *s.*

Endo-Gas, *n.* Endogas, *s.* (a fuel gas rich in methane, used in controlled-atmosphere brazing to prevent decarburization).

Endquerschnitt, *m.* final cross section, *s.*

Endschlacke, *f.* finishing slag, *s.*

Endtemperatur, *f.* finishing temperature, *s.* (steelmaking, hot working, hot forming).

Endverbindung, *f.* butt joint, *s.*

Energie- und Stoffwirtschaft, *f.* power and materials supply, *s.*

Energie, *f.* energy, *s.*

Energieerzeugung, *f.* generation of power, *s.*

Energieumwandlung, *f.* transformation of energy, *s.*

Energieverbrauch, *m.* power consumption, *s.*

Energieverlust, *m.* energy loss, *s.*

Engler-Grade, *mpl.* degrees Engler, *spl.* (measure of viscosity used in Germany).

Entaschung, *f.* ash removal, *s.*

Entfernung, *f.* distance, *s.*

Entfernung, *f.*, **von Mitte zu Mitte,** distance, *s.*, centerline to centerline.

Entfestigung, *f.* removal, *s.*, of work-hardening effects.

Entfettungsbad, *n.* degreasing bath, *s.*

Entfettungsmittel, *n.* degreasant, *s.* (solvent).

entfeuchteter Wind, *m.* de-humified blast, *s.* (bl. fce. practice).

Entflammungsprobe, *f.* flash test, *s.* (lubricants).

entgasen, *v.t.* to degas, *v.t.*

entgaster Stahl, *m.* (siehe „stehender Stahl").

Entgasung, *f.* degasification, *s.*

Entgleisungsweiche, *f.* derailer, *s.* (railway).

enthalten, *v.i.* to contain, *v.i.*

entkohlen, *v.t.* to decarburize, *v.t.*

Entkohlung, *f.* decarburization, *s.*

Entkohlungsperiode, *f.* decarburization period, *s.* (steelmaking).

Entkohlungstiefe, *f.* depth, *s.*, of decarburized zone (of articles after annealing).

entladen, *v.t.* to discharge, *v.t.*, to unload, *v.t.*

entlastet, *a.* balanced, *a.* (e. g. valves, spindles, rolls, etc.).

entlasteter Schieber, *m.* balanced slide valve, *s.*

Entlastungsventil, *n.* bleeder valve, *s.* (bl. fce.); relief valve, *s.* (general term).

Entlastungsvorrichtung, *f.* counter balance, *s.* (mach.).

Entleerungshahn, *m.* drain cock, *s.*, purge cock, *s.* (mach.).

Entlüfterleitung, *f.* relief line, *s.* (pressure bl. fce.).

Entlüfterventil, *n.* relief valve, *s.* (pressure bl. fce.).

Entlüftungsschlitze, *mpl.* airing louvres, *spl.* ventilating louvres, *spl.* (bldg.).

Entlüftungsweg, *m.* air vent, *s.*, air relief, *s.*

entmagnetisieren, *v.t.* to de-magnetize, *v.t.*

Entmagnetisierung, *f.* de-magnetization, *s.*

Entnebelungsanlage, *f.* monitor, *s.* (mach.).

entphosphoren, *v.t.* to dephosphorize, *v.t.* (iron, steel).

Entphosphorung, *f.* dephosphorization, *s.*

Entphosphorungsmittel, *n.* dephosphorizer, *s.*

Entschlackung, *f.* slag removal, *s.* (e.g. from slag pockets of an o.h. fce.).

entschwefeln, *v.t.* to desulphurize, *v.t.* (iron, steel).

Entschwefelung, *f.* desulphurization, *s.*

entsilizieren, *v.t.* to desiliconize, *v.t.* (e. g. the hot metal in the ladle).

Entsinterung, *f.* mill scale disposal, *s.* (rollg. mill practice).

Entspannung, *f.* expansion, *s.* (of gas, steam); relaxation, *s.* (of creep strain in materials); stress-relief treat-ment, *s.* (e. g. by annealing).

Entspannungsversuch, *m.* relaxation test, *s.* (conducted in connection with creep testing to assess the creep properties of materials).

Entspannungsgeschwindigkeit, *f.* relaxation rate, *s.* (relaxation test).

Entspannungsprüfmaschine, *f.* relaxation testing machine, *s.*

entstauben, *v.t.* to dry-clean, *v.t.*, to precipitate dust, *v.t.*, to remove dust, *v.t.*, to collect dust, *v.t.*

Entstaubung, *f.* dust removal, *s.* (by filters, cyclones); dust precipitation, *s.* (by electrical means).

Entstaubungsanlagen, *fpl.* dust collecting systems, *spl.*

Entstehungszustand, *m.* nascent state, *s.* (chem.).

Entsteinen, *n.* descaling, *s.* (boiler).

entwässern, *v.t.* to eliminate water; to desiccate, *v.t.* (steam); to drain, *v.t.* (civil engnrg.); to dehydrate, *v.t.* (oil, fuel).

Entwässerung, *f.* sewerage, *s.* (of a plant); draining, *s.* (of a site); desiccation, *s.* (of steam); dehydration, *s.* (oil, fuel); elimination of water, *s.* (general).

entweichen, *v.i.* to escape, *v.i.* (gas), to leak, *v.i.*

entwerfen, *v.t.* to design, *v.t.* (mach.); to draft, *v.t.* (contract); to project, *v.t.* (building); to sketch, *v.t.* (drwg.).

entwickeln, *v.t.* to develop, *v.t.*, *v.i.*

entwickeln, sich, *v.i.* to evolve, *v.t.*, *v.i.* (chem.)

Entwicklung, *f.* development, *s.*, evolution, *s.* (of gas).

Entwicklungsarbeit, *f.* developmental work, *s.*

Entwicklung, *f.*, **des Gefüges**; development, *s.*, of microstructure (by etching or heat-tinting; metallogr.).

Entwicklungskaliber, *n.* intermediate pass, *s.* (roll pass design, general); shape pass, *s.* (rail pass design).

Entwurf, *m.* (vgl. „entwerfen"), design, *s.*, draft, *s.*, project, *s.*, sketch, *s.*

Entzundern, *n.*, **im Rollfaß**, tumbling, *s.* (small forgings, as an alternative to sand blasting).

Entzundern, *n.*, **im Salzbad**, salt bath descaling, *s.*

entzündlich, *a.* inflammable, *a.*

Entzündlichkeit, *f.* inflammability, *s.*

Entzündungstemperatur, *f.* kindling temperature, *s.*

erblasen, *v.t.* to smelt, *v.t.* (iron).

Erdgas, *n.* natural gas, *s.*

Erdgasfeuerung, *f.*, **mit Selbstkarburierung,** natural gas firing, *s.*, with autocarburation (o. h. fce.).

Erdgasveredelung, *f.* natural gas reforming, *s.* (with oxygen).

Erdöl, *n.* petroleum, *s.*

Erdölquelle, *f.* oil well, *s.*

Erdpech, *n.* mineral pitch, *s.*, bitumen, *s.*

Erfahrungstatsache, *f.* matter of experience, *s.*

erforschen, *v.t.* to investigate, *v.t.*, to study, *v.t.*, to explore, *v.t.*

Erforschung, *f.* investigation, *s.*, exploration, *s.*, study, *s.*, studying, *s.*

erhältlich, *a.* available, *a.*, obtainable, *a.*

Erhaltung, *f.*, **der Energie,** conservation of energy, *s.*

Erhaltungsbetrieb, *m.* maintenance department, *s.*

Erhaltungskosten, *pl.* maintenance, *s.*, maintenance cost, *s.*

Erhaltung und Instandsetzung, *f.* maintenance and repairs, *s.*

erhärten, *v.i.* to set, *v.i.* (cement, mortar).

Erhärtung, *f.* setting, *s.* (cement, mortar).

Erhebung, *f.* elevation, *s.*

erhitzen, *v.t.* to heat, *v.t.*

Erhitzung, *f.* heating, *s.*

Erhitzungsgeschwindigkeit, *f.* rate of heating, *s.*

erleichtern, *v.t.* to facilitate, *v.t.*

Ermächtigung, *f.* authorization, *s.*

Ermittlung, *f.* assessment, *s.* (of values).

Ermüdungsversuch, *m.* fatigue test, *s.*

erprobt, *a.* tried, *a.*

Erprobung, *f.* trial (run), *s.*

Errechnung, *f.*, **des durchschnittlichen Legierungspreises je Gewichtseinheit,** alligation, *s.*

errichten, *v.t.* to erect, *v.t.*, to set up, *v.t.*, to put down, *v.t.* (a complete plant).

Errichtung, *f.* erection, *s.*

Ersatz, spare, *a.* (e. g. spare parts).

Ersatzstahl, *m.* substitute steel, *s.*

Ersatzstoff, *m.* substitute, *s.*

Ersatzteil-Lieferant, *m.* parts supplier, *s.*

Erscheinung, *f.* phenomenon, *s.* (plural: phenomena).

Erscheinungsform, *f.* state, *s.*

erschmelzen, *v.t.*, **den Stahl,** to make steel.

Erschütterung, *f.* vibration, *s.*

erschütterungsfreier Gang, *m.* vibrationless operation, *s.* (of a machine).

ersetzen, *v.t.* to replace, *v.t.*; to substitute, *v.t.* (chem.)

erstarren, *v.i.*, to freeze, *v.i.*, to solidify, *v.i.*

Erstarrung, *f.* freezing, *s.*, solidification, *s.*

Erstarrungsbereich, *m.* solidification range, *s.* (between liquidus and solidus; constitutional diagram).

Erstarrungspunkt, *m.* point of solidification, *s.*, freezing point, *s.*

Erstarrungsvorgang, *m.* mechanism of solidification, *s.*

Erstarrungswärme, *f.* heat of solidification, *s.*

erste Beizung, *f.* black pickling, *s.* (tinplate manufacture).

erste Glühung, *f.* black annealing, *s.* (tinplate manufacture).

Ertrag, *m.* yield, *s.*

Erweichung, *f.* softening, *s.* (steel); fusing, *s.* (refractories).

Erweichungsprobe, *f.* squatting test, *s.* (for refractory materials).

Erweichungspunkt, *m.* pyrometric cone equivalent, *s.* (a measure of the refractoriness of materials); fusing point, *s.* (refractories); softening point, *s.*

erweitern, *v.t.*, to expand, *v.t.*

Erzabfälle, *mpl.* tailings, *spl.*

Erzanalyse, *f.* ore analysis, *s.*

Erzanreicherung, *f.* ore concentration, *s.* (through eliminating gangue by crushing and separation processes); ore beneficiation, *s.* (general term).

Erzaufbereitung, *f.* ore dressing, *s.*, ore preparation, *s.*

Erzbergwerk, *n.* ore mine, *s.*

Erzbrecher, *m.* ore breaker, *s.*, ore crusher, *s.*

Erzbrikettverfahren, *n.*, **nach Conley,** Conley process, *s.*

Erzbrücke, *f.* ore bridge, *s.* (ore yard, bl. fce. plant).
Erzeuger, *m.* maker, *s.*
Erzeugnis, *n.* product, *s.*, make, *s.*
Erzeugnisse, *npl.*, **mit kreisförmigem Querschnitt,** circular products, *spl.*
Erzeugung, *f.*, **laufende,** current production, *s.*
Erzeugungsanlage, *f.* production unit, *s.*
Erzeugungsanlagen, *fpl.* production facilities, *spl.*
Erzeugung, *f.*, **von Ferrolegierungen,** ferro-alloy manufacture, *s.*
Erzeugung, *f.*, **voraussichtliche,** anticipated production, *s.*
Erzförderung, *f.* production of ore, *s.*, ore production, *s.*
Erzgicht, *f.* ore charge, *s.* (bl. fce. operation).
Erzlagerplatz, *m.* ore yard, *s.*
Erzlagerstätte, *f.* ore deposit, *s.*
Erzlaugung, *f.* ore lixiviation, *s.*
Erzmuster, *n.* ore sample, *s.*
Erzprobe, *f.* ore sample, *s.*
Erzrösterei, *f.* ore roasting installation, *s.*, ore calcining installation, *s.*
Erzscheider, *m.* ore separator, *s.*
Erzsiebanlage, *f.* ore screening plant, *s.*
Erzsinter, *m.* ore sinter, *s.*
Erztasche, *f.* ore bin, *s.*
Erz, *n.*, **toniges,** argillaceous ore, *s.*
Erzuntersuchung, *f.* ore analysis, *s.*
Erzveredelung, *f.* ore beneficiation, *s.* (general term).
Erzverhüttung, *f.* ore smelting, *s.*
Erzvorkommen, *n.* ore deposit, *s.*
Erzzerkleinerungsanlage, *f.* ore crushing plant, *s.*

Esse, *f.* stack, *s.*, chimney, *s.*
Essenfuchs, *m.* stack flue, *s.*
Essigsäure, *f.* acetic acid, *s.*
Eßkohle, *f.* forge coal, *s.*
Eßkohlenkoks, *m.* forge coal coke, *s.*
Etikettendraht, *m.* tag wire, *s.*
Eutektikum, *n.* eutectic, *s.*, eutectic alloy, *s.* (metallogr.).
eutektische Legierung, *f.* eutectic, *s.*, eutectic alloy, *s.* (metallogr.).
eutektoider Kohlenstoffstahl, *m.* eutectoid carbon steel, *s.* (in the absence of alloys, the carbon eutectoid is about 0.85 % C).
Exhaustor, *m.* exhauster, *s.*
Exo-Gas, *n.* Exogas, *s.* (a mixture of natural gas and air used in controlled-atmosphere brazing).
Expansion, *f.* expansion, *s.*
Expansivkraft, *f.* expanding power, *s.*
Experiment, *n.* experiment, *s.*
experimentell, *a.* experimental, *a.*
explosionsartige Ausbrüche, *mpl.*, **während der Kochperiode,** middle-of-the-blow slopping, *s.* (bessemer process).
Explosionsklappe, *f.* bleeder valve, *s.* (bl. fce.).
Extralängen, *fpl.* off-standard lengths, *spl.*
Exzenter, *m.* eccentric, *s.*
Exzenterantrieb, *m.* eccentric drive, *s.*
Exzenterbewegung, *f.* eccentric movement, *s.*
Exzenterpresse, *f.* eccentric press, *s.*
Exzenterring, *m.* eccentric ring, *s.*
Exzenterwelle, *f.* eccentric shaft, *s.*
exzentrisch, *a.* eccentric, *a.*
exzentrische Bewegung, *f.* eccentric motion, *s.*

F

Fabrikat, *n.* make, *s.*
Fabrikation, *f.* manufacturing, *s.*, fabrication, *s.*
Fabrikationsabfall, *m.* processing scrap, *s.*
Facharbeiter, *m.* trained worker, *s.*, skilled worker, *s.*
Fachbildung, *f.* professional training, *s.*
Fachmann, *m.* expert, *s.*
Fachwerkausleger, *m.* lattice jib, *s.* (crane).
Fachwerkbogen, *m.* trussed arch, *s.* (bldg.).
Fachwerkträger, *m.* lattice girder, *s.*
Fackel, *f.* flare, *s.* (type of low-temperature burner used to heat up furnace bottoms).
Fadenkorrosion, *f.* filiform corrosion, *s.*
Fähigkeit, *f.* ability, *s.*

Fahrbahn, *f.* aisle, *s.* (inside a mill building).

fahrbar, *a.* traveling, *a.*

fahrbarer Blockkipper, *m.* tilting ingot buggy, *s.*

fahrbarer Montagearm, *m.* traveling erecting jib, *s.*

fahrbarer Roheisenmischer, *m.* mixer type ladle car, *s.*

fahrbarer Wipptisch, *m.* traveling tilter, *s.* (rollg. mill).

Fahrbewegung, *f.* traveling motion, *s.* (mach.).

Fahrdraht, *m.* trolley wire, *s.*

Fahrdrahtweiche, *f.* overhead frog, *s.*

fahren, *v.i.* to operate, *v.i.* (e. g. "the furnace operates on a gas-tar mixture").

Fahrfläche, *f.* tread, *s.* (of a rail).

Fahrgeschwindigkeit, *f.* traveling speed, *s.* speed of motion, *s.* (mach.).

Fahrgestell, *n.* carriage, *s.*, bogie, *s.*

Fahrkante, *f.*, **der Schiene,** inner edge of rail, *s.*

Fahrkran, *m.* traveling crane, *s.*

Fahrmechanismus, *m.* traveling gear, *s.*

Fahrtstellung, *f.* running position, *s.* (mach.).

Fallbärführungsschienen, *fpl.* guides to falling weight, *spl.*, guides to falling tup, *spl.* (falling weight testing machine).

fallender Guß, *m.* direct casting, *s.*, top casting, *s.*, down-hill casting, *s.*, top pouring, *s.*, down-hill teeming, *s.* (casting pit practice).

fallend gießen, *v.t.* to cast direct, *v.t.* to cast downhill, *v.t.*, to top-pour, *v.t.*, to teem downhill, *v.t.* (casting pit practice).

fallend vergossener Block, *m.* top-run ingot, *s.*

Fallfenster, *n.* sash window, *s.*

Fallhammer, *m.* drop hammer, *s.*, board drop hammer, *s.* (the tup is raised by power and then allowed to drop free).

Fallhammerprobe, *f.* falling weight test specimen, *s.*, tup testpiece, *s.*

Fallhammerprüfung, *f.* falling weight test, *s.*, tup test, *s.* (mat. testg.).

Fallhärte, *f.* drop hardness, *s.* (equal to 1.60 Brinell hardness).

Fallhärteprüfung, *f.* drop hardness test, *s.* (dynamic testing).

Fallprobe, *f.* shatter test, *s.* (coke).

Fallrohr, *n.* downcomer, *s.* (e. g. bl. fce., stove, etc.).

Fallschieber, *m.* sliding damper, *s.*

Falltank, *m.* gravity tank, *s.*

Fallwerk, *n.* pile driver, *s.* (water engineering); skull breaker, *s.* (scrap yard).

Falschluft, *f.* infiltrated air, *s.*

Fallspeisung, *f.* downfeed, *s.* (e. g. of water into coolers).

faltbar, *a.* collapsible, *a.*

Fältchenbildung, *f.* wrinkling, *s.* (rolling defect).

Faltversuch, *m.* folding test, *s.* (sheet).

Farblack, *m.* lacquer, *s.*

Faserkohle, *f.* fusam, *s.* (charcoal-like bands); durain, *s.* (hard-coal bands) (coking properties of coals).

Faserrichtung, *f.* direction of fiber, *s.*

Faserspannung, *f.* fiber stress, *s.* (mat. testg.).

Faserstruktur, *f.* fiber structure, *s.* caused by extension of the metallic and nonmetallic constituents in the direction of working).

Faserverlauf, *m.* fiber flow, *s.*

Faßband, *n.* cask hoop, *s.* (rolled product).

fassen, *v.t.* to grip, *v.t.*

fassen, *v.i.* to bite, *v.i.* ("the rolls bite"); to contain, *v.i.*, to hold, *v.i.*

Fassen, *n.* bite, *s.* (of the rolls; rollg. mill practice).

Fasson-, jobbing, *a.* (e. g. jobbing mill).

Fassonblech, *n.* jobbing sheets, *spl.*, re-sheared sheets, *spl.*

Faßreifen, *m.* cask hoop, *s.* (rolled product).

Fassung, *f.* casing, *s.*; mounting, *s.* (o instruments).

Fassungsraum, *m.* capacity, *s.* (of boiler, fce.).

Fassungsvermögen, *n.* cubical contents, *spl.* holding capacity, *s.*

Feder, *f.* chill blade, *s.* (foundry practice); spring, *s.* (mach.).

Federanschlag, *m.* spring stop, *s.* (mach.).

Federaufhängung, *f.* spring hanger, *s.*

federbelastet, *a.* spring-loaded, *a.*

Federbelastung, *f.* loading of a spring, *s.*

Federblatt, *n.* spring leaf, *s.* (product); spring plate, *s.* (stock for spring leaf manufacture).

Federbolzen, *m.* spring bolt, *s.*

Federdraht, *m.* spring wire, *s.* (stock for spring manufacture).

Federhärte, *f.* hardness of spring, *s.*; spring temper, *s.* (degree of hardness for comparison purposes).

Federkraft, *f.* elastic force, *s.*

Federmatratze, *f.* spring mattress, *s.*

Federplatte, *f.* diaphragm, *s.* (of a pump).

federnde Unterlagplatte, *f.* spring washer, *s.* (mach.).

Federring, *m.* spring washer, *s.* (mach.).

Federsatz, *m.* spring assembly, *s.*

Federscheibe, *f.* lock washer, *s.* (mach.).

Federschraube, *f.* spring screw, *s.* (without nut); spring bolt, *s.* (with nut).

Federstift, *m.* spring pin, *s.*

Federstahl, *m.* spring steel, *s.*

Feder und Nut, key and slot (mach.).

Federungsvermögen, *n.* resilience, *s.*

Federventil, *n.* spring valve, *s.* (mach.).

Federnwerk, *n.* spring manufacturing shop, *s.*

Federnwickelmaschine, *f.* spring coiler, *s.*

Fehler, *m.* defect, *s.* flaw, *s.* (in material); error, *s.* (math., measuring); fault, *s.* (of person).

fehlerfrei, *a.* flawless, *a.*, free from defects (material).

fehlerhaft, *a.* defective, *a.* (material); faulty, *a.* (workmanship); incorrect, *a.* (data).

Fehlguß, *m.* waster, *s.*, mis-run casting, *s.*

Fehlschmelze, *f.* off-heat, *s.* (steel-making practice).

Fehlschmelzung, *f.* off-heat, *s.*

Fehlschweiße, *f.* unsound weld, *s.*

Fehlwalzung, *f.* cobble, *s.* (rolling mill practice).

Feilbank, *f.* filing bench, *s.*, filing work-bench, *s.*

Feilenbearbeitungsmaschine, *f.* file working machine, *s.*

Feilenhaumaschine, *f.* file cutting machine, *s.*

Feilenprüfmaschine, *f.* file testing machine, *s.* (testing for efficiency and durability).

Feilmaschine, *f.* filing lathe, *s.*

Feilrippe, *f.* file tooth, *s.*

Feilspäne, *pl.* filings, *spl.*

Feilstaub, *m.* file dust, *s.*

Feilstrich, *m.* file stroke, *s.*

Feilzahn, *m.* file tooth, *s.*

Feilzahnteilung, *f.* pitch of cut, *s.*, coarseness of cut, *s.* (of file).

Feinbewegung, *f.* slow motion, *s.*, inching, *s.* (mach.).

Feinblech, *n.* sheet, *s.* (in Europe: under 5 mm thickness and in unde-fined widths; in the U.S.A.: more than 300 mm in width, coiled or uncoiled, or less than 300 mm in width with thicknesses less than 1,00 mm).

Feinbleche und Bandstahl, *m.* thin flat products, *spl.*

Feinblech- und Bandrichterei, *f.* sheet and strip trimming depart-ment, *s.*

feine Innenrisse, *mpl.* shatter cracks, *spl.* (cf. "flakes").

feinen, *v.t.* to refine, *v.t.* (iron).

feiner Formsand, *m.* facing sand, *s.* (molding practice).

feiner Grat, *m.* burr, *s.* (defect).

feines Rückgut, *n.* return fines, *spl.* (see "returns").

feingängiges Gewinde, *n.* fine thread, *s.*

Feingasreinigung, *f.* fine gas cleaning, *s.* (of bl. fce. gas).

Feingefüge, *n.* microstructure, *s.* (me-tallogr.).

Feingefügeaufbau, *m.* microconstitu-ents, *spl.* (metallogr.).

feingemahlen, *a.* finely ground, *a.*

feingepulvert, *a.* finely powdered, *a.*

feinverteilt, *a.* finely dispersed, *a.*

Feinzerkleinerung, *f.* comminution, *s.* (of ores or other materials by breaking or grinding).

feinzerrieben, *a.* finely broken, *a.*

feinzerteilt, *a.* finely divided, *a.*

Feinhieb, *m.* up-cut, *s.* (of a double-cut file).

Feinkoks, *m.* coke fines, *spl.*

feinkörnig, *a.* fine grained, *a.*

feinkörniges Gefüge, *n.* fine-grained structure, *s.*

feinkörniges Bruchaussehen, *n.* fine-grained fracture, *s.*

Feinmechanik, *f.* precision mechanics, *s.*

Feinpassung, *f.* snug fit, *s.* (mach.).

Feinschleifen, *n.* finish grinding, *s.*

Feinschlichtfeile, *f.* dead-cut file, *s.*

Feinstahlwalzwerk, *n.* light section rolling mill, *s.*

feinstreifiger Perlit, *m.* fine pearlite, *s.* (see "pearlite").

Feinzug, *m.* finishing block, *s.* (wire drawing).

Feinzugmatrizen, *fpl.* sizing dies, *spl.*

Feldbahn, *f.* contractor's railway, *s.*

Feldspat, *m.* feldspar, *s.*

Fensterband, *n.* window ride, *s.*

Fensterbeschläge, *mpl.* window fittings, *spl.*

Fensterstahl, *m.* window steel bar, *s.*

Fensterflügel, *m.* casement, *s.*

Fensterfüllungsstahl, *m.* window sash sections, *spl.*

Fensterrahmenstahl, *m.* window frame bars, *spl.*

Fernbedienung, *f.* remote control, *s.*

Fernleitungsnetz, *n.* grid, *s.* (power, gas).

Fernmeldeanlage, *f.* remote signalling system, *s.*

Fernmeldetechnik, *f.* communication engineering, *s.*

Fernmeßgeräte, *spl.* telemeters, *spl.*

Fernmessung, *f.* telemetering, *s.*

Fernschreiber, *m.* telewriter, *s.*, telautograph, *s.*

Fernsprecher, *m.* telephone, *s.*

Fernsteuerung, *f.* remote control, *s.*

Ferrisulfat, *n.* ferric sulphate, *s.*

Ferrit, *m.* ferrite, *s.* (metallogr.).

Ferritgitter, *n.* ferrite lattice, *s.* (microstructure).

ferritisches, nichtrostendes Eisen, *n.* ferritic stainless iron, *s.* (containing 0,1% C and 16—30% Cr).

Ferritnetzwerk, *n.* ferritic network, *s.* (metallogr.).

Ferrit-Zementit-Gemenge, *n.* ferrite-carbide aggregate, *s.* (pearlite in its broadest sense; metallogr.).

Ferrit-Zementit-Mischgefüge, *n.* ferrite-carbide aggregate structure, *s.* (metallogr.).

Ferrizyanid, *n.* ferricyanide, *s.*

Ferrizyankalium, *n.* ferricyanide of potassium, *s.*

Ferrochrom, *n.* ferro-chromium, *s.*

Ferrolegierung, *f.* ferro alloy, *s.*

Ferromagnetismus, *m.* ferro magnetism, *s.*

Ferromangan, *n.* ferro-manganese, *s.*

Ferro-Metallegierung, *f.* ferro-metallic alloy, *s.*

Ferrosilizium, *n.* ferro-silicon, *s.*

Ferro-Uran, *n.* ferro-uranium, *s.*

Ferrovanadin, *n.* ferro-vanadium, *s.* (strong deoxidizer).

Ferrowolfram, *n.* ferro-tungsten, *s.*

Ferrozinn, *n.* ferro-tin, *s.*

Ferrozyaneisen, *n.* ferric ferrocyanide, *s.*; ferrocyanide of iron, *s.*

Fertigbearbeitung, *f.* finish machining, *s.*, finishing operation, *s.*

Fertigblasen, *n.* final blowing, *s.* (converter practice).

Fertigerzeugnis, *n.* finished product, *s.*

fertigfrischen, *v.t.* to finish refining (e. g. pre-blown metal in a tilting o. h. fce.).

Fertigfrischen, *n.* finish refining, *s.* (duplexing practice).

Fertiggerüst, *n.* finishing stand, *s.* (rollg. mill).

Fertiggesenk, *n.* finishing die, *s.* (consisting of upper and lower dies; drop forging).

Fertigkaliber, *n.* finishing pass, *s.* (roll pass design).

Fertigmachen, *n.* **der Schmelze**, finishing the heat, *s.* (steelmaking practice).

Fertigschleifen, *n.* finish grinding, *s.*

Fertigschnitt, *m.* finishing cut, *s.*

Fertigsintern, *n.* final sintering, *s.* (of metal powders after pre-sintering).

Fertigstaffel, *f.* finishing end of a mill, *s.*, finishing train, *s.* (of a bar mill, etc.).

Fertigstich, *m.* finishing pass, *s.* (rollg. practice).

Fertigstraße, *f.* finishing mill, *s.* (rollg. mill).

Fertigstrecke, *f.* finishing mill, *s.*, finishing stands, *spl.* (rollg. mill).

Fertigung, *f.* finishing, *s.*; manufacture, *s.*, manufacturing, *s.*, fabrication, *s.*

Fertigungsanlage, *f.* finishing line, *s.*

(straight flow of materials); finishing bay, *s.*

Fertigung, *f.*, **laufende,** current manufacture, *s.*

Fertigungsarbeit, *f.* finishing operation, *s.*

Fertigungsgang, *m.* manufacturing process, *s.*

Fertigungsindustrie, *f.* manufacturing industry, *s.*

Fertigungskosten, *pl.* manufacturing cost, *s.;* finishing cost, *s.*

Fertigungsmaschinen, *fpl.* finishing line equipment, *s.*

Fertigungstechnik, *f.* manufacturing practice, *s.*

Fertigungsverfahren, *n.* manufacturing process, *s.*, finishing process, *s.*

Fertigungsvorgang, *m.* manufacturing operation, *s.;* finishing operation, *s.*

Fertigung, *f.* **von Bauelementen,** structural fabrication, *s.*

feste Körnerspitze, *f.* dead center, *s.*, tail center, *s.* (lathe).

feste Kosten, *pl.* cost above, *s.*, fixed costs, *spl.*

feste Lösung, *f.* solid solution, *s.*

fester Anschlag, *m.* positive stop, *s.* (mach.).

festfressen, sich, *v.i.* to gall, *v.i.*, to seize, *v.i.*

Festigkeit, *f.* stability, *s.* (chem.); strength, *s.*, resistance, *s.* (mech.).

Festigkeitseigenschaften, *fpl.* strength characteristics, *spl.*

Festigkeitsguß, *m.* high-duty cast irons, *spl.*, high-strength cast iron, *s.*, high-strength casting, *s.*

Festigkeitslehre, *f.* science of the strength of materials, *s.*

Festigkeitswert, *m.* strength value, *s.*

festkeilen, *v.t.* to key, *v.t.*, to wedge, *v.t.*

festklemmen, *v.t.* to clamp, *v.t.*

Festklemmen, *n.* seizing, *s.*, binding, *s.* (e. g. between a die surface and the pressed or forged metal).

festmachen, *v.t.* to anchor, *v.t.*

feststehend, *a.* stationary, *a.*

feststellen, *v.t.* to block, *v.t.* (mach.).

Feststellen, *n.* blocking, *s.* (mach.).

Feststeller, *m.* blocking device, *s.* (mach.).

festziehen, *v.t.* to tighten, *v.t.*

fetten, *v.t.* to grease, *v.t.*, to lubricate, *v.t.* (with grease).

fetter Beton, *m.* rich concrete, *s.*

fetter, bindender Ton, *m.* bonding clay, *s.*

Fettkohle, *f.* gas coal, *s.*

Fettnippel, *m.* grease fitting, *s.* (mach.).

Fettpresse, *f.* grease gun, *s.* (mach.).

Fettsäure, *f.* fatty acid, *s.* (lubricants).

Fettschmierung, *f.* grease lubrication, *s.*

feucht, *a.* humid, *a.* moist, *a.*

Feuchtigkeit, *f.* moisture, *s.* (in ore, coke, etc.); humidity, *s.* (in air, soil).

feuerbeständiger Guß, *m.* fireproof casting, *s.*

Feuerbeständigkeit, *f.* resistance to fire, *s.*

Feuerblech, *n.* fire box plate, *s.*

Feuerbuchse, *f.* fire box, *s.*

feuerfest, *a.* [ff.], refractory, *a.*

feuerfeste Auskleidung, *f.* refractory lining, *s.* (of a fce.).

feuerfeste Ausmauerung, *f.* refractory lining, *s.* (of a furnace).

feuerfeste Baustoffe, *mpl.* refractories, *spl.*, refractory materials, *spl.*

feuerfeste Erzeugnisse, *npl.*, **tonerdehältige,** alumina refractories, *spl.*

feuerfester Kitt, *m.* refractory cement, *s.*

feuerfeste Knetmasse, *f.* plastic refractory paste, *s.*

feuerfester Mörtel, *m.* refractory mortar, *s.*

feuerfester Sandstein, *m.* refractory sandstone, *s.* (lining).

feuerfester Stein, *m.* refractory brick, *s.*

feuerfester Ton, *m.* fireclay, *s.*

feuerfester Zement, *m.* refractory cement, *s.*

feuerfestes Futter, *n.* refractory lining, *s.* (of a converter).

Feuerfestigkeit, *f.* refractoriness, *s.* (pyro-chemical testing).

Feuerlötung, *f.* furnace brazing, *s.* (in electrically heated fces.).

Feuerrost, *m.* grate, *s.*

Feuerroststab, *m.* grate bar, *s.*

feuersicher, *a.* fireproof, *a.*

feuer- und säurebeständiger Guß, *m.* heat-and acid-proof casting, *s.*

Feuerung, *f.* firing, *s.* (gas, oil, etc.).

Feuerungstechnik, *f.* fuel engineering, *s.*

Feuerungstechniker, *m.* fuel engineer, *s.*

Feuerverzinkung, *f.* hot-dip galvanizing, *s.*

feuerverzinnter Draht, *m.* hot-dipped wire, *s.*

Feuerverzinnung, *f.* hot-dip tinning, *s.*

Filter, *m.* filter, *s.*

Filter, *m.*, **einlegen,** to load a filter.

filtern, *v.t.* to filter, *v.t.*

Filz, *m.* felt, *s.*

Filzpackung, *f.* felt packing, *s.*

Filzpolierscheibe, *f.* felt polishing wheel, *s.*

Filzring, *m.* felt washer, *s.*

Fingerfräser, *m.* end mill, *s.* (mach. tool).

Firma, *f.* firm, *s.*, company, *s.*

Firmenregister, *n.* commercial directory, *s.*

Firmenschild, *n.* name plate, *s.* (on machinery).

Fischbauchträger, *m.* fish-bellied girder, *s.*

Fittings, *pl.* fittings, *spl.*, pipe fittings, *spl.*

Flachbahnkaliber, *n.* bullhead pass, *s.* (roll pass design).

Flachbahnstich, *m.* bullhead pass, *s.* (rolling practice).

Flachboden-Seitenentleerer, *m.* flatbed side dumping car, *s.*

Flachdraht, *m.* flat wire, *s.*

Flach-Dreikantfeile, *f.* cant file, *s.* (of triangular cross section, with 30, 30, and 120 degree angles).

Fläche, *f.* area, *s.*, surface, *s.*

Flächenbelastung, *f.* load per unit surface, *s.*

Flächendruck, *m.* surface pressure, *s.* (mech.).

Flächeninhalt, *m.* area, *s.*

flächenzentriert, *a.* face-centered, *a.* (lattice of crystal).

Fläche, *f.*, **wirksame,** active area, *s.* (of a hearth).

Flachfeile, *f.* flat file, *s.*

flachgedrückt, *a.* flattened, *a.*

Flachgesenk, *n.* flat die, *s.*

flachgewalzte Erzeugnisse, *npl.* flat products, *spl.* (plates ,universal plates, sheets of all types and sizes, coated —incldg. tinplate, terneplate, galvanized sheets — and uncoated; hoop,

strip, tube-strip, and blackplate).

Flachgewinde, *n.* square thread, *s.*, flat thread, *s.*

Flachherdmischer, *m.* flat hearth mixer, *s.* (melting shop).

Flachkopfniet, *m.* pan-head rivet, *s.*

Flachkopfnietung, *f.* pan riveting, *s.*

Flachkopfschiene, *f.* flat-headed rail, *s.*

Flachnaht, *f.* flush weld, *s.* (welding technique).

Flach-Ovalfeile, *f.* tumbler file, *s.*

Flachquerschnitte, *mpl.* flat products, *spl.*

Flachstahl, *m.* flats, *spl.* (rolled products).

Flachstich, *m.* flat pass, *s.* (rolling practice).

Flach- und Stabstahlrichtmaschine, *f.* flat and shape straightener, *s.*

Flach- und Stauchwalztechnik, *f.* slab and edging method, *s.* (rail rolling).

Flachwulststahl, *m.* beaded flats, *spl.*

flackernder Lichtbogen, *m.* unsteady arc, *s.* (welding).

Flamme, *f.* flat billet, *s.* (rolled product); flame, *s.*

Flammenlötung, *f.* torch brazing, *s.*

Flammfrischen, *n.* puddling, *s.*

Flammofen, *m.* reverberatory furnace; *s.*, air furnace, *s.* (foundry).

Flammofenfrischen, *n.* refining in the reverberatory furnace (production of wrought iron).

Flammrohrkessel, *m.* fire tube boiler, *s.*, flue boiler, *s.*

Flammrohr, *n.* flame tube, *s.*, fire tube, *s.*

Flammpunkt, *m.* flash point, *s.* (oil).

Flanken, *fpl.*, **des Gewindes,** sides of thread, *spl.* (e. g. "the angle between the sides of thread is 60°").

Flankenspiel, *n.* backlash, *s.* (e. g. of a spindle coupling).

Flansch, *m.* flange, *s.*

Flanschen, *n.* flanging, *s.* (operation).

Flanschenbuchse, *f.* flanged bush, *s.* (mach.).

Flanschendichtung, *f.* gasket, *s.*

Flanschenkupplung, *f.* flange coupling, *s.*

Flanschenpresse, *f.* flanging press, *s.*

Flanschenrohr, *n.* flanged pipe, *s.*

Flanschring, *m.* flanged ring, *s.*

Flanschverbindung, *f.* flange joint, *s.*

Flaschenverschlußdraht, *m.* bottle wire, *s.*

Flaschenzug, *m.* tackle, *s.*, pulley block, *s.* (mach.).

Flaschenzugkloben, *m.* block, *s.*

Flechtungszahl, *f.* stranding characteristics, *spl.*, number of strands, *s.* (wire rope manufacture).

flicken, *v.t.* to fettle, *v.t.* (e. g. a fce. lining).

Flickmasse, *f.* patching material, *s.*, fettling material, *s.*

fliegend angeordnet, *a.* overhung, *a.*, mounted overhung, *a.* (mach.).

fliegende Achse, *f.* floating axle, *s.*

fliegende Schere, *f.* flying shear, *s.* (rollg. mill).

Fliehkraft, *f.* centrifugal force, *s.*

Fliehkraftbeschleunigung, *f.* centrifugal acceleration, *s.*, radial acceleration, *s.*

Fliehkraftregler, *m.* centrifugal governor, *s.*

Fließbandarbeit, *f.* continuous flow operation, *s.*

fließen, *v.i.* to yield, *v.i.* (mat. testg.).

Fließen, *n.*, **der Kristalle,** plastic flow of crystals, *s.* (crystallogr.).

Fließen, *n.*, **des Werkstoffes,** flow of metal, *s.*

Fließerzeugung, *f.* continuous line production, *s.*

Fließfiguren, *fpl.* stretcher strains, *spl.*; worms, *spl.*; Lüder's lines, *spl.*; Hartmann lines, *spl.*; Piobert effect, *s.* (worm-like markings on surface of annealed mild steel sheet or strip).

Fließförderung, *f.* continuous flow conveying, *s.*

Fließgeschwindigkeit, *f.* rate of flow, *s.*

Fließgeschwindigkeit, *f.*, **stationäre,** secondary flow, *s.* (physical theory on creep).

Fließmontage, *f.* assembly line, *s.* (shop); line assembly work, *s.*

Fließpressen, *n.* impact extrusion, *s.*

Fließpreßverfahren, *n.* impact extrusion process, *s.* (production of solid-based tubular or can-shaped products, whose cross section is either a circle, or a rounded-off polygon. Operation: slug located in shallow die is hit by punch, whereby slug metal flows in the direction of punch or contrarywise, or in both directions).

Fließspannung, *f.* yield stress, *s.* (according to Dalby, the static stress that first causes permanent set; mat. testg.).

Fließverfahren, *n.* continuous process, *s.*

Fließwiderstand, *m.* resistance to plastic flow, *s.* (working of steel).

Flocken, *fpl.* flakes, *spl.*, snowflakes, *spl.* (defects in steel, internal cracks).

Flockenanfälligkeit, *f.* susceptibility to flaking, *s.* (of steel; cause — hydrogen).

fluchten, *v.t.* to align, *v.t.*, [aline].

Fluchtung, *f.* alignment, *s.* [alinement].

flüchtig, *a.* volatile, *a.*

flüchtige Bestandteile, *mpl.* volatile matter, *s.* (in fuel).

Flugasche, *f.* quick ash, *s.*

Flügel, *m.* beater, *s.* (of a mechanical stirrer).

Flügelmutter, *f.* fly nut, *s.*, wing nut, *s.*, thumb nut, *s.*

Flügelschiene, *f.* wing rail, *s.*

Flügelschraube, *f.* wing-headed screw, *s.*

Flugzeugindustrie, *f.* aircraft industry, *s.*

Flugzeugrumpfteile, *mpl.* aircraft components, *spl.*

Fluor, *n.* fluorine, *s.*

Fluoreszenzprüfverfahren, *n.* fluorescent testing, *s.* (non-destructive testing).

Fluorsalze, *spl.*, fluorides, *spl.*

Flußbild, *u.*, flow sheet, *s.* (of materials).

Flußeisen, *n.* dead soft steel, *s.*, extra mild steel, *s.* (up to 0.10% C).

flüssig, *a.* liquid, *a.* (the aggregate state, as against gaseous, or solid); fluid, *a.* (as a property: fluid slag).

flüssiger Einsatz, *m.* liquid charge, *s.* hot metal charge, *s.* (steelmaking practice).

flüssiger Körper, *m.* fluid body, *s.*

flüssiges Roheisen, *n.* hot metal, *s.*

Flüssigkeit, *f.* liquid, *s.* (state); fluid, *s.* (e. g. "a fluid pipe"); fluidity, *s.* (property).

Flüssigkeitsbremse, *f.* hydraulic brake, *s.*

Flüssigkeitsgetriebe, *n.* hydraulic gear, *s.*

Flüssigkeitsgrad, *m.* viscosity, *s.*, fluidity, *s.* (of slag, molten metal).

Flüssigkeitskupplung, *f.* hydraulic coupling, *s.*

Flüssigkeitsleitung, *f.* fluid pipe, *s.*

Flüssigkeitsspiegel, *m.* liquid level, *s.*

Flüssigkeitsthermometer, *n.* liquid-filled thermometer, *s.*

Flüssigwerden, *n.* fusing, *s.*, fusion, *s.*

Flußmittel, *n.* flux, *s.*, fluxing material, *s.* (tinning, soldering, brazing).

flußmittelumhüllte Elektrode, *f.* fluxed electrode, *s.* (welding).

Flußspat, *m.* fluor spar, *s.*, fluorite, *s.*

Flußstahl, *m.*, **mittelgekohlter,** medium carbon steel, *s.* (containing more than 0.40% C).

Fondu, *n.* fondu, *s.* (abbreviation for the trade name "ciment fondu", a refractory cement).

forcierter Betrieb, *m.* fast driving, *s.* (of a furnace).

Förderbahn, *f.* hauling track, *s.*

Förderband, *n.* conveying belt, *s.*

Förderer, *m.* conveyor, *s.*

Fördermenge, *f.* delivery, *s.* (of a pump).

Fördermittel, *n.* conveyor, *s.*

fördern, *v.t.* to convey, *v.t.*, to haul, *v.t.*

Förder-Rollgang, *m.* run-on table, *s.* (rollg. mill).

Förderrost-Kühlbett, *n.* shuffle bar type cooling bed, *s.* (rollg. mill).

Förderschnecke, *f.* screw conveyor, *s.*, feed screw, *s.*

Förderseil, *n.* hoisting cable, *s.* (shaft winding).

Förderung, *f.* output, *s.*, production, *s.* (tonnage of ore, coal, minerals); haulage, *s.*, conveyance, *s.* (operation).

Förderwalzen, *fpl.* withdrawing rolls, *spl.* (continuous casting).

Form, *f.* form, *s.*, figure, *s.*, shape, *s.*

Formänderung, *f.* deformation, *s.*, strain, *s.*

Formänderung, *f.*, **in mm Meßlänge,** unit strain in mm per unit length.

Formänderungsarbeit, *f.* deformation foot-pound, *s.*, work of deformation, *s.*, strain energy, *s.* (mat. testg.).

Formänderungsbetrag, *m.* degree of deformation, *s.*

Formänderungsenergie, *f.* energy of deformation, *s.*

Formänderungsfestigkeit, *f.* ductility, *s.*

Formänderungsvermögen, *n.* capacity for deformation, *s.*

Formänderungswiderstand, *m.* resistance to deformation, *s.*, strength, *s.*

Formanstrich, *m.* mold wash, *s.* (of ingot molds, pig molds).

Formauge, *n.* tuyere opening, *s.*

Formbank, *f.* molding bench, *s.* (foundry).

Formbrett, *n.* templet board, *s.*, flask board, *s.*, molding board, *s.* (molding practice).

Formdraht, *m.* sectional wire, *s.*, shape wire, *s.*

Formenzone, *f.* tuyere zone, *s.* (bl. fce.).

Former, *m.* mold maker, *s.* (foundry).

Formerei, *f.* molding room, *s.*, molding bay, *s.* (foundry).

Formerwerkzeug, *n.* molder's tool, *s.* (foundry).

formgebendes Vorkaliber, *n.* former pass, *s.* (rail pass design; roughing rolls).

Formgebung, *f.* shaping, *s.*

Formgenauigkeit, *f.* accuracy to shape, *s.*

Formkasten, *m.* molding box, *s.*, molding flask, *s.* (foundry).

Formkern, *m.* mold core, *s.* (moldg. practice).

Formkohle, *f.* plastic coal, *s.*

Form-Kühlkasten, *m.* tuyere cooler, *s.* (bl. fce.).

Formlehm, *m.* molding loam, *s.* (moldg. practice).

Formmantel, *m.* mantle, *s.*, coat, *s.* (moldg. practice).

Formmaschine, *f.* molding machine, *s.* (moldg. practice).

Formmasken-Verfahren, *n.*, **nach Cronin,** Cronin molding process, *s.* (foundry).

Formmasse, *f.* dry sand, *s.* (moldg. practice).

Formpresse, *f.* mold press, *s.* (foundry).

Formpuder, *n.* parting powder, *s.* (moldg. practice).

Formrüttler, *m.* mold shaker, *s.* (foundry).

Formsand, *m.* molding sand, *s.*, foundry sand, *s.*

Formschlichte, *f.* mold finish, *s.* blacking, *s.* (molding practice).

Formstahl, *m.* shapes, *spl.* (U. S. A.), sections, *spl.* (U. K.), (of smaller cross-sectional area); structurals, *spl.* (U. S. A.), structural sections, *spl.* (U. K.) (of larger cross-sectional area).

Formstein, *m.* shaped brick, *s.*

Formstich, *m.* former pass, *s.* (roughing); shaping pass, *s.* (finishing).

Formstahl-Vorblock, *m.* beam blank, *s.* (rolling of beams).

Formwalzung, *f.* section rolling, *s.*, shape rolling, *s.*

forschen, *v.t.* to research, *v.t.*

Forschung, *f.* research, *s.*

Forschungstätigkeit, *f.* research work, *s.*

fortpflanzen, sich, *v.i.* to propagate, *v.i.* (e. g. a reaction).

Fortpflanzung, *f.* propagation, *s.* (of reaction, process).

Fortschreiten, *n.* progress, *s.* (of chemical reaction).

Fortschritt, *m.* progress, *s.*, advance, *s.*

fortschrittlich, *a.* advanced, *a.*

fotoelektrische Zelle, *f.* photoelectric cell, *s.*, photronic cell, *s.*

Frachtstrecken, *fpl.*, **lange,** long hauls, *spl.*

fraktionieren, *v.t.* to fractionate, *v.t.* (chem.).

fraktioniert, *a.* fractional, *a.* (chem.).

Fraktionierung, *f.* fractionation, *s.* (chem.).

Fräsarbeit, *f.* milling work, *s.*

Fräsen, *n.* milling operation, *s.*

Fräser, *m.* milling cutter, *s.*

Fräser, *m.*, **mit eingesetzten Messern,** milling cutter with inserted blades, *s.*

Fräskopf, *m.* cutter head, *s.*

Fräsmesser, *n.* cutter blade, *s.* (inserted).

Frästiefe, *f.* milling depth, *s.*

Fräszahn, *m.* cutter tooth, *s.* (integral with cutter head).

freier Durchgang, *m.* clearance, *s.*

freier Kohlenstoff, *m.* free carbon, *s.* (e. g. graphite, temper carbon).

Freiformschmieden, *n.* hammer forge work, *s.*, mechanical forging, *s.*, power forging, *s.*

Freiformschmiedestück, *n.* hammer forging, *s.*

Freiheitsgrad, *m.* degree of freedom, *s.* (metallogr; Gibbs-, phase rule).

Freimachung, *f.* release, *s.* (of heat).

Fremdkörper, *m.* foreign matter, *s.*, impurity, *s.*

Fremdstromeinwirkung, *f.* action of stray current, *s.* (electrolytic corrosion).

Friemeln, *n.* reeling, *s.* (conditioning of cold-drawn tubes).

Friemelwalzwerk, *n.* reeling machine, *s.* (in which seamless tubes are conditioned between rolls and a rotating mandrel, subsequent to plug rolling).

Friktions-Säulenpresse, *f.* geared column press, *s.* (mechanical type).

Frischarbeit, *f.* refining process, *s.* (steelmaking).

Frischdampf, *m.* live steam, *s.*

Frischdauer, *f.* refining period, *s.*

Frischen, *n.* refining, *s.* (steelmaking).

Frischerz, *n.* oxidizing ore, *s.* (steelmaking).

Frischfeuereisen, *n.* charcoal hearth iron, *s.*

Frischfeuerstahl, *m.* bloomery steel, *s.*

Frischgas, *n.* refining gas, *s.* (e. g. oxygen, oxygen-enriched air, mixtures of steam-oxygen, carbon dioxide).

Frischkurvenbild, *n.* heat log, *s.* (steelmaking).

Frischschlacke, *f.* oxidizing slag, *s.* (steelmaking).

Frischverfahren, *n.* refining process, *s.* (steelmaking).

Frischverlauf, *m.* course of refining, *s.* (steelmaking).

Frostbeständigkeit, *f.* frost resisting property, *s.*

Frostschutzmittel, *n.* anti-freeze, *s.*

Fuge, *f.* joint, *s.*

„Fugenhobler", *m.* powder gouge, *s.* (type of powder-cutting tool).

fühlbare Wärme, *f.* sensible heat, *s.*

führen, *v.t.*, **einen Ofen,** to operate a furnace.

Führerhaus, *n.* operator's cab, *s.*

Führerstand, *m.* operator's stand, *s.*

Führung, *f.* guide, *s.* (mach.).

Führungsbalken, *m.* guide bar, *s.*, rest bar, *s.* (rollg. mill housing).

Führungsbahn, *f.* guiding surface, *s.* (mach.).

Führungsblock, *m.* guide pulley, *s.* (mach.).

Führungsbuchse, *f.* guide bush, *s.* (mach.).

Führungsbügel, *m.* guide fork, *s.,* guide yoke, *s.* (mach.).

Führungskasten, *m.* guide box, *s.* (rollg. mill); guide cage, *s.* (mach.).

Führungsleiste, *f.* guide bar, *s.* (mach.).

Führungslineal, *n.* side-guard, *s.* (of blooming mill manipulator).

Führungsmarken, *fpl.* guide marks, *spl.* (surface defects in rolled products caused by faulty setting of guides, or worn guides).

Führungsplatte, *f.* keeper plate, *s.* (of neck bearing chock; rollg. mill).

Führungsring, *m.* ball race, *s.* (ball bearing).

Führungsrolle, *f.* feed roller, *s.* (rollg. mill).

Führungsschiene, *f.* guide rail, *s.* (railway).

Führungsstange, *f.* guide rod, *s.*

Führungsstich, *m.* leader pass, *s.* (rolling mill practice).

Führungsstift, *m.* guide pin, *s.* (mach.).

Führungstisch, *m.* table guards, *spl.* (rollg. mill).

füllen, *v.t.* to fill, *v.t.*

Füllen, *n.* filling, *s.,* loading, *s.*

Füllkoks, *m.* bed coke, *s.* (foundry, soaking pit).

Füllmasse, *f.* filler, *s.,* filling compound, *s.*

Fülloch, *n.* charging hole, *s.* (coke oven).

Füllrumpf, *m.* storage hopper, *s.*

Füllrumpfverschluß, *m.* hopper discharge gate, *s.*

Füllsand, *m.* backing sand, *s.* (molding practice).

Füllstein, *m.* filling brick, *s.*

Füllstoff, *m.* filler, *s.,* filling material, *s.*

Füllwagen, *m.* charging larry, *s.* (coke oven plant).

Fundament, *n.* foundation, *s.*

Fundamentanker, *m.* foundation bolt, *s.,* anchor bolt, *s.*

Fundamentplatte, *f.* bed plate, *s.*

Fundamentgrube, *f.,* **des Kühlbettes,** cooling bed pit, *s.* (rollg. mill).

Funkenprobe, *f.* sparking test, *s.* (determination of steel composition by type and quantity of spurts, and from length and color of sparks).

Funkenwurf, *m.* slopping, *s.* (converter practice).

Fuß, *m.* base, *s.,* foot, *s.* (bldg.); flange, *s.,* base, *s.* (of a rail).

Fußbodenbelag, *m.* flooring, *s.*

Fußbodennagel, *m.* brad, *s.*

Fußboden, *m.,* **trittsicherer,** non-slip floor, *s.*

Fußmattendraht, *m.* mat wire, *s.*

Fußplatten, *fpl.* shoe plates, *spl.* (members by which housing post shoes are secured to floor plates; rollg. mill stand).

fußtrittbetätigte Schere, *f.* treadle shear, *s.*

Futter, *n.* liner, *s.,* filler, *s.* packing, *s.* (mach.); chuck, *s.* (mach. tool); lining, *s.* (fce.); bushing, *s.* (bearing).

Futterscheibe, *f.* adapter, *s.* (mach. tool).

G

γ-Eisen, *n.* (siehe „Gamma Eisen").

G-Modul, *n.* (siehe „Gleitmodul").

Gabel, *f.* yoke, *s.* fork, *s.* (mach.).

Gabelführung, *f.* fork-guide, *s.*

Gabelrohr, *n.* fork-pipe, *s.,* bifurcated pipe, *s.*

Gabelzapfen, *m.* cross-head pin, *s.* (mach.).

Gabelstapler, *m.* fork lift truck, *s.*

Gall'sche Kette, *f.* roller chain, *s.*

galvanisches Bronzieren, *n.* electrolytic bronzing, *s.*

galvanisches Verkupfern, *n.* copper plating, *s.*

galvanisches Verzinken, *n.* electrogalvanizing, *s.* (by electrodeposition).

Galvanisierapparat(e), *m. (pl.),* plating apparatus, *s.*

Galvanisiertrommel, *f.* plating barrel, *s.*

Galvanisierofen, *m.* galvanizing furnace, *s.*

Gammadurchstrahlung, *f.* gamma-ray examination, *s.* (non-destructive testing).

Gamma Eisen, *n.* [γ-Eisen] gamma iron, *s.* [γ-iron] (face-centered cubic crystal form of iron stable from 906—1401C°).

Gang, *m.* corridor, *s.*, passage, *s.* (bldg.), speed, *s.* (gear ratio); running, *s.*, motion, *s.* (of a machine); working, *s.* (of a furnace); performance, *s.* (machine).

Gangart, *f.* gangue, *s.* (ore).

ganzbasischer SM-Ofen, *m.* all-basic open hearth furnace, *s.*

Ganzmetallbau, *m.* all-metal construction, *s.*

Ganzstahl-Ausführung, *f.* all-steel construction, *s.*

ganztägiger Betrieb, *m.* round-the-clock operation, *s.*

Gärbstahl, *m.* shear steel, *s.* (for the manufacture of best carving knives; made by piling and forging together cemented bars; single shear steel, double shear steel).

Garen, *n.* refining, *s.* (molten electric steel), *s.*

garer Gang, *m.* normal working, *s.* (bl. fce.).

gargeblasener Stahl, *m.* full-blown steel, *s.*

Garschlacke, *f.* rich slag, *s.*

Garungsdauer, *f.* carbonizing period, *s.* (coke production).

Garungszeit, *f.* coking time, *s.* (coking practice).

Gasabschluß, *m.* gas seal, *s.* (e. g. bl. fce.).

Gasabzug, *m.* gas off-take, *s.*

Gasaufkohlung, *f.* gas carburizing, *s.*, carburetting, *s.*

Gasbehälter, *m.* gas holder, *s.*, gas tank, *s.*, gasometer, *s.*

gasbeheizt, *a.* gas fired, *a.*

gasbeheizter Strahlrohr Durchlauf-blankglühofen, *m.* continuous type gas fired radiant tube bright annealing furnace, *s.*

Gasblase, *f.* blow hole, *s.*, gas bubble, *s.* (in castings).

Gasbrenner, *m.* gas burner, *s.*

Gasdruck, *m.* gas pressure, *s.*

Gasbrennhärtung, *f.* flame hardening, *s.* (heating surface layer above transform range by high-temperature flame followed immediately by quenching; use of a flame-hardening machine).

Gasdichte, *f.*, **Gasdichtigkeit,** *f.* gas density, *s.*

Gasdichtung, *f.* gas seal, *s.*

Gase in der Rastzone, *pl.* bosh gases, *pl.* (bl. fce.).

Gase in der Schachtzone, *pl.* stack gases, *pl.* (differing in composition from bosh gases).

Gaseinsatzhärtung, *f.* gas case hardening process, *s.* (general term).

Gas-Einsatzhärtung, *f.* carbo-nitriding, *s.* (case hardening in a gaseous atmosphere containing C and N_2, subsequent quenching or slow cooling).

Gaseinsatzhärtung, regelbare, *f.* hypercarb process, *s.* (gas carburizing permitting control of case; regulated heating in atmosphere containing hydrocarbons and carbon monoxide preheated to 870—925°C).

Gaseinschluß, *m.* occlusion, *s.* (in steel, of gases).

Gasentwicklung, *f.* evolution of gas, *s.*

Gaserzeuger, *m.* gas producer, *s.*

Gaserzeugeranlage, *f.* producer plant, *s.*

Gaserzeugerbetrieb, *m.* gas producer practice, *s.*

Gasfackel, *f.* surplus gas burner, *s.*

Gasfeuerung, *f.* gas firing, *s.*

gasgefeuert, *a.* gas fired, *a.*

gasförmiger Körper, *m.* gaseous body, *s.*

Gasgemisch, *n.* gas mixture, *s.*

Gasgeschwindigkeit, *f.* velocity of gas, *s.* (e. g. velocity of gas through a furnace).

Gasgewindekluppe, *f.* gas pipe stock, *s.* (tool).

Gasgutschrift, *f.* gas credits, *s.* (e. g. for blast furnace gas).

Gas-Karbonitrieren, *n.* hypo-carb process, *s.*

Gaskohle, *f.* gas coal, *s.*

Gaskoks, *m.* gas coke, *s.*

Gasleitung, *f.* gas line, *s.*, gas conduit, *s.*

Gasleitungsrohr, *n.* gas line pipe, *s.*

Gasluftgemisch, *n.* gas/air mixture, *s.*

Gasmaschine, *f.* gas engine, *s.*

Gasmaschinenzentrale, *f.* gas power station, *s.*, gas engine power house, *s.*

Gas-Naßreinigungsanlage, *f.* gas scrubber, *s.*

Gasporen, *pl.* pinholes, *pl.* (in castings; caused by escaping).

Gasreinigungsanlage, *f.* gas cleaning plant, *s.*

Gasrohr, *n.* gas pipe, *s.*

Gasrohrleitung, *f.* gas piping, *s.*

Gasrohrgewinde, *n.* gas (pipe) thread, *s.*

Gasschmelzschweißung, *f.* gas-blowpipe welding, *s.* (welding heat produced by a gas flame, normally oxygen and acetylene), gas fusion welding, *s.*

Gasschweißung, *f.* gas welding, *s.*

Gasstrahlungsofen, *m.* radiant gas furnace, *s.*

Gastechnik, *f.* gas engineering, *s.*

Gasuntersuchung, *f.* gas analysis, *s.*

Gaswäscher, *m.* gas washer, *s.*, wet washer, *s.* (bl. fce. gas).

Gaszug, *m.* gas uptake, *s.* (o. h. fce.).

Gaszugmündung, *f.* gas port, *s.* (o. h. fce.).

Gattieren, *n.* mixture-making, *s.*

Gattierung, *f.* mixture, *s.*

Gebiete, auf dem . . ., in the field of . . .

Gebiet der Austenitumwandlung, *n.* A + F + C field, *s.* (extending from A_{e_1} down to M_{50}; metallogr.; TTT-diagram).

Gebiet der elastischen Formänderung, *n.* elastic region, *s.*

Gebiet der festen Lösung, *n.* solid solution range, *s.* (in a constitutional diagram, the temperature range in which γ-iron is able to keep varying-with-temperature amounts of carbon dissolved; binary system).

Gebiet der plastischen Formänderung, *n.* plastic region, *s.*

Gebiet, *n.* **der voreutektoiden Ferritausscheidung,** proeutectoid ferrite field, *s.* (metallogr.).

Gebiet mit Austenit + Ferrit, *n.* A + F field, *s.* (TTT-diagram).

Gebiet mit Austenit + Zementit, *n.* A + C field, *s.* (TTT-diagram; metallogr.).

Gebirgsbahn, *f.* mountain railway, *s.*

Gebläseanlage, *f.* blower plant, *s.*

Gebläseeinrichtung(en), *f. (pl.),* blowing equipment, *s.*

Gebläsehaus, *n.* blower house, *s.*, blowing engine house, *s.*

Gebläsemund, *m.* blower outlet, *s.*

Gebläsewind, *m.,* **mit X% Sauerstoffzusatz,** X% oxygen blast air, *s.*

gebohrte Schiene, *f.* drilled rail, *s.*

gebrannt, *a.* burnt, *a.*

gebrannter Kalk, *m.* burnt lime, *s.*

gebrannter Ton, *s.* burnt clay, *s.*

gebrauchsfertig, *a.* ready for use, *a.*

gebrauchsfertige Hochbauelemente, *pl.* fabricated steelwork, *s.*

Gebrauchsgüter, *pl.* utility products, *pl.*

gebrochenes Härten, *n.* interrupted hardening, *s.*, interrupted quenching, *s.* (e. g. cooling rapidly in water to about 400°C and then slowly cooling in oil; quenching with a modified degree of severity, to avoid internal stresses of full quenching, in two media).

gebundene Wärme, *f.* latent heat, *s.*

gebundener Kohlenstoff, *m.* combined carbon, *s.* (e. g. carbides in steel).

gedämpfter Hochofen, *m.* banked blast furnace, *s.*

gedeckt vergossener Stahl, *m.* capped steel, *s.*

gedrängte Bauart, *f.* compact construction, *s.*

Gefährdung der Sicherheit, *f.* safety hazard, *s.*

Gefälle, *n.* incline, *s.*, slope, *s.* (roof); gradient, *s.* (railway); descent, *s.* (road).

Gefälle des Wassers, *n.* head of water, *s.*

Gefäß, *n.* container, *s.*

gefederter Vorstoß, *m.* spring-loaded gag, *s.* (rollg. mill).

gefeintes Roheisen, *n.* refined pig iron, *s.*

gefräster Zahn, *m.* (siehe „geschnittener Zahn").

Gefrierpunkt, *m.* freezing point, *s.* (water).

Gefüge, *n.* structure, *s.* (metallogr.).

Gefügeaufbau, *m.* constitution, *s.* (metallogr.).

geführte Schlacken, *fpl.* carried slags, *spl.*

gegabelte Abstichrinne, *f.* bifurcated spout, *s.* (o. h. fce.).

Gegen-, counter- (in composite words).

Gegendruck, *m.* reaction, *s.* (mech.); back pressure, *s.* (mach.).

Gegenhalter, *m.* hold-on, *s.* (riveting).

Gegenmutter, *f.* lock nut, *s.*, jam nut, *s.*, check nut, *s.*

gegenläufig, *a.* countercurrent, *a.*

Gegenschiene, *f.* counter rail, *s.*, check rail, *s.*

Gegenstrom, *m.* counter current, *s.* (e. g. cooler).

gegenwirken, *v.t.*, to counteract, *v.t.*

Gegenwirkung, *f.* reaction, *s.* (principle of action and reaction).

gegossene Karbidhartmetalle, *pl.* cast carbides, *spl.* (made from non-saturated carbides of tungsten and molybdenum by melting in a carbon-tube resistance furnace).

geimpftes Gußeisen, *n.* inoculated cast iron, *s.* (obtained by addition of a graphitizer, e. g. ferro-silicon, into the ladle).

Gehalt an taubem Gestein, *m.* gangue content, *s.* (of the ore).

Gehänge, *n.* suspension gear, *s.* (mach.).

gehärtetes Öl, *n.* hydrogenated oil, *s.*

Gehäuse, *n.* box, *s.*, case, *s.*, casing, *s.*, housing, *s.*

gehen, *v.i.* to work, *v.i.* (the furnace works), to operate, *v.i.* (the furnace operates more smoothly).

geheizter Tiefofen, *m.* live soaking pit, *s.* (only used to stress the contrast to the "dead" type; normal term is "Tiefofen").

gekapselter Antrieb, *m.* enclosed drive, *s.*

gekröpfte Achse, *f.* cranked axle, *s.*

gekupferter Stahl, *m.* copper bearing steel, *s.*

Gelbgießerei, *f.* brass shop, *s.*, brass foundry, *s.*

Gelenk, *n.* link, *s.* (sprocket chain); joint, *s.* (e. g. universal joint); hinge, *s.* (e. g. of a flap).

gelenkig, *a.* articulated, *a.*

gelenkige Gleitstücke, *npl.* articulating shoes, *spl.* (of a pig casting machine).

gelenkig verbunden, *a.* articulating, *a.*

Gelenkkopf, *m.* joint end, *s.*

Gelenkkupplung, *f.* flexible coupling, *s.* (e. g. roll spindle); articulated coupling, *s.* (mach.).

Gelenksschienen, *fpl.* articulating rails, *spl.* (of a pig casting machine).

Gelenksspindel, *f.* articulating spindle, *s.* (power transmission).

Gelenkstuhl, *m.* jaw chair, *s.* (railw.).

Gelenkwelle, *f.* cardan shaft, *s.*

gelocht, *a.* pierced, *a.* (1 hole); perforated, *a.* (multiple holes).

gelöschter Kalk, *m.* slaked lime, *s.*

gemauerter Gießaufsatz, *m.* bricked hot top, *s.*

Gemein(un)kosten, *pl.* overheads, *spl.*

gemischtes Hüttenwerk, *n.* iron and steel works, *s.*, iron and steel plant, *s.*, integrated steel works, *s.*, integrated steel plant, *s.*

genau, *a.* accurate, *a.*

Genauigkeit, *f.* accuracy, *s.*, precision, *s.*

genehmigt, *a.* approved, *a.*

Genehmigung, *f.* approbation, *s.* (of a project).

Generalreparatur, *f.* general repair, *s.*

Generator, *m.* gas producer, *s.*

Generatorgas, *n.* producer gas, *s.*

gepreßtes Rohr, *n.* pressed tube, *s.*

geraderichten, *v.t.* to straighten, *v.t.* (rails, bars).

Geraderichten, *n.* straightening, *s.* (rails, bars).

Gerät, *n.* apparatus, *s.* (testing, control, measuring); tool, *s.*, implement, *s.* (agriculture); device, *s.*, gear, *s.* (mach.).

gerauhte Walzen, *pl.* ragged rolls, *spl.* (rollg. mill; to improve the bite of the rolls).

geregelte Abkühlung, *f.* controlled cooling, *s.* (of rolled bars, rails).

geregelte Kühlung, *f.* controlled cooling, *s.*, directed cooling, *s.*

gereinigte und temperaturgeregelte Luft, *f.* make-up air, *s.*

gerichtete Bleche, *npl.* flat sheets, *spl.*

geriffelt, *a.* corrugated, *a.*, ribbed, *a.*

gerillt, *a.* grooved, *a.*

geringhaltig, *a.* low-grade, *a.* (chem.).

geringwertig, *a.* poor, *a.* (quality).

geringhaltiges Erz, *n.* low-grade ore, *s.*

Gerippe, *n.* (Tragwerk), frame work, *s.* steel structure, *s.* (bldg.).

gerippt, *a.* ribbed, *a.*

gerippter Betonstahl, *m.* ribbed round, *s.*

gerippter Federstahl, *m.* ribbed spring steel, *s.*

geröstetes Erz, *n.* roast ore, *s.*

Gerüst, *n.* scaffold, *s.*, stage, *s.* (bldg.).

Gerüstbühne, *f.* top platform, *s.* (rollg. mill stand).

Gesamt -, overall -, total -.

Gesamtanlageplan, *m.* general layout, *s.*

Gesamtansicht, *f.* general view, *s.*

gesamte Formänderung, *f.* (mm), strain in in., *s.* (engnrg. practice).

Gesamtlänge, *f.* overall length, *s.*

Gesamtleistung, *f.* total output, *s.* (production, power).

geschälter Stabstahl, *m.* turned bars, *spl.*

geschälter und geschliffener Stabstahl, *m.* turned and ground bars, *spl.*

geschlitzt, *a.* slotted, *a.*

geschlossene Bohrung, *f.* blind hole, *s.*

geschlossener Kreislauf, *m.* closed cycle, *s.*

geschlossener Walzenständer, *m.* closed-top roll housing, *s.* (rollg. mill).

geschlossenes Gleitlager, *n.* sleeve bearing, *s.*

geschlossenes Kaliber, *n.* tongue and groove pass, *s.* (roll pass design), closed pass, *s.* (rollg. mill).

Geschmeidigkeit, *f.* plasticity, *s.*

geschmiedet, *a.* forged, *a.*

geschmiedete Walze, *f.* forged roll, *s.*

geschmiedete Welle, *f.* forged shaft, *s.*

geschmolzen, *a.* fused, *a.* (fluxes); molten, *a.* (steel, metal); smelted, *a.* (iron).

geschnittene Zähne, *pl.* machined teeth, *spl.*

geschnittener Zahn, *m.* cut tooth, *s.* (of a gear).

geschwefelte Automatenstähle, *pl.* high-sulphur steels, *spl.*, resulphurized rimmed steels, *spl.*

chweißte Stahlblechkonstruktion, *f.* fabricated steel plate design, *s.*

geschweißter Träger, *m.* built-up girder, *s.*

geschweißtes Rohr, *n.* welded tube, *s.*, welded pipe, *s.*

geschwelte Heizmittel, *pl.* carbonized fuels, *spl.* (e. g. semi-coke).

Geschwindigkeit, *f.* velocity, *s.*, speed, *s.*

Geschwindigkeitsgrenze, *f.* speed limit, *s.*

Gesenk, *n.* die, *s.* (general term).

Gesenkarbeit, *f.* die work, *s.*, die-making operation, *s.*

Gesenkblock, *m.* die block, *s.* (only used for small size dies: upper and lower dies connected).

Gesenkentwurf, *m.* die design, *s.* (drop forging).

Gesenkflächen, *fpl.* die faces, *spl.* (drop forging; the contacting faces of upper and lower dies).

Gesenkgravur, *f.* die impressions, *spl.* (drop forging).

Gesenkherstellung, *f.* die work, *s.*

Gesenkmacherei, *f.* die-making shop, *s.*

Gesenkschmiedearbeit, *f.* drop forging, *s.*

Gesenkschmieden, *n.* die forging, *s.*

Gesenkschmiedestücke, *pl.* drop forgings, *spl.* (drop hammer).

Gesenkstähle, *pl.* die steels, *spl.*

Gesenkstauchen, *n.* swaging, *s.* (hot or cold forming of articles between swages compressed by blow or blows of a hammer; e. g. stretching of rods, pipes, rounds to reduce diameters; tapering or pointing of ends).

Gesenkverschleiß, *m.* die wear, *s.*

Gesims, *n.* cornice, *s.* (bldg.).

gesinterte Hartmetallplättchen, *pl.* sintered tips, *spl.*

gesinterte Karbidhartmetalle, *pl.* sintered metal carbides, *spl.* (consisting of tungsten carbide sometimes mixed with titanium carbide and cobalt as binder; tantalum instead of tungsten carbide used in U. S. A.).

Gespannguß, *m.* group teeming, *s.* (of steel ingots).

Gespannplatte, *f.* group teeming plate, *s..* bottom plate, *s.* bottom pouring plate, *s.* (for groups of molds in uphill teeming).

Gestaltsfestigkeit, *f.* stability, *s.*

Gestaltsfestigkeitsversuch, *m.* shape-

strength test, *s.* (determination o
relative fatigue strength by testing
of models or finished parts).

gestauchtes Walzgut, *n.* cobble, *s.*
(caused by faulty rolling).

Gestehungskosten, *pl.* prime cost, *s.*,
own cost, *s.*

Gesteinsbohrer, *m.* rock drill, *s.*

Gestell, *n.* rack, *s.* (storage of rolls, etc.);
frame, *s.* (of a saw, a machine);
hearth, *s.* (bl. fce.).

Gestelldurchbruch, *m.* hearth break-
out, *s.* (bl. fce.).

Gestelldurchmesser, *m.* hearth diameter, *s.* (bl. fce.).

Gestellmantel, *m.* hearth jacket, *s.*
(bl. fce.).

Gestellpanzer, *m.* hearth jacket, *s.*
(bl. fce.).

Gestellweite, *f.* hearth diameter, *s.*
(bl. fce.).

Gestellzone, *f.* hearth zone, *s.* (of a
blast fce.).

gestopfte Windform, *f.* blind tuyere,
(bl. fce., converter); stopped tuyere, *s.*
(bl. fce.).

gestreckte Phosphorseigerungen, *pl.*
phosphorus banding, *s.* (see "banded
structure").

gestuftes Härten, *n.* (siehe "Warmbadhärten").

geteiltes Rad, *n.* built-up wheel, *s.*

getrennte Züge, *pl.* single uptakes, *spl.*
(o. h. fce.).

Getriebe, *n.* gear mechanism, *s.*, gear
unit, *s.*, gear, *s.* (usually used in
compound terms, e. g. spur gear, etc.).

Getriebekasten, *m.* gear box, *s.*, gear
casing, *s.*

Getriebekupplung, *f.* gear coupling, *s.*

getriebenes Blech, *n.* dished metal
sheet, *s.*

Getrieberad, *n.* gear, *s.* (general term),
gear wheel, *s.*

gewalztes Rohr, *n.* rolled tube, *s.*

Gewicht der Schmelze, *n.* heat
weight, *s.*

Gewichtsanteil, *m.* proportion by
weight, *s.*

**Gewichtsausgleichung der Ober-
walze,** *f.* balancing of top roll, *s.*
(keeping the top roll against the
screw-down; performed by hydraulic
cylinders, springs, counterweights).

Gewinde, *n.* thread, *s.*

Gewindebacke, *f.* bolt die, *f.* screw
die, *s.*

Gewindebohrer, *m.* tap (general),
hand tap, *s.* machine screw tap, *s.*

Gewindefräsen, *n.* thread milling, *s.*
(threading operation using a thread
milling cutter).

Gewindegänge je Zoll, *pl.* threads per
inch, *s.* (pipe and tube).

Gewinde, grobgängiges, *n.* coarse
thread, *s.*

Gewindelänge, *f.* threaded length, *s.*

Gewindelehre, *f.* thread gauge, *s.*

Gewindepassung, *f.* thread fit, *s.*
(classes 1—4, 1 = loosest, 4 = clo-
sest).

Gewindeprofil, *n.* thread form, *s.*

Gewinderillenfräser, *m.* multiple-
thread milling cutter, *s.*

Gewindeschleifen, *n.* thread grinding, *s.*

Gewindeschneidautomat, *m.* automatic tapping machine, *s.* (internal
threads).

Gewindeschneideisen, *n.* die stock
die, *s.*

Gewindeschneiden, *n.* thread cutting,
s. (general term).

Gewindeschneidkluppe, *f.* screw plate
die, *s.*

Gewindeschneidkopf, *m.* threading
die head, *s.* (for external threads,
usually a self-opening type).

Gewindeschneidmaschine, *f.* threading machine, *s.*

Gewindeschneidstahl, *m.* threading
tool, *s.* (general term).

Gewindesteigung, *f.* lead, *s.* (on
single-thread screws: lead = pitch
× 2; triple-thread screws: lead =
pitch × 3, aso.; lead generally is the
distance a screw thread advances
axially in one turn), pitch, *s.* (distance from a point on a screw
thread to a corresponding point on
the next thread measured parallel
to the axis).

Gewindestrehlen, *n.* thread chasing, *s.*,
chasing, *s.* (for this operation a
threading tool having more than one
cutting point is used: a chaser).

Gewindewalzbacken, *m.* thread rolling
die, *s.*

Gewindewälzfräsen, *n.* thread hobbing, *s.* (thread generation by means of a thread hob).

Gewinnung, *f.* extraction, *s.* (ores); recovery, *s.* (by-products).

Gewölbe, *n.* arch, *s.*, roof, *s.* (furnace).

Gewölbeaufhängung, *f.* arch suspension, *s.* (o. h. fce.).

Gewölbebau, *m.* arch construction, *s.*

Gewölbebauart, *f.* arch construction, *s.*, arch design, *s.*

Gewölbepfeiler, *m.* buttress, *s.*

Gewölbeplatte, *f.* arch plate, *s.* (bldg.).

Gewölbeprofil, *n.* arch contours, *spl.*

Gewölberippe, *f.* rib, *s.*

Gewölbespannweite, *f.* span of roof, *s.*

Gewölbereparatur, *f.* top repair, *s.* (o. h. fce.).

Gewölbeträger, *m.* arch beam, *s.* (horizontal member).

Gewölbewiderlager, *n.* skewback, *s.* (o. h. fce.).

gezogen, *a.* drawn, *a.* (see: draw); rifled, *a.* (barrel of gun).

gezogener Formstahl, *m.* drawn section, *s.* (U. K.), drawn shape, *s.* (U. S. A.).

gezogene Profile, *npl.* drawn shapes, *spl.* (U. S. A.), drawn sections, *spl.* (U. K.).

gezogener Draht, *m.* drawn wire, *s.*

gezogenes Rohr, *n.* drawn tube, *s.*

Gicht, *f.* top, *s.* (bl. fce.).

Gichtaufzug, *m.* skip hoist, *s.* (bl. fce. skip charging); charging hoist, *s.* (general).

Gichtbrücke, *f.* skip bridge, *s.* (bl. fce.).

Gichtbühne, *f.* top platform, *s.* (bl. fce.).

Gichtbühne, *f.* charging platform, *s.* (bl. fce.).

Gichtdurchmesser, *m.* stock line diameter, *s.* (bl. fce.).

Gichten, *fpl.* rounds, *spl.* (bl. fce. charging operation).

Gichtgas, *n.* top gas, *s.*

Gichtgasgebläse, *n.* gas-driven blower, *s.* (bl. fce.).

Gichtgasleitung, *f.* blast furnace gas main, *s.*

Gichtglocke, *f.* obere, small bell, *s.* (bl. fce. top).

Gichtglocke, *f.* untere, large bell, *s.* (bl. fce. top).

Gichtkübel, *m.* skip, *s.* (for hard coke); charging bucket, *s.* (for softer cokes).

Gichtöffnung, *f.* throat, *s.*

Gichtreparatur, *f.* top repair, *s.* (bl. fce.).

Gichtschlamm, *m.* top gas mud, *s.* (bl. fce.).

Gichtsonde, *f.* ga(u)ge rod, *s.*, stock rod, *s.* (indicating level of burden in a blast furnace).

Gichtstaub, *m.* (blast furnace) flue dust, *s.*

Gichtstaub-Aufbereitungsanlagen, *pl.* flue dust conditioners, *spl.* (general).

Gichtstaubentfall, *m.* flue dust production, *s.*

Gichtstaub, *m.*, **im Kollergang durchfeuchteter,** pugged flue dust, *s.* (from the pugmill following the dust catcher).

Gichttemperatur, *f.* top temperature, *s.* (one of blast furnace operating data).

Gichtverschluß, *m.* bell and hopper, *s.* (bl. fce.).

Gießarbeit, *f.* casting operation, *s.*

Gießaufsatz, *m.* hot top, *s.*, feeder, *s.*

Gießbühne, *f.* pouring platform, *s.*, teeming platform, *s.* (melting shop).

gießbare feuerfeste Stoffe, *mpl.* castable refractories, *spl.*

Gießebene, *f.* pouring floor, *s.* (of continuous casting "tower").

gießen, *v.t.*, to cast, *v.t.*, to pour, *v.t.*, to teem, *v.t.*

Gießen, *n.*, **mit Aufsatz,** hot topping, *s.*

Gießerei, *f.* foundry, *s.*

Gießereibetrieb, *m.* foundry practice, *s.*

Gießereitechnik, *f.* founding practice, *s.*

Gießereieisen, *n.* foundry pig (iron), *s.*

Gießereikoks, *m.* foundry coke, *s.*

Gießereikran, *m.* foundry crane, *s.*

Gießerei-Kupolofen, *m.* foundry cupola, *s.*

Gießerei-Roheisen, *n.* foundry pig iron, *s.*, foundry pig, *s.*, foundry iron, *s.*

Gießereisohle, *f.* foundry floor, *s.*

Gießereiwesen, *n.* founding, *s.*

Gießform, *f.* mold, *s.*

Gießform, *f.*, **mit Kohle bestäuben,** to face the mold.

Gießgeschwindigkeit, *f.* teeming speed, *s.*, teeming rate, *s.*

Gießgrube, *f.* pouring aisle, *s.* (meltg. shop), casting pit, *s.*

Gießhalle, *f.* casting bay, *s.*; casting pit, *s.* (in the melting shop building), cast house, *s.* (bl. fce.).

Gießkelle, *f.* casting ladle, *s.* (foundry).

Gießpfanne, *f.* casting ladle, *s.*, pouring ladle, *s.*, teeming ladle, *s.* (steel mill).

Gießkopf, *m.* feeder head, *s.*, shrink head, *s.*, top discard, *s.* (ingot).

Gießkran, *m.* caster crane, *s.*, ladle crane, *s.*, pit crane, *s.*

Gießmaschine, *f.*, casting machine, *s.* (pig).

Gießpfannenanalyse, *f.* pit analysis, *s.* (chem.).

Gießpfannengabel, *f.* ladle shank, *s.*

Gießpfannengehänge, *n.* ladle bail, *s.*

Gießplatte, *f.* casting plate, *s.*

Gießrinne, *f.* runner, *s.*

Gießtechnik, *f.* teeming method, *s.*, teeming practice, *s.*

Gießtemperatur, *f.* pouring temperature, *s.* (of the steel).

Gießtrichter, *m.* in (or down) gate, *s.*, sprue, *s.*, center runner, *s.*, center riser, *s.*

Gießturm, *m.* tower, *s.* (continuous casting).

Gießvorgang, *m.* casting cycle, *s.*

Gießwagen, *m.* casting buggy, *s.*, casting car, *s.*

Gießwagengleis, *n.* ingot teeming track, *s.* (meltg. shop).

Gießwanne, *f.* tundish, *s.*

Gitter, *n.* trellis, *s.* (constructional and bldg.); lattice, *s.* (constr., bldg., crystallogr.).

Gitterblech, *n.* perforated sheet, *s.*

Gitterrost, *m.* grate, *s.*

Gitterträger, *m.* lattice girder, *s.*

Gitterdraht, *m.* trellis wire, *s.*

Gittermast, *m.* lattice girder pole, *s.*

Gitterraum, *m.* checker volume, *s.* (regenerator).

Gitterstein, *m.* checker brick, *s.* (regenerator).

Gitterwerk, *n.* checker work, *s.* (regenerator).

glänzender Niederschlag, *m.* bright deposit, *s.* (electrodeposition).

Glanzkohle, *f.* anthracite, *s.*

Glasfaserstrumpf, *m.* fiber glass sock, *s.* (pulled over mandrel when extrud-ing tubing according to the Sejournet process).

glasig, *a.* vitreous, *a.* (slag).

glasiger Bruch, *m.* vitreous fracture, *s.*

Glassand, *m.* vitrous sand, *s.*

Glasschmierung, *f.* glass lubrication, *s.* (Sejournet extrusion process).

Glas-Schmierverfahren, *n.* glass-lubrication method, *s.* (used in extruding steel shapes).

Glasur, *f.* glaze, *s.*, iron glaze, *s.* (for iron or steel).

Glasurstein, *m.* vitrefied brick, *s.*

glatte Walzen, *pl.* plain rolls, *spl.*, straight rolls, *spl.* (plate, sheet, strip rolling).

glattkantige Feile, *f.* safe-edge file, *s.*

glattmachen, *v.t.* to flatten, *v.t.*

Glättwalzwerk, *n.* (siehe „Friemel-walzwerk"), reeling machine, *s.*

gleichartig, *a.* homogeneous, *a.*

Gleichdruck-Axialturbine, *f.* axial flow impulse turbine, *s.*

gleichförmig, *a.* uniform, *a.*, homogeneous, *a.* (phys.).

Gleichförmigkeit, *f.* uniformity, *s.*

gleichgerichtete Kristalle, *pl.* equi-axed crystals, *spl.* (crystallogr.).

Gleichgewicht, *n.* equilibrium, *s.* [plural: -ia], (chem., phys.); balance, *s.* (mech.).

Gleichgewichtslage, *f.* state of equi-librium, *s.* (chem.).

Gleichgewichtszustand, *m.* condition of equilibrium, *s.*, state of equilibrium, *s.* (chem.).

Gleichgewichtsprüfung, *f.* balance test, *s.* (mach.).

gleichmäßig, *a.* uniform, *a.* (speed); homogeneous, *a.* (chem., metall.); regular, *a.* (spacing).

gleichschenkeliger Krümmer, *m.* elbow, *s.*, ell, *s.* (pipe and tube).

gleichschenkliger Winkelstahl, *m.* equal leg angles, *spl.*

gleichseitig, *a.* equilateral, *a.* (geom.).

Gleichung, *f.* equation, *s.* (math.).

Gleis, *n.* track, *s.*

Gleisanlagen, *fpl.* trackage, *s.*

Gleisbau, *m.* trackwork, *s.*

Gleisbremse, *f.* rail brake, *s.*

Gleisförderung, *f.* track haulage, *s.*, rail traction, *s.*

gleislose Einsatzmaschine, *f.* auto

floor box charger, *s.* (o. h. fce.); auto floor charger, *s.* (serving reheating furnaces and presses).

gleislose Förderung, *f.* trackless haulage, *s.*

gleisloser Schmiedemanipulator, *m.* auto floor manipulator, *s.*

Gleisrückmaschine, *f.* track shifter, *s.*

Gleis-, Rück- und Hebemaschine, *f.* track machine, *s.*

Gleitebene, *f.* slip-plane, *s.* (denoted by closely spaced slip bands; crystallogr.).

Gleiteigenschaften, *pl.* sliding properties, *spl.* (of bearing metals).

gleiten, *v.i.* to glide, *v.i.*, to slide, *v.i.*, to slip, *v.i.* (a clutch, a belt).

gleitende Reibung, *f.* sliding friction, *s.*

Gleitfläche, *f.* slide plate, *s.* (railway switch).

Gleitlager, *n.* plain bearing, *s.*

Gleitlager, *n.,* **mit Wergpackung,** waste pocket sleeve bearing, *s.*

Gleitlinien, *pl.* slip bands, *spl.,* slip lines, *spl.* (dark lines running across a crystal; crystallogr.).

gleitlose Drahtziehmaschine, *f.* non-slip wire drawing machine, *s.*

Gleitmittel, *n.* anti-friction, *s.* (agent).

Gleitmodul, *n.* [**G-Modul**], modulus of rigidity, *s.*, shear modulus, *s.*, modulus of torsion, *s.* (ratio of stress to corresponding twist or shear in lb. per sq. in.).

Gleitrichtung, *f.* slip direction, *s.* (crystallogr.).

Gleitschichten, *pl.* slip planes, *spl.* (crystallogr.).

Gleitschiene, *f.* skid, *s.* (mach.).

Gleitschwindung, *f.* liquid flow, *s.* (metallogr.).

Gleitung, *f.* slip, *s.* (crystallogr.).

Gleitung der Kristalle, *f.* slip (or sliding), *s.*, of crystals (crystallogr.).

Glied, *n.* link, *s.* (mach., general).

Gliedergurt, *m.* link belt, *s.*

Glimmer, *m.* mica, *s.*

Glimmerschiefer, *m.* mica-schist, *s.*

Glockenaufzug, *m.* bell hoist, *s.* (bl. fce.).

Glühanlage, *f.* annealing equipment, *s.*, annealing facilities, *spl.*

Glühe, *f.* annealing cycle, *s.*

Glühen, *n.* **(allgemein),** annealing, *s.* (process involving heating and cooling to remove stresses, alter mech. or phys. properties, produce a definite microstructure, remove gases).

Glühen, *n.,* **auf körnigen Zementit,** spheroidizing, *s.*, spheroidization, *s.*

Glühen, *n.,* **langzeitiges,** prolonged annealing, *s.*

Glühen, *n.,* **mit isothermischer Rückumwandlung,** isothermal annealing, *s.* (the steel is cooled from the austenitic state to the temperature of the minimum in the ending transformation line, and then held at approx. this temperature until transformation of austenite is completed; subsequent cooling in any convenient manner).

Glühen, *n.,* **mit Schutzgasumwälzung,** controlled atmosphere annealing, *s.*

Glühen, *n.,* **unterhalb des Perlitpunktes** (siehe „Weichglühen").

Glühen, *n.,* **von Temperguß,** malleable annealing, *s.*

Glüherei, *f.* annealing bay, *s.*

Glühfrischen, *n.* malleablizing, *s.*

Glühgefüge, *n.* annealed structure, *s.*

Glühhaube, *f.* annealing bell, *s.,* annealing hood, *s.*

Glühhitze, *f.* red heat, *s.*

Glühkiste, *f.* annealing box, *s.*

Glühkisten-Einsetzmaschine, *f.* sheet-annealing furnace charging machine, *s.*

Glühofen, *m.* annealing furnace, *s.*

Glühspan, *m.* furnace scale, *s.*

Glühtemperatur, *f.* annealing temperature, *s.*

Glühtopf, *m.* annealing pot, *s.*

Glühverfahren, *n.* annealing process, *s.*

Glühverlust, *m.* oxide losses, *spl.,* scaling loss, *s.*

Glühvorgang, *m.* annealing cycle, *s.*

Grad, *m.* degree, *s.*

Gradeinteilung, *f.* graduation, *s.*

Granalien, *pl.* shot, *s.* (shape of commercial ferro-alloys).

Granulieren, *n.* shotting, *s.* (metals, iron).

granuliert, *a.* granulated, *a.* (e.g. slag).

Granulierung, *f.* granulation, *s.*

Graphidox, *n.* Graphidox, *s.* (deoxidizer, used in electric steelmaking).

graphische Darstellung, *f.* graph, *s.*

Graphitausscheidung, *f.* separation of graphite, *s.* (foundg.).

graphitbildender Impfstoff, *m.* graphitizing innoculant, *s.* (e. g. cerium, magnesium; cast iron).

graphithaltiges Fett, *n.* graphite grease, *s.*

Graphitisieren, *n.* graphitizing, *s.* (annealing mottled or white cast iron to cause combined carbon to be converted into graphitic carbon).

graphitisierendes Glühen, *n.* graphitizing, *s.* (annealing process for cast iron, or steels high in C or Si, by which combined C is transformed to graphite or free carbon, i. e. temper carbon).

Graphitschmiere, *f.* graphite lubricant, *s.*

Graphitschmiermittel, *n.* graphit grease, *s.*

Grat, *m.* fin, *s.* (rolling, drop forging); flash, *s.* (drop forging, butt-welding).

Gratbildung, *f.* finning, *s.* (rollg. mill practice).

gratig, *a.* overfilled, *a.* (bar during rolling operation).

graues Gußeisen, *n.* gray (grey) cast iron, *s.* (color of fracture caused by graphite).

graues Roheisen, *n.* gray pig iron, *s.*

Graugießerei, *f.* gray iron foundry, *s.*

Grauguß, *m.* gray (grey) cast iron, *s.*, cast iron castings, *spl.*

Gravieren, *n.* engraving, *s.* (e. g. of dies).

Gravierung, *f.* engraving, *s.*

Gravur, *f.* **eines Gesenkes,** recess, *s.*, of a die (drop forging).

greifbar, *a.* available, *a.* (of materials).

greifen, *v.t.* to bite, *v.t.* (rolling).

Greifer, *m.* clamshell, *s.*, drag line grab, *s.*

Greiferbetrieb, *m.* drag line operation, *s.*

Greifereinrichtung, *f.* drag line equipment, *s.*

Greiferkran, *m.* grab crane, *s.*

Greifvermögen, *n.* bite, *s.* (of rolls; rollg. mill).

Greifwinkel, *m.* gripping, or coverage, angle, *s.*, angle of contact, *s.*, entering angle, *s.*, angle of bite, *s.* (rollg. mill), angle of nip, *s.* [U. K.] (rollg. mill).

Grenzbelastung, *f.* limit load, *s.*

Grenzfläche, *f.* interface, *s.*

Grenzgeschwindigkeit, *f.* limit speed, *s.*, limiting speed, *s.*, critical speed, *s.*

Grenzlehre, *f.* limit ga(u)ge, *s.*

Grenzwert, *m.* limit value, *s.*

Griffmutter, *f.* knurled nut, *s.* (mach.).

Grobätzung, *f.* macro-etching, *s.*

Grobblech, *n.* plate mill products, *spl.*

Grobbleche und Universalbleche, *pl.* plates and universal plates, *pl.* (U. S. A.: 5.85 m/m and more in thickness in widths from 150—1200 m/m; and 4.6 m/m in thickness in widths over 1200 m/m; Europe: corresponding thicknesses: 3 m/m and over, and 4.8 m/m and over).

Grobblechrichterei, *f.* plate trimming line, *s.*

Grobblechwalzwerk, *n.* plate mill, *s.*

Grobhieb, *m.* over-cut, *s.* (of a doublecut file).

grobkörnig, *a.* coarse-grained, *a.*

grobkörniges Gefüge, *n.* coarse-grained structure, *s.*

grobkörniges Bruchaussehen, *n.* coarse-grained fracture, *s.*

Grobpassung, *f.* loose fit, *s.* (mach.).

Grobschätzung, *f.* approximation, *s.*

Grobschmieden, *n.* cogging, *s.*

Grob- und Panzerbleche, *pl.* heavy flat products, *spl.*

Großanlage, *f.* production plant, *s.*

Großbaustähle, *pl.* structural steels, *spl.*

Großbetrieb, *m.* large-scale operation, *s.*

Größe, *f.* amplitude, *s.*

Größe, *f.* size, *s.* (of an article); magnitude, *s.* (math.); bulk, *s.*, volume, *s.* (contents); quantity, *s.* (motion, math.).

Großeinrichtung(en), *f.* *(pl.)*, capital equipment, *s.*

Großfertigung, *f.* large-scale manufacture, *s.*

Großformat-Kohlenstoffstein, *m.* carbon block, *s.* (bl. fce. hearth).

Großformatstein, *m.*, **saurer,** acid block, *s.* (refractory).

Großraumgüterwagen, *m.* large capacity car, *s.*, large capacity truck, *s.*
Großraumofen, *m.* large capacity furnace, *s.*, large size furnace, *s.*
Großraum-Schrottwagen, *m.* gondola, *s.*
Großreihenfertigung, *f.* large-scale series manufacture, *s.*
Großserienfertigung, *f.* large-scale duplicate production, *s.*
großstückig, *a.* in large lumps (ore).
Größthärtezahl, *f.* max. hardness, *s.*
Großversuch, *m.* full-scale test, *s.*
grubben, *v.t.* (siehe „auflockern"), to fluff, *v.t.* (sintering).
Grubber, *m.* fluffer, *s.* (sintering).
Grübchenkorrosion, *f.* pitting, *s.*
Grubenausbau, *m.*, **hufeisenförmiger,** steel arches, *spl.* (mining material).
Grund, *m.* ground, *s.*, soil, *s.* (bldg.).
Grundanstrich, *m.* priming coat, *s.*, primer, *s.* (paint).
Grundfläche, *f.* base, *s.* (of a body).
Grundieren, *n.* pre-coating, *s.* (the article previous to hard facing); priming, *s.* (paint).
Grundlagen, *pl.* fundamentals, *spl.* (of any science).
Grundmasse, *f.* groundmass, *s.*, matrix, *s.* (in a heterogeneous aggregate the principal constituent in which other constituents are embedded; metallogr.).
Grundplatte, *f.* bed plate, *s.*, base plate, *s.* (mach.); foundation plate, *s.* (bldg.); switch plate, *s.* (of a railw. switch).
Grundpfählung, *f.* foundation piling, *s.*
Grundriß, *m.* plan, *s.*
Grundwerkstoff, *m.* parent metal, *s.* (general); backing metal, *s.* (e. g. cladding, hard surfacing); base metal, *s.* (welding).
grüner Sand, *m.* green sand, *s.* (molding practice).
Guillery-Schlagwerk, *n.* wheel type shock tester, *s.* (mat. testg.).
Gummidraht, *m.* rubber-insulated wire, *s.*
Gurt, *m.* strap, *s.* belt, *s.*
Gurtförderer, *m.* link-belt conveyor, *s.*
Gurt-Umwickelführung, *f.* belt wrapper, *s.* (attached to a coldmill upcoiler).
Guß, *m.* casting, *s.* (product).

Gußblock, *m.* steel ingot, *s.*, ingot, *s.*
Gußblock, *m.*, **mit Haube vergossener,** hot-topped ingot, *s.*
Güsse abschleifen, to machine castings.
Gußbruch, *m.* foundry scrap, *s.*, cast (iron) scrap, *s.*
Gußeisen, *m.* cast iron, *s.* (material).
Gußeisen, *npl.*, **höherer Festigkeit,** high-strength cast irons, *pl.* (all showing a pearlitic matrix).
Gußeisen, *n.*, **mit Kugelgraphit,** spherical graphite cast iron, *s.*
Gußgefüge, *n.* as-cast structure, *s.* (metallogr.).
Gußgefüge, *n.*, **grobstengeliges,** ingotism, *s.* (the coarsely-dendritic structure of cast steels).
Gußhaut, *f.* skin, *s.*
Gußkies, *m.* cast iron grit, *s.* (for shot blasting).
Gußmodell, *n.* foundry pattern, *s.*
Gußnaht, *f.* burr, *s.*, seam, *s.*
Gußputzerei, *f.* cleaning and dressing bay, *s.*, for castings.
Gußrinde, *f.* crust, *s.* (founding practice).
Guß, *m.*, **säurebeständiger,** acid-resisting castings, *spl.*
Guß-Schweißkonstruktion, *f.* cast-weld design, *s.*
Gußstahl, *m.* cast steel, *s.*
Gußstahlwerk, *n.* cast steel plant, *s.*
Gußstück, *n.* casting, *s.*
Gußwalze, *f.* cast roll, *s.*
Gußwalzen, *pl.*, **mit tiefer Hartschale,** deep-chill grain rolls, *pl.*
gut einhärtender Stahl, *m.* deep hardening steel, *s.*
Güte, *f.* temper, *s.* (e. g. a tool of the finest temper); quality, *s.*
gütemäßig, *a.* qualitative, *a.*
Güterbewegung, *f.* materials handling, *s.*
Güterbewegung, *f.*, **Einrichtungen für die,** materials handling equipment, *s.*
Güterwagen, *m.* car, *s.*, wagon, *s.* (railw.).
Gütestufe, *f.* quality, *s.*, grade, *s.*
Gütevorschrift, *f.* quality specification, *s.*
Gutschrift, *f.* credit, *s.* (e. g. credit for sales of slag).

H

Haarriß, *m.* shatter crack, *s.* (in rails), hair-line crack, *s.*, hair crack, *s.* (in steel products).

Hafenbahn, *f.* harbor railway, *s.*

haften, *v.i.* to bond, *v.i.*

Haftfestigkeit, *f.* adhesion, *s.*, resistance, *s.*, to detachment, adhesive strength, *s.*

Haftgrundvorbereitung, *f.* preparation, *s.*, of metallic surfaces before painting.

Haftspannungen, *fpl.* adhesive stresses, *spl.* (e. g. occurring in reinforcing bars).

Haftverhalten, *n.* adhesive characteristics, *spl.* (of lubricants).

Haftvermögen, *n.* bond, *s.*, grip, *s.* (of reinforcing bars); adhesive power, *s.*

Haftwirkung, *f.* mechanical bond, *s.* (of concrete reinforcing materials).

Hahn, *m.* (*pl.:* **Hahnen**), cock, *s.* (mach.); faucet, *s.* (water).

Hakenbolzen, *m.* hook bolt, *s.*

Hakenkeil, *m.* dog key, *s.*

Hakenkette, *f.* hook link chain, *s.*

Hakenlasche, *f.* hooked fishplate, *s.* (railway).

Hakennagel, *m.* dog-headed spike, *s.* (railway).

Hakenschraube, *f.* T-bolt, *s.*

Hakensprengring, *m.* snap ring, *s.*

halbberuhigter Stahl, *m.* semi-killed steel, *s.* (only partly deoxidized).

halbblanke Ausfertigung, *f.* semi-bright finish, *s.* (sheet, strip); semi-machined, *a.* (bolts, screws, etc.).

Halbelliptikfeder, *f.* semi-elliptic spring, *s.*

halbharte Walze, *f.* medium-hard roll, *s.* (non-porous surface, used in plate mills, structural finishing stands, sheet mill intermediate stands).

halbiertes Eisen, *n.* mottled iron, *s.*

Halbkoks, *m.* semi-coke, *s.* (product of low-temperature carbonization).

halbkontinuierliche Breitbandstraße, *f.* semi-continuous wide strip mill, *s.* (reversing roughing train and continuous finishing train in tandem).

Halbkreiskrümmer, *m.* return bend, *s.* (pipe fitting).

halbrund, *a.* half round, *a.*

Halbrundfeile, *f.* pit-saw file, *s.* (the arc being a full semi-circle).

Halbrundstahl, *m.* half rounds, *spl.* (rolled products).

Halbstahl, *m.* semi-steel, *s.*, malleable hard iron, *s.* (refined cast iron, in the manufacture of which some proportion of steel is used).

Halbzeug, *n.* semi-finished products, *spl.*, semis, *spl.* (blooms, billets — rolled or forged — slabs, skelp, wirerod, sheet bars).

Halbzeugstraße, *f.* semi-finishing mill, *s.* (rollg. mill).

Halbzeugwalzung, *f.* run down rolling, *s.* (rollg. mill practice).

Haldenplaniermaschine, *f.* spreader plow, *s.*

Halle, *f.* mill building, *s.*, building, *s.*

Halslager, *n.* collar bearing, *s.* (mach.).

Haltbarkeit, *f.* stability, *s.* (chem.); durability, *s.* (materials); endurance, *s.* (of material in service); life, *s.* (lining, roof, of a fce.).

Haltbarkeit, *f.*, **des Futters,** life, *s.*, of converter lining.

Haltbarkeit, *f.*, **des Lagers,** bearing life, *s.*

Haltepunkte, *mpl.* arrest points, *spl.* (breaks in the continuity of heating or cooling curves of a metal. Various points are distinguished by numbers after the letter "A", and the small letters "c" and "r", meaning "on heating" and "on cooling", respectively; see "A-points").

Haltering, *m.* retaining ring, *s.* (e. g. of a bearing).

Halterwerkstoff, *m.* material, *s.*, of tool holder, material, *s.*, of shank.

Haltevorrichtung, *f.* jig, *s.* (for drilling, grinding, welding, etc., operations).

Hämatit-Roheisen, *n.* hematite pig iron, *s.*

Hammerbahn, *f.* hammer face, *s.*

Hammerführung, *f.* hammer guide, *s.* (mach.).

Hammergestell, *n.* hammer frame, *s.* (drop hammer).

Hammerschlag, *m.* hammer scale, *s.*, forge scale, *s.*

Hammerschmiede, *f.* hammer mill, *s.*

Hammerschmiedestück, *n.* drop forging, *s.*

Hammerschraube, *f.* T-head bolt, *s.*

Hammerschweißung, *f.* hammer welding, *s.* (a type of forge welding).

handelsübliche Güten, *fpl.* commercial qualities, *spl.*, current qualities, *spl.*

Handhabung, *f.* handling, *s.*, manipulation, *s.*

handputzen, *v.t.* to hand-finish, *v.t.* (e. g. castings).

Handwerkzeuge, *npl.* handtools, *spl.*

Handzeit, *f.* handling time, *s.* (e. g. in finishing operations).

Hanfseele, *f.* hemp center, *s.*, hemp core, *s.* (wire rope manufacture).

Hängebahn, *f.* overhead railway, *s.* (for haulage).

Hängedecke, *f.* suspended arch, *s.*, suspended roof, *s.* (o. h. fce. construction).

Hängeeisen, *n.* hanger, *s.* (for hanger bricks).

Hängegewölbe, *n.* suspended arch, *s.* (o. h. fce. construction).

Hängegewölbe, *n.,* **amerikanischer Bauweise,** American arch, *s.* (o. h. fce. construction).

Hängemeißel, *m.* hanging guide, *s.* balanced guard, *s.* (rollg. mill).

Hängen, *n.,* **der Gichten,** bridging, *s.*, scaffolding, *s.*, hanging of the burden, *s.* (bl. fce. operation).

„hängender" Ofen, *m.* sticking furnace, *s.* (bl. fce. operation).

Hängerstein, *m.* hanger tile, *s.* (suspended arch construction, o. h. fce.).

Hardenit, *m.* hardenite, *s.* (a martensite of exactly eutectoid composition, practically amorphous texture); Caron's cement, *s.*

hart, *a.* fully hard, *a.* (sheet, strip, wire).

härtbar, *a.* hardenable, *a.*

härtbarer Stahl, *m.* hardening steel, *s.*

Härtbarkeit, *f.* hardenability, *s.*

Härtbarkeitszahl, *f.* index, *s.*, of hardenability.

Härte, *f.* hardness, *s.*

Härteannahme, *f.* response to hardening, *s.*

Härteflüssigkeit, *f.* quenching medium, *s.*, quenchant, *s.*

Härtegrad, *m.* degree of hardness, *s.*, temper, *s.*

Härte, *f.,* **in der Wärme,** hot hardness, *s.*

Härtekopf, *m.* quench head, *s.* (consisting of a heating coil and an annular spray; e. g. used for induction hardening of cold rolls).

Härtemaß, *n.* measure of hardness, *s.*

Härtemittel, *n.* hardening compound, *s.*, hardening agent, *s.*

Härteofen, *m.* hardening furnace, *s.*

Härteprüfgerät, *n.* hardness tester, *s.*

Härteprüfmaschine, *f.* hardness testing machine, *s.*

Härteprüfung, *f.* hardness test, *s.*

Härtepulver, *n.* cementing powder, *s.* (case hardening).

Härter, *m.* hardener, *s.* (workman).

Härterei, *f.* hardening shop, *s.*, hardening installation, *s.*

Härtereitechnik, *f.* hardening practice, *s.*

Härteschaulinie, *f.* hardness curve, *s.*

Härtestufe, *f.* temper, *s.* (of steel strip, cold rolled).

Härte und Oberfläche, *f.* temper and finish, *s.* (quality specification for sheet and strip).

Härte und Ausfertigung, *f.* (siehe „Härte und Oberfläche").

Härteverzug, *m.* distortion, *s.*, on hardening.

Härtezahl, *f.* hardness number, *s.*

Hartguß, *m.* chilled casting, *s.* (the article); chill casting, *s.* (operation); chilled cast iron, *s.* (material).

Hartgußschrot, *m.* chilled iron shot, *s.*, steel shot, *s.* (used for shot peening of surfaces).

Hartlot, *n.* brazing metal, *s.*, brazing solder, *s.*, brazing medium, *s.*, brazing alloy, *s.* (of relatively high melting point).

Hartlöten, *n.* brazing, *s.*

Hartmetall-bestückte Werkzeuge, *npl.* tipped tools, *spl.*

Härteofen, *m.* quench furnace, *s.* (in which the steel is heated up to quenching temperature).

hartschlagen, *v.t.* to hammer-harden, *v.t.* (cold working).

Hartstoffe, *mpl.* hard materials, *spl.*

Härtung, *f.,* **durch Anlassen,** temper hardening, *s.*

Härtungsempfindlichkeit, *f.* quench sensitivity, *s.*

Härtungsvorgang, *m.* hardening cycle, *s.*

Hartverchromen, *n.* hard-chromium plating, *s.*

Hartwalze, *f.* case-hardened roll, *s.*, chilled roll, *s.* (having a wear-resistant, hard, and smooth surface).

Hartzinn, *n.* pewter, *s.*

Harz, *n.* resin, *s.*

Haspel, *m.* coiler, *s.* (in strip rolling, meaning the machine complete with winding reel and drive).

Haspelofen, *m.* furnace coiler, *s.* (of reversing hot strip mill).

Haspelscheibe, *f.* block and capstan, *s.* (wire drawing).

Haspeltrommel, *f.* reel, *s.*

Haspelwelle, *f.* axle tree, *s.* (mach.).

Haspelwerk, *n.* winding frame, *s.* (a machine pulling the wire through the galvanizing plant and winding it onto blocks at the sides of the frame).

Haubenglühofen, *m.* cover type annealing furnace, *s.*, bell type annealing furnace, *s.*, hood type annealing furnace, *s.*

Haubenglühofen, *m.*, **für satzweisen Einsatz,** lift cover batch annealing furnace, *s.* (for hot rolled strip in one or more stacks).

Hauben-Lötofen, *m.* bell type brazing furnace, *s.* (electrically heated; bell is filled with protective atmosphere; utilized for extremely large assemblies).

Häufigkeitskurve, *f.* frequency curve, *s.* (statistics, or of analysis values).

Haufwerk, *n.* agglomerate, *s.*

Haupthub, *m.* main hoist, *s.* (of a crane).

Hauptkupplung, *f.* leading coupling, *s.* (the alternative to a leading spindle in connecting drive unit with pinion; rollg. mill).

Hauptleitung, *f.* main, *s.*

Hauptrohr, *n.* main, *s.*

Hauptsammelrohr, *n.* collecting main, *s.*

Hauptschiff, *n.* principle bay, *s.* (of a bldg.).

Hauptspindel, *f.* main spindle, *s.*,
leading spindle, *s.* (connecting drive unit with pinion; rollg. mill).

Hauptteil, *m.* body, *s.* (of structure, machine).

Haushaltsgeräte, *npl.* domestic equipment, *s.*

Häutchen, *n.* film, *s.* (chem.).

Hebearbeit, *f.* lifting job, *s.*

Hebebock, *m.* lifting jack, *s.* (mach.).

Hebedaumen, *m.* cam, *s.*, tappet, *s.* (e.g. of a valve), lifter, *s.*, lifting cog, *s.*

Hebekopf, *m.* tappet, *s.* (mach.).

Hebel, *m.*, lever, *s.*

Hebelantrieb, *m.* lever drive, *s.*

Hebelkraft, *f.* leverage, *s.*

Hebelschalter, *m.* lever switch, *s.*

Hebelschere, *f.* alligator shear, *s.*

Hebelübersetzung, *f.* leverage, *s.*

Hebemagnet, *m.* lifting magnet, *s.*

Hebepumpe, *f.* lifting pump, *s.*

Hebetisch, *m.* lifting table, *s.* (rollg. mill).

Hebewinde, *f.* lifting winch, *s.*

Hebezeug, *n.* hoisting gear, *s.*

Hebezeug, *n.*, **fahrbares,** lift truck, *s.*

Heftdraht, *m.* stitching wire, *s.*, bookbinder's wire, *s.*

Heftschweißen, *n.* tack welding, *s.*

Heftschweißmaschine, *f.* tack welder, *s.*

Heftzwinge, *f.* clip, *s.* (wire rope fastening).

Heißblasen, *n.* silicon blow, *s.* (temperature of the converter bath is raised by oxidation of silicon).

Heißbrüchigkeit, *f.* hot shortness, *s.* (of material on hot forming).

Heißeisenschere, *f.* ingot shear, *s.*

heiß erblasenes Roheisen, *n.* hot-blast pig iron, *s.*

heiße Stelle, *f.*, **im Gestellmantel,** hot spot, *s.* (in the hearth jacket of a bl. fce.).

Heißflämmen, *n.* hot scarfing, *s.* (by machine or hand torch).

Heißflämm-Maschine, *f.* hot scarfer, *s.* (installed after the blooming mill; desurfacing of blooms).

Heißfräsen, *n.* hot milling, *s.* (surface of the work piece is preheated by high-temperature flame from torch moving ahead of the milling cutter).

Heißlufttrockner, *m.* hot air blast dryer, *s.*

Heißrichten, *n.* hot straightening, *s.* (of rails).

Heißstempeln, *n.* branding, *s.* (type of marking).

Heißwasserspüler, *m.* hot rinse, *s.* (pickling).

Heißwindkupolofen, *m.* hot blast cupola, *s.*

Heißwindleitung, *f.* hot blast main, *s.*

Heißwindring, *m.* bustle pipe, *s.* (bl. fce.).

Heißwindschieber, *m.* gate type hot blast valve, *s.* (hot blast stove).

heizen, *v.t.* to heat, *v.t.*, to fire, *v.t.*

Heizer, *m.* fireman, *s.*

Heizfläche, *f.* heating surface, *s.*

Heizgas, *n.* fuel gas, *s.*

Heizhaube, *f.* heating cover, *s.* (of a cover type annealing fce.).

Heizkammer, *f.* regenerator, *s.*, checker chamber, *s.*

Heizkanal, *m.* checker flue, *s.* (in a regenerator).

Heizkraft, *f.* heating power, *s.*, calorific power, *s.*

Heizleistung, *f.* heating efficiency, *s.*

Heizöl, *n.* fuel oil, *s.*

Heiztechnik, *f.* industrial heating, *s.*

Heizung, *f.* heating, *s.*, firing, *s.*

Heizwert, *m.* calorific value, *s.*

Heizzug, *m.* heating flue, *s.* (of coke oven).

helle Rotglut, *f.* bright red heat, *s.*

hellrot, *a.* light red, *a.*

Hellrotglühhitze, *f.* bright red heat, *s.*

Hemmschraube, *f.* set screw, *s.*

Hemmschuh, *m.* brake block, *s.* (mach.).

Hemmwirkung, *f.* drag (action), *s.* (of the pay-off reel in strip rolling).

Herausfrischen, *n.*, **des Kohlenstoffs,** carbon elimination, *s.* (steelmaking).

Herd, *m.* hearth, *s.*

Herdeinsatz, *m.* hearth casing, *s.*

Herdform, *f.* open-sand mold, *s.* (molding practice).

Herdformguß, *m.* open-cast iron, *s.* (product).

Herdfrischen, *n.* open hearth refining, *s.*

Herdfrischstähle, *mpl.* open hearth steels, *spl.*

Herdfrischverfahren, *n.* reverberatory process, *s.* (general); open hearth process, *s.*

Herdgewölbe, *n.* main roof, *s.* (o. h. fce. construction).

Herdgewölbe, *n.*, **in Streifenbauweise,** zebra type roof, *s.* (a construction using two different types of brick alternately; o. h. fce.).

Herdguß, *m.* open sand casting, *s.* (operation and product).

Herdofen, *m.* hearth type reheating furnace, *s.*, in-and-out furnace, *s.* (a batch type reheating furnace for smaller slabs).

Herdsohle, *f.* hearth bottom, *s.*

Herdunterbau, *m.* subhearth, *s.* (o. h. fce. construction).

Herdwandung, *f.* bottom bank, *s.* (o. h. fce. construction).

Herdwanne, *f.* pan, *s.*, bath, *s.* (of o. h. fce.).

herstellen, *v.t.* to manufacture, *v.t.*

Hersteller, *m.* manufacturer, *s.*, maker, *s.*,

Herstellerfirma, *f.* manufacturing firm, *s.*

Herstellung, *f.* manufacture, *s.*, manufacturing, *s.* (activity).

Herstellung, *f.*, **im Großen,** large-scale manufacture, *s.*

Herstellungsgang, *m.* process of manufacture, *s.*

Herstellungstechnik, *f.* manufacturing practice, *s.*

Herstellungsverfahren, *n.* manufacturing process, *s.*

Herstellungsverfahren, *n.*, **geschweißter Rohre nach Fretz-Moon,** Fretz-Moon process, *s.* (butt weld pipe).

Herstellung, *f.*, **von verschleißfesten Oberflächen,** hard surfacing, *s.* (any kind of treatment or coating by which hard wearing surfaces are obtained; e. g. by stellitizing, nitriding, flame hardening, brazing or welding-on of hard metals, etc.).

Herstellungsweise, *f.* manufacturing method, *s.*

Herunterarbeiten, *n.*, **in der Wärme,** hot breakdown, *s.* (by rolling or forging).

herunterwalzen, *v.t.* to bloom, *v.t.*; to cog (down), *v.t.* (U. K.).

Herz, *n.* center, *s.,* core, *s.* (of wire ropes).

Herzlitze, *f.* center strand, *s.* (wire rope).

Herzspitze, *f.* frog point, *s.* (railway).

Hilfs-, ancillary, *a.,* auxiliary, *a.*

Hilfsbetriebe, *mpl.* general services, *spl.,* mill service division, *s.*

Hilfshub, *m.* auxiliary hoist, *s.* (of a crane).

Hilfsquellen, *fpl.* resources, *spl.*

Hilfswinde, *f.* donkey winch, *s.* (mach.).

hinterdrehen, *v.t.* to relieve, *v.t.* (lathe operation); to back-off, *v.t.* (teeth of a milling cutter for clearance).

hinterfräsen, *v.t.* to relief-mill, *v.t.*

Hinterfräsmaschine, *f.* relief milling machine, *s.*

Hinterkipper, *m.* end tipper, *s.* (truck).

Hintermauerung, *f.* back bricking, *s.* (of a lining).

hinterschleifen, *v.t.* to relief-grind, *v.t.*

Hinterschleifmaschine, *f.* relief grinding machine, *s.*

Hin- und Herbiegeversuch, *m.* reverse bending test, *s.* (for rope wire).

Hitze, *f.* heat, *s.*

hitzebeständig, *a.* heat resisting, *a.* (e. g. steels); heatproof, *a.* (e. g. coat of paint).

hitzebeständiger Überzug, *m.* heat resisting coating, *s.*

hitzebeständige Stähle, *mpl.* heat resisting steels, *spl.* (resistant against corrosion attack above 550° C).

Hitzebeständigkeit, *f.* heat resistance, *s.*

Hitzebeständigkeits -Eigenschaften, *fpl.* heat resisting properties, *spl.* (of materials).

Hobel, *m.* plane, *s.* (mach.).

Hobelmeißel, *m.* planing tool, *s.*

hobeln, *v.t.* to plane, *v.t.*

Hobelspäne, *mpl.* shavings, *spl.*

Hobelstahl, *m.* planing tool, *s.*

Hobelvorrichtung, *f.* flash trimmer, *s.* (attachment to strip welding machine).

Hochbahn, *f.* high-line, *s.* (of standard or narrow gage track; o. h. fce. plant).

Hochbahn-Schleppwagen, *m.* high-line transfer car, *s.* (for delivery of ore to high-line bunkers; bl. fce. plant).

Hochbau, *m.* structural engineering, *s.*

Hochbauelemente, *npl.* fabricated steelwork, *s.,* fabricated structural parts, *spl.*

Hochbauingenieur, *m.* structural engineer, *s.*

Hochdruckbehälter, *m.* high-pressure vessel, *s.*

Hochdruckbetrieb, *m.* high-pressure operation, *s.,* high top pressure operation, *s.* (pressurized bl. fce.).

Hochdruckblasen, *n.* high top pressure operation, *s.,* pressure blowing, *s.,* high-pressure blowing, *s.* (bl. fce. practice).

hochdruckfestes Öl, *n.* extreme pressure oil, *s.* (lubricant).

Hochdruckofen, *m.* pressure blast furnace, *s.,* pressurized blast furnace, *s.*

Hochdruckschmiermittel, *n.* high-pressure lubricant, *s.*

hochfester Stahl, *m.* high-strength steel, *s.*

Hochfrequenz-Induktionsofen, *m.* high-frequency induction furnace, *s.* (making of special steels).

Hochfrequenzschmelze, *f.* HF-furnace heat, *s.* (steelmaking).

hochgegriffen sein, *v.i.* to be on the high side, *v.i.* (of values, or results).

hochgekohlter Flußstahl, *m.* high-carbon steel, *s.* (over 0.85 % C).

hochgekohlter Kohlenstoffstahl, *m.* high-carbon steel, *s.* (over 0.85 % C).

Hochglanz, *m.* mirror finish, *s.* (of surfaces).

Hochglanzbleche, *npl.* mirror finish sheets, *spl.*

hochhaltiges Erz, *n.* high-grade ore, *s.,* rich ore, *s.*

hochlegierter Stahl, *m.* high-alloy steel, *s.*

Hochleistungs-, heavy-duty (in composite words).

Hochofen, *m.* blast furnace, *s.*

Hochofenanlage, *f.* blast furnace plant, *s.*

Hochofenbetrieb, *m.* blast furnace operation, *s.*

Hochofenbetriebstechnik, *f.* blast furnace practice, *s.*

Hochofenbetrieb, *m.,* **mit Überdruck an der Gicht,** high top pressure operation, *s.*

Hochofengerüst, *n.* blast furnace steel structure, *s.*

Hochofenguß, *m.* cast, *s.* (of bl. fce. hot metal).

Hochofenmauerwerk, *n.* blast furnace brickwork, *s.*

Hochofen, *m.,* **mit Hochdruckausrüstung,** pressurized blast furnace, *s.*

Hochofenpanzer, *m.* blast furnace mantle, *s.*

Hochofenprofil, *n.* blast furnace lines, *spl.*

Hochofenroheisen, *n.* blast furnace iron, *s.* (as distinguished from mixer iron, or cupola iron).

Hochofenschaumschlacke, *f.* blast furnace pumicestone slag, *s.,* blast furnace foamed slag, *s.*

Hochofenschlacke, *f.* blast furnace slag, *s.,* cinders, *spl.*

Hochofenschlackenzement, *m.* blast furnace slag cement, *s.*

Hochofenprozeß, *m.* blast furnace process, *s.*

Hochofenverfahren, *n.* blast furnace process, *s.*

Hochofenverfahren, *n.,* **mit Einblasen von veredeltem Naturgas oder Brennöl,** blast furnace process, *s.,* using injection of oxygen-reformed natural gas, or fuel oil (the process works with oxygenated blast only; the CO and H_2-gas is injected from a second tuyere level arranged just below the bosh mantle).

Hochofenwerk, *n.* blast furnace plant, *s.*

Hochofenzement, *m.* blast furnace slag cement, *s.*

hochmanganhaltiger Stahl, *m.* (siehe „Manganstähle").

Hochpolieren, *n.* buffing, *s.* (production of mirror-like surface by application of finest abrasives at high speeds in the presence of some sticky material).

hochprozentige Vanadinschlacke, *f.* high-vanadium slag, *s.* (in the reclamation of vanadium under the basic bessemer process).

hochschmelzend, *a.* high-melting, *a.* (chem.).

Hochsintern, *n.* (siehe „Fertigsintern").

Höchst-Qualitätsstahl, *m.* top grade steel, *s.*

Höchststand, *m.,* **absoluter,** alltime high, *s.* (of production).

Hoch- und Tiefbau, *m.* civil engineering, *s.*

hoch-warmfeste Legierung NA22H, *f.* NA22H, *s.* (a high-temperature alloy for applications in excess of 2000° F).

hochwertig, *a.* high-strength ... (of steels).

hochwertiger Stahl, *m.* high-strength steel, *s.,* high-grade steel, *s.*

Höhe, *f.* level, *s.* (of values).

Höheneinstellung, *f.* adjustment of height, *s.*

Hohlguß, *m.* hollow casting, *s.* (product).

Hohlkehle, *f.* fillet, *s.* (mach.).

Hohlkehlschweißung, *f.* concave fillet weld, *s.*

Hohlkörper, *mpl.* hollows, *spl.* (products); tubular bodies, *spl.* (general).

Hohlmaß, *n.* dry measure, *s.* (e. g. cb. ft.); liquid measure, *s.* (e. g. gallon).

Hohlmeißel, *m.* gouge, *s.*

Hohlniet, *n.* tubular rivet, *s.*

Hohlraum, *m.* cavity, *s.* (in a solid body); void, *s.* (in a bed of broken solids).

Hohlschmieden, *n.,* **im Gesenk,** deep piercing, *s.* (the metal displaced by the action of the punch flows into the recess of the die in the direction of the shot).

Hohlwellen, *fpl.* hollow shafting, *s.* (mach.).

Holzfaserbruch, *m.* fibrous structure, *s.,* woody structure, *s.*

Holzkohlen-Hochofen, *m.* charcoal blast furnace, *s.*

Holzkohlen-Roheisen, *n.* charcoal pig iron, *s.*

Homogenisieren, *n.* (siehe „homogenisierendes Glühen").

homogenisierendes Glühen, *n.* homogenizing, *s.* (high-temperature heat treatment process to eliminate or minimize chemical segregation by diffusion).

Honen, *n.* (siehe „Ziehschleifen").

Horde, *f.* hurdle, *s.* (of a washer).

Hordenwascher, *m.* hurdle washer, *s.* (gas cleaning).

horizontale Biegepresse, *f.* bulldozer, *s.* (generally operating on hot steel).

Horizontal-Stranggußmaschine, *f.* horizontal continuous casting machine, *s.* (Belgian patent).

Hosenrohr, *n.* Y-pipe, *s.*

Hosenrohrfitting, *m.* Y-pipe fitting, *s.*

Hub, *m.* stroke, *s.* (of piston, press); lift, *s.* (of crank, cam, valve).

Hubbalkenofen, *m.* walking beam heating furnace, *s.*, rocker-bar type heating furnace, *s.*

Hub, *m.,* **der Oberwalze,** lift, *s.,* of top roll (two-high mills).

Hubhöhenskala, *f.* height ga(u)ge, *s.* (graduation on one of the guides of a tup testing machine).

Hubrinne, *f.* lifting trough, *s.* (rollg. mill).

Hubwagenstapler, *m.* power lift truck, *s.* (materials handling).

Hubwerk, *n.* hoisting gear, *s.* (mach.).

Hülse, *f.* sleeve, *s.*, socket, *s.*

Hütte, *f.* mill, *s.*, plant, *s.*, works, *s.* (in a given context); metallurgical plant, *s.*, metallurgical works, *s.*

Hüttenbims, *m.* pumice slag, *s.*

Hüttenchemiker, *m.* metallurgical chemist, *s.*

Hüttenflur, *m.* mill floor, *s.*

Hüttenindustrie, *f.* metallurgical industry, *s.*

Hüttenheizstoffe, *mpl.* metallurgical fuels, *spl.*

Hütteningenieur, *m.* metallurgical engineer, *s.* (general); iron and steel engineer, *s.*

Hüttenkoks, *m.* metallurgical coke, *s.*, coke-oven coke, *s.*

Hüttenkunde, *f.* metallurgy, *s.*

Hüttenmann, *m.* metallurgist, *s.* (general); steel mill operator, *s.*, iron and steel engineer, *s.*

Hüttenstein, *m.* granulated-slag brick, *s.*

Hüttentechnik, *f.* metallurgical engineering, *s.*

Hüttenwerk, *n.* steel mill, *s.*, steel plant, *s.*, steel works, *s.*

Hüttenwerkseinrichtung(en), *fpl.* steel mill equipment, *s.*

Hüttenwerkskran, *m.* steel mill crane, *s.*

Hüttenwerksmaschinen, *fpl.* steel mill machinery, *s.*

Hüttenwesen, *n.* metallurgy, *s.*

Hufeisenstabstahl, *m.* horse shoeing bars, *spl.*, rolled horse shoe sections, *spl.* (products).

Hundebalken, *m.* (siehe „Führungsbalken").

Hut, *m.* drawing reel, *s.* (wire drawing).

Hydratwasser, *n.* hydrated water, *s.* (chem.).

Hydraulik, *f.* hydraulics, *s.*

hydraulische Anstellung, *f.* hydraulically operated screw-down, *s.* (see "screw-down gear").

hydraulische Eigenschaften, *fpl.* hydraulic properties, *spl.* (e. g. of slag, lime).

hydraulische Lochpresse, *f.* hydraulic piercing press, *s.* (for the manufacture of hollows from billets of square cross section).

hydraulische Pressen, *fpl.* hydraulic presses, *spl.* (used for heavy press-work, drawing, or die-pressing; capacities range from 300 to 15,000 tons).

hydraulische Spannmaschine, *f.* hydraulic sheet stretcher, *s.*

Hydrierung, *f.* hydrogenation, *s.*

Hydrodynamik, *f.* hydrodynamics, *s.*

Hydromechanik, *f.* mechanics of fluids, *s.*

Hydrostatik, *f.* hydrostatics, *s.*

hydrostatischer Druck, *m.* hydrostatic pressure, *s.*

Hylag-Isolierstoff, *m.* Hylag, *s.* (refractory insulation for temperatures ranging from 65 to 1,200° C; product of the Continental Coating Corp., U. S. A.).

Hysteresis, *f.* thermal lag, *s.*, thermal hysteresis, *s.* (difference in temperature between A_c and A_r points for a given material; A_c points are invariably higher).

Hysteresisschleife, *f.* hysteresis loop, *s.* (magnetic steels).

I

I-Träger, *m.* I-beam, *s.* (rolled product).

I-Trägerverlaschungen, *fpl.* I-beam connections, *spl.*

Ihrig-Verfahren, *n.* ihrigizing, *s.* (producing on steel a high-silicon heat- and corrosion-resistant surface layer).

Ilgnerhaus, *n.* Ilgner house, *s.* (rollg. mill).

im Bau begriffen sein, to be under construction.

im gewalzten Zustand, *adv.* as-rolled, *a.*

im Lieferzustand, *adv.* as-delivered, *a.*

Impfung, *f.* innoculation, *s.* (treating molten cast iron with a graphitizer; see "innoculated cast iron").

imprägnieren, *v.t.* to impregnate, *v.t.*, to steep, *v.t.*

Imprägniermittel, *n.* impregnating preparation, *s.*

Imprägnierstoff, *m.* impregnating substance, *s.*

Impuls-Echoverfahren, *n.* impulse reflection method, *s.* (ultrasonic testing).

im Walzzustand, *adv.* as-rolled, *a.*

im zementierten Zustand *adv.* as-carburized, *adv.*, in the case-carburized condition, *adv.*

in abgeschrecktem Zustand, *adv.* as-quenched, *a.*

inaktiver Roheisenmischer, *m.* inactive hot metal mixer, *s.* (melting shop).

in Betrieb gehen, *v.i.* to go into operation, *v.i.*

in Betrieb setzen, *v.t.* to put in operation, *v.t.*

in betriebsfähigem Zustand, *adv.* in (good) working condition, *adv.*

Inconel-Metall, *n.* Inconel, *s.* (79.5% nickel alloy resistant to high temperatures and corrosion).

in der Achse, *adv.* axial, *a.*

in der Faserrichtung, *adv.* along the fiber, *adv.* (mat. testg.).

in der Praxis, *adv.* in practical operation, *adv.*

in der Wärme, *adv.* at elevated temperatures, *adv.*

indifferentes Gleichgewicht, *n.* neutral equilibrium, *s.* (chem.).

indizierte Pferdestärke, *f.* indicated horse power, *s.*

Induktionshärteverfahren, *n.* induction hardening process, *s.*

Induktionshärtung, *f.* induction hardening, *s.*

Induktions-Kippofen, *m.* induction-heated tilting ladle, *s.* (continuous casting).

Induktions-Oberflächenhärtung, *f.* induction surface hardening, *s.* (treatment of medium carbon or alloy steels; distortion almost negligible).

Induktionsofen, *m.* induction furnace, *s.*

Induktionsrührer, *m.* induction stirrer, *s.* (electric fce.).

in Durchführung begriffen, *adv.* in course of construction, *adv.*

Industriebahn, *f.* industrial railway, *s.*

Industriebauten, *mpl.* industrial buildings, *spl.*

Industriegas, *n.* industrial gas, *s.*

Industrieofen, *m.* industrial furnace, *s.*

Industrieofenbau, *m.* industrial furnace engineering, *s.*

Industrieverglasung, *f.* industrial glazing, *s.*

ineinanderpassen, *v.i.* to mate, *v.i.*

in einer Hitze walzen, *v.t.* to roll in one heat, *v.t.*

in Erprobung, *adv.* under trial, *adv.*

Infrarotstrahler, *m.,* gasbeheizter, gas-fired infra red panel, *s.* (space heating).

ingangsetzen, *v.t.* to start (up), *v.t.*

in gekerbtem Zustand, *adv.* as-notched, *a.*

Ingenieurbüro, *n.* engineering offices, *spl.*

Ingenieurchemiker, *m.* chemical engineer, *s.*

Ingenieurkonsulent, *m.* consulting engineer, *s.*

in geschweißtem, unbehandeltem Zustand, *adv.* as-deposited, *a.* (welding).

Inhalt, *m.* capacity, *s.* (container, vessel); area, *s.* (of surface).

Inhaltsverzeichnis, *n.* table of contents, *s.*

Inhibitor, *m.* inhibitor, *s.* (an agent used to slow-down, retard, or arrest a reaction).

in Kristallform, *adv.* in the crystalline state, *adv.*

inländisch, *a.* home-, domestic, *a.*, indigenous, *a.*

Inlandsversorgung, *f.* domestic supplies, *spl.*

in natürlicher Größe, *adv.* full-scale, *a.* (drwg.).

Innen-, internal, *a.* (dimensions, temperature, grinding, thread); inner, *a.* (span; side of a wall, of a fishplate); inside, *a.* (diameter, bearing, radius); interior, *a.* (surface, flange, view).

Innenausstattung, *f.* internal fitment, *s.*

Innengewinde, *n.* female thread, *s.*, internal thread, *s.*

Innenneigung, *f.*, **des Schachtes,** stack batter, *s.* (bl. fce. construction).

Innenrisse, *mpl.*, **feine,** clinking, *s.* (hair-line cracks mostly forming with a clinking sound in high-carbon and in alloy steels; cause is probably hydrogen).

Innenschleifmaschine, *f.* internal grinder, *s.* (mach. tool).

Innenring, *m.* inner race, *s.* (of anti-friction bearing).

Innenriß, *m.* shatter crack, *s.* (e. g. as visible in fracture of a forging).

Innenverzahnung, *f.* internal gearing, *s.*

innere Spannungsrisse, *mpl.* shatter cracks, *spl.* (e. g. in rails, caused by uneven cooling).

innerer Durchmesser, *m.* inside diameter, *s.* [I. D.].

in Öl abschrecken, *v.t.* to oil-quench, *v.t.*

in Ringen, *adv.* in coils, *adv.* (delivery of steel strip).

installieren, *v.t.* to lay down, *v.t.*

Instandhaltung, *f.* maintenance, *s.*, upkeep, *s.*

Instandhaltungsbetrieb, *m.* (siehe „Erhaltungsbetrieb").

Instandhaltungskosten, *pl.* maintenance, *s.*, maintenance costs, *spl.*

Instandsetzung, *f.* repair, *s.*

Instandsetzungsarbeiten, *fpl.* repair work, *s.*

integrierender Bestandteil, *m.* integral part, *s.*

interkristalline Korrosion, *f.* inter-crystalline corrosion, *s.*, intercrystalline cracking, *s.* (cf. "caustic embrittlement"), intergranular corrosion, *s.*, weld decay, *s.* (caused by structural inhomogeneities and by local formation of elements).

interkristalliner Korrosionsangriff, *m.*, **auf schmalem Streifen,** knifeline corrosion attack, *s.* (welded stainless steel).

Invarstahl, *m.* Invar steel, *s.* (austenitic 36% nickel alloy with low carbon content; negligible expansion coefficient; manufacture of geodetic instruments).

Investitionsprogramm, *n.* investment program, *s.*

Ion, *n.* ion, *s.*

Ionentheorie, *f.* theory of ions, *s.*

Ionenwanderung, *f.* migration of ions, *s.*

Ionisationsvermögen, *n.* ionizing power, *s.*

ionisieren, *v.t.* to ionize, *v.t.*

Ionisierung, *f.* ionization, *s.*

Ionisierungsmittel, *n.* ionizer, *s.*

irreversible Eisen-Nickel-Legierungen, *fpl.* irreversible iron-nickel alloys, *spl.*

Isoliermittel, *npl.* insulating materials, *spl.*

isolierter Draht, *m.* insulated wire, *s.*

isotherme Kenndaten, *pl.* isothermal data, *spl.* (metallogr.).

isothermer Umwandlungsvorgang, *m.* isothermal reaction, *s.* (metallogr.).

isothermes Umwandlungsgesamtbild, *n.* isothermal transformation chart, *s.* (a summary of transformation curves for a given steel; metallogr.).

isothermes Umwandlungsschaubild, *n.* isothermal transformation diagram, *s.*, I-T diagram, *s.* (metallogr.).

isothermisches Abschrecken, *n.* isothermal quenching, *s.* (hardening, heat-treating).

isothermisches Bad, *n.* isothermal bath, *s.* (e. g. brine, or lead alloy baths for isothermal heat treatment).

isothermische Umwandlung, *f.* isothermal transformation, *s.*

Ist-Erzeugung, *f.* actual production, *s.*

Ist-Gewicht, *n.* actual weight, *s.*

Ist-Leistung, *f.* actual production, *s.*

Ist-Pferdestärke, *f.* actual horse power, *s.*

Ist-Wert, *m.* actual value, *s.*

Izod-Schlagbiegeversuch, *m.* Izod test, *s.* (specimen is held in a vise close to the notch-centerline, the tup strikes the protruding end at a given distance from notch-centerline).

J

jährliche Festkosten, *pl.* fixed annual costs, *spl.* (capital interests, depreciation, insurance, sales).

Jalcase-Stahl, *m.* Jalcase steel, *s.* (also known as S. A. E. X 1314 and X 1315; manufactured by the Jones & Laughlin Steel Corp.).

Japanlack, *m.,* **lackieren mit,** japanning, *s.* (operation).

Joch, *n.* yoke, *s.* (mach.).

K

Kabel, *n.* cable, *s.*

Kabelasphalt, *m.* cable compound, *s.*

Kabelausgußmasse, *f.* cable compound, *s.*

Kabelbandstahl, *m.* cable tape, *s.*

Kabelgraben-Verzugsblech, *n.* cable troughing, *s.,* trench troughing, *s.*

Kabelhaspel, *m.* cable reel, *s.*

Kabelherstellung, *f.* cable manufacture, *s.*

Kabelisolierung, *f.* cable covering, *s.*

Kabelmantel, *m.* cable sheath, *s.*

Kabelpanzerung, *s.* cable armoring, *s.*

Kabeltrommelwinde, *f.* cable reel jack, *s.*

Kabelverlegung, *f.* cable laying, *s.*

Kadmium, *n.* cadmium, *s.*

Kadmiumelektrode, *f.* cadmium electrode, *s.*

Kali, *n.* potash, *s.*

Kaliber, *n.* pass, *s.,* groove, *s.* (roll pass design).

Kaliberachse, *f.* neutral axis, *s.* (of a pass; roll pass design).

Kaliberanzug, *m.* pass taper, *s.,* groove taper, *s.* (roll pass design).

Kaliberanordnung, *f.* pass arrangement, *s.* (roll pass design).

Kaliberdruck, *m.* draft, *s.* (rollg. practice; roll pass design).

Kalibergrund, *m.* bottom of a pass, *s.* (roll pass design).

kaliberhaltiger Guß, *m.* cast-to-form casting, *s.* (product).

Kaliberhaltigkeit, *f.* accuracy to size, *s.*

Kaliberöffnung, *f.* pass parting, *s.* (roll pass design).

Kaliber, *npl.,* **übereinandergelegte,** passes, *spl.,* worked over top of one another (roll pass design; three-high mill).

Kaliberwalzen, *pl.* grooved rolls, *spl.*

Kaliberwalzenschablone, *f.* pass template, *s.*

Kalibreur, *m.* roll designer, *s.,* roll pass designer, *s.*

kalibrieren, *v.t.* to size, *v.t.* (e. g. a bore, a pipe); to design, *v.t.* (rolls).

Kalibrieren, *n.* roll pass designing, *s.*

Kalibrierpresse, *f.* sizing press, *s.,* coining press, *s.,* squeezer press, *s.*

kalibriert, *a.* grooved, *a.* (of rolls).

Kalibrierung, *f.* roll pass design, *s.*

Kalk, *m.* lime, *s.*

kalkartig, *a.* calcareous, *a.,* limy, *a.*

Kalkbrennerei, *f.* lime kiln plant, *s.*

Kalkelend, *n.* trouble, *s.,* by excess lime; lime set, *s.* (bl. fce. practice).

Kälken, *n.* lime dip, *s.,* lime-coating, *s.* (of wire before drawing); neutralizing in milk of lime, *s.* (of acid adhering to pickled steel).

Kalkofen, *m.* lime kiln, *s.*

kalkhaltig, *a.* calcareous, *a.,* limy, *a.*

Kalklöschen, *n.* slaking, *s.,* of lime.

Kalkstein, *m.* limestone, *s.*

Kalksteinbruch, *m.* limestone quarry, *s.*

Kalkwerk, *n.* lime works, *s.*

Kalkzuschlag, *m.* lime addition, *s.,* addition of lime, *s.*

Kalorimeter, *n.* calorimeter, *s.*

kalorimetrisch, *a.* calorimetric, *a.*

Kalorisieren, *n.* calorizing, *s.* (heating iron and steel articles to a temperature of from 900-1000°C in contact with finely divided aluminum).

Kaltanstauchmaschine, *f.* cold heading machine, *s.*

kaltbrüchig, *a.* cold short, *a.,* brittle when cold.

Kaltbrüchigkeit, *f.* cold brittleness, *s.,* low-temperature brittleness, *s.*

kalt ausgefertigt, *a.* cold finished, *a.* (product).

kalt erblasenes Roheisen, *n.* cold-blast pig iron, *s.*

Kälteindustrie, *f.* refrigerating industry, *s.*

Kältemittel, *n.* refrigerant, *s.* (for coolers).

Kaltflämmen, *n.* cold scarfing, *s.* (with torch).

Kaltflämmen, *n.***, von Güssen mit Pulverzusatz,** powder washing of castings, *s.*

Kaltfließpressen, *n.* cold extrusion, *s.*, coldflo process, *s.*

Kaltformbarkeit, *f.* malleability, *s.*

Kaltformgebung, *f.* cold forming *s.*

kaltgewalzte Bleche, *npl.* cold-rolled sheets, *spl.*, cold-reduced sheets, *spl.* (12-24 in. in width and 0.142 in. in thickness, if no special edge, finish, temper, specified; 24-32 in. in width and 0.142 in. and over in thickness; over 32 in. in width, all thicknesses).

kaltgewalzte Profile, *npl.* cold-formed shapes, *spl.*

kaltgewalzter Bandstahl, *m.* cold-rolled strip, *s.*, cold-reduced strip, *s.* (up to 12 in. in width and 0.2499 in. or under in thickness; 12-24 in. in width, all thicknesses, if special edge, finish, temper, are specified).

kaltgewalztes Band, *n.* cold-rolled strip, *s.*, cold-reduced strip, *s.*

kalt-hämmerbar, *a.* malleable, *a.*

Kalthärtung, *f.* work hardening, *s.* (result of cold working).

Kaltlochen, *n.* cold punching, *s.* (press work).

Kaltnachpressen, *n.* cold finishing, *s.*, cold pressing, *s.*

Kaltnachwalzwerk, *n.* temper mill, *s.*

Kaltnieten, *n.* cold riveting, *s.*

Kalt-Pilgerverfahren, *n.* Rockrite cold reducing process, *s.* (seamless pipe manufacture).

kaltpressen, *v.t.* to cold-press, *v.t.*

Kaltpressen, *n.* cold pressing, *s.*

Kalt-Preßschweißung, *f.* pressure welding, *s.*, at room temperature.

Kaltrecken, *n.* cold straining, *s.*

Kaltrecken und Glätten, *n.* cold stretching and levelling, *s.* (employed to improve a condition of stretcher strains in sheets to be subsequently pressed).

kaltrichten, *v.t.* to cold-straighten, *v.t.* (shapes, rails).

Kaltrichtung, *f.* cold straightening, *s.*

Kaltsäge, *f.* cold saw, *s.*

Kaltschere, *f.* cold shear, *s.*

Kaltschlagformgebung, *f.* cold upsetting, *s.*

Kaltschlag-Gesenkstahl, *m.* cold-heading die steel, *s.* (either of the carbon-vanadium variety, or of carbon tool steel).

Kaltschlagmatrize, *f.* cold heading die, *s.*

kaltschmieden, *v.t.* to cold-hammer, *v.t.*

kaltschneiden, *v.t.* to cold-saw, *v.t.*, to cold-shear, *v.t.*

Kaltschweiße, *f.* cold shut, *s.*, cold shot, *s.*, cold set, *s.* (surface defect in ingots, forgings, or castings, caused by irregular teeming, or splashing).

Kaltschweißen, *n.* scales, *spl.* (surface defects on steel ingots).

Kaltstauchen, *n.* cold heading, *s.* (originally used for the manufacture of nails, rivets, bolts).

kaltstrecken, *v.t.* to cold-hammer, *v.t.*

Kalt-Tandemstraße, *f.* tandem cold mill, *s.*

kaltverarbeiten, *v.t.* to cold-process, *v.t.*

Kaltverarbeitung, *f.* cold working *s.*

Kaltverfestigung, *f.* strain-age hardening, *s.* (increase of yield and strength values, lowering of impact values).

Kaltverformbarkeit, *f.* cold-deformability, *s.*

Kaltverformung, *f.* cold forming, *s.* (e. g. by pressing); cold working, *s.* (e. g. by rolling).

Kaltverzinken, *n.* cold galvanizing, *s.* (a coating consisting of zinc powder plus binder plus some solvent; the latter evaporates after coating, leaving a film containing about 95 % zinc).

Kaltwalze, *f.* cold roll, *s.* (cold rollg. mill).

kaltwalzen, *v.t.* to cold-roll, *v.t.*, to cold-reduce, *v.t.*

Kaltwalzwerk, *n.* cold rolling mill, *s.*, cold reducing mill, *s.*

Kaltwindleitung, *f.* cold blast main, *s.* (bl. fce.).

Kaltwindschieber, *m.* cold blast valve, *s.* (hot blast stove).

kaltziehen, *v.t.* to cold-draw, *v.t.*

Kaltziehen, *n.*, **von Röhren,** cold tube-drawing, *s.*

Kalzium, *n.* calcium, *s.*

kalziumhaltig, *a.* calcic, *a.*

Kammer, *f.* checker chamber, *s.* (regenerator).

Kammergewölbe, *n.* chamber arch, *s.* (of checker chamber).

Kammlager, *n.* collar thrust bearing, *s.* (mach.).

Kammrad, *n.* cog wheel, *s.*

Kammstahl, *m.* rack-shaped cutter, *s.* (mach. tool).

Kammwalze, *f.* pinion, *s.* (rollg. mill drive).

Kammwalzenantrieb, *m.* pinion drive, *s.* (rollg. mill).

Kammwalzen-Duo, *n.* two-high pinion stand, *s.* (rollg. mill).

Kammwalzengerüst, *n.* pinion stand, *s.* (rollg. mill).

Kammwalzenständer, *m.* pinion housing, *s.* (rollg. mill).

Kanalbildung, *f.* chanelling, *s.* (caused by high-velocity flow of gases through a charge of broken solids; bl. fce. practice).

Kanal, *m.*, **feuerfest ausgemauerter,** runner, *s.* (of a checker chamber).

Kanalstein, *m.* runner brick, *s.* (uphill casting).

Kante, *f.* border, *s.*, edge., *s.*

Kanteinrichtung, *f.* tilting gear, *s.* (rollg. mill).

Kanten, *fpl.*, **bearbeiten,** to machine edges.

Kanter, *m.* tilting gear, *s.* (of mill manipulator; e. g. blooming and slabbing mill).

Kanthaken, *m.* tilting finger, *s.* (of tilting gear; e. g. blooming mill manipulator).

Kantstich, *m.* edging pass, *s.* (rollg. mill practice).

Kapillarität, *f.* capillary attraction, *s.* (fce. brazing).

Kapillarwirkung, *f.* capillary action, *s.* (brazing).

Kapitalslasten, *fpl.* capital charges, *spl.*

kappen, *v.t.* to lop, *v.t.*

Kappenständer, *m.* open-top mill housing, *s.* (rollg. mill).

karbidbildende Elemente, *npl.* carbide-forming elements, *spl.* (e. g. chromium, molybdenum, vanadium).

Karbid, *n.*, **des Legierungselementes,** alloy carbide, *s.*

Karbid-erhaltendes Element, *n.* carbide stabilizer, *s.* (e. g. titanium, tantalum, columbium; small additions to Ni-Cr stainless steels suppress the formation of insoluble Cr-carbides).

Karbonitrieren, *n.* carbo-nitriding, *s.*

Karburierung, *f.* carburetting, *s.* (gas).

Karosserie, *f.* car body, *s.*, autobody, *s.*

Karosserieblech, *n.* autobody sheets, *spl.*, car body sheets, *spl.*

Karosserie-Formstahl, *m.* car building sections, *spl.*

Karosseriebau, *m.* car body construction, *s.* autobody construction, *s.*

Karussellbad, *n.* revolving bath, *s.* (galvanizing).

kastenartig, *a.* box-form, *a.*, box-shaped, *a.*

Kastenform, *f.* box shape, *s.*, flask, *s.* (founding practice).

Kastenformerei, *f.* flask molding, *s.* (founding practice).

Kastenformguß, *m.* flask casting, *s.*

Kastenglühofen, *m.* box annealing furnace, *s.*

Kastenkaliber, *n.* box pass, *s.* box groove, *s.* box hole, *s.* (roll pass design).

Kastenkipper, *m.* box tipper, *s.*

Kastenträger, *m.* box girder, *s.*

Kastenwagen, *m.* box car, *s.*

kathodischer Korrosionsschutz, *m.* cathodic corrosion protection, *s.*

Katzenwagen, *m.* crab carriage, *s.*

Katzenwinde, *f.* crab winch, *s.*

kausale Beziehung, *f.* causative relation, *s.*

Kegel, *m.* cone, *s.*

Kegelbrecher, *m.* conical breaker, *s.*

Kegelfeder, *f.* conical spring, *s.*

Kegelform, *f.* conical shape, *s.*

kegelförmig, *a.* conical, *a.*

kegelförmige Spiralfeder, *f.* conical spiral spring, *s.*

Kegelgetriebe, *n.* bevel gear, *s.*

Kegelhülse, *f.* taper sleeve, *s.*

kegelig, *a.* conical, *a.*

kegelige Preßfläche, *f.* conical test basis, *s.* (crushing test).

Kegel-Kugellager, *n.* cup and cone bearing, *s.*

Kegelrad, *n.* conical wheel, *s.*, bevel gear, *s.*, miter gear, *s.*

Kegelradantrieb, *m.* bevel gear drive, *s.*

Kegelrad-Schrägverzahnung, *f.* spiral bevel gearing, *s.*

Kegelriemenscheibe, *f.* cone pulley, *s.*

Kegelrollenlager, *n.* taper roller bearing, *s.*

Kegelschmelzpunkt, *m.* pyrometric cone equivalent, *s.* (refractories).

Kegelsenkschraube, *f.* counter-sunk head bolt, *s.*

Kegelstift, *m.* taper pin, *s.*

kegelstumpfförmige Walze, *f.* truncated-cone roll, *s.* (see "piercing mill process").

Kegelverzahnung, *f.* bevel gearing, *s.*

Keil, *m.* wedge, *s.* (used independently, e. g. for adjustment); key, *s.* (used with a mating slot, e. g. for fastening purposes).

Keilanzug, *m.* key taper, *s.*

Keilfeder, *f.* coil spring, *s.*

keilförmig, *a.* wedge-shaped, *a.*

Keilklemme, *f.* wedge rail anchor, *s.* (railw.).

Keilnut, *f.* keyway, *s.* (made by milling, cutting); keyseat, *s.* (made by broaching).

Keilnutherstellung, *f.* keywaying, *s.*, keyseating, *s.*

Keilriemen, *m.* V-belt, *s.*

Keilriemenantrieb, *m.* V-belt drive, *s.*

Keilring, *m.* conical ring, *s.* (mach.).

Keilstein, *m.* skewback, *s.* (o. h. fce. construction).

Keilstich, *m.* cutting-in pass, *s.* (rail rolling).

Keilstift, *m.* taper pin, *s.*

Keilstück, *n.* false core, *s.* draw-back, *s.* (molding practice).

Keilverbindung, *f.* keying, *s.*

Keilwelle, *f.* spline shaft, *s.* (with multiple keyways).

Keilzug-Tiefungsprobe, *f.* wedgedraw cupping test, *s.*

Keim, *m.* nucleus, *s.* [*plural*: nuclei], (crystallization).

Keimbildung, *f.* nucleation, *s.* (of crystals).

Keimwachstum, *n.* nuclear growth, *s.* (crystallogr.).

Kehlnaht, *f.* fillet weld, *s.* (welding).

Kelle, *f.* ladle, *s.*, scoop, *s.*

Kelvin (siehe „absolute Temperatur").

Kennlinie, *f.* characteristic curve, *s.*

Kenndaten, *pl.* characteristic data, *s.*

kennzeichnen, *v.t.* to characterize, *v.t.*

Kennzeichen, *n.* characteristic, *s.*

keramische Bindung, *f.* vitrified bond, *s.*

keramische Gleitschiene, *f.* ceramic skid, *s.* (heating furnace).

keramischer Röhren-Rekuperator, *m.* refractory tile recuperator, *s.*

Kerb, *m.* notch, *s.*, nick, *s.*

kerben, *v.t.* to notch, *v.t.*, to nick, *v.t.*

Kerbbiegeversuch, *m.* notched-bar bending test, *s.*

Kerbempfindlichkeit, *f.* notch sensitivity, *s.* (increases with tensile strength).

Kerbgrund, *m.* base of notch, *s.*

kerbloser Schlag(biege)versuch, *m.*, **nach System Izod,** modified Izod test, *s.* (for the testing of an unnotched bar under Izod conditions).

Kerbschlagprobe, *f.* notch-impact specimen, *s.*

Kerbschlagversuch, *m.* notch-impact test, *s.*

Kerbschlag(biege)versuch, *m.*, **nach Izod,** Izod test, *s.* (mat. testg.).

Kerbschlagversuch, *m.*, **nach Charpy,** Charpy test, *s.* (mat. testg.).

Kerbschlagwert, *m.* toughness value, *s.*, notch value, *s.* notched-bar value, *s.*, impact value, *s.* (mat. testg.),

Kerbschlagwerte, *mpl.* impact values, *spl.*

Kerbschlagzähigkeit, *f.* notch-impact value, *s.*

Kerbschnitt, *m.* incision, *s.* (produced with a knife).

Kerbwirkung, *f.* notch effect, *s.* (concentration of stress).

Kerbzähigkeit, *f.* notch ductility, *s.*

Kerbzähigkeitsverhalten, *n.* notch-tensile characteristics, *spl.* (physical properties of materials).

Kerbzug-Biegeversuch, *m.* Navy tear test, *s.* (U. S. A.).

Kerbzugversuch, *m.* notched-bar tensile test, *s.* (mat. testg.).

Kern, *m.* core, *s.* (founding, boring); center, *s.* (of a body).

Kernbindemittel, *n.* core binding material, *s.* (moldg. practice).

Kerndrücker, *m.* push-core, *s.* (moldg. practice).

Kernformmaschine, *f.* core molding machine, *s.*

Kernguß, *m.* hollow casting, *s.* (product); core casting, *s.* (operation).

Kernnagel, *m.* chaplet, *s.* (molding practice).

Kernrissigkeit, *f.* internal cracking, *s.* (of forgings).

Kernsand, *m.* core sand, *s.* (molding practice).

Kernstück, *n.* false core, *s.* draw-back, *s.* (molding practice).

Kernstütze, *f.* core frame, *s.* (molding practice).

Kernzahl, *f.* number of centers, *s.* (crystallogr.).

Kernzerschmiedung, *f.* forging burst, *s.*

Kessel, *m.* boiler, *s.*

Kesselanlage, *f.* boiler plant, *s.*

Kesselarmaturen, *fpl.* boiler fittings, *spl.*

Kesselbau, *m.* boiler construction, *s.*

Kesselblech, *n.* boiler plate, *s.*

Kesselboden, *m.* boiler end, *s.*

Kesselhaus, *n.* boiler house, *s.*

Kessellager, *n.* boiler bedding, *s.*

Kesselmantel, *m.* boiler shell, *s.*

Kesselrohr, *n.* boiler tube, *s.*

Kesselschmiede, *f.* boiler forge, *s.*

Kesselstein, *m.* boiler scale, *s.*

Kesselstuhl, *m.* boiler seating, *s.*

Kesselüberwachung, *f.* boiler inspection, *s.*

Kesselwagen, *m.* tank car, *s.*

Kette, *f.* chain, *s.*

Kettenantrieb, *m.* chain drive, *s.*

Ketten-Flaschenzug, *m.* chain block, *s.*

Kettenförderer, *m.* chain conveyor, *s.*

Kettengetriebe, *n.* chain transmission, *s.*

Kettenlinie, *f.* catenary, *s.*

Ketten-Querschlepper, *m.* chain type transfer, *s.* (rollg. mill).

Kettenrad, *n.* sprocket wheel, *s.* (driving member); chain wheel, *s.* (driven member).

Kettenrost, *m.* chain grate, *s.*

Kettenrostfeuerung, *f.* chain grate stoker, *s.*

Ketten-Schlepperwarmbett, *n.* carry-over type cooling bed, *s.* (for plates; rollg. mill).

Kettenstahl, *m.* chain steel, *s.*

Kettensteg, *m.* stud, *s.* (of a chain).

Kettenstern, *m.* chain drum, *s.*

Kettenteilung, *f.* chain pitch, *s.*

Kienruß, *m.* lamp black, *s.*

Kies, *m.* gravel, *s.* (rock); pyrite, *s.* (ore); shot, *s.* (material used in blast-cleaning).

Kiesabbrände, *mpl.* calcined pyrites, *spl.* (Fe containing charging material; bl. fce).

Kieselerde, *f.* silica, *s.*

kieselerdehaltig, *a.* siliceous, *a.*

kieseliger Zuschlag, *m.* siliceous flux, *s.* (steelmaking practice).

Kieselkalk, *m.* siliceous limestone, *s.*

kieselsaure Tonerde, *f.* silicate of alumina, *s.*

kinematische Zähigkeit, *f.* kinetic viscosity, *s.* (of gases).

kinetische Energie, *f.* kinetic energy, *s.* (phys.).

kippbarer Tiegelofen, *m.* tilting crucible furnace, *s.* (with rigidly supported stationary crucible).

Kippbühne, *f.* tipping platform, *s.* (mat. handlg.).

Kippkübel, *m.* skip, *s.* (bl. fce. operation).

Kippmoment, *n.* tilting moment, *s.* (mech.).

Kippofen, *m.* tilting open hearth furnace, s.

Kipp-Pfanne, *f.* tilting ladle, *s.*

Kippvorrichtung, *f.* tipping device, *s.* (mach.).

Kippwagen, *m.* dump truck, *s.*, dumper, *s.* (mat. handlg.).

Kippstuhl, *m.* up-ender, *s.* (for ingots); rocker, *s.* (e. g. for tilting fces., or hot metal mixers).

Kippvorrichtung, *f.* tilting mechanism, *s.* (mach.).

kistengeglühtes Feinblech, *n.* box-annealed sheet, *s.*

Kistenglühofen, *m.* box annealing furnace, *s.*

Kistenglühung, *f.* box annealing, *s.*, pot annealing, *s.*, close annealing, *s.* (heating sheet in a closed container, or box, or pot, below or within transformation temperature range, followed by slow cooling).

Kitt, *m.* putty, *s.* (asbestos, oil, lead);

cement, *s.* (fire-proof, iron, black, insulating, rubber cements); mastic, *s.* (resin, acid-proof mastics); lute, *s.* (chem.).

Klanke, *f.* kink, *s.* (in a rope).

klappbar, *a.* hinged, *a.* (mach.).

Klappdaumen, *mpl.* push-off heads, *spl.* (see "table push-off").

Klappe, *f.* flap, *s.* (mach.).

Klappenventil, *n.* flap valve, *s.*, clack valve, *s.*

Kläranlage, *f.* waste water purification plant, *s.*

Klärbehälter, *m.* settling tank, *s.*, clarifying tank, *s.*

Klassieranlage, *f.* screening plant, *s.*, sizing plant, *s.* (ore preparation).

klassieren, *v.t.* to classify, *v.t.* (ore preparation).

Klassierrost, *m.* grizzly, *s.* (e. g. in sintering); sizing grate, *s.*, classifying grate, *s.*

Klassier-Rüttelsieb, *n.* sizing jigging screen, *s.* (ore preparation).

Klassiersieb, *n.* classifyer, *s.*, classifying screen, *s.* (ore preparation).

Klassiertrommel, *f.* classifying drum, *s.* (ore preparation).

Klassierung, *f.* classification, *s.* (ore preparation).

Klavierdraht, *m.* piano wire, *s.*

Klebekraft, *f.* bond, *s.*

Klebzunder, *m.* sticky scale, *s.* (e. g. on sheets).

Kleieputzen, *n.* branning, *s.* (tinplate manufacture).

Kleinbahn, *f.* narrow-ga(u)ge railway, *s.*

Klein-Bessemerei, *f.* foundry bessemer shop, *s.*

Kleinräummaschine, *f.,* **selbstfahrende,** traxcavator, *s.* (such as used for the removal of slag from slag pockets; o. h. practice).

Klemmbacke, *f.* jaw, *s.* (mach.).

Klemmleiste, *f.,* **des Einbaustücks,** chock clamp, *s.* (roll chock assembly).

Klemmplättchen, *n.* clip, *s.* (railway).

Klemmplättchen, *n.,* **mit Nase,** catch type clip, *s.* (railway).

Klemmsitz, *m.* force fit, *s.* (mach.).

Klemmvorrichtung, *f.* clamping device, *s.*

Kletterkreuzung, *f.* inclined plane crossing, *s.* (railway).

Kletterweiche, *f.* inclined plane switch, *s.* (railw.).

Klimaanlage, *f.* air-conditioning plant, *s.*

Klinke, *f.* pawl, *s.* (mach.).

Klotzschlacke, *f.* block slag, *s.*

Knagge, *f.* cam, *s.*, dog, *s.* (mach.).

Knaggenschlepper, *m.* dog type transfer, *s.*, dog bar carryover, *s.* (rollg. mill).

knetbar, *a.* plastic, *a.* (refractories).

Knetwerk, *n.* kneading machine, *s.* (refractories).

knicken, *v.i.* to buckle, *v.i.*

Knicklast, *f.* buckling load, *s.* (mat. testg.).

Knickspannung, *f.* buckling pressure, *s.* (mat. testg.).

Knickung, *f.* buckling, *s.* (of pipes, stays, etc., in compression).

Knierohr, *n.* elbow, *s.*, ell, *s.* (pipe).

Knierohrstück, *n.* elbow joint, *s.* (of a line).

Kniestück, *n.* tuyere stock, *s.* belly pipe, *s.* (of a penstock; bl. fce.).

Knochen, *m.* knocked-off runners, *spl.*, sprue, *s.* (the solidified metal in the sprue; founding, ingot casting); dead head, *s.* (frozen metal from runners or riser on a casting).

Knötchengraphit, *m.* nodular graphite, *s.* (in cast iron).

Knoop-Härteversuch, *m.* Knoop hardness test, *s.* (determination of microhardness).

Knotenblech, *n.* gusset plate, *s.*

Knotenblechverbindung, *f.* gusset plate joint, *s.*, gusset connection, *s.*

Knüppelabwerfer, *m.* billet kickoff, *s.* (rollg. mill).

Knüppelausstoßer, *m.* billet pushout bar, *s.* (billet reheating fce.)

Knüppel-Drehofen, *m.* rotating billet heating furnace, *s.* (rollg. mill).

Knüppel-Einsetzmaschine, *f.* billet charging machine, *s.* (mill fce.).

Knüppelordner, *m.,* **mechanischer,** billet unscrambler, *s.* (rollg. mill).

Knüppel-Putzmaschine, *f.* billeteer, *s.* (special machine developed by Bonnot, U.S.A.; rollg. mill).

Knüppelschere, *f.* billet shear, *s.*

Knüppelschlepper, *m.* billet buggy, *s.* (rollg. mill).

Knüppelstraße, *f.* billet mill, *s.* (rollg. mill).

Knüppeltasche, *f.* billet cradle, *s.* (rollg. mill).

Knüppel- und Platinenstraße, *f.* billet and sheet bar mill, *s.* (rollg. mill).

Koagulation, *f.* (siehe „Kugeln des Zementits").

Kobalt, *m.* cobalt, *s.* (used as a constituent in high-speed steels, Stellite, etc.).

Kobaltschnellstahl, *m.*, **für höchste Schnittgeschwindigkeiten,** Cobalt high-speed steels, *spl.*, super-high-speed steels, *spl.* (increased percentages of carbon and alloys, and addition of up to 18% of cobalt and 1% molybdenum).

kochen, *v.t.*, *v.i.* to boil, *v.t.*, *v.i.*

Kochung, *f.* boil, *s.* (the carbon/oxygen reaction in a bath of molten metal).

Kochperiode, *f.* carbon blow, *s.* (pneumatic processes); carbon boil, *s.* (o. h., and electric processes).

Kochsalzbad, *n.* brine bath, *s.*

Kochsalzlösung, *f.* brine, *s.*

Königstein, *m.* cluster, *s.*, spider, *s.* (bottom pouring practice).

körnige Kristallisation, *f.* grainlike crystallization, *s.*

körniger Bruch, *m.* granular fracture, *s.*

Körnung, *f.* size, *s.* (coal, coke, ore).

Körnungslinie, *f.* particle size curve, *s.* (dust analysis).

Koerzitivkraft, *f.* coercive force, *s.* (phys.).

Kohäsionskraft, *f.* cohesive force, *s.* (phys.).

Kohlenabbrand, *m.* electrode consumption, *s.*

Kohlen-Aufbereitungsanlage, *f.* coal preparation plant, *s.*

Kohlen-Brikettieranlage, *f.* coal briquetting plant, *s.*

Kohle-Lichtbogenschweißung, *f.* carbon-arc welding, *s.* (with or without filler metal).

Kohlenelektrode, *f.* carbon electrode, *s.*

Kohlen-Mischanlage, *f.* coal blending plant, *s.*

Kohlensack, *m.* belly, *s.* (bl. fce.).

kohlensaures Wasser, *n.* aerated water, *s.*

Kohlenstoff, *m.* carbon, *s.*

kohlenstoffarm, *a.* low-carbon, *a.*

Kohlenstoffgefälle, *n.* carbon gradient, *s.* (between the case and the core of a carburized object).

Kohlenstoffgehalt, *m.* carbon content, *s.*

kohlenstoffhaltig, *a.* carboniferous, *a.*, carbonaceous, *a.*

kohlenstoffreich, *a.* high-carbon, *a.*

Kohlenstoff-Endgehalt, *m.* end-point, *s.*, endpoint carbon, *s.* (the desired carbon content at which the blow is discontinued; converter steelmaking).

Kohlenstoffgehalt, *m.*, **des Stahles,** temper, *s.* (the C-content of a steel and, therefore, its hardening capacity).

kohlenstoffhaltiges Gas, *n.* carbonaceous gas, *s.*

Kohlenstoffherd, *m.* carbon hearth, *s.* (of bl. fce.).

Kohlenstoffschiene, *f.* carbon rail, *s.* (rolled from plain carbon steel; railw.).

Kohlenstoffstahl, *m.* carbon steel, *s.*

Kohlenstoffstein, *m.* carbon brick, *s.* (normal size); carbon block, *s.* (oversize).

Kohlenstoffstahl, *m.*, **unlegierter,** plain carbon steel, *s.*, straight carbon steel, *s.*

Kohlenstoff-Stampfmasse, *f.* carbon ramming, *s.*, carbon ram mix, *s.* (bl. fce. hearth construction).

Kohlenstoffüberträger, *m.* energizer, *s.* (in the carburizing process, carbonates, such as those of barium and sodium, incorporated with the carbon base of the carburizer).

Kohlenteer, *m.* coal tar, *s.*, gas tar, *s.*

Kohlenwasserstoff, *m.* hydrocarbon, *s.*

Kohlenwasserstoffgas, *n.* hydrocarbon gas, *s.* (light and heavy).

Kohlerohr-Widerstandsofen, *m.* carbon-tube resistance furnace, *s.*

Kohlungsmittel, *n.* carburizing material, *s.*, carburizer, *s.* (e. g. graphite; or "Carb-Rite" containing from 96—98% fixed carbon).

Kokille, *f.* chill, *s.* (foundry); ingot mold, *s.* (steel plant).

Kokillenguß, *m.* chilled castings, *spl.* (products).

Kokille, *f.*, **mit Gießkopf,** hot-top ingot mold, *s.*

Kokillenanstrich, *m.* mold coating, *s.*, mold wash, *s.*

Kokillenanwärmung, *f.* ingot mold preheat, *s.*

Kokillenhaltung, *f.* ingot mold preparation, *s.*; mold storage and cleaning, *s.* (melting shop).

Kokillenlack, *m.* (ingot) mold wash, *s.*

Kokillenschlichte, *f.* mold wash, *s.*

Kokillenuntersatz, *m.* mold stool, *s.* (direct casting of ingots).

Kokillenwagen, *m.* ingot mold car, *s.*

Kokillenwandung, *f.* mold wall, *s.*

Kokillenzange, *f.* flapper tongs, *spl.* (part of stripping crane pushing off the mold); stripper tongs, *spl.*

Kokerei, *f.* coke oven plant, *s.*, coking facilities, *spl.* (of an integrated steel mill).

Kokereianlage, *f.* coking plant, *s.*

Kokerei-Einrichtungen, *fpl.* coke oven plant equipment, *s.*

Koks, *m.* coke, *s.*

Koksablöscher, *m.* coke cooler, *s.*

Koksausdrückmaschine, *f.* coke pusher, *s.*

Koksbunker, *m.* coke storage bin, *s.*

Kokseinsetzmaschine, *f.* coke charging machine, *s.*

Kokseinsparung, *f.* coke saving, *s.*

Koksgicht, *f.* coke charge, *s.* (bl. fce., cupola).

Kokshochofen, *m.* coke blast furnace, *s.*

Kokskammer, *f.* carbonization chamber, *s.*

Koksklein, *m.* coke breeze, *s.*

Kokskohle, *f.* coking coal, *s.*

Kokskuchen, *m.* coke cake, *s.*

Kokslager, *n.* coke yard, *s.*

Kokslöschen, *n.* coke quenching, *s.*

Kokslöschturm, *m.* coke quenching tower, *s.*

Kokslöschwagen, *m.* coke quenching car, *s.*

Koksofen, *m.* coke oven, *s.*

Koksofen, *m.*, **Bauart Koppers**, Koppers oven, *s.*

Koksofenbatterie, *f.* coke oven battery, *s.*

Koksofengas, *n.* coke-oven gas, *s.*

Koksrückstand, *m.* coke residue, *s.*

Koksbrech- und Sortieranlage, *f.* coke crushing and sizing plant, *s.*

Koksseite, *f.* coke side, *s.* (of coke oven).

Kokssorten, *fpl.* cokes, *spl.*

Kokstasche, *f.* coke bin, *s.*

Koks-Trockenlöschung, *f.* dry coke cooling, *s.*

Koksverbrauchssatz, *m.* coke rate, *s.* (charged per ton pig iron produced).

Koksverbrauchsziffer, *f.* coke consumption, *s.* (expressed in lbs. per ton pig iron produced).

Kolben, *m.* piston, *s.* (mach.).

Kolbenschieberventil, *n.* piston slide valve, *s.*

Kolbenverdichter, *m.* reciprocating compressor, *s.*

Kolbenverdrängung, *f.* piston displacement, *s.*

Kolbenspritzgußmaschine, *f.* plunger type die caster, *s.*

Kollergang, *m.* pug mill, *s.* (ore preparation).

Kombinationsantrieb, *m.* combination drive unit, *s.*

Kommerrell-Probe, *f.* Kommerrell weld bending test, *s.* (see "weld bending test").

Kommerzstahlstraße, *f.* merchant mill, *s.*, merchant bar mill, *s.* (rollg. mill).

Kommerzqualität, *f.* commercial quality, *s.*

Kommerzstahl, *m.* commercial steel, *s.*

Komplexstahl, *m.* complex steel, *s.* (having more than four alloy constituents).

Kompensator, *m.* expansion joint, *s.* (pipe line).

kompliziert, *a.* intricate, *a.* (of shape).

Kompression, *f.* compression, *s.*

Kompressionsdruck, *m.* compression pressure, *s.*

Kompressor, *m.* compressor, *s.*

Kondensat, *n.* condensate, *s.*

Kondensation, *f.* condensation, *s.*

Kondensator, *m.* condenser, *s.*

Kondensatoranlage, *f.* condenser system, *s.*

Kondensatorgefäß, *n.* condenser tank, *s.*

Kondensatorröhre, *f.* condenser tube, *s.*, condenser pipe, *s.*

Kondenstopf, *m.* steam trap, *s.*

Kodieren, *n.* coding, *s.*

Kodiertabelle, *f.* coding table, *s.*

konisch, *a.* narrow-end-up, *a.*, small-end-up, *a.* (of ingot mold).

konische Kokille, *f.*, **mit Nachgieß-
kopf,** small-end-up semi-closed-top
type ingot mold, *s.*
Konizität, *s.* angle of taper, *s.*, coni-
city, *s.*, taper, *s.*
Konservenindustrie, *f.* canning industry, *s.*, tinning industry, *s.* (U. K.).
Konsol, *n.* bracket, *s.* (engineering;
mach.).
Konsolkran, *m.* wall crane, *s.*, bracket
crane, *s.*
Konsolträger, *m.* cantilever truss, *s.*
(bldg.).
konstante Abkühlung, *f.* continuous
cooling, *s.* (heat treatment).
Konstrukteur, *m.* design engineer, *s.*,
designer, *s.*
Konstruktion, *f.* design, *s.* (drwg.
board); construction, *s.* (1. the operation, 2. in a qualitative sense,
e. g. of simple, robust, solid, construction).
Konstruktionsabteilung, *f.* engineering department, *s.*
Konstruktionsblatt, *n.* design sheet, *s.*
Konstruktionsbleche, *npl.* constructional plates, *spl.*
Konstruktionsfehler, *m.* faulty design,
s.
Konstruktionsmerkmal, *n.* constructional feature, *s.*
Konstruktionsstahl, *m.* constructional
steel, *s.* (mach.); structural steel, *s.*
(bldg.).
Konstruktionsteile, *mpl.* constructional elements, *spl.*
Konstruktionswerkstätte, *f.* constructional engineering shop, *s.*
Konstruktion und Ausführung, *f.*
design and construction, *s.*
Kontaktfläche, *f.* area of contact, *s.*
kontinuierliche Breitbandstraße, *f.*
continuous wide strip mill, *s.* (continuous roughing train and continuous finishing train in tandem).
kontinuierliche Warmbandstraße, *f.*
(siehe „kont. Breitbandstraße“), continuous hot strip mill, *s.*
kontinuierliche Drahtstraße, *f.* continuous rod mill, *s.*
kontinuierliches Kaltbandwalzwerk,
n. continuous cold strip mill, *s.*
(in Europe: over 500 mm in width,
in U. S. A.: over 11.81 in. in width).

kontinuierliche Sintermaschine, *f.*
continuous strand type sintering
machine, *s.*
kontraktionsfreier Sonderstahl, *m.*
non-shrinking steels, *spl.* (used for
screw ga(u)ges, jigs, etc.).
Kontraktionshohlraum, *m.* contraction cavity, *s.* (in castings).
Kontraktionsriß, *m.* skin crack, *s.*
(surface defect in ingots, or castings).
Kontrolle, *f.* control, *s.*
Kontrolleinrichtung(en), *f(pl).* control equipment, *s.*
Kontrollgerät, *n.* controlling gear, *s.*
Kontroll-Lampe, *f.* pilot lamp, *s.*
Kontrollvorrichtung, *f.* controlling
device, *s.*
Konus, *m.* cone, *s.*
Konusdrehvorrichtung, *f.* taper at-
tachment, *s.* (mach. tool).
Konuseinsatz, *m.* taper adapter, *s.*
(mach. tool).
Konverterbetrieb, *m.* converter prac-
tice, *s.*
Konverter-Blechmantel, *m.* conver-
ter shell, *s.*
Konverterbühne, *f.* converter pulpit,
s., converter platform, *s.*
Konvertercharge, *f.* blow, *s.*
Konverter-Kippvorrichtung, *f.* converter rotating mechanism, *s.*, converter tilting mechanism, *s.*
Konvertermetall, *n.* converter metal,
s., blown metal, *s.*
Konverterprozeß, *m.* converter process, *s.*
Konverterteile, *mpl.* sections, *spl.*, of
the converter (nose, body, bottom).
Kopfende, *n.*, **der Schiene,** top end,
s., of the rail (relative to its position
in the ingot).
Kopfleistung, *f.* human productivity, *s.*
Kopfwandböschung, *f.* end bank, *s.*
(o. h. fce. construction).
korbbeschickter Elektroofen, *m.* top
charging electric furnace, *s.*
Kordelrädchen, *n.* knurl, *s.*
Kordelwerkzeug, *n.* knurling tool, *s.*
(straight, concave knurls used in
pairs for diamond knurling).
Kordierarbeit, *f.* knurling work, *s.*
kordieren, *v.t.* to knurl, *v.t.*
Kordieren, *n.* knurling operation, *s.*
Korn, *n.* grain, *s.*

Korngrenze, *f.* grain boundary, *s.* (microstructure).

Korngrenzenrisse, *mpl.* intercrystalline cracking, *s.*

Korngröße, *f.* grain size, *s.* (metallogr.); size, *s.* (of crushed, or screened, materials).

Kornverfeinerung, *f.* grain refinement, *s.* (by hot working, or by recrystallization on annealing, e. g. by normalizing).

Kornvergröberung, *f.* coarsening, *s.*, of the grain.

Kornverzerrung, *f.* grain deformation, *s.* (metallogr.).

Kornzerfall, *m.* (siehe „interkristalline Korrosion"), intergranular corrosion, *s.*

Kornzerfallsbeständigkeit, *f.* resistance, *s.*, to intergranular corrosion.

Korrosion, *f.* corrosion, *s.*

Korrosionsangriff, *m.* corrosion attack, *s.*

korrosionsbeständig, *a.* corrosion resistant, *a.*

Korrosionsbeständigkeit, *f.* corrosion resistance, *s.*

Korrosionsdaueranrisse, *mpl.* stress-corrosion cracking, *s.*

Korrosionsdauerfestigkeit, *f.* corrosion fatigue limit, *s.* (a doubtful value, since there is no true corrosion fatigue limit).

Korrosionsermüdung, *f.* corrosion fatigue, *s.* (fatigue failure is preceded and initiated by corrosion attack).

korrosionsfeste Silizium-Eisen-Legierungen, *fpl.* high-silicon acid-resisting irons, *spl.*

korrosionsfester Werkstoff, *m.* non-corrosive material, *s.*

Korrosionsgeschwindigkeit, *f.* rate of corrosion, *s.*

Korrosionsmittel, *n.* corrosive, *s.*

Korrosionsnarben, *fpl.* corrosion pits, *spl.*

Korrosionszeitfestigkeit, *f.* corrosion-fatigue endurance limit, *s.* (for a given number of stress cycles).

Kostenanschlag, *m.* cost estimate, *s.*

Kostenarten, *fpl.* expenses, *spl.* (costing).

kostensparend, *a.* cost-saving, *a.*

kostenlos, *a.* charge-free, *a.*

Kostenstelle, *f.* cost center, *s.* (costing).

Kraft, *f.* force, *s.* (phys., mech.); power, *s.* (techn.).

Kraftanlage, *f.* power station, *s.*

Kraftbedarf, *m.* power requirement, *s.*

Krafteinheit, *f.* unit of force, *s.*

Kraftfahrbaubleche, *npl.* automobile sheets, *spl.*

Kraftfahrzeugindustrie, *f.* automotive industry, *s.*

Kraft-Formänderungskurve, *f.* force vs. deformation curve, *s.*

Krafthammer, *m.* power hammer, *s.*

Kraftpresse, *f.* power press, *s.*

Kraftübertragung, *f.* power transmission, *s.*

Kraftverbrauch, *m.* power consumption, *s.*

Kraftverlust, *m.* power loss, *s.*

Kraftwagenbau, *m.* automotive engineering, *s.*

Kraftwagenindustrie, *f.* automobile industry, *s.*

Kraftwerk, *n.* power plant, *s.*, power station, *s.*

Kraftwirkungsfiguren, *fpl.* stretcher strains, *spl.* (unequally work-hardened zones or bands, resulting in a surface disfigurement, or linear pattern).

Kran, *m.* crane, *s.*

Kranbahn, *f.* crane runway, *s.*

Kranbahnträger, *m.* crane runway girder, *s.*

Kranbauwerkstätte, *f.* crane erecting shop, *s.*

Kranbrücke, *f.* crane gantry, *s.*

Kranbrückenschiene, *f.*, **auf Höhe der,** at gantry rail level, *adv.*

Kranführer, *m.* crane operator, *s.*

Kranführerhaus, *n.* crane cab, *s.*

Krangehänge, *n.* bail, *s.*

Krangießpfanne, *f.* bull ladle, *s.*

Kranhilfe, *f.* crane service, *s.* (repair work).

Kranhub, *m.* crane hoist, *s.*

Kranportal, *n.* crane gantry, *s.*

Kranschiene, *f.* crane rail, *s.*

Kranstütze, *f.* crane column, *s.*, crane post, *s.*

Kraterbildung, *f.* cratering, *s.* (welding).

Kratze, *f.* rake, *s.* (tool).

Kratzen, *n.* (siehe „Warmziehen").

Kratzenzinke, *f.* rake tooth, *s.*

Kratzförderer, *m.* scraper conveyor, *s.*
Krauselgerüst, *n.* (siehe „Kammwalz-
  gerüst“).
Kreis, *m.* circle, *s.*
Kreisabschnitt, *m.* segment of circle,
  s.
Kreisausschnitt, *m.* sector of a circle,
  s.
Kreisbogen, *m.* arc of a circle, *s.*
kreisförmig, *a.* circular, *a.*
Kreiselbewegung, *f.* gyratory move-
  ment, *s.*
Kreiselbrecher, *m.* gyratory crusher, *s.*
Kreiselschwerpunkt, *m.* center of
  gyration, *s.* (mech.).
Kreiselwipper, *m.* rotary tipper, *s.*
  (mat. handlg.).
Kreiselwirkung, *f.* gyrostatic effect, *s.*
  (mech.).
Kreislauf, *m.* cycle, *s.*
Kreismesser, *n.* slitter, *s.*, slitting disc;
  (sheet or strip processing line).
Kreismesser-Besäumanlage, *f.* slitting line, *s.* (processing of strip,
  sheets).
Kreismesser-Saumschere, *f.* circular
  trimming shear, *s.* (plates, sheets).
Kreismesser-Saum- und Teilschere,
  f. rotary blade shear, *s.* (plate, sheets).
Kreismesser-Teilmaschine, *f.*,
  mehradrige, gangslitting machine, *s.*
  (handling coiled strip or sheet).
Kreisrechenschieber, *m.* circular slide
  rule, *s.*
Kreis-Schere, *f.* circle-cutting shear, *s.*
  (sheets).
Krempeln, *n.* flanging, *s.* (edges of
  sheet metal articles).
Kreuzhahn, *m.* four-way cock, *s.*
  (mach.).
Kreuzkopf, *m.* cross head, *s.* (mach.).
Kreuzkopfführung, *f.* cross head
  guide, *s.* (mach.).
Kreuzlochschraube, *f.* capstan head
  screw, *s.*
Kreuzschlag, *m.* reversed lay, *s.* (wire
  rope manufacture).
Kreuzstahl, *m.* cruciform bars, *spl.*
  (bar mill products).
Kreuzstück, *n.* four-way cross, *s.*
  (railw.).
Kreuztraverse, *f.*, des Rollgangrahmens, table beam separator, *s.*
  (rollg. mill).

Kreuzungsbau, *m.* crossings work, *s.*
  (railw.).
Kreuzungsherzstück, *n.* cross frog, *s.*
  (railw.).
Kreuzungsstück, *n.* diamond crossing,
  s., double frog, *s.* (railw.).
Kreuzungsstuhl, *m.* double chair, *s.*
  (railw.).
Kreuzungsweiche, *f.* slip points, *spl.*
  (adjustable); crossover, *s.* (permanently set; railw.).
Kreuzverspannung, *f.* diagonal bracing, *s.* (bldg.).
kriechbeständige Stähle, *mpl.* creep-
  resisting steels, *spl.* (e.g. used for turbine blades).
Kriechdehnung, *f.* creep, *s.* (testing for
  creep).
Kriechen, *n.* creep, *s.* (elongation of
  material with time, at room temperature).
Kriecherholung, *f.* relaxation, *s.*
Kriechgeschwindigkeit, *f.* creep rate,
  s.
Kriechgrenze, *f.* creep limit, *s.*, limiting creep stress, *s.* (the maximum
  stress at which a material will not
  creep by more than a certain amount;
  long-time testing).
Kriechlinie, *f.* creep curve, *s.*
Kriechkurve, *f.* creep curve, *s.*
Kriechverhalten, *n.* creep properties,
  spl., creep characteristics, *spl.*
Kriechfestigkeit, *f.* creep strength, *s.*
Kriechversuch, *m.* (vgl. „Dauer-
  standversuch“), creep test, *s.*
Kriechwiderstand, *m.* resistance to
  creep, *s.*
Kristall, *m.* crystal, *s.*
Kristallachse, *f.* crystal axis, *s.*
Kristallaufbau, *m.* crystal structure, *s.*
Kristallbildung, *f.* crystallization, *s.*
Kristallendfläche, *f.* terminal face, *s.*,
  of a crystal.
Kristallerholung, *f.* crystal recovery, *s.*
Kristallfläche, *f.* face, *s.*, of a crystal,
  plane, *s.*, of a crystal.
Kristallform, *f.* form, *s.*, of a crystal.
Kristallgrenze, *f.* crystal boundary, *s.*
  (crystallogr.).
Kristallgrenzlinie, *f.* crystal boun-
  dary, *s.*
Kristallhaufwerk, *n.* crystal colonies,
  spl. (crystallogr.).

kristalliner Bruch, *m.* crystalline fracture, *s.*

Kristallisationsform, *f.* form of crystallization, *s.*, mode of crystallization, *s.*

Kristallisationskern, *m.* center, *s.*, of crystallization.

Kristallit, *m.* crystalline grain, *s.* (crystallogr.).

Kristallkeim, *m.* crystalline nucleus, *s.*

Kristallkorn, *n.* crystalline grain, *s.* (crystallogr.).

Kristallkorngröße, *f.* crystal grain size, *s.* (crystallogr.).

Kristallographie, *f.* crystallography, *s.*

kristallographische Vorzugsrichtung, *f.* preferred orientation, *s.*, of crystals preferential orientation, *s.*, of crystals (crystallogr.).

Kristallseigerung, *f.* microsegregation, *s.*, minor segregation, *s.* (crystallogr.).

Kristallstruktur, *f.* macrostructure, *s.*, crystalline structure, *s.* (metallogr).

Kristallsystem, *n.* system of crystallization, *s.*, crystal system, *s.*

kritische Abkühlungsgeschwindigkeit, *f.* critical cooling rate, *s.* (at which the sub-critical transformation range is split up in two arrest points: A_r' — sorbite, troostite; and A_r'' — martensite).

kritischer Verformungsgrad, *m.* critical strain, *s.* (that degree of cold working which results in most rapid growth of new crystals on subsequent annealing).

Kröpfung, *f.* throw, *s.* (of a crank shaft).

Kronenarmatur, *f.* top fitting, *s.* (bl. fce. construction).

Kronenbohrer, *m.* annular bit, *s.*

Kronenmutter, *f.* castellated nut, *s.*

Krümmer, *m.* bend, *s.* (pipe, tube); elbow, *s.*, ell, *s.* (pipe fitting; angle of bend normally 90 degrees).

Krümmung, *f.* curvature, *s.*

Krümmung, *f.*, **einer Kurve,** curvature, *s.*, of a curve.

Krümmungsradius, *m.* radius of a curve, *s.*

Kubikinhalt, *m.* cubic capacity, *s.*

Kubikwurzel, *f.* cube root, *s.* (math.).

ubisch, *a.* cubic, *a.*

kubische Raumordnung, *f.*, **der Atome,** cubic atom pattern, *s.*

kubisch-flächenzentriertes Gitter, *n.* face-centered cubic lattice, *s.* (e.g. of gamma iron, existing between A_4 and A_3).

kubisch-raumzentriertes Gitter, *n.* body-centered cubic lattice, *s.* (e.g. of alpha iron below A_3, or of delta iron above A_4).

Kühlbehälter, *m.* cooling container, *s.* (used in controlled-cooling operations).

Kühlbett, *n.* cooling bed, *s.*, cooling bank, *s.* (rollg. mill).

Kühleffekt, *m.* cooling effect, *s.*

Kühler, *m.* cooler, *s.* (compressor, gas, air, water).

Kühlfläche, *f.* cooling surface, *s.*

Kühlkammer, *f.* fast cooling tower, *s.* (of a vertical type continuous strip annealing fce.).

Kühlkasten, *m.* cooling plate, *s.* (bl. fce.); cooling box, *s.* (mach.); monkey, *s.* (o.h. fce.).

Kühlleistung, *f.* cooling capacity, *s.*

Kühlmantel, *m.* cooling jacket, *s.*

Kühlmittel, *n.* coolant, *s.* (a suspension of given composition to ensure both a cooling and a lubricating effect).

Kühlschlange, *f.* cooling coil, *s.*

Kühlturm, *m.* cooling tower, *s.*

Kühlvermögen, *n.* cooling capacity, *s.*

Kühlwasser, *n.* cooling water, *s.*

Kühlwassermantel, *m.* water skirt, *s.*

Kühlwasser-Ringleitung, *f.* fresh water ring main, *s.* (bl. fce.).

Kühlwirkung, *f.* cooling action, *s.*

Kümpelarbeit, *f.* dishing work, *s.*

Kümpelblech, *n.* dished and flanged sheet, *s.*

Kümpeln, *n.* dishing, *s.* (of sheet).

kümpeln, *v.t.* to dish, *v.t.* (sheets).

Kümpelpresse, *f.* circular flanging press, *s.*

künstliche Alterung, *f.* artificial aging, *s.* (acceleration of aging process by treatment at moderately elevated temperatures; see "aging").

Kugel, *f.* ball, *s.* (product); sphere, *s.* (geom.).

Kugelbrecher, *m.* ball type crusher, *s.*

Kugeldruckprobe, *f.*, **nach Brinell,**

Brinell hardness test, *s.* (static).

Kugeldruckversuch, *m.* ball indentation test, *s.* (hardness testing).

Kugelpfanne, *f.* ball socket, *s.* (mach.).

kugelförmig, *a.* ball-shaped, *a.*, spherical, *a.*, globular, *a.*

Kugelgelenk, *n.* ball and socket joint, *s.*, ball joint, *s.*

Kugelgraphit, *m.* globular graphite, *s.*, nodular graphite, *s.* (iron founding).

kugeliger Zementit, *m.* spheroidite, *s.*, spheroidal cementite, *s.*, globular cementite, *s.*, divorced cementite, *s.* (see "spheroidizing").

Kugellagerstahl, *m.* ball bearing steel, *s.*

Kugellehre, *f.* ball ga(u)ge, *s.*

Kugelmühle, *f.* ball mill, *s.*

Kugelmutter, *f.* ball nut, *s.*

Kugeln, *n.*, **des Zementits,** coalescence, *s.*, of cementite (also balling-up; cf. "spheroidizing").

Kugelsinter, *m.* pellets, *spl.* (of sintered ore fines).

Kugelstrahlen, *n.* shot peening, *s.*, surface peening, *s.*, peening, *s.* (by the air-blast, or the centrifugal-blast, method; cold working of surfaces for better fatigue characteristics).

Kunden-, jobbing, *a.* (e.g. j. mill).

Kundenberatung, *f.* advisory service, *s.*

Kundenblech, *n.* re-sheared sheets, *spl.*

Kundengießerei, *f.* jobbing foundry, *s.* (dealing with small order lots).

Kundenwalzwerk, *n.* jobbing mill, *s.* (for small order lots).

Kunstharz, *n.* synthetic resin, *s.*

Kunstharz-Zement, *m.* resin cement, *s.* (e.g. Tura-Tone 1347, showing improved resistance to oxidizing solutions and low shrinkage).

Kunstkorund, *m.* fused alumina, *s.* (polishing practice).

Kunststoffüberzug, *m.* plastic impregnation, *s.* (reclaiming method for porous castings).

Kupfer, *n.* copper, *s.*

Kupferblech, *n.* copper sheet, *s.*

Kupferdraht, *m.* copper wire, *s.*

kupferhaltige Stähle, *mpl.* copper bearing steels, *spl.*

Kupfer-Hartlötung, *f.* copper brazing, *s.* (employed to secure sintered carbide tips to mild steel shanks).

kupferlegierter Stahl, *m.* copper steel, *s.*

Kupferlot, *n.* copper solder, *s.*

Kupferseil, *n.* stranded copper wire, *s.*

Kupferverhüttung, *f.* copper smelting, *s.*

Kupolofen, *m.* cupola, *s.*, cupola furnace, *s.*

Kupolofenguß, *m.* cupola iron, *s.*

Kupolofen-Temperguß, *m.* cupola malleable, *s.*

Kupplung, *f.* coupling, *s.* (permanently engaged); clutch, *s.* (disengageable).

Kurbel, *f.* crank, *s.* (mach.).

Kurbelblechschere, *f.* guillotine shear, *s.* (plate, sheet).

Kurbelgetriebe, *n.* crank mechanism, *s.*

Kurbelhub, *m.* lift, *s.*, of a crank.

Kurbelkasten, *m.* crank case, *s.*

Kurbelpresse, *f.* crank press, *s.*

Kurbelversetzung, *f.* angle, *s.*, between cranks.

Kurbelwelle, *f.*, **mit X Kröpfungen,** n-throw crank shaft, *s.*

Kurve, *f.* curve, *s.* (geom.); cam, *s.* (mach.; e.g. cam mechanism, camshaft).

Kurvenbild, *n.* graph, *s.*

kurze Schlacke, *f.* fluid slag, *s.* (rich in CaO, characterized by rather abrupt melting and freezing).

Kurzversuch, *m.* short-time test, *s.*

L

LD-Stahl, *m.* oxygen converter steel, *s.* (cf. „Sauerstoff-Konverterstahl").

LD-Verfahren, *n.* Linz-Donawitz process, *s.* (see "oxygen steelmaking process").

Labor, *n.* lab, *s.*

Laboratorium, *n.* laboratory, *s.*

Laborversuchsanlage, *f.* experimental unit, *s.*

Labyrinth-Dichtung, *f.* labyrinth packing, *s.* (mach.).

Lackaderdraht, *m.* varnished core wire, *s.*

Lackdraht, *m.* lacquered wire, *s.*

Ladebaum, *m.* derrick, *s.*, boom, *s.*
Ladebühne, *f.* loading platform, *s.*
Ladefähigkeit, *f.* loading capacity, *s.*
Ladegleis, *n.* loading siding, *s.*
Lademaß, *n.* loading ga(u)ge, *s.* (railway).
Ladevermögen, *n.* loading capacity, *s.* (vehicle).
Lage, *f.* location, *s.*; situation, *s.* (as to raw materials, or finances); position, *s.* (relative to a given point); layer, *s.* (of material); course, *s.* (of bricks); level, *s.* (e.g. temperature —).
Lageplan, *m.* general plan, *s.*, general layout, *s.*
Lager, *n.* bearing, *s.* (mach.); deposit, *s.* (of ore, coal); stock, *s.* (of articles); store, *s.* (of materials).
Lagerausgießung, *f.* antifriction metal lining, *s.*, bearing lining, *s.* (mach.).
Lagerbauart, *f.* bearing design, *s.* (mach.).
Lagerbock, *m.* pillow block, *s.* (roller table; rollg. mill); porter bar, *s.* (with bearings for breast and first rollers of main mill table, independent from mill housing; blooming mill).
Lagerdeckel, *m.* bearing cap, *s.*
Lagerdruck, *m.* bearing pressure, *s.*
Lagereinbau, *m.* chock assembly, *s.* (mill housing; rollg. mill).
Lagereinbaustück, *n.* chock, *s.*, [chuck], *s.* (rollg. mill).
Lagerfläche, *f.* bearing surface, *s.*
Lagerfutter, *n.* lining of a bearing, *s.* (screw or key fastened, or press-fit).
Lagerkragen, *m.* bearing collar, *s.*
Lagermessing, *n.* brass, *s.*
Lagermetall, *n.* antifriction metal, *s.*
Lagermetall, *n.* bearing metal, *s.*, white metal, *s.*, babbit metal, *s.*
Lager, *n.*, **mit Einstellring,** self-aligning bearing, *s.*
Lagerplatz, *m.* stock yard, *s.* (raw materials).
Lagerschaden, *m.* bearing trouble, *s.*
Lagerschale, *f.* bearing box, *s.*, bearing bush, *s.*
Lagerschild, *n.* end shield, *s.*, bearing bracket, *s.*
Lagerstätte, *f.* deposit, *s.* (minerals).
Lagerung, *f.* mounting, *s.* (mach.); storage, *s.* (materials); storing, *s.* (operation).

Lagerverschleiß, *m.* bearing wear, *s.* (mach.).
Lan-cer-amp, *n.* lan-cer-amp, *s.* (a misch-metal used in alloy steel production).
landwirtschaftliche Geräte, *npl.* farm implements, *spl.*, agricultural implements, *spl.*
Längenanteil, *m.* proportion by length, *s.*
Längenausdehnung, *f.* linear extension, *s.*, measure of length, *s.*
Längsdruck, *m.* axial force, *s.* (mech.).
längsgenutete Welle, *f.* spline shaft, *s.* (mach.).
Längsnahtschweißmaschine, *f.* longitudinal welder, *s.*
Längsriß, *m.* longitudinal crack, *s.* (defect).
Längsschnitt, *m.* longitudinal section, *s.* (drwg.).
Längsschlagseil, *n.* Lang's lay rope, *s.*
Längsteilen, *n.*, **von Schienen,** slitting of rails, *s.* (for re-rolling).
Längsteilmaschine, *f.* slitter, *s.* (sheet, strip).
Längswelle, *f.* line shaft, *s.* (roller table; rollg. mill).
Langzeitversuch, *m.* long-time testing, *s.*
Lanolin, *n.* lanolin, *s.* (lubricant used in pressing and drawing of aluminum).
Lanthan, *n.* lanthanum, *s.* (element belonging to the "rare earths" variety).
Lärmpfeife, *f.* alarm whistle, *s.*
Lasche, *f.* strap, *s.* (riveting); fishplate, *s.* (railway).
Laschenanlagefläche, *f.* fishing surface, *s.* (of rail).
Laschenbohrung, *f.* holes, *spl.*, for fishbolts (drilled through rail ends).
Laschenprofil, *n.* fishplate section, *s.*
Laschenschraube, *f.* fish bolt, *s.* (railway).
Lastaufgabe, *f.* application, *s.*, of a load (mat. testg.).
Lasthebemagnet, *m.* lifting magnet, *s.*
Lastmeßanzeiger, *m.* self-indicating load measuring device, *s.* (on the beam of a tensile testing machine).
Lastperiode, *f.* stress cycle, *s.* (fatigue testing).
Lastperiodenzahl, *f.* frequency, *s.*, of stress cycles (fatigue testing).

Lastspielzahl, *f.* number of cycles, *s.*
Lastwechsel, *m.* reversal of load, *s.* (mat. testg.).
Laterne, *f.* skylight, *s.*, lantern, *s.* (bldg.).
Laternendach, *n.* lantern roof, *s.* (of a mill building).
Lattenkiste, *f.* crate, *s.* (packing).
Lattenverschlag, *m.* crate, *s.* (packing).
Laufachse, *f.* dead axle, *s.* (mach.).
Laufbahn, *f.* track, *s.* (e.g. of a roll changing rig; rollg. mill).
laufen, *v.i.* to operate, *v.i.* (e.g. "the mill operates at a rolling speed of . . .").
Lauffläche, *f.* journal, *s.* (axle, shaft, etc.); tread, *s.* (wheel, chain, rail).
Laufkatze, *f.* traveling crab, *s.*
Laufkran, *m.* overhead traveling crane, *s.*
Laufkranz, *m.* tread, *s.* (of wheel).
Laufsitz, *m.* running fit, *s.* (mach.).
Laufstollenprofil, *n.* tread section, *s.* (for caterpillars).
Laufwerk, *n.* carriage, *s.*, bogie, *s.*
Laufzapfen, *m.* roll neck, *s.* (rollg. mill).
Laufzapfenlager, *n.* roll neck bearing, *s.* (rollg. mill).
Lauge, *f.* lye, *s.*
laugen, *v.t.* to steep in lye, *v.t.*
Laugensprödigkeit, *f.* caustic embrittlement, *s.* (caused by improperly made up boiler feed water).
Lebensdauer, *f.* working life, *s.* (of a wearing part); life, *s.* (of a fce. roof or lining).
leck, *a.* leaky, *a.* (container, pipe joint).
Leck, *n.* leak, *s.*
leck sein, *v.i.* to leak, *v.i.*
leck werden, *v.i.* to spring a leak, *v.i.*
Ledeburit, *m.* ledeburite, *s.* (eutectic of the iron-cementite system formed at about 1145° C).
Leerstellen, *fpl.* underfills, *spl.* (section rolling).
leer gehen, *v.i.* to run idle, *v.i.*
Leerlauf, *m.* idling, *s.*, idle motion, *s.* (mach.).
Leerlaufrolle, *f.* idler, *s.* (conveyor).
Leerstich, *m.* dummy pass, *s.* (rolling practice).
Legende, *f.* key, *s.* (drwg.).
legieren, *v.t.* to alloy, *v.t.*
legierter Stabstahl, *m.* alloy bar, *s.*

legierter Stahl, *m.* alloy steel, *s.*
legiertes Blech, *n.* alloy sheet, *s.*
legiertes Gußeisen, *n.* alloy cast iron, *s.*
Legierungsbestandteil, *m.* alloying constituent, *s.*
Legierungselement, *n.* alloying element, *s.*
Legierungssysteme, *npl.* alloy systems, *spl.* (binary, ternary, quaternary, quinary).
Legierungszuschläge, *mpl.* alloying additions, *spl.*
Lehrbogen, *m.* center, *s.* (bldg.).
Lehre, *f.* template, *s.*, templet, *s.* (representing the finished product); ga(u)ge, *s.* (instrument); pattern, *s.* (model).
Lehrgerüst, *n.* centers, *spl.* (for roof construction).
Leichtmetall, *n.* light metal, *s.*
Leichtprofile, *npl.* light sections, *spl.* (rolled, pressed, drawn).
Leichtstahlbau, *m.* light section engineering, *s.*
Leistung, *f.* output, *s.* (mach., production); capacity, *s.* (rating of plant, fce., etc.); effect, *s.* (mech.); delivery, *s.* (pump); performance, *s.* (in actual service).
Leistungsfähigkeit, *f.* efficiency, *s.*
Leistungsgrad, *m.* efficiency factor, *s.*
Leistungsschild, *n.* rating plate, *s.* (mach.).
Leistungsziel, *n.* target, *s.* (production).
Leitfähigkeit, *f.* conductivity, *s.*
Leitschiene, *f.* guide rail, *s.*, check rail, *s.* (railw.).
Leitschienenstuhl, *m.* guide rail chair, *s.*, check rail chair, *s.* (railw.).
Leitung, *f.* conduit, *s.* (gas); line, *s.* (pipe).
Leitungsrohre, *npl.* line piping, *s.*
Leitwerkseil, *n.*, **mit verzinkten Adern aus Tiegelstahl, 7 Adern zu 19 Drähten,** aeroplane strand 7 by 19, *s.*
leuchtend, *a.* luminous, *a.*
Leuchtkraft, *f.* luminosity, *s.* (of a flame).
Libelle, *f.* level, *s.* (water, spirit).
Lichtbogen, *m.* arc, *s.*, electric arc, *s.*
Lichtbogenaureole, *f.* arc flame, *s.*

Lichtbogen, *m.,* **elektrischer,** electric arc, *s.*

Lichtbogenhülle, *f.* arc shield, *s.* (welding).

Lichtbogenkopf, *m.* arc terminal, *s.*

Lichtbogenofen, *m.* arc furnace, *s.*

Lichtbogensaum, *m.* arc stream, *s.*

Lichtbogen-Schweißautomat, *m.* automatic arc welder, *s.*

Lichtbogenschweißmaschine, *f.* arc welder, *s.,* electrical arc welder, *s.*

Lichtbogenschweißung, *f.* arc welding, *s.,* electrical arc welding, *s.*

Lichtbogenschwingung, *f.* arc oscillation, *s.* (welding).

Lichtbogenstabilität, *f.* arc stability, *s.*

Lichtbogenstrahlungsofen, *m.* indirect arc furnace, *s.* (with the arc so high above the bath that heating is effected by radiation; non-ferrous melting).

Lichtbogenumhüllung, *f.* arc shielding, *s.* (welding).

Lichtbogenwiderstand, *m.* arc resistance, *s.*

Lichtbogenzündung, *f.* arc ignition, *s.*

lichte Höhe, *f.* clear headroom, *s.* (of girder, bridge).

lichtempfindliche Zelle, *f.* light-sensitive cell, *s.*

lichter Raum, *m.* clearance, *s.* (loading specifications).

lichte Weite, *f.* inside diameter, *s.* [I. D.].

Lieferer, *m.* contractor, *s.* (under the terms of a contract).

Lieferungslehre, *f.* inspection ga(u)ge, *s.*

Lieferungsübernahme, *f.* acceptance, *s.*

Limonit, *m.* limonite, *s.,* bog iron ore, *s.*

Linde-Abflämm-Maschine, *f.* Linde-surfacer, *s.* (make of Linde Air Products Co., utilized in flame washing of blooms and semi-finishes).

linienreich, *a.* rich in lines (spectrography; e.g. a material rich in lines).

Linienspektrum, *n.* line spectrum, *s.*

Linienverschiebung, *f.* line displacement, *s.* (spectrography).

Links-, anti-clockwise, *a.* (motion).

Linksdrall, *m.* left lay, *s.,* right twist, *s.* (wire rope).

Linksgewinde, *n.* left-hand thread, *s.*

Linksschweißung, *f.* forehand welding, *s.* (in gas welding: the torch is pointed along the scarf on which the metal is to be deposited).

Linsenkopfschraube, *f.* fillister head screw, *s.*

Linsenschraube, *f.* oval head screw, *s.*

Liquiduslinien, *fpl.* liquidus, *s.,* liquidus curve, *s.,* freezing-point curve, *s.* (lines indicating the temperatures above which all alloys in a given system are completely liquid; constitutional diagram).

Literaturangabe, *f.* bibliography, *s.*

Litze, *f.* stranded wire, *s.*

Lochdorn, *m.* mandrel, *s.,* plug, *s.,* piercer, *s.* (tube manufacture).

Lochdornstange, *f.* piercer rod, *s.* (rotary piercing operation).

lochen, *v.t.* to punch, *v.t.* (single hole); to perforate, *v.t.* (pattern of holes); to pierce, *v.t.* (pipe and tube manufacture).

Lochfähigkeit, *f.* piercability, *s.* (of materials for tube piercing operation).

Lochfeile, *f.* entering file, *s.*

Lochfraß, *m.* heavy local pitting, *s.* (corrosion).

Lochgröße, *f.* size opening, *s.* (of screens).

Lochmaschine, *f.* punching machine, *s.*

Lochpresse, *f.* piercing press, *s.* (billet piercing).

Lochpressen, *n.* straight piercing, *s.*

Lochstempel, *m.* punch, *s.,* piercing punch, *s.* (of a press).

Lochstück, *n.* pierced blank, *s.* (starting material for the production of seamless tubes).

Lochtaster, *m.* inside calipers, *spl.*

Lochteilung, *f.* hole pitch, *s.* (riveting).

Loch- und Aufweitewalzwerk, *n.* piercing and expanding mill, *s.* (seamless pipes and tubes).

Lochversuch, *m.* punching test, *s.*

Lochvorgang, *m.* piercing operation, *s.* (seamless pipe and tube manufacture).

Lochwalzung, *f.* rotary piercing, *s.* (with rotating piercer between cross rolls).

Lochwalzverfahren, *n.* piercing mill process, *s.* (manufacture of seamless tubes by rolling a heated round billet between two rolls over a plug or mandrel or piercer; rolls are either of double conical or of truncated cone shape with axes inclined relative to each other, or of disc form with staggered axes).

Lockerer, *m.* fluffer, *s.* (sintering machine).

lockern, sich, *v.i.* to loosen, *v.i.* (nut); to slacken, *v.i.* (belt, rope).

logarithmischer Maßstab, *m.* logarithmic scale, *s.*, log scale, *s.*

Losboden, *m.* detachable bottom, *s.* (converter).

Löschen, *n.* quenching, *s.* (coke, sinter, heated metal); slaking, *s.* (lime).

lösen, *v.t.* to dissolve, *v.t.* (chem.).

löslich, *a.* soluble, *a.*

Löslichkeit, *f.* solubility, *s.*

Lösung, *f.* solution, *s.*

Lösungsmittel, *n.* solvent, *s.* (chem.).

Lösungsverlust *m.* solution loss, *s.* (bl. fce. theory).

Lötarbeit, *f.* brazing operation, *s.* ("hard" solders); soldering operation, *s.* ("soft" solders).

Lötlampe, *f.* blow lamp, *s.*

Lötnaht, *f.* soldered seam, *s.*, brazed seam, *s.*

Lötofen, *m.* brazing furnace, *s.*

Lötstange, *f.* brake, *s.*

Lötvorgang, *m.* brazing cycle, *s.*

Lötwasser, *n.* soldering fluid, *s.*, killed spirits, *spl.*

Lötzange, *f.* brazing tongs, *spl.* (used for localized brazing; local heating is by carbon-block tips of tongs).

Lötzinn, *n.* tin-lead solders, *spl.*

luckig, *a.* honeycombed, *a.* (e.g. surface of castings).

Lüdersche Linien, *fpl.* Lüders lines, *spl.* (cf. "stretcher strains").

Luft, *f.* air, *s.*; slackness, *s.* (of a bearing).

Luft-, air (prefix), atmospheric, *a.*

Luftblase, *f.* air bubble, *s.*

Luftbremse, *f.* air brake, *s.* (mach.).

luftdicht, *a.* air-tight, *a.*

Luftdruck, *m.* atmospheric pressure, *s.*

Luftdüse, *f.* air jet, *s.* (mach.).

lüften, *v.t.* to ventilate, *v.t.*

Lüfter, *m.* ventilator, *s.*

Lufterhitzer, *m.* air heater, *s.*

Luftfahrbau, *m.* aircraft construction, *s.*

Luftfeuchtigkeit, *f.* atmospheric humidity, *s.*

Luft/Gas Gemischverhältnis, *n.* air/gas ratio, *s.* (burner).

Luftgeschwindigkeit, *f.* air velocity, *s.*

lufthärten, *v.t.* to air-harden, *v.t.*

Lufthärter, *pl.* air hardening steels, *spl.*, self-hardening steels, *spl.* (steels that become martensitic on cooling from A_{c3} in free air; e.g. high-speed tool steels).

Lufthärtung, *f.* air hardening, *s.*

lufthydraulisch, *a.* air-hydraulic, *a.*

Luftkabel, *n.* aerial cable, *s.*, overhead cable, *s.*

Luftkanal, *m.* air conduit, *s.*, air duct, *s.*

Luftklappe, *f.* air flap, *s.*, flap valve, *s.* (mach.).

Luftkompressor, *m.* air compressor, *s.* (mach.).

luftkühlen, *v.t.* to air-cool, *v.t.*

Luftkühlturm, *m.* final cooling zone, *s.* (of a vertical type continuous strip annealing line).

Luftkühlung, *f.* air cooling, *s.*

Luftleitung, *f.* air line, *s.*

Luftmenge, *f.* air volume, *s.*

Luftniethammer, *m.* pneumatic riveting hammer, *s.*

Luft/Öl Gemischverhältnis, *n.* air/oil ratio, *s.* (burner).

luftpatentierter Draht, *m.* air-patented wire, *s.*

Luftpolster, *m.* air cushion, *s.* (mach.).

Luftrohr, *n.* air pipe, *s.*

Luftsauerstoff, *m.* atmospheric oxygen, *s.*

Luftschieber, *m.* air damper, *s.*

Luftschleuse, *f.* air lock, *s.* (mach.).

Luftschlitz, *m.* louver, *s.* (mach.; bldg.).

Luftspülung, *f.* air flushing, *s.*

Luftstrom, *m.* air flow, *s.*

Lufttasche, *f.* air pocket, *s.* (in a pipe line).

lufttrocknender Mörtel, *m.* air-setting mortar, *s.*

Luftumwälzung, *f.* air circulation, *s.*

Luftverdichter, *m.* air compressor, *s.* (mach.).

Luftverteilerrohr, *n.* air head, *s.* (mach.).

Luftweg, *m.* air conduit, *s.*

Luftzuführung, *f.* air intake, *s.*

Lüftungsanlage, *f.* ventilation system, *s.*

Luftverstaubung, *f.* air pollution, *s.* (by flue dust).

Luftvorwärmer, *m.* air preheater, *s.*

Luftvorwärmung, *f.* air preheat, *s.*

Luftzug, *m.* draft, *s.*, draught, *s.* (of air); air uptake, *s.* (o.h. fce.).

Lunker, *m.* shrink hole, *s.*, contraction cavity, *s.* (casting); pipe, *s.* (ingot).

Lunkerhohlraum, *m.* pipe cavity, *s.* (ingot).

Lunkerbildung, *f.* piping, *s.*

Lunkerit, *n.* "Lunkerit" hot-topping compound, *s.*

Lunkern, *n.* piping, *s.* (solidification of ingots).

Lunkerpulver, *n.* hot-topping compound, *s.* (e.g. "Mexatop" or "Lunkerit", etc.).

Lunkerstelle, *f.* shrinkage cavity, *s.* (in castings).

Lunkerung, *f.* cavitation, *s.*, piping, *s.* (ingot casting).

Luppe, *f.* puddled bar, *s.*, muck bar, *s.* (of wrought iron).

M

McKea-Einwurf, *m.* McKea distributor, *s.* (charging hopper turning automatically after each skip load; bl. fce. top).

McKea-Verschluß, *m.* McKea top, *s.* (bl. fce.).

McQuaid-Ehn Einsatzprobe, *f.* McQuaid-Ehn test, *s.* (grain size testing).

Mn-Mo Schweißdraht, *m.* Mn-Mo weld metal, *s.* (0.10% C, 1.63% Mn, 0.41% Mo).

MX-Stahl, *m.* MX-steel (a low-carbon — 0.08% max. — free-machining bessemer steel produced by Carnegie Illinois).

M_{50}-Punkt, *m.* M_{50} temperature, *s.* (the level at which 50% austenite is transformed into martensite).

M_{90}-Punkt, *m.* M_{90} temperature, *s.* (the level at which 90% austenite is transformed into martensite).

magerer Beton, *m.* poor concrete, *s.*

Magererze, *npl.* lean ores, *spl.*

Magerkohle, *f.* non-baking coal, *s.*

Magnesia, *f.* magnesia, *s.*

Magnesiazement, *m.* magnesia cement, *s.*

Magnesit, *m.* magnesite, *s.* (refractory).

Magnesitstein, *m.* magnesite brick, *s.* (refractory).

magnesitische Stampfmasse, *f.* magnesitic ram mix, *s.* (such as Ramix, Ramset; used for hearth construction).

Magnesium, *n.* magnesium, *s.*

Magneteisenerz, *n.* magnetite, *s.*

magnetisches Durchflußverfahren, *n.* magnetic flow test, *s.* (non-destructive testing).

magnetische Eigenschaften, *fpl.* magnetic properties, *spl.* (materials).

magnetische Prüfverfahren, *npl.* magnetic testing, *s.*

magnetische Reibungsarbeit, *f.* hysteresis, *s.* (phys.).

magnetische Umwandlung, *f.* magnetic change, *s.*, (Curie point, A_2 point).

magnetisieren, *v.t.* to magnetize, *v.t.*

Magnetisierbarkeit, *f.* magnetizability, *s.* (property).

magnetisierendes Rösten, *n.* magnetic roasting, *s.* (ores).

Magnetisierungsrichtung, *f.* direction of magnetization, *s.* (physical testing).

Magnetisierungsstärke, *f.* intensity of magnetization, *s.*

Magnetismus, *m.* magnetism, *s.*

Magnetit, *m.* magnetite, *s.*

Magnetit-Trübe, *f.* magnetite suspension, *s.* (heavy media separation).

Magnetkran, *m.* magnet crane, *s.*

Magnetniederhalter, *m.* magnet operated clamp, *s.* (plate shear).

Magnetpulververfahren, *n.* magnafluxing, *s.* (magnetic testing of materials).

Magnetscheider, *m.* magnetic separator, *s.* (ore).

Magnetscheidung, *f.* magnetic separation, *s.* (ore).

Magnetspannplatte, *f.* magnetic fixture, *s.* (mach.).

Magnetstahl, *m.* magnet steel, *s.*
mahlen, *v.t.* to grind, *v.t.*
Mahlfähigkeit, *f.* grindability, *s.*
Makrophoto, *n.* photomacrograph, *s.* (metallogr.).
Makroseigerung, *f.* macrosegregation, *s.* (each of 3 types: normal — inverse — gravity, segregation).
makroskopische Abbildung, *f.* macrograph, *s.* (magnified not more than 10 diameters; metallogr.).
makroskopisches Gefüge, *n.* macro-structure, *s.*
makroskopische Untersuchung, *f.* macroscopic examination, *s.* (of a polished sample by the naked eye or under very low magnification).
Mangan, *n.* manganese, *s.*
Manganbuckel, *m.* manganese "hump", *s.*, manganese throw-back phenomenon, *s.* (basic bessemer process).
Manganstähle, *mpl.* manganese steels, *spl.* (pearlitic group: 0.10—1.00% C, 0.8—3.2% Mn; austenitic group: 0.9—1.4% C, 12.0—15.0% Mn. Cf. "high-manganese steel").
Mangansiliziumstahl, *m.* silico-manganese steel, *s.*
Manganschiene, *f.* manganese steel rail, *s.* (rolled from medium-, or high-manganese, ingots).
Manganoxydul, *n.* manganous oxide, *s.*
Manganoxyd, *n.* manganese oxide, *s.*
Mangan-Molybdän-Stähle, *mpl.* manganese-molybdenum steels, *spl.* (high strength and hardness).
Manganhartstahl, *m.* high-manganese steel, *s.*, Hatfield manganese steel, *s.* (1.0—1.3% C and 11.0—14.0% Mn).
manganhaltig, *a.* manganous, *a.*, manganiferous, *a.*
Manganerz, *n.* manganese ore, *s.*
Manganeisen, *n.* manganous iron, *s.*
Mangel, *m.* deficiency, *s.* (of a process); scarcity, *s.* (of labor); defect, *s.* (in material); shortness, *s.* (labor, time, etc.); restriction, *s.* (of space).
Mangel, *f.* mangle, *s.* (hot-flattening of plate mill products).
mangelhaft, *a.* faulty, *a.* (piece of work); defective, *a.* (material); imperfect, *a.* (process).
Mannesmann-Verfahren, *n.* Mannesmann piercing process, *s.*, Mannesmann process, *s.* (manufacture of seamless tubing).
Mannloch, *n.* man-hole, *s.*
Mannlochdeckel, *m.* man-hole cover, *s.*
Mannlochversteifung, *f.* man-hole ring, *s.*
Mannschaft, *f.* crew, *s.* (of a fce., a mill).
Manometer, *n.* pressure ga(u)ge, *s.*
Manometerdruck, *m.* pressure at the ga(u)ge, *s.*
Mantel, *m.* case, *s.* (of a loam mold); casing, *s.* (boiler, fce. stack, well); jacket, *s.* (cooling j., boiler).
Mantelring, *m.* mold hoop, *s.* (molding practice).
Marform-Verfahren, *n.* Marform process, *s.* (press-drawing of sheet into cups, etc., by pressure between a forming punch and a rubber pad).
Marinemetall, *n.* admiralty metal, *s.*
Marken, *fpl.* marks, *spl.* (surface defects on rolled products caused by guides or roll collars).
marktfähiges Erzeugnis, *n.* salable product, *s.*
Martensit, *m.* martensite, *s.* (a structure obtained from decomposition of austenite on very rapid cooling; acicular constitution, very hard; body-centered tetragonal lattice).
Martensitbildung, *f.* martensite formation, *s.*
martensitische Stähle, *mpl.* martensitic steels, *spl.*, air-hardening steels, *spl.*, self-hardening steels, *spl.*
Martensitpunkt, *m.* M_S-temperature, *s.* (beginning of martensite formation).
Martinroheisen, *n.* open hearth pig iron, *s.*, basic pig iron, *s.*
Masche, *f.* mesh, *s.* (of sieve, or screen).
Maschendraht, *m.* screen wire, *s.*
Maschine, *f.* machine, *s.* (driven); engine, *s.* (driving).
Maschinen, *fpl.* machinery, *s.* (general term), machines, *spl.*
maschinell, *a.* power (the opposite of "by hand").
maschinelles Feilen, *n.* lathe filing, *s.* (operation).

Maschinenabteilung, *f.* mechanical engineering department, *s.*

Maschinenanlagen, *fpl.* operating machinery, *s.*

Maschinenanlagen, *fpl.* **für die Koksöfen**, coke oven operating machinery, *s.*

Maschinenbauanstalt, *f.* mechanical engineering plant, *s.*

Maschinenarbeiter, *m.* machine operator, *s.*, machinist, *s.*

Maschinenbau, *m.* mechanical engineering, *s.*

Maschinenbauer, *m.* mechanical engineer, *s.*

Maschinenbaustahl, *m.* machinery steel, *s.*

Maschinenbauteile, *mpl.* machine elements, *spl.*

Maschinenguß, *m.* machine casting, *s.* (operation and product); machinery casting, *s.* (product)

Maschinenformerei, *f.* mechanical molding, *s.* (foundry).

Maschinenschraube, *f.* machine screw, *s.*

Maschinenseite, *f.* pusher side, *s.* (of coke oven).

Maschinenwerkstätte, *f.* mechanical workshop, *s.*

Maschinschmieden, *n.* machine forging, *s.*

Maß, *n.* measure, *s.*, dimension, *s.*

Maßanalyse, *f.* volumetric analysis, *s.* (chem.).

maßanalytisch, *a.* volumetric, *a.*

Maßangabe, *f.* dimension, *s.*

Masse, *f.*, **des Gasstromes**, mass flow of gas, *s.* (phys.).

Masseform, *f.* dry sand mold, *s.* (molding practice).

Masseguß, *m.* dry sand casting, *s.* (product).

Massel, *m.* piglet, *s.* (machine-cast), pig, *s.*

Masselbrecher, *m.* pig breaker, *s.*

Masselgraben, *m.* sow channel, *s.*

Masselgrabeneisen, *n.* sow, *s.*

Masselkran, *m.* pig bed crane, *s.*

Masselschläger, *m.* pig breaker, *s.*

Massenerzeugung, *f.* mass production, *s.*, quantity production, *s.*

Massenfertigung, *f.* mass manufacture *s.*, production manufacture, *s.*, large scale manufacture, *s.*

Massengeschwindigkeit, *f.* mass rate, *s.* (phys.).

Massengüter, *npl.* bulk materials, *spl.*

Massengüterumschlag, *m.* bulk materials handling, *s.*

Massenmittelpunkt, *m.* center of mass, *s.* (mech.).

Massentransport, *m.* bulk transport, *s.*

Massenwirkungsgesetz, *n.* law of mass action, *s.* (phys.).

Massepfropfen, *m.* bod, *s.* (of clay stopping the taphole of a bl. fce. or of a cupola).

maßgenau, *a.* true to ga(u)ge.

massiv, *a.* massive, *a.*, solid, *a.*

Maßkontrolle, *f.*, **bei Übernahme**, acceptance test, *s.*

Maßstab, *m.* rule, *s.*, measure, *s.*; scale, *s.* (drwg.).

Materialfluß, *m.* material flow, *s.*

Materialflußrichtung, *f.* material flow axis, *s.*

Materialhalle, *f.* stock bay, *s.* (melting shop).

Materialkosten, *pl.* material costs, *spl.*

Materiallager, *n.* materials' store, *s.*

Materiallagerplatz, *m.* stock yard, *s.* (ore, scrap).

Materialtaschen, *fpl.* stock bins, *spl.*, high-line bunkers, *spl.* (bl. fce.).

Materie, *f.* matter, *s.*

Matratzendraht, *m.* mattress wire, *s.*

Matrize, *f.* lower die, *s.* (holding the stock to be formed).

Mattbleche, *npl.* terne sheets, *spl.*

mattierte Bleche, *npl.* dull finish sheets, *spl.*

Maueranker, *m.* wall tie, *s.* (bldg.).

mauern, *v.t.* to brick, *v.t.*

Mauerung, *f.* bricking, *s.* (operation).

Maulweite, *f.* width of jaw, *s.* (socket wrench); roll opening, *s.* (rolling practice).

Maulweiteanzeiger, *m.* roll opening indicator, *s.* (rollg. mill).

Maul, *n.*, **einer Schere**, throat of shear, *s.*

Maulweite, *f.*, **der Schere**, hatchway of a shear, *s.*, throat of a shear, *s.*

Maulweite, *f.*, **zwischen den Messern**, shear opening, *s.*, hatch, *s.*

Mechanik, *f.* mechanics, *s.*

Mechanik, *f.*, **fester Körper**, mechanics of rigid bodies, *s.*

Mechanik, *f.*, flüssiger Körper, mechanics of fluids, *s.*
Mechanik, *f.*, gasförmiger Körper, mechanics of gaseous fluids, *s.*
Mechaniker, *m.* mechanic, *s.*
mechanische Durchwirblung, *f.* mechanical agitation, *s.* (of a metal bath).
mechanische Eigenschaften, *fpl.* mechanical properties, *spl.* (of materials).
mechanischer Knüppelordner, *m.* billet unscrambler, *s.* (rollg. mill).
mechanische Pressen, *fpl.* mechanical presses, *spl.* (used for the production of small and medium size pressings; capacities range from 200 to 2,000 tons).
mechanische Werkstätte, *f.* machine shop, *s.*
mechanische Werkstoffprüfung, *f.* mechanical testing of materials, *s.*
mechanisieren, *v.t.* to mechanize, *v.t.*
Mechanisierung, *f.* mechanization, *s.*
Meehanit-Gußeisen, *n.* meehanite, *s.* (cast iron innoculated with calcium silicide).
mehrachsiger Spannungszustand, *m.* multi-directional stress pattern, *s.*
Mehrfach - Fliehkraftabscheider, *m.* multiclone, *s.* (gas cleaning).
Mehrfachschweißmaschine, *f.* multi-head welder, *s.*
Mehrfachziehmaschine, *f.* continuous wire drawing machine, *s.*
Mehrfachzug, *m.* continuous drawing, *s.* (the wire passes a series of successive die holes before being wound onto the block).
Mehrgewicht, *n.* excess weight, *s.*
mehrteiliger Ausguß, *m.* composite nozzle, *s.* (of teeming ladles).
mehrteilige Lagerschale, *f.*, für Walzenlaufzapfen, multi-part roll neck bearing, *s.*
Meißelbohrer, *m.* star bit, *s.* (mach.).
meißeln, *v.t.* to chisel, *v.t.*, to chip, *v.t.*
Meißelstahl, *m.* chisel steel, *s.*
Membranpumpe, *f.* diaphragm pump, *s.* (mach.).
Menge, *f.* quantity, *s.* (general), amount, *s.*
Merkmal, *n.* feature, *s.*, characteristic, *s.*
Merkzeichen, *n.* mark, *s.*

Meßband, *n.* tape rule, *s.*
Meßdruck, *m.* pressure at the ga(u)ge, *s.*
Meßlänge, *f.* ga(u)ge length, *s.* (e. g. of a tensile test bar).
Meßrahmen, *m.* loading ga(u)ge, *s.* (railw.).
Meßschraube, *f.* contact screw, *s.*
messen, *v.t.* to measure, *v.t.*; to check, *v.t.* (a bore); to take, *v.t.* (an angle).
Messer, *n.* knife, *s.*, blade, *s.*
Messerfeile, *f.* knife file, *s.*
Messerhalter, *m.* blade holder, *s.* knife block, *s.* (e. g. of a shear).
Messerschmiedewaren, *fpl.* cutlery, *s.*
Messerstahl, *m.* cutlery steel, *s.*
Messing, *n.* brass, *s.*
Messinglötung, *f.* brass soldering, *s.*
Messinggießerei, *f.* brass foundry, *s.*
Messingblech, *n.* brass sheet, *s.*
Meßsystem, *n.* system of measurement, *s.*
Meßtechnik, *f.* measuring technique, *s.*
Meßuhr, *f.* dial indicator, *s.* (rollg. mill screw-down).
metallartig, *a.* metalline, *a.*
metallisch, *a.* metallic, *a.*
Metalleinsatz, *m.* metallic charge, *s.*
Metallfolie, *f.* metal foil, *s.* (rolled product).
Metallgeschirr, *n.* metal hollow-ware, *s.*
Metallgewebe, *n.*, metal cloth, *s.*, metal gauze, *s.*
Metallguß, *m.* metal castings, *spl.*
Metallhüttenkunde, *f.* non-ferrous metallurgy, *s.*
metallischer Überzug, *m.* metal coating, *s.*
Metallkeramik, *f.* metal ceramics, *s.*, powder metallurgy, *s.*
metallkeramische Teile, *mpl.* powder parts, *spl.* (powder metallurgy).
Metallkunde, *f.* metallography, *s.*
Metallmikroskopie, *f.* microscopic metallography, *s.*
Metall-Lichtbogenschweißung, *f.* metal-arc welding, *s.* (the electrode used is a metal rod or wire which becomes the deposited metal in the weld).
Metallniederschlag, *m.* metal deposition, *s.*
Metallographie, *f.* metallography, *s.*, physical metallurgy, *s.*

metallographische Darstellungsweise, *f.* metallographic technique, *s.*

metallographische Probe, *f.* metallographic specimen, *s.*

metallographischer Schliff, *m.* polished metallographic specimen, *s.*

Metalloid, *n.* metalloid, *s.*

Metallphysik, *f.* metal physics, *s.*

Metallpulver, *n.* metal powder, *s.*

Metallreinigung, *f.* cleaning of metals, *s.* metal cleaning, *s.* (by mechanical means).

Metallreinigung, *f.*, **auf elektrolytischem Wege,** electro-cleaning, *s.*

Metallreinigungsmittel, *n.* metal cleaning compound, *s.*

Metallspritzen, *n.* metallizing, *s.*, metal spraying, *s.* (corrosion protection).

Metallspritzpistole, *f.* metallizing gun, *s.*, metal spray gun, *s.*

Metallspritzverfahren, *n.* metal spraying process, *s.*, metal spray coating, *s.* (a process in which molten metal is sprayed under pressure onto sandblast cleaned surfaces).

Metallspritzvorrichtung, *f.* metal spraying unit, *s.*

Metallurgie, *f.* metallurgy, *s.*, chemical metallurgy, *s.*

metallurgischer Chemiker, *m.* metallurgical chemist, *s.*

Metaseal-Verfahren, *n.* metaseal impregnating process, *s.* (for sintered parts, prior to electro-plating).

metastabiler Austenit, *m.* metastable austenite, *s.* (metallogr.).

metastabiles System, *n.* metastable system, *s.* (e. g. iron-iron carbide).

Methode, *f.* method, *s.*, technique, *s.*

Methylalkohol, *m.* methylated spirit, *s.*, white spirit, *s.*

Mexatop, *n.* Mexatop hot-topping compound, *s.*

Mikrographie, *f.* micrography, *s.*

Mikrohärte, *f.* micro-hardness, *s.*

Mikrometer, *n.* micrometer, *s.* (mach.).

Mikrophoto, *n.* photo-micrograph, *s.*

Millimeter Quecksilbersäule, inches of mercury (pressure ga(u)ge reading).

Millimeter Wassersäule, inches of water (pressure ga(u)ge reading).

Mindest- minimum, *a.*

Mineral, *n.* mineral, *s.*

Mineralfeile, *f.* emery stick, *s.*

mineralisch, *a.* mineral, *a.*

Minette, *f.* minette, *s.*, oolitic iron ore, *s.*

Minium, *n.* red lead, *s.*, minium, *s.*, red oxide of lead, *s.*

Minustemperatur, *f.* sub-zero temperature, *s.*

mischbar, *a.* miscible, *a.* (chem.).

mischen, *v.t.* to mix, *v.t.*

Mischgas, *n.* mixed gas, *s.*

Mischkarbide, *npl.* mixed carbides, *spl.* (metallogr.).

Mischkristalle, *mpl.* solid solution series, *s.* (crystallogr.).

Mischmetall, *n.* misch metal, *s.* (consisting of several "rare earths").

Mischmetallzusatz, *m.* misch metal addition, *s.* (steelmaking).

Mischung, *f.* mix, *s.*, mixture, *s.*

Mischungslücke, *f.* miscibility gap, *s.* (metallogr.).

Mischungswärme, *f.* heat of mixing, *s.*

Mispickel, *m.* arsenical pyrites, *spl.*

mitlaufende Gegenwelle, *f.*, **mit Seilscheibe,** tail shaft and sheave, *s.* (wire rope transfer; rollg. mill).

Mitte, *f.* center, *s.*

Mittel, *n.* average, *s.* (values); mean, *s.* (math.); medium, *s.* (phys.); agent, *s.* (chem.); means, *spl.*

Mittelblech, *n.* medium plate, *s.*

Mittelgröße, *f.* medium size, *s.*

mittelhart, *a.* medium-hard, *a.* (sheet, wire, strip).

Mittellinie *f.* center line *s.*

Mittellinie *f.* **des Kalibers,** center line, *s.*, of a pass (roll pass design of symmetrical shapes).

Mittelprofilstraße, *f.* medium section mill, *s.*

Mittelpunkt, *m.* center, *s.*

Mittelpunktlehre, *f.* centering ga(u)ge, *s.*

mittelschwerer Formstahl, *m.* medium shapes, *spl.*, medium sections, *spl.*

Mittelstaffel, *f.* intermediate train, *s.* (rollg. mill).

Mittelstraßen, *fpl.* secondary mills, *spl.* (rollg. mill).

Mittelwert, *m.* average, *s.*, mean, *s.*, mean value, *s.*

Mitte zu Mitte, between center lines (distance).

mitten, *v.t.* to center, *v.t.*

Mittenabstand, *m.* spacing, *s.*, center to center distance, *s.*

mittlerer Fehler, *m.* mean error, *s.*

mittlere Ofenleistung, *f.*, **pro Jahr,** furnace year, *s.* (operating data).

Möbelfedern, *fpl.* upholstery springs, *spl.*

Möbelstahl, *m.* furniture steel, *s.*

Modell, *n.* model, *s.* (mach.); pattern, *s.* (foundry).

Modellboden, *m.* pattern store, *s.* (foundry).

Modellmacher, *m.* pattern maker, *s.* (foundry).

Modellschreinerei, *f.* pattern maker's shop, *s.* (foundry).

Modelltischler, *m.* pattern maker, *s.* (foundry).

Modelltischlerei, *f.* pattern maker's shop, *s.* (foundry).

Molekelumlagerung, *f.* molecular transformation, *s.*

Molekül, *n.* [Mol], molecule, *s.* [mole].

Möller, *m.* metallic burden, *s.*, metallic charge, *s.* (bl. fce., cupola).

Möllersonde, *f.* test rod, *s.*, stock rod, *s.* (bl. fce. top).

Möllervorbereitung, *f.* burden preparation, *s.* (bl. fce. practice).

Möllervorbereitungsanlage, *f.* burden preparation plant, *s.* (bl. fce. plant).

Molybdän-Kohlenstoff-Stähle, *mpl.* carbon-molybdenum steels, *spl.* (high creep resistance).

Molybdänstahl, *m.* molybdenum steel, *s.*, moly-steel, *s.*

Moment, *n.* moment, *s.* (mech.).

Moment- instantaneous, *a.*

Momentausgleich, *m.* equilibrium of moments, *s.* (mech.).

Monelmetall, *n.* Monel metal, *s.* (excellent corrosion resistant pro-perties).

Mono-Gas, *n.* monogas, *s.* (used as a protective gas in copper brazing).

Montage, *f.* assembly, *s.*, mounting, *s.*, erecting, *s.*

Montage, *f.*, **am Aufstellungsort,** assembly, *s.*, in the field.

Montageband, *n.* assembly belt, *s.*

Montagehalle, *f.* erecting shop, *s.*, assembling shop, *s.*

Montagekran, *m.* erecting crane, *s.*, assembly line crane, *s.*

montieren, *v.t.* to fit, *v.t.*, to assemble, *v.t.*

Monteur, *m.* fitter, *s.*

Morgoil-Lager, *n.* Morgoil bearing, *s.* (oil film bearing, patented by the Morgan Construction Co., on tapered roll necks; rollg. mill).

Morin-Schlagwerk, *n.* Morin blow hammer, *s.* (dynamic hardness testing).

Motorenbau, *m.* motor construction, *s.*, motor industry, *s.*

Motorenhalle, *f.* motor room, *s.* (rollg. mill).

Muffe, *f.* coupling box, *s.* (mill spindle); socket, *s.* (tube, pipe); sleeve, *s.* (cable); pipe coupling, *s.*

Muldentagbau, *m.* open pit mining, *s.* (ore).

mulmig, *a.* friable, *a.* (of ores).

Mündung, *f.* opening, *s.*, orifice, *s.* (pipe, jet, nozzle, etc.); mouth, *s.* (of a converter).

Mündungsbär, *m.* bear, *s.* (converter mouth).

Muschelbruch, *m.* conchoidal fracture, *s.*

Musikaliendraht, *m.* music wire, *s.*, high-grade wire, *s.*

Muster, *n.* sample, *s.* (of ore, metal); templet, *s.* (of products).

N

Nabe, *f.* hub, *s.* (of wheel).

Nachblasen, *n.* after blow, *s.* (basic bessemer process).

nachdrehen, *v.t.* to dress, *v.t.* (rolls).

Nachdrehen, *n.*, **der Walzen,** roll dressing, *s.*

Nachgießen, *n.* after-pour, *s.* (foundry practice).

Nachkühler, *m.* after-cooler, *s.* (compressor).

nachschleifen, *v.t.* to resharpen, *v.t.*, to regrind, *v.t.*

Nachschleifen, *n.*, **der Walzen,** roll grinding, *s.*

Nachschrumpfung, *f.* after-contraction, *s.* (of refractories).

Nachsetzstein, *m.* filler brick, *s.* (roof of o. h. fce.).

nachstellen, *v.t.*, **die Lager,** to take up the bearings.

nachwärmen, *v.t.* to reheat, *v.t.*

Nachwärmofen, *m.* reheating furnace, *s.*

Nachwärmung, *f.* reheat, *s.*

nackter Schweißdraht, *m.* bare filler rod, *s.*

Nadelboden, *m.* pin-hole plug, *s.* (converter).

Nadeldraht, *m.* needle wire, *s.*

nadelförmig, *a.* acicular, *a.*

Nadellager, *n.* needle bearing, *s.* (mach.).

Nadelventil, *n.* needle valve, *s.* (mach.).

Nageldraht, *m.* nail wire, *s.*

Nagelfabrik, *f.* nail manufacturing plant, *s.*

Nahaufnahme, *f.* close-up, *s.* (photograph).

Nahrungsmittelbehälter, *m.* food container, *s.*

Naht, *f.* seam, *s.* (defect).

nahtlose Kesselrohre, *npl.* seamless boiler tubes, *spl.* (of o.h. steel).

nahtloses Rohr, *n.* seamless pipe, *s.*

Nahtschweißung, *f.* seam welding, *s.*, resistance seam welding, *s.* (the weld is made by means of two contact rollers).

Näpfchenziehversuch, *m.* cupping test, *s.* (assessment of deep-drawing properties).

Napfziehen, *n.* dishing operation, *s.* *s.* (sheet, plate).

Nase, *f.* head, *s.* (of a wedge); nose, *s.* (general term; mach.); lug, *s.* (cast on).

Naßaufbereitung, *f.* wet dressing, *s.* (ores).

Naßblankzug, *m.* wet lubricating process, *s.* (wire drawing).

Naß-Drahtzug, *m.* wet wire drawing, *s.*

Naßelektrofilter, *m.* wet type electric precipitator, *s.* (gas cleaning).

nasser Sand, *m.* green sand, *s.* (molding practice).

nasses Verfahren, *n.* wet process, *s.*

naßgereinigtes Gas, *n.* wet-washed gas, *s.*

Naßgußform, *f.* green sand mold, *s.*

Naßgußformerei, *f.* green sand molding, *s.* (foundry).

Naßgußsand, *m.* green sand, *s.*

naßmechanische Erzaufbereitung, *f.* wet mechanical dressing of ores, *s.* (e. g. by washing and jigging).

Naßreinigung, *f.* wet washing, *s.*, wet cleaning, *s.* (of gases).

Naßschleifen, *n.* wet grinding, *s.*

Naß-Strahlreinigung, *f.* liquid blasting, *s.* (cleaning of metal surfaces by finely divided abrasives suspended in aqueous solution).

Naßwirbler, *m.* cyclone gas washer, *s.* (bl. fce. gas).

naszierender Wasserstoff, *m.* atomic hydrogen, *s.*

Natrium, *n.* sodium, *s.*

Natriumhydrid-Beizverfahren, *n.* sodium hydride pickling, *s.*

Natriumkarbonat, *n.* soda ash, *s.*

Natronpikratlösung, *f.* alkaline sodium picrate, *s.* (etchant).

Naturgas, *n.* natural gas, *s.*

naturgehärtet, *a.* as-hardened, *a.* (not annealed, or tempered).

natürliche Alterung, *f.* natural aging, *s.* (at room temperature; see "aging").

natürliche Härtbarkeit, *f.* inherent hardenability, *s.*

Natursteinfutter, *n.* rock lining, *s.* (of mica schist, or sandstone; bessemer converter).

Nebenbetriebe, *mpl.* auxiliary services, *spl.*

Nebenbetriebe, *mpl.* plant auxiliaries, *spl.*

Nebeneinrichtungen, *fpl.* ancillary equipment, *s.*

Nebenerzeugnis-Gewinnungsanlage, *f.* by-product recovery plant, *s.*

Nebenkosten, *pl.* expenses, *spl.*

Nebenproduktenkokerei, *f.* by-product coking practice, *s.*

Nebenprodukt-Koksofen, *m.* by-product coke oven, *s.*

Nebenvorrichtung, *f.* attachment, *s.* (mach.)

Neigung, *f.* grade, *s.* (relative to the horizontal); tendency, *s.*

Neigungswinkel, *m.* angle of inclination, *s.*

Neigung, *f.*, **zur Rißbildung,** tendency to cracking, *s.*

NE-Metalle, *npl.* non-ferrous metals, *spl.*

Nenndrehmoment, *n.* nominal torque, *s.*

Nennleistung, *f.* rated output, *s.*, rated capacity, *s.*, nominal rating, *s.*

Netzadern, *fpl.* checking, *s.* (defect in a coat of painting).

Netzmittel, *n.* wetting agent, *s.* (chem.).

Neu-Ausmauerung, *f.* relining, *s.* (of fces.).

Neubildung, *f.* regeneration, *s.*

Neuersatz, *m.* replacement, *s.* (of machinery, etc.).

Neuzustellung, *f.* relining, *s.* (of fces.).

neutrale Faser, *f.* stressless layer, *s.* (bending test).

neutrale Schlacke, *f.* neutral slag, *s.*

Ni-Carb-Einsatzhärtung, *f.* ammonia carburizing, *s.*, ni-carbing, *s.* (combination of carburizing and nitriding in an atmosphere containing carburizing gases and ammonia; final oil- or water-quench; time cycle from 2—3 hrs.).

nichtangetriebene Seite, *f.* idler side, *s.* (of a mill table; rollg. mill).

nicht eisenhaltig, *a.* non-ferrous, *a.*

Nichteisenmetall, *n.* non-ferrous metal, *s.*

nicht-isoliertes Rohr, *n.* unlagged pipe, *s.*

Nichtmetall, *n.* metalloid, *s.*

nichtmetallische Einschlüsse, *mpl.* non-metallic inclusions, *spl.*, sonims, *spl.* (abbr. for "solid nonmetallic inclusions in metal").

nicht-oxydierbar, *a.*, non-corrodible, *a.*

nichtrostender Stahl, *m.* stainless steel, *s.*

nichtrostendes Eisen, *n.* stainless iron, *s.* (0.10% C and 12—16% Cr).

nicht-umkristallisierbare Stähle, *mpl.* irreversible steels, *spl.* (e. g. ferritic chromium steels of over 18% Cr. or nickel steels of 5—25% Ni).

nicht verkokbar, *a.* non-coking, *a.*

nicht winkelrecht, *a.* off-square, *a.*

Nickel, *n.* nickel, *s.*

Nickeleisen, *n.* ferronickel, *s.*

Nickelstähle, *mpl.* nickel steels, *spl.* (varieties: pearlitic, martensitic, austenitic, or aggregate structures; most used: 0.45% C, 1—5% Ni pearlitic steel for structural applications).

Nicrosilal, *n.* Nicrosilal, *s.* (cast iron of austenitic matrix; good heat-resisting properties through addition of 18% Ni to Silal)

niederblasen, *v.t.* to blow down, *v.t.* (a fce.).

Niederdruck, *m.* low pressure, *s.*

Niedergehen, *n.*, **der Beschickungssäule,** stock descent, *s.* (bl. fce. practice).

niedergeschlagener Werkstoff, *m.* deposited metal, *s.*

Niederhalter, *m.* holding-down mechanism, *s.* (of a shear).

Niederrücken, *n.*, **der Gichten,** stock descent, *s.* (bl. fce. practice).

Niederschachtofen, *m.* low shaft furnace, *s.* (ore smelting).

Niederschlag, *m.* precipitate, *s.*, deposit, *s.*

Niederschlagselektrode, *f.* collecting electrode, *s.* (of an electric wet gas precipitator).

Niederschlagung, *f.* precipitation, *s.*

Niederschmelzen, *n.*, **vorgewärmten Schrotts mit Sauerstoffstrahl,** oxygen-jet scrap melting, *s.* (a process in which preheated scrap is used in the charge).

niedriggegriffen sein, to be on the low side (e. g. results).

niedrig gekohlter Flußstahl, *m.* low carbon steel, *s.* (0.10—0.30% C).

Nierenbruch, *m.* shatter crack, *s.* (in rails).

Nierensinter, *m.* nodules, *spl.* (burden preparation).

Niet, *n.* rivet, *s.*

nieten, *v.t.* to rivet, *v.t.*

Nietendraht, *m.* rivet wire, *s.*

Nietenschere, *f.* rivet shearing machine, *s.*

Nietkloben, *m.* dolly-bar, *s.*, hold-on, *s.*

Nietmaschine, *f.* riveter, *s.*, riveting machine, *s.*

Nietnaht, *f.* rivet seam, *s.*

Nietschweißung, *f.* plug welding, *s.*

Nietteilung, *f.* pitch of rivets, *s.*, rivet spacing, *s.* (distance from center to center of adjacent rivets).

Niob, *n.* columbium, *s.*, niobium, *s.*

(alloying constituent in stainless austenitic steels).

Nische, *f.* recess, *s.* (bldg.).

Niresist-Guß, *m.* Niresist, *s.* (austenitic cast iron, a ternary alloy containing Ni-Cr-Cu; good acid-resisting properties).

Ni-Tensyl-Sonderguß, *m.* Ni-Tensyl, *s.* (cast iron innoculated with nickel shot and ferro-silicon).

Nitrierhärtung, *f.* nitriding, *s.* (case hardening in atmosphere of ammonia, or in contact with nitrogenous material; no subsequent quenching).

Nitrierstahl, *m.* nitriding steel, *s.*

Nitrierstahl „Nitralloy", *m.* Nitralloy steel, *s.* (0.41 C, 0.57 Mn, 1.57 Cr, 0.36 Mo, 1.26 Al).

Nitrierverfahren, *n.* nitriding process, *s.*

Nocken, *m.* cam, *s.* (mach.).

Nockenhub, *m.* lift of cam, *s.* (mach.).

Nockenwelle, *f.* cam shaft, *s.* (mach.).

Nockensteuerung, *f.* cam type control, *s.* (mach.).

Nodulieren, *n.* nodulizing, *s.* (see "pelletizing").

Nomogramm, *n.* nomograph, *s.*

Norm, *f.* standard, *s.*

Normalausführung, *f.* standard construction, *s.*

normale Größe, *f.* standard size, *s.*

normale Länge, *f.* standard length, *s.*

Normalformat, *n.* standard size, *s.*

Normalgattierung, *f.* standard mixture, *s.*, standard charge, *s.* (bl. fce. and cupola practice).

Normalien, *pl.* standard specifications, *spl.*

Normalmaß, *n.* standard dimension, *s.*

Normalisieren, *n.* normalizing, *s.* (heating to above transformation range and subsequently cooling in still air at room temperature).

Normalkiste, *f.* base box, *s.* (31.360 sq. in. of tinplate = 112 sheets of 14 in. x 20 in., approx. weight 108 lbs.).

Normalkonus, *m.* Morse taper, *s.*

(mach. tool).

Normallehre, *f.* standard ga(u)ge, *s.*

Normalschiene, *f.* standard rail, *s.* (railw.: T-, or flat bottom, rails).

Normalspur, *f.* standard ga(u)ge, *s.* (railw.).

Normalspurbahn, *f.* standard ga(u)ge railway, *s.*

Normalvorschriften, *fpl.* standard specifications, *spl.*

normen, *v.t.* to standardize, *v.t.*

Normen, *fpl.* standards, *spl.*, standard specifications, *spl.*

Normung, *f.* standardization, *s.*

Notform, *f.* auxiliary tuyere, *s.* (bl. fce.).

Notreparatur, *f.* emergency repair, *s.*

Null, *f.* zero, *s.*

Nulleinstellung, *f.* initial adjustment, *s.*

Nullinstrument, *n.* balancing apparatus, *s.* (phys.).

Null-Linie, *f.* neutral axis, *s.*

Nullpunkt, *m.* zero point, *s.*; origin, *s.* (of coordinates).

Nullpunkt, *m.*, **absoluter,** absolute zero, *s.* (—459.7° F).

Nullstellung, *f.* neutral position, *s.*

Nut, *f.* slot, *s.*, keyway, *s.*, groove, *s.*

Nutbreite, *f.* width of keyway, *s.* (mach.).

Nutenfräsen, *n.* keyway cutting, *s.*

Nutenfräser, *m.* keyway cutter, *s.*

Nutenstoßen, *n.* slotting, *s.*

Nutrolle, *f.* grooved pulley, *s.* (mach.).

Nut und Feder, slot and key (mach.); tongue and groove (bricking).

nutzbarer Inhalt, *m.* working capacity, *s.*

nutzbares Volumen, *n.* working volume, *s.* (e. g. of air blast).

Nutzbarmachung, *f.* utilization, *s.*

Nutzkraft, *f.* effective power, *s.*

Nutzlänge, *f.* working length, *s.*

Nutzleistung, *f.* efficiency, *s.*

Nutzpferdestärke, *f.* effective horse power, *s.*

Nutzwärme, *f.* effective heat, *s.*

O

Oberbau, *m.* superstructure, *s.* (railway).

Oberbaukleinmaterial, *n.* track fast-

ening materials, *spl.*, track fastenings, *spl.* (railw. supplies).

Oberbaumaterial, *n.* trackwork materials, *spl.* (railw.).

Oberdruck, *m.* top roll pressure, *s.* (rollg. mill practice).

obere kritische Abkühlungsgeschwindigkeit, *f.* upper critical cooling rate, *s.* (sufficient to suppress the A_r transformation).

Obere - See - Erze, *pl.* Mesaba ores, *spl.* [Mesabi ores].

obere Umwandlungstemperatur, *f.* upper critical temperature, *s.*

oberer Heizwert, *m.* gross calorific value, *s.*

oberer Verschlußkegel, *m.* small cone, *s.* (bl. fce. top).

oberer Zuführungstrichter, *m.* small hopper, *s.* (bl. fce. top).

Oberfläche, *f.* surface, *s.*; finish, *s.* (short for "surface finish").

Oberflächen-Abschreckhärtung, *f.,* **durch Druckbrausen,** flush quench, *s.,* by pressure-spraying (employed where surface hardness in objects, such as rail ends, is required).

Oberflächenbeschaffenheit, *f.* surface finish, *s.,* finish, *s.*

Oberflächendrücken, *n.* burnishing, *s.,* sizing, *s.* (using balls or other "burnishers" to act simultaneously as sizing and polishing tools; applications: bores, slots, grooves, etc.).

Oberflächenfehler, *m.* skin defect, *s.* (of cast ingot); surface defect, *s.* (of product).

Oberflächengüte, *f.* surface finish, *s.*

Oberflächenhärte, *f.* superficial hardness, *s.,* surface hardness, *s.*

Oberflächenhärtung, *f.* surface hardening, *s.* (a general term covering a number of processes, e. g. case-hardening, flame-hardening, induction-hardening, nitriding, cold-hardening, etc.); hard surfacing, *s.* (any treatment or coating giving a highly wear-resistant surface); case hardening, *s.* (process of cementation followed by quenching).

Oberflächenriß, *m.* roke, *s.* [roak], surface crack, *s.*

Oberflächentränkung, *f.* surface impregnation, *s.*

Oberflächenveredelung, *f.* surface refining, *s.* [refinement], surface finishing, *s.*

Oberflächenveredelung, *f.,* **durch Scheuern,** abrasive scouring finishing, *s.* (finishing of stainless steel strip).

oberflächlich, *a.* superficial, *a.*

Oberflansch, *m.* top flange, *s.,* upper flange, *s.* (roll pass design; rolling).

Oberflurkran, *m.,* overhead crane, *s.*

Oberform, *f.* top flask, *s.,* top box, *s.* (molding practice).

Obergesenk, *n.,* upper die, *s.* (rigidly affixed to the tup; drop forging).

Oberingenieur, *m.* chief engineer, *s.*

Oberkante, *f.* top, *s.* (measuring).

Oberlager, *n.* top step, *s.* (of a step bearing, i. e. one made up of several members).

Oberlicht, *n.* skylight, *s.* (bldg.).

Obermesser, *n.* top knife, *s.,* top blade, *s.* (e. g. of a shear).

Oberofen, *m.* upstairs of furnace, *s.* (o.h.fce.).

Oberwalze, *f.* upper roll, *s.* (two-high mill); top roll, *s.* (three-high mill).

Oberwindfrischen, *n.* surface blowing, *s.* (converting mill practice; normal for side-blowing converters, also the Turbo-hearth, but sometimes used in bessemer practice to raise the bath temperature by tilting the converter one or more tuyeres).

Objektträger, *m.* microscope slide, *s.*

Öhr, *n.* eye, *s.* (mach.).

Ofen, *m.* furnace, *s.* (metallurgical); oven, *s.* (coke, drying, baking); kiln, *s.* (calcining).

Ofenansätze, *mpl.* accretions, *spl.* (building up on the fce. lining).

Ofen-Auslaufrollgang, *m.* furnace run-out table, *s.* (rollg. mill).

Ofenausmauerung, *f.* furnace lining, *s.*

Ofenbär, *m.* bear, *s.* (on hearth of a fce.).

Ofenbau, *m.* furnace construction, *s.,* furnace engineering, *s.*

Ofenbauer, *m.* furnace builder, *s.*

Ofenbaufirma, *f.* furnace engineering company, *s.*

Ofenbauweise, *f.* furnace design, *s.*

Ofenbaustoffe, *mpl.* furnace refractories, *spl.*

Ofenbetriebsbereitschaft, *f.* furnace availability, *s.* (the actual operating time of a fce. per year in pct.).

Ofenbühne, *f.* charging floor, *s.* (o. h. fce.); melting stage, *s.* (melting shop).

Ofendecke, *f.* furnace roof, *s.*

Ofendeckstein, *m.* stopper, *s.* (brick).

Ofendruck, *m.* furnace pressure, *s.*

Ofenführung, *f.* operation, *s.*, of a furnace.

Ofen, *m.,* **für satzweisen Einsatz,** batch type furnace, *s.*

Ofenfutter, *n.* furnace lining, *s.*

Ofengang, *m.* working, *s.*, of a furnace.

Ofengewölbe, *n.* furnace roof, *s.*

Ofenhaltbarkeit, *f.* furnace life, *s.*

Ofenkennzahlen, *pl.* furnace data, *spl.*

Ofenkippsteuerung, *f.* furnace tilting control, *s.*

Ofenkopf, *m.* port end, *s.*, furnace end, *s.* (o.h.fce.).

Ofenleistung, *f.,* **pro Jahr,** furnace production, *s.*, per year.

Ofenmannschaft, *f.* furnace operatives, *spl.*, furnace crew, *s.*

Ofenmerkmale, *npl.* furnace characteristics, *spl.*

Ofenpanzer, *m.* buck plates, *spl.*

Ofenreise, *f.* furnace campaign, *s.*

Ofenrollgang, *m.* furnace table, *s.* (mill type fce.).

Ofensau, *f.* salamander, *s.*, sow, *s.* (bulky metal deposit on hearth of bl.fce.).

Ofenschacht, *m.* shaft, *s.*

Ofenschieber, *m.* furnace damper, *s.*

Ofensohle, *f.* furnace bottom, *s.*

Ofenwiege, *f.* furnace rocker, *s.* (tilting fces.).

Ofenverhalten, *n.* furnace performance, *s.*

Ofenwirkungsgrad, *m.* furnace efficiency, *s.*

Ofen-Zubringerrollgang, *m.* furnace run-in table, *s.* (mill type fce.).

Ofenzugsteuerung, *f.,* **System Isley,** Isley control system, *s.* (o.h.fce.: a constant draft is provided by means of fans installed in two short stacks).

offener Walzenständer, *m.* open-top roll housing, *s.* (rollg. mill).

offenes Gleitlager, *n.* plain bearing, *s.* (mach.).

offenes Kaliber, *n.* open pass, *s.*, open groove, *s.* (roll pass design).

offen vergossener Block, *m.* open-topped ingot, *s.*

Öffnung, *f.* aperture, *s.* (microscope); opening, *s.* (general).

Okular, *n.* eye piece, *s.* (instrument).

Ölabdichtung, *f.* oil seal, *s.* (mach.).

Ölabschluß, *m.* oil seal, *s.* (mach.).

Ölabschrecken, *n.* oil quench, *s.* (hardening).

Ölabstreifer, *m.* oil wiper, *s.* (mach.).

Ölabstreifring, *m.* oil wiper ring, *s.* (mach.).

ölbeheizter Ofen, *m.* oil fired furnace, *s.*

Öl-Bodensatz, *m.* oil deposit, *s.*

ölen, *v.t.* to oil, *v.t.*, to lubricate, *v.t.* (with oil).

Öler, *m.* oiler, *s.*, lubricator, *s.* (mach.).

Ölfeldverrohrung, *f.* oil well casing, *s.*

Ölfilter, *m.* oil strainer, *s.* (to strain oil with); oil filter, *s.* (with oil as the filtering medium).

Ölnut, *f.* oil groove, *s.* (lubrication).

Ölspiegel, *m.* oil level, *s.* (lubrication).

Ölstand, *m.* oil level, *s.* (lubrication).

Ölstandsanzeiger, *m.* oil level indicator, *s.* (lubrication).

Ölstaubschmiervorrichtung, *f.* oil-mist lubricator, *s.*

Ölsumpf, *m.* lower oil pan, *s.* (lubrication).

Öl-Wirbelluftfilter, *m.* cycoil airfilter, *s.*

Ölzerstäuber, *m.* oil atomizer, *s.*

Ölzuführung, *f.* oil feed, *s.* (lubrication).

Önorm, *f.* Austrian standard, *s.*

optische Analyse, *f.* optical analysis, *s.* (e. g. of gas).

optische Pyrometer, *npl.* purely-optical pyrometers, *spl.* (largely depending on operator's judgment).

Ordinate, *f.* ordinate, *s.*

organisches Präparat, *n.* organic compound, *s.*

Originalschablone, *f.* master template, *s.*

Ort, *m.* location, *s.*

örtliche Spannungen, *fpl.* localized stresses, *spl.* (in materials).

ortsfest, *a.* stationary, *a.*

Öse, *f.* eye, *s.*, staple, *s.*

Ösendraht, *m.* staple wire, *s.*

Ösenschraube, *f.* eye bolt, *s.*

Oval, *n.* oval bar, *s.* (rolled product).

Ovalfeile, *f.* tumbler (file), *s.*

Ovalkaliber, *n.* oval pass, *s.* (roll pass design).

Oxalsäure, *f.* oxalic acid, *s.*
Oxyd, *n.* oxide, *s.*
Oxydation, *f.* oxidation, *s.*
Oxydationsflamme, *f.* oxidizing flame, *s.*
Oxydationsmittel, *n.* oxidizer, *s.*, oxidizing agent, *s.*
Oxydationsschutzmittel, *n.* anti-oxidant, *s.*
oxydierbar, *a.* oxidizable, *a.*
oxydieren, *v.t.*, *v.i.* to oxidize, *v.t.*
oxydierende Atmosphäre, *f.* oxidizing atmosphere, *s.*
oxydierendes Rösten, *n.* oxidizing roasting, *s.* (ores).
Oxydschlacke, *f.* oxidic slag, *s.* (containing given percentages of FeO, Fe_2O_3, MnO, SiO_2).
Oxyduloxyd, *n.* mixed oxide, *s.*
Oxygen-Stahl, *m.* oxygen converter steel, *s.*, oxygen blown steel, *s.* oxygen steel, *s.*
Ozokerit, *m.* mineral wax, *s.*, soft paraffin, *s.*, ozokerite, *s.*

P

Packen, *n.* gripping, *s.* (of bar by the rolls; rollg. mill practice).
Packkiste, *f.* packing case, *s.*, box, *s.*
Packlage, *f.* bottoming material, *s.*
Packlage, *f.*, **aus Hochofenschlacke,** blast furnace slag bottoming, *s.*
Parkerverfahren, *n.* Parkerizing, *s.* (method of priming steel surfaces; similar to "bonderizing").
Paket, *n.* pack, *s.* (of thin sheets).
Paketglühung, *f.* pack annealing, *s.* (thin sheets).
Paketieren, *n.* piling and forging, *s.*, fagoting, *s.* (manufacture of wrought iron); bushelling, *s.* (manufacture of wrought iron from small-cut pieces of low-carbon steel scrap).
Paketiermaschine, *f.* piling machine, *s.* (wrought iron manufacture).
Paketierofen, *m.* piling furnace, *s.* (wrought iron manufacture).
Paketierpresse, *f.* scrap baling press, *s.*
Paketierschrott, *m.* piling scrap, *s.* (of low-carbon steel).
Palmöl, *n.* palm oil, *s.* (lubricant in tinplate production).
Panzerkabel, *n.* armored cable, *s.*
Panzerplatte, *f.* armor plate, *s.*
Panzerplattenwerk, *n.* armor plate mill, *s.*
Panzerstahl, *m.* armor steel, *s.*
Panzerung, *f.* armor plating, *s.*
Parallelflansch-I-Träger, *m.* I-section with parallel surfaces.
Parallelflansch-U-Stahl, *m.* U-section with parallel flanges.
paramagnetisch, *a.* paramagnetic, *a.*
Paramagnetismus, *m.* paramagnetism, *s.*

Parry-Gichtverschluß, *m.* Parry type cup and cone, *s.* (bl. fce.).
Passivität, *f.* passivity, *s.* (corrosion).
Patentamt, *n.* patent office, *s.*
Patent angemeldet, patent pending.
Patent, *n.*, **anmelden,** to apply for a patent.
Patentanmeldung, *f.* patent application, *s.*
Patentanspruch, *m.* claim, *s.*
Patentanwalt, *m.* patent attorney, *s.*, patent agent, *s.*
Patentbeschreibung, *f.* patent specifications, *spl.*
Patentgebühren, *fpl.* patent fees, *spl.*
Patentieren, *n.* patenting, *s.* (heat treatment of medium or high carbon steel in wire manufacture prior to drawing or in-between drafts; heating and cooling in air or in bath of molten lead or salt bath).
Patentinhaber, *m.* patentee, *s.*, patent holder, *s.*
Patentmodell, *n.* model of patent, *s.*
Patentrecht, *n.* patent right, *s.*
Patentregister, *n.* patent rolls, *spl.*
Patentverletzung, *f.* infringement of patent, *s.*
Patentvorschrift, *f.* patent specification, *s.*
Paternosterwerk, *n.* bucket elevator, *s.*
Patrize, *f.* upper die, *s.* (e.g. of a trimming die-block; drop forging).
Pech, *n.* pitch, *s.*
Pechkoks, *m.* pitch coke, *s.*, tar coke, *s.*
Pelletisieren, *n.* pelletizing, *s.* (reclamation of ore fines by pressing in globular form; "nodulizing" is a similar process).

Pendelausschlag, *m.* amplitude of pendulum swing, *s.*

Pendelglühung, *f.* heating at temperatures alternately slightly above and below the change point.

Pendelhammer, *m.* pendulum type hammer, *s.* (of an impact testing machine).

Pendelhärteversuch, *m.* pendulum impact test, *s.* (dynamic hardness testing).

Pendellager, *n.* self-aligning bearing, *s.* (mach.).

Pendeln um A₁, *n.* heating at temperatures alternately slightly above and below the change point.

Pendelsäge, *f.* oscillating saw, *s.*, pendulum type saw, *s.*

Pendelschlagwerk, *n.*, **für Kerbschlagversuche,** pendulum type impact testing machine, *s.* (used for both Charpy and Izod testing).

Pendelwarmsäge, *f.* hot drop saw, *s.* (rollg. mill).

Perlit, *m.* pearlite, *s.* (the lamellar eutectoid aggregate of ferrite and cementite in steel, resulting from transformation at A_{r1}).

Perlitgebiet, *n.* pearlite zone, *s.* (metallogr.).

Perlitinsel, *f.* pearlite area, *s.* (metallogr.).

perlitisch, *a.* pearlitic, *a.* (see "eutectoid").

perlitische Chromstähle, *mpl.* pearlitic stainless steels, *spl.* (best quality oil-hardeners used for turbine blades, cutlery and springs; 0.2 — 0.4% C and 12 — 16% Cr).

Perlitnase, *f.* pearlite nose, *s.* (metallogr., I-T-diagram).

Perlitnase, *f.*, **der Umwandlungskurve,** nose of beginning transformation curve (metallogr., I-T-diagram).

Permalloy-Legierungen, *fpl.* Permalloys, *spl.* (containing 50 — 80% Ni; special applications in electric engineering).

Permeabilität, *f.* permeability, *s.* (magnetic property).

Personenwagen, *m.* coach, *s.*, carriage, *s.* (railw.).

Perzentabnahme, *f.* area reduction, *s.*, per cent reduction, *s.* (rolling practice).

Perzentausbringen, *n.* per cent yield, *s.* (evaluation of the efficiency of operations).

Perzentgehalt, *m.* percentage, *s.*

Perzentsatz, *m.* percentage, *s.*

Pfanne, *f.* ladle, *s.*

Pfannenausguß, *m.* ladle nozzle, *s.* (casting pit).

Pfannenbär, *m.* ladle scull, *s.*

Pfannenführer, *m.* ladleman, *s.*

Pfannenfutter, *n.* ladle lining, *s.*

Pfannenhaltung, *f.* ladle house, *s.*

Pfannenkipper, *m.* ladle tilter, *s.*

Pfannen-Kühltransporteur, *m.* pan conveyor type cooler, *s.* (used for sintered pellets and nodules).

Pfannenmaurer, *m.* ladle liner, *s.* (workman).

Pfannenstein, *m.* ladle brick, *s.*

Pfannenuntersatz, *m.* ladle stand, *s.* (casting bay).

Pfannenwagen, *m.* ladle car, *s.*

Pfannenzubringer, *m.* ladle transfer car, *s.*

Pfeiler, *m.* pier, *s.* (front wall of o.h. fce.); pillar, *s.* (e.g. of concrete).

Pfeilhöhe, *f.* pitch, *s.*; rise, *s.* (of an arc).

Pfeilrad, *n.* herringbone gear, *s.*, double helical gear, *s.*

Pfeilradgetriebe, *f.* double helical gearing, *s.*, herringbone gearing, *s.*

Pfeilverzahnung, *f.* herringbone gearing, *s.*, double helical gearing, *s.*

Pferdestärke, *f.* horsepower, *s.*

Pförtnerhaus, *n.* watchman's lodge, *s.*

Phase, *f.* phase, *s.* (metallogr.).

Phasengleichgewicht, *n.* phase equilibrium, *s.* (at a definite temperature level; metallogr.).

Phasengrenze, *f.* phase boundary, *s.* (metallogr.).

Phasengrenzreaktion, *f.* phase-boundary reaction, *s.* (metallogr.).

Phasenregel, *f.*, **Gibbs'sche,** Gibbs' phase rule *s.* (metallogr.)

Phenolharz, *n.* phenolic resin, *s.* (bearing linings).

Phenolharzlager, *n.* phenolic resin bearing, *s.* (rollg. mill).

Phosphat, *n.* phosphate, *s.*

Phosphatieren, *n.* phosphating, *s.*, phosphate treatment, *s.* (surface protection; see also "atramenting" "bondering").

Phosphid, *n.* phosphide, *s.*

Phosphidnetzwerk, *n.* phosphide network, *s.* (e. g. occurring around the pearlite grain boundaries in cast iron).

Phosphit, *n.* phosphite, *s.*

Phosphor, *m.* phosphorus, *s.*

phosphorarme Erze, *npl.* bessemer ores, *spl.*, low-phosphorus ores, *spl.*

phosphorarmes Roheisen, *n.* bessemer iron, *s.*, low-phosphorus iron, *s.* (for the bessemer process).

phosphorhaltig, *a.* phosphorous, *a.*

phosphorreiches Eisen, *n.* high-phosphorus iron, *s.*, non-bessemer iron, *s.*

phosphorreiches Erz, *n.* high-phosphorus ore, *s.*, basic bessemer ore, *s.*

Phosphor-Roheisen, *n.* high-phosphorus iron, *s.*

Physik, *f.* physical science, *s.*, physics, *s.*

physikalisch, *a.* physical, *a.*

physikalische Chemie, *f.* physical chemistry, *s.*

physikalische Eigenschaften, *fpl.* physical properties, *spl.* (of materials).

Physiker, *m.* physicist, *s.*

Pickelbildung, *f.* formation of pimples, *s.* (on the surface of galvanized steel sheets).

Pilgerschweißung, *f.* step-back welding, *s.*

Pilgerschritt-Schweißung, *f.* step-back welding, *s.*

Pilgerschrittwalzwerk, *n.* pilger type seamless tube rolling mill, *s.*, Mannesmann type pilger mill, *s.*

Pilgerwalze, *f.* pilger roll, *s.* (for pilger type tube mills).

Plan, *m.* plan, *s.*

plandrehen, *v.t.* to surface, *v.t.*, to face, *v.t.* (on a lathe).

planen, *v.t.* to plan, *v.t.* (ahead).

Planetenbewegung, *f.* planetary motion, *s.*

Planetengetriebe, *n.* planetary gearing, *s.*

Planetenrad, *n.* epicyclic gear, *s.*, planetary gear, *s.*

Planfräsen, *n.* face milling, *s.* (operation).

Planieren, *n.* planishing, *s.* (cold work

done in knuckle-joint embossing press).

Planiermaschine, *f.* mechanical spreader, *s.* (e.g. used on dumps); grader, *s.* (road).

Planiervorrichtung, *f.* levelling head, *s.* (sintering machine).

Plankosten, *pl.* factory costs, *spl.*

Plankostenrechnung, *f.* factory value accounting, *s.*

Planrost, *m.* horizontal grate, *s.*

Planrostfeuerung, *f.* horizontal grate type furnace, *s.*

Planscheibe, *f.* face plate, *s.* (mach. tool).

Planschleifen, *n.* face grinding, *s.* (operation).

Planschleifmaschine, *f.* face grinder, *s.* (mach. tool).

Planung, *f.* planning, *s.* (of operations, of expansion schemes, etc.).

Planungsabteilung, *f.* planning department, *s.* (of a firm).

plastische Abscherung, *f.* yielding by slip, *s.* (crystallogr.).

plastische Schiebung, *f.* yielding by slip, *s.* (crystallogr.).

plastische Verformung, *f.* plastic deformation, *s.*, deformation in the plastic range, *s.*

Plastizität, *f.* plasticity, *s.* (property of metals).

Platin, *n.* platinum, *s.*

Platine, *f.* sheet bar, *s.* (semi-finished rolled product).

Platinenschere, *f.* sheet bar shear, *s.* (rollg. mill).

Platte, *f.* slab, *s.* (bldg.); plate, *s.* (mach.).

Plattenbandförderer, *m.* apron plate conveyor, *s.*

Plattenbelag, *m.* apron plates, *spl.*, deadplates, *spl.* (fitted between live rollers of roller tables; rollg. mill).

Plätthammer, *m.* planishing hammer, *s.* (forge).

Plattieren, *n.* cladding, *s.* (e. g. coating corrodible steel with corrosion resisting alloys by rolling two sheets of either material together).

plattierte Werkstoffe, *mpl.* clad materials, *spl.*

Platzbedarf, *m.* floor space requirement, *s.* (of machines, plant, etc.).

platzen, *v.i.* to burst, *v.i.* (container or pipe under excessive stress); to spall, *v.i.* (of refractories).

Pleuelstange, *f.* connecting rod, *s.* (mach.).

Plunger, *m.* plunger, *s.* (mach.).

pneumatische Förderanlage, *f.* pneumatic handling equipment, *s.* (general term).

Poisson'sche Zahl, *f.* Poisson's ratio, *s.* (ratio, within the elastic limit, of transverse contraction to longitudinal extension; for steel this ratio is 0.30).

Pol, *m.* pole, *s.*

polar, *a.* polar, *a.*

Polarmikroskop, *n.* polarizing microscope, *s.*

Polierdrücken, *n.* burnishing, *s.*

polieren, *v.t.* to polish, *v.t.*

Polieren, *n.* polishing, *s.*

Polierfeile, *f.* burnisher, *s.*

Polierhammer, *m.* polishing hammer, *s.*

Polierleder, *n.* buffing leather, *s.*

Poliermaschine, *f.* polishing machine, *s.*, buffing machine, *s.*, buffer, *s.* (for mirror finishes).

Poliermittel, *n.* polish, *s.*, polishing material, *s.*

Polierscheibe, *f.* polishing wheel, *s.*, buffing wheel, *s.*, buff, *s.*

Polierstahl, *m.* burnishing tool, *s.*, burnisher, *s.*

Polierstich, *m.* finishing pass, *s.* (sheet rolling); skin pass, *s.* (strip rolling).

Poliertechnik, *f.* metal polishing technique, *s.*, surface refining by abrasives, *s.*

Polierwalzgerüst, *n.* bull head, *s.*

Polteranlage, *f.* banging installation, *s.* (used for removal of residual scale on wire coils subsequent to pickling).

Polygon, *n.* polygon, *s.*

porenfrei, *a.* non-porous, *a.* (weld, casting).

porig, *a.* porous, *a.*

porige Textur, *f.* porous texture, *s.* (of castings).

poriger Aufbau, *m.* porous texture, *s.* (e. g. of ores).

Porigkeit, *f.* porosity, *s.*

porös, *a.* porous, *a.*

Porosität, *f.* porosity, *s.*

Portalkran, *m.* gantry crane, *s.*

Portlandzement, *m.* Portland cement, *s.*

Potenz, *f.* power, *s.* (math.).

Potenzflaschenzug, *m.* single-fixed-pulley tackle, *s.*

Prägen, *n.* branding, *s.* (relief marking in hot state); stamping, *s.* (marks or letters into finished products); sizing, *s.* (squeezing slightly oversize parts between embossing dies to accurate size; see "coining"); coining, *s.* (squeezing slightly oversize parts between special dies to accurate size; see "sizing"); embossing, *s.* (of ornaments into work using upper and lower dies).

prägepolieren, *v.t.* to burnish, *v.t.*

Prägepolieren, *n.* burnishing, *s.*

Prägepresse, *f.* embossing press, *s.* (manufacture of coins, medals, silver ware).

Prallblech, *n.* baffle plate, *s.* (mach.).

Präparat, *n.* preparation, *s.*

Praxis, *f.* actual practice, *s.* (as opposed to theory).

Präzisionsformguß, *m.* precision molding, *s.*

Preis mit Fracht, delivered price.

Preßarbeit, *f.* presswork, *s.*

Preßartikel, *mpl.* pressings, *spl.*

Preßbär, *m.* pressing ram, *s.*

Preßbolzen, *m.* extrusion billet, *s.* (starting material).

Preßdruck, *m.* press power, *s.* (rating of a press); press working pressure, *s.*

Preßelektrode, *f.* extruded electrode, *s.* (the coating is applied during the extrusion).

Presse, *f.,* **mit verstellbarem Tisch,** adjustable bed press, *s.*

pressen, *v.t.* to press, *v.t.*; to cone, *v.t.* (wheel discs); to extrude, *v.t.* (shapes and hollows).

pressen, *v.t.,* **in einem Arbeitsgang,** to press in one operation.

Presserei, *f.* press shop, *s.*

Preßformmaschine, *f.* press molding machine, *s.* (foundry).

Preßguß, *m.* press casting, *s.* (brass).

Preßhalle, *f.* pressing shop, *s.*

Preßhub, *m.* stroke of a press, *s.*

Preßling, *m.* pressing, *s.* (article); blank, *s.* (stock to be further processed).

Preßluft, *f.* compressed air, *s.*, air, *s.* (in composite words).

Preßlufthebezeug, *n.* air lift, *s.* (mach.).

Preßluftkühlung, *f.* forced air cooling, *s.*

Preßluft-Spritzgußmaschine, *f.* air type die caster, *s.* (manufacture of aluminum parts).

Preßmatrize, *f.* extruding die, *s.* (for use with extruding press).

Preßpolieren, *n.* burnishing, *s.*

Preßprofile, *npl.* extruded shapes, *spl.*

Preßrest, *m.* discard, *s.* (extrusion process).

Preßring, *m.* die orifice, *s.* (extrusion process).

Preßscheibe, *f.* dummy block, *s.* (extrusion press).

Preßschweißung, *f.* forge welding, *s.* (see "hammer welding", "roll welding"); pressure welding, *s.* (resistance welding and pressure-thermit welding).

Preßstangen, *fpl.* extruded bars, *spl.*

Preßstempel, *m.* ram, *s.* (extrusion press).

Preßstofflager, *n.* fabric bearing, *s.* (rollg. mill), composition bearing, *s.*

Preßtechnik, *f.* press-working technique, *s.*, hot pressing practice, *s.*

Preßteil, *m.* drop stamping, *s.*; pressed part, *s.*; die-formed part, *s.*

Preßwerk, *n.* pressing plant, *s.*

Preßwerkzeug, *n.* press tool, *s.*

primäre Zeilenstruktur, *f.* fiber structure, *s.* (resulting from elongation and distortion by working, in a preferred direction of the primary dendritic structure).

Probe, *f.* sample, *s.*; specimen, *s.*; test bar, *s.*; test piece, *s.* (the material to be tested); test, *s.*, trial, *s.*, experiment, *s.* (the act of testing).

Proben, *fpl.*, **entnehmen,** to sample, *v.t.* (molten metal, ore, gas, etc.); to cut out test specimens (mat. testg.).

Probelauf, *m.* test run, *s.* (mach.).

Probenahme, *f.* sampling, *s.*

Probenträger, *m.* test carrier, *s.* (workman).

Produktion, *f.* production, *s.*, output, *s.*

Produktionskosten, *pl.* production costs, *pl.*

Produktivität, *f.* productivity, *s.*

Profil, *n.* shape, *s.* (U. S. A.), section, *s.* (U. K.).

Profilachse, *f.* neutral axis, *s.* (rollg. practice).

Profildraht, *m.* special shape wire, *s.*, sectional wire, *s.*

Profilfräser, *m.* formed milling cutter, *s.*

Proportionalitätsgrenze, *f.* proportionality limit, *s.*, proportional limit, *s.*, proportional elastic limit, *s.*, limit of proportionality, *s.* (no longer used in commercial tension testing).

Prozeß, *m.* process, *s.*

prüfen, *v.t.* to test, *v.t.*, to examine, *v.t.*, to check, *v.t.*

Prüfdraht, *m.* measuring wire, *s.* (three-wire method of checking screw threads).

Prüflast, *f.* test load, *s.*

Prüflehre, *f.* master ga(u)ge, *s.*

Prüftechnik, *f.* testing technique, *s.* (mat. testg.).

Prüftemperatur, *f.* testing temperature, *s.*

Prüfung, *f.* test, *s.*, testing, *s.*, examination, *s.* (of materials); check, *s.*, checking, *s.* (for control).

Prüfung, *f.*, **auf Verwindbarkeit,** twisting test, *s.* (for steel wire; in Germany wire is usually tested by bending back and forth over suitably sized pin or mandrel).

Puddeleisen, *n.* puddled iron, *s.*, muck bar, *s.*

Puddel-Luppe, *f.* puddle ball, *s.*

Puddelroheisen, *n.* mill iron, *s.*, forge iron, *s.*

Puddelstahl, *m.* puddled steel, *s.*

Puddelverfahren, *n.* puddling process, *s.*

Puffer, *m.*, **am Ofenrollgang,** furnace bumper, *s.* (mill furnace).

Pulsatorversuch, *m.* dynamic fatigue test, *s.*, pulsator testing, *s.* (determination of intrinsic fatigue strength; e. g. in rails).

Pulver, *n.* powder, *s.*

pulverig, *a.* powdery, *a.*

pulverisieren, *v.t.* to pulverize, *v.t.*

Pulvermetallurgie, *f.* powder metallurgy, *s.*, metal ceramics, *s.*

Pulververzinkung, *f.* sherardizing, *s.* (heating articles to be coated in zink powder).

Pumpe, *f.* pump, *s.* (mach.).

Pumpenlaufbüchse, *f.* pump liner, *s.* (mach.).

Pumphöhe, *f.* head, *s.* (of a pump).

Punktelektrode, *f.* spot electrode, *s.* (welding).

Punktschweißmaschine, *f.* spot welder, *s.*

Punktschweißung, *f.* resistance spot welding, *s.* (welding of overlapping parts in one or more spots).

Purox-Stahl, *m.* Purox steel, *s.* (registered name for "pure oxygen steel" as made under the oxygen steelmaking process).

putzen, *v.t.* to dress, *v.t.*, to deseam, *v.t.* (blooms); to chip, *v.t.* (ingots with chisel); to clean, *v.t.* (metals, castings); to surface-condition, *v.t.* (semi-finished products).

Putzerei, *f.* cleaning bay, *s.*, conditioning department, *s.*

Putzmeißel, *m.* chipper, *s.* (surface conditioning of blooms, ingots, billets, slabs).

Putzsand, *m.* burnishing sand, *s.* (metal polishing).

Pyrit, *m.* pyrites, *spl.*

Pyrochemie, *f.* thermochemistry, *s.*

Pyrometer, *n.* pyrometer, *s.*

Pyrometer-Schutzrohr, *n.* pyrometer well, *s.*

Q

Quadrat, *n.* square, *s.* (shape of bar).

quadratisch, *a.* square, *a.*

Quadratkaliber, *n.* square pass, *s.* (roll pass design).

Quadratkaliber, *n.*, **offenes,** open square, *s.* (roll pass design).

Quadratstahl, *m.* squares, *spl.* (rolled product).

Qualität, *f.* quality, *s.* (defined by desirable properties); grade, *s.* (classification of materials).

Qualitätsüberwachung, *f.* quality inspection, *s.*

Qualm, *m.* smoke, *s.*

Quarto-Walzwerk, *n.* four-high mill, *s.* [four-hi mill], (stands having two smaller work rolls backed up by two larger back-up rolls).

Quarz, *m.* quartz, *s.*

Quarzit, *m.* quartzite, *s.*

Quarzsand, *m.* quartz sand, *s.*

quaternär, *a.* quaternary, *a.* (of four alloys).

Quaternärstahl, *m.* quaternary steel, *s.*

Quecksilber, *n.* mercury, *s.*

quer, *adv.* across, *adv.* (to measure across).

Quer- transversal, *a.* (axis, motion, etc.); transverse, *a.* (crack, rib, bending, etc.); cross (cross section, -head).

Querbiegeversuch, *m.* transverse bending test, *s.*, transverse test, *s.*, deflection test, *s.* (central loading of test bar supported both ends, e. g. rail testing).

Querfestigkeit, *f.* transverse bending strength, *s.*, transverse strength, *s.*

Querkeil, *m.* cotter key, *s.* (mach.).

Querlager, *n.* radial bearing, *s.* (mach.).

Querriß, *m.* hanger crack, *s.* (transverse crack caused by the ingot hanging in the mold); transversal crack, *s.*

Querschnitt, *m.* shape, *s.*, section, *s.* (rolled bar); cross section, *s.*

Querschnittsabnahme, *f.* reduction of cross-sectional area, *s.*, reduction of area, *s.*, reduction in area, *s.*, area reduction, *s.* (rolling practice).

Querschnittsfläche, *f.* area of cross section, *s.*, cross-sectional area, *s.*

Querschnittsveränderung, *f.* change of cross-sectional area, *s.*

Querschnittsverminderung, *f.* reduction in cross-sectional area, *s.*

Querstrebe, *f.* cross-piece, *s.*, cross-member, *s.* (bldg.); cross-brace, *s.*

Querwalzen, *n.* cross rolling, *s.* (the slab is rolled down to a length corresponding with the width of the plate desired, then turned through 90 degrees and "cross-rolled" to the required thickness: beneficial effect on quality and structure).

Querzahl, *f.* (siehe "Poissonsche Zahl"), Poisson's ratio, *s.*

Querzug, *m.* side take-off, *s.* (rollg.

mill); transfer table, *s.* (continuous billet and sheet bar mill).

quer, *adv.,* **zur Faserrichtung,** across the fiber (to test materials "across the fiber").

quetschen, *v.t.,* **Erze,** to crush ores.

Quetsche, *f.* crushing installation, *s.* (e. g. ore).

Quetschfestigkeit, *f.* crushing strength, *s.* (e. g. of rivets).

Quetschgrenze, *f.* yield point, *s.,* in compression; limit of compression, *s.* (mat. testg.).

Quetschungszahl, *f.* modulus, *s.,* of specific compression.

Quetschwalze, *f.* squeegee roller, *s.*

R

Rachenlehre, *f.* snap ga(u)ge, *s.*

Rad, *n.* wheel, *s.;* gear, *s.* (toothed).

Radachse, *f.* axle, *s.*

Radarm, *m.* arm, *s.,* wheel arm, *s.* (e. g. of a flywheel).

Raddruck, *m.* wheel pressure, *s.*

Räderhobelmaschine, *f.* gear planing machine, *s.*

Räderpumpe, *f.* geared pump, *s.*

Räder-Schmiedepresse, *f.* wheel forging press, *s.*

Rädervorgelege, *n.* back gears, *spl.* (mach.).

Räderwalzwerk, *n.* wheel rolling mill, *s.*

Räderwerk, *n.* gear mechanism, *s.*

Radgießerei, *f.* wheel foundry, *s.*

radial, *a.* radial, *a.*

radiale Beweglichkeit, *f.* radial play, *s.* (movable in a radial direction).

Radian, *m.* radian, *s.* (e. g. used when measuring the angular velocity of a rotating body; 1 radian $= \dfrac{180}{\pi} = 57.3$ degrees).

Radius, *m.* radius, *s.* (geom.).

Radkörper, *m.* wheel body, *s.*

Radkranz, *m.* wheel rim, *s.*

Radnabe, *f.* wheel hub, *s.,* wheel boss, *s.*

Radreifen, *m.* tire, *s.,* tyre, *s.*

Radreifenstahl, *m.* tire steel, *s.,* tyre steel, *s.*

Radreifenwalzwerk, *n.* tire mill, *s.,* tyre mill, *s.*

Radrohling, *m.* wheel blank, *s.*

Radscheibe, *f.* wheel disc, *s.,* wheel center, *s.*

Radstand, *m.* wheel base, *s.*

Radstern, *m.* wheel spider, *s.,* spider, *s.*

Radzähne, *mpl.,* **abbrechen,** to strip the teeth of a gear.

Raffinationsdauer, *f.* refining period, *s.* (electric fce.).

Rahmen, *m.* frame, *s.*

Rahmenblechschere, *f.* guillotine plate shear, *s.*

Rahmengestell, *n.* framing, *s.*

Ramme, *f.* ram, *s.,* rammer, *s.,* pile driver, *s.,* tup, *s.*

Rampe, *f.* ramp, *s.*

Rand, *m.* border, *s.,* edge, *s.* (straight); rim, *s.* (curved).

Randblase, *f.* rim hole, *s.* (in rimming ingots).

Rändelarbeit, *f.* knurling work, *s.*

Rändeln, *n.* knurling operation, *s.*

Rändelrädchen, *n.* knurl, *s.* (tool).

Rändelwerkzeug, *n.* knurling tool, *s.* (straight, concave knurls with axially parallel teeth).

Randfaser, *f.* end fiber, *s.,* extreme fiber, *s.*

Randfaserspannung, *f.* extreme fiber stress, *s.* (mat. testg.).

Randkante, *f.* lateral edge, *s.* (of a crystal).

Randmarken, *fpl.* collar marks, *spl.* (surface defects on rolled bars due to scratching of roll collars).

Randschicht, *f.* case, *s.* (case carburizing).

Randzone, *f.* chill zone, *s.* (ingot, casting); rim zone, *s.* (rimming ingot); peripheral zone, *s.* (of cylindrical test piece: crushing test); skin zone, *s.* (of ingot or casting).

rangieren, *v.t.* to shunt, *v.t.*

Rangiergleis, *n.* shunting track, *s.*

Rangierlokomotive, *f.* shunting locomotive, *s.*

Rankine (siehe "absolute Temperatur").

Raseneisenerz, *n.* bog iron ore, *s.*

Rashig-Ringe, *mpl.* rashig rings, *spl.* (ceramic rings, e. g. in bl. fce. gas washers).

Rasierklingenstahl, *m.* razor blade steel, *s.*, razor blade strip, *s.*

Raspelfeile, *f.* rasp file, *s.*

Rast, *f.* bosh, *s.* (bl. fce.).

Rast-Kühlkasten, *m.* bosh plate, *s.* (bl. fce.).

Rastwinkel, *m.* angle of bosh, *s.* (bl. fce.).

rationell, *a.* economical, *a.*

Ratschenanstellung, *f.* ratchet operated screw-up, *s.* (of three-high mill bottom roll; rollg. mill).

Rätter, *m.* shaking table, *s.* (materials preparation).

Rattermarken, *fpl.* chatter marks, *spl.* (effect of improper machining).

Rauchabzug, *m.* smoke hood, *s.*

Rauchgas, *n.* flue gas, *s.*

Rauchgasanalyse, *f.* flue gas analysis, *s.*

Rauchkanal, *m.* stack flue, *s.*

Rauchschieber, *m.* stack damper, *s.*

Rauchverdünnung, *f.* smoke dilution, *s.*

Rauchzug, *m.* checker flue, *s.* (regenerator).

rauh, *a.* rough, *a.* (rolls, handling, etc.).

Rauheit, *f.* roughness, *s.*

Raumbedarf, *m.* floor space requirement, *s.*

räumen, *v.t.* to ream, *v.t.* (to widen or size holes with reamer).

Rauminhalt, *m.* cubic contents, *spl.*, cubic capacity, *s.*, volume, *s.*

Räumnadel, *f.* broach, *s.* (square, round, single-keyway, double-keyway, 4-spline, hexagon, rectangular, internal gear, helical groove).

Raumtemperierung, *f.* space heating, *s.*

raumzentriert, *a.* body-centered, *a.* (lattice of a crystal; crystallogr.).

Raupenschlepper, *m.* caterpillar tractor, *s.*

Raute, *f.* diamond, *s.* (cross section of rolled or extruded bar).

Rautenkaliber, *n.* diamond pass, *s.* (roll pass design).

Reagens, *n.* agent, *s.*, reagent, *s.* (chem.).

reagieren, *v.i.* to react, *v.i.* (chem.).

Reaktion, *f.* reaction, *s.* (chem.).

reaktionsfähig, *a.* reactive, *a.* (e. g. slag).

Reaktionsfähigkeit, *f.* reactivity, *s.* (chem.).

reaktionsträge, *a.* sluggish, *a.* (chem.).

Reaktionswärme, *f.* heat of reaction, *s.* (chem.).

Reaktionszone, *f.* reaction zone, *s.*; hot spot, *s.* (reaction zone in the oxygen steelmaking process).

Recaleszenz, *f.* recalescence, *s.* (heat generated by transformation; metallogr.).

rechnerisches Gewicht, *n.* calculated weight, *s.*

Rechnungswesen, *n.* accounting, *s.*, costing, *s.*

Rechteck, *n.* rectangle, *s.*

Rechteckfeder, *f.* rectangular spring, *s.*

rechteckig, *a.* rectangular, *a.*

Rechtkant, *m.* square section, *s.* (rolled or extruded or forged bar).

Rechtsdrall, *m.* regular lay, *s.*, right lay, *s.*, left twist, *s.* (wire rope).

Rechtsdrehung, *f.* clockwise rotation, *s.*

Rechtsschweißung, *f.* backhand welding, *s.* (gas welding — with the torch pointed toward the metal just deposited).

rechtwinkelig, *a.*, *adv.* at right angles, *adv.*; square, *a.*

rechtwinkelig abschneiden, *v.t.* to square, *v.t.*

rechtwinkelige Verbindung, *f.* square joint, *s.*

Reckalterung, *f.* strain aging, *s.* (a change in the mechanical quality of cold worked material with time at ordinary temperatures, more rapidly at higher temperatures).

recken, *v.t.* to draw down, *v.t.*, to forge down, *v.t.*, to strain, *v.t.* (forging operation).

Recken, *n.*, **im Gesenk,** swaging, *s.*

Reckhammer, *m.* stretching hammer, *s.*

Reckspannung, *f.* strain stress, *s.*, tensile strain, *s.* (produced in a body and resulting in a permanent set); tensile stress, *s.* (the applied external stress).

Reckung, *f.* straining, *s.*

Reduktionsgeschwindigkeit, *f.* reduction rate, *s.*

Reduktionsmittel, *n.* reducing agent, *s.*

Reduzierbarkeit, *f.* reducibility, *s.* (e. g. of ores).

reduzieren, *v.t.* to reduce, *v.t.* (tubes; chem.).

Reduzieren, *n.* reducing, *s.* (by cold drawing; also chem.).

reduzierendes Rösten, *n.* reducing roasting, *s.* (ores).

Reduzierfähigkeit, *f.* reducing power, *s.* (chem.).

Reduzierkrümmer, *m.* reducing elbow, *s.*, reducing ell, *s.* (pipe and tube).

Reduzierstück, *n.* reducer, *s.* (pipe connection).

regelbar, *a.* adjustable, *a.*

regelgekühlt, *a.* control-cooled, *a.*

regelkühlen, *v.t.* to control-cool, *v.t.* (e. g. rails).

regellos, *a.* random, *a.*

regellose Anordnung, *f.* random orientation, *s.* (of crystals).

regeln, *v.t.* to regulate, *v.t.;* to govern, *v.t.;* to adjust, *v.t.* (cf. „Regler").

Regelung, *f.* regulation, *s.;* governing, *s.;* adjustment, *s.* (cf. „Regler").

Regenerativöfen, *mpl.* regenerative furnaces, *spl.*

Regenerator, *m.* regenerator, *s.*

Regler, *m.* regulator, *s.* (pressure, gas, flywheel, temperature); governor, *s.* (speed, centrifugal, friction, hydraulic).

Reibahle, *f.* hand reamer, *s.* (straight and helical flute types).

Reibschleifen, *n.* honing, *s.*

Reibung, *f.* friction, *s.*

Reibungskupplung, *f.* friction clutch, *s.* (mach.).

Reibungsverlust, *m.* friction loss, *s.* (mach.).

Reibungswiderstand, *m.* frictional resistance, *s.*

Reibungswinkel, *m.* angle of repose, *s.* (mech.).

Reibungszahl, *f.* coefficient of friction, *s.* (mech.).

Reifen, *m.* hoop, *s.* (rolled product).

Reifenwalzwerk, *n.* hoop mill, *s.*

Reihenfertigung, *f.* series manufacture, *s.*, repetition work, *s.*, multiple production, *s.*, series production, *s.*, series fabrication, *s.*

Reihenfolge, *f.* sequence, *s.*

Reihe, *f.*, **von Anlaßöfen**, draw line, *s.* (continuous heat-treating).

Reihe, *f.*, **von Härteöfen**, quench line, *s.* (continuous heat-treating).

Reihung, *f.*, **der Feingefüge**, sequence of microstructure, *s.* (from coarse lamellar to fine acicular; metallogr.).

rein, *a.* pure, *a.* (chem.); clean, *a.* (surface).

reiner Sintermöller, *m.* all-sinter burden, *s.* (bl. fce.).

Reingas, *n.* clean gas, *s.*

Reinheit, *f.* purity, *s.*(chem.); cleanness, *s.* (surface).

reinigen, *v.t.* to purify, *v.t.* (chem.); to clean, *v.t.* (mechanically).

Reinigen der Metalle, *n.* refining of metals, *s.* (by a chemical process); metal cleaning, *s.* (by mechanical means).

Reinigung, *f.*, **durch Alkalisalze in wässeriger Lösung, oder im Schmelzfluß**, alkaline cleaning method, *s.*

Reinigungsanlage, *f.* cleaner tank, *s.* (continuous cleaning and annealing line); purification plant, *s.* (based on chemical treatment); cleaning plant, *s.* (cleaning of surfaces by mechanical means).

Reinigungshahn, *m.* purging cock, *s.* (mach.).

Reinigungsmittel, *n.* purifying agent, *s.* (chem.); cleaner, *s.* (mechanical action); detergent, *s.* (mild alkalis; cleaning of metal surfaces).

Reißbrett, *n.* drawing board, *s.*

Reißfestigkeit, *f.* true tensile stress, *s.*, real fracture stress, *s.* (the minimum load required to cause fracture of a tensile test bar in relation to the cross-sectional area at fracture); rupture strength, *s.* (e. g. of the ingot skin on solidification).

Reißkegelbildung, *f.* cupping, *s.* (wire drawing).

Reißnagel, *m.* thumb tack, *s.*

Reißrippe, *f.* densener, *s.* (small piece of iron or other metal used to promote soundness in casting, reducing liability to shrinkage cavities).

Reitnagel, *m.* tail center, *s.*, dead center, *s.* (of footstock or tailstock),

Reitstock, *m.* tail stock, *s.* (lathe); foot stock, *s.* (grinder).

Reklamation, *f.* complaint, *s.*, protest, *s.*

reklamieren, *v.i.* to complain, *v.i.*, to raise claims.

Rekristallisationsgeschwindigkeit, *f.* rate of recrystallization, *s.*

Rekristallisationsglühen, *n.* sub-critical annealing, *s.*, re-crystallizing anneal, *s.*

Rekuperativöfen, *mpl.* recuperative furnaces, *spl.*

relative Höhe, *f.* height above ground, *s.*

Relaxation, *f.* relaxation, *s.* (elastic testing).

Reliefätzen, *n.* detail etching, *s.* (development of microstructure; metallogr.).

Reliefschweißung, *f.* projection welding, *s.* (a modified form of spot welding).

remanenter Magnetismus, *m.* residual magnetism, *s.*

Remanenz, *f.* remanence, *s.*, magnetic retentivity, *s.* (magnetic property).

Rennfeuer-Verfahren, *n.* bloomery hearth process, *s.*

Rennstahl, *m.* bloomery steel, *s.*

Rentabilität, *f.* economics, *spl.*

Reparatur, *f.* repair, *s.*

Reparaturdauer, *f.*, **eines Schmelzofens,** tap-to-tap time, *s.* (time from last tap to first tap after completion of repairs).

Reparaturlaufkatze, *f.* repair trolley, *s.*

Reparaturschweißung, *f.* repair welding, *s.*, reclamation welding, *s.*

Reparaturwerkstätte, *f.* repair workshop, *s.*

Reparaturzeit, *f.*, **eines Ofens,** tap-to-gas-on, *s.* (time taken for fce. repair from last tap to gas on).

reparieren, *v.t.* to repair, *v.t.*

Reserveschere, *f.* emergency shear, *s.* (rollg. mill).

Reserveteile, *mpl.* spare parts, *spl.*

Restschmelze, *f.* remaining liquid, *s.* (metallogr.).

Reversierstraße, *f.* reversing mill, *s.* (rollg. mill).

Reversier-Warmbandwalzwerk, *n.* reversing hot strip mill, *s.* (cf. "Steckel mill").

Revisionslehre, *f.* inspection ga(u)ge, *s.*

Rezipient, *m.* receiver, *s.*, recipient, *s.*

rheotropische Versprödung, *f.* rheotropic embrittlement, *s.* (occurring at low temperatures and remedied by cold straining).

Rice'scher Bemessungssatz, *m.* (expressing in pct. the amount of carbon per day which a bl.fce. should consume per sq. ft. of annulus, 6 ft. in front of the tuyeres).

richten, *v.t.* to straighten, *v.t.* (wire, shapes, sections, bars, etc.); to adjust, *v.t.* (rails, springs, etc.).

Richten, *n.*, **der Grobbleche,** flattening of plates, *s.*

Richtmaschine, *f.* straightening machine, *s.*, straightener, *s.*

Richtpresse, *f.* gag press, *s.* (adjustment of rails).

Richtrolle, *f.* straightening roller, *s.* (of a roll-straightening machine).

Richtrollensatz, *m.* set of levelling rollers, *s.*

Richtwert, *m.* approximate value, *s.*

Riefe, *f.* roak, *s.*, roke, *s.* (longitudinal crack on surface of rolled or forged steel, caused by blow holes in the ingot).

Riemen, *m.* belt, *s.* (mach.).

Riemenausrücker, *m.* belt shifter, *s.* (mach.).

Riemenführer, *m.* belt guide, *s.* (mach.).

Riemenscheibe, *f.* belt pulley, *s.* (mach.).

Riemenschloß, *n.* belt fastener, *s.* (mach.).

Riemenspanner, *m.* belt take-up, *s.* (mach.).

Riemenspannung, *f.* belt tension, *s.*

Riffelbildung, *f.* waviness, *s.* (of rails in the horizontal plane).

Riffelblech, *n.* channeled plate, *s.*, checker plate, *s.*

Riffelblechwalzen, *fpl.* checker rolls, *spl.*

Riffelblechwalzgerüst, *n.* checker mill, *s.* (rollg. mill).

riffeln, *v.t.* to channel, *v.t.* (lengthwise); to checker, *v.t.* (criss-cross); to ridge, *v.t.* (crosswise or lengthwise).

Rille, *f.* groove, *s.*, flute, *s.*, channel, *s.*

Rillenblock, *m.* fluted ingot, *s.*

Rillenscheibe, *f.* grooved pulley, *s.* (mach.).

Rillenschiene, *f.* grooved rail, *s.*, tram(way) rail, *s.*

Rillenschwelle, *f.* grooved tie, *s.*, channeled sleeper, *s.* (railw.).

Rillenteilung, *f.* pitch of scoring, *s.* (of a wire rope drum).

Ring, *m.* ring, *s.* (product or component part); annulus, *s.* (of ring-shaped cross section); collar, *s.* (of a grooved roll).

Ringabstreifvorrichtung, *f.* coil stripper, *s.* (at the upcoiler; cold strip mill).

Ringabwickelvorrichtung, *f.* coil holder, *s.* (in a processing line).

Ringbrenner, *m.* annular burner, *s.*

ringförmig, *a.* annular, *a.*

Ringglühofen, *m.* stack annealing furnace, *s.* (annealing of coiled material).

Ringofen, *m.* annular kiln, *s.* (burning of limestone).

Ringschmierlager, *n.* self-oiling bearing, *s.* (mach.).

Ringschmierung, *f.* splash ring lubrication, *s.*

Ringstapel, *m.* coil stack, *s.* (in a lift cover annealing fce.).

Ringzubringer, *m.* coil truck, *s.* (strip mill).

rinnen, *v.i.* to leak, *v.i.* (e. g. containers).

Rippe, *f.* rib, *s.* (general).

Rippenfeder, *f.* ribbed spring, *s.*

Rippenplatte, *f.* ribbed plate, *s.* (railw.).

Rippenrohre, *npl.* ribbed tubing, *s.*

Riß, *m.* crack, *s.* (defect); plan, *s.,* drawing, *s.*

Rißanfälligkeit, *f.* susceptibility to cracking, *s.*

Rißbildung, *f.* formation of cracks, *s.,* cracking, *s.,* crack formation, *s.*

Rißbildung, *f.,* **in der Härtungszone,** hard zone cracking, *s.* (of the parent metal after welding).

Rißempfindlichkeit, *f.* sensitivity to cracking, *s.*

rißfrei, *a.* free from cracks.

rissig, *a.* cracked, *a.*

Ritzel, *n.* pinion, *s.* (mach.).

Ritzelwelle, *f.* pinion shaft, *s.* (mach.).

Ritzhärte, *f.* sclerometer hardness, *s.,* scratch hardness, *s.* (either Turner's sclerometer test, in which a weighted diamond point is drawn, once forward and backward, over the smooth surface of the material, or Mohs's hardness scale in 10 steps for non-metallic elements or minerals).

Ritzhärteprüfer, *m.* sclerometer, *s.*

Ritzhärteprüfung, *f.* scratch hardness test, *s.*

Rockwell-B-Härte, *f.* Rockwell-B-hardness, *s.* [RBH] (scale for softer materials to be tested by steel balls; max. load 100 kgs.).

Rockwell-C-Härte, *f.* Rockwell-C-hardness, *s.* [RCH] (scale for harder materials to be tested by diamond pyramid penetrator up to maximum load of 150 kgs.).

Rockwellhärteprüfung, *f.* Rockwell hardness test, *s.* (determining depth of penetration of a penetrator into the specimen; scale B penetrator is a steel ball of 1/16″ dia., scale C penetrator is a sphero-conical diamond).

roh, *a.* unfinished, *a.* (nut, bolt).

Rohblock, *m.* steel ingot, *s.,* ingot, *s.*

Rohblock, *m.,* **mit noch flüssigem Kern,** green ingot, *s.* (rollg. mill practice, soaking pit practice).

Rohbramme, *f.* slab ingot, *s.*

Roheisen-Aufkohlung, *f.* pigging, *s.* (steelmaking).

Roheisendarstellung, *f.* manufacture of iron, *s.*

Roheisen-Erz-Verfahren, *n.* pig iron-ore process, *s.* (o. h. steelmaking).

Roheisenfüllrinne, *f.* hot metal runner, *s.* (device for adding hot metal to the open hearth charge).

Roheisengleis, *n.* hot metal service track, *s.* (bl. fce.).

Roheisen, *n.,* **im Kupolofen erschmolzenes,** cupola metal, *s.*

Roheisen, *n.,* **legiertes,** alloy pig iron, *s.*

Roheisen-Schrott-Verfahren, *n.* pig iron-scrap process, *s.* (o. h. steelmaking).

Roherz, *n.* crude ore, *s.,* raw ore, *s.*

Rohgang, *m.* cold working, *s.* (bl. fce. practice).

Rohling, *m.* blank, *s.* (cold forming practice); slug, *s.* (extrusion work); rough drop forging, *s.,* forging blank, *s.* (drop forging practice); stock, *s.* (drawing practice).

Rohling, *m.,* **im Gesenk gepreßter,** die-made blank, *s.*

Rohnsches Vielrollenwalzwerk, *n.* Rohn cluster mill, *s.* (rollg. mill).

Rohöl, *n.* crude oil, *s.*

Rohparaffin, *n.* asphalt base, *s.*

Rohprodukte, *npl.* furnace products, *spl.* (e. g. pig iron, ferro-alloys).

Rohr, *n.* pipe, *s.* (tubular products measured by their internal diameters [I. D.]); tube, *s.* (tubular products measured by their outside diameters [O. D.], further all non-ferrous and non-metal tubing).

Rohranspitzmaschine, *f.* squeeze pointer, *s.*

Rohrarmaturen, *fpl.* pipe fittings, *spl.*

Rohrbearbeitungsmaschinen, *fpl.* pipe and tube working machines, *spl.*

Rohrbiegemaschine, *f.* tube bender, *s.*

Rohrbiegepresse, *f.* pipe bending press, *s.*

röhrenartig, *a.* tubular, *a.*

Rohrendmuffe, *f.* pipe socket, *s.*

röhrenförmig, *a.* tubular, *a.*

Röhrenguß, *m.* tubular casting, *s.*

Röhrenreduziermaschine, *f.* tube reducing machine, *s.* (seamless tube production).

Röhrenrundstahl, *m.* tube billet, *s.*

Röhrenstreifen, *mpl.* tube strip, *s.*, skelp, *s.*

Röhrenstreifen-Biegewalzen, *fpl.* pipe-bending rolls, *spl.* (manufacture of lap-weld pipes and tubes).

Röhren, *fpl.*, **über 300 mm Dmr.,** O. D. pipe, *s.* (nominal sizes are the same as the outside diameters).

Röhrenwalzwerk, *n.* tube rolling mill, *s.* (general term).

Röhrenziehring, *m.* tube-drawing die, *s.* (made of 3.5% tungsten steels, nitrided tool steels, or tungsten carbide).

Rohrformstück, *n.* pipe connection, *s.*

Rohrglätten, *n.* reeling, *s.* (surface finishing of hollow round bars in a reeling mill).

Rohrherstelltechnik, *f.* tube-making practice, *s.*

Rohrherstellungsverfahren, *n.* tube-making process, *s.*

Rohrknüppel, *m.* tube blank, *s.* (pre-pierced).

Rohrleger, *m.* pipe fitter, *s.*

Rohrleitungen, *fpl.* pipework, *s.*

Rohrmast, *m.* tubular tower, *s.*

Rohrmuffe, *f.* pipe coupling, *s.*

Rohrschelle, *f.* pipe clip, *s.*, pipe hanger, *s.*

Rohrstrang, *m.* line of pipe, *s.*; run of pipe, *s.*, run of piping, *s.* (of welded-together elements).

Rohrstrebe, *f.* tubular strut, *s.*

Rohrträger, *m.* tubular girder, *s.*

Rohrtrichter, *m.* pipe bell, *s.*, pipe flare, *s.*

Rohrverbindung, *f.* pipe connection, *s.*, pipe joint, *s.*

Rohrverbindungsmuffe, *f.* coupling, *s.*

Rohrverbindungsstück, *n.*, **H-förmiges,** aitch pipe, *s.*

Rohrverlegung, *f.* pipe laying, *s.*, piping, *s.* (operation).

Rohrverschraubung, *f.* screwed pipe joint, *s.*

Rohschlacke, *f.* poor slag, *s.*

Rohstahl, *m.* crude steel, *s.* (as tapped into the ladle); ingot steel, *s.* (as cast).

Rohstahlkapazität, *f.* crude steel capacity, *s.*

Rohstoff, *m.* raw material, *s.*

Rohstoffersparnis, *f.* saving, *s.*, in raw materials.

Rolle, *f.* roller, *s.* (transport); pulley, *s.* (rope, drive belt).

rollendes Material, *n.* rolling stock, *s.* (railw.).

Rollendrallgerüst, *n.* roller twist guide, *s.* (e. g. in a continuous billet mill).

Rollenelektrode, *f.* contact roller, *s.* (welding).

Rollen, *fpl.*, **in gemeinsamem Bett gelagerte,** nest of rollers, *s.* (roller leveller).

Rollenkette, *f.* roller chain, *s.* (mach.).

Rollenoberkante, *f.* top of roller, *s.*

Rollenrichtmaschine, *f.* roller straightener, *s.* (for bars, sections, shapes); roller leveller, *s.* (for sheets).

Rollenteilung, *f.* roller spacing, *s.*

Rollenwälzkreis, *m.* pitch of rollers, *s.* (given by bottom of top rollers and top of staggered bottom rollers; roller leveller).

Rollfaßentzunderung, *f.* tumbling, *s.*, rumbling, *s.* (descaling of small drop forgings).

Rollfaßverfahren, *n.* tumbler cleaning process, *s.* (removal of scale from small forgings).

Rollgang, *m.* roller table, *s.* (rollg. mill).

Rollgangabschieber, *m.* table push-off, *s.* (rollg. mill).

Rollgang, *m.,* **angetriebener,** live roller table, *s.* (rollg. mill).

Rollgangführer, *m.* table operator, *s.* (rollg. mill).

Rollgang, *m.,* **hinter der Schere,** shear run-out table, *s.* (rollg. mill).

Rollgang, *m.,* **hinter der Walze,** back mill table, *s.* (rollg. mill).

Rollgang, *m.,* **mit eingebauten Schleppern,** mill table and transfers (rollg. mill).

Rollgangsrahmen, *m.* table beam, *s.* (rollg. mill).

Rollgangswagen, *m.* traveling roller table, *s.* (rollg. mill).

Rollgang, *m.,* **vor der Schere,** shear approach table, *s.* (rollg. mill).

Rollherdofen, *m.* roller-hearth furnace, *s.* (electrically heated type, widely used for brazing heavy work).

Rollieren, *n.* shot burnishing, *s.* (in a rotating barrel; surface conditioning).

Rollmaschine, *f.* pipe-bending machine, *s.* (bending skelp and tube-strip to give a pipe with open seam subsequently to be closed by welding).

Röntgenaufnahme, *f.* radiograph, *s.*

Röntgenbeugungsbild, *n.* X-ray interference pattern, *s.*

Röntgenbild, *n.* radiograph, *s.*

Röntgendurchleuchtung, *f.* radioscopy, *s.*

Röntgenuntersuchung, *f.* radiography, *s.,* X-ray examination, *s.* (the act of testing).

Röntgenuntersuchung, *f.,* **des Kristallbaues,** X-ray crystal analysis, *s.*

Rost, *m.* rust, *s.* (atmospheric corrosion); grate, *s.* (mach.); grating, *s.* (bldg.).

Rostbeschickungsapparat, *m.* mechanical stoker, *s.*

Röstbett, *n.* roasting bed, *s.* (ore).

Röstdauer, *f.* calcining period, *s.*

Rösterz, *n.* roast ore, *s.*

rostfreier Stahl, *m.* stainless steel, *s.*

rostfreies Blech, *n.* stainless sheets, *spl.*

Röstofen, *m.* roasting kiln, *s.,* calcining kiln, *s.*

Rostschutz, *m.* corrosion protection, *s.*

Rostschutzanstrich, *m.* anti-rust compound, *s.*

Rostschutzfarbe, *f.* anti-rust paint, *s.*

Rostschutzmittel, *n.* anti-rust compound, *s.,* anti-rust composition, *s.,* rust preventive, *s.*

Rostschutzverfahren, *n.* rust-proofing process, *s.* (e. g. parts at a red heat are subjected to the action of steam producing a coating of Fe_3O_4: Barff process).

Roststab, *m.* grate bar, *s.* (rolled product).

Röstung, *f.* calcination, *s.*

Rotationsgebläse, *n.* rotary blower, *s.*

Rotbruch, *m.* red shortness, *s.* (lack of ductility in steel at a red heat).

Rotbruchbereich, *n.* hot short range, *s.*

rotbrüchig, *a.* red short, *a.*

Rotbrüchigkeit, *f.* red shortness, *s.*

Roteisenstein, *m.* hematite, *s.,* red iron ore, *s.*

roter Hämatit, *m.* red hematite, *s.,* kidney ore, *s.*

Rotgießerei, *f.* red copper foundry, *s.*

rotglühend, *a.* red hot, *a.*

Rotglühhitze, *f.,* **lebhafte,** bright red heat. *s.*

Rotglut, *f.* red heat, *s.*

Rotgluthärte, *f.* red-hardness, *s.* (e. g. of tool steels).

Rotguß, *m.* red bronze, *s.,* red brass, *s.*

Rotodip-Schutzverfahren, *n.* Rotodip, *s.* (a method for cleaning, phosphating, and primer painting, in which the work body is rotated while passing through the various tanks of the plant).

Rotospray-Spritzlackierverfahren, *n.* Rotospray finishing, *s.* (following the Rotodip-process. The work is rotated on a special trolley while spray-gun is operating).

Rotpause, *f.* red print, *s.*

Rotwarmhärte, *f.* hardness at red heat, *s.*

Rückbläser, *m.* flash-back, *s.* (in waste-gas line).

Rücken, *n.,* **der Gichten,** irregular descent, *s.,* of the stock column (bl. fce. practice).

Rückfeinen, *n.,* **durch Umkristallisieren,** heat refining, *s.*

Rückförderpumpe, *f.* return pump, *s.*

Rückführung, *f.,* **in den Prozeß,** recirculation, *s.*

Rückgang, *m.* return motion, *s.* (mach. tool).

rückgewinnen, *v.t.* to recover, *v.t.*

Rückgewinnung, *f.* recovery, *s.*

Rückgut, *n.* returns, *spl.*

Rückkohlung, *f.* recarburization, *s.* (by additions of spiegel or ferromanganese; steelmaking); carbon restauration, *s.* (processing of decarburized surfaces of articles).

Rücklauf, *m.* returns, *spl.* (material); return motion, *s.* (mach. tool).

Rücklaufrohr, *n.* return pipe, *s.*

rückoxydieren, *v.t.* to reoxidize, *v.t.*

rückreduzieren, *v.t.* to re-reduce, *v.t.*

Rückschlagventil, *n.* back pressure valve, *s.*

Rückspannung, *f.* back tension, *s.* (acting on the strip in cold rolling).

Rücksprunghärte, *f.* shore hardness, *s.*

Rücksprunghärteprüfung, *f.* shore hardness test, *s.* (dynamic testing).

Rückstand, *m.* residue, *s.*

Rückstand, *m.,* **saurer,** acid sludge, *s.* (chem.).

Rückstrahlaufnahme, *f.* back reflection graph, *s.* (X-ray back reflection method).

Rückströmung, *f.* return flow, *s.*

Rückumwandlung, *f.* reverse transformation, *s.*

Rückwärtsschweißung, *f.* forehand welding, *s.* (in gas welding: the torch is pointed along the scarf on which the metal is to be deposited).

Rückwirkung, *f.* reaction, *s.* (mech.).

rückziehbar, *a.* retractable, *a.*

Ruhelage, *f.* steady position, *s.* (mach.).

ruhende Last, *f.* dead load, *s.*

ruhender Druck, *m.* steady squeeze, *s.,* steady pressure, *s.* (of a press on the stock or work).

Ruhestellung, *f.* initial position, *s.,* neutral position, *s.* (of instruments, levers).

ruhiger Gang, *m.* noiseless running, *s.*

ruhiger Lichtbogen, *m.* stable arc, *s.* (welding).

Rührbewegung, *f.* stirring motion, *s.*

Rührspule, *f.* stirring coil, *s.* (of induction stirrer).

Rührwerk, *n.* stirrer, *s.,* stirring gear, *s.,* stirring mechanism, *s.,* agitator, *s.*

Rundbaum, *m.* axle tree, *s.*

Runddraht, *m.* round wire, *s.*

Rundfeile, *f.* round file, *s.,* rat-tail file, *s.*

Rundgesenk, *n.* edging die, *s.* (a roughing type of die shaping the bar into a bulbous section).

Rundknüppel, *m.* round billet, *s.* (semi-finished rolled or forged).

Rundkopfschraube, *f.* cheese-head screw, *s.*

Rundlaufen, *n.* true running, *s.* (e.g. of roller or ball bearings).

Rundnageldraht, *m.* round nail wire, *s.*

Rundnahtschweißmaschine, *f.* circumferential welder, *s.*

Rundstahl, *m.,* **aus der Führung gewalzter,** guide rounds, *spl.* (rolled products).

Rundstahl, *m.,* **aus der Hand gewalzter,** hand rounds, *spl.* (rolled products).

Rundvorschmieden, *n.* edging, *s.* (drop forging).

Runge, *f.* stanchion, *s.,* upright, *s.* (railw.).

Runzelbildung, *f.* wrinkling, *s.*

Rutsche, *f.* chute, *s.*

rutschen, *v.i.* to slip, *v.i.,* to slide, *v.i.*

Rutschen, *n.* slipping, *s.,* slippage, *s.*

Rutschkegel, *mpl.* slip cones, *spl.* (appearing on terminal face of brittle test piece after fracture; crushing test).

Rüttelformmaschine, *f.* jarring molding machine, *s.,* jolting molding machine, *s.* (foundry).

rütteln, *v.t.* to shake, *v.t.,* to jar, *v.t.*

Rüttelsieb, *n.* vibratory screen, *s.*

Rütteltisch, *m.* vibrator, *s.*

S

S-Kurve, *f.* (siehe „Zeit-Temperatur-Umwandlungsschaubild"), S-curve, *s.* (a curve representing the relation between time of transformation and temperature at which it occurs; cf. time-temperature-transformation diagram).

SK-Stahl, *m.* (siehe „Sauerstoff-Konverter-Stahl").

SM-Ofen, *m.,* **mit Isley-Ofenzugsteuerung,** Isley controlled open hearth furnace, *s.*

SM-Stahl, *m.* open hearth steel, *s.*

SM-Stahlwerk, *n.* open hearth furnace plant, *s.,* open hearth shop, *s.*

SM-Verfahren, *n.* open hearth (steelmaking) process, *s.*

Sachverständigengutachten, *n.* expert's report, *s.*

Säge, *f.* saw, *s.*

Sägeblatt, *n.* saw blade, *s.*

Sägeblatt, *n.,* **mit eingesetzten Zähnen,** saw blade, *s.,* with inserted teeth.

Sägeblattvorschub, *m.* saw blade feed, *s.*

Sägeblattwelle, *f.* saw blade arbor, *s.* (rollg. mill).

Sägegestell, *n.* saw frame, *s.*

Sägegrat, *m.* saw burr, *s.* (on cut-to-length rolled bars).

Sägerahmen, *m.* saw frame, *s.*

Sägeschnitt, *m.* saw cut, *s.*

Saitendraht, *m.* music wire, *s.*

Salmiak, *n.* ammonium chloride, *s.*

Salzbadlötung, *f.* salt-bath brazing, *s.*

Salzlake, *f.* brine, *s.*

Salzsole, *f.* brine, *s.*

Salzwasser, *n.* brine, *s.*

Salzsprühversuch, *m.* salt spray testing, *s.* (corrosion).

Sammelband, *n.* collecting belt, *s.* (conveyor).

Sammelgefäß, *n.* receiver, *s.,* recipient, *s.*

Sammelgleis, *n.* assembling track, *s.* (railw.).

sammeln, *v.t.* to assemble, *v.t.* (billets or bars on the assembly table; rollg. mill); to collect, *v.t.* (gas, dust, etc.).

Sammelrohr, *n.* header, *s.,* manifold, *s.*

Sammelrollgang, *m.* assembling table, *s.* (rollg. mill).

Sammeltasche, *f.* bundling pocket, *s.* (for billets and bars; rollg. mill).

Sandberg-Verfahren, *n.* Sandberg sorbitic treatment, *s.* (carbon steel objects become moderately hardened by cooling through transformation range at moderately rapid rate by application of jets of air, steam, or atomized water, the residual heat in the object effecting a tempering operation).

Sand-Kläranlage, *f.* sand settlement system, *s.*

Sandputzerei, *f.* sand blast cleaning room, *s.*

Sandstelle, *f.* scab, *s.* (porous sandy projection on castings); sand incrustation, *s.* (on surface of castings).

Sandstrahlgebläse, *n.* sand blasting machine, *s.* (cleaning of castings).

Sandstrahlputzen, *n.* blast cleaning, *s.* (of surfaces, e.g. of castings).

Sandstrahl-Putztrommel, *f.* sandblast tumbling barrel, *s.*

Sandstrahlreinigung, *f.* sand blasting, *s.* (castings).

sanitäre Anlagen, *fpl.* sanitary installations, *spl.*

sättigen, *v.t.* to saturate, *v.t.* (chem.).

Sättigung, *f.* saturation, *s.* (chem.).

Satz, *m.* batch, *s.* (of bars, plates, coils, etc.); set, *s.* (of tools, wheels, rolls, etc.).

satzweiser Betrieb, *m.* batch operation, *s.*

satzweiser Verguß, *m.* group teeming, *s.* (ingots).

sauer, *a.* acid, *a.* (chem.).

Sauerstoff, *m.* oxygen, *s.*

Sauerstoff, *m.,* **für metallurgische Zwecke,** metallurgical oxygen, *s.*

sauerstoffangereicherte Luft, *f.* oxygen-enriched air, *s.*

Sauerstoffanlage, *f.* oxygen production plant, *s.*

Sauerstoffgewinnung, *f.* oxygen production, *s.*

sauerstoffreich, *a.* rich, *a.,* in oxygen.

Sauerstoff-angereicherter Wind, *m.* oxygen-enriched blast, *s.,* oxygenated blast, *s.* (bl. fce., converter).

Sauerstoffaustreibung, *f.* oxygen removal, *s.*

Sauerstoffblasröhre, *f.* (oxygen) lance, *s.*

Sauerstofflanze, *f.* (oxygen) lance, *s.* (steelmaking).

Sauerstoff-Blasstahl, *m.* oxygen-refined steel, *s.*

Sauerstoffdüse, *f.* oxygen tuyere, *s.* (see "oxygen steelmaking process")

Sauerstoff-Konverterstahl, *m.* oxygen-converter steel, *s.* (made under the oxygen steelmaking process; other denominations: Purox steel, oxygen steel, SK-steel, LD-steel).

Sauerstoff-Konverterverfahren, *n.* **[SK-Verfahren; LD-Verfahren],** oxygen steelmaking process, *s.* (characterized by blowing a jet of pure oxygen onto the surface of a metal bath in a converter-like vessel).

Sauerstoff-Kopfbrenner, *m.* oxygen end burner, *s.* (o. h. fce.).

Sauerstoff-Maß- und Schrägschnitt maschine, *f.*, **für Schweißblech ränder,** Oxweld plate-edge preparation machine, *s.* (a Linde product).

Sauerstoff-Ölbrenner, *m.* oxy-oil burner, *s.* (for use in o. h. fce. ends).

Sauerstoff-Schmelz- und Schneide verfahren, *pl.* metal removal by oxygen processes, *spl.*

Sauerstoffstrahl, *m.* oxygen jet, *s.*

Sauerstoffstrahldüse, *f.* oxygen jet (device), *s.*

Sauerstoff-Strahlrohr, *n.* oxygen lance, *s.*

Sauerstofftechnik, *f.* oxygen technique, *s.*

sauer zugestellter Elektroofen, *m.* acid electric furnace, *s.*

sauer zugestellter Herdboden, *m.* acid bottom, *s.*

Saugen, *n.* sucking, *s.*

Saugung, *f.* suction, *s.*

Saugfilter, *m.* suction dust catcher, *s.*

Saughöhe, *f.* head of suction, *s.* (pump).

Saugleitung, *f.* suction pipe, *s.*

Saugluft, *f.* suction air, *s.*

Sauglüfter, *m.* exhaustor, *s.*

Saugpumpe, *f.* suction pump, *s.*

Saugrohr, *n.* inlet pipe, *s.* (pump, compressor).

Saugstelle, *f.* draw, *s.* (cavity in a casting of heavy section).

Saugtrockner, *m.* suction dryer, *s.*

Saugventil, *n.* suction valve, *s.*

Saugzug, *m.* induced draft, *s.* (furnace, fan); head, *s.* (of a fce. stack).

Saugzug-Sintermaschine, *f.* suction type sintering machine, *s.*; down-draft grate type sintering machine, *s.* (Dwight Lloyd type).

Säule, *f.* column, *s.*

Säule, *f.,* **mit Betonmantelung,** column, *s.*, with concrete casing.

Säulenfuß, *m.* base of column, *s.*

Säulenkran, *m.* pillar crane, *s.*

Säulenständer, *m.* pedestal of a column, *s.*

Säulenpresse, *f.* column press, *s.*

Saum, *m.* border, *s.*

Saumschere, *f.* side shear, *s.*, trimming shear, *s.* (plate, sheet, strip).

Säure, *f.* acid, *s.*

Säureabscheider, *m.* acid separator, *s.*

saure Ausmauerung, *f.* acid lining, *s.* (of a fce.).

Säurebad, *n.* acid bath, *s.*

säurebeständig, *a.* acid resisting, *a.*

säurebeständiger Guß, *m.* acid resisting castings, *spl.*

säurebeständige Zirkon-Nickel-Silizium-Eisen-Legierung, *f.* zirconium-nickel-silicon-iron alloy, *s.* (2.7% Zr; very resistant to hydrochloric and sulphuric acids).

Säurebestimmung, *f.* acidimetry, *s.* (chem.).

säurefähige Base, *f.* acidificable base, *s.*

säurefest, *a.* acid-proof, *a.*

säurefester Baustein, *m.* acid-proof brick, *s.*

säurefestes Bauelement, *n.* acid-proof part, *s.*

säurefestes Behälterfutter, *n.* acid-proof tank lining, *s.*

Säuregrad, *m.* acidity, *s.*

saurer Großformatstein, *m.* acid block, *s.*

saurer Stein, *m.* acid brick, *s.*

saurer Ofen, *m.* acid furnace, *s.*

saurer SM-Ofen, *m.* acid open hearth furnace, *s.*

saurer Stahl, *m.* acid steel, *s.* (made under a siliceous slag in a furnace with acid inner bottom and lining).

Säure-Rückgewinnungsanlage, *f.* acid recovery plant, *s.*

saurer Rückstand, *m.* acid sludge, *s.* (oil refineries).

saure Schlacke, *f.* acid slag, *s.*

saure Schlackenführung, *f.* acid slagging, *s.*

saure Schmelzführung, *f.* acid smelting, *s.* (bl. fce.).

saures Futter, *n.* acid lining, *s.* (of a converter).

saures Verfahren, *n.* acid process, *s.*

Säureverfahren, *n.* acid circuit, *s.* (chem.).

Säurezahl, *f.* acid value, *s.* (chem.).

saure Zustellung, *f.* acid bottom and walls.

Schablonenarbeit, *f.* repetition work, *s.* (mach., tools).

Schablonenpapier, *n.* template paper, *s.* (used to line molds so as to reduce rate of heat transfer from ingot).

Schabeisen, *n.* scraper, *s.* (sheet and strip rolling).

Schabspäne, *mpl.* broachings, *spl.*

Schacht, *m.* stack, *s.* (of a blast furnace).

Schachtkühler, *pl.* mantle plates, *spl.* (bl. fce.).

Schaffplatte, *f.* sill, *s.*, sill plate., *s.* (o. h. fce.).

Schaft, *m.* shank, *s.* (of tool, rivet, bolt).

Schälbank, *f.* bar turning bench, *s.*

Schalbrett, *n.* lagging, *s.*

Schale, *f.* chill, *s.* (foundg.).

Schaleneisen, *n.* sow iron, *s.* (blast furnace).

Schalenhartguß, *m.* chill-casting, *s.* (product); chilling, *s.* (method of producing castings with grey, i. e. soft and tough, core and external layer of hard cementite).

schalig, *a.* scaly, *a.* (surface).

Schalteinrichtung, *f.* controlling mechanism, *s.* (mach.).

schalten, *v.t.* to change gears, *v.t.*, to shift gears, *v.t.*

Schalten, *n.* gear changing, *s.*

Schalthebel, *m.* gear control lever, *s.*

Schaltung, *f.* adjustment, *s.* (mach. tool).

Schalung, *f.* casing, *s.* (bldg.).

Schamotte-Abdichtungsmasse, *f.* lute, *s.* (electrolyte tanks).

Schamotte, *f.* fire clay, *s.*

Schamottestein, *m.* fire-brick, *s.*

schärfen, *v.t.* to resharpen, *v.t.*

Scharnierband, *n.* hinge, *s.*

Scharnierstift, *m.* hinge pin, *s.*

Scharnierventil, *n.* clack valve, *s.*, flap valve, *s.*, leaf valve, *s.*

Schattenstreifen, *pl.* ghost, *s.*, ghost line, *s.*, ghost structure, *s.*, ferrite ghost, *s.* (band or streak on machined surfaces of steel, caused by segregate and/or concentration of ferrite).

schattieren, *v.t.* to shade, *v.t.* (drawg.).

schätzen, *v.t.* to appraise, *v.t.*

Schätzung, *f.* appraisal, *s.* (e. g. of a plant, a process).

Schaufel, *f.* blade, *s.* (of a turbine).

Schaufelmeißel, *m.* spade type chisel, *s.*

Schaufelrad, *n.* blade wheel, *s.* (turbine).

Schaufelspitze, *f.* blade tip, *s.* (turbine).

Schaufelteilung, *f.* blade pitch, *s.* (turbine).

Schaufelung, *f.* blading, *s.* (turbine).

Schaukelbewegung, *f.* rocking motion, *s.*

Schauklappe, *f.* inspection flap, *s.*

Schauloch, *n.* inspection hole, *s.*

Schaulochdeckel, *m.* inspection cover, *s.*

schäumende Schmelze, *f.* wild heat, *s.* (steelmaking).

Schaumkelle, *f.* skimming ladle, *s.*, skimmer, *s.* (foundg.).

Schaumschlacke, *f.* pumicestone slag, *s.*, honeycombed slag, *s.* (bl. fce.).

Schautropföler, *m.* sight feed lubricator, *s.*

Scheibe, *f.* disk, *s.*, circular forging, *s.*

Scheibenfeder, *f.* plate spring, *s.*

scheibenförmige Walze, *f.* disk type roll, *s.* (see "piercing mill process").

Scheibenfräser, *m.* side milling cutter, *s.*

Scheibenkupplung, *f.* flange coupling, *s.* (shafts).

Scheibenrad, *n.* center disc wheel, *s.*

scheiden, *v.t.* to separate, *v.t.* (ores).

Scheider, *m.* separator, *s.* (ores).

Scheidung, *f.* separation, *s.* (ores).

Scheitel, *m.* apex, *s.* (of an angle, of a cone).

Schelle, *f.* clip, *s.*, strap, *s.*, collar, *s.* (fastening or supporting element for cable or line).

Schenkel, *m.* leg, *s.* (of angle, or of mill housing post); angle leg, *s.* (of rolled angles).

Schenkelende, *n.* toe of leg, *s.* (angle roll design).

Scherbolzen, *m.* shearing bolt, *s.* (mach.).

Scherdruck, *m.* blade load of shear, *s.*

Schere, *f.* shear, *s.*

Scherenanschlag, *m.* shear ga(u)ge, *s.* (above shear table, stopping the bar at desired length for cutting).

Scheren-Auslaufführung, *f.* stripper, *s.* (strip shear).

Scherendurchlaß, *m.* shear opening, *s.,* hatch, *s.* (rollg. mill).

Scherenrollgang, *m.* shear table, *s.* (rollg. mill).

Scherenschmied, *m.* scissors maker, *s.*

Scherenständer, *m.* shear housing, *s.*

Scherenuntersatz, *m.* shear bolster, *s.*

Scherenvorstoß, *m.* (siehe „Scherenanschlag"), shear ga(u)ge, *s.*

Scherenwipptisch, *m.* shear tilting table, *s.* (rollg. mill).

Schere, *f.,* **von unten schneidende,** upcut shear, *s.* (rollg. mill).

Scherfestigkeit, *f.* shear strength, *s.,* shearing strength, *s.*

Schermesser, *n.* shear blade, *s.,* shear knife, *s.*

Scherspannung, *f.* shearing stress, *s.* (see "stress").

Scherung, *f.* shearing action, *s.*

Scherwirkung, *f.* shearing action, *s.*

Scheuern, *n.* scouring, *s.*

Scheuerpulver, *n.* scouring powder, *s.*

Scheuersand, *m.* scouring sand, *s.*

Scheuerwalze, *f.* scrubber, *s.* (pickling).

Schicht(e), *f.* layer, *s.* (general); shift, *s.,* turn, *s.* (period of work); film, *s.* (of oil, rust); course, *s.* (of bricks).

Schicht, *f.,* **starrer Körper,** bed, *s.* of solids (phys.).

Schichtung, *f.* stratification, *s.*

Schiebebühne, *f.* traveling platform, *s.,* traverser, *s.*

Schiebefenster, *n.* sash window, *s.*

Schiebelager, *n.* sliding bearing, *s.* (mach.).

Schiebelehre, *f.* slide ga(u)ge, *s.* (measrg.).

Schieber, *m.* slide valve, *s.,* gate valve, *s.*

Schiebergestänge, *n.* slide valve rod, *s.*

Schieberhub, *m.* slide travel, *s.*

Schiebersteuerung, *f.* slide valve gear, *s.*

Schiebesitz, *m.* sliding fit, *s.* (mach.).

Schiedsanalyse, *f.* arbitration analysis, *s.,* independent analysis, *s.* (made if analysis results of two contending parties diverge).

Schiedsprobe, *f.* arbitration test, *s.*

Schiedsverfahren, *n.* arbitration, *s.*

schief, *a.* oblique, *a.,* out of square, *a.*

schiefe Ebene, *f.* inclined plane, *s.* (mech.).

Schieferbruch, *m.* slaty fracture, *s.*

Schiene, *f.* rail, *s.*

Schiene, *f.,* **längsgeteilte,** slit rail, *s.* (e. g. used for the rolling of angles).

schienen, *v.t.* to rail, *v.t.*

Schienenbefestigungsstücke, *pl.* track fastenings, *spl.*

Schienenbiegemaschine, *f.* rail cambering machine, *s.* (conditioning).

Schienenform, *f.* rail section, *s.*

Schienenfräsmaschine, *f.* rail end mill, *s.*

Schienenfuß, *m.* rail base, *s.,* rail flange, *s.*

Schienenfußbreite, *f.* width, *s.,* of rail base.

Schienenheber, *m.* rail lifter, *s.* (railw.).

Schienenherzstück, *n.* built-up frog, *s.* (railw.).

Schienenhöhe, *f.* depth, *s.,* of rail.

Schienenklemme, *f.* rail anchor, *s.* (to prevent rails from creeping; railw.).

Schienenkopf, *m.* ball, *s.,* of rail, rail head, *s.*

Schienenkreuzungsstück, *n.* built-up crossing, *s.* (railw.)

Schienennagel, *m.* dog spike, *s.*

Schienenoberkante, *f.* top, *s.,* of rail.

Schienenrichtmaschine, *f.* rail bending and straightening machine, *s.*

Schienenschablone, *f.* rail template, *s.,* rail templet, *s.*

Schienensteg, *m.* rail web, *s.*

Schienenstoß, *m.* rail joint, *s.*

Schienenstuhl, *m.* rail chair, *s.*

Schienenverlaschung, *f.* rail fishing, *s.*

Schienenvorblock, *m.* rail bloom, *s.* (blooming mill product).

Schienenwalzwerk, *n.* special rail mill, *s.* (three-high, for rails only).

Schiff, *n.* bay, *s.* (bldg.).

Schiffbau, *m.* shipbuilding, *s.,* naval engineering, *s.*

Schiffbau-Formstahl, *m.* shipbuilding sections, *spl.* (U. K.), shipbuilding shapes, *spl.* (U. S. A.).

Schiffbaumaterial, *n.* shipbuilding materials, *spl.*

Schiffsbauprofile, *npl.* shipbuilding sections, *spl.* (U. K.), shipbuilding shapes, *spl.* (U. S. A.).

Schiffsmaschinenbau, *m.* marine engineering, *s.*

Schiffsplatten, *fpl.* ships' plates, *spl.*

Schildlager, *n.* end-shield bearing, *s.* (mach.).

Schlacke, *f.* slag, *s.*, cinder, *s.*

Schlacke abziehen, *v.t.* to run off slag (o. h. hot metal-scrap process).

Schlacke, *f.*, **lange,** pasty slag, *s.*, acid slag, *s.* (condition of a slag high in SiO_2 or Al_2O_3 previous to melting or freezing).

Schlackenabfuhr, *f.* slag removal, *s.*

Schlackenablauf, *m.* slag run-off, *s.* (bl. fce.).

Schlackenabläufe, *pl.* flushing holes, *spl.* (o. h. fce.; in either front or back-walls).

Schlackenabziehvorrichtung, *f.* flushing facilities, *spl.*

schlackenbeständig, *a.* resistant, *a.*, to slagging (refractories).

Schlackendecke, *f.* slag cover, *s.*

Schlackenfaden, *m.* slag thread, *s.*

Schlackenform, *f.* monkey, *s.* (bl. fce.).

Schlackenfuchs, *m.* skimmer, *s.* (bl. fce.).

Schlackenführung, *f.* slagging practice, *s.*, regulation of slag, *s.*, slagging, *s.*

Schlackengleis, *n.* slag service track, *s.* (bl. fce.).

Schlackengutschrift, *f.* slag sales, *spl.*

Schlackenhalde, *f.* slag dump, *s.*

Schlackenkübel, *m.* slag thimble, *s.*

Schlackenlauf, *m.* slag channel, *s.*

Schlackenloch, *n.* cinder notch, *s.* (bl. fce.); slag hole, *s.*

Schlackenhelfer, *m.* hot workings man, *s.*

Schlackenkuchenprobe, *f.* slag pancake sample, *s.* (o. h. process).

Schlackenkühlkasten, *m.* cinder notch cooler, *s.* (bl. fce.).

Schlackenmenge, *f.* slag volume, *s.*

Schlackenmühle, *f.* slag mill, *s.*

Schlackenpfanne, *f.* slag pot, *s.*, slag thimble, *s.* (bl. fce.).

Schlackenrinne, *f.* cinder notch, *s.* (bl. fce.).

Schlackenschmelzzone, *f.* slag fusion zone, *s.*

Schlackenstein, *m.* slagstone, *s.* (for pavements).

Schlackenstich, *m.* cinder notch, *s.* (bl. fce., cupola fce.); slag hole, *s.*

Schlackenstichloch - Stopfmaschine, *f.* cinder notch stopper, *s.* (bl. fce.).

Schlackensturz, *m.* slag dump, *s.*

Schlackentrift, *f.* slag duct, *s.*

Schlackenuntersuchung, *f.* slag analysis, *s.*

Schlackenverwertung, *f.* slag utilization, *s.*

Schlackenwolle, *f.* cinder hair, *s.*

Schlackenüberlauf, *m.* skimmer, *s.* (bl. fce.).

Schlackenverarbeitung, *f.* processing of slag, *s.*

Schlackenzahl, *f.* slag ratio, *s.* (CaO/SiO_2).

schlackiges Eisen, *n.* drossy iron, *s.*, slaggy iron, *s.*

Schlagbeanspruchung, *f.* dynamic stress, *s.*

Schlagbiegeversuch, *m.* impact bending test, *s.* (mat. testg.).

Schlagbohrer, *m.* percussion drill, *s.*

Schlagbohrkran, *m.* churn drill, *s.* (ore mining).

Schlagdruckversuch, *m.* dynamic compression test, *s.*

Schlagen, *n.* chattering, *s.* (sheet mill rolls).

Schlagfestigkeit, *f.* impact strength, *s.*, impact resistance, *s.*, shock resistance, *s.* (given in foot pounds).

Schlagknickversuch, *m.* impact buckling test, *s.* (mat. testg.).

Schlaglänge, *f.* lay, *s.*, pitch, *s.* (wire rope).

Schlag-Tiefungsversuch, *m.* impact cupping test, *s.*

Schlagversuch, *m.* impact test, *s.*, falling weight test, *s.* (mat. testg.).

Schlagwellen, *pl.* shatter marks, *spl.* (on steel sheets caused by rolls).

Schlagwerk, *n.* shock test mechanism, *s.* (mat. testg.).

Schlagzahl, *f.* number of blows, *spl.* (mat. testg.).

Schlagzugversuch, *m.* impact tensile test, *s.* (mat. testg.).

Schlankheit, *f.* slenderness, *s.* (length to diameter ratio).

Schlauch, *m.* hose, *s.*, flexible tube, *s.*

Schlauchkupplung, *f.* hose coupling, *s.*

Schlauchverbindung, *f.* union joint hose, *s.*

Schleife, *f.* loop, *s.*

schleifen, *v.t.* to grind, *v.t.* (surfaces with grinding wheel).

Schleifenprobe, *f.* snarl test, *s.* (wire).

Schleifmaschine, *f.* grinding machine, *s.* (mach. tool).

Schleifrisse, *mpl.* grinding checks, *spl.*, grinding cracks, *spl.*, alligator cracks, *spl.* (due to thermal stresses raised by too large a feed on the grinding wheel during a grinding operation).

Schleifsand, *m.* cutting sand, *s.* (metal polishing).

Schleif- und Poliertechnik, *f.* abrasive engineering technique, *s.*

Schleif- und Schmirgelmittel, *npl.* abrasives, *spl.*

Schleißteile, *mpl.* wearing parts, *spl.*

Schleppdaumen, *m.* transfer finger, *s.*

Schlepper, *m.* traverse transfer, *s.* (pulling stock across a roller table; rollg. mill).

Schlepperwagen mit Daumen, *m.* dog carriage, *s.* (wire rope transfer; rollg. mill).

Schlepprolle, *f.* feed roll, *s.* (mach.).

Schleppseil, *n.*, **hochelastisches,** hawser, *s.* (6 by 37 rope).

Schleppvorrichtung, *f.* transfer, *s.* (rollg. mill).

Schleppwagen, *m.* transfer car, *s.*

Schleppwalze, *f.* drag roll, *s.*, friction driven roll, *s.* (rollg. mill).

Schleudergebläse, *n.* centrifugal blower, *s.*

Schleuderguß, *m.* centrifugal casting method, *s.*

Schleudergußform, *f.* centrifugal casting mold, *s.*

Schleudermühle, *f.* disintegrator, *s.*

Schleuderstrahlen, *n.* wheelabrating, *s.* (with grit).

Schleudervorrichtung, *f.* pinch roll vibrator, *s.* (to lay out strip in loops).

Schlichte, *f.* facing, *s.* (of a mold; foundry).

schlichten, *v.t.* to finish, *v.t.*, to smooth, *v.t.*

Schlichter, *m.* arbitrator, *s.*

Schlichtfeile, *f.* smooth file, *s.*

Schlichthammer, *m.* planishing hammer, *s.*

Schlichtkaliber, *n.* leader pass, *s.* (roll pass design).

Schlichtpassung, *f.* medium fit, *s.* (mach.).

Schlichtstahl, *m.* finishing tool, *s.*

Schliff, *m.* grindings, *spl.* (waste); finish, *s.* (after grinding); polished specimen, *s.* (for metallogr. examination); microsection, *s.* (metallogr.).

Schlinge, *f.* loop, *s.*

Schlingengrube, *f.* looping trough, *s.* (cascade pickling); looping pit, *s.* (pickling line).

Schlingenturm und -Grube, *m.* looping unit, *s.* (vertical type continuous strip annealing furnace).

Schlitten, *m.* cross-head block, *s.* (mach.); carriage, *s.* (boring machine); slide, *s.* (lathe); slide head, *s.* (broaching machine).

Schlittensäge, *f.* sliding saw, *s.*

Schlitzfräser, *m.* metal slitting cutter, *s.*, metal slitting saw, *s.*

Schlosserei, *f.* fitter's shop, *s.*

Schloßkastengehäuse, *n.* apron box, *s.* (mach. tool).

Schloßplatte, *f.* apron, *s.* (of mach. tool).

Schluckung, *f.* attenuation, *s.* (phys.).

Schlüssel, *m.* spanner, *s.*, wrench, *s.*

Schlüsselweite, *f.* width, *s.*, across flats (size of polygons).

Schlußglühung, *f.* finish anneal, *s.*

Schmalbandstraße, *f.* narrow strip mill, *s.* (U. S. A.: less than 300m/m in width; Europe: less than 500 m/m in width).

schmaler Bandstahl, *m.* hoop, *s.* (generally for packing applications).

Schmalspurbahn, *f.* narrow ga(u)ge railway, *s.*

Schmelzarbeit, *f.* smelting operation, *s.* (ore); melting operation, *s.* (steelmaking).

Schmelzbarkeit, *f.* fusibility, *s.* (pyrochemical testing).

Schmelzbetrieb, *m.* melting practice, *s.* (steelmaking).

Schmelze, *f.* heat, *s.* (steelmaking); fluid solution, *s.* (metallogr.).

Schmelze, *f.*, **mit Al beruhigte,** Al-killed heat, *s.* (steelmaking).

schmelzen, *v.t.* to fuse, *v.t.* (chem.; refractories); to melt, *v.t.* (steel); to smelt, *v.t.* (ore).

schmelzflüssig, *a.* molten, *a.*

schmelzflüssige Schlacke, *f.* molten slag, *s.*

schmelzflüssiges Metall, *n.* molten metal, *s.*

schmelzflüssiger Stahl, *m.* molten metal, *s.*

Schmelzenführung, *f.* working the heat, *s.* (meltg. shop).

Schmelzgewicht, *n.* heat weight, *s.* (meltg. shop).

Schmelzgut, *n.* melting charge, *s.*

Schmelzhütte, *f.* smelting plant, *s.*

Schmelzkegel, *m.* pyrometric cone, *s.*, Seger cone, *s.*

Schmelzkosten, *pl.* melting cost, *s.* (steelmaking).

Schmelzkrater, *m.* pool of molten metal, *s.* (welding).

Schmelzöfen, *pl.* melting furnaces, *spl.*

Schmelzpunkt, *m.* fusion point, *s.* (of slag, refractory, seger cones); melting point, *s.* (steel).

Schmelzschweißung, *f.* fusion welding, *s.* (gas-blowpipe welding, electric-arc welding, fusion thermit welding).

Schmelztiegel, *m.* crucible, *s.*

Schmelzung *f.* heat, *s.*

Schmelzwärme, *f.* heat, *s.*, of fusion.

schmelzwürdiges Erz, *n.* ore, *s.*, of commercial value.

schmiedbar, *a.* malleable, *a.* (in the cold); forgeable, *a.* (at forging heat).

Schmiede, *f.* forge shop, *s.*, forge, *s.*

Schmiedearbeit, *f.* forging operation, *s.*

Schmiedeblock, *m.* forging grade ingot, *s.*

Schmiededorn, *m.* mandrel, *s.* (on which to forge nuts, sleeves, rings).

Schmiedegrat, *m.* fash, *s.*

Schmiedehammer, *m.* smith hammer, *s.*, forge hammer, *s.*

Schmiedekoks, *m.* forge coal coke, *s.*

Schmiedekran, *m.* forge shop crane, *s.*

Schmiedemanipulator, *m.* forging manipulator, *s.*

Schmiedemaschinenarbeiten, *n.* forging machine work, *s.*

schmieden, *v.t.* to forge, *v.t.* (general term).

Schmiedepresse, *f.* forging press, *s.*

Schmiedeprobe, *f.* forging test, *s.*

Schmiedestahl, *m.* forged steel, *s.*

Schmiedestahlwalze, *f.* forged steel roll, *s.* (application: roughing and first stands of continuous mills).

Schmiedestück, *n.* forging, *s.*

Schmiedestücke, *npl.*, **für den Schiffsbau,** marine forgings, *spl.*

Schmiede-Walzmaschine, *f.* roll-forging machine, *s.*

Schmiedewerkzeug, *n.* smithing tool, *s.*

Schmieranlage, *f.* lubricating system, *s.*

Schmierbüchse, *f.* grase cup, *s.*, oil cup, *s.*

Schmiere, *f.* grease, *s.*, lubricant, *s.*

schmieren, *v.t.* to lubricate, *v.t.*

Schmierer, *m.* mill oiler, *s.* (workman).

Schmierfett, *n.* grease, *s.*

Schmierfettrückstand, *m.* residual grease, *s.*

Schmieröl, *n.* lubricating oil, *s.*

Schmierpumpe, *f.* lubricating pump, *s.*

Schmierstoff, *m.* lubricant, *s.*

Schmierstoff-Ingenieur, *m.* lubrication engineer, *s.*

Schmierstoffe, *mpl.*, **mit Hochdruckeigenschaften,** lubricants, *spl.*, with high-pressure characteristics.

Schmierstoffsorten, *fpl.* grades o lubricants, *spl.*

Schmiersystem, *n.* lubricating system, *s.*

Schmiertechnik, *f.* lubrication practice, *s.*

Schmierungseinrichtung, *f.* lubricating equipment, *s.*

Schmirgel, *m.* emery, *s.*

Schmirgelleinen, *n.* emery cloth, *s.*

schmirgeln, *v.t.* to abrade, *v.t.* (causing wear).

schmirgelnd, *a.* abrasive, *a.*

schmirgelnder Verschleiß, *m.* abrasion, *s.*, wear, *s.*, by abrasion.

Schmirgelsand, *m.* abrasive sand, *s.*

Schmirgelscheibe, *f.* abrasive wheel, *s.*, emery wheel, *s.*

Schnecke, *f.* worm, *s.* (endless screw; driving member of worm gear).

Schneckenrad, *n.* worm wheel, *s.* (driven member of worm gear).

Schneckenantrieb, *m.* worm drive, *s.*

Schneckenförderer, *m.* screw conveyor, *s.*

Schneckengewinde, *n.* worm thread, *s.* (see: worm).

Schneckenrad, *n.* worm gear, *s.*

Schnecken(rad)getriebe, *n.* worm gear, *s.*

Schneckenverzahnung, *f.* worm gearing, *s.*

Schneidbrenner, *m.* cutting torch, *s.*

Schneidbrennerebene, *f.* torch floor, *s.* (of "tower"; continuous casting).

Schneide, *f.* cutting edge, *s.* (cut-off tool); bit, *s.* (drill, borer).

Schneidearbeit, *f.* blanking, *s.* (stamping operation).

Schneideigenschaft, *f.* cutting quality, *s.*, cutting property, *s.*

Schneiden, *n.*, **auf Maß,** cutting, *s.*, to size (rolled products).

Schneidfähigkeit, *f.* cutting power, *s.*

Schneidhaltigkeit, *f.* maintenance, *s.*, of cutting power, edge-holding property, *s.*

Schneidöl, *n.* cutting oil, *s.* (lubricant used for machine-cutting operations).

Schneid- und Schweißeinrichtungen, *fpl.* welding and cutting apparatus, *s.* (general term).

schnell-abbindend, *a.* quick-setting, *a.* (cement).

Schnellarbeitsstähle, *pl.* high-speed steels, *spl.* (alloy tool steels).

Schnellschnittarbeiten, *fpl.* high-speed machining, *s.*

Schnellstahlbohrer, *m.* high-speed steel drills, *spl.* (containing either 18% tungsten, or 7% molybdenum).

Schnellstahl, *m.*, **für höchste Schnittgeschwindigkeiten** (siehe „Kobalt-Schnellstahl"), super-high-speed steel, *s.*, cobalt high-speed steel, *s.* (slightly increased percentage of C and alloys, adding up to 12% Co and 1% Mo).

Schnelltrockner, *m.* flash baker, *s.* (dry wire drawing).

Schnellverbinder, *m.* quick assembly union, *s.* (piping, tubing).

Schnellwalzwerk, *n.* high speed mill, *s.*

Schnitt, *m.* cut, *s.* (mach.); section, *s.* (drawg.); blanking tool, *s.* (used in stamping operations); cutting die, *s.*

Schnittgeschwindigkeit, *f.* cutting speed, *s.* (of tools); rate of cuttings, *s.* (of a shear).

Schnittkosten, *fpl.* machining costs, *spl.* (mach. tools).

Schnittleistung, *f.* cutting capacity, *s.* (shear).

Schnittlinie, *f.* line of intersection, *s.*

Schnittmatrize, *f.* blanking die, *s.*

Schnittpunkt, *m.* intersection, *s.*

Schnittstahl, *m.* blanking tool steel, *s.*

Schnitt- und Stanzstähle, *pl.* blanking and punching tool steels, *spl.*

schopfen, *v.t.* to crop (to cut off defective ends of a bar with a "crop shear").

Schopfen, *n.* cropping, *s.*

Schopfende der Schiene, *n.* crop end, *s.*, of rail.

Schopfsäge, *f.* crop end saw, *s.* (rollg. mill).

Schopfverlust, *m.* crop loss, *s.*

Schornstein, *m.* stack, *s.*

Schornsteinsockel, *m.* stack base, *s.*

schraffieren, *v.t.* to hatch, *v.t.* (drawg.).

Schrägaufzug, *m.* inclined hoist, *s.* (bl. fce., cupola).

Schrägkante, *f.* bevel edge, *s.*, chamfered edge, *s.*

Schrägrollgang, *m.* skew table, *s.* (rollg. mill).

Schrägsammelrollgang, *m.* skew assembling table, *s.* (rollg. mill).

schräg stellbar, *a.* inclinable, *a.*

Schrägstellung, *f.* skewness, *s.* (e. g. of roller axis; roller table).

schrägverstellbar, *a.* angular adjustable, *a.*

Schrägverstellung, *f.* angular adjustment, *s.*

schrägverzahntes Kegelrad, *n.* spiral bevel gear, *s.*

schrägverzahntes Stirnradgetriebe, *n.* helical gear, *s.*

Schrägwalzbetrieb, *m.* rotary piercing practice, *s.* (seamless tube manufacture).

Schrägwalzung, *f.* skew rolling, *s.* (see "piercing mill process"), rotary piercing, *s.* (method of seamless tube manufacture).

Schrägwalzverfahren, *n.* cross roll piercing process, *s.* (seamless tubing).

Schrägwalzwerk, *n.* rotary piercing mill, *s.* (tube manufacture).

Schrägwand, *f.* sloping back wall, *s.* (o. h. fce.).

Schrägwinkel, *m.*, **der Walzen,** roll obliquity angle, *s.* (tube piercing mill).

Schränkfeile, *f.*, **stumpfkantige,** cant-saw file, *s.* (angles of this triangular file are 35, 35 and 110 degrees).

Schrapper, *m.* scraper, *s.*

Schraube, *f.* screw, *s.* (no nut used); bolt, *s.* (with nut).

Schraubenbolzen, *m.* screw bolt, *s.*

Schraubenfeder, *f.* helical spring, *s.*

Schraubengewinde, *n.* screw thread,*s.*

Schraubenstahl, *m.* screw stock, *s.* (material); screw steel, *s.* (grade).

Schraubenmuffe, *f.* screw coupling, *s.* (pipe).

Schreckform, *f.* chills, *spl.* (chilling).

Schreckplatte, *f.* chill, *s.* (chill-casting).

Schreckschicht, *f.* chill, *s.*, chill layer, *s.* (chilling).

Schreckschichtzone, *f.* chill zone, *s.* (of an ingot, or casting).

Schreibgerät, *n.* recorder, *s.* (of an instrument).

Schrittmacherofen, *m.* (siehe ,,Hubbalkenofen''), rocker-bar type heating furnace,*s.*

Schrotschleudermaschine, *f.* centrifugal shot projector, *s.* (shot peening or blasting).

Schrottasche, *f.* crop end bucket, *s.* (underneath shear or saw).

Schrottaufbereitungsanlage, *f.* scrap preparation plant, *s.*

Schrottaufnahmsvermögen, *n.* scrap melting capacity, *s.* (converting process).

Schrottbündelmaschine, *f.* scrap bundling machine, *s.*

Schrottkübel, *m.* crop bucket, *s.* (rollg. mill).

Schrottplatz, *m.* scrap yard, *s.*

Schrottwagen, *m.* scrap buggy, *s.*

Schrumpfring, *m.* shrink ring, *s.*

Schrumpfriß, *m.* shrinkage crack, *s.*

Schrumpfspannung, *f.* contraction strain, *s.*

Schrumpfung, *f.* solid shrinkage, *s.*, contraction, *s.* (after solidification).

Schublehre, *f.* slide gauge, *s.*

Schubmodul, *n.* (siehe ,,Gleitmodul'').

Schubspannung, *f.* shearing stress, *s.*

Schubspannung, *f.*, **bei verdrehender Beanspruchung,** torsional shear stress, *s.*

Schulterlager, *n.* angular contact ball bearing, *s.* (mach.).

Schuppe, *f.* scab, *s.* (surface defect on rolled material).

Schuppengraphit, *m.* flaky graphite, *s.*

schuppig, *a.* scaly, *a.* (surface).

Schürfarbeiten, *fpl.* searches, *spl.* (for ores).

Schuß-Schweißung, *f.* shot welding, *s.* (a process used in welding stainless steels).

Schutt, *m.* debris, *s.*

schütten, *v.t.* to feed (the ground ore is fed into a hopper car).

Schüttrichter, *m.* discharge hopper, *s.*

Schüttwinkel, *m.* angle of discharge, *s.*

Schutzatmosphäre, *f.* controlled atmosphere, *s.*, protective atmosphere, *s.* (gas or mixture of gases preventing surface oxidation and decarburization during heat treatment).

Schutzblech, *n.* cover guard, *s.* (e.g. of a saw).

Schutzgas, *n.* protective, *s.*, protective gas, *s.*

Schutzgaserzeuger, *m.* prepared gas atmosphere generator, *s.*

Schutzgas-Lichtbogenschweißung, *f.* inert-gas arc welding, *s.*

Schutzgaslötung, *f.* controlled atmosphere brazing, *s.* (in electrically heated furnaces).

Schutzgasschweißung, *f.* shielded arc welding, *s.* (metal-arc or carbon-arc welding where the arc is surrounded by, and the molten filler metal envolved in, a protective gas).

Schutzgasumwälzung, *f.* inert gas circulation, *s.*

Schutzhaube, *f.* inner cover, *s.* (cover type annealing furnace).

Schutzhülse, *f.* protector boot, *s.* (screw down).

Schutzüberzug, *m.* protective coating, *s.*

Schutzvorrichtung, *f.* safety guard, *s.*

schwabbeln, *v.t.* to buff, *v.t.* (with leather; metal polishing).

Schwabbelpaste, *f.* buffing composition, *s.* (metal polishing).

Schwabbelscheibe, *f.* buff, *s.* buffing wheel, *s.* (leather, metal polishing).

Schwachgas, *n.* lean fuel gas, *s.* (coke oven firing).

schwach legierter Stahl, *m.* low-alloy steel, *s.*

Schwalbenschwanznut, *f.* dovetail slot, *s.*

schwammiger Zustand, *m.* porous state, *s.* (sintered products).

schwanken, *v.i.* to fluctuate, *v.i.*

Schwankung, *f.* fluctuation, *s.*

Schwarzbeizen, *n.* black pickling, *s.*

Schwarzblech, *n.* black sheet, *s.*

Schwarzblechdose, *f.* black sheet tin, *s.*, black sheet can, *s.*

Schwarzbruch, *m.* black shortness, *s.*

Schwärze, *f.* black wash, *s.* (foundry).

Schwärzen, *n.* smoking, *s.* (the mold; foundry).

Schwarzglühen, *m.* black annealing, *s.* (name from colour of iron-base alloy sheets before box-annealing).

Schwarzguß, *m.* all-black malleable, *s.*

Schwarzkernguß, *m.* blackheart malleable, *s.*

Schwefel, *m.* sulphur, *s.*

Schwefelabdruck, *m.* sulphur print, *s.* (a method to determine the sulphur distribution; macro-testing).

Schwefelabdruckverfahren, *n.* sulphur printing, *s.*

Schwefelsäure, *f.* sulphuric acid, *s.*

Schweißarbeiten, *fpl.* weldments, *spl.*

Schweißatelier, *n.* welding shop, *s.*

Schweißausbesserung, *f.* reclamation by welding, *s.*

Schweißautomat, *m.* automatic welding machine, *s.*

Schweißbarkeit, *f.* weldability, *s.*

Schweißbauwerkstätte, *f.* weld steel fabricating shop, *s.*

Schweißdraht, *m.* welding rod, *s.*

Schweißdrahtmantel, *m.* (siehe „Schweißdrahtumhüllung"), heavy electrode coating, *s.*, electrode coating, *s.*; electrode flux coating, *s.* (of light or of heavy type).

Schweißdruck, *m.* welding pressure, *s.*

Schweiße, *f.* weld, *s.*

Schweißeigenschaften, *fpl.* welding properties, *spl.*

Schweißeignung, *f.* welding property, *s.*

Schweißeinrichtung, *f.* welding equipment, *s.*

Schweißeisen, *n.* wrought iron, *s.*

Schweißeisen-Herstellungsverfahren, *n.*, nach Byers, Byers process, *s.*

Schweißeisenrohr, *n.* guaranteed wrought-iron pipe, *s.*

Schweißeisenrohre, *npl.*, **für Ammoniakleitungen,** ammonia pipe, *s.*

Schweißeisenschiene, *f.* faggot, *s.* (shear steel manufacture).

Schweißelektrode, *f.* welding electrode, *s.*

schweißen, *v.t.* to weld, *v.t.*

Schweißen, *n.* welding, *s.*

Schweißen, *n.*, **in mehreren Lagen,** multilayer welding, *s.*

Schweißer, *m.* welder, *s.* (workman).

Schweißerei, *f.* welding shop, *s.*

Schweißereitechnik, *f.* welding practice, *s.*

Schweißgang, *m.* pass, *s.*, run, *s.*, welding pass, *s.* (1 cycle of operation).

Schweißhitze, *f.* wash heat, *s.* (given to remove scale and surface flaws from blooms and slabs).

Schweißkopf, *m.* welding head, *s.* (o a welding machine).

Schweißlage, *f.* weld deposit, *s.* (deposit weldg.); pass, *s.*, run, *s.*, layer, *s.* (the metal deposited in one pass).

Schweißmaschine, *f.* welder, *s.*, welding machine, *s.*

Schweißmethode, *f.* welding technique, *s.*

Schweißmittel, *n.* (welding) flux, *s.*

Schweißnaht, *f.* welded seam, *s.*, welded joint, *s.*, weld, *s.*

Schweißperle, *f.* weld nugget, *s.*

Schweißprofil, *n.* built-up section, *s.*

Schweißpulver, *n.* welding powder, *s.*

Schweißraupe, *f.* bead, *s.* (welding).

Schweißrißempfindlichkeit, *f.* sensitivity, *s.*, to welding cracks.

Schweißspannung, *f.* welding voltage, *s.*

Schweißstahl, *m.* wrought iron, *s.*, malleable iron, *s.* (obtained by refining pig iron in a puddling or reverberatory furnace).

Schweißumformer, *m.* welding transformer, *s.*

Schweißung, *f.* welding, *s.*

Schweißungen, *fpl.* weldments, *spl.*

Schweißverbindungen, *fpl.* welded joints, *spl.*

Schweißverfahren, *n.* welding process, *s.*

Schweißvorrichtung, *f.* welding fixture, *s.* (for positioning and clamping parts to be welded).

Schweißwerk, *n.* welding plant, *s.*

schwelen, *v.t.* to carbonize (producing gaseous fuel from solid fuel).

Schwelgas, *n.* coal gas, *s.*, carbonization gas, *s.*

Schwelofen, *m.* low-temperature carbonizing furnace, *s.*

Schwelschacht-Gaserzeuger, *m.* carbonizing type gas producer, *s.*

Schwelung, *f.* low temperature carbonization, *s.*, carbonization, *s.* (of solid, inferior fuels).

Schwelverhüttung, *f.* carbonized-fuel smelting, *s.* (low shaft furnace).

Schwelle, *f.* tie, *s.*, cross tie, *s.*, sleeper, *s.* (railw.).

Schwellenschraube, *f.* screw spike, *s.*, tie bolt, *s.*

Schwellfestigkeit, *f.* (siehe „Ursprungsfestigkeit").

Schwengel, *m.* peel, *s.* (of a charging machine; o.h. furnace).

schwenkbar, *a.* swinging, *a.*

Schwenkbarkeit, *f.* angular adjustment, *s.* (of a machine tool).

Schwenkpunkt, *m.* pivotal point, *s.*

Schwenkrinne, *f.* swinging spout, *s.*

Schwereaufbereitung, *f.* sink-float process, *s.* (ore).

Schwerflüssigkeits-Aufbereitung, *f.* heavy media separation, *s.* (ores, coal).

Schwerkraftseigerung, *f.* gravity segregation, *s.*

Schwerprofilstraße, *f.* structural mill, *s.* (rollg. mill).

Schwerpunkt, *m.* center of gravity, *s.* (mech.).

schwer schmelzbar, *a.* refractory, *a.*

Schwerstraßen, *fpl.* primary mills, *spl.* heavy mills, *spl.* (rollg. mill).

schwer zu schweißende Stähle, *pl.* "difficult" steels, *spl.*

Schwimmer, *m.* float, *s.* (mach.).

Schwinden, *n.* contraction, *s.* (of the concrete on setting).

Schwindmaß, *n.* allowance for contraction, *s.* degree of shrinkage, *s.* (casting).

Schwindung, *f.* liquid shrinkage, *s.*, solidification shrinkage, *s.* (casting); shrinkage, *s.*, contraction, *s.* (general) (changes in volume of metals during solidification and cooling).

Schwindungshohlraum, *m.* contraction cavity, *s.*, shrinkhole, *s.*

Schwinge, *f.* wing, *s.* (of a crusher).

schwingen (lassen), *v.t.* to vibrate, *v.t.*

schwingend, *a.* vibrating, *a.*

Schwingen, *n.*, **der Atome um die Gleichgewichtslage,** atomic oscillation, *s.*

Schwingsieb, *n.* vibratory screen, *s.*

Schwingung, *f.* vibration, *s.*

Schwingungsvorrichtung, *f.* vibrator, *s.*

Schwingung, *f.* vibration, *s.*, oscillation, *s.*

Schwingungsbeanspruchung, *f.* dynamic stress, *s.* (mat. testg.).

Schwingungsfestigkeit, *f.* vibratory strength, *s.*, dynamic strength, *s.* (fatigue testg.).

Schwingungszahl, *f.* number of oscillations, *spl.* (fatigue testing, pendulum-hardness test); frequency of oscillation, *s.*

Schwungrad, *n.* flywheel, *s.*

Sechsflächner, *m.* cube, *s.*, hexahedron, *s.*

Sechskantbolzen, *m.* hexagon head bolt, *s.*

Sechskantstahl, *m.* hexagonal bars, *spl.* (rolled product).

Seele, *f.* core, *s.*, center, *s.*

Seelenelektrode, *f.* cored electrode, *s.* (welding wire having a core of non-metallics).

Segerkegel, *m.* pyrometric cone, *s.*, Seger cone, *s.*

sehniger Anbruch, *m.* fibrous fracture, *s.* (metallogr.).

sehnige Struktur, *f.* fibrous structure, *s.*

seidenartiger Bruch, *m.* silky fracture, *s.*

Seigerung, *f.* segregation, *s.* (concentration of more readily fusible constituents in the portions of an ingot last to solidify; or in form of trapped inclusions anywhere in the ingot).

Seigerungsbild, *n.* segregation pattern, *s.*

Seigerungserscheinungen, *fpl.* segregation phenomena, *s.*

Seigerungsstreifen, *m.* line of segregate, *s.* (streamer of impurities in the ingot, e.g. in the pre-pierced condition); segregate band, *s.* (internal structure of ingots).

Seilausgleichsrolle, *f.* rope balancing sheave, *s.*

Seildraht, *m.* rope wire, *s.*

Seilfett, *n.* rope grease, *s.*

Seilklemme, *f.* rope clip, *s.*

Seilförderung, *f.* rope haulage, *s.*

seilgeschleppte Gleitschiene, *f.* rope skid, *s.* (plate cooling bed).

Seilscheibe, *f.* sheave, *s.* (mach.).

Seilschlepper, *m.* wire rope transfer, *s.* (rollg. mill).

Seiltransportanlage, *f.* drag haul installation, *s.* (of the dog and lug type).

Seiltrommel, *f.* wire rope drum, *s.*

Seitenansicht, *f.* end view, *s.,* elevation, *s.* (drwg.).

Seitendruck, *m.* side pressure, *s.* (of a roll pass; roll pass design).

Seiten-Einführungen, *fpl.* entering side guides, *spl.* (rollg. mill).

Seitengeschwindigkeit, *f.* component of velocity, *s.* (mech.).

Seitenkipper, *m.* side-dump car, *s.*

Seitenlager, *npl.* side steps, *spl.* (of a multiple-part bearing).

Seitenriß, *m.* side projections, *s.* (drwg.).

Seitenwandung, *f.* wall, *s.*

Seitenwindkonverter, *m.* side blown converter, *s.*

Sekante, *f.* secant, *s.* (math.).

sekundäre Zeilenstruktur, *f.* banded structure, *s.* (in mild steels, bands of ferrite plus segregate alternating with bands of the usual ferrite-pearlite structure; caused by hot working).

sekundliche Masse einer Strömung, *f.* mass rate of flow, *s.* (phys.; bl. fce.).

selbst, *a.* self-, automatic, *a.*

Selbstauslöser, *m.* automatic release, *s.* (mach.).

selbstdichtende Tür, *f.* self-seal door, *s.* (coke oven).

selbsteinschneidende Schrauben, *fpl.* self-tapping screws, *spl.*

selbstfahrend, *a.* self-propelled, *a.*

selbstfahrender Kran, *m.* mobile crane, *s.*

selbstgehender Sinter, *m.* sinter of a self-fluxing composition, *s.*

Selbsthärter, *m.* self hardening steel, *s.*

selbsthemmend, *a.* self-locking, *a.* (mach.).

selbsttätig, *a.* self-acting, *a.,* automatic, *a.*

selbsttätiger Kipper, *m.* automatic tip, *s.*

selbst zentrierend, *a.* self centering, *a.* (e.g. jaws of a fixture).

Selbstzündung, *f.* spontaneous ignition, *s.*

Selen, *n.* selenium, *s.*

seltene Erden, *fpl.* rare earths, *spl.* (used in the production of alloy steels).

Sendzimir-Gerüst, *n.* Sendzimir mill, *s.* (cf. "cluster mill").

Senkel, *m.* plummet, *s.* (bldg.).

Senkarbeit, *f.* counterboring, *s.* (for cylindrical screw holes).

senken, *v.t.* to counterbore, *v.t.*; to lower, *v.t.* (costs, pressure, temperature, etc.).

senkrechter Gaszug, *m.* vertical gas uptake, *s.* (o.h. fce.).

Senkrecht-Schweißung, *f.* vertical welding, *s.* (welding practice).

Senkschraube, *f.* countersunk screw, *s.*

Setzhammer, *m.* set hammer, *s.* (forge).

Setzmaschine, *f.* jigging machine, *s.* (ore dressing).

Setzschraube, *f.* set screw, *s.*

Setzstock, *m.* steady rest, *s.* (mach. tool).

Sexto-Umkehrwalzwerk, *n.* six roll reversing mill, *s.* (2 work and 4 back-up rolls).

Sherardisieren, *n.* (siehe „Pulververzinkung"), sherardizing, *s.*

Shorehärte, *f.* (siehe „Rücksprunghärte").

sich einhalsen, *v.i.* to neck, *v.i.* (see "necking").

sich einschnüren, *v.i.* to neck, *v.i.* (see "necking").

Sicherheit, *f.* safety, *s.*

Sicherung, *f.* safeguarding, *s.* (against).

Sicherungsblech, *n.* keyplate, *s.* (mach.).

Sicherungsschraube, *f.* lock screw, *s.*

Siebanalyse, *f.* sieve analysis, *s.*

Siebanlage, *f.* screening plant, *s.* (ore).

Siebdurchgang, *m.* screen undersizes, *spl.*

sieben, *v.t.* to screen, *v.t.* (ores, coal); to sift, *v.t.*, (sand).

Siebnummer „X", *f.* "X" mesh screen, *s.* (sizes are given in mesh per running inch, so 80 mesh screen = a screen having 80 meshes per running inch of screen cloth).

Siebplatte, *f.* deck, *s.* (of a screening machine).

Siebrückstand, *m.* screen oversizes, *spl.*, oversize product, *s.*

Siebungsausbringen, *n.* screen consist, *spl.* (ore, coal).

Siedepunkt, *m.* boiling point, *s.*

Siederohr, *n.* boiler tube, *s.*

Siederohrkessel, *m.* water-tube boiler, *s.*

Siemens-Martinofen, *m.* [SM-Ofen], open hearth furnace, *s.*

Siemens-Martinstahl, *m.* open hearth steel, *s.*

Siemens-Martinverfahren, *n.* open hearth process, *s.*

Sigma-Phase, *f.* sigma-phase, *s.* (metallogr.; in binary alloys of elements: Cr, Fe, Co, Mn, Ni, V).

Silal, *n.* Silal, *s.* (cast iron of ferritic matrix; good heat-resisting properties; Si-content 5—7%).

Silberschlaglot, *n.* silver solder, *s.*

Silberstahl, *m.* Stubbs steel, *s.*, silver steel, *s.* (good-quality bright drawn bars or rods for small tool manufacture).

Silikabrocken, *pl.* silica brickbats, *spl.* (added to increase the SiO_2 content of converter slag).

Silikastein, *m.* silica brick, *s.*

silizierter Stahl, *m.* siliconized steel, *s.*

Silizium, *n.* silicon, *s.*

Siliziumeisen, *n.* ferro-silicon, *s.*

Siliziumkarbidstein, *m.* silicon-carbide brick, *s.*

Siliziumstähle, *pl.* silicon steels, *spl.* (practically important 2 groups — 1. ferritic steel for magnetic and electrical applications, and 2. hypoeutectoid steel as heat-treating qualities).

Silmanganstahl, *m.* silicon-manganese steel, *s.*

Silumin, *n.* silico-aluminum, *s.*

Sinteranlage, *f.* sintering plant, *s.*

Sinterbandkasten, *m.* pallet, *s.*

Sinterbandkühlanlage, *f.* sinter cooling pan conveyor, *s.*

Sintererzeugnis, *n.* sintered product, *s.* (powder metallurgy).

Sinterkarbid, *n.* cemented carbide, *s.*

Sintermagnesit, *m.* dead-burnt magnesite, *s.*

Sintermaschine, *f.*, **Bauart Dwight-Lloyd,** Dwight-Lloyd sintering machine, *s.*

Sintermaschine, *f.*, **Bauart Greenawalt,** Greenawalt sintering machine, *s.*

sintern, *v.t.* to sinter, *v.t.*

Sintern, *n.*, **von Metallpulvern,** sintering, *s.*, of metal powders (powder metallurgy).

Sinterpfanne, *f.* sintering pan, *s.*

Sinter-Rundkühlanlage, *f.* sinter cooling turntable, *s.*

Sinterstein, *m.* sinter brick, *s.*

Sintern, *n.* sintering, *s.* (bonding together of separate metal particles in a powder compact under pressure and heat; powder metallurgy; agglomeration of ores).

Sinterung, *f.* sintering, *s.* (ore).

Sinterungseigenschaften, *pl.* sintering properties, *spl.*

Sinterverfahren, *n.*, **nach Greenawalt,** Greenawalt sintering process, *s.* (instead of the Dwight-Lloyd sintering band a continuous train of rectangular pallets with inserted grate bars).

Sinterwagen, *m.* sinter pallet, *s.* (continuous sintering machine).

Sinterzone, *f.* high-temperature zone, *s.* (sintering fce.).

Sinus, *m.* sine, *s.* (math.).

Situationsplan, *m.* plan, *s.*, of site (bldg.).

Skala, *f.* scale, *s.* (measuring).

Skalenablesung, *f.* scale reading, *s.*

Skalenbogen, *m.* graduated arc, *s.*

Skalenteilung, *f.* scale division, *s.*

Skizze, *f.* line drawing, *s.*, sketch, *s.*

Skizzenblech, *n.* sketch plate, *s.*

Sockel, *m.* base, *s.* (bldg.); understructure, *s.* (fce.).

Soda, *f.* soda, *s.*, sodium carbonate, *s.*

Sohlplatte, *f.* bottom plate, *s.* (mach.); bed plate, *s.* (of mill housing); shoe plate, *s.* (mill stand).

Sole, *f.* brine, *s.*

Solidus, *m.* solid, *s.*, solid state, *s.*

Soliduslinie, *f.* solidus, *s.*, solidus curve, *s.*, melting point curve, *s.* (lines indicating the temperatures below which all alloys of a given system are completely solid; constitutional diagram).

Sollänge, *f.* nominal length, *s.*

Solleistung, *f.* nominal rating, *s.*

Sollmaß, *n.* nominal size, *s.*

Sonder-, special, *a.*

Sonderguß, *m.* special alloy casting, *s.* (product).

Sonderprofile, *pl.* special sections, *spl.*, special shapes, *spl.*

Sonderroheisen, *n.* special grade pig iron, *s.*

Sonderstähle, *mpl.* special(ty)steels, *spl.*

Sondertiefziehbleche, *npl.* special deep drawing stock, *s.*

Sonderzweck-, single-purpose, *a.*

Sorte, *f.* grade, *s.*

Sorten, *fpl.* grades, *spl.* (steel, iron, lubricants, etc.).

sortieren, *v.t.* to screen, *v.t.*, to size, *v.t.*, to classify, *v.t.*

Sortierung, *f.* screening, *s.*, sizing, *s.* classification, *s.*

Spaltfeile, *f.* blade file, *s.*

Spaltschere, *f.* splitting shear, *s.*, dividing shear, *s.* (plate).

spanabhebende Arbeit, *f.* machining, *s.*

spanabhebende Formgebung, *f.* machining, *s.*

spanabhebendes Werkzeug, *n.* cutting tool, *s.*

spanabhebende Maschinen, *pl.* metalcutting machinery, *s.*

Spanleistung, *f.* cutting capacity, *s.* (of a c. tool).

spanlose Formgebung, *f.* chipless shaping, *s.*, non-cutting shaping, *s.*

Spannbeton, *m.* prestressed concrete, *s.*

Spannbügel, *m.* clamping piece, *s.* (see "clamping device").

Spanndraht, *m.* tension wire, *s.*

spannen, *v.t.* to load, *v.t.*; to set, *v.t.* (a spring); to strain, *v.t.*; to apply, *v.t.* (a stress).

Spannfeder, *f.* tension spring, *s.*

Spannhülse, *f.* adapter sleeve, *s.* (of a bearing).

Spannkopf, *m.* clamping head, *s.*

Spannmaschine, *f.* stretcher leveller, *s.* (hydraulically operated machine for the levelling of sheets).

Spannrollengerüst, *n.* tension unit, *s.*

Spannscheibe, *f.* take up sheave, *s.* (rope transfer; sheave with springs for taking up cable slack).

Spannschloß, *n.* turnbuckle, *s.* (mach.).

Spannung, *f.* strain, *s.* (deformation of a body by the action of external force or load); stress, *s.* (internal mechanical reaction of material to deformation; the intensity of stress is given in psi).

Spannung, *f.*, **in kg,** stress, *s.*, in lb. (engineering); stress, *s.* in lb. per unit area.

Spannungs-Dehnungs-Schaubild, *n.* stress-strain diagram, *s.* (tensile testing, commercial).

Spannungs-Dehnungs-Schaulinie, *f.* stress-strain-curve, *s.* (tensile test; mat. testg.).

Spannungsfreiglühen, *n.* stress relief annealing, *s.*, stress-relieving, *s.*, aging, *s.* (U.S.; seldom) (reducing internal residual stresses in object by heating to suitable temperature and holding for proper time).

Spannungslösung, *f.* stress relief, *s.* (by suitable heat treatment).

Spannungsrißkorrosion, *f.* stress-crack corrosion, *s.* (sometimes termed "caustic embrittlement").

Spannungswechsel, *m.* alternation, *s.*, of stress, stressreversal, *s.* (fatigue testg.)

Spannvorrichtung, *f.* clamping device, *s.* (mach.); work locating fixture, *s.*

Sparbeize, *f.* pickling inhibitor, *s.* (lowering the loss of metal due to acid corrosion, and the consequent acid consumption).

Sparbrenner, *m.* pilot burner, *s.*

Sparer, *m.* economizer, *s.* (e. g. fuel, steam).

Sparvorrichtung, *f.* economizer, *s.* (e. g. fuel, steam).

sparsam, *a.* economic, *a.*

Sparsamkeit, *f.* economy, *s.*

Spat, *m.* spar, *s.*

Spateisenstein, *m.* siderite, *s.*, iron spar, *s.*, spathic iron, *s.*

Speckstein, *m.* steatite, *s.*, soapstone, *s.*

Speiche, *f.* spoke, *s.*

Speichendraht, *m.* spoke wire, *s.*

Speichenkreuz, *n.* spider, *s.* (wheel).

Speicher, *m.* accumulator, *s.* (for pressure water, pressure air).

Speicherzeit, *f.* heating period, *s.* (hot-blast stove operation).

speisen, *v.t.* to feed, *v.t.*

Speisepumpe, *f.* feed pump, *s.* (boiler).

Speisewasser, *n.* feed water, *s.*

Speisewasseraufbereitung, *f.* feed water make-up, *s.*

Spektralanalyse, *f.* spectroscopic analysis, *s.*

Spektrallinie, *f.* spectrum line, *s.*

Spektroskop, *n.* spectroscope, *s.*

Spektrum, *n.* spectrum, *s.*

Sperrgetriebe, *n.* ratchet mechanism, *s.*

sperrig, *a.* bulky, *a.* (material).

sperriges Oxyd, *n.* recalcitrant oxide, *s.* (of slow reducibility).

Sperrklinke, *f.* pawl, *s.* (mach.).

Sperrad, *n.* ratchet wheel, *s.* (mach.).

Sperrschieber, *m.* gate valve, *s.*

Sperrventil, *n.* check valve, *s.*

Sperrstange, *f.* ratch, *s.* (mach.).

Sperrvorrichtung, *f.* locking device, *s.* (mach.).

spezifische Wärme, *f.* specific heat, *s.*

spezifisches Gewicht, *n.* specific gravity, *s.*

Spiegeleisen, *n.* spiegel, *s.*, spiegeleisen, *s.*, spiegel iron, *s.*

Spiegelglätte, *f.* mirror finish, *s.* (sheets).

Spiegelhochglanz, *m.* mirror finish, *s.*

Spiegelschliff, *m.* mirror finish, *s.*

Spiegelwand, *f.* bulkhead, *s.* (of uptake; o.h. fce.).

Spiel, *n.* cycle, *s.* (of operations); play, *s.* (bearing); clearance, *s.* (between transmission surfaces).

Spiel, *n.*, **einer Passung,** amount, *s.*, of looseness of a fit.

Spielfreiheit, *f.* absence, *s.*, of play (of bearing, or fit).

Spielraum, *m.* clearance, *s.* (mach.).

Spießkant, *m.* diamond, *s.* (bar section).

Spießkantkaliber, *n.* diamond pass, *s.* (roll pass).

Spill, *n.* capstan, *s.*

Spindel, *f.* arbor, *s.* (mach.); mill spindle, *s.* (rollg. mill).

Spindelausgleichsbalken, *m.*, **federnd gelagerter,** spindle balance bracket, *s.* (used in older mills to counterbalance heavy bottom spindles).

Spindeldrehzahl, *f.* spindle speed, *s.*

Spindel, *f.*, **mit gekämmten Köpfen,** gear spindle, *s.* (rollg. mill).

Spindelpresse, *f.* friction screw press, *s.*

Spindel-Sicherungsband, *n.* spindle band, *s.* (preventing spindle spring and fouling of spindle bearing; rollg. mill).

Spindelstuhl, *m.* spindle carrier, *s.* (rollg. mill).

Spindelstuhl, *m.*, **mit Entlastung,** balanced spindle carrier, *s.* (rollg. mill).

Spiralbohrer, *m.* twist drill, *s.*

Spiraldraht, *m.* spiral wire, *s.*

Spiralfeder, *f.* spiral spring, *s.*

Spiralkonvektor, *m.* (siehe „Wärmeleitplatte").

Spiralstahlseil, *n.* concentric lay wire rope, *s.*

Spitzbogenkaliber, *n.* gothic pass, *s.* (roll pass design).

Spitzendrehbank, *f.* center lathe, *s.*

Spitzenspiel, *n.* crest clearance, *s.* (of gears).

Spitzenweite, *f.* distance, *s.*, between centers (lathe).

spitzflache Feile, *f.* mill file, *s.*

Spitzgewinde, *n.* angular thread, *s.*

Spitzkerb, *m.* V-notch, *s.*

Splint, *m.* cotter pin, *s.*, split pin, *s.*

Splintbolzen, *m.* key bolt, *s.* (mach.).

spreizbarer Dorn, *m.* collapsible drum, *s.* (of an upcoiler).

Spreize, *f.* stay, *s.* (of a tripod); strut, *s.* (bldg.).

Sprengniet, *n.* explosive rivet, *s.* (riveting being effected by incorporated explosive charges).

Sprengring, *m.* spring ring, *s.*, retaining ring, *s.*

Sprengwirkung, *f.* bursting effect, *s.* (by ferrostatic pressure from the still-liquid interior of a casting).

Springen, *n.,* **der Walzen,** roll spring, *s.* (roll pass design).

Spritzbonderverfahren, *n.* Spray-Bonderizing, *s.* (automatic continuous process for mass production).

Spritzform, *f.* die-casting die, *s.* (cf. d. c. process).

Spritzguß, *m.* pressure die casting, *s.,* die casting, *s.* (U. S. A.).

Spritzgußtechnik, *f.* die-casting practice *s.*

Spritzgußverfahren, *n.* die-casting process, *s.* (casting of alloys in permanent metal molds or dies; varieties: gravity d. c., pressure d. c., vacuum d. c.).

Spritzlackieren, *n.* spray painting, *s.*

Spritzmassen, *fpl.* gun refractories, *spl.*

Spritzmasseverfahren, *n.* bondactor process, *s.* (pressure-gun patching of furnace linings in the hot).

Spritz-Metallisieren, *n.* spray metallizing, *s.,* metal spraying, *s.*

Spritzmetallüberzug, *m.* sprayed-metal coating, *s.*

Spritzpistole, *f.* spray gun, *s.*

Spritzringschmierung, *f.* splash lubrication, *s.*

Spritzüberzug, *m.,* **aus Metall,** metallized coating, *s.*

Sprödbruchneigung, *f.* tendency, *s.,* to brittle failure.

spröde, *a.* brittle, *a.*

Sprödigkeit, *f.* brittleness, *s.* (property of materials).

spröder Bruch, *m.* brittle fracture, *s.*

Sprühen, *n.,* **des Lichtbogens,** spluttering, *s.,* of the arc.

Sprungfedermatratze, *f.* spring mattress, *s.*

Spülbehälter, *m.* rinsing tank, *s.* (pickling).

spülen, *v.t.* to rinse, *v.t.*

Spülgas, *n.* circulated gases, *spl.* (in controlled atmosphere fces.).

Spundwandstahl, *m.* steel sheet piling, *s.*

Spurkranz, *m.* wheel flange, *s.*

Spurlehre, *f.* rail ga(u)ge template, *s.* (railw.).

Spurstange, *f.* ga(u)ge rod, *s.* (railw.).

Spurweite, *f.* track ga(u)ge, *s.* (railw.).

stabiles System, *n.* stable system, *s.* (e. g. iron-graphite).

stabilisierende Legierungselemente, *npl.* stabilizers, *spl.* (e. g. Cr, Mo—stabilizing ferrite, Mn, Ni, Co—stabilizing austenite).

Stabilisierungsbehandlung, *f.* stabilizing treatment, *s.* (of austenitic stainless steels).

Stabstahl, *m.* bar mill products, *spl.,* merchant bar, *s.*

Stabstahlwalzwerk, *n.* merchant mill, *s.*

Stabstahlwalzung, *f.* bar rolling, *s.*

Stabstahlwalzwerk, *n.* bar mill, *s.*

Stabstraße, *f.* bar mill, *s.* (rollg. mill).

Stabumhüllung, *f.* electrode cover, *s.* (welding).

Stab- und Profilstahl, *m.* bar mill products, *spl.*

Staffelwalze, *f.* staggered roll, *s.* (rollg. mill).

Stahlaufbauten, *pl.* structural steel-work, *s.*

Stahlband-Durchlaufofen, *m.* belt conveyor type furnace, *s.* (electrically heated; widely used for brazing operations).

Stahlbau, *m.* steel construction, *s.* (made of steel); steel structure, *s.* (the constructed object); steel fabrication, *s.* (steelwork for bridges, viaducts, buildings, etc.); steel building, *s.* (sheds, silos, industrial buildings, etc.).

Stahlbauten, *pl.* steelwork, *s.*

Stahlkonstruktion, *f.* steelwork, *s.*

Stahlbauwerkstätte, *f.* steel fabricating shop, *s.*

Stahlblech, *n.* steel sheets, *spl.* (the finished products).

Stahleisen, *n.* stahleisen, *s.* (o.h. steelmaking).

Stähle, *mpl.,* **mit mittlerem Kohlenstoffgehalt,** medium carbon steels, *spl.* (about 0.3—0.6% C).

Stahlgießerei, *f.* steel foundry, *s.*

Stahlgliederbandförderer, *m.* steel plate apron conveyor, *s.*

Stahlguß, *m.* steel casting, *s.* (product); cast steel, *s.* (material).

Stahlgußausführung, *f.* cast-steel construction, *s.*

Stahlgußformerei, *f.* steel molding, *s.*

Stahlgußschrot, *m.* steel shot, *s.* (peening).

Stahlgußwalze, *f.* cast steel roll, *s.* (alloy or plain carbon types; application blooming and finishing rolls).

Stahlhalter, *m.* toolholder, *s.* (mach. tool).

Stahlhochbau, *m.* structural steelwork, *s.*

Stahlhütte, *f.* steel mill, *s.*, steel plant, *s.*

Stahlkappen, *fpl.* steel roofing bars, *spl.* (mine supplies).

Stahlkonstruktionsbauten, *pl.* structural steelwork, *s.*

Stahlleichtprofile, *npl.* light steel sections, *spl.*

Stahl, *m.,* **mit Sauerstoff gefrischter,** oxygen-refined steel, *s.* (o. h. fce. practice).

Stahlofen, *m.* steel furnace, *s.* (any type used for the production of steel).

Stahlproduzent, *m.* steel maker, *s.*

Stahlroheisen, *n.* steelmaking iron, *s.*, steelmaking pig, *s.*

Stahlrohr, *n.* steel pipe, *s.*, wrought pipe, *s.* (U.S.A.), steel tube, *s.*

Stahlrohrbau, *m.* steel tube construction, *s.*

Stahlrohrtragwerk, *n.* steel tube structure, *s.*

Stahlschmelzofen, *m.* steel furnace, *s.*, steelmaking furnace, *s.*

Stahlschrot, *m.* steel shot, *s.*

Stahlschwelle, *f.* steel tie, *s.*

Stahlstempel, *mpl.* steel props, *spl.* (mine supplies).

stahlverarbeitende Industrien, *fpl.* steel-consuming industries, *spl.*

Stahlverarbeitung, *f.* working of steel, *s.*

Stahlverarbeitungsbetriebe, *mpl.* steel manufacturing mills, *spl.*, steel processing mills, *spl.*

Stahlwerk, *n.* melting shop, *s.* (furnace bay and pit); steelmaking shop, *s.*, steelworks, *spl.* (as a production unit); steel-melting shop, *s.* (as part of the steel plant).

Stahlwerker, *m.* steelmaker, *s.*

Stahlwerksbetrieb, *m.* steelmaking practice, *s.*

Stahlwerkseinrichtung, *f.* melting shop equipment, *s.*

Stahlzusammensetzungen, *fpl.* steel compositions, *spl.*

Stampfbeton, *m.* rammed concrete, *s.*

stampfen, *v.t.* to ram, *v.t.*

Stampfmasse, *f.* ram mix, *s.*

Stand, *m.* level, *s.* (e.g. of oil in lubricator).

Ständer, *m.* post, *s.* (mach., bldg.); standard, *s.* (bldg.); column, *s.* (mach., bldg.); upright, *s.* (mach., bldg.).

Ständerfenster, *n.* housing window, *s.* (rollg. mill).

Ständerfuß, *m.* housing post, *s.* (rollg. mill).

Ständerkappe, *f.* housing top, *s.* (rollg. mill).

Ständerrolle, *f.* breast roller, *s.*, billy roller, *s.*, feed roller, *s.* (blooming and slabbing mill, breakdown mill).

Ständerschenkel-Querschnitt, *m.* housing post area, *s.* (rollg. mill).

Standfestigkeit, *f.* rigidity, *s.* (property); bangability, *s.* (e.g. of peening materials); resistance to deformation, *s.* (of materials).

Standzeit, *f.* service life, *s.* (of tools); holding time, *s.* (e.g. of molten steel in the ladle, of ingot in soaker, etc.).

Stange, *f.* bar, *s.*

Stangenanspitzmaschine, *f.* bar pointing machine, *s.*

Stangenrostsieb, *n.* bar screen, *s.*

Stangenschere, *f.* bar shear, *s.* (rollg. mill).

Stangenzug, *m.* drawing, *s.*, with moving mandrel (cold tube-drawing; the mandrel is removed from the tube by reeling).

Stanniol, *n.* tin foil, *s.*

Stanzarbeit, *f.* blanking, *s.*, stamping, *s.* (operation).

Stanzartikel, *mpl.* stampings, *spl.*

Stanzbleche, *npl.* stamping quality sheets, *spl.*

Stanzen, *n.* stamping work, *s.*

Stanzstahl, *m.* punching tool steel, *s.*

Stanztechnik, *f.* stamping technique, *s.*

Stanzteil, *m.* stamping, *s.*

Stanzvorrichtung, *f.,* **für Probestreifen,** strip sample punch, *s.*

Stanzwerk, *n.* stamping shop, *s.*

Stapelkran, *m.* piler crane, *s.*

Stapelrost, *m.* piler bed, *s.* (rollg. mill).

Stapelrollen, *fpl.* piling rolls, *spl.* (rollg. mill).

Stapelrost, *m.* piling grate, *s.*, stacking grate, *s.*

Stapeltasche, *f.* piling pocket, *s.*, piling bin, *s.* (rollg. mill).

Stapler, *m.* piler, *s.* (for rolled-down slabs and sheet bars).

Stärke, *f.* thickness, *s.* (plate, sheet, etc.); diameter, *s.* (bolts, rounds, etc.); intensity, *s.* (of force).

Starkgas, *n.* rich gas, *s.* (coke oven firing).

stark kieselsäurehaltige Steine, *mpl.* high silica rock, *s.* (acid converter lining).

starkwandig, *a.* thick-walled, *a.*

starrer Körper, *m.* rigid body, *s.* (phys.).

Starrheit, *f.* rigidity, *s.*, stiffness, *s.* (of a material subjected to the action of external forces).

Statik, *f.* statics, *s.*

statisch, *a.* static, *a.*

statische Beanspruchung, *f.* static stress, *s.* (mech.).

statischer Druck, *m.* static pressure, *s.*

statische Festigkeit, *f.* static strength, *s.*

statisches Gleichgewicht, *n.* static equilibrium, *s.*

Statistik, *f.* statistics, *s.*

statistisch, *a.* statistical, *a.*

Staubabscheider, *m.* dust separator, *s.*

staubdicht, *a.* dustproof, *a.*

Staubfang, *m.* dust catcher, *s.*

Staubsack, *m.* dust catcher, *s.*

Staubsack, *m.,* **Bauart „Sirocco",** Sirocco, *s.* (sintering plant).

Staubsammler, *m.* dust receiver, *s.*

Staubschleifen, *n.* lapping, *s.* (polishing with finest abrasive particles).

Staubverlust, *m.* flue dust production, *s.*, dust losses, *spl.* (bl. fce.).

Staucharbeit, *f.* upsetting energy, *s.* (the amount of energy spent).

Staucharbeiten, *n.* upsetting work, *s.*

Stauchdruck, *m.* upsetting pressure, *s.*, impact pressure, *s.* (forging).

Stauchen, *n.* edging, *s.* (rolling); upsetting, *s.*, upending, *s.*

Stauchgesenk, *n.* swaging die, *s.* (hot swaging work in presses).

Stauchkaliber, *n.* edging pass, *s.* (roll pass design).

Stauchkaliber, *n.,* **offenes,** open edger, *s.* (roll pass design; roughing rolls).

Stauchmatritze, *f.* upsetting die, *s.*

Stauchpresse, *f.* upsetting press, *s.*

Stauchprobe, *f.* crush test, *s.* (mechanical testg.).

Stauchschlitten, *m.* heading tool slide, *s.* (upsetting or heading machine).

Stauchstempel, *m.* heading tool, *s.* (see "heading").

Stauchung, *f.* negative strain, *s.* (compression test).

Stauchversuch, *m.* upsetting test, *s.* (mat. testg.).

Staudruck, *m.* dynamic pressure, *s.*

Staudruckrohr, *n.* Venturi tube, *s.*

Staudruckgasführung, *f.* Venturi port, *s.* (funnel shaped gas port in gas-fired open hearth fces.).

Steatit, *m.* (siehe „Speckstein").

Steckbolzen, *m.* stop pin, *s.*, loose pin, *s.*

Steckel-Walzwerk, *n.* Steckel mill, *s.* (a reversing hot strip mill with coiling furnaces).

steckengebliebener Gußblock, *m.* sticker, *s.* (ingot).

Steckschlüssel, *m.* socket wrench, *s.*

Steg, *m.* web, *s.* (of rail, beam); stud, *s.* (of a chain link).

Stegkette, *f.* stud link chain, *s.*

Stegrundung, *f.* radius, *s.*, of web (structurals and rails).

Stehbolzen, *m.* stay bolt, *s.*

stehender Stahl, *m.* dead steel, *s.*

Stehlager, *n.* pedestal bearing, *s.*

steife Schmelze, *f.* chilled heat, *s.* (steelmaking).

Steifigkeit, *f.* (siehe „Starrheit"), rigidity, *s.*

steigend gießen, *v.t.* to bottom-cast, *v.t.*, to cast uphill, *v.t.*, to pour uphill, *v.t.*, to bottom-pour, *v.t.*

steigender Guß, *m.* bottom casting, *s.*, bottom pouring, *s.*, uphill pouring, *s.*, uphill casting, *s.*

steigend vergossener Block, *m.* bottom-run ingot, *s.*

Steiger, *m.* riser, *s.* (casting practice).

Steiggeschwindigkeit, *f.* rate of rise, *s.* (when teeming uphill).

Steigrohr, *n.* ascension pipe, *s.*; uptake, *s.* (bl. fce.).

Steigspeisung, *f.* upfeed, *s.* (e.g. of water into higher level coolers).

Steigung, *f.* pitch, *s.* (of single screw thread); gradient, *s.* (railw.).

Steigzug, *m.* uptake, *s.* (o.h.fce.).
Steinformat, *n.* brick size, *s.*
Steinkohlenteerpech, *n.* (coal) tar pitch, *s.*
Steinwolle, *f.* mineral wool, *s.* (heat insulating material).
Stellage, *f.* shelving, *s.* (storage of articles).
stellbar, *a.* adjustable, *a.*
Stellen, *fpl.*, **hoher Spannungsanhäufung,** stress raisers, *spl.* (e.g. re-entrant angles, insufficient fillets, inclusions, etc., points propagating fatigue failures).
Stellit, *m.* stellite, *s.* (type of hard metal made in an electric arc furnace or induction furnace).
Stellkeil, *m.* adjusting wedge, *s.*
Stellklaue, *f.* adjusting dog, *s.*
Stellmutter, *f.* adjusting nut, *s.*
Stellschraube, *f.* adjusting screw, *s.*
Stellstift, *m.* set pin, *s.*
Stellvorrichtung, *f.* adjusting gear, *s.*
Stellring, *m.* adjusting ring, *s.*
Stemmlasche, *f.* splice bar, *s.* (railw.).
Stemmwinkel, *m.* angle stop, *s.*
Stempel, *m.* upper die, *s.* (of a trimming die-block; drop forging); punch, *s.* (the tool).
Stempelbahn, *f.* punch nose, *s.*
stempeln, *v.t.* to stamp, *v.t.* (finished products).
Stempeln, *n.* stamping, *s.* (of finished products with letters and/or numbers).
Stempelrichtpresse, *f.* gag press, *s.* (rails).
stengelige Struktur, *f.* columnar structure, *s.*
Stengelkorn, *n.* columnar grain, *s.* (metallogr.).
Stengelkristalle, *mpl.* columnar crystals, *spl.* (elongated crystals, which grow from a cooling surface and approx. at right angles to this *s.*).
Stengelkristalle, *mpl.*, **wie Fransen angeordnet,** fringe crystals, *spl.*
Sternkeilwelle, *f.* (siehe „Keilwelle").
Steuerbühne, *f.* control pulpit, *s.* (e.g. of a blooming mill).
Steuergenauigkeit, *f.* accuracy, *s.*, of control.
Steuer-Klemmrollensatz, *m.* master pinch rolls, *spl.* (controlling the feeding rate, e.g. of a pickling line).

Steuerschieber, *m.* control damper, *s.* (furnace).
Stich, *m.* pass, *s.* (rolling).
Stichabnahme, *f.* pass reduction, *s.* (in per cent of initial cross-section; rolling).
Stichgleis, *n.* spur track, *s.*
Stichloch, *n.* tap hole, *s.* (furnace).
Stichlochstampfmasse, *f.* mud gun mix, *s.*
Stichloch-Stopfautomat, *m.* automatic mud gun, *s.* (bl. fce.).
Stichlochstopfmaschine, *f.* mud gun, *s.*
Stichplan, *m.* pass schedule, *s.* (rolling).
Stichprobe, *f.* random inspection, *s.*
Stickstoff, *m.* nitrogen, *s.*
Stickstoffwerk, *n.* nitrogen producing plant, *s.*
Stickstoffballast, *m.* dead-weight nitrogen, *s.* (in the blast); nitrogen ballast, *s.* (converting process).
Stift, *m.* pin, *s.*
Stiftschraube, *f.* stud bolt, *s.*, stud, *s.*
Stiftendraht, *m.* pin wire, *s.*
Stillsetzung, *f.* stoppage, *s.*
Stillsetzzeit, *f.* down time, *s.*
Stirnabschreckhärtbarkeit, *f.* "E-Q" hardenability, *s.* (as determined by the Jominy test).
Stirn-Abschreckprobe, *f.* end-quenched bar, *s.* (hardenability test by Jominy: the test specimen); end-quench hardenability test, *s.*
Stirnfläche, *f.* face, *s.*
Stirnkipper, *m.* end tipper, *s.* (vehicle).
Stirnlager, *n.* end-journal bearing, *s.* (mach.).
Stirnrad, *n.* spur gear, *s.*
Stirngetriebe, *n.* spur gear, *s.*
Stirnverzahnung, *f.* spur gearing, *s.*
Stirnradschrägverzahnung, *f.* helical gearing, *s.*
Stirnrändeln, *n.* end knurling, *s.*
Stirnwand, *f.* end wall, *s.*, wing wall, *s.* (o.h. fce.).
Stützgerüst, *n.* supporting frame, *s.*
Stockgeleise, *n.* tail track, *s.*
Stoff, *m.* substance, *s.*, matter, *s.*
Stoffluß, *m.* metal flow, *s.* (forming).
Stoffspannung, *f.* internal stress, *s.*
Stollen, *m.* calk, *s.* (of a horseshoe).
Stopfbüchse, *f.* stuffing box, *s.* (mach.).

Stopfbüchsenbrille, *f.* stuffing box gland, *s.* (mach.).

Stopfen, *m.* forming mandrel, *s.* (manufacture of welded pipes and tubes); plug, *s.* (mach.); stopper, *s.* (ladle).

Stopfenmacher, *m.* stopper maker, *s.* (ladle).

Stopfenpfanne, *f.* teeming ladle, *s.* (ingot casting).

Stopfenstange, *f.* stopper rod, *s.* (teeming ladle).

Stopfenstangenrohr, *n.* sleeve brick, *s.* (of stopper-rod; ladle), stopper-rod brick, *s.*

Stopfenwalzwerk, *n.* plug mill, *s.* (a two-high mill with grooved rolls and alloy-steel plug for the rolling of seamless tubular bodies).

Stopfenzug, *m.* drawing, *s.*, with fixed mandrel (cold tube-drawing).

Störung, *f.* dislocation, *s.* (crystallogr.); trouble, *s.*, interference, *s.*, delay, *s.* (operation).

Stoß, *m.* joint, *s.* (connection); shock, *s.*

Stoßbank, *f.* pushing bench, *s.* (prepierced blank from the piercing press is put on a long mandrel and pushed through a number of successive ring shaped dies; manufacture of seamless tubes).

Stoßblech, *n.* baffle plate, *s.*

Stoßbohrer, *m.* percussion drill, *s.*

Stoßdämpfer, *m.* bumper, *s.*, shock absorber, *s.*, cushion, *s.*

Stössel, *m.* ram, *s.* (mach.); platen, *s.* (of a press); tappet, *s.* (of a pump, valve).

Stoßfestigkeit, *f.* resistance, *s.*, to shock.

Stoßlasche, *f.* splice bar, *s.*, fishplate, *s.* (railw.).

Stoßofen, *m.* pusher type furnace, *s.* (mill furnace).

Stoßschwelle, *f.* rail joint tie, *s.* (railw.).

Stoßverbindung, *f.* butt joint, *s.*

stoßweise Beanspruchung, *f.* pulsating stress, *s.*

stoßweise Belastung, *f.* pulsating load, *s.*

Stoßwirkung, *f.* shock effect, *s.*

Strahl, *m.* stream, *s.* (of gas, liquid, fine jet, *s.*, solids) of; ray, *s.* (optical).

strahlen, *v.i.* to radiate, *v.i.*

strahlend, *a.* radiant, *a.*

Strahlenwirkung, *f.* effect of radiation, *s.*

Strahlreinigen, *n.* shot blasting, *s.* (by the air blast or centrifugal blast method; de-rusting of surfaces with shot, descaling with grit).

Strahlrohr-Durchlauf-Blankglüh- ofen, *m.* continuous radiant tube type bright annealing furnace, *s.*

Strahlrohr-Ringglühhaube, *f.* radiant tube coil annealing cover, *s.* (American design).

Strahltriebanlage, *f.* air ejector unit, *s.* (providing constant furnace draft; see also "Isley control").

Strahlung, *f.* radiation, *s.*

Strahlungsenergie, *f.* radiant power, *s.*

Strahlungspyrometer, *n.* radiation pyrometer, *s.*

Strahlungswirkungsgrad, *m.* efficiency, *s.*, of radiation.

Strahlungspyrometer, *n.*, **selbstschreibendes,** recording radiation pyrometer, *s.*

Strahlungszahl, *f.* coefficient, *s.*, of heat radiation.

Strangguß, *m.*, **mit beschränkter Stranglänge,** semi-continuous casting, *s.*

Strangguß, *m.*, **mit bewegter Kokille,** reciprocating mold process, *s.* (contin. casting—Junghans-Rossi).

Stranggußverfahren, *n.* continuous casting process, *s.*

Strangpresse, *f.* extrusion press, *s.* (mechanical types in Germany and hydraulic types in U. S. A.).

Strangpreßverfahren, *n.* extrusion process, *s.* (producing metal of defined cross-section by forcing it under high pressure from a container through a die of the desired shape).

Straßenbahnmaterial, *n.* tramway materials, *spl.*

Straßenbahnschiene, *f.* tram(way) rail, *s.*

Strauß-Probe, *f.* Strauss test, *s.* (determining the susceptibility to intercrystalline corrosion).

Strebe, *f.* brace, *s.*, strut, *s.*, truss, *s.* (bldg.), cross brace, *s.* (bldg., engrg.).

Strebenkreuz, *n.* cross end strut, *s.*

Streckdraht, *m.* stretched wire, *s.*

strecken, *v.t.* to draw, *v.t.* (in a drawing die; drop forging).

Streckgesenk, *n.* (siehe ,,Abreckgesenk'').

Streckgrenze, *f.,* **(0.2 Grenze),** yield point, *s.;* yield stress, *s.* (colloquial-term for "yield point").

Strecken, *n.* reducing, *s.* (by cold-drawing).

Streckenbögen, *mpl.* mine arches, *spl.* (mine supplies).

Streckgesenk, *n.* drawing die, *s.* (a rougher reducing the bar in cross section at one end only; drop forging).

Streckgrenzenverhältnis, *n.* yield/ tensile ratio, *s.*

Streckstich, *m.* roughing pass, *s.* (rolling).

Streckung, *f.* draft, *s.,* linear reduction, *s.,* elongation, *s.* (rolling).

Streckung, *f.,* **im Kaliber, übermäßige,** wire drawing effect, *s.* (rolling).

Streckwalze, *f.* breaking-down roll, *s.* (rollg. mill).

streckziehen, *v.t.* to reduce, *v.t.* (tubes),

Streckziehen, *n.* (siehe ,,Strecken''), reducing, *s.,* by cold drawing.

strengflüssig, *a.* refractory, *a.* sluggish, *a.* (e. g. ore).

strengflüssiges Erz, *n.* refractory ore, *s.,* sluggish ore, *s.*

Streugebiet, *n.* range, *s.,* of variance.

Streuung, *f.,* der **Werte,** dispersion, *s.,* of values.

Strichzeichnung, *f.* line drawing, *s.*

strippen, *v.t.* to strip, *v.t.* (the molds).

Stripperhalle, *f.* stripping bay, *s.* (steel plant).

Strom, *m.* flow, *s.*

Strombedarf, *m.* power requirements, *spl.* (electric energy).

stromführende Schiene, *f.* hot rail, *s.*

Strömgeschwindigkeit, *f.* rate, *s.,* of flow (liquids and gases).

Stromkosten, *pl.* power cost, *s.*

Stromlinienbild, *n.* flow pattern, *s.*

Strömung, *f.* current, *s.,* stream, *s.,* flow, *s.*

Strömungsbild, *n.* flow pattern, *s.* (phys.).

Strömungsgeschwindigkeit, *f.* rate of flow, *s.*

Strömungsmesser, *n.* flow meter, *s.*

Strömungsrichtung, *f.* direction, *s.,* of flow.

Strontium, *n.* strontium, *s.* (as a deoxidizer and desulphurizer in the open hearth steelmaking process).

Struktur, *f.* structure, *s.* (metallogr.).

Stückarbeit, *f.* piece work, *s.*

Stückarbeiter, *m.* piece worker, *s.*

Stückgewicht, *n.* weight, *s.,* per piece.

stückig, *a.* lumpy, *a.* (ore).

stückiger Möller, *m.* lump charge, *s.* (blast furnace).

Stückigmachung, *f.* agglomeration, *s.* (of ore fines).

Stückzeichnung, *f.* detail drawing, *s.*

Stufenbeizung, *f.* cascade pickling, *s.*

Stufenrolle, *f.,* **erste und zweite,** breast and first roller, *s.* (blooming mill).

Stufenscheibe, *f.* cone pulley, *s.,* stepped pulley, *s.*

Stuhlschiene, *f.* double-headed rail, *s.* (railw.).

Stuhl, *m.* chair, *s.* (railw.).

Stuhllasche, *f.* fish chair, *s.* (railw.)

Stuhlplatte, *f.* chair plate, *s.,* saddle, *s.*

Stuhlschiene, *f.* chair rail, *s.,* bullhead rail, *s.*

Stummelblock, *m.* butt ingot, *s.*

stumpf, *a.* blunt, *a.*

stumpfmachen, *v.i.* to dull, *v.i.* (tool).

stumpfer Winkel, *m.* obtuse angle, *s.*

Stumpfnaht, *f.* butt weld, *s.*

stumpfschweißen, *v.t.* to butt-weld, *v.t.*

Stumpfschweißung, *f.* butt welding, *s.*

Stumpfschweißmaschine, *f.* butt welder, *s.* (general term); flash-butt welder, *s.* (fusion welding).

Sturz, *m.* pack, *s.* (thin sheets).

Sturzbühne, *f.* tipping stage, *s.*

stürzen, *v.i.,* **(die Gicht),** to slip, *v.i.* (the bl. fce. slips).

Stürzen, *n.,* **der Gicht,** slipping, *s.* slip, *s.*

Sturzenglühung, *f.* pack annealing, *s.* (sheet).

Sturzenwalzung, *f.* pack-rolling, *s.* (steel sheets for tin-plate).

Stützbock, *m.* trestle, *s.*

Stützbogen, *m.* jack arch, *s.* (o.h. fce.).

Stütze, *f.* stanchion, *s.,* pillar, *s.* (bldg.); post, *s.* (crane); bracket, *s.* (mach.).

Stützlager, *n.* dead eye, *s.* (of mill spindle; rollg. mill).

Stützring, *m.* die support, *s.* (extrusion press).

Stützrolle, *f.* backing roller, *s.* (of a roller leveller).

Stützmauerung, *f.* back bricking, *s.*

Stützwalze, *f.* back up roll, *s.* (4-high or multiple roll stands).

subkutan, *a.* subcutaneous, *a.*

Summen-Häufigkeitskurve, *f.* accumulative frequency curve, *s.*

Sumpferz, *n.* bog iron ore, *s.*

symmetrische Doppelweiche, *f.* three-throw switch, *s.* (railw.).

symmetrische Konverterform, *f.* concentric converter design, *s.*

synthetisches Roheisen, *n.* synthetic pig iron, *s.*

T

T-Bleche, *npl.* terne sheets, *spl.*

T-Schiene, *f.* T-rail, *s.*

T-Stahl, *m.* Tee, *s.* (rolled product).

Taconit-Erz, *n.* Taconite, *s.* (25—30% Fe and 50% silica).

Tafelschere, *f.* plate shear, *s.*

Tafelschere, *f.*, **an die Richtmaschine angebaute,** leveller shear, *s.* (for galvanized strip).

Tagesdurchsatz, *m.* daily tonnage, *s.* (of a production unit).

Tandemanordnung, *f.*, **in,** arranged in tandem.

Tandemstraße, *f.* tandem mill, *s.* (type of rollg. mill).

Tandem-Umkehrblechstrecke, *f.* two-high tandem reversing plate mill, *s.* (for light and medium gage plates).

tangential beheizter Rundtiefofen, *m.* tangentially fired circular soaking pit, *s.*

tangentialer Eingußkanal, *m.* runner, *s.* (foundry).

tangential-gasbeheizte Glühhaube, *f.* tangentially gas-fired annealing cover, *s.* (German design).

Tannenbaumkristall, *m.* dendrite, *s.,* fir-tree crystal, *s.*

Tantal, *n.* tantalum, *s.* (as an alloy in sintered carbide tools, high-speed steels, etc.).

Tantung-Hartmetall, *n.* Tantung, *s.* (a cutting metal based on tantalum and tungsten).

Tapezierernagel, *m.* upholstery nail, *s.*

Tapeziererstift, *m.* cramp, *s.*

Tapeziernagel, *m.* tin-tack, *s.*

„Taschen"-Reversierkaltwalzwerk, *n.* package cold mill, *s.* (a jobbing unit for the cold rolling of narrow thin strip, developed by the United Engineering & Foundry Co.).

Taschen-Zubringer, *m.* high-line transfer car, *s.* (bl. fce. plant).

Taster, *m.* feeler, *s.,* calipers, *spl.* (measrg. instrument).

Tasterlehre, *f.* calipers ga(u)ge, *s.*

Tätigkeit, *f.* action, *s.;* activity, *s.*

Tauchelektrode, *f.* dipped electrode, *s.* (the coating is produced by a dipping process).

Tauchkolben, *m.* plunger, *s.* (mach.).

Tauch-Patentierverfahren, *n.* coil-immerson patenting, *s.* (see "wire patenting").

Tauchrohr-beheiztes Bleihärtebad, *n.* immersion-tube heated lead quenching bath, *s.*

Tauchschmierung, *f.* splash lubrication, *s.*

Tauchverfahren, *n.* hot-dip process, *s.* (a rust-proofing process for steel by coating with zink, tin, or lead).

Taupunkt, *m.* dew point, *s.* (phys.).

Tecalemit-Laufzapfenschmiere, *f.* Tecalemite, *s.* (lubricant; rollg. mill).

Technik, *f.* engineering, *s.* (practice); technics, *s.* (abstract sense); method, *s.,* technique, *s.,* practice, *s.*

technische Baustähle, *f.* general engineering steels, *spl.*

technische Chemie, *f.* technical chemistry, *s.,* industrial chemistry, *s.*

technische Fachzeitschrift, *f.* technical journal, *s.*

technischer Berater, *m.* technical councellor, *s.*, consulting engineer, *s.*

technischer Kundendienst, *m.* engineering service, *s.*

technischer Sauerstoff, *m.* tonnage oxygen, *s.* (of up to 99.8% O_2).

technisches Personal, *n.* technical staff, *s.*

technisch reiner Sauerstoff, *m.* high-purity oxygen, *s.* (at least 98% O_2).

technisch reines Eisen, *n.* ingot iron, *s.*

Technologe, *m.* technologist, *s.*

technologische Prüfung, *f.* technological test, *s.*

teigig, *a.* pasty, *a.* (slag, metal).

Teilhärtung, *f.* selective hardening, *s.*

Teilkreisdurchmesser, *m.* diametral pitch, *s.* (number of teeth per inch of pitch diameter).

Teilschere, *f.* dividing shear, *s.* (plate); splitting shear, *s.*

Teilung, *f.* graduation, *s.* (instrument); division, *s.* (into equal parts); spacing, *s.* (mach.; e. g. of rollers, columns, etc.).

Teleskopspindel, *f.* telescopic mill spindle, *s.* (rollg. mill).

Tellerventil, *n.* poppet valve, *s.*, disc valve, *s.*

Tellurium, *n.* tellurium, *s.* (imparts free-cutting quality to alloy steels).

Temperaturabfall, *m.* temperature drop, *s.*

Temperaturgebiet, *n.* temperature range, *s.*

Temperaturgefälle, *n.* temperature gradient, *s.*

Temperaturkontrolle, *f.* temperature check, *s.* (steelmaking).

Temperaturlage, *f.* temperature level, *s.*

Temperaturlage, *f.*, **der Perlitnase,** isothermal nose time, *s.* (in a given I-T-diagram), pearlite nose temperature, *s.*

Temperaturwechselbeständigkeit, *f.* resistance to thermal shock, *s.*

Temperguß, *m.* malleable, *s.* (product); malleable cast iron, *s.*

Tempergußschrot, *m.* malleablized shot, *s.* (used for shot peening).

Temperguß, *m.*, **weißer,** white malleable cast iron, *s.*, white heart malleable, *s.*

Temperkohle, *f.* temper carbon, *s.* (free or graphitic carbon in form of rounded nodules; cf. "malleablizing").

Tempern, *n.* malleablizing, *s.* (annealing white cast iron to cause the combined carbon to transform to graphitic, or free, carbon).

Terminologie, *f.* terminology, *s.*

Ternärstähle, *mpl.* ternary steels, *spl.*

Terne-Bleche, *npl.* [T-Bleche], terne plate, *s.*, terne sheets, *spl.* (coating of lead with small additions of tin).

tetragonaler Martensit, *m.* α - martensite, *s.* (see "martensite").

Teufenanzeiger, *m.* stock line indicator, *s.*, stock line ga(u)ge, *s.* (bl. fce. top).

Teufenschreiber, *m.* stock line recorder, *s.* (bl. fce. top).

-textur, *Suffix,* texture, *s.* (e. g. as-rolled texture).

Theisen-Desintegrator, *m.* Theisen rotary disintegrator, *s.* (gas cleaning).

Theisenwäscher, *m.* Theisen type disintegrator, *s.* (gas cleaning).

Thermalhärtung, *f.* hot quenching, *s.* (quenching in a medium of higher than atmospheric temperature).

thermischer Wirkungsgrad, *m.* thermal efficiency, *s.*

Thermit-Gießschweißung, *f.* fusion thermit welding, *s.* (broken parts brought together in a refractory mold built around them; an automatic crucible pours liquid thermit compound into this mold).

Thermitschweißverfahren, *n.* thermit process, *s.*

Thermit-Stauchschweißung, *f.* thermit upset welding, *s.* (rails).

thermochemischer Wirkungsgrad, *m.* thermochemical efficiency, *s.* (e. g. of bl. fce. reactions).

thermoelektrische Pyrometer, *npl.* thermo-electric pyrometers, *spl.* (range 400°—1400° C).

Thermoelement, *n.* thermocouple, *s.* (measuring of heat).

Thomasbetrieb, *m.*, **mit Bodenwindkonverter,** bottom-blown basic bessemer practice, *s.*

Thomaseisen, *n.* basic bessemer pig, *s.*, basic bessemer iron, *s.*, Thomas iron, *s.*

Thomasmehl, *n.* Thomas fertilizer, *s.*, basic slag fertilizer, *s.*

Thomasschlacke, *f.* basic bessemer slag, *s.*, Thomas slag, *s.*

Thomasschlackenmühle, *f.* basic slag grinding plant, *s.*

Thomasstahl, *m.* basic bessemer steel, *s.*, basic converter steel, *s.*, Thomas steel, *s.*

Thomasstahlwerk, *n.* basic converting mill, *s.*, basic bessemer steel plant, *s.*

Thomasverfahren, *n.* basic bessemer process, *s.*, Thomas process, *s.*

Thorium, *n.* thorium, *s.*

Thyssensche Schienenkalibrierung, *f.* Thyssen roll pass design for rails, *s.*

Tiefätzung, *f.* deep etching, *s.* (used to develop macrostructures).

Tiefbau, *m.* underground engineering, *s.*

Tiefe, *f.,* **der Randzone,** rim depth, *s.* (ingot).

Tiefen, *n.* dishing, *s.* (of boilerplate).

Tieflauf, *m.* sloping loop channel, *s.*, looping floor, *s.* (rollg. mill).

Tiefofen, *m.* soaking pit, *s.* live soaking pit, *s.* (only used in contrast to "dead soaking pit"); vertical heating furnace, *s.*

Tiefofenbatterie, *f.* soaker battery, *s.* (blooming mill).

Tiefofendeckel, *m.* roof-lid, *s.*, pit cover, *s.*

Tiefofenkran, *m.* soaking pit crane, *s.*

Tiefofen, *m.,* **mit Unterfeuerung,** bottom fired soaking pit, *s.*

Tiefstanzbleche, *npl.* deep stamping sheets, *spl.*

Tieftemperaturbehandlung, *f.* low-temperature treatment, *s.*

Tiefungsversuch, *m.* cupping test, *s.* (test to determine the deep drawing and pressing quality of sheet metal; testers of the Erichsen and Olsen types).

Tiefungswert, *m.* cupping value, *s.*

Tiefziehbleche, *npl.* deep-drawing sheets, *spl.*

Tiefziehfähigkeit, *f.* deep-drawing property, *s.*

Tiefziehprüfung, *f.,* **nach Erichsen,** Erichsen deep drawing test, *s.*, Erichsen cupping test, *s.*

Tiegelschmelzverfahren, *n.* crucible furnace process, *s.*

Tiegelgußstahl, *m.* crucible cast steel, *s.*, crucible steel, *s.*, cast steel, *s.* (obtained by carburization of high-grade wrought iron in a crucible).

Tiegelstahl, *m.* crucible steel, *s.*

tierischer Stoff, *m.* animal substance, *s.* (carburizer).

Titan, *n.* titanium, *s.*

titanhaltiges Erz, *n.* titaniferous ore, *s.*

Titansäuregehalt, *m.* titania content, *s.*

titrimetrische Bestimmung, *f.* volumetric determination, *s.* (chem.).

Toleranz, *f.* tolerance, *s.*

Toleranzfeld, *n.* tolerance zone, *s.*

Toleranz, *f.,* **in einem Sinne,** unilateral tolerance, *s.* (allowing for the full amount of deviation either above or below the specified value).

Toleranzkarte, *f.* tolerance chart, *s.*

Toleranzlehre, *f.* limit ga(u)ge, *s.*

Tonerde, *f.* alumina, *s.*

tonerdehaltig, *a.* aluminiferous, *a.*

Tonkaneisen, *n.* toncan iron, *s.*

Tonnenblech, *n.* arched plate, *s.*

Tonschiefer, *m.* argillaceous slate, *s.*

Toolweld-Verfahren, *n.* toolweld process, *s.* (a process to build up worn cutting edges by electric fusion welding, using a high-speed electrode to give a new cutting edge of not less than 55 RC-hardness).

Torschere, *f.* gate shear, *s.* (plate, sheet).

Torsionsfeder, *f.* torsion spring, *s.*

Torstahl, *m.* Tor steel, *s.* (cold strained special reinforcing bars characterized by two opposite screw-like ribs along the bar).

Totalmaß, *n.* overall dimension, *s.*

toter Gang, *m.* backlash, *s.* (mach.; caused by excess clearance between driving surfaces); end play, *s.* (gearing).

totgebrannter Kalk, *m.* dead lime, *s.*

Totpunkt, *m.* dead center, *s.* (mech.).

Tragachse, *f.* dead axle, *s.*, bearing axle, *s.* (mach.).

Trage, *f.* pallet, *s.* (for conveyance of operating materials, e. g. bricks).

Träger, *m.* beam, *s.* (rolled product); girder, *s.* (e. g. of crane runway).

Trägerquerschnitt, *m.* I-section, *s.*

Träger, *m.,* **mit durchbrochenem Steg,** open web girder, *s.*

Träger- und Schwerprofilstraße, *f.* beam and structural mill, *s.*, beam and heavy section mill, *s.*

Trägerwalzwerk, *n.* beam rolling mill, *s.*

Tragfähigkeit, *f.* load carrying capacity, *s.*

Tragfeder, *f.* bearing spring, *s.* (mach.).

Tragfläche, *f.* bearing surface, *s.*, bearing face, *s.* (mach.).

Trägheitshalbmesser, *m.* radius of inertia, *s.*

Trägheitsmoment, *n.* moment of inertia, *s.* (mech.).

Trägheitsvermögen, *n.* inertia, *s.* (mech.).

Tragrost, *m.* supporting grid, *s.* (mech.).

tränken, *v.t.* to steep, *v.t.*

Transformatorenblech, *n.* transformer steel sheets, *spl.*

Transformatorenblechstahl, *m.* transformer sheet steel, *s.*

Transkristallisation, *f.* transcrystallization, *s.*

Translation, *f.* translation, *s.* (metallogr.).

Translationsstreifung, *f.* translation banding, *s.* (metallogr.).

Transportanlagen, *fpl.* materials handling equipment, *s.*

Transportband, *n.* moving belt, *s.*

Transportdaumen, *m.* dog, *s.*, godevil, *s.* (cooling bed transfer; rollg. mill).

Transportdaumen, *m.,* **mit Klinke,** ducking dog, *s.* (transfer; rollg. mill).

Transporteinrichtung, *f.* handling equipment, *s.*

Transportseilbahn, *f.* aerial ropeway, *s.*

Transportzeit, *f.* tracking time, *s.* (of ingots).

Transversalriß, *m.* transverse crack, *s.*

Traverse, *f.* cross bar, *s.* (bldg.).

Trefferblatt, *n.* wobbler pod, *s.* [wabbler] (spindle; rollg. mill drive).

Trefferkehlung, *f.* wobbler flute, *s.* [wabbler] (spindle; rollg. mill drive).

Treiben, *n.,* **des Stahles,** rimming action, *s.*

Treibrad, *n.* pinion, *s.* (mach.).

Treibrolle, *f.* feed roller, *s.*, pinch roll, *s.* (mach.).

Treibschnecke, *f.* worm, *s.* (mach.).

Treibstrahl, *m.* ejection air, *s.*

Trennbruch, *m.* brittle cleavage fracture, *s.*

Trennfuge, *f.* parting line, *s.* (of molds).

Trennwand, *f.* partition wall, *s.*

Trennwiderstand, *m.* cohesive resistance, *s.*

Trichterlunker, *m.* pipe, *s.*

Trichterrohr, *n.* bell pipe, *s.*, flare pipe, *s.*

Triebwerk, *n.* driving gear, *s.*, driving mechanism, *s.* (mach.).

Trift, *f.* drift, *s.* (of a crane due to inclined runway).

Trio-Walzwerk, *n.* three-high mill, *s.* (stands having three rolls mounted one above the other with axes horizontal).

Triplexverfahren, *n.* triplexing process, *s.* (making of steel by using in turns: the cupola, the converter, and the tilting open hearth or electric furnace).

Trocken-Drahtzug, *m.* dry wire drawing, *s.*

trocken gereinigtes Gas, *n.* dry-cleaned gas, s.

trockener Formsand, *m.* parting sand, *s.* (molding practice).

Trockenkohle, *f.* dehydrated coal, *s.*

Trockenkokssatz, *m.* dry coke rate, *s.* (bl. fce. practice and cupola).

Trockenkühlanlage, *f.* dry-quenching plant, *s.* (coke).

Trockenofen, *m.* baking oven, *s.*

Trockenreiniger, *m.* dry cleaner, *s.* (gas).

Trockenreinigung, *f.* dry cleaning, *s.* (gas).

Trockensiebung, *f.* dry screening, *s.* (ores).

Trommeln, *n.* tumbling, *s.* (cleaning of smaller size castings or forgings).

Troostit, *m.* troostite, *s.* (obtained by quenching at a rate rapid enough to prevent formation of sorbite, and not rapid enough to cause wholly martensitic transformation).

troostitischer Martensit, *m.* (siehe „Bainit“).

tropfbar-flüssiger Körper, *m.* liquid body, *s.* (phys.).

Trosse, *f.* hawser, *s.* (having strands of circular cross section).

Tru-Stahlschrot, *m.* Tru-steel shot, *s.* (for shot blasting and peening).

Tunnelofen, *m.* tunnel kiln, *s.* (briquetting plant).

Turbinenläufer, *m.* turbine rotor, *s.*

Turbinenschaufel, *f.* turbine blade, *s.*

Turbogebläse, *n.* turbo blower, *s.*

Turboherd-Verfahren, *n.* (siehe „Turbo-Windfrischverfahren“).

Turbovergaser, *m.* turbo combustion controller, *s.* (for gas/air mixtures).

Turbo-Windfrischverfahren, *n.* turbo-hearth process, *s.* (a process of steelmaking in which normal open hearth iron is refined in a modified basic lined side-blown converter).

Türhebevorrichtung, *f.* door machine, *s.* (coke oven).

Turmglühofen, *m.* tower type annealing furnace, *s.* (continuous annealing line).

Türrahmenstahl, *m.* door sections, *spl.*

Tysland-Hole-Ofen, *m.* Tysland-Hole type electric pig iron furnace, *s.*, pit type electric smelting furnace, *s.*

U

U-Stahl, *m.* U-section, *s.*, channels, *spl.* (rolled product).

Überalterung, *f.* obsolescence, *s.* (of equipment).

überblasener Stahl, *m.* overblown steel, *s.*

Überdruck, *m.*, an der Gicht, high top pressure, *s.* (bl. fce. operation).

Überdruck, *m.*, in Atmosphären [Atü], pressure above atmospheric, *s.* (corresponding to pounds per sq. in. at the ga(u)ge [psig], when 14.7 psi = 1 Atm.).

Überdruckventil, *n.* relief valve, *s.* (pressure bl. fce.).

überelastische Beanspruchung, *f.* straining, *s.*

übereutektoider Stahl, *m.* hypereutectoid steel, *s.* (containing more than 0.86% C).

Überfüllung, *f.* overfill, *s.* (of a roll pass, owing to improper roll pass design).

Übergabewalzwerk, *n.* pull-over mill, *s.*

Übergabezeit, *f.* track time, *s.* (time interval from ingot stripped to ingot charged into soaker).

Übergang, *m.* first endpoint, *s.*, high carbon change, *s.* (transition point from iron to steel; bessemer process).

Übergang, *m.*, der Schmelze, transition point, *s.*, change point, *s.* (converter practice).

Übergangsgefüge, *n.* aggregate structure, *s.* (metallogr.).

Übergangsmetall, *n.* metalloid, *s.*

Übergangsphase, *f.* transition phase, *s.* (metallogr.).

übergarer Gang, *m.* hot working, *s.* (bl. fce. operation).

überhitzter Dampf, *m.* superheated steam, *s.*

überhitzter Stahl, *m.* overheated steel, *s.* (of unduly coarse grain structure; correction by further heat treatment or by mechanical working).

Überhitzung, *f.* superheating, *s.* (1. to produce refinement of graphite structure in low-alloy cast irons; 2. to remove any existing graphite in high-duty cast irons).

überkochen, *v.i.* to boil over, *v.i.* (converter practice).

Überkopf-Schweißung, *f.* overhead welding, *s.*

überkreuztes Kordieren, *n.* diamond knurling, *s.* (using a pair of knurls).

überlagern, *v.t.* to superimpose, *v.t.* (e.g. of diagrams, curves).

überlappter Stoß, *m.* lap joint, *s.*

überlappt geschweißte Kesselrohre, *npl.* lap-welded boiler tubes, *spl.* (of o.h. steel or knobbled hammered charcoal iron, according to US-specification).

überlappt schweißen, *v.t.* to lap-weld, *v.t.*

Überlapptschweißung, *f.* lap welding, *s.*

Überoxydation, *f.* overoxidation, *s.* (of a metal bath).

überoxydieren, *v.t.* to over-oxidize, *v.t.*

überperlitisch, *a.* (siehe „übereutektoid").

überschmiedete Naht, *f.* lap, *s.* (defect in forgings).

überschmiedeter Grat, *m.* cold lap, *s.* (defect in forgings).

überschüssiger Werkstoff, *m.* surplus metal, *s.*

Übersichtsbild, *n.* general view, *s.*

Übersichtsplan, *m.* general plan, *s.*

übertreffen, *v.t.*, im Betriebsverhalten, to out-perform, *v.t.*

übertreffen, *v.t.*, leistungsmäßig, to out-produce, *v.t.*

Überwachung, *f.* inspection, *s.*

überwalzte Falte, *f.* cold lap, *s.* (defect).

überwalzte Naht, *f.* lap, *s.* (defect).

Überwalzung, *f.* seam, *s.* (defect, either caused by faulty rolling, or originating from defective ingot or bloom).

Überwurfmutter, *f.* nut union, *s.*, cap nut, *s.*

Überziehen, *n.* hollow-drawing, *s.*, over-drawing, *s.* (too severe a degree of cold working causing local failure); cupping, *s.* (specific term in wire drawing see "cup fracture").

überzogener Draht, *m.* cuppy wire, *s.*

Uhrzeigersinn, *m.*, im, clockwise, *a.*

Ultraschallprüfung, *f.* supersonic inspection, *s.*, ultrasonic inspection, *s.* (detection of internal flaws).

Umarbeitbarkeit, *f.* adaptibility, *s.*

umarbeiten, *v.t.* to adapt, *v.t.*

Umarbeitung, *f.* adaptation, *s.*

Umbauzeit, *f.* time of transformation) *s.* (of a fce. for modified operation); roll change down-time, *s.* (rollg. mill).

Umfallen, *n.* rolling over, *s.* (of a bar in a pass; rolling).

Umfangsgeschwindigkeit, *f.* peripheral speed, *s.*

Umführung, *f.* repeater, *s.* (rollg. mill).

Umfüllen, *n.* re-ladling, *s.* (of molten steel, e.g. from tapping into teeming ladle).

Umfüllpfanne, *f.* transfer ladle, *s.* (for hot metal transfer from mixer type ladle to o.h. fce.).

Umgebungsluft, *f.* ambient atmosphere, *s.*

umgekrempelter Rand, *m.* flanged rim, *s.* (e.g. of boiler end).

Umhaspelmaschine, *f.* recoiler, *s.* (wire, strip).

umhüllte Elektroden, *fpl.* covered electrodes, *spl.* (welding).

Umkehrbewegung, *f.* reversing motion, *s.*

Umkehrblechgerüst, *n.* reversing plate mill, *s.*

Umkehr-Haspelbandwalzwerk, *n.* (siehe „Umkehr-Haspelwalzwerk").

Umkehr-Haspelwalzwerk, *n.* reversing strip mill, *s.*

Umkehr-Quartoblechgerüst, *n.* reversing four-high mill, *s.* (sheet rolling).

Umkehrtrommel, *f.* reversing reel, *s.* (of a coiler).

Umkehrung, *f.* reversal, *s.*

Umkehr-Universalduo, *n.* singlestand two-high reversing universal plate mill, *s.* (with vertical edging rolls; manufacture of plates and tube skelp).

Umkehrwalzwerk, *n.* reversing mill, *s.* (general term).

Umklappmethode, *f.* butterfly method, *s.* (angle pass design).

umklöppelter Draht, *m.* braided wire, *s.*

Umkristallisation, *f.* crystalline modification, *s.*

Umkristallisieren, *n.* recrystallizing heat treatment, *s.*

umkristallisierendes Glühen, *n.* (vgl. „Normalisieren"), recrystallizing heat treatment, *s.*

umlaufende Schere, *f.* rotary shear, *s.* (cutting-to-length of continuously rolled bars).

Umlaufpumpe, *f.* circulating pump, *s.*

Umlaufschrott, *m.* home scrap, *s.*

Umlegen, *n.* layover, *s.* (of an angle pass in the roll; roll pass design).

Umlegewinkel, *m.* angle of layover, *s.* (see "layover").

Ummagnetisierung, *f.* magnetic reversal, *s.*

ummanteln, *v.t.* to jacket, *v.t.* (e.g.

refractory bricks with a steel shell);
to sheathe, *v.t.* (electrodes, cable).
ummantelter Schweißdraht, *m.*
sheathed electrode, *s.*, heavy-coated
electrode, *s.* (coating containing flux,
deoxidizers, and alloying elements).
Umringen, *n.*, **der Walze,** collaring, *s.*
(of upper roll by leaving bar, caused
by faulty roll pass design, or by
faulty guide setting).
umrühren, *v.t.* to agitate, *v.t.*
Umsatz, *m.* turnover, *s.* (sales).
umschichtige Beheizung, *f.* reversing cycle heating, *s.* (coke oven).
umschlagen, *v.t.* to lay into the rope
(wire rope manufacture).
Umschlingungswinkel, *m.* angle of
grip, *s.*, angle of wrap, *s.* (e.g. of a
rope around the reel).
Umschmelzeisen, *n.* remelting iron,
s., remelt iron, *s.*
umschmelzen, *v.t.* to remelt, *v.t.*
Umschmelzen, *n.* remelting, *s.* (e.g.
of pig iron in the cupola).
Umsteckwalzwerk, *n.* looping mill, *s.*
umstellen, *v.t.*, **einen Ofen,** to transform, *v.t.*, a furnace, to convert, *v.t.*,
a furnace (for modified operation).
Umstellung, *f.*, **eines Ofens,** conversion, *s.*, of a furnace, transformation,
s., of a furnace (for modified operation).
Umstellungszeit, *f.* time of transformation, *s.* (of a fce. for modified operation).
Umstellkosten, *pl.* conversion cost, *s.*
(e.g. of a bl. fce. for high top pressure
operation).
Umsteuerung, *f.* reversal, *s.*
Umsteuervorrichtung, *f.* reversing
gear, *s.*, reversing mechanism, *s.*
Umwälzlüfter, *m.* base fan, *s.* (of cover
type annealing fce.).
Umwälzpumpe, *f.* circulating pump, *s.*
umwandeln, *v.t.* to convert, *v.t.* (general); to transform, *v.t.* (a furnace, or
in a metallogr. sense).
Umwandlung, *f.* conversion, *s.* (general term); transformation, *s.* (metallogr.).
Umwandlung, *f.*, **bei konstanter Abkühlung,** continuous cooling transformation, *s.* (metallogr.).
Umwandlungscharakteristik, *f.* pat-

tern, *s.*, of transformation (metallogr.).
Umwandlungsgebiet, *n.* transformation range, *s.*, critical range, *s.*, critical temperature range, *s.* (the temperature interval in which austenite
forms on heating, or decomposes on
cooling; cf. A_c and A_r temperatures).
Umwandlungsgeschwindigkeit, *f.*
transformation rate, *s.* (metallogr.).
Umwandlungskinetik, *f.* kinetics of
transformation, *s.* (metallogr.).
Umwandlungskosten, *pl.* conversion
cost, *s.* (e.g. of iron into steel).
Umwandlungskurven, *pl.* time-temperature limits, *spl.* (denoting a field
in the IT-diagram); transformation
curves, *spl.* (general; metallogr.).
Umwandlungsmerkmale, *pl.* transformation characteristics, *spl.* (metallogr.).
Umwandlungsschaubild, *n.*, **bei
konstanter Abkühlung,** continuous cooling transformation diagram, *s.* [CT-diagram] (metallogr.).
Umwandlungsverhalten, *n.* transformation behavior, *s.* (metallogr.).
Umwandlungsverlauf, *m.* course of
transformation, *s.* (metallogr.).
Umwandlungswärme, *f.* transition
temperature, *s.*
Umwickelmaschine, *f.* recoiler, *s.*
(steel strip, wire).
unberuhigter Stahl, *m.* rimming steel,
s. (non-deoxidized steel normally
containing less than 0.25% C).
unberuhigt vergossener Flußstahl,
m. low-carbon rimming steel, *s.*
undicht, *a.* leaky, *a.*
Undichtigkeit, *f.* leak, *s.*
undicht sein, *v.i.* to leak, *v.i.*
undicht werden, *v.i.* to spring a leak, *v.i.*
unfallsicher, *a.* accident-proof, *a.*
Unfallszahl, *f.* accident rate, *s.*
ungebackener Kern, *m.* green core,
s. (molding practice).
ungeglüht, *a.* unannealed, *a.*
ungeheizter Tiefofen, *m.* dead soaking pit, *s.*
ungelernte Arbeitskräfte, *fpl.* general
labor, *s.*
ungelöschter Kalk, *m.* quick lime, *s.*
ungelöste Karbide, *npl.* undissolved
carbides, *spl.* (of alloying elements;
metallogr.).

ungelöster Zementit, *m.* undissolved cementite, *s.*, undissolved iron carbide, *s.* (metallogr.).

ungleichmäßige Abkühlung, *f.* uneven cooling, *s.*

ungleichschenkliger Winkelstahl, *m.* unequal leg angles, *spl.* (rolled products).

Unhomogenität, *f.* inhomogeneity, *s.*

Universalbohrmaschine, *f.* drilling and boring machine, *s.*

Universalgelenk, *n.* universal joint, *s.*, ball and socket joint, *s.* (mach.).

Universalkupplung, *f.* universal coupling, *s.* (mach.).

Universalstahl, *m.* universal plates, *spl.*, universals, *spl.*

Universalstrecke, *f.* universal mill, *s.*

Universalträgerstrecke, *f.* universal beam mill, *s.*

Unkosten, *pl.*, **je Tonne Erzeugnis,** tonnage expenses, *spl.*

unlegierter Kohlenstoffstahl, *m.* straight carbon steel, *s.*, plain carbon steel, *s.*

unlegierte Werkzeugstähle, *mpl.* carbon tool steels, *spl.*

unmagnetisches Gußeisen, *n.* (siehe „austenitisches Gußeisen“).

Unmittigkeit, *f.* off-center position, *s.*

unmittig sein, *v.i.* to be off center, *v.i.*

Unparteiischer, *m.* arbitrator, *s.*

Unterbrechungen, *fpl.*, **des Stoffzusammenhanges,** discontinuities, *spl.*, in the metal (e.g. caused by inclusions).

unterbringen, *v.t.* to accomodate, *v.t.* (equipment).

Unterbringung, *f.* accomodation, *s.* (of equipment).

Unterbringungsmöglichkeit, *f.* accomodation, *s.*

unter dem Nullpunkt, *adv.* below zero, *adv.*

unter der Außenhaut liegend, *a.* subcutaneous, *a.*

Unterdruck, *m.* bottom roll pressure, *s.* (rolling).

unter Druck setzen, *v.t.* to pressurize, *v.t.* (a room, container, furnace).

unterer Flansch, *m.* lower flange, *s.* (of a beam; roll pass design).

unterer Heizwert, *m.* net calorific value, *s.*

unteres Kaliber, *n.* bottom pass, *s.* (three-high mill).

unteres Temperaturgebiet, *n.* low-temperature range, *s.* (metallogr.).

untere Umwandlungstemperatur, *f.* lower critical temperature, *s.*, lower critical, *s.* (metallogr.).

untereutektoider Stahl, *m.* hypoeutectoid steel, *s.* (containing carbon below the eutectic, i. e. 86% C).

unterer Verschlußkegel, *m.* large cone, *s.* (bl. fce. top).

unterer Zuführungstrichter, *m.* large hopper, *s.* (bl. fce. top).

Untergesenk, *n.* lower die, *s.* (holding the stock to be formed).

Untergestell, *n.* hearth bottom, *s.* (bl. fce. construction).

unterhalten, *v.t.* to sustain, *v.t.* (combustion, reaction, etc.).

Unterhalt, *m.* upkeep, *s.* (e. g. of rolling stock, of fces.).

Unterkühlung, *f.* supercooling, *s.* (metallogr.).

Unterlager, *n.* bottom step, *s.* (of a step bearing).

Unterlagsplatte, *f.* tie plate, *s.* (railway).

Unterlängen, *fpl.* short lengths, *spl.*, shorts, *spl.* (e.g. of rolled bars, rails, etc.).

Unterofen, *m.* downstairs of a furnace, *s.*

unterperlitisch, *a.* (siehe „untereutektoid“).

Unterpulver-Auftragschweißung, *f.* submerged-arc buildup welding, *s.*

Unterpulver-Lichtbogenschweißung, *f.* submerged arc welding, *s.*, Union-melt welding, *s.*

Untersatz, *m.* base, *s.* (e.g. of a stack annealing fce.).

Unterschneidung, *f.* undercutting, *s.*

untersuchen, *v.t.* to analyse, *v.t.* (general term).

Untersuchung, *f.* analysis, *s.* [pl. -es], investigation, *s.*, examination, *s.*

Unter- und Überlängen, *pl.* off-lengths, *spl.* (of products).

Unterwalze, *f.* bottom roll, *s.*

Unterwalzenanstellung, *f.* bottom roll screw-up, *s.* (three-high mill).

unverwüstliche Ausführung, *f.* robust construction, *s.*

Unwucht, *f.* unbalance, *s.* (of a rotating body by maldistribution of weight)
Uran, *n.* uranium, *s.*
Uran-Nickel-Legierung, *f.* uranium-nickel alloy, *s.* (high acid resisting; 67% U and 33% Ni).

Ursprungsfestigkeit, *f.* intrinsic fatigue resistance, *s.*, fatigue limit under pulsating stress, *s.* (fatigue testing).
Umfang, *m.* circumference, *s.* (circle); scope, *s.* (of manufacture, of results, data, etc.).

V

VPI-Rostschutzverfahren, *n.* rust prevention, *s.*, by vapor-phase inhibitors (packing of steel parts).
Vakuumspritzguß, *m.* vacuum die-casting, *s.* (see "die casting process").
Vanadinstähle, *mpl.* vanadium containing steels, *spl.*
Vanadin-Wolfram-Arbeitswalzen, *fpl.* Vanlom work rolls, *spl.* (for Sendzimir cold reduction mills).
Ventilfederdraht, *m.* valve spring wire, *s.* (of high-carbon annealed wire).
Ventilverschraubung, *f.* valve cap, *s.*
veränderliche Größe, *f.* variable, *s.* (math.).
Veraluminieren, *n.* aluminum coating, *s.* (general term).
verankern, *v.t.* to anchor, *v.t.*
verankerter Querträger, *m.* tie-bolted beam, *s.* (bldg.).
Verankerungsbolzen, *m.* foundation bolt, *s.*
Verankerungsschraube, *f.* tie bolt, *s.* (bldg.).
Verarbeitbarkeit, *f.* workability, *s.*, formability, *s.*
Verarbeitung, *f.* processing, *s.* (finishing work); working, *s.* (rolling, forging); forming, *s.* (pressing, drawing, spinning).
Verarbeitungsanlage, *f.* processing facilities, *spl.* (for finishing work).
Verarbeitungskosten, *pl.* processing costs, *spl.*
Verbandmauerung, *f.* bound brickwork, *s.*
Verbinden, *n.* jointing, *s.* (by soldering, welding, etc.).
Verbindung, *f.* joint, *s.*, union, *s.* (e.g. pipe); bond, *s.* (e.g. between the surfaces of two dissimilar metals, as in cladding).
Verbindungsschweißung, *f.* weld-joining, *s.*

Verbindungszug, *m.* fantail, *s.* (connecting slag and checker chambers; o.h. fce.).
verblasen, *v.t.* to blow, *v.t.* (e.g. hot metal in a converter).
Verblaserost, *m.* pallet grate, *s.* (sintering machine).
verbleite Bleche, *npl.* lead coated sheets, *spl.*
Verbleiung, *f.* lead coating, *s.*
verbrannter Stahl, *m.* burnt steel, *s.* (permanently damaged by overheating).
Verbrauchsgüter, *npl.* consumer goods, *spl.*
Verbrennung, *f.* oxidation, *s.* (chem.); combustion, *s.*
Verbrennungszone, *f.* zone of combustion, *s.* (e.g. in the blast furnace).
Verbundguß, *m.* compound casting process, *s.* (cf. "cladding". In this process the casting mold is lined with sheets of the cladding metal, and the resulting billet is rolled into thin sheets, e.g. manufacture of Alclad).
Verbundkoksofen, *m.* cross-regenerative type coke oven, *s.*
Verbundwerkstoff, *m.* composite metal, *s.* (see "cladding").
Verbundwerkstoffherstellung, *f.* clad metal work, *s.*
Verbundwerkstoff-Probe, *f.* composite specimen, *s.*
Verchromung, *f.* chromium deposition, *s.*, chrome-hardening, *s.* (to obtain an abrasion and wear resistant coating); chromium plating, *s.* (for decorative or protective purposes; the layer of chromium is very thin); chromium electrodeposition, *s.*, chromizing, *s.* (heating in gaseous chromium chloride between 900 an 1000° C).
Verdampfungswärme, *f.* heat of evaporation, *s.*

verdeckte Lichtbogenschweißung, *f.* submerged arc welding, *s.*

Verdichtbarkeit, *f.* compressibility, *s.*

Verdichten, *n.*, **der Blöcke,** homogeneization, *s.*, of ingots.

Verdichter, *m.* compressor, *s.* (mach.).

Verdichtung, *f.* compression, *s.* (of gases, materials).

verdrallen, *v.t.* to twist, *v.t.* (wire rope manufacture).

Verdrängung, *f.* displacement, *s.* (of a compressor).

verdrehen, *v.t.*, **(sich)** *v.i.* to twist, *v.t.*, *v.i.* (of bars during rolling).

Verdrehung, *f.* torsional strain, *s.* (torsion test).

Verdrehungsversuch, *m.* torsion test, *s.* (mat. testg.).

Verdrehwechselfestigkeit, *f.* torsional fatigue strength, *s.* (fatigue testing).

veredeln, *v.t.* to refine, *v.t.* (surfaces, by appropriate treatment).

veredeltes Erdgas, *n.* reformed natural gas, *s.*

Veredelung, *f.* aging, *s.* (of light-metal alloys); quality refining, *s.*; beneficiation, *s.* (of raw materials); refining, *s.* (of surfaces, by appropriate treatment).

Veredlungsbetriebe, *mpl.* refining departments, *spl.*

Verfahren, *n.* process, *s.*, method, *s.*

Verfahrensweise, *f.* method, *s.*, technique, *s.*

verfeinern, *v.t.* to refine, *v.t.* (the structure, the grain).

Verfeinerung, *f.* refining, *s.* (of structure, surface).

Verfertigen, *n.*, **von Oberflächen,** surface finishing, *s.*

Verfestigung, *f.* strain hardening, *s.*, work hardening, *s.*

Verflüchtigung, *f.* volatilization, *s.*

verflüssigen, *v.t.* to liquefy, *v.t.*

Verflüssigung, *f.* liquification, *s.*; liquefaction, *s.* (phys.).

Verformung, *f.* deformation, *s.*

Verformungsbruch, *m.* ductile fracture, *s.*

Verformungsgrad, *m.* amount of deformation, *s.*

verformungsloser Trennbruch, *m.* brittle fracture by cleavage, *s.*

Verformungsvermögen, *n.* capacity of deformation, *s.*

verfügbar, *a.* available, *a.*

Verfügbarkeit, *f.* availability, *s.*

Vergasung, *f.* gasification, *s.* (of solid fuels).

Vergasungswärme, *f.* gasifying heat, *s.*

Vergießbarkeit, *f.* castability, *s.*, parability, *s.*

Vergießtechnik, *f.* teeming method, *s.* (ingot casting).

verglasen, *v.t.* to glaze, *v.t.* (bldg.).

Verglasung, *f.* glazing, *s.* (bldg.).

Vergleichsschaulinie, *f.* subsidiary curve, *s.* (superimposed on a diagram for comparison purposes).

Verguß, *m.* grouting, *s.* (foundation); casting, *s.* (steel).

Verguß, *m.*, **von Stahlblöcken mit feuerfesten Aufsätzen,** refractory hot-topping method, *s.* (ingot casting).

Vergütbarkeit, *f.* age hardenability, *s.* (of light-metal alloys); heat-trating property, *s.* (steel).

vergüten, *v.t.* to age, *v.t.* (of light-metal alloys); to heat-treat, *v.t.*, to quench and draw, *v.t.*, to harden and temper, *v.t.* (steel).

Vergüten, *n.*, **der Schweißung,** post heat requirement, *s.* (of a weld).

Vergüten, *n.*, **durch Abschrecken und Anlassen,** quench and temper type of heat treatment, *s.*

Vergüterei, *f.* quench and draw line, *s.*

vergütet, *a.* quenched and tempered, *a.*, quenched and drawn, *a.*, hardened and drawn, *a.*, heat-treated, *a.*

vergüteter Federdraht, *m.* hard drawn spring wire, *s.*

vergüteter Stahl, *m.* heat-treated steel, *s.*, quenched and tempered steel, *s.*

Vergütungseigenschaften, *fpl.* aging properties, *spl.* (of light-metal alloys).

Vergütungsgefüge, *n.* heat-treated structure, *s.*

Vergütungsstähle, *mpl.* heat treatable steels, *spl.*, heat-treating steels, *spl.*, heat-treatment steels, *spl.*

Vergütungsverfahren, *n.* quench and temper process, *s.*

Verhalten, *n.* behavior, *s.*, characteristics, *s.*

Verhältnis, *n.* ratio, *s.* (values $X : Y$).

Verhältnisanteil, *m.* proportion, *s.*

Verhältnis, *n.,* **Schlaglänge zu Litzendurchmesser,** lay ratio, *s.* (wire rope).

Verhältnis, *n.,* **Schlaglänge zu Seildurchmesser,** lay ratio, *s.* (wire rope; in German specifications the avge. dia. is given).

verhüttbares Erz, *n.* smeltable ore, *s.*

verhütten, *v.t.* **(Erz),** to smelt, *v.t.* (ore).

Verhüttung, *f.,* **auf elektrischem Wege,** electro-smelting, *s.*

Verhüttungstechnik, *f.* iron-making technique, *s.*

verjüngen, sich, *v.i.* to taper, *v.i.*

Verjüngung, *f.* taper, *s.*

Verkadmen, *n.* cadmium plating, *s.* (rust-proofing process).

verkehrt bombierte Walze, *f.* concave roll, *s.* (rollg. mill).

verkehrt konisch, *a.* big-end-up, *a.,* wide-end-up, *a.* (ingot, ingot mold).

verkehrt konischer Block, *m.* inverted ingot, *s.,* big-end-up ingot, *s.*

verkleiden, *v.t.* to lag, *v.t.* (e.g. exposed surfaces of a pipe line).

verklemmen, sich, *v.i.* to gall, *v.i.,* to choke, *v.i.*

Verkohlung, *f.* carbonization, *s.* (e.g. of lignites).

verkokbar, *a.* coking, *a.* (e.g. coking coal).

Verkokbarkeit, *f.* coking property, *s.*

verkoken, *v.t., v.i.* to carbonize, *v.t., v.i.*

Verkokung, *f.* high-temperature carbonization, *s.,* coking, *s.*

Verkokungskammer, *f.* coking chamber, *s.*

Verkröpfgesenk, *n.* snaker, *s.*

Verkrustung, *f.* burning-on, *s.* (sand adhering to the surface of a casting).

verkupferter Draht, *m.* copper-coated wire, *s.*

Verladeanlagen, *fpl.* loading facilities, *spl.*

Verladeband, *n.* loading belt, *s.*

Verlademulde, *f.* receiving buck, *s.*

Verlängerung, *f.* elongation, *s.* (caused by deformation).

Verlängerungsrollgang, *m.* extension table, *s.* (rollg. mill).

Verlaschen, *n.* fishing, *s.* (railw.).

verlaschter Stoß, *m.* fish joint, *s.* (railw.).

verlorener Kopf, *m.* sinkhead, *s.* (ingot casting).

Verlustzeiten, *fpl.* time losses, *spl.*

vermengen, *v.t.* to blend, *v.t.* (e.g. ores).

Vermiculit, *n.* vermiculite, *s.* (insulating material).

Vermögen, *n.* power, *s.* (e.g. penetrating power); capacity, *s.* (e. g. absorbing capacity).

Vernickeln, *n.* nickelplating, *s.*

vernickelter Stahldraht, *m.* nickel-plated steel wire, *s.*

vernickeltes Blech, *n.* nickelplated sheet, *s.*

Verpackung, *f.* packaging, *s.* (crate, box, etc.).

Verpackungsbandeisen, *n.* hoop, *s.* (in U.S.A.: strip 16-152 mm in width and 0·9—2·3 mm in thickness), packing case hoop, *s.,* baling band, *s.,* baling hoop, *s.*

Verpackungsdraht, *m.* baling and binding wires, *spl.*

verriegeln, *v.t.* to block, *v.t.*

verritzen, *v.t.* to score, *v.t.*

Verrohrung, *f.* casing, *s.* (e.g. of oil wells).

Versand, *m.* despatch, *s.*

Versandeinrichtungen, *fpl.* shipping facilities, *spl.*

verschiebbare Seitenführung, *f.* switch side guard, *s.* (rollg. mill).

Verschiebelineale, *npl.* manipulator heads, *spl.,* manipulator side guards, *spl.* (blooming and slabbing mill).

Verschiebe- und Kantvorrichtung, *f.* manipulator, *s.* (at entry and delivery sides of blooming and slabbing mills).

Verschieberstempel, *m.* side guard pusher, *s.* (manipulator; blooming and slabbing mill).

verschlacken, *v.i.* to enter the slag (elements during refining; steel-making).

Verschleiß, *m.,* **bei gleitender Reibung,** abrasion, *s.*

Verschleißblech, *n.* wearing plate, *s.*

Verschleiß, *m.,* **durch Abnutzung,** wear and tear, *s.*

Verschleißeigenschaften, *fpl.* wearing qualities, *spl.*

verschleißfeste Oberflächen, *fpl.* (siehe „Herstellung von v. O.“).

verschleißfestes Hartmetall, *n.* hardfacing material, *s.*

Verschleißfestigkeit, *f.* resistance to wear, *s.,* wear-resistance, *s.*

Verschleißfutter, *n.* working lining, *s.* (of a converter).

Verschleißhärte, *f.* wear hardness, *s.*

verschleißharter Werkstoff, *m.* hard wearing material, *s.*

Verschleißplatte, *f.* chock liner, *s.* (roll chock assembly; rollg. mill).

Verschleißprüfung, *f.* testing for wear and tear, *s.*

Verschleißstücke, *npl.* fillings, *spl.* (mach.).

Verschleißteil, *m.* wearable part, *s.,* wearing part, *s.*

Verschleißverhalten, *n.* wear-resisting property, *s.*

Verschleißwiderstand, *m.* resistance to wear, *s.*

Verschleißzahl, *f.* wear number, *s.*

Verschluß, *m.* gate, *s.* (of a hopper).

Verschlußsicherung, *f.* safety catch, *s.*

Verschmelzung, *f.* fusion, *s.*

verschmieren, *v.t.* to lute, *v.t.* (joints, cracks).

verschweißen mit, *v.i.* to weld, *v.i.*

Verseifung, *f.* saponification, *s.* (chem.).

verseilen, *v.t.* to strand, *v.t.* (wire rope manufacture).

verseilter Draht, *m.* stranded wire, *s.*

versenkter Bolzen, *m.* countersunk bolt, *s.*

Versetzung, *f.* dislocation, *s.* (crystallogr.).

versilbertes Blech, *n.* silver finished sheet, *s.*

Versinterung, *f.,* **der Oberfläche,** surface sintering, *s.* (of lump ore in the blast furnace).

versorgen, *v.t.* to serve, *v.t.,* to supply, *v.t.* (with materials).

versorgt werden mit, oder durch, to be served with, or by (e.g. bearings are adequately served with lubricant...; the casting bay is served by two cranes).

Versorgungsgleis, *n.* service rail track, *s.*

Versorgungsmöglichkeit, *f.* availability, *s.* (of materials, power).

Verspannung, *f.,* **des Atomgitters,** lattice strain, *s.* (quench hardening).

verspröden, *v.i.* to become brittle, *v.i.*

Versprödung, *f.* embrittlement, *s.*

Versprödung, *f.,* **durch Kaltverformung,** cold work embrittlement, *s.*

Verstaubung, *f.* dust losses, *spl.* (bl.fce., low-shaft fce.).

Verstärker, *m.* booster, *s.* (mechanical device).

Verstärkergebläse, *n.* booster blower, *s.* (bl. fce. plant).

Verstärkungsblech, *n.* stiffening plate, *s.*

Versteifung, *f.* strut, *s.* (as a building member).

Verstelleiste, *f.* adjusting gib, *s.* (mach. tool).

Versticken, *n.* nitriding, *s.* (case hardening in atmosphere of ammonia, or in contact with nitrogenous material; no subsequent quenching).

verstopfen, *v.t.,* **(sich),** *v.i.* to choke, *v.t., v.i.*

Verstrebung, *f.* bracing, *s.* (bldg.).

Versuch, *m.* test, *s.* (mat. testg.); trial, *s.* (practical); experiment, *s.* (development work); trial run, *s.* (e.g. of machine, process).

Versuchsanlage, *f.* pilot plant, *s.,* pilot unit, *s.* (installed prior to production plant).

Versuchsarbeit, *f.* experimental work, *s.* (laboratory).

Versuchsbetrieb, *m.* pilot-scale experiment, *s.* (on new processes).

Versuchsgeschwindigkeit, *f.* testing rate, *s.* (mat. testg.).

Versuchsofen, *m.* small-scale furnace, *s.*

Verteilerglocke, *f.* distributing bell, *s.* (bl. fce.).

Vertikal-Banddurchziehofen, *m.* continuous vertical strip annealing furnace, *s.*

vertikaler Eingußkanal, *m.* sprue, *s.* (foundry).

Verunreinigung, *f.* impurity, *s.* (in metals); contamination, *s.* (from external sources); pollution, *s.* (of air water).

Verwendungsbereich, *n.* range of uses, *s.*

verwerten, *v.t.* to utilize, *v.t.,* to use, *v.t.*

Verwindemaschine, *f.* twisting machine, *s.* (for bar stock).

verwinden, *v.t.* to twist, *v.t.*

Verwindung, *f.* twist, *s.*, torsion, *s.*
verwirklichen, *v.t.* to realize, *v.t.* (e.g. a project).
Verwirklichung, *f.* realization, *s.*
verwitterte Erze, *npl.* weathered ores, *spl.*
Verwürgen, *n.* bunching, *s.*, bunch stranding, *s.* (wire rope manufacture).
Verwurzeln, *n.* freezing, *s.* (e.g of a ladle nozzle).
verzähen, *v.t.* to toughen, *v.t.* (the steel by hot-rolling or forging).
verzinkbar, *a.*, **gut bzw. schlecht,** good or bad galvanizing properties, *spl.*
Verzinkbarkeit, *f.* galvanizing property, *s.*
Verzinkkessel, *m.* galvanizing pot, *s.*
verzinkte Bleche, *npl.* galvanized sheets, *spl.*
verzinkter Stahldraht, *m.* galvanized steel wire, *s.*
Verzinkungsbad, *n.* zink plating solution, *s.*
Verzinkungsöfen, *mpl.* galvanizing furnaces, *spl.*
Verzinkungswannen, *fpl.* galvanizing kettles, *spl.*
Verzinnerei, *f.* tinning plant, *s.*
verzinnter Draht, *m.* tinned wire, *s.*
Verzinnung, *f.*, **in alkalischen Elektrolyten,** alkaline electrolytic tinning process, *s.*
Verzinnung, *f.*, **in sauren Elektrolyten,** acid electrolytic tinning process, *s.*
verzögern, *v.t.* to retard, *v.t.* (a process).
Verzug, *m.* delay, *s.* (time loss); distortion, *s.*, warpage, *s.* (e.g. caused by hardening).
verzugfrei, *a.* non-warping, *a.*
Verzugfreiheit, *f.* freedom from distortion, *s.* (hardening).
Verzugsblech, *n.* lagging, *s.* (bldg.).
Verzundern, *n.* scaling, *s.*
Vibration, *f.* vibration, *s.*
vibrieren, *v.i.* to vibrate, *v.i.*
vibrierend, *a.* vibrating, *a.*
Vickers-Härte, *f.* Vickers hardness, *s.*, diamond penetrator hardness, *s.* [D.P.H.].
Vielflächner, *m.* polyhedron, *s.* (crystallogr.).

Vierkant, *m.* square, *s.* (form of bar).
Vierkantstahl, *m.* squares, *spl.* (rolled or extruded products).
viereckig, *a.* square, *a.*
Vielkeilwelle, *f.* spline shaft, *s.* (mach.).
vielkristallin *a.* polycrystalline, *a.*
Vielrollenwalzwerk, *n.* cluster mill, *s.* (rollg. mill).
Vielwalzengerüst, *n.* cluster mill, *s.* (a reversing stand containing one or two small work rolls and a system of back-up rolls of either identical or varying diameters; used for the rolling of special steel strip. See also "Sendzimir mill", "Rohn mill", "Y-mill").
Vielwalzengerüst, *n.*, **in Y-Anordnung,** Y-mill, *s.* (reversing mill having 2 work rolls and 5 back-up rolls; manufactured by Mackintosh-Hemphill Co.).
vieradrige Drahtstraße, *f.* four-strand rod mill, *s.*
Vierkantbolzen, *m.* square head bolt, *s.*
Vierkantfeile, *f.* square file, *s.*
Vierstoffstahl, *m.* quaternary steel, *s.*
Vignolschiene, *f.* T-rail, *s.*, flat bottom rail, *s.*
Visieroptik, *f.* sighting eye, *s.* (pyrometer).
Viskositätsgrenze, *f.* limiting creep stress, *s.* (steel).
volle Rotglut, *f.* cherry red, *a.*
Vollgießen, *n.* filling, *s.* (a mold, or ingot mold).
Vollguß, *m.* solid casting, *s.* (product).
Vollquerschnitt, *m.* solid shape, *s.*, solid section, *s.*
Vollschiene, *f.* filled section rail, *s.*
vollwandiger Träger, *m.* plate girder, *s.*
Volumsabnahme, *f.*, **im flüssigen Zustand,** liquid shrinkage, *s.*
Vorarbeiten, *n.* roughing-down, *s.*
Vorbehandlung, *f.* pretreatment, *s.* (of ores by calcination, sintering, or briquetting).
vorbereiteter Möller, *m.* prepared burden, *s.* (bl. fce. practice).
Vorbereitungskaliber, *n.* roughing pass, *s.*, bloom preparation pass, *s.* (roll pass design).
vorblasen, *v.t.* to pre-blow, *v.t.* (duplexing practice).

Vorblech, *n.* blank, *s.* (sheet metal processing).

Vorblock, *m.* bloom, *s.* (semi-finished product).

vorblocken, *v.t.* to bloom, *v.t.*, to cog, *v.t.*

Vorderende, *n.*, **einer Schiene,** top end, *s.*, of a rail (following immediately after the cut-off end of the rolled bar).

Vorderkipper, *m.* front tipper, *s.* (car).

Vorderwand, *f.* frontwall, *s.* (o. h. fce.).

Vorderwandpfeiler, *m.* furnace pier, *s.*, frontwall pier, *s.* (o. h. fce.).

vordrehen, *v.t.* to rough-turn, *v.t.* (lathe work).

Voreilung, *f.* forward slip, *s.* (rolling practice).

voreutektische Phase, *f.* proeutectoid phase, *s.* (created for hypoeutectoid steels by separation of ferrite, for hyper-eutectoid steels by separation of cementite, from the solid solution).

Voreutektoid, *n.* proeutectoid, *s.* (ferrite in hypo-eutectoid steels, cementite in hyper-eutectoid steels).

Vorfeile, *f.* bastard file, *s.* (20—25 teeth per inch).

Vorfrischen, *n.* pre-refining, *s.* (in the hot metal ladle).

Vorfrischmischer, *m.* active hot metal mixer, *s.* (melting shop).

Vorgang, *m.* operation, *s.*

Vorgangsweise, *f.* method, *s.*, procedure, *s.*

vorgehämmerte Schweißstahlschienen, *fpl.* plated bars, *spl.* (blister bars subjected to preliminary hammering in order to flatten out blisters, and to toughen the steel).

Vorgelegewelle, *f.* jack shaft, *s.* (mach.).

Vorgerüst, *n.* roughing stand, *s.* (rollg. mill).

vorgeschmiedetes Rad, *n.* wheel blank, *s.*

vorgeschriebene Länge, *f.* stock length, *s.*, nominal length, *s.*, specified length, *s.*

Vorgesenk, *n.* roughing die, *s.* (consisting of upper and lower dies; drop forging).

vorgewalzter Block, *m.* bloom, *s.*

vorhaben, *v.t.* to project, *v.t.*, to plan, *v.t.*

Vorhaben, *n.* project, *s.*, plan, *s.*

vorhanden, *a.* available, *a.* (of materials).

Vorhandensein, *n.* availability, *s.* (labor, materials, power).

Vorholvorrichtung, *f.* advancing device, *s.* (mach.).

Vorkaliber, *n.* leader pass, *s.* (roll pass design).

Vorkommen, *n.* deposit, *s.* (coal, ore).

Vorkühlkammer, *f.* slow cool zone, *s.* (of a continuous annealing fce.).

Vorlage, *f.* gas collecting pipe, *s.* (coke oven).

Vorlast, *f.* standard load, *s.* (Rockwell test: 10 kgs.).

Vorlaufschlacke, *f.* flush slag, *s.*, flushing slag, *s.*, run-off slag, *s.* (hot metal-scrap open hearth process).

Vorlegierungen, *fpl.* master alloys, *spl.*

Vormaterial, *n.* blank, *s.* (forging and stamping practice); stock, *s.* (rolling, drawing practice); starting material, *s.*

Vormaterial, *n.*, **legiertes,** alloy blank, *s.* (sheet for presswork).

Vornorm, *f.* tentative standard, *s.*

Vorräte, *mpl.* reserves, *spl.* (of ore in a given deposit).

Vorrichtung, *f.* apparatus, *s.* (and *pl.*). appliance, *s.*

Vorrichtung, *f.* device, *s.* (mach.).

Vorschlichten, *n.* blocking-out, *s.* (parts of intricate shape are prepared to give easier flow of metal in the finishing die; drop forging).

Vorschlichtfeile, *f.* second-cut file, *s.*

Vorschlichtgesenk, *n.* blocking-out die, *s.*

Vorschmiedegesenk, *n.* blocker, *s.* (drop forging).

Vorschmiedehammer, *m.* cogging hammer, *s.*

vorschmieden, *v.t.* to cog, *v.t.*, to cog down, *v.t.*

vorschreiben, *v.t.* to specify, *v.t.*

Vorschrift, *f.* specification, *s.*

Vorschub, *m.* feed, *s.* (mach.).

Vorschubgeschwindigkeit, *f.* feed speed, *s.* (mach.).

Vorschubhärtung, *f.* progressive quenching, *s.* (induction hardening of cold rolls).

Vorsintern, *n.* pre-sintering, *s.* (of metal powders).

Vorspannen, *n.* scragging, *s.* (springs); preliminary stressing, *s.*, pre-stressing, *s.*

Vorspannung, *f.* preliminary stress, *s.*

Vorstaffel, *f.* roughing train, *s.* (rollg. mill).

Vorstoß, *m.*, **mit federgedämpfter Stirnplatte,** ga(u)ge head, *s.*, with spring-cushioned face (at shear or saw tables; rollg. mill).

Vorstrecke, *f.* roughing stands, *spl.* (rollg. mill).

Vorstrecken, *n.* drawing, *s.* (a form of fulling by which the stock bar is reduced in cross section at one end only; drop forging).

Vorwalzgerüst, *n.* break-down mill, *s.*, break-down stand, *s.*

Vorwärmer, *m.* bank, *s.* (o. h. fce.); preheater, *s.* (air).

Vorwärmkammer, *f.* regenerative chamber, *s.*

Vorwärmung, *f.*, **der Schweißung,** preheat requirement, *s.*, of a weld.

Vorwärtsschweißung, *f.* backhand welding, *s.* (gas welding: with the torch pointed toward the metal just deposited).

W

wachsen, *v.i.* to expand (cast iron, refractories).

Wachsen, *n.* expansion, *s.* (refractory bricks, cast iron).

Wachstum, *n.* increase, *s.*, in volume (of iron castings at elevated temperatures).

Wächter, *fpl.* alarms, *spl.*

Wagenaufstoßer, *m.* cager, *s.* (a device to push cars onto the deck of a lift cage).

Wagenherdofen, *m.* car type reheating furnace, *s.*

Wagenstoßvorrichtung, *f.* car pusher, *s.*

Wagenzug, *m.* drag, *s.* (of cars on a track).

Waggon, *m.* coach, *s.*, carriage, *s.* (passenger); car, *s.*, wagon, *s.* (freight).

Waggonkipper, *m.* car tipper, *s.*

wahre Bruchfestigkeit, *f.* true resistance to breaking, *s.* (mat. testg.).

wahrscheinliche Verdrehungsfestigkeit, *f.* probable actual maximum torsional stress, *s.*

Wallung, *f.* agitation, *s.* (e. g. of the bath).

Wälzbewegung, *f.* generating motion, *s.* (of gear hobs, thread hobs).

Wälzgasglühhaube, *f.* controlled atmosphere annealing cover, *s.*

Walzdraht, *m.* rolled wire, *s.*, wire rod, *s.*

Walzdruck, *m.* roll pressure, *s.*, roll load, *s.* (rolling).

Walzdruckschweißung, *f.* roll welding, *s.* (type of forge welding).

Walze, *f.*, **aus legiertem Werkstoff,** alloy roll, *s.*

Walze, *f.*, **mit Einbau,** roll assembly, *s.* (rollg. mill).

Walzenabplattung, *f.* roll flattening, *s.* (theory of rolling).

Walzenachse, *f.* axis of rolls, *s.* (roll pass design).

Walzenanschaffungspreis, *m.* roll cost, *s.*

Walzenausbauhaken, *m.* roll changing C-hook, *s.*

Walzenballen, *m.* roll barrel, *s.*, roll body, *s.*, roll face, *s.*

Walzenbearbeitungsmaschinen, *fpl.* roll dressing machines, *spl.*

Walzenbrecher, *m.* breaker, *s.* (ore).

Walzendrehbank, *f.* roll turning lathe, *s.*

Walzendreherei, *f.* roll turning shop, *s.*, roll dressing department, *s.*

Walzendrehmoment, *n.* roll torque, *s.*

Walzendurchbiegung, *f.* deflection of rolls, *s.* (rollg. mill).

Walzeneinstellung, *f.* roll setting, *s.*

Walzenguß, *m.* chilled roll iron, *s.* (material); roll casting operation, *s.*

Walzen, *n.*, **im Gesenk,** periodic rolling, *s.*, die rolling, *s.*

Walzenkalibrierung, *f.* roll (pass) design, *s.*; roll (pass) designing, *s.*

Walzenkuppelzapfen, *m.* wobbler, *s.* [wabbler], (rollg. mill).

Walzenpark, *m.* roll inventory, *s.* (rollg. mill).

Walzenschleifmaschine, *f.* roll grinder, *s.*

Walzenspiel, *n.* parting of rolls, *s.* (the clearance between two rolls; roll pass design).

Walzensprung, *m.* roll opening, *s.*; roll parting, *s.* (roll pass design).

Walzenständer, *m.* roll housing, *s.*, mill housing, *s.* (rollg. mill); roll carrier, *s.* (piercing mill).

Walzenstraße, *f.* rolling mill, *s.*

Walzenverschleiß, *m.* roll wear, *s.*

Walzen, *n.*, **von Schienenvorblöcken,** rail blooming, *s.* (rollg. mill practice).

Walzenwechsel, *m.* roll changing, *s.* (rollg. mill).

Walzenwechselvorrichtung, *f.* roll changing rig, *s.* (rollg. mill).

Walzenzapfen, *m.* roll neck, *s.*, roll journal, *s.*

Walzerzeugnis, *n.* rolled product, *s.*, rolling mill product, *s.*

Walzgerüst, *n.* mill stand, *s.*, stand, *s.*

Walzgut, *n.* rolling stock, *s.*, metal, *s.*

Walzhäufigkeit, *f.* rolling frequence, *s.* (of various sizes or sections).

Walzkosten, *pl.* rolling costs, *spl.*

Wälzlager, *npl.*, **hergestellt von der American Roller Bearing Co.,** American bearings, *spl.*

Walzlinie, *f.* pitch line, *s.* (roll pass design).

Walzpause, *f.* mill delay, *s.* (rollg. mill).

Walzprogramm, *n.* mill schedule, *s.*, rolling schedule, *s.*

Wälzreibung, *f.* rolling friction, *s.*

Walzsinter, *m.* mill scale, *s.* (charging material — blast fce., steel fces.).

Walzspalt, *m.* roll gap, *s.* (theory of rolling); roll opening, *s.* (rolling practice).

Walzsplitter, *m.* sliver, *s.* (defect).

Walzstaffel, *f.* roll train, *s.*

Walzstahlfertigung, *f.* rolled steel manufacture, *s.*

Walztechnik, *f.* rolling technique, *s.*; rolling mill practice, *s.*

Walztoleranz, *f.* mill tolerance, *s.*

Walzwerk, *n.* mill shop, *s.* (as part of a steel plant); rolling mill, *s.*, mill, *s.*

Walzwerksanlage, *f.* rolling mill installation, *s.*

Walzwerksantrieb, *m.* mill drive, *s.*

Walzwerksführer, *m.* mill operator, *s.*

Walzwerksführungen, *fpl.* mill guides, *spl.*

Walzwerkshalle, *f.* mill building, *s.*

Walzwerkskran, *m.* mill type crane, *s.* (rollg. mill).

Walzwerksöfen, *mpl.* mill type furnaces, *spl.*

Walzwesen, *n.* rolling mill practice, *s.*

Wandern, *n.*, **der Schienen,** creeping of rails, *s.* (longitudinally).

Wanderrost, *m.* traveling grate, *s.*

Warmaushärten, *n.* artificial aging, *s.* (cf. „Warmlagern").

Warmbadhärten, *n.* time quenching, *s.* (quenching in a medium for a predetermined period, withdrawing for a definitive period, and then replacing in the medium for final cooling).

Warmbadhärtung, *f.* hot bath hardening, *s.* (general term); martempering, *s.* (a heat treating process in which the steel is quenched into a bath of brine at a temperature in the vicinity of M_s).

Warmbandstraße, *f.* hot strip mill, *s.*

Warmbehandlungsofen, *m.* heat treating furnace, *s.*

Warmbett, *n.* hot bed, *s.* (rollg. mill).

Warmblasen, *n.* silicon blow, *s.* (raising metal temperature by silicon oxidation; bessemer process).

Warmblechadjustage, *f.* hot-sheet finishing department, *s.*

Warmbrüchigkeit, *f.* hot shortness, *s.*

Wärmeabführung, *f.* removal of heat, *s.*

Wärmeausgabe, *f.* heat output, *s.* (heat balance).

Wärmeaustauscher, *m.* heat exchanger, *s.*

Wärmebedarf, *m.* thermal requirements, *spl.*, heat requirements, *spl.* (of a process).

wärmebehandelt, *a.* thermal treated, *a.*

Wärmebehandlung, *f.* thermal treatment, *s.*, heat treatment, *s.* (a combination of heating and cooling operations applied to a metal or alloy in the solid state to obtain desired conditions or properties).

wärmebeständiger Überzug, *m.* heat-resisting coating, *s.* (e.g. aluminum, cadmium-aluminum, aluminum-silicon).

Wärmedehnungszahl, *f.* coefficient of expansion, *s.*

Wärmediffusion, *f.* diffusion of heat, *s.*

Wärmeeinnahme, *f.* heat input, *s.* (heat balance).

Wärmeentzug, *m.* abstraction of heat, *s.*

Wärmefluß, *m.* heat flow, *s.*

Wärmefreimachung, *f.* heat release, *s.*

Wärmegefälle, *n.* temperature gradient, *s.*

Wärmeinhalt, *m.* heat content, *s.*

Wärmeleitfähigkeit, *f.* thermal conductivity, *s.*

Wärmeleitplatte, *f.* convecting coil separator, *s.* (cover type annealing fce.).

Wärmeleitzahl, *f.* coefficient of heat transmission, *s.*

Wärmemenge, *f.* quantity of heat, *s.*

Wärmemessung, *f.* pyrometry, *s.*

Warmerzeugnisse, *npl.* hot worked products, *spl.* (hot-rolled finished and semi-finished products for sale; finished steel castings; steel forgings).

Wärmeschluckvermögen, *n.* heat absorption capacity, *s.*

Wärmeskala, *f.* pyrometric scale, *s.*

Wärmespannungen, *fpl.* temperature stresses, *spl.*

Wärmespeicher, *m.* regenerator, *s.*

wärmetechnisch, *a.* pyrometric, *a.*

Wärmetönung, *f.* free energy, *s.*, of formation per mole.

Wärmeübergang, *m.* heat transfer, *s.*

Wärmeübertragung, *f.*, **durch Berührung,** heat transfer, *s.*, by convection.

Wärmeübertragung, *f.*, **durch Leitung,** heat transfer, *s.*, by conduction.

Wärmeübertragung, *f.*, **durch Strahlung,** heat transfer, *s.*, by radiation.

Wärmezufuhr, *f.* heat supply, *s.*

warmfester Stahl, *m.* high-temperature steel, *s.*

Warmfestigkeit, *f.* high-temperature stability, *s.*, high-temperature strength, *s.*

Warmformgebung, *f.* hot forming, *s.* (by drawing, pressing at temperature above 1200°C); hot working, *s.* (by rolling, forging at temperatures above 1200°C).

Warmgesenkstähle, *mpl.* hot die steels, *spl.*

warmgewalzte Bleche, *npl.* hot-rolled sheets, *spl.*

warmgewalzter Bandstahl, *m.* hot-rolled strip, *s.*

warmgewalztes Band, *n.*, **in Ringen,** hot-rolled coils, *spl.*

warmgewalztes Band, *n.*, **in Tafeln und in Ringen,** hot-rolled strip, *s.*, in sheets and coils.

Warmhalteofen, *m.* holding furnace, *s.*

Warmhärte, *f.* red hardness, *s.* (of cutting tools).

Warmhaube, *f.* hot top, *s.* (casting of ingots).

Warmlager, *n.* hot bank, *s.* (rolling mill).

Warmlagern, *n.* artificial aging, *s.* (of light-metal alloys at temperatures between 150° and 160°C).

Warmnieten, *n.* hot riveting, *s.*

Wärmofen, *m.* heating furnace, *s.*

Wärmofen, *m.*, **für satzweisen Einsatz,** in-and-out furnace, *s.*

Warmplastizität, *f.* thermo-plasticity, *s.* (of synthetic resins).

Warmpressen, *n.* hot pressing, *s.*

Warmpreßteile, *mpl.* hot-pressed parts, *spl.*

Warmrichten, *n.* hot straightening, *s.* (e.g. of rails).

Warmrichtmaschine, *f.* hot mangle, *s.* (plate mill).

Warmsäge, *f.* hot saw, *s.*

Warmsägeschnitt, *m.* hot-saw cut, *s.*

Warmschere, *f.* hot shear, *s.*

Warmschlittensäge, *f.* sliding frame hot shear, *s.* (rollg. mill).

warmschneiden, *v.t.* to hot-shear, *v.t.*; to hot-cut, *v.t.* (by shear, saw, or torch).

Warmstempeln, *n.* hot branding, *s.* (of rolled products).

Warmstreckgrenze, *f.* yield point, *s.*, at elevated temperatures.

warm- und kaltgewalzter Bandstahl, *m.* strip mill products, *spl.*

warmverarbeiten, *v.t.* to hot-process, *v.t.*

Warmverarbeitungseigenschaft, *f.* hot working characteristics, *spl.*

warmverformter Stahl, *m.* wrought steel, *s.*

Warmverformung, *f.* hot working, *s.*, hot forming, *s.*

Warmverschleißfestigkeit, *f.* resistance to wear, *s.*, at elevated temperatures.

warmwalzen, *v.t.* to hot-roll, *v.t.*

Warmziehen, *n.*, **von Röhren** [„Kratzen"], hot tube drawing, *s.*

Warnanlagen, *fpl.* alarms, *spl.*

Warnvorrichtung, *f.* alarm apparatus, *s.*

Wärter, *m.* attendant, *s.* (of a machine).

Wartung, *f.* attendance, *s.* (of a machine).

Wasseraufbereitung, *f.* water conditioning, *s.*

Wasserdruckaufweitung, *f.* autofrettage, *s.* (water-hydraulic expanding of hollows and tubing).

Wasserdruckversuch, *m.* hydrostatic testing, *s.* (e.g. of pipe).

wässerig, *a.* aqueous, *a.* (chem.).

Wasserkalk, *m.* hydraulic lime, *s.*

wasserlösliches Schneidöl, *n.* soluble cutting oil, *s.*

wasserstoffarme Schweißelektrode, *f.* hydrogen controlled welding electrode, *s.*

Wasserstoffaufnahme, *f.* hydrogen absorption, *s.* (by the metal bath).

Wasserstoffbrüchigkeit, *f.* hydrogen brittleness, *s.* (cf. "pickling brittleness").

Wasserstoffversprödung, *f.* hydrogen embrittlement, *s.* (see "pickling brittleness").

Wechselbeanspruchung, *f.* alternating stressing, *s.*, cyclic stressing, *s.*

Wechselfestigkeit, *f.* resistance to alternating stresses, *s.*, fatigue limit under cyclic stress, *s.* (fatigue testing).

Wechselfestigkeitskurve, *f.* S-N curve, *s.* (mat. testg.).

Wechselgerüst, *n.* stand-by stand, *s.* (rollg. mill).

Wechselschlagversuch, *m.* alternating impact test, *s.* (fatigue testing).

wechselweise, *a.* alternate, *a.*

Weg, *m.* departure, *s.* (e.g. "a new departure in steelmaking").

Weichenbau, *m.* special trackwork, *s.*, construction of switches, *s.*, points work, *s.* (railw.).

weicher Stahl, *m.* mild steel, *s.*, soft steel, *s.*

Weichfleckigkeit, *f.* soft-spottiness, *s.* (in case-hardening, soft spots on the surface caused by local decarburization or by excess additions of deoxidizing aluminum).

Weichglühen, *n.* soft anneal, *s.*, softening cycle, *s.*, spheroidizing, *s.*, sub-critical anneal, *s.* (prolonged heating of higher carbon steels after hot working or before machining to obtain a structure of globular iron carbides. The annealing temperature is below the lower critical, i. e. A_{c1}).

Weichhaut, *f.* bark, *s.* (decarburized skin of work piece just underneath the scale).

Weichlot, *n.* soft solder, *s.* (low-melting alloys).

Weichlöten, *n.* soldering, *s.*

Weichstahlelektrode, *f.* mild steel electrode, *s.*

Weichwalze, *f.* soft grain roll, *s.*, soft sand-cast roll, *s.*, soft cast iron roll, *s.*, soft roll, *s.* (rolls used for roughing work where smooth surface finish is not required).

Weichzone, *f.* holding zone, *s.* (of a continuous annealing furnace).

Weinsäure, *f.* tartaric acid, *s.*

Weißband, *n.* tin strip, *s.*

Weißblech, *n.* tinplate, *s.*

Weißblechdose, *f.* tin sheet tin, *s.*, tin can, *s.*

Weißblechlack, *m.* tinplate varnish, *s.*

Weißblechwalzwerk, *n.* tinplate mill, *s.*

weißer Temperguß, *m.* whiteheart malleable, *s.*

weißes Gußeisen, *n.* white cast iron, *s.* (absence of graphite).

weißes Roheisen, *n.* white pig iron, *s.*

weißglühend, *a.* white hot, *a.*

Weißmetall, *n.* white metal, *s.* (bearings).

Weiterverarbeitung, *f.* processing, *s.*

weiterverwalzen, *v.t.* to re-roll, *v.t.*

Wellblechanlage, *f.* sheet corrugating plant, *s.*

Wellblechtrommelwalzen, *fpl.* corrugating rolls, *spl.*

Wellen, *fpl.* shafting, *s.* (mach.); corrugation, *s.* (process of making corrugations in sheet material).

Wellenprofil, *n.* corrugation, *s.* (width to depth ratio of "waves" in a corrugated sheet).

Wellenstummel, *m.* shaft extension, *s.* (mach.).

Wellrohr, *n.* corrugated tube, *s.*

Wendeplatten-Formmaschine, *f.* turnover molding machine, *s.*

Wendevorrichtung, *f.* turn-over device, *s.* (slabs, plate).

Wendezahnrad, *n.* ring gear, *s.* (converter).

Werfen, *n.* warpage, *s.* (caused by heat treatment).

Werk, *n.* plant, *s.*, mill, *s.*, shop, *s.*, works, *s.*

Werkserhaltung, *f.* maintenance department, *s.*, plant maintenance, *s.*, repair and maintenance, *s.* [R & M].

Werkserweiterung, *f.* expansion of plant, *s.*

Werksgelände, *n.* site, *s.* (the area covered by the entire plant).

Werkslieferant, *m.* mill furnisher, *s.*

Werksschrott, *m.* (siehe „Umlaufschrott"), home scrap, *s.*, circulating scrap, *s.*, mill scrap, *s.*

Werkstätte, *f.* workshop, *s.*

Werkstätte, *f.*, **für Großbauteile,** fabrication shop, *s.*

Werkstättenzeichnung, *f.* detail drawing, *s.*

Werkstoff, *m.* material, *s.*

Werkstoffestigkeit, *f.* strength of materials, *s.*

Werkstofffluß, *m.* flow of metal, *s.*

Werkstoffmenge, *f.*, **des Rohlings,** amount of stock metal, *s.* (drop forging).

Werkstoffprüfanstalt, *f.* public testing house, *s.*

Werkstoffprüfung, *f.* materials testing, *s.*

Werkstoffschutz, *m.* materials conservation, *s.*

Werkstück, *n.* work, *s.*, job, *s.*

Werkstückspindel, *f.* work spindle, *s.* (mach. tool).

Werksversand, *m.* shipping yard, *s.*

Werkzeugbauer, *m.* tool engineer, *s.*

Werkzeugeinstellung, *f.* tool setting, *s.* (mach. tool).

Werkzeugmaschinenbau, *m.* machine tool construction, *s.*, machine tool manufacture, *s.*

Werkzeugstahl, *m.* tool steel, *s.*

wetterbeständiger Stahl, *m.* rustless steel, *s.*

"Wheelabrator"-Schleuderstrahlmaschine, *f.* wheelabrator, *s.*

Whitworthgewinde, *n.* Whitworth Standard Thread, *s.* (principally used in Great Britain; abbreviation B. S. W. = British Standard Whitworth).

Wichte, *f.* specific weight, *s.*

Wickelmaschine, *f.* coiler, *s.* (strip, wire).

Widerlager, *n.* abutment, *s.* (of bridge, vault); anvil block, *s.* (of a falling weight or pendulum-tup testing machine).

Widerlagerbalken, *m.* skew-back channel, *s.* (o. h. fce.).

Widerlagstein, *m.* springer, *s.* (bldg.).

Widerstand, *m.* resistance, *s.*

Widerstandsabbrennschweißung, *f.* resistance flash (butt) welding, *s.* (after attainment of welding heat by an arc between the two parts, these are forced together).

Widerstandsabbrennschlagschweißung, *f.* resistance percussion welding, *s.* (heavy electric current discharged momentarily across the contact areas, immediately followed by hammer blow forcing the work together).

Widerstandsmoment, *n.* section modulus, *s.* (in cb. in.; static value).

Widerstandsofen, *m.* resistance furnace, *s.*

Widerstandspyrometer, *npl.* electric resistance pyrometers, *spl.* (range —250° to +600°C).

Widerstands-Stumpfschweißung, *f.* resistance butt welding, *s.* (parts are butted together and contact maintained under pressure).

Widerstandsthermometer, *n.* electric resistance thermometer, *s.*

wiederanblasen, *v.t.* to re-fire, *v.t.* (a bl. fce.).

Wiederaufbau, *m.*, **des Ofens,** furnace rebuild, *s.*

wiederaufnehmen, *v.t.* to resume, *v.t.* (operations).

wiedererwärmen, *v.t.* to reheat, *v.t.*

Wiedergewinnung, *f.* regeneration, *s.* (of oil, coolant, etc.).

Wiege, *f.* rocker, *s.* (e.g. of an electric fce.).

willkürlich, *a.* arbitrary, *a.*

Wilputtee Koksofen, *m.* Wilputtee coke oven, *s.* (improved Coppers design).

Wimmler, *m.* (siehe „Schleudervorrichtung").

Wind, *m.* air, *s.* (air blast), *s.*, wind, *s.* (delivered by a blower).

Windabstelldauer, *f.* off-blast period, *s.* (bl. fce.).

Winddrosselung, *f.* offage of blast, *s.* (bl. fce.).

Winddruck, *m.* blast pressure, *s.*, wind pressure, *s.*

Winddurchsatz je Zeiteinheit, *m.* blowing rate, *s.*, quantity of wind blown per unit time (bl. fce. practice).

Winde, *f.* winch, *s.* (mach.).

Winderhitzer, *m.* blast furnace stove, *s.*, hot blast stove, *s.*, stove, *s.*

Winderhitzerkuppel, *f.* stove dome, *s.*

Windform, *f.* tuyere, *s.*

Windformenebene, *f.* tuyere level, *s.* (bl. fce.).

Windfrischen, *n.* converter-refining, *s.*

Windfrischen, *n.*, **mit gewöhnlicher Luft,** air blowing, *s.* (converter process).

Windfrischverfahren, *n.* converting process, *s.*

Windkasten, *m.* wind belt, *s.* (cupola fce.); wind box, *s.* (converter, sintering machine).

Windkessel, *m.* air chamber, *s.* (of hydraulic equipment).

Windkranz, *m.* (siehe „Windringleitung").

Windleitung, *f.* blast main, *s.*, blast pipe, *s.*

Windlöcher, *npl.* blast inlets, *spl.*

Windmenge, *f.* wind volume, *s.*

Windmesser, *m.* anemometer, *s.*

Windpfeife, *f.* air hole, *s.* (molding practice).

Windringleitung, *f.* bustle pipe, *s.*, bustle main, *s.* (bl. fce.).

Windröstung, *f.* blast roasting, *s.* (of ores).

Windschieber, *m.* blast gate, *s.*, blast valve, *s.*

Windtemperatur, *f.* blast temperature, *s.*

Windtrocknungsvorrichtung, *f.* blast dryer, *s.* (bl. fce.).

Windwerk, *n.* hoisting gear, *s.* (mach.).

Windzeit, *f.* blowing period, *s.* (hot blast stove operation).

Winkel, *m.* angle, *s.*

Winkelantrieb, *m.* bell crank drive, *s.* (mach.).

Winkelband, *n.* angle brace, *s.* (fastening member).

Winkelfräser, *m.* angular milling cutter, *s.* (mach. tool).

Winkelgeschwindigkeit, *f.* angular velocity, *s.* (phys.).

Winkelhärte, *f.* angle of oscillation hardness, *s.* (pendulum impact testing).

winkelig, *a.* angular, *a.*

Winkelkaliber, *n.* angle pass, *s.* (roll pass design).

Winkellasche, *f.* angle fishplate, *s.* (railw.).

winkelrecht, *a.* square, *a.*, rectangular, *a.*

winkelrecht geschnittenes Stabende, *n.* square-cut end of a bar, *s.*

Winkelrichtmaschine, *f.* angle straightener, *s.*

Winkelring, *m.* angle ring, *s.* (made from angle bars).

Winkelstahl, *m.* angle(s), *s(pl).*, (rolled products).

Winkelstahl-Entwicklungskaliber, *n.* angle intermediate, *s.* (roll pass design).

Winkelstahl-Fertigkaliber, *n.* angle finisher, *s.* (roll pass design).

Winkelstahl, *m.*, **freihändig gewalzter,** hand angle, *s.* (rolled product).

Winkelstahl, *m.*, **für Bauzwecke,** structural angles, *spl.*

Winkelstahl-Kaliberwalzen, *fpl.* angle rolls, *spl.* (rollg. mill).

Winkelstahl, *m.*, **mit abgekanteten Enden,** bevelled angles, *spl.*

Winkelstahl, *m.*, **scharfkantiger,** square root angles, *spl.*

Winkelstoß, *m.* corner joint, *s.* (welding).

Winkel-Verbindungslasche, *f.* angle splice bar, *s.* (railw.).

Winkelverstellung, *f.* angular adjustment, *s.*

Wippe, *f.* tilting table, *s.* (rollg. mill).

Wipptisch, *m.* tilting table, *s.* (rollg. mill).

Wipptisch-Kantvorrichtung, *f.* tilting table manipulator, *s.* (rollg. mill).

wirkliche Größe, *f.* natural size, *s.* (drwg).

Wirkstoff, *m.* agent, *s.* (chem.).

Wirkung, *f.* action, *s.*

Wirkungsgrad, *m.* efficiency, *s.*

Wirtschafter, *m.* economist, *s.*

Wirtschaftlichkeit, *f.* economic efficiency, *s.* (of a process).

Wirtschaftsleben, *n.* economy, *s.*

Wismut, *n.* bismuth, *s.*

Wissenschaft, *f.* science, *s.*

wissenschaftlich, *a.* scientific, *a.*

Witterung, *f.* atmospheric condition, *s.*

Witterungsbeständigkeit, *f.* resistance, *s.*, to atmospheric corrosion.

Witterungseinwirkung, *f.* atmospheric exposure, *s.*

Wöhlerkurve, *f.* Wöhler curve, *s.* (determination of endurance limit).

Wölber, *m.* arch brick, *s.* (bldg.).

Wölbstein, *m.* arch brick, *s.* (bldg.).

Wölbung, *f.* arch, *s.*

Wolframkarbid-Ziehstein, *m.* tungsten carbide die, *s.* (single-hole die for wire drawing. Other, extremely hard, materials are used beside tungsten carbide, such as diamonds, Widia, etc.).

Wolframstähle, *mpl.* tungsten steels, *spl.*

Wringwalzenabstreifer, *m.* scrubber, *s.* (following a cleaner tank; processing line).

Wulstwinkelstahl, *m.* bulb angle, *s.*

Würfelwerk, *n.* checker work, *s.* (gas producer).

Wurzel, *f.* **der Schweißfuge,** root of joint, *s.* (welding).

Wurzelplatte, *f.* anchor plate, *s.*

Wüstit, *m.* wüstite, *s.*

Y

Ypsilon-Gerüst, *n.* Y-mill, *s.* (a reversing cold strip mill of the cluster type, with rolls arranged in form of a Y; built by the Mackintosh-Hemphill Co.).

Yttrium, *n.* yttrium, *s.* (element belonging to the "rare earths" variety).

Z

Z-Stahl, *m.* Zee, *s.* (rolled product).

ZTU-Schaubild, *n.* (siehe „Zeit-Temperatur-Umwandlungsschaubild").

zackiger Bruch, *m.* ragged fracture, *s.*

zäher Stahl, *m.* tough steel, *s.*

Zähfestigkeit, *f.* tenacity, *s.*

zähflüssig, *a.* viscous, *a.*

zähflüssige Schlacke, *f.* viscous slag, *s.*

Zähflüssigkeit, *f.* viscousness, *s.*

Zähigkeit, *f.* viscosity, *s.* (gases).

Zahnbreite, *f.* face of tooth, *s.*

Zahnkreisteilung, *f.* circular pitch, *s.* (spacing of teeth in inches of pitch circle).

Zahnrad-Abwälzfräsmaschine, *f.* gear hobbing machine, *s.*

Zahnrad, *n.* toothed wheel, *s.*, gear, *s.*, gear wheel, *s.*

Zahnradbahn, *f.* cog-wheel railway, *s.*

Zahnräder-Formmaschine, *f.* gear molding machine, *s.* (foundry).

Zahnrad-Lokomotive, *f.* cog locomotive, *s.*

Zahnradpumpe, *f.* geared pump, *s.*

Zahnschiene, *f.* toothed rail, *s.*, rack type rail, *s.*

Zahnstangenantrieb, *m.* rack and pinion drive, *s.* (mach.).

Zahnstangenschlepper, *m.,* **mit beweglichen Daumen,** ratchet type carry-over with disappearing dogs, *s.* (rollg. mill).

Zahnteilung, *f.* tooth spacing, *s.* (of gears).

Zangenkran, *m.* dogging crane, *s.* (soaking pit).

Zangenmechanismus, *m.* tong gear, *s.* (e.g. of a dogging crane).

Zaundraht, *m.* fence wire, *s.*

Zebragewölbe, *n.* zebra roof, *s.* (o. h. fce.).

Zechenkoks, *m.* coke-oven coke, *s.*

Zeilen, *fpl.* bands, *spl.* (macrostructure).

zeilenartige Einschlüsse, *mpl.* stringers, *spl.* (inclusions in steel).

Zeitdehnung, *f.* time yield, *s.* (creep testing).

Zeit-Dehnungs-Kurve, *f.* time-elongation curve, *s.*, time-extension curve, *s.*

Zeitfestigkeitsverhalten, *n.* long-time creeping property, *s.* (at elevated temperatures).

Zeithärte, *f.* time unit hardness, *s.* (pendulum impact test).

Zeitstandfestigkeit, *f.* long-time creep resistance, *s.* (at elevated temperatures).

Zeit-Temperatur-Umwandlungs-schaubild, *n.* [ZTU-Schaubild], time-temperature-transformation diagram, *s.* [TTT-diagram], (a kind of map charting the transformation of austenite as a function of temperature and time).

Zeit-Verfestigungs-Theorie, *f.* time-hardening theory, *s.* (creep testing).

Zeitverlust, *m.* lost time, *s.* (one of a set of data evaluating an operation).

Zellentiefofen, *m.* cell type soaker, *s.*

zellig, *a.* honeycombed, *a.*

Zementationsmittel, *n.* carburizer, *s.*, carburizing compound, *s.*

Zementbrennofen, *m.* cement rotary kiln, *s.*

Zementieren, *n.* pack-carburizing, *s.*

Zementierofen, *m.* carburizing furnace, *s.* (see "carburizing"); converting furnace, *s.* (production of blister steel).

Zementierstahl, *m.* carburizing steel, *s.*

Zementit, *m.* cementite, *s.*, carbide of iron, *s.*, cementite carbide, *s.* (metallogr.).

Zementitnetzwerk, *n.* cementite network, *s.* (in hyper-eutectoid steels).

Zementit, *m.*, **zum Kugeln gebrachter,** balled-up iron carbide, *s.*, spheroidized iron carbide, *s.*

Zementstahl, *m.* blister bar, *s.*, blister steel, *s.*, converted bar, *s.*, cemented bar, *s.* (made from wrought iron by the cementation process).

Zentimeter-Gramm-Sekunden-Meßsystem, *n.* C.G.S. system of measurement, *s.*, absolute system of measurement, *s.*

Zentrumsbohrer, *m.* center bit, *s.*

Zerdrückfestigkeit, *f.* collapse resistance, *s.*, collapse strength, *s.* (resistance of pipe to external pressure).

Zerfall, *m.* disintegration, *s.* (of refractories).

zerfallen, *v.i.* to disintegrate, *v.i.*

Zerfallschlacke, *f.* slacking slag, *s.* (high-CaO slag that crumbles after freezing).

Zerkleinerung, *f.* crushing, *s.* (of ores).

zerreiblich, *a.* friable, *a.*

Zerreißmaschine, *f.* tensile testing machine, *s.*

Zerreißspannung, *f.* rupture stress, *s.*, ultimate stress, *s.*, breaking stress, *s.*

Zerreißstab, *m.* tensile test bar, *s.*, pulling bar, *s.* (tensile testing).

Zerrieseln, *n.* disintegration, *s.* (of high-basicity blast furnace slag, Portland cement clinker).

zerspanbar, *a.* machinable, *a.*

Zerspanbarkeit, *f.* machinability, *s.*, cutting property, *s.*

Zerspanung, *f.* machining, *s.*

zersplittern, *v.i.* to shatter, *v.i.*

Zerstäuber, *m.* atomizer, *s.* (steam, oil).

Zerstäubung, *f.* atomizing, *s.*, atomization, *s.*

zerstörungsfreie Prüfverfahren, *npl.* non-destructive testing, *s.* (acoustic, magnetic testing, radiological examination, etc.).

zerteilen, *v.t.* to section, *v.t.* (ingots); to slice, *v.t.* (rails, ingots).

Zick-Zack-Straße, *f.* cross-country mill, *s.* (rollg. mill).

Ziegelofen, *m.* brick kiln, *s.*

Ziehbank, *f.* draw-bench, *s.*

Zieheigenschaften, *fpl.* drawing properties, *spl.*

Zieheisen, *n.* draw-plate, *s.* [wortle plate], (wire drawing).

Zieheisenplatte, *f.* (siehe „Zieheisen").

Zieheisenstellen, *fpl.* wire-die preparation, *s.* (a sizing operation carried out with reamers; wire drawing).

ziehen, *v.t.* (vgl. „bördeln"), to flange, *v.t.* (sheet); to draw, *v.t.* (wire, bar stock in a drawing operation; ingots from the soaker).

Ziehfähigkeit, *f.* drawing capacity, *s.* (property).

Ziehfett, *n.* drawing grease, *s.*

Ziehherd, *m.* furnace discharge end, *s.* (mill fces.); steel discharge, *s.* (of a pusher type heating fce.).

Ziehöffnung, *f.* discharge, *s.* (of a calcining kiln).

Ziehöl, *n.* drawing oil, *s.* (wire drawing).

Ziehpresse, *f.* drawing press, *s.*

Ziehring, *m.* shaping ring, *s.* (pipe manufacture); die orifice, *s.* (impact extrusion); drawing ring, *s.* (annular die used in the tube extrusion process of the Bethlehem Steel Co.).

Ziehscheibe, *f.* drawing block, *s.,* block, *s.,* drum, *s.* (wire drawing).

Ziehschleifen, *n.* honing, *s.* (polish-grinding of bores and shafting by honing tools).

Ziehseite, *f.* steel discharge, *s.* (of pusher type rolling mill furnace).

Ziehtechnik, *f.* draw work, *s.,* drawing technique, *s.*

Ziehtemperatur, *f.* drawing temperature, *s.* (of ingot charged in soaking or heating fce.).

Ziehtiefe, *f.* depth of draw, *s.* (deep drawing or pressing operations).

Ziehtrichter, *m.* bell, *s.* (tube drawing).

Ziehwerk, *n.* draw head, *s.* (of a draw-bench).

Ziehwerkzeuge, *npl.* drawing dies, *spl.* (drawing of bars, wire).

Ziehwirkung, *f.* wire-drawing effect, *s.* (rolling practice).

Zink, *n.* zinc, *s.* (applications in rust-proofing, die casting, etc.).

Zinkbarren, *m.* spelter, *s.*

Zinkblech, *n.* zinc plate, *s.*

Zinn, *n.* tin, *s.*

Zinnenträger, *m.* castellated beam, *s.* (structural applications).

Zinnlote, *npl.* tin-base solders, *spl.*

Zinnüberzug, *m.* tin coating, *s.*

Zipfelbildung, *f.* development of ears, *s.* (troublesome defect in the deep drawing of sheet and strip).

Zirkon, *n.* zirconium, *s.* (used as a deoxidizer and alloying constituent in steelmaking).

Zischen, *n.* sputtering, *s.* (of electric arc).

Zitronensäure, *f.* citric acid, *s.* (chem.).

Zivilingenieur, *m.* civil engineer, *s.*

Zone, *f.*, **der Stengelkristalle,** columnar zone, *s.* (of an ingot, or casting).

Zubehör, *n.* appurtenance, *s.*

Zubehör, *n.* fittings, *spl.*, accessories, *spl.*

Zubringer, *m.*, **mit Wiegeeinrichtung,** scale charging car, *s.* (stock yard; bl. fce. plant).

Zubringerpfanne, *f.* transfer ladle, *s.* (melting shop).

zufällige Eisenbegleiter, *mpl.* associated impurities, *spl.*

zuführen, *v.t.* to feed, *v.t.* (stock into a processing machine); to admit, *v.t.* (gases, water).

zuführen, *v.t.*, **Wärme,** to supply heat, *v.t.*

Zuführung, *f.* admission, *s.* (of gases, water); feeding device, *s.* (mach.).

Zufuhrrollgang, *m.* feed roller table, *s.* (rollg. mill); approach table, *s.* (blooming mill).

Zufuhrschlepprolle, *f.* feed roller, *s.* (e.g. at entry side of a shear).

Zug, *m.* train, *s.* (railway); drag, *s.* (e.g. of charging box cars); draft, *s.*, draught, *s.* (of air); pass, *s.* (drawing operation).

Zugabe, *f.*, addition, *s.* (of material into a fce.).

Zugabe, *f.* allowance, *s.* (of extra material for machining).

Zugang, *m.* access, *s.*

Zugänglichkeit, *f.* accessibility, *s.*

Zugbeanspruchung, *f.* applied tensile stress, *s.* (mat. testg.).

Zug-Druck-Schwingungsfestigkeit, *f.* fatigue strength in alternating tension and compression, *s.*

zugeschärfte Kante, *f.* feather edge, *s.*

Zugfestigkeit, *f.* tensile strength, *s.*, ultimate strength, *s.*

Zughaspel, *m.* tension reel, *s.* (cold reducing mill).

Zugkraft, *f.* traction, *s.* (mach.).

Zugseil, *n.* hoisting rope, *s.* (crane, shaft winding).

Zugseil, *n.*, **schweres,** running rope, *s.* (6 by 12 rope).

Zugspannung, *f.* tensional stress, *s.*, tensile stress, *s.* (the applied external stress); tensile strain, *s.* (as built up in the body, resulting in a permanent set); front tension, *s.* (acting on the strip in cold rolling).

Zug-Verdreh-Versuch, *m.* tension-torsion test. *s.* (mat. testg.).

Zugversuchsprobe, *f.* tensile test piece, *s.*, tensile test specimen, *s.*

zulässige Abweichung, *f.* permissible deviation, *s.* (from accurate dimensions, or weight).

zulässige Beanspruchung, *f.* safe working stress, *s.* (of materials in actual service).

zulässige Belastung, *f.* safe load, *s.*

zulässige Biegebeanspruchung, *f.* maximum safe bending stress, *s.* (mechanical property).

zulässige Höchstgeschwindigkeit, *f.* safe working speed, *s.* (mach.).

zünden, *v.t.* to strike, *v.t.* (the electric arc); to ignite, *v.t.*

zunderbeständiger Stahl, *m.* nonscaling steel, *s.* (see "heat-resisting steel").

Zunderbeständigkeit, *f.* resistance to scaling, *s.*, nonscaling property, *s.* (heat-resisting steels).

Zunderbrechgerüst, *n.* scale breaker, *s.* (heavy mills).

Zunderbrechmaschine, *f.* descaling machine, *s.*

Zunderflecken, *mpl.* flashing, *s.*

Zunderhaut, *f.* oxide jacket, *s.*

Zunderhäutchen, *n.* scaling film, *s.*

Zunderpelz, *m.* scale shell, *s.* (on ingots after soaking pit treatment).

Zundervernarbung, *f.* pitting, *s.* (rolled-in, or forged-in scale, a defect to be removed by pickling).

Zündglocke, *f.* ignition hood, *s.* (Greenawalt sintering process).

Zündmetall, *n.* ignition metal, *s.* (ferro-cerium).

Zündofen, *m.* igniter, *s.* (sintering machine).

Zündung, *f.* ignition, *s.*

Zündungstemperatur, *f.* ignition temperature, *s.*

Zündungspunkt, *m.* ignition point, *s.*

zunehmen um (ganze Millimeter), advancing by (full inches).

Zunge, *f.* slide rail, *s.*, blade, *s.* (of a switch; railw.).

Zungenschiene, *f.* filled section rail, *s.* (railw.).

Zusammenbau, *m.* assembly, *s.* (mach.).

zusammenbauen, *v.t.* to assemble, *v.t.* (mach.).

Zusammendrückbarkeit, *f.* compressibility, *s.*

zusammenfallen, *v.i.* to collapse, *v.i.*

zusammengesetzt, *a.* composite, *a.*

zusammengesetzter Träger, *m.* built-up-girder, *s.*

zusammenschiebbar, *a.* telescoping, *a.*

zusammenschlagen, *v.t.* to lay into the rope, *v.t.* (rope manufacture).

Zusammensetzung, *f.* composition, *s.* (of steel, gases, etc.).

Zusammenspiel, *n.* interaction, *s.*

Zusatz, *m.* additive, *s.* (material); addition, *s.* (the operation).

Zusatzbrenner, *m.* auxiliary burner, *s.* (e.g. for oxygen in the o. h. fce.), booster burner, *s.*

Zusatzdraht, *m.* filler rod, *s.* (welding).

Zusatzeinrichtung, *f.* attachment, *s.* (of a machine tool).

Zusatzstoff, *m.* weld metal, *s.* (welding).

Zusatzstoffe, *mpl.* ferro-additions, *spl.* (steelmaking).

Zusatzwerkstoff, *m.* filler metal, *s.*, filler material, *s.* (brazing, welding).

Zuschlag, *m.* flux, *s.* (smelting, steelmaking).

Zuschläge, *mpl.* additions, *spl.* (smelting, and melting, practice).

Zuschlagen, *n.* battering, *s.* (closing-up of die-holes when worn wide, by hammering; wire drawing).

Zustandsform, *f.* phase, *s.* (metallogr.).

Zustandsschaubild, *n.* constitutional diagram, *s.* (metallogr.).

zustellen, *v.t.* to line, *v.t.* (a fce.).

Zustellung, *f.* lining, *s.* (of a fce.).

Zustellung, *f.*, **des Oberofens,** furnace rebuild upstairs, *s.* (o. h. fce.).

Zustellung, *f.*, **des Unterofens,** furnace rebuild downstairs, *s.* (o. h. fce.).

Zustellungskosten, *pl.* lining costs, *spl.*

zuverlässig, *a.* dependable, *a.*

zwangsläufig, *a.* positive, *a.* (movement, control).

zwangsläufiger Antrieb, *m.* positive drive, *s.* (mach.).

Zwangsschiene, *f.* check rail, *s.* (railw.).

Zwangsschienenstuhl, *m.* check rail chair, *s.* (railw.).

zweihiebige Feile, *f.* double-cut file, *s.*

Zweikammwalzengerüst, *n.* two-high pinion stand, *s.* (rollg. mill).

zweischiffige Halle, *f.* two bays-wide building, *s.*

zweischnittige Schere, *f.* up-and-down cut shear, *s.*

Zweistofflegierung, *f.* binary alloy, *s.*

Zweistoffstahl, *m.* two-alloy steel, *s.*

Zweistoffsystem, *n.* binary alloy system, *s.*

zweistufige Vergütung, *f.* two-stage heat-treatment, *s.*

zweite Beizung, *f.* white pickling, *s.* (tinplate manufacture).

zweite Glühung, *f.* white annealing, *s.* (tinplate manufacture).

Zweiwalzengerüst, *n.* two-high mill, *s.* (having two rolls with parallel horizontal axes).

Zweiwalzengerüst, *n.,* **mit einzeln angetriebenen Walzen,** twin motor drive two-high mill, *s.* (rollg. mill).

Zweizonen-Knüppelwärmofen, *m.,* **mit Ober- und Unterfeuerung,** two-zone over-and-underfired billet heating furnace, *s.* (rollg. mill).

Zwickel, *mpl.* interstices, *spl.* (in a crystal lattice).

Zwiemetall, *n.* clad sheet metal, *s.,* bimetal,*s.*(coated by cladding operation).

Zwillingsbildung, *f.* twinning, *s.* (crystallogr.).

Zwillingszüge, *mpl.* twin uptakes, *spl.* (o. h. fce.).

Zwischenabkühlung, *f.* intermediate cooling, *s.* (American practice in rail-rolling).

Zwischenaufheizung, *f.* saddening, *s.,* double-heating, *s.* (in blooming resulphurized steel ingots, a few light passes are taken and then the ingot is returned to the soaking pits for an "intermediate reheat", or saddening cycle).

Zwischengefäß, *n.* tundish, *s.* (continuous casting).

Zwischenglühung, *f.* inter-stage anneal, *s.,* process annealing, *s.* (sheet,

strip, and wire are heated up to 550—650° C to cause the ferrite to recrystallize: desired effect is softening the material for further cold working).

Zwischenhohlraum, *m.* void, *s.* (in a bed of broken solids).

Zwischenkühler, *m.* intercooler, *s.* (air compressor).

Zwischenpfanne, *f.* holding ladle, *s.* (continuous casting); transfer ladle, *s.* (interposed between a mixer type ladle and the o. h. fce.).

Zwischenplatte, *f.,* **keilförmige,** liner, *s.,* shim, *s.* (mach.); tie plate, *s.* (rollg. mill).

Zwischenplatten, *fpl.* apron plates, *spl.* (roller table; rollg. mill).

Zwischenreaktion, *f.* intermediate reaction, *s.* (chem.).

Zwischenscheibe, *f.* adjusting shim, *s.* (mach.).

Zwischenstück, *n.* distancer, *s.,* spacer, *s.* (mach.).

Zwischenstufenhärtung, *f.* bainitic hardening, *s.* (quenching eutectoid steel in a bath of salt or molten lead maintained at a bainite-forming temperature, and leaving the steel in this bath until transformation is completed).

Zwischenstufenvergütung, *f.* austempering, *s.* (a hardening process based upon isothermal transformation of austenite to bainite in a bath of brine).

Zwischenwärmofen, *m.* reheating furnace, *s.*

Zwischenwärmung, *f.* intermediate reheat, *s.*

Zyanbadhärtung, *f.* cyaniding, *s.,* cyanide hardening, *s.* (case hardening by heating steel in a bath of cyanide salt followed by quenching).

Zyanid, *n.* cyanide, *s.*

Zylinderbuchse, *f.* cylinder liner, *s.* (mach.).

Pulvermetallurgie.
Vorträge, gehalten auf dem 1. Plansee-Seminar "De Re Metallica", 22. bis 26. 6. 1952, Reutte/Tirol. Herausgegeben von **F. Benesovsky**, Leiter der Versuchsanstalt, Metallwerk Plansee Ges. m. b. H., Reutte/Tirol. Mit 1 Porträt, 224 Abbildungen im Text und 4 farbigen Abbildungen auf 2 Tafeln. VII, 316 Seiten. Gr.-8°. 1953.

Ganzleinen DM 32.—, $ 7.60, sfr. 32.80, £2. 14. 6d.

„... Das von drei führenden Firmen auf dem Gebiete der Pulvermetallurgie, dem Metallwerk Plansee, Reutte/Tirol, der American Electro Metal Corp., Yonkers, N. Y., und der Metro Cutanit Ltd., London, veranstaltete Seminar brachte unter den von ersten Fachleuten des In- und Auslandes gehaltenen 29 Vorträgen eine solche Fülle wertvollster Anregungen und Gedanken, daß es unmöglich ist, in einer kurzen Buchbesprechung auch nur annähernd darauf einzugehen. Es sei nur darauf hingewiesen, daß die Vorträge in drei Hauptgruppen unterteilt wurden. In der ersten Gruppe sind Vorträge aus dem Gebiet der reinen Metallkunde, der Metallphysik und der Strukturforschung zusammengestellt. Der zweite Teil umfaßt spezielle pulvermetallurgische Fragen, und der dritte Teil ist dem Sondergebiet der Hartmetalle und Hartstoffe gewidmet...."
Metall

Lexikon der Elektrotechnik.
Von Dipl.-Ing., Dr. techn. **Günther Oberdorfer**, Professor der Technischen Hochschule Graz. Mit 371 Textabbildungen. VII, 488 Seiten. 8°. 1951. Ganzleinen DM 20.—, $ 4.80, sfr. 20.60, £1. 14. 0d.

„Das vorliegende Lexikon der Elektrotechnik kann zur Verständigung zwischen den verschiedenen Fachrichtungen der Elektrotechnik als Brücke dienen, deshalb wird sein Erscheinen sicher von allen begrüßt werden, die sich auch außerhalb des eigenen Fachgebietes über die Entwicklung der Elektrotechnik unterrichten wollen. Die Aufnahme der englischen und französischen Fachworte macht das Lexikon auch für das Studium fremdsprachlicher Literatur besonders geeignet..."
ETZ, Elektrotechnische Zeitschrift

Einführung in die Untersuchung der Kristallgitter mit Röntgenstrahlen.
Eine elementare Darlegung der Methoden mit Aufgaben. Von Dr. phil. **Friedrich Trey**, a. o. Professor für Physik an der Montanistischen Hochschule Leoben, und Dr. phil. **Wilhelm Legat**, Assistent an der Lehrkanzel für Physik der Montanistischen Hochschule Leoben. Mit 67 Textabbildungen und 1 Nomogramm. VI, 113 Seiten. 8°. 1954.

Steif geheftet DM 12.50, $ 3.—, sfr. 12.80, £1. 1. 6d.

Berg- und Hüttenmännische Monatshefte
der Montanistischen Hochschule in Leoben. Schriftleiter: Prof. Dr. Ing. **F. Perz**, Leoben. (1955: 100. Jahrgang.) *Jährlich erscheinen 12 Hefte.*

Halbjährlich DM 20.—, $ 4.75, sfr. 20.60, £1. 14. 0d.